Atmospheric Environment

| 제3판 |

대기환경

한국대기환경학회

도서출판 동화기술

서문

공기는 우리가 살아가는데 가장 중요하고 꼭 필요한 요소이지만, 부모님의 사랑과 은혜와 같이 하해와 같고 보이지도 않아서, 고마움을 느끼지 못하고 등한시하고 살아가는 것 같습니다.

이 책의 집필자들은 대학에서 약 30년간 대기오염 관련 과목을 가르쳐오면서 쌓은 경험을 토대로 이번에 대기오염에 대해서 반드시 알아야할 기본 내용을 모으고 최근의 주요 이슈들을 추가하여 대기환경이란 제목으로 출판하게 되었습니다. 돌이켜 보면 30년 전에는 이 분야의 국내 서적이 없어서 외국서적으로 수업을 진행하면서 대기오염의 이론과 원리를 가르치기 보다는 영어단어와 해석에 더 많은 시간을 소모했던 시절도 있었습니다. 더욱이 내용도 우리나라의 실상과 여건을 다루기보다는 남의 나라의 사례를 알려주는데 급급했던 것 같습니다. 그래서 원서나 번역서가 아니라 우리나라의 자료를 사용하고 우리의 경험을 토대로 대기오염현상과 문제를 이해시킬 교재가 필요하다는 생각을 오랫동안 하고 있었습니다.

아직도 우리나라의 자료에 대한 분석과 검토가 충분하지는 않으나 후학들에게 우리의 현황을 파악하고 앞으로 우리가 해야 할 일들이 무엇인가를 알리려고 노력하였습니다. 한편, 이 책의 집필에 직접 참여하지는 않았지만 본문의 내용 속에 인용된 측정분석 자료나 논문 등으로 기여를 해주신 많은 연구자들의 성과와 노력에 감사드리며 그간의 노고에 박수를 보내드립니다. 이런 의미에서 작은 감사의 뜻으로 저자를 집필자로 한정하지 않고 한국대기환경학회로 하였으며, 이 책의 인세는 대기환경학회에서 대기오염 관련 연구자들을 위해 사용하였으면 하는 바람이 있습니다.

이번 교재 집필에는 5인이 참여하였으나 앞으로 더 많은 후배 학자들이 좋은 연구를 하시고 그 성과들로 이 책의 내용을 수정 보완하여 완성도 높은 우리나라의 대기환경 교재로 발전하기를 기대합니다.

끝으로 이 책이 완성되기까지 여러 방면에서 집필에 도움을 준 많은 분들에게도 감사의 뜻을 전합니다.

2016년 여름 집필자 일동

차례

CHAPTER 14

CHAPTER 01

인간과 대기환경

서울시립대학교 **김신도**

1-1 대기의 중요성

대기권 (atmosphere)은 지구를 둘러싸고 있는 파괴되기 쉬운 보호막으로 지표면 및 지표면 부근의 물의 순환, 공기의 순환, 화학적 및 기계적인 풍화, 육지와 해양에서의 합성과 분해 등에 관여한다. 대기의 이러한 특성은 지구 생태계 보존에 무엇보다도 큰 영향을 미친다. 만약 지구에 대기가 없다면 호수와 바다도 없고, 소리와 구름과 붉은 석양도 없을 것이다. 밤에는 상상할 수도 없을 만큼 춥고, 낮에는 견딜 수 없이 뜨거울 것이며, 지구상 모든 생물은 외부에서 들어오는 강력한 자외선과 열기를 쏟아 붓는 태양 아래 속수무책으로 살아갈 수 없을 것이다. 지구상에 살고 있는 우리는 대기의 환경에 완전하게 보호받으면서도 대기가 얼마나 중요한 존재인지를 망각하고 있다.

공기는 음식, 물과 더불어, 사람이 살아가기 위해 꼭 필요한 요소이다. 일반적으로 인간은 하루에 대략 1 kg의 음식물을 섭취하고, 2 kg의 물을 마신다. 공기는 이보다 거의 10배에 달하는 13 kg을 흡입해야 한다 (그림 1.1 참조). 따라서 미량이지만 공기가 오염되었다면 다량의 공기흡입으로 여러 가지 건강상 문제가 생길 수 있다. 공기는 가장 깨끗하고 소중하게 유지하여야 한다.

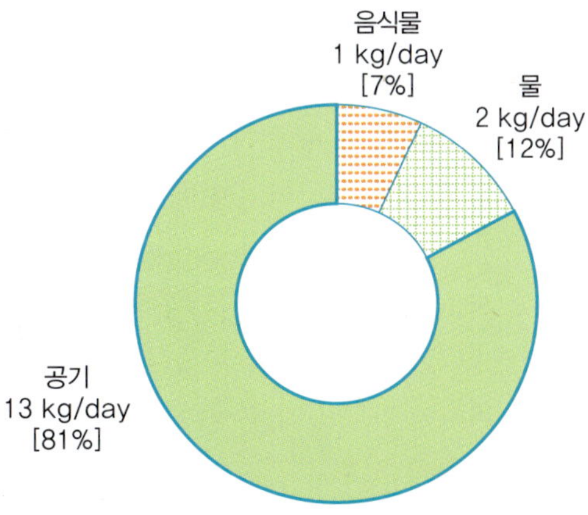

그림 1.1 ■ 인간이 생존하기 위해 필요한 공기, 물, 음식의 양

사람은 음식을 먹지 않고는 약 5주간 생존할 수 있으며, 물을 마시지 않고서는 약 5일을 견딜 수 있다. 그러나 공기가 우리 몸에 약 5분간 공급되지 않는다면 생명을 잃거나 뇌에 산소공급이 되지 않아 큰 장애가 발생한다. 이처럼 숨 쉬는 공기는 사람이 살아가는데 있어서 음식과 물보다 훨씬 더 중요한 역할을 한다. 단지 눈에 보이지 않는다고 중요성을 잊을 때가 많다.

1-1-1 원시대기

현재와 같은 대기의 조성은 어떻게 이루어졌을까? 태초에 지구를 둘러싼 대기는 아마도 오늘날 우리가 호흡하는 공기와는 매우 달랐을 것이다. 지구 최초의 대기 (약 46억년 전)는 대부분 수소 (H_2)와 헬륨 (He), 그리고 메탄 (CH_4), 암모니아 (NH_3) 등 수소화합물로 구성되었을 것으로 추정한다. 이와 같은 초기의 대기는 지구의 뜨거운 표면에서 우주공간으로 방출되었을 것이다.

또한 지구를 둘러싼 대기권에는 화산과 증기분출구를 통해 지구내부에서 분출된 지금의 공기보다 밀도가 큰 기체들로 구성되었을 것이다. 즉 그때도 지금처럼 화산에서 수증기 (H_2O; 약 80%), 이산화탄소 (CO_2; 약 10%), 질소 (N_2) 등이 분출되었을 것이고 (outgassing), 이들 기체들로 지구의 2차대기권이 형성되었을 가능성이 크다.

그 후 지질학적 시간이 흐르면서 지구 대기는 점차 식어갔다. 뜨거운 지구내부로부터 끊임없이 분출되는 기체분출로 구름의 전신인 수증기가 충분히 공급될 수 있었다. 이들 수증기에 의해 수천만 년 동안 지구에 비가 내려 강과 호수와 바다가 형성되었고 이 기간 동안 바닷물에 이산화탄소가 대량 용해되고 화학적 · 생물학적 작용을 거쳐 이산화탄소가 석회암과 같은 탄소퇴적암이 형성되었을 것이다. 이러한 기작으로 대부분의 수증기는 응축되고 이산화탄소의 밀도도 감소하면서 대기는 점차 화학작용이 활발하지 않고 무거운 기체인 질소가 상대적으로 더 축적되었을 것으로 추정하고 있다.

1-1-2 산소의 생성

오늘날 대기 중 두 번째로 풍부한 산소는 강력한 태양광선이 수증기 (H_2O)를 수소와 산소로 분해하면서, 아주 서서히 그 밀도가 증가하기 시작했을 것이다. 비록 더디지만 이와 같은 산소농도의 증가로 약 20~30억년 전에 원시식물이 출현했을 것으로 추정하고 있다. 식물의 출현은 대기 중에 산소를 크게 증가시켰다. 왜냐하면 식물의 광합성작용을 통해 이산화탄소와 물이 결합하여 산소가 생성되었기 때문이다. 따라서 식물이 번창함에 따라 대기 중 산소량은 빠르게 증가하였으며, 수 억년 전에는 이미 오늘날의 수준에 가깝게 되었을 것이다.

대기 중에 산소의 농도가 희박할 때에는 오존층이 생성되지 않아 태양 자외선이 지표면에 바로 쪼였을 것이다. 자외선은 생물체의 세포를 파괴하므로 초기생물들은 자외선이 강한 지표면을 피하여 해양속에 서식하였을 것으로 추정한다. 즉, 초기 생물들은 유해한 자외선이 충분히 흡수될 정도로 깊으면서 또한 광합성에 필요한 가시광선이 도달할 수 있는 적절한 깊이의 해양에서 서식하였을 것이다.

시간이 흐르면서 해양에 서식했던 녹색식물들의 꾸준한 광합성작용 (photosynthesis)으로 대기 중 산소의 농도도 점차 더욱 증가하였다. 이 산소는 자외선을 흡수하여 산소원자로 분해되고 산소분자와 결합하여 오존층을 생성하였다. 오존층이 발달하면서, 오존층이 자외선을 흡수하여 지표면에 도달하는 자외선의 강도가 약해지고 생물도 점차 수심이 얕은 해면 부근으로 이동하면서 생존하였으며, 다시금 대기 중의 산소의 양은 더욱 증가하고 오존층도 발달하여 지표면에 도달하는 유해 자외선은 더욱 약해졌다. 이와 같은 과정을 거쳐 약 4억년 전 비로소 육상생물이 출현하였을 것으로 추정한다.

1-1-3 현재의 대기조성

대기는 대부분 질소 (N_2)와 산소 (O_2), 그리고 수증기 (H_2O), 이산화탄소 (CO_2), 및 소량의 기타 기체들로 구성되어 있는 얇은 기체층이다. 이 대기층 안에 구름이 자리를 잡고 있다.

지구 대기층의 두께는 수백 km에 달하지만 공기의 99%가 지상 30 km 이내에 존재하고 있다. 바로 이 얇은 공기담요가 태양에서 방출되는 강한 에너지와 우주에서 유입되는 유해 자외선으로부터 지구상 모든 생명과 지구표면을 보호해 주고 있다. 대기권의 상층부의 경계가 어느 높이까지인지는 단정할 수 없지만 대기권은 위로 올라갈수록 엷어지면서 우주공간과 합쳐진다.

이들 기체는 지구표면에서 생성과 소멸 기작에 의해 균형을 이루고 있다. 예를 들면, 질소 (N_2)는 토양 박테리아와 관련된 생물학적 작용을 통해 대기에서 소멸되다가 (질소고정; nitrogen fixation), 주로 식물과 동물의 부패를 통해 다시 대기로 돌아온다 [즉, 암모니아화 (ammonificaion) → 질화 (nitrification) → 탈질화 (denitrification)을 거쳐서 N_2로 돌아온다]. 반대로 산소 (O_2)는 유기물이 산화할 때, 또한 다른 원소와 결합하여 산화물을 생성할 때 대기 중에서 유출된다. 산소는 또 우리가 호흡할 때 폐에서 산소를 흡입하면서 대기 중에서 제거된다. 이렇게 제거된 산소는 식물이 햇빛을 받아 이산화탄소와 물을 결합하여 포도당과 산소를 생성하는 광합성작용을 통해 대기로 돌아온다.

눈에 보이지 않는 기체인 수증기의 농도는 때와 장소에 따라 크게 차이가 난다. 더운 열대지방의 지표 부근에서는 공기 중 수증기의 구성비는 최고 4%에 이르나 추운 극지방에서는 1% 미만이다. 지구표면 부근 정상적인 온도와 기압조건에서 기상, 액상, 고상으로 존재하는 유일한 물질이 물이다.

수증기는 매우 중요한 대기성분이다. 수증기는 입자크기가 성장하여 비가 되어 지상으로 떨어지는 액체와 고체형 구름입자를 형성할 뿐 아니라, 기상 수증기에서 액상 물이나 고상 얼음으로 상변화 (phase change) 할 때 엄청난 양의 잠열을 방출하기도 한다. 잠열 (latent heat)은 뇌우, 태풍과 같은 폭풍우를 일으키는 대기의 중요한 잠재적 에너지원이다. 더욱이 수증기는 마치 온실 유리가 내부 열이 외기로 유출되는 것을 막는 것처럼, 지구표면에서 방출되는 에너지의 일부를 흡수하여 우주공간으로의 에너지 방출을 막기 때문에 강력한 온실가스 역할을 한다 (온실효과; greenhouse effect). 이처럼 수증기는 지구의 열-

에너지 균형에 매우 중요한 역할을 한다.

이산화탄소 (CO_2)는 대기 중 부피구성비가 약 0.04%로서 작은 비율을 차지하지만 수증기와 마찬가지로 지구에서 방출되는 에너지의 일부를 가두는 작용을 하기 때문에 또 하나의 중요한 온실가스 역할을 한다. 즉, 대기 중 이산화탄소의 농도가 증가할수록 지구표면 기온이 상승하므로 기후온난화에 중요한 역할을 하고 있다. 이산화탄소는 박테리아의 발효 및 탈질화 과정, 식물과 동물세포에 의한 호기성 호흡 등 생물학적 기작으로 생성되며, 또한 일산화탄소와 유기가스의 화학적 산화, 화산에서의 기체방출, 화석연료 (fossil fuel)의 연소, 생물연료 (biofuel)의 연소, 생체량 (biomass)의 연소 등에서 자연적 및 인위적으로 생성된다. 이산화탄소의 최대 단일발생원은 유기물 사체의 박테리아 분해과정이다 (Jacobson, 2012). 한편, 이산화탄소는 산소생성 광합성 반응, 지표수에의 용해, 화학적 부식 등으로 공기 중에서 제거된다.

1-2 대기의 조성

1-2-1 대기의 성분

표 1.1은 지표면 부근의 청정 대기(하와이)의 성분과 농도를 나타낸 것이다. 대기의 조성은 대기 중 수증기 농도가 시공간적으로 0.004~4%로 크게 다르기 때문에 건조공기를 기준으로 하고 있다. 지구를 둘러싸고 있는 공기는 표 1.1과 같이 혼합기체이며, 평균 분자량은 28.84 g이고, 0°C, 1기압에서 밀도는 1.293 g/L이고, 건조공기의 총량은 약 51.17× 1020 g으로 추정된다.

예제 1.1 대기가 N_2 78.1%, O_2 20.9%, Ar 0.95%, CO_2 0.05%로 되어 있다면, 또 N_2 79%, O_2 21%로만 되어 있다면, 분자량과 밀도는 각각 얼마인가?

1) 분자량 $= 28 \times 0.781 + 32 \times 0.209 + 40 \times 0.0095 + 44 \times 0.0005 = 28.958$ g

밀도 $= \dfrac{28.958}{22.4} = 1.293$ g/L

2) 분자량 $= 28 \times 0.79 + 32 \times 0.21 = 28.84$ g

밀도 $= \dfrac{28.84}{22.4} = 1.288$ g/L

표 1.1 ■ 전형적 건조공기의 화학적 조성과 부피농도

공기의 조성	농도 (ppm)	체류시간
질소 (Nitrogen, N_2)	780,840	4×10^8 년
산소 (Oxygen, O_2)	209,460	6,000년
아르곤 (Argon, Ar)	9,340	주로 축적
이산화탄소 (Carbon dioxide, CO_2)	330	7~10 년
네온 (Neon, Ne)	18.1	주로 축적
헬륨 (Helium, He)	5.2	2.6~8 년
메탄 (Methane, CH_4)	1.5	주로 축적
크립톤 (Krypton, Kr)	0.5	
수소 (Hydrogen, H_2)	0.5	4~7 년
크세논 (Xenon, Xe)	0.08	주로 축적
일산화탄소 (Carbon monoxide, CO)	0.06~0.2	0.5 년
이산화질소 (Nitrogen dioxide, NO_2)	0.02	
오존 (Ozone, O_3)	0.01~0.04	수시간 (지표면)
	0.1~0.2	성층권 오존층 (20~30 km)

출처 : The Handbook of Air Pollution, PHS Publication, 1968.

1-2-2 대기오염농도의 표시

대기오염물질 중 가스상물질 (gaseous matter)과 입자상물질 (particulate matter)의 농도를 나타내는 단위는 일반적으로 다음 표 1.2와 같다.

대기 중 입자상물질(액체 또는 고체상 미세먼지) 및 가스상물질의 농도는 공기의 부피 1 m^3 중 질량 mg과 같은 질량농도 단위로 표시하는 것이 일반적이지만, 때로는 아황산가스나 질소산화물 등과 같은 가스상물질을 ppm과 같은 혼합비 (mixing ratio)로 표시하기도 한다.

대기오염에서 1 ppm은 1 m^3 공기부피 중 1 mL의 오염기체가 존재한다는 의미이다. 농도를 ppm과 같은 혼합비로 표현할 경우 기압과 온도의 변화에도 혼합비는 일정하게 유지되므로 압력과 온도 조건을 무시하고 오염물질의 존재상태를 간단히 표현할 수 있다는 장점이 있지만, 반면 다양한 대기 중 환경조건을 고려하면 정량적 개념이 부족하다는 단점이 있다. 한편 mg과 같은 중량으로 표시된 측정치는 오염성분가스의 분석된 중량을 공기의 중량을 고려하여 mg/m^3과 같이 환산하여 표현한 것이다.

따라서 가스상물질에서는 mg/m^3과 ppm로도 나타낼 수 있다. 농도단위 ppm은 가스 혼합물 중 오염물의 몰분율 또는 부피분율에 1,000,000을 곱한 것이다.

표 1.2 ■ 가스상 및 입자상물질의 일반적 단위

가스상물질		입자상 또는 가스상 물질
ppm	백만분율 (part per million), 10^{-6}	mg/m^3
pphm	일억분율 (part per hundred million), 10^{-8}	$\mu g/m^3$
ppb	십억분율 (part per billion), 10^{-9}	ng/m^3

$$ppm = \frac{\text{오염가스의 부피}}{\text{혼합가스의 총부피}} \times 10^6 \quad \textbf{(1.1)}$$

식 (1.1)에서 분모는 공기를 포함한 기체의 총부피이다.

대기오염에서 사용되는 ppm 값은 특정 오염가스의 분자량이 M일 때, 0°C (273 K) 및 1 atm 조건에서 1 mol은 부피가 22.4 L이므로 다음 식과 같이 질량농도 (mg/m³)와 혼합비 (ppm)의 관계식을 유도할 수 있다.

$$mg/m^3 = ppm \times \frac{M}{22.4} \times \frac{273}{T} \times P \quad \textbf{(1.2)}$$

$$ppm = mg/m^3 \times \frac{22.4}{M} \times \frac{T}{273} \times \frac{1}{P} \quad \textbf{(1.3)}$$

여기서, T는 측정시 절대온도 (K)이고, P는 측정시 기압 (atm)이다.

이와 같이 공기는 온도와 압력에 따라 부피가 변화하므로 이에 따른 보정이 필요하다. 보일-샤르의 이상기체법칙 (ideal gas law)은 기체의 압력, 온도, 부피 사이의 관계를 나타내는 기체법칙으로 보일의 법칙, 샤르의 법칙, 게이뤼삭의 법칙(기체반응의 법칙)을 종합한 것이다. 기체는 보일-샤르의 법칙 등에 의해 부피가 변하므로, 기체상물질을 취급할 때는 부피, 온도, 압력, 농도의 4가지 물리적 변수를 반드시 함께 나타내어야 정확한 표현을 할 수 있다. 일반적으로 상온, 상압 (25°C, 1 atm)에서의 1 m^3의 부피를 1 Nm^3 (Normal), 표준상태 (0°C, 1기압)에서의 1 m^3의 부피를 1 Sm^3 (Standard), 운전상태 (a°C, b 기압)에서의 1 m^3의 부피를 1 Am^3 (Actual)로 구별하여 사용한다. 유량의 단위로는 보통 CMM (m^3/min), CFM (ft^3/min), LPM (L/min)을 많이 사용하고 있다.

예제 1.2 보일러에서 배출되는 배출가스 중 SO_2 농도가 560 ppm으로 측정되었다. 굴뚝 속 온도가 200°C, 압력이 1.2 atm일 경우, SO_2는 몇 mg/m^3인가?

$$mg/m^3 = ppm \times \frac{M}{22.4} \times \frac{273}{T} \times P$$

$$= 560 \times \frac{64}{22.4} \times \frac{273}{273 + 200} \times 1.2 = 1{,}108.16\ mg/m^3$$

예제 1.3 SO_2 분석농도가 0.5 g/m^3이다. 공정속(180°C, 0.8 atm)에서는 몇 ppm인가?

$$ppm = mg/m^3 \times \frac{22.4}{M} \times \frac{T}{273} \times \frac{1}{P}$$

$$= 0.5 \times 10^3 \times \frac{22.4}{64} \times \frac{273 + 180}{273} \times \frac{1}{0.8} = 362.98\ ppm$$

예제 1.4 기체상수 R을 L · atm/K · mol 단위로 구하라.

$$PV = nRT$$

$$R = \frac{PV}{nT} = \frac{1 \text{ atm} \times 22.4 \text{ L}}{1 \text{ mol} \times 273 \text{ K}} = 0.082 \text{ L} \cdot \text{atm/K} \cdot \text{mol}$$

1-3 대기의 수직분포

대기의 온도, 습도, 압력 등 대기의 상태를 표시하는 물리량 값은 수평방향 뿐만 아니라 수직방향으로도 상당히 변화한다. 지구대기권 (atmosphere)은 지구를 둘러싸고 있는 공기층을 말하며, 주로 질소와 산소로 이루어져 있으며 그 외에 아르곤 , 이산화탄소, 헬륨 등 여러 희귀기체가 포함되어 있다. 수증기를 제외한 공기성분들은 약 85 km까지 비교적 일정하게 잘 혼합되어 있다. 일반적으로 여기까지 잘 혼합된 공기가 존재하며 이를 균질권 (homosphere)이라고 부르고 있다.

영국의 물리학자 채프먼 (Chapman)은 고도에 따른 온도분포에 따라 지구의 대기권을 그림 1.2와 같이 대류권 (troposphere), 성층권 (stratosphere), 중간권 (mesosphere), 열권 (thermosphere) 등 4개의 권역으로 분류하였다. 그러나 모든 기상변화는 대류권에서만 나타나며, 성층권은 오존층 (ozone layer)에 의한 자외선의 흡수, 중간권은 대기권 중 가장 낮은 온도, 열권은 오로라 등의 특징을 보인다.

1-3-1 대류권 (Troposphere)

대류권은 지구대기권의 최하층으로 지표면에서 **대류권계면** (tropopause)까지의 영역을 의미한다. 대기 질량의 대부분을 차지하고 있으며, 인간을 비롯한 모든 동 식물들이 숨을 쉬고 혜택을 받고 있는 권역이다. **대기경계층** (atmospheric boundary layer)은 지면을 둘러싸고 있는 대기층에서 지면의 영향을 직접 받는 영역을 말하며, 대기경계층은 **접지층** (surface boundary layer)과 **에크만층** (Ekman boundary layer)으로 나뉜다. 대기경계층 위의 층을 **배경대류권** (background troposphere)이라고 한다. 이층은 지표면의 영향을 받지 않으며, 대략 500~3,000 m보다 높은 영역이다.

접지층은 표면경계층이라고도 한다. 높이는 지표에서 약 500 m 까지이며, 열이나 운동량의 유속이 고도와 관계없이 일정하므로 풍속의 수직분포는 지수법칙을 따른다.

에크만층은 접지층과 배경대류권 사이의 층으로 높이는 500~3,000 m이다. 이 층에서는 공기운동에 표면 마찰력, 전향력, 기압경도력 등이 영향을 미치는데, 이러한 힘의 영향에 의해 고도에 따른 공기의 운동은 에크만나선 (Ekman spiral) 모습을 나타낸다. 그림 1.3은 대기경계층에서의 난류 생성을 모식도로 나타낸 것이다.

대류권계면 (tropopause)에 이르기까지 고도가 상승할수록 온도는 계속해서 감소한다.

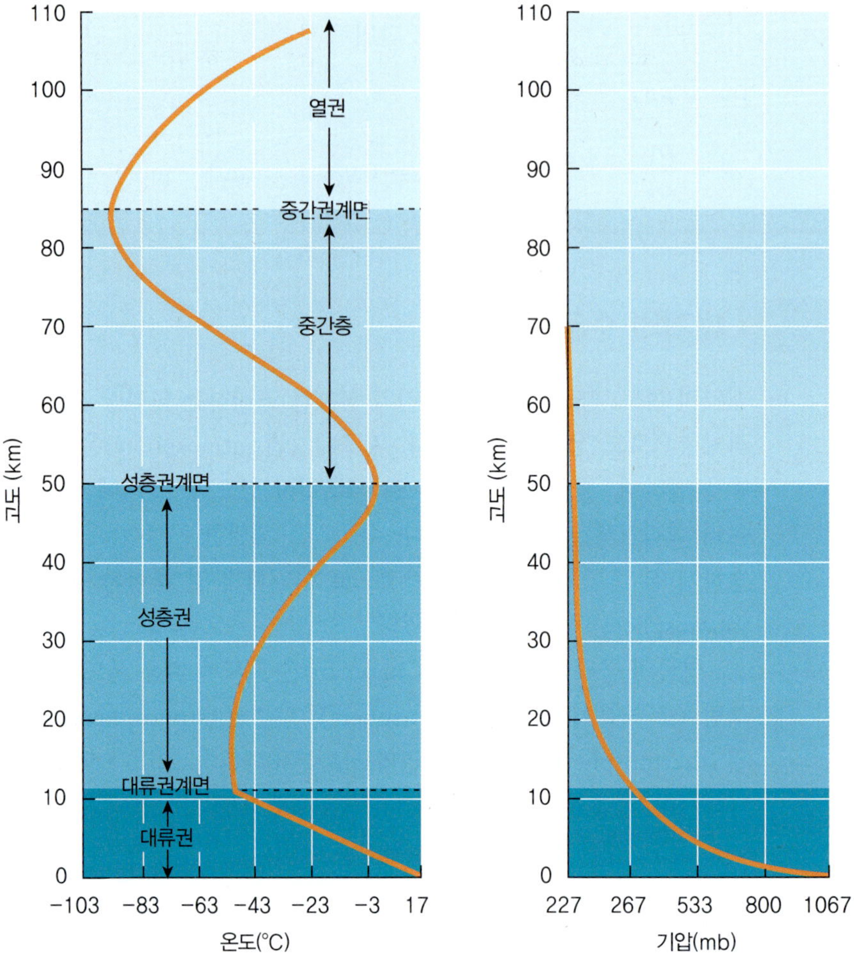

그림 1.2 ■ 대기의 수직분포

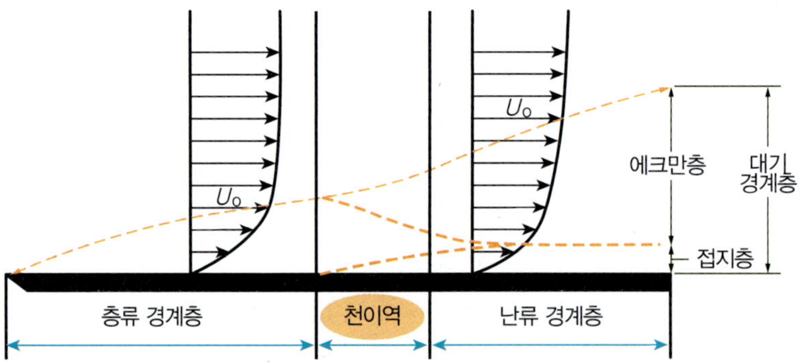

그림 1.3 ■ 경계층의 개념

공기덩어리가 상승, 하강 운동을 하는 동안, 주변의 기압변화에 따라 팽창과 압축되면서 기온이 변하는 현상을 단열변화라 하고, 이때 건조공기의 온도 변화율을 **건조단열감률** (dry adiabatic lapse rate)이라 한다. 건조공기의 단열감률은 약 -0.98°C/100 m이다. 즉, 불포화상태의 공기덩어리가 상승할 때 1 km 상승할 때 마다 약 9.8 씩 낮아진다. 반대로 1 km하강할 때에는 약 9.8°C씩 상승한다. 하지만 공기가 포화상태에 이르면 공기 중의 수증기가 응결하면서 잠열을 방출하기 때문에 기온의 감률이 다소 감소한다. 포화상태인 공기의 단열감률은 **습윤단열감률** (wet adiabatic lapse rate)이라 하며, 약 −0.5°C/ 100 m이다. 따라서 불포화상태의 공기가 이슬점에 도달한 후부터는 습윤단열감률이 적용되어 1 km 상승할 때마다 약 −6.5°C씩 낮아진다. 한편, 상승하는 공기덩어리의 주변공기도 역시 상공으로 갈수록 기온이 낮아지는데, 이는 지표에서 방출되는 복사에너지가 상공으로 갈수록 점점 작아지기 때문이다. 이때의 온도변화를 **기온감률**이라고 하는데, 대류권 내에서의 평균 기온감률은 약 −6.5°C/km의 비율로 감소한다.

일반적으로 안정적인 대기라면 고도가 낮은 곳이 차갑고 높은 곳이 따뜻해야 하는데, 대류권의 경우 지면이 태양에 의해 가열되므로 높이가 낮은 곳이 더 따뜻할 수 있다. 이러한 불안정상태는 **대류현상** (convection)을 일으킨다. 대기는 불안정한 층으로서 지표면의 영향으로 난류나 대류작용에 의한 수직운동이 왕성하므로 강수와 같은 눈에 보이는 기상현상(비, 눈, 구름, 번개 등)을 비롯하여 바람, 난기류, 온대저기압, 전선, 태풍 등 기상변화를 일으키는 거의 모든 대기운동이 이 대류권내에서 일어난다. 이와 같이 대류권은 고도가 상승할수록 기온이 낮아져 불안정한 대기층을 이루어 대류운동이 활발하게 일어나는 기층이다. 대류권에서 온도변화가 큰 이유는 태양으로부터 공급받은 열에너지의 공급량이 다르기 때문에 지표면에서 올라오는 복사열에 좌우되기 때문이다. 지표면에서 멀어질수록 열을 전달하는 대기 분자가 감소하며, 대류로 인한 가열 역시 감소하여 온도는 급격히 감소하게 된다. 온실효과 역시 대류권에서 발생한다. 대류권의 높이, 즉 권계면의 고도는 지구의 자전때문에 적도지방에서 가장 높고, 고위도 지방으로 갈수록 낮아진다. 그리고 같은 위도에서는 여름에 높고, 겨울에 낮다. 권계면의 평균고도는 적도부근에서 약 18 km, 고위도에서는 약 8 km 정도이다. 중위도 지방에서는 약 12 km정도이지만, 일정하지 않아서 온대저기압이 위치할 때는 낮아지고 고기압이 위치할 때는 높아지기도 한다.

1-3-2 성층권 (Stratosphere)

대류권계면에서 **성층권계면** (stratopause)까지의 영역을 말하며, 대류권의 상단부로부터 고도 약 50 km까지의 대기층이다. 이 성층권의 하부에서는 기온이 고도에 따라 일정하다가 상부에서는 고도에 따라 기온이 증가하는데 그 이유는 **오존층**이 태양의 자외선을 흡수하기 때문이다. 약 50 km 고도에서는 0°C(273 K)의 기온을 나타내는 안정한 대기층으로 주로 분자확산에 의해 기체의 이동이 이루어진다. 성층권은 찬 공기가 아래에 있고, 따뜻한 공기가 위에 있어 대단히 안정하므로 공기의 혼합작용이 일어나기 어렵다. 따라서 대류권과 같이 대류현상이 없으므로 기상변화 현상도 거의 없다.

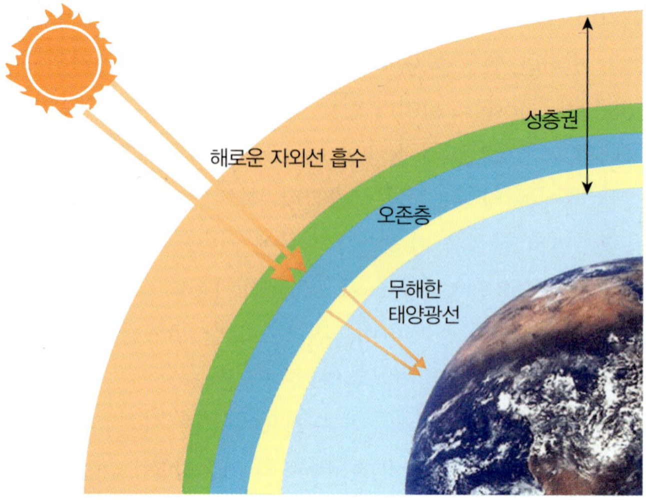

그림 1.4 ■ 오존층의 역할

성층권 내에는 특히 고도 약 25 km를 중심으로 약 3~5 km 정도의 두께로 오존 (O_3)이 많이 존재하는데, 이를 **오존층** (ozone layer)이라고 하며 태양에서 방출되는 짧은 파장, 즉 0.2~0.3 μm인 자외선을 거의 흡수한다. 그러나 이곳의 기압이 낮기 때문에 층의 두께가 수 km이지만 지면 기압으로 환산하면 겨우 수 mm 정도 되는 매우 얇은 층이다. 오존 (O_3)이란 산소원자가 3개가 붙어 있는 분자로서 옅은 푸른색과 자극성 냄새를 가진 기체인데, 성층권에서는 유해 자외선을 차단해 주는 고마운 역할을 하지만 지상에서는 호흡기질환을 비롯해 각종 환경피해를 주는 이중적인 기체이다. 성층권에는 이 오존이 풍부한 오존층이 있는데 그 속의 오존이 파괴되어 밀도가 낮아지는 현상을 오존층 파괴라고 한다. 이 오존층이 파괴되면 태양의 자외선이 여과되지 않고 바로 지표면으로 도달하기 때문에 피부암, 녹내장 등을 유발하는 등 심각한 피해가 나타난다. 남극에서는 가끔 이 층에 구멍이 나타나는데, 이를 **오존고갈** (ozone depletion) 현상이라고도 한다. 오존층의 파괴는 장기적인 기후변동과 밀접한 관계가 있어 대기과학에서 중요하게 다루어지고 있는 분야이다.

1-3-3 중간권 (Mesosphere)

중간권은 성층권 상단부인 성층권계면에서 **중간권계면** (mesopause)까지의 영역을 의미한다. 이 권역은 지상에서 고도 약 50~85 km 정도에 위치한다. 성층권계면의 하부 상공에서의 기온이 0°C 이나 상부로 갈수록 적외선 복사에 의해 열을 잃기 때문에 고도의 증가에 따라 기온이 감소하는 권역이다. 중간권 꼭대기에서의 기온은 -90°C 정도로 대기권 내에서는 최저가 된다. 기온 분포에 따라 대류현상은 있으나 공기가 희박하고 수증기가 거의 없어 기상현상은 관찰되지 않는다. 낮에만 중간권의 상부에 전리층이 위치하여 파장이 비교적 긴 장파를 흡수 반사한다. 중간권은 성층권에 비해 상하 수직혼합이 극심하지만 대류권만큼 심하지는 않다. 또한 중간권에서는 태양복사 자외선과 산소, 질소와의 광화학반응이 활발하며 야광운이 나타난다.

1-3-4 열권 (Thermosphere)

열권은 중간권계면에서 **열권계면** (thermopause)까지의 영역을 의미하며, 대기권에서 가장 고도가 높은 권역이다. 이 권역에 존재하는 질소나 산소가 파장이 0.1 μm 이하의 자외선을 광전리로 흡수하기 때문에 기온은 상부로 갈수록 상승한다. 대기가 희박하여 밤과 낮의 온도차가 심하다. 열권의 하부에서는 희박한 대기가 태양의 자외선과 X선에 의해 강하게 전리되고 있어서 **전리층** (ionosphere)이라고도 불리며, D층, E층, F층이 있다. 전리층의 E층과 F층은 100~120 km와 200~500 km에 각각 위치하여 중파와 단파를 반사시킨다. 이 전리층에서는 전파가 반사되기 때문에 원거리 통신을 가능케 해준다. 특히, E층은 중파(방송파)를 반사하며, 그 위의 고도에 있는 F층은 단파를 반사하는데, 이 층들은 주간에 발달하고 야간에는 쇠퇴하는 경향이 있다. **오로라** (aurora)는 열권에서 발생하는데 공기밀도가 희박한 상층부 80~160 km에서 주로 발생한다. 오로라가 나타나는 시기와 모양에 따라 고도가 다르고, 상하의 범위도 200~250 km, 드물게 1,000 km에 달하는 경우가 있다.

1-4 대기오염사건

대기오염의 역사는 인간이 불을 사용하면서 시작되었다고 할 수 있다. 혈거인의 동굴 거주나 고대 또는 중세의 건물이 각종 저급 생물연료 (bio-fuel)의 연소로 그을려져 있는 것으로 보아 연기에 시달렸음을 알 수 있다. 산업 발달에 따라 13세기부터 연료가 나무땔감에서 화석연료 (fossil fuel) 인 석탄으로 급속히 전환되어, 석탄 소비량이 증가함에 따라 영국에서 대기오염이 심각하게 대두되었다. 도시와 같은 인구밀집지역에서는 석탄이 난방과 취사뿐만 아니라 공장의 동력이나 수송에도 사용되어 석탄의 사용량이 급증하였고 그 매연 때문에 고통을 받게 되었다.

1-4-1 런던 스모그

산업혁명에 의하여 유럽에서 가장 공업이 발달한 영국의 수도 런던은 인구가 밀집되어 있고, 탬즈강 유역에는 발전소, 제철소 및 각종 공장들이 활발히 가동되고 있었다. 1952년 12월 5일부터 9일까지 고기압이 정체하여 안정한 대기가 영국의 상공을 덮었고, 동시에 안개가 각지에서 발생하였다. 특히, 런던에서는 복사역전층이 형성되고 거의 무풍상태가 계속되었으며, 웨스트민스터를 중심으로 탬즈강 유역의 길이 약 40 km, 폭 약 30 km의 지역에 짙은 안개가 끼고 먼지와 아황산가스의 농도가 상승하였다. 이런 상태가 반나절 정도 지난 후, 호흡기질환이나 심장질환의 환자수가 급증하고 사망자도 늘어났다. 환자나 사망자 수가 가장 많았던 때는 사건발생 이후 3, 4일 후이며 총 초과사망자 수는 약 4,000명에 달하였다.

오염의 발생원은 주로 가정 난방용 석탄의 매연과 화력발전소 등의 굴뚝에서 배출된 매연으로 추정되고 있다. 먼지의 농도는 평상시의 5배까지 증가하고, 아황산가스의 농도는 1.3 ppm, 먼지농도는 4.5 mg/m^{3}에 달했다.

런던에서의 피해는 안개입자에 흡수된 아황산가스가 석탄먼지의 촉매작용으로 황산미스트를 형성하여 큰 피해를 준 것으로 추정되었다. 영국 정부는 이 사건을 계기로 대기오염사건에 대처하기 위하여 1956년에 청정공기법 (Clean Air Act)을 제정 공포하고, 특정 지역에서의 석탄 사용을 금지시켰다. 런던의 대참사 이후 석탄연소에 의한 스모그형태를 **런던형 스모그**라고 한다.

1-4-2 로스앤젤레스 스모그

새로운 대기오염사건의 예로서 로스앤젤레스 (LA) 스모그 사건을 들 수 있다. LA는 미국의 서부 태평양 연안에 위치한 해안분지 도시로서 태평양 고기압권에 들어있어 연중 침강역전층 (subsidence inversion layer)이 형성되고 해안성 안개가 낀다. 이 도시는 1940년경부터 급격히 성장하여 1954년경에는 약 400만대의 자동차가 운행되고 있었다.

다수의 자동차에서 배출되는 질소산화물과 탄화수소는 특히 여름철에 자외선을 포함한 강렬한 태양광으로 오존을 포함한 **광화학스모그** (photochemical smog) 물질, 즉 광화학산화물 (photochemical oxidants)을 생성하였다. 광화학산화물은 가시도를 악화시킬 뿐만 아니라 눈, 코 및 목의 점막을 자극하여 눈물, 콧물 및 재채기를 유발시켰고, 기관지 계통에 피해를 주었다. 또한, 식물의 성장을 저해하거나 과일의 낙과 등 식물에 피해를 주고 고무제품을 손상시켰다. 석유계 연료의 연소에 의하여 배출된 **1차오염물질** (primary pollutants)이 특히 햇빛이 강한 여름철에 **2차오염물질** (secondary pollutants)을 생성하여 일으킨 스모그 사건의 대표적인 예로서 이러한 대기오염형태를 **LA형 스모그**라고 한다. 이를 계기로 미국은 세계 최초로 1962년 **대기오염측정계획** (CAMP: Continuous Air Monitoring Program)을 세우고 황산화물, 질소산화물, 일산화탄소, 탄화수소, 분진 등의 농도를 지속적으로 측정하여 대기오염방지를 위한 행정계획을 수립하는 기초자료로 사용하였다.

1-4-3 동경–요코하마 천식

일본은 1900년대 이후 서구의 과학기술을 받아들여 급격하게 공업이 발전됨에 따라 공업지대와 대도시를 중심으로 대기오염 현상이 증가되었다. 요코하마는 동경만을 따라 제철공업이 발달한 항구도시로 제2차세계대전이 종식된 직후인 1946년 겨울부터 밤과 이른 아침 사이에 짙은 해안성 안개(농연무)가 빈번하게 발생하고 무풍인 상태가 지속되었다. 이 때문에 요코하마에 주둔하고 있던 미군 병사나 가족들 중에 심한 기침과 천식증상의 환자가 발생하였다. 원인물질은 인산염으로 추정하며, 동경과 요코하마 공업지대에서 배출된 대기오염물질로 추측하고 있다. 심한 기침과 천식 피해가 발생하였으며, 청정지역으로 이전하면 증상이 없어지고 다시 오염지역에 오면 천식이 재발하였다. 동경과 요코하마 근처에서 발생된 천식이라고 하여 **Tokyo-Yokohama** 천식이라고 부른다.

일본은 1966년부터 대기오염망인 NASN (National Air Sampling Networks)을 설치하여 대기의 이동을 살피면서 대책을 강구하도록 하였다.

그림 1.5 ▪ 로스앤젤레스 스모그 발생시 도시의 전경

1-5 대기오염의 정의

1-5-1 대기오염이란?

대기오염이라는 용어는 국가에 따라 다르게 정의되기도 하지만 세계보건기구 (WHO)가 규정하고 있는 **대기오염**의 정의는 다음과 같다. "대기 중에 인위적으로 배출된 오염물질이 한 가지 또는 그 이상이 존재하여, 오염물질의 양, 농도 및 지속시간에 따라 어떤 지역의 불특정 다수에게 불쾌감을 일으키거나 해당지역에 공중보건상의 위해를 끼치고, 인간이나 동물, 식물의 활동에 위해를 주어 생활과 재산을 향유할 정당한 권리를 방해받는 상태"라고 정의하였다.

위 정의에서는 오염물질의 성분은 지적하지 않았으나 오염물질이 인위적으로 배출된 것이며, 대기 중에서 적당한 농도로 어느 정도의 시간동안 존재하여야 하고, 이로 인해 지역주민에게 불쾌감 및 공중보건상의 위해를 끼쳐 생활과 재산을 지키고 누릴 권리를 방해받는 대기환경 상태를 말한다. 여기서 대기환경 (ambient air)이란 노동환경, 즉 공장 등의 작업장 환경이나 실내환경 (indoor air)과는 구별되는 것으로 사람과 자연생태계가 생활을 영위하는 실외대기를 의미한다.

우리나라에서는 헌법에 환경권을 두고 있으며, 대기환경보전법을 제정한 목적 (1장 1조)에서 대기오염의 위해성을 다음과 같이 서술하고 있다. "이 법은 대기오염으로 인한 국민건강 및 환경상의 위해를 예방하고 대기환경을 적정하게 관리, 보전함으로써 모든 국민이 건강하고 쾌적한 환경에서 생활할 수 있게 함을 목적으로 한다." 이와 같이 대기오염이 국민건강이나 환경상에 위해를 줄 수 있기 때문에 인간이 건강하고 쾌적한 환경에서 생활할 수 있게 하기 위해서는 대기오염을 예방하고 대기환경을 관리, 보전할 필요가 있음을 강조하고 있다.

1-5-2 대기환경기준

오염물질에 대한 환경기준은 오염물질의 배출을 규제하는 방법 중의 하나이다. 일반적인 배출규제 방법론은 다음과 같다.

첫째는 환경의 구성요소나 상태에 어떤 변화를 주고 있는가를 질적 및 양적으로 평가한다. 이 평가에는 대기 중 생물권(biosphere)에 어떠한 물리적, 화학적 및 생물학적인 변화를 포함한다(환경매체 중 거동에 따른 규제방법).

둘째는 이러한 변화가 어떠한 인위적인 행위, 즉 인간 또는 기업활동에 기인한 것인가 하는 오염발생원에 관한 평가를 포함한다(발생원 규제방법).

셋째는 사람의 건강, 생활환경 및 보전하여야할 자연환경에 대한 영향, 피해, 손해 또는 그 가능성에 대한 평가를 포함한다(영향정도에 따른 규제방법).

이 세 가지 평가방법 중에서 환경기준은 "영향정도에 따른 규제방법"이다. 대기오염이 사람에게 미치는 영향을 판단하기 위해서는 오염인자의 농도나 강도와 사람의 건강에 따른 영향의 정도에 대해서 과학적으로 입증된 규제기준 (criteria)이 기본적으로 중요하며 이 규제기준을 기본으로 해서 각종 환경기준의 수준을 설명할 수 있는데, 세계보건기구(WHO)는 다음과 같이 3가지 수준에서 설명하고 있다.

❶ 최대허용수준 (maximum permissible level 또는 tolerable level)
❷ 수용수준 (acceptable level)
❸ 바람직한 수준 (desirable level)

환경기준은 행정용어이며 정의 및 내용은 각 국가의 행정목적에 따라 다르기 때문에 통일된 정의는 없다. 그러나 환경기준의 개념은 다음의 네 가지로 구분할 수 있다.

❶ 행정적인 행위를 위하여 법적규제를 갖는 기준치 (standard)
❷ 지역환경의 행정적인 대책을 위한 지침치 (guide 또는 guide line)
❸ 지역환경의 행정적 또는 기술적인 대책을 위한 목표치 또는 바람직한 목표치 (goal)
❹ 환경의 질 (환경오염의 상태)을 판정하기 위한 규제기준 (criteria)

규제기준은 사람의 건강에 대한 오염물질의 영향, 동식물, 물질 및 재산에 대한 영향, 사회적인 영향 등에 관해서 정도↔효과 및 크기↔반응관계를 각각 또는 종합적으로 설명하여야 한다. 사람의 건강에 대한 영향은 연소자, 노인(노약자), 순환기나 호흡기 질환자 및 임산부와 같이 오염물에 대한 감수성이 높은 사람에게 더 큰 영향을 미친다. 그러나 식물이 사람보다 감수성이 높다면 판정기준은 식물에 미치는 영향에 의해서 결정되기도 한다. 이러한 식물을 지표식물이라고 한다.

기준치 (standard)는 법적, 행정적인 규제력을 갖는다. 기준치는 규제기준에 의해 도출되지만, 일반적으로는 비용↔편익(cost-benefit) 관계, 기술적 및 경제적 실행가능성 등이 고려된다. 그러나 오염물질이 사람의 건강에 영향을 주는 것에 관한 비용↔편익관계가 검토될 정도의 폭넓은 과학적 지식이 현재로서는 미흡한 실정이다.

지침치 (guide)와 목표치 (goal)는 명백히 구별하기가 어렵다. 지침치는 참고자료로서의 의미가 강하다. 목표치는 이것이 없으면 행정이나 공학적인 방지기술계획을 세울 수 없다는 입장에서 주로 행정 편이상 설정된다. 그러나 특정 방지대책에 준해 목표가 달성되었을 때 '목표치는 기준치로서 법적 규제력을 갖는다.' 라는 주장도 있다. 또한 목표치이므로 목표가 달성되면 목표를 수정하여 강화시켜서 대기환경을 단계적으로 개선해가는 방법이 주로 사용된다. 기준치, 지침치 및 목표치는 어느 나라나 행정당국에 의해서 자기 나라의 환경특성을 고려하여 결정한다. 이것은 대기오염을 비롯한 환경오염에 관한 자연과학 및 사회과학적인 연구성과와 현상을 생각할 때 또한 각 국가의 경제적 여건을 고려할 때 불가피한 일이기도 하다.

환경기준의 설정은 인간생활의 질적인 향상이라는 관점에서 출발한 것으로 건강하고, 쾌적한 생활, 생태계의 보전 및 역사적 · 문화적인 유산의 보전을 위한 규제방법의 한 가지이기 때문에 사전의 예측과 평가가 중요하다. 따라서 자연과학 분야만이 아닌 보다 넓은 학제적 (學際的)인 대응과 다각적인 이해 및 정책의 관점에서 설정되어야 한다.

우리나라의 대기환경기준은 목표치의 개념이 강하다. 따라서 기준 목표치가 성취되면 더욱 강화해가면서 대기질을 개선하는 정책이 지속적으로 수행되어야 한다. 표 1.3은 우리나라의 대기오염물질별 대기환경기준과 측정방법을 보여주고 있다. 또한 표 1.4는 외국의 대기환경기준을 보여주고 있다. 표 1.4에서 보듯이 우리나라의 기준치는 외국의 기준치에 비해 높게 정해져 있는것을 볼 수 있다. 따라서 기준치 이하라서 안심해서는 안되며 기준치를 성취하면 다시 목표를 하향 조정하여 지속적으로 대기질을 개선하여 선진국과 같은 수준의 기준치가 되고 이를 지키는 노력을 지속하여야 한다.

1-6 대기오염의 현황

대기오염 물질은 각종 배출업소, 일반가정 등의 고정오염원과 자동차, 선박, 항공기 등의 이동오염원에 의해 발생하는데, 오염물질의 배출량뿐만 아니라 주변의 지형조건과 기상에 따라 크게 영향을 받으며, 배출구의 높이, 배출가스의 온도, 종류 등 배출원의 물리적 특성도 영향인자로 작용한다. 따라서 사전에 철저한 조사와 더불어 그 저감대책 등이 수립되어야 한다. 우리나라에서는 대기질을 측정하기 위하여 대기오염측정망 (Air Pollution Monitoring Network)을 구성하여 서울 등 각 지방의 주요 도시에서 상시 측정하고 있다. 이 측정망을 통해 아황산가스 (SO_2), 미세먼지 (PM_{10}), 이산화질소 (NO_2), 오존(O_3), 일산

표 1.3 ■ 우리나라 대기환경기준

항 목	구분(평균)	기 준	측 정 방 법
아황산가스 (SO_2)	연간 24시간 1시간	0.02 ppm 0.05 ppm 0.15 ppm	자외선형광법 (Pulse U.V. Fluorescence Method)
일산화탄소 (CO)	8시간 1시간	9 ppm 25 ppm	비분산적외선분석법 (Non-Dispersive Infrared Method)
이산화질소 (NO_2)	연간 24시간 1시간	0.03 ppm 0.06 ppm 0.10 ppm	화학발광법 (Chemiluminescent Method)
미세먼지 (PM_{10})	연간 24시간	50 $\mu g/m^3$ 100 $\mu g/m^3$	베타선흡수법 (β-Ray Absorption Method)
초미세먼지 ($PM_{2.5}$)	연간 24시간	15 $\mu g/m^3$ 35 $\mu g/m^3$	중량농도법 또는 이에 준하는 자동측정법
오존 (O_3)	8시간 1시간	0.06 ppm 0.10 ppm	자외선광도법 (U.V. Photometric Method)
납 (Pb)	연간	0.5 $\mu g/m^3$	원자흡광도법 (Atomic Absorption Spectrophotometry)
벤젠 (Benzene)	연간	5 $\mu g/m^3$	가스크로마토그래프법 (Gas Chromatography)

비고

1. 1시간 평균치는 999천분위수(千分位數)의 값이 그 기준을 초과해서는 안 되고, 8시간 및 24시간 평균치는 99백분위수의 값이 그 기준을 초과해서는 안 된다.
2. 미세먼지(PM_{10})는 입자의 크기가 10 μm 이하인 먼지를 말한다.
3. 미세먼지($PM_{2.5}$)는 입자의 크기가 2.5 μm 이하인 먼지를 말한다.

출처: 환경정책기본법 시행령 별표1 (2020.5.12 시행)

화탄소(CO) 등의 오염농도와 풍향, 풍속, 온도, 습도, 일사량 등의 기상요소를 매 시간별로 측정하고 있다. 이러한 대기질 측정자료는 계속적으로 축적되어 과거에서 최근까지의 농도변화 경향을 파악하고, 대기질 관리대책 시행에 따른 효과를 분석함으로써 미래의 대책수립에 주요지표로 이용된다.

1-6-1 도시대기측정망 개요

우리나라에는 실시간으로 공기오염상태를 확인할 수 있는 전국 실시간 대기오염도 공개 홈페이지가 있다. 2005년 12월 28일부터 에어코리아(Air Korea)라는 명칭으로 새로 생겼으며, 홈페이지 주소는 www.airkorea.or.kr 이다.

에어코리아는 전국 97개 시, 군에 설치된 317개의 도시대기 측정망, 도로변대기 측정망, 국가배경 측정망, 교외대기 측정망에서 측정된 대기환경기준물질의 측정 자료를 다양한 형태로 표출하여 국민들에게 실시간으로 제공하고 있다. 또한, 기상청에서 운영하는 황사경보제와 지자체에서 운영하는 오존경보제 등의 자료도 함께 공개하고 있어 대기오염으

표 1.4 ▪ 각국의 대기환경기준

항 목	기준 시간	한국	미국[1)]	일본	중국[1)]	EU	WHO
SO_2	10분						500 $\mu g/m^3$
	1시간	0.15 ppm	0.075 [P 2)] ppm	0.1 ppm	500 $\mu g/m^3$	350 [1)] $\mu g/m^3$	
	3시간		0.5 [S 3)] ppm				
	24시간	0.05 ppm		0.04 ppm	150 $\mu g/m^3$	125 [2)] $\mu g/m^3$	20 $\mu g/m^3$
	년	0.02 ppm			60 $\mu g/m^3$		
CO	1시간	25 ppm	35 [P 3)] ppm		10 $\mu g/m^3$		
	8시간	9 ppm	9 [P 3)] ppm	20 ppm		10 $\mu g/m^3$	
	24시간			10 ppm	4 $\mu g/m^3$		
NO_2	1시간	0.10 ppm	0.1 [P 4)] ppm		200 $\mu g/m^3$	200 [3)] $\mu g/m^3$	200 $\mu g/m^3$
	24시간	0.06 ppm		0.04~ 0.06 ppm	80 $\mu g/m^3$		
	년	0.03 ppm	0.053 [PS] ppm		40 $\mu g/m^3$	40 $\mu g/m^3$	40 $\mu g/m^3$
O_3	1시간	0.1 ppm		0.06 ppm	200 $\mu g/m^3$		
	8시간	0.06 ppm	0.075 [P S 5)] ppm		160 2)$\mu g/m^3$	120 4)$\mu g/m^3$	100 $\mu g/m^3$
PM_{10}	1시간			200 $\mu g/m^3$			
	24시간	100 $\mu g/m^3$	150 [P S 6)] $\mu g/m^3$	100 $\mu g/m^3$	150 $\mu g/m^3$	50 5)$\mu g/m^3$	50 $\mu g/m^3$
	년	50 $\mu g/m^3$			70 $\mu g/m^3$	40 $\mu g/m^3$	20 $\mu g/m^3$
$PM_{2.5}$	24시간	35 [1)] $\mu g/m^3$	35 [P S 4)] $\mu g/m^3$	35 1) $\mu g/m^3$	75 $\mu g/m^3$		25 $\mu g/m^3$
	년	15 [1),2)] $\mu g/m^3$	12 [P 7)] $\mu g/m^3$ 15 [S 7)] $\mu g/m^3$	15 $\mu g/m^3$	35 $\mu g/m^3$	25 $\mu g/m^3$	10 $\mu g/m^3$
Pb	3개월		0.15 [P S] $\mu g/m^3$				
	분기				1 $\mu g/m^3$		
	년	0.5 $\mu g/m^3$			0.5 $\mu g/m^3$	0.5 $\mu g/m^3$	0.5 $\mu g/m^3$
Benzene	년	5 $\mu g/m^3$		3 $\mu g/m^3$		5 $\mu g/m^3$	

한국

주 1) 2011년 $PM_{2.5}$기준 신설(2020년 적용)

2) 24시간 평균치는 99백분위수의 값이 그 기준을 초과해서는 안됨

미국

주 1) Primary, Secondary로 나누어져 있어 P), S)로 구분하여 표기함

2) 1시간 일최고 농도의 99 percentile의 3년 평균치가 초과하면 안됨

3) 1년에 1회 이상 초과하면 안됨

4) 98 percentile의 3년 평균치가 초과하면 안됨

5) 1년간 측정된 일중 8시간 평균 오존농도의 최고치 중 4번째로 높은 농도의 3년 평균치가 초과하면 안됨

6) 일평균치의 3년간 평균치가 1년에 1회 이상 초과하면 안됨

7) 연평균의 3년간 평균치가 초과하면 안됨

일본

주 1) $PM_{2.5}$의 24시간 농도의 98 percentile이 대기환경기준을 초과하면 안됨

중국

주 1) 도시지역에 적용한 Class2 기준임

2) 8시간 평균농도의 일 최고값

EU

주 1) 1시간 농도가 1년에 24회 이상 초과하면 안됨

2) 24시간 농도가 1년에 3회 이상 초과하면 안됨

3) 1시간 농도가 1년에 18회 이상 초과하면 안됨

4) 3년간 평균농도가 1년에 25회 이상 초과하면 안됨

5) 24시간 농도가 1년에 35회 이상 초과하면 안됨

로 인한 국민의 피해예방에 기여하고 있다.

일반인들은 대기오염물질의 피해나 영향 등을 잘 알 수 없다. 따라서 대기오염도를 쉽게 알 수 있게 대기환경기준물질 6개 항목(아황산가스, 일산화탄소, 이산화질소, 미세먼지(PM_{10}, $PM_{2.5}$), 오존에 대한 대기오염도를 대기오염 시계, 대기오염 달력 등의 표현 방식과 접목하여 시간대별, 일자별, 요일별로, 인체 영향과 체감오염도를 반영한 통합대기환경지수(CAI, Comprehensive air-quality index)를 개발하였다. 통합대기환경지수는 0에서 500까지의 지수를 4단계로 나누어 점수가 커질수록 대기상태가 좋지 않음을 나타낸다.

지수 산출방법

6개 대기오염물질별로 통합대기환경지수 점수를 산정하며 가장 높은 점수를 통합 지수값으로 사용. 산출된 각각의 오염물질별 지수점수가 '나쁨' 이상의 등급이 2개 물질 이상일 경우 통합지수값에 가산점을 부여.

❶ 1개일 경우 : 점수가 가장 높은 지수점수를 통합지수로 사용

❷ 2개일 경우 : 가장 높은 점수가 나온 오염물질을 영향 오염물질로 표시하고 그 오염물질의 점수에 50점을 가산

❸ 3개 이상일 경우 : 가장 높은 점수가 나온 오염물질을 영향 오염물질로 표시하고 그 오염물질의 점수에 75점을 가산

통합대기환경지수는 0에서 500까지의 지수를 4단계로 나누어 점수가 커질수록 대기상태가 좋지 않음을 나타냄.

$$I_p = \frac{I_{HI}-I_{LO}}{BP_{HI}-BP_{LO}} \times (C_P-BP_{LO})+I_{LO}$$

I_P=대상 오염물질의 대기지수 점수, C_P=대상 오염물질의 대기중 농도, BP_{HI}=대상 오염물질의 오염도 해당구간에 대한 최고 오염도, BP_{LO}=대상오염물질의 오염도 해당 구간에 대한 최저 오염도, I_{HI}=BP_{HI}에 해당하는 지수값(구간 최고 지수값), I_{LO}=BP_{LO}에 해당하는 지수값(구간 최저 지수값)

여기서 "좋음"은 대기오염 관련 질환자군에서도 영향이 유발되지 않을 수준을 말하며, "보통"은 환자군에게 만성 노출 시 경미한 영향이 유발될 수 있는 수준, "나쁨"은 환자군 및 민감군(어린이, 노약자 등)에게 유해한 영향 유발, 일반인도 건강상 불쾌감을 경험할 수 있는 수준, "매우나쁨"은 환자군 및 민감군에게 급성 노출 시 심각한 영향 유발, 일반인도 약한 영향이 유발될 수 있는 수준을 말한다.

대기오염측정망은 표 1.5와 같다.

1-6-2 서울시 대기오염의 연간 변화

그림 1.6은 지난 25년간의 대기오염물질의 농도변화를 보여주고 있다. 아황산가스 (SO_2)의 농도변화는 80년대에서 시작된 연료규제에 의해 현저하게 줄어들어서, 1990년에는 연평균 농도 0.05 ppm을 만족하였다. 이에 2001년부터 연평균 기준을 0.02 ppm으로 강화

표 1.5 ▪ 일반대기오염 측정망

분류	정의	측정 항목
도시대기측정망	도심(거주)지역의 평균대기질 농도 측정	SO_2, CO, O_3, NO_2, PM_{10}, $PM_{2.5}$ 등
교외대기측정망	도시를 둘러싼 교외 지역의 배경농도 측정	SO_2, CO, O_3, NO_2, PM_{10}, $PM_{2.5}$ 등
국가배경농도측정망	국가의 배경농도를 파악하고 외국으로부터의 오염물질 유입, 유출상태 등을 파악	SO_2, CO, O_3, NO_2, PM_{10}, $PM_{2.5}$ 등
도로변대기측정망	자동차 통행량과 유동인구가 많은 도로변 대기농도 측정	SO_2, CO, O_3, NO_2, PM_{10}, Pb, $PM_{2.5}$, HC, 교통량 등
항만측정망	항만지역 등의 대기질 현황 및 변화에 대한 실태조사	SO_2, CO, O_3, NO_2, PM_{10}, $PM_{2.5}$ 등

표 1.6 ▪ 대기환경기준물질의 통합대기환경지수 구분에 따른 농도범위

지수구분		좋음		보통		나쁨		매우나쁨	

점수구분값	I_{LO}	0		51		101		251	
	I_{HI}	50		100		250		500	
농도구분		BP_{LO}	BP_{HI}	BP_{LO}	BP_{HI}	BP_{LO}	BP_{HI}	BP_{LO}	BP_{HI}
아황산가스 (ppm)	1 hr	0	0.02	0.021	0.05	0.051	0.15	0.151	1
일산화탄소 (ppm)	1 hr	0	2	2.01	9	9.01	15	15.01	50
오존 (ppm)	1 hr	0	0.03	0.031	0.09	0.091	0.15	0.151	0.6
이산화질소 (ppm)	1 hr	0	0.03	0.031	0.06	0.061	0.2	0.201	2
미세먼지 PM_{10} ($\mu g/m^3$)	24 hr [1)]	0	30	31	80	81	150	151	600
초미세먼지 $PM_{2.5}$ ($\mu g/m^3$)	24 hr [2)]	0	15	16	35	36	75	76	500

※ 측정된 농도값이 정의된 농도값를 초과하는 경우에 값은 매우나쁨의 값으로 갈음한다.

주 1) 미세먼지 PM_{10} 24 hr은 미세먼지 PM_{10} 24시간 예측이동평균임.
주 2) 미세먼지 $PM_{2.5}$ 24 hr은 미세먼지 $PM_{2.5}$ 24시간 예측이동평균임.

하여 규제하고 있다. 2001년 이후로는 거의 비슷한 경향을 보이고 있다. 그러나 최근 일부 정치권의 정책입안자들은 영세민을 위한다는 명분으로 연탄 사용을 확대하고 있다. 이는 대기질을 악화시키는 고체연료사용 금지 등 일관된 대기질 개선정책을 무력화시키는 편법 행위로서 지양되어야한다.

일반적으로 일산화탄소 (CO)의 농도는 아황산가스 농도와 연계하여 거의 유사한 경

향을 보이고 있다. 우리나라에서는 전반적인 연소효율의 개선으로 CO 농도는 크게 감소하였다. 더욱이 금연이 강조되면서, 특히 실내공간에서의 CO농도도 크게 감소하였다.

지속적인 대기질 개선을 위한 노력으로 인해 SO_2, CO와 같은 1차오염물질은 크게 저감되어 장 · 단기 환경기준을 초과하는 횟수는 대폭 감소되었다. 그러나 미세먼지 (PM_{10})의 경우 장기기준을 초과하고 있으며 단기기준을 초과하는 사례는 전혀 개선되고 있지 않다. 이는 PM_{10}에 대한 대기환경기준은 1995년에 설정되었으나 배출기준은 현재까지 여전히 총먼지 (TSP: total suspended particulate)에 입각하여 규제되고 있기 때문으로, 입경이 작고 위해성이 큰 PM_{10}의 실질적 저감정책이 미흡하기 때문이다. 최근에는 1차오염물질 이외에도 2차오염물질이 대기질을 악화시키는 주요 인자로 주목받고 있다. 특히, 2차오염물질은 초미세먼지 ($PM_{2.5}$)의 농도와 밀접한 관련이 있는데, 입경이 더 작은 $PM_{2.5}$는 PM_{10}보다 인체 및 시정에 더 심각한 영향을 미치므로 2015년부터 $PM_{2.5}$로 규제하고 있다. 또한 굴뚝에서 배출된 가스상오염물질이 응축성 분진으로 변화하므로 배출원에서 응축성 분진을 포함한 분진 규제가 필요하다.

최근 서울을 비롯한 대도시지역의 PM_{10} 오염도는 심각하며 광역화되는 특성을 보이고 있다. 현재 정부는 수도권 대기질 개선을 위한 특별대책을 비롯하여 다양한 정책적인 접근을 시도하고 있으나, 충분한 정량 정성적인 과학적 검토 없이 황사와 디젤차량이 초미세먼지의 전부인 것처럼 저감대책을 추진하고 있다. 미흡한 배출원 자료를 조속히 정비하여서 효율적인 규제가 되도록 하여야한다.

이산화질소 (NO_2)는 다른 오염물질과 달리 크게 개선되지 않고 있다. 이는 자동차 수의 급속한 증가 등이 원인으로 사료된다. 또한, 질소산화물은 오존의 생성에도 영향을 미치고 질소산화물과 아황산가스가 암모니아와 결합하여 2차 분진이 되는것으로 밝혀지고 있으므로 주의 깊게 검토되어야 한다.

오존 (O_3)은 최근 몇 년간 큰 변화를 보이고 있지 않지만 꾸준히 증가하는 추세를 보이고 있다. 오존은 각종 연소기구 및 자동차에서 배출된 이산화질소와 탄화수소 등이 대기중 자외선의 영향을 받아 광화학반응을 통해 생성된 2차오염물질이다. 최근 대도시에서 급격히 오존 농도가 높은 날이 많아서 오존주의보 발령 (120 ppb 이상) 횟수가 증가하고 있다. 오존의 월별변화는 광화학반응이 활발한 여름에 농도가 높게 나타나는 경향이 있다. 시각별로는 태양광의 강도가 강한 오후 3시경을 전후하여 가장 높은 농도를 보인다. 다른 오염물질들은 겨울에 농도가 높고 여름에 낮은 경향을 보이지만 오존의 농도는 여름에 높은 특징이 있다.

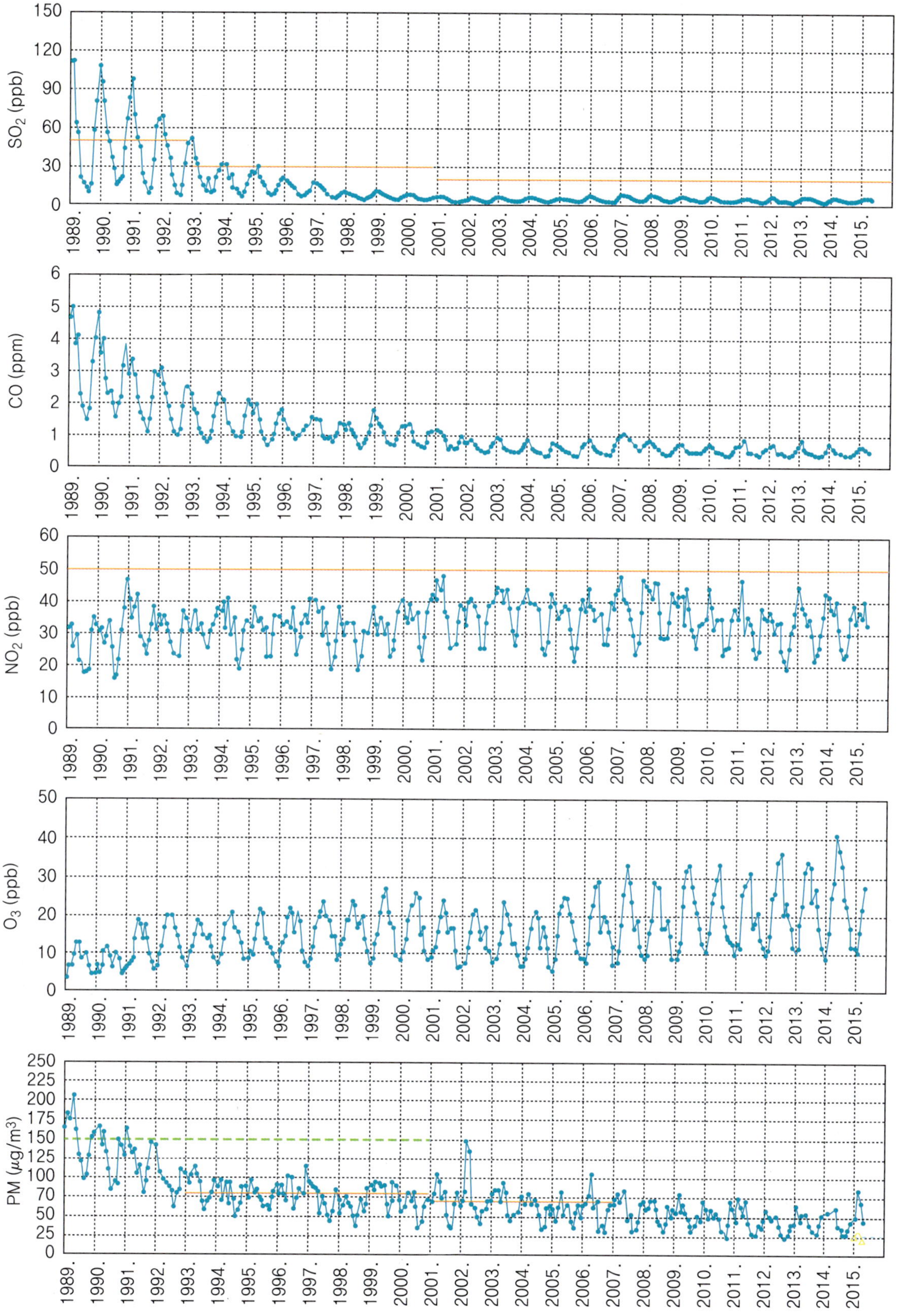

그림 1.6 ■ 서울시 대기오염물질의 농도변화 (1989.01~2015.04)

연습문제

1.1 대기의 조성에 대하여 설명하시오.

1.2 역사적인 대기오염사건 중 런던스모그와 LA스모그의 공통점과 차이점에 대하여 설명하시오.

1.3 특정 오염물질에 대한 환경기준을 도입하기 위해 고려해야 할 사항에 대하여 설명하시오.

1.4 공기의 부피가 30°C, 750 mmHg (hPa)에서 100 m^3이라면, 표준상태 (0°C, 760 mmHg)에서 부피는 얼마나 되겠는가?

1.5 대기 중의 오존농도가 30°C, 770 mmHg (hPa)인 조건에서 150 ppb이라면 표준상태 (0°C, 760 mmHg)에서는 몇 ppb인가?

1.6 대기오염물질별로 중장기적인 변화와 그 이유를 설명하라.

1.7 SO_2 0.01 ppm, NO_2 0.02 ppm, CO 0.4 ppm, O_3 0.04 ppm, PM_{10} 40 $\mu g/m^3$, PM 2.5 18 $\mu g/m^3$이라면 통합대기환경지수는 얼마인가?

CHAPTER 02

연료와 연소

서울시립대학교 **김신도**

2-1 고체연료

2-1-1 고체연료의 특징

고체연료의 대부분은 석탄(유연탄, 무연탄)이 차지하고 있으며, 목재, 갈탄, 역청탄, 유연탄, 무연탄 등의 천연연료와 목탄, 코크스, 연탄 등의 가공연료가 있다.

1) 장점

1. 저장 및 취급이 용이하다.
2. 구입하기 쉽고 가격이 저렴하다.
3. 노천 야적이 가능하다.
4. 연소성이 늦어 특수용도에 사용된다(고온으로 장시간 사용가능).
5. 연소장치가 간단하다.
6. 설비비 및 인건비가 적다.

2) 단점

1. 완전연소가 곤란하다.
2. 연소효율이 낮고 고온을 얻기 힘들다.
3. 점화, 소화, 연소조절이 어렵다.
4. 회분이 많아 재가 많이 나오며, 그 재의 처리가 곤란하다.
5. 매연 발생이 크다. (대기오염이 문제됨)
6. 운반 및 취급이 불편하다.
7. 부하변동에 응답하기 어렵다.
8. 사용 전에 건조 및 분쇄 등의 전처리가 필요하다.

2-1-2 석탄의 분류

석탄은 '성분 내에 중량의 50% 이상, 용적 70% 이상의 탄소분이 함유되어 있는 연료이다. 석탄은 일반적으로는 **탄화도** (carbonization degree)에 따라 분류한다. 탄화도란 석탄화의 정도를 말한다. 석탄 중에서 무연탄이 탄화도가 가장 높고 탄소분도 많으며 휘발분이 가장 적다. 탄화도가 클수록 다음과 같은 성질을 가진다.

1. 탄소(C)의 양은 증가하고 산소(O_2)의 양은 감소한다.
2. 착화온도가 올라가 안정성이 증가한다.
3. 연소속도가 느려 발열량이 증가한다.
4. 매연발생량은 감소한다.

석탄은 점결성, 입도, 발열량, 탄화도 등 여러 가지 특성에 따라서도 분류한다. 표 2.1은 점결성(코크스화 정도)에 의한 분류이다. 점결성이란 석탄이 350°C 이상이 되면, 용융상태가 되는 성질을 말한다.

표 2.1 ▪ 점결성 (코크스화성)에 의한 분류

점결성	종류
강 점결탄	고도 역청탄
약 점결탄	반역청탄, 저도 역청탄
비 점결탄	무연탄, 반무연탄, 갈탄

표 2.2는 가장 일반적으로 사용되는 탄화도에 따라 석탄을 분류한 것이다. 그 외의 분류방법으로는 입도에 따라 분류하는데, 이것은 괴탄, 분탄, 미분탄으로 나뉜다. 미분탄의 경우 가루석탄으로 미세하게 분쇄되어 200번 채를 통과하는 입경을 가진 석탄을 말한다.

표 2.2 ▪ 탄화도에 의한 분류

종류	탄소 농도
토탄	약 19~26%
아탄	약 21~37%
갈탄	약 75~84%
역청탄	약 84~90%
유연탄	약 86% 이하
무연탄	약 90% 이상

1) 무연탄

식물의 탄화과정이 가장 오랫동안 진행된 고체 화석연료이며, 연소시 화염이 거의 발생하지 않고 청색의 짧은 불꽃인 청염이 나타난다. 무연탄은 고정탄소가 약 90% 이며, 열량은 4,000~7,000 kcal/kg이다. 무연탄의 경우 매연발생이 거의 없으며, 국내에서 주로 생산되

는 석탄은 무연탄이다. 가정용 연료, 미분탄 연소용 연료, 연탄의 원료로 사용되고 있다.

2) 유연탄

무연탄 이외의 석탄을 총칭하기도 하며, 연소시 유색의 연기가 발생하기 때문에 붙여진 이름이다. 유연탄의 외관은 회색이며, 불이 붙기 쉽고 고체연료 중 가장 많이 매장되어 있으나 우리나라에는 거의 없으며, 주로 중국, 인도네시아, 호주 등에서 수입하여 사용한다. 유연탄은 탄화정도와 역청질의 휘발분의 차이에 따라 역청탄과 갈탄으로 구분된다. 역청탄은 흑탄이라고도 한다. 휘발분의 함량과 용도의 차이에 따라 반역청탄, 코크스용 탄, 가스탄, 저역청탄, 갈탄으로 구분한다. 대체로 탄소 함유율은 약 84~90%, 휘발분은 20~45%를 함유한다. 역청탄은 산업용으로 폭넓게 사용되고, 건류하여 코크스, 석탄타르, 석탄가스 등을 생산하는데 사용된다.

3) 갈탄

갈탄은 역청탄과 아탄의 중간쯤에 해당하는 갈색 또는 흑색의 석탄이다. 탄소 함유율은 약 75~84%이고, 발열량은 4,000~6,000 kcal/kg, 휘발성분은 40% 정도이다. 갈탄은 석탄 중 탄소함유율이 70% 정도로 가장 낮아 석탄 생성당시의 식물구조가 보이는 것도 있으며 탈 때 냄새가 심하고 연기가 많이 난다.

4) 목탄, 숯

목재를 탄화시켜 얻은 탄소를 주성분으로 하는 고체연료이다. 목재는 숯가마 내부에서 점화, 연소, 탄화, 정련의 과정을 거친다. 흑탄의 경우 연소과정에서 가마 안에서 자연적으로 소화된 후 외부로 꺼내어 만들며, 백탄의 경우 정련상태의 목탄에서 가스 목타르 등이 휘발할때 강제적으로 소화시켜 만든다.

5) 코크스

코크스는 주원료인 석탄을 1,000°C 내외의 온도에서 건류하여 만들어진 2차연료이다. 코크스는 제철공업용, 가정용 등 용도가 매우 많다. 착화가 힘들고 이산화탄소 (CO_2)가 많이 발생하지만 휘발분(약 8% 정도)이 거의 함유되어 있지 않으며, 검댕의 발생이 적고 발열량이 통상 8,000 kcal/kg 정도이다.

2-1-3 고체연료의 성분

고체연료를 화학적으로 분석하는 데는 **공업분석** (proximate analysis of coal)과 **원소분석** (ultimate analysis) 등 2가지 표준분석방법이 있다.

1) 공업분석

고체연료의 연소시 방출되는 수분, 휘발분 (volatile matter), 고정탄소, 회분 (ash) 등을 분석한다. 이 분석은 고체연료의 연소성분의 조성을 알아보는 유효한 방법이다. 수분이 많을 경우 착화가 어려우며 회분과 휘발분이 많을 경우에는 재, 매연, 검댕, 그을음이 많이 발생하고 발열량이 낮다. 이에 비해 고정탄소가 많을 경우에는 발열량이 높게 나타난다.

1. 수분: 110°C 로 1시간 건조 후 감소된 양
2. 휘발분: 950°C 로 7분간 가열한 후 감소한 양
3. 회분: 석탄을 태우고 난 잔류물
4. 고정탄소: 석탄 속의 고체 탄소로 휘발분, 회분, 수분을 제외한 양
5. 유황분: 석탄 속의 황산화물 (SO_X) 양
6. 발열량: 석탄 1 kg을 태워서 얻은 열량(약 4,000~8,000 kcal/kg)

연료비는 다음과 같이 정의하며, 연료비에 따른 석탄의 종류를 표 2.3에 제시하였다.

$$연료비 = \frac{고정탄소}{휘발분}$$

표 2.3 ■ 연료비에 따른 종류

연료비	종류
≤ 1	갈탄
1 ~ 7	역청탄
7 ~ 12	무연탄

2) 원소분석

원소분석은 주요 성분들, 즉 탄소, 수소, 질소, 황, 산소를 분리분석하여 고체연료의 화학적 조성비를 구하는 방법이다. 우리나라에서 사용하는 석탄은 다음 표 2.4와 같은 조성비를 보인다.

표 2.4 ■ 고체연료의 원소조성

고체연료	C (%)	H (%)	O (%)	N (%)	S (%)
목재	49~51	5.9~6.2	42~44	0.9~1.7	-
갈탄	74~80	6±0.5	12~21	1.4±0.5	0.1~3.5
아탄	62~73	4~5.5	22~30	0.4~1.9	0.3~1.5
역청탄	80~92	5±0.5	2~15	1.4±0.5	0.1~3.5
무연탄	≥92	≤4.5	≤4	1±0.2	0.1~3.5
코크스	92~98	1.1~1.7	0.5~0.8	0.6~0.8	0.3~0.5

2-2 액체연료

2-2-1 액체연료의 특징

액체연료는 석유계 연료, 석탄계 연료, 알코올계 연료, 지방유류(식물계 연료, 동물계 연료) 등이 있다. 이 중에서 일반적으로 가장 많이 사용되는 것은 석유계 연료이다. 석유계 연료의 대체연료로는 알코올계 연료, 지방유류, 석탄 액화유 등이 있다.

1) 장점

1. 운반과 저장이 용이하다.
2. 점화, 소화 및 연소조절이 용이하다.
3. 계량이 용이하다.
4. 연소효율과 열효율이 높다.
5. 품질이 균일하고 발열량이 높다.

2) 단점

1. 연소온도가 높아 국부적인 과열을 일으키기 쉽다.
2. 인화 및 역화의 위험이 크다.
3. 사용 버너의 종류에 따라 소음이 심하다.
4. 국내 생산이 되지 않으므로 가격이 비싸다.
5. 유황 함유량이 많아 대기오염의 원인이 된다.

2-2-2 석유의 분류

원유를 분별증류하여 나프타 (naphtha), 가솔린 (gasoline), 등유 (kerosene), 경유 (light oil), 및 중유 (heavy oil) 순으로 증발하고 최종적으로 아스팔트 (pitch)가 남게 된다. 그림 2.1은 끓는점에 따라 원유가 분리되어 사용되는 석유제품의 분류를 나타낸 것이며, 표 2.5는 원유 증류시 생성되는 액체연료의 성상을 나타낸 것이다.

표 2.5 ■ 액체연료의 종류 및 성상

종류	끓는점(°C)	인화점(°C)	발열량(kcal/kg)	비중(kg/kg)	용도
가솔린	30∼200	−20∼−40	11,000∼11,500	0.7∼0.8	가솔린엔진, 화학공업
등유	160∼250	30∼70	10,500∼11,000	0.82∼0.84	가정용, 난방용, 석유엔진
경유	200∼350	50∼70	10,500∼11,000	0.82∼0.84	보일러용, 고속디젤엔진용
중유	300∼350	60∼150	10,000∼10,800	0.85∼1	보일러용, 디젤엔진용

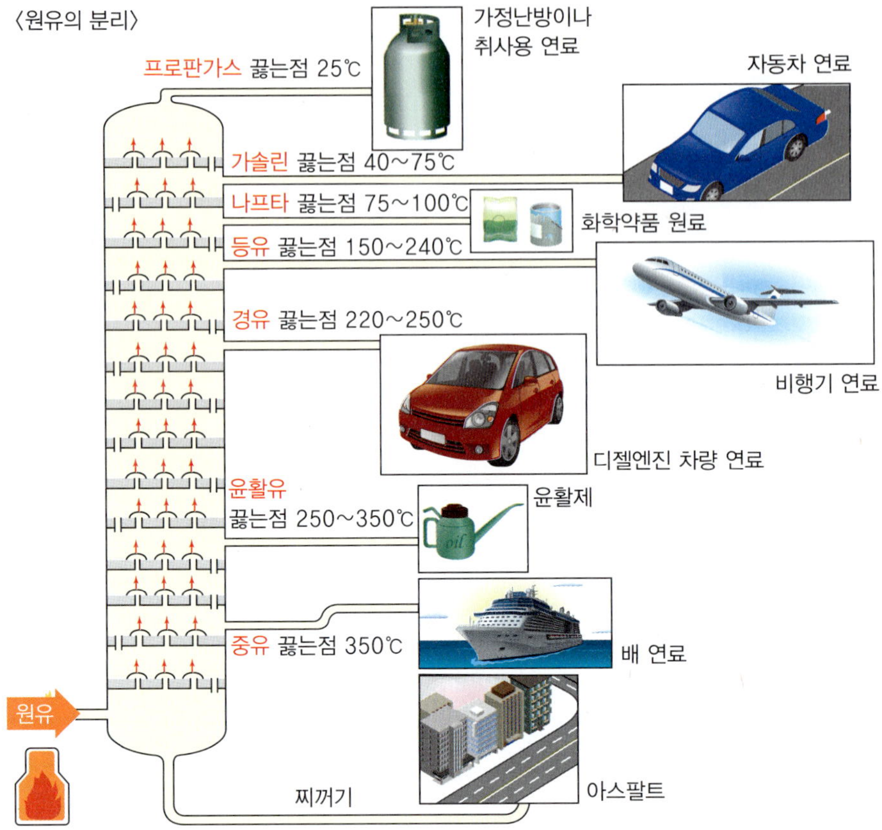

그림 2.1 ▪ 끓는점에 따른 석유제품의 분류

1) 나프타 (Naphtha)

원유를 증류하여 약 30~200°C 범위에서 얻는데, 끓는점 약 30~100°C의 경질나프타(light straight run naphtha)와 끓는점 약 110~200°C 의 중질나프타(heavy straight run naphtha)로 구분한다. 경질나프타의 대부분은 열분해 되어 석유화학의 원료로 사용되고 중질나프타는 개질되어 옥탄가가 높은 가솔린으로 제조된다.

2) 가솔린 (Gasoline)

원유를 증류할 때, 30~200°C 범위에서 분별증류되며, 상온에서 증발되기 쉽고 인화성이 좋아 공기와 혼합되면 폭발성을 지니는 특성을 지닌다. 주로 자동차, 항공, 공업 등의 분야에 널리 쓰인다. 이처럼 가솔린은 연료로서 매우 효과적인 물질이지만, 불완전연소에 의해 뜻하지 않는 폭발을 일으킬 위험이 있다. 따라서 이를 방지하기 위해 4에틸납 (tetraethyl lead)이나 MTBE (methyl tertiary butyl ether)와 같은 제폭제 (anti-knocking)를 조금 첨가하여 사용한다. 제폭제로 4에틸납을 사용하는 가솔린을 흔히 유연휘발유, MTBE를 사용하는 휘발유를 무연휘발유라 한다. 4에틸납의 경우, 인체 및 환경적 측면에서의 문제점으로 인해 1993년 1월 1일부터 유연휘발유는 사라지고 모두 무연휘발유를 사용하고 있다.

3) 등유 (Kerosene)

등유는 가솔린 다음으로 높은 끓는점 범위를 갖는 석유의 한 종류로 끓는점은 약 160~250°C이며 주로 석유난로, 보일러 등 가정난방용으로 주로 사용되고 있다.

4) 경유 (Light Oil, Diesel)

경유는 약 200~350°C 범위에서 얻으며 증류탑에서 등유 다음으로 유출되는 석유이다. 주로 디젤 엔진의 연료로 사용되고 있어 diesel oil이라고도 하며 도시가스의 열량을 높이는 데 사용되어 gas oil이라고 하기도 한다.

5) 중유 (Heavy Oil)

원유로부터 LPG, 가솔린, 등유, 경유 등을 증류하고 남은 기름으로 주로 디젤기관이나 보일러 가열용, 화력발전용으로 사용되는 석유제품으로 우리나라 석유제품 중 수요가 가장 많은 제품이다. 원료로부터의 수율이 가장 많은데 보통 원유 부피의 30~50% 정도를 중유로 얻을 수 있으며 비중이나 점도 등에 따라 A-중유, B-중유, C-중유의 세 종류로 구분된다. 이 중 C-중유는 가장 많이 사용되는 석유제품으로 대기오염의 문제로 인해 황 함유량을 제한하고 있다. 발열량이 석탄에 비해 약 2배가 되고 열효율이 높다.

6) 셰일오일 (Shale Oil)

전통적인 원유는 유기물을 포함한 퇴적암이 변해 지하의 입자가 큰 암석 등을 통과해 지표면 부근까지 이동한 원유로, 한 곳에 모여 있기 때문에 수직시추를 통해 채유한다. 반면, 원유가 생성되는 근원암인 셰일층(유기물을 함유한 암석, 혈암층)에서 뽑아낸 원유를 셰일오일이라 한다. 그림 2.2는 셰일오일 채굴 방법의 개념도를 나타낸 것이다.

셰일오일은 탄소함유량이 많고 황함량이 적은 장점이 있지만, 수직 및 수평시추, 수압파쇄 등 고도의 기술이 필요하고 이로 인해 생산단가가 원유보다 높다는 단점이 있다. 따라서 과거에는 이처럼 난해한 기술과 상용화 비용이 매우 비싸 셰일오일을 활용하지 못했다. 그러나 1990년대 이후 수압을 이용한 수평굴착 기술이 발달하면서 생산원가는 낮아지고 원유의 유가상승으로 새로운 에너지원으로 주목받고 있다.

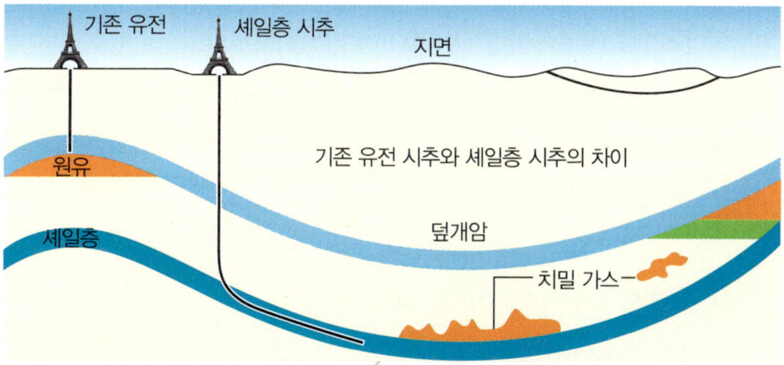

그림 2.2 ▪ 셰일오일의 채굴 방법 개념도 (자료: 한국염색가공학회)

2-2-3 석유의 물리화학적 성질

1) 비중 (Specific Gravity, 比重)

석유의 일반적인 비중은 4°C 의 물에 대한 석유의 무게비로 일반적으로 0.75~0.95이다. API도는 미국석유협회 (American Petroleum Institute)가 정의한 원유의 비중으로 국제적 원유의 비중으로 사용되고 있다. API도는 다음과 같다.

$$\text{API도} = \frac{141.5}{G} - 131.5 \quad \textbf{(2.1)}$$

여기서, G : 60°F (15.6°C)에서 원유의 질량과 그것과 같은 온도에서의 동체적의 물의 질량과의 비이다.

식 (2.1)을 통해 알 수 있듯이, API도는 대체로 비중과 반비례하는 관계를 보이며, 보통 API 34~36도 이상을 경질(輕質)원유, 30도 이하를 중질(重質)원유로 분류한다. 경질일수록 부가가치가 높은 경질 석유제품(휘발유, 경유, 등유 등)의 생산량이 많고 중질일수록 상대적으로 가격이 싼 중유 등 중질 제품이 많이 생산된다.

2) 점도 (Viscosity, 粘度)

액체나 기체의 흐름에서 유속의 분포가 균일하지 않은 경우, 그 속도를 균일하게 하려는 성질을 의미한다. 점도의 크기는 전단응력과 속도구배 사이의 비례상수인 **점성계수** [poise (g/cm · s)]로 나타내며, 점성계수를 유체의 밀도로 나눈 값을 **동점성계수** [stokes (cm^2/s)]라 한다.

3) 인화점 (Flash Point, 引火點)

석유는 액체 그 자체가 직접 불타는 것이 아니라, 석유에서 증발된 기체에 함유된 탄화수소가 공기 속의 산소와 혼합되어 일정 농도 이상이 되면 연소하는데 이 혼합비율이 일정한 범위에 있을 때 일정 온도를 가하면 착화하게 되며 이때의 온도를 **인화점**이라고 한다.

4) 착화점 (Ignition Point, 着火點)

착화점이란 유온(油溫)이 계속 상승하여 증기의 증발이 증가하여 불씨가 없어도 가연성 증기에 불이 붙는 최저온도를 말한다.

5) 증기압 (Vapor Pressure, 蒸氣壓)

증기가 고체나 액체와 동적평형상태에 있을 때의 포화증기압을 말한다. 석유의 증기압은 40°C 에서의 압력 (kg/cm^2)으로 표시한다. 증기압이 높으면 저장, 운반시에 손실을 가져오며 인화점 및 착화점이 낮아서 위험하다. 하지만 증기압이 낮으면 인화점이 높아지며, 연소효율이 저하된다.

6) 유동점 (Pour Point, 流動點)

유체의 온도를 서서히 냉각시켰을 때 응고점에 도달하기 전의 유동성을 인정할 수 있는 온도를 말한다. 일반적으로 응고점보다 2.5°C 높은 온도를 말한다.

7) 발열량 (Heating Value, 發熱量)

발열량이란 연료가 산소와 반응하여 완전연소할 때 단위중량당 발생하는 열량을 말한다. 석유의 발열량은 대체로 9,500~12,000 kcal/kg 정도이며 일반적으로 비중과 끓는점이 높을수록 발열량이 감소한다.

2-2-4 석유의 성분

원유의 주성분은 탄화수소이며, 탄소의 개수가 적을수록 끓는점이 낮으며 오염을 덜 일으킨다. 그 밖의 약간의 질소, 황, 산소 등의 화합물이나 소량의 금속화합물을 함유하고 있다. 일반식이 C_nH_{2n+2}인 파라핀계 탄화수소, C_nH_{2n}인 사이클로 파라핀의 나프텐계탄화수소이며 약간의 방향족탄화수소를 함유하는 것이 보통이다. 자연에 존재하는 석탄과 같은 화석연료는 모두 0.1~5.0%의 유황을 함유한다. 이들 연료가 연소할 때 발생하는 황산화물 (SO_X)에는 이산화황 (SO_2), 아황산 (H_2SO_3), 황산 (H_2SO_4), 그리고 황산염인 황산구리 ($CuSO_4$), 황산마그네슘 ($MgSO_4$) 등이 있다.

저유황연료 (low sulfur oil fuel)란 황함유량이 무게의 비로 1% 미만인 연료를 말한다. 저황유의 황함유기준은 B-C유는 0.3%로, 경유는 0.1%로 강화되었다.

2-2-5 석유의 소비량

2014년도 세계 석유소비량은 하루 9209만배럴이었는데, 1위국은 1903만5000배럴, 점유율 20.7%를 기록한 미국이었다. 중국은 1105만6000배럴(점유율 12.0%)이었고, 일본 429만8000배럴(4.7%), 인도 384만6000배럴(4.2%), 브라질 322만9000배럴(3.5%) 순이었다. 상위 10개국(미국, 중국, 일본, 인도, 브라질, 러시아, 사우디아라비아, 한국, 독일, 캐나다)의 점유율은 59.8 %를 차지했다.

통계로 살펴보는 세계 석유시장 속 한국 석유소비량은 상위 8위이다(그림 2.3). 이는 독일과 캐나다보다 높은 수준이다. 물론 각 국가들의 산업구조, 경제 성장률 차이 등을 고려해야겠지만, 매장량과 생산량 상위 10개국 명단에 우리나라가 없다는 점과 에너지 다소비 국가라는 점에서 우리나라가 절약을 제대로 못하고 있다고 할 수 있다.

그림 2.4는 우리나라 석유제품 종류별 소비량을 1998년부터 2014년까지 나타낸 것으로, 단위는 천배럴(1,000 barrel)이다. 기타는 항공유, 아스팔트, 경질중유, 중유, 윤활유, 용제, 부생연료유, 기타제품을 합하여 나타낸 것이다. 총 소비량은 꾸준히 증가하였으며, 그 중 나프타의 소비량이 많이 증가하였다. 그러나 등유와 B-C유의 소비량은 2000년을 기점으로 꾸준히 감소하였다. 이를 통해서 우리나라 석유제품 소비패턴의 변화를 알 수 있다.

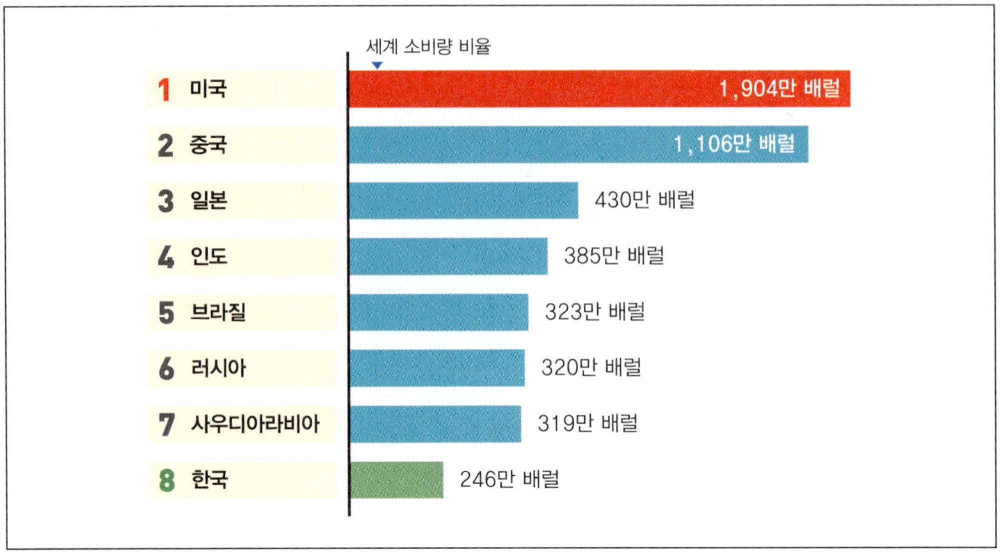

그림 2.3 ▪ 세계에서 석유 소비가 가장 많은 나라 (자료: 2014 영국 석유회사 BP '세계 에너지 통계 보고서')

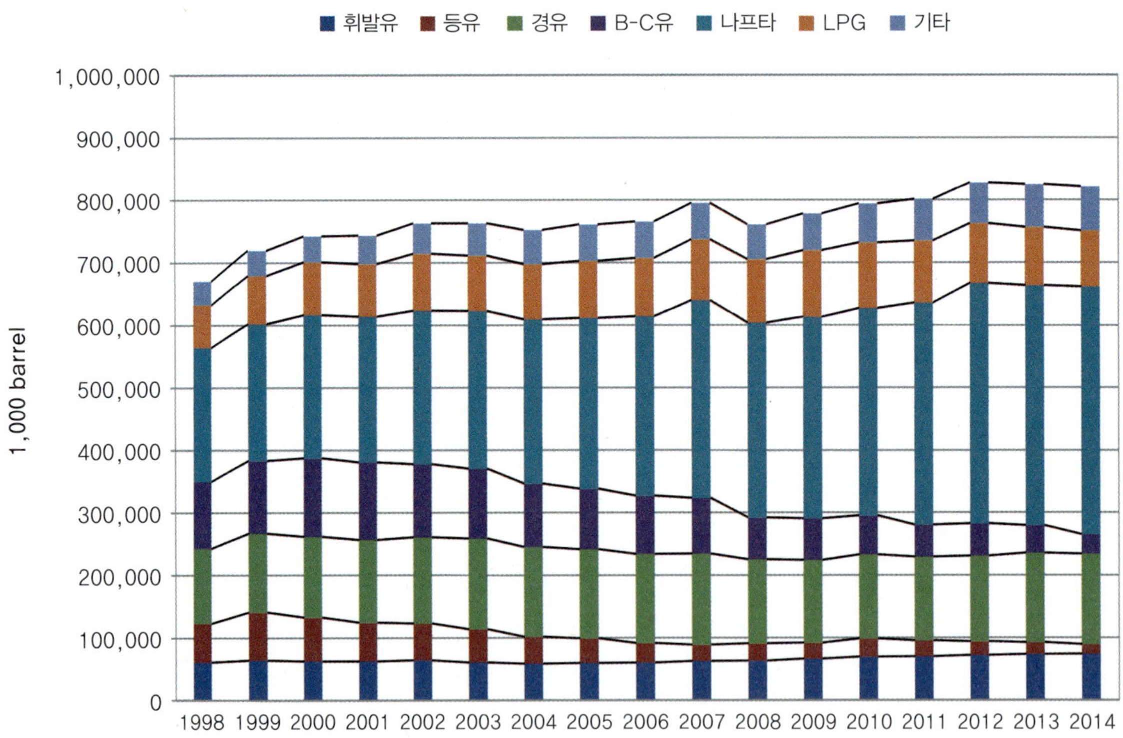

그림 2.4 ▪ 우리나라 석유제품 종류별 소비량

2-3 기체연료

2-3-1 기체 연료의 특징

기체연료는 유전 및 탄전지대에서 생산되는 천연가스, 중질유 및 석탄을 건류하여 만드는 인공가스와 제철과정에서 생성되는 부생가스 등이 있다.

1) 장점

❶ 적은 과잉공기 (10~20%)로 완전연소가 가능하다.
❷ 연료의 예열이 쉽고 저질연료로 고온을 얻을 수 있어 전열 효율을 높일 수 있다.
❸ 회분이나 황성분이 거의 없어 매연이나 SO_2 발생량이 거의 없다.
❹ 부하의 변동범위가 넓고 연소의 조절이 용이하며 점화 및 소화가 간단하다.

2) 단점

❶ 저장 및 수송이 곤란하고 시설비가 많이 든다.
❷ 공기와 혼합하여 점화할 때 누설에 의한 역화, 폭발 등의 위험이 크다.
❸ 배관공사비 등의 설비비가 많이 들고 가격이 비싸다.

2-3-2 기체연료의 종류

1) 액화천연가스 (LNG: liquified natural gas)

자연적으로 발생하여 지하에 매장되어 있는 혼합기체로 메탄 (CH_4)이 주성분이며 대부분 건성가스로 구성되어 있다. 천연가스는 다른 기체연료보다 폭발한계 (5~15%)가 좁고 화염전파속도 (36.4 cm/s)가 늦어 안전하며, 200기압 정도로 압축하면 옥탄가가 높다.

천연가스를 1기압 하에서 −162°C 로 액화시킨 것으로 주성분은 대부분이 메탄이고 그 외에 미량의 에탄, 프로판, 부탄 등으로 구성되어 있다. LNG는 공기보다 가벼워 건물의 천장에 모이는 경향이 있다.

2) 액화석유가스 (LPG: liquified petroleum gas)

LPG는 탄소수가 3~4개인 프로판 (C_3H_8), 프로필렌 (C_3H_6), 부탄 (C_4H_{10}), 부틸렌 (C_4H_8)을 주성분으로 하는 기체연료이다. 상온, 상압에서는 기체이지만 가압 (10~20기압) 및 냉각(−49°C)하면 쉽게 액화되므로 수송 및 저장이 간단하여 가정, 업무용으로 많이 사용된다. LPG는 발열량이 높고 증기압이 낮으며 유황분이 적고 유독성분이 적다. 하지만 연료가 비싸고 가스의 비중이 공기보다 1.5~2배 정도로 커서 누출 시 건물의 바닥에 모여 인화 폭발의 위험성이 커서 취급에 주의하여야 한다.

표 2.6 ■ LNG와 LPG 비교

구분		LNG	LPG	
주성분		메탄 (CH_4)	프로판 (C_3H_8)	부탄 (C_4H_{10})
물성	비중	0.55	1.52	2.01
	연소범위(%)	5~15	2.0~9.5	1.5~9.0
	발화온도(°C)	537	450	287
	액화온도(°C)	−162	−42.1	−0.5
주용도		도시가스	가정, 취사	수송

2-3-3 가스의 성분

기체연료의 종류 및 성상은 표 2.7, 2.8과 같다.

표 2.7 ■ 가스의 성분

종 류	성 분 (%)							고발열량 (kcal/Sm³)	용 도
	CO_2	C_mH_n	O_2	CO	H_2	C_mH_{2n+2}	N_2		
코크스가스	2.5	3.0	0.7	9.9	52.1	27.3	4.5	5,000	도시가스, 제철용
발생로가스	3.5	-	-	26.7	10.2	3.8	55.8	1,480	요로가스
수성가스	8.0	-	0.2	35.0	49.0	1.0	6.8	2,650	원료가스
고로가스	-	-	-	23.9	2.9	-	55.5	900	보일러, 제철용
오일가스	11.6	6.1	0.3	11.6	46.5	23.2	4.7	5,010	도시가스
천연가스(건성)	4.7	-	0.5	-	-	92.5	2.0	10,000~11,000	발전용, 가정용
프로판가스	-	45.2	-	-	-	54.8	-	22,450	공업용
부탄가스	-	55.4	-	-	-	44.6	-	29.150	자동차, 가정용

2-3-4 LNG가스의 소비현황

LNG의 소비현황을 살펴보면 크게 도시가스와 발전용으로 나눌 수 있는데, 도시가스는 다시 주택 업무난방용과 일반용, 산업용, 냉방용, 수송용 그리고 기타로 나눌 수 있다.

2-4 에너지 소비형태

2-4-1 주요 에너지 지표

우리나라는 에너지 자원이 거의 없지만 에너지 소비량이 높은 나라이다. 우리나라에서 소비되는 에너지의 약 97%를 해외 수입에 의존하고 있다.

1차에너지 (primary energy)란 자연상태 그대로 가공하지 않은 에너지로 나무, 석탄, 석유, 천연가스, 우라늄 등의 재생할 수 없는 에너지와 수력, 태양열, 풍력, 바이오매스, 지

표 2.8 ▪ 순수 가스의 물리화학적 성질

성분	화학식	분자량	끓는점(°C)	비중		임계온도(°C)	임계압력 (Mpa)	발화온도(°C)	연소 범위 (%)	총 발열량 MJ/m³ (kcal/m³)	순 발열량 MJ/m³ (kcal/m³)
				액상	기상						
메탄	CH_4	16.04	-161.5	0.42	0.55	-82.6	4.60	537	5.0~15.0	39,87 (9,523)	35.90 (8,574)
에탄	C_2H_6	30.07	-88.6	0.54	1.04	32.2	4.87	472	2.9~13.0	70,40 (16,814)	64.39 (15,380)
프로판	C_3H_8	44.10	-42.1	0.58	1.52	96.6	4.24	450	2.0~9.5	101.23 (24,179)	93.13 (22,244)
i-부탄	i-C_4H_{10}	58.12	-11.6	0.59	2.01	134.7	3.64	460	1.8~8.5	133.68 (31,930)	123.34 (29,458)
n-부탄	n-C_4H_{10}	58.12	-0.5	0.60	2.01	152.0	3.80	287	1.5~9.0	134.23 (32,059)	123.87 (29,586)
i-펜탄	i-C_4H_{10}	72.15	27.8	0.64	2.49	187.2	3.38	420	1.3~8.0	168.16 (40,164)	155.47 (37.132)
n-펜탄	n-C_5H_{12}	72.15	36.1	0.64	2.49	196.5	3.37	260	1.4~8.3	171.98 (41,077)	159.02 (37,132)
n-헥산	n-C_6H_{14}	86.18	68.7	0.68	2.98	233.3	3.03	225	1.1~7.7	209.98 (50,152)	153.80 36,734)
n-헵탄	n-C_7H_{16}	100.20	98.4	0.70	3.46	266.1	2.74	204	1.0~7.0	261.08 (62,359)	194.42 (46,436)

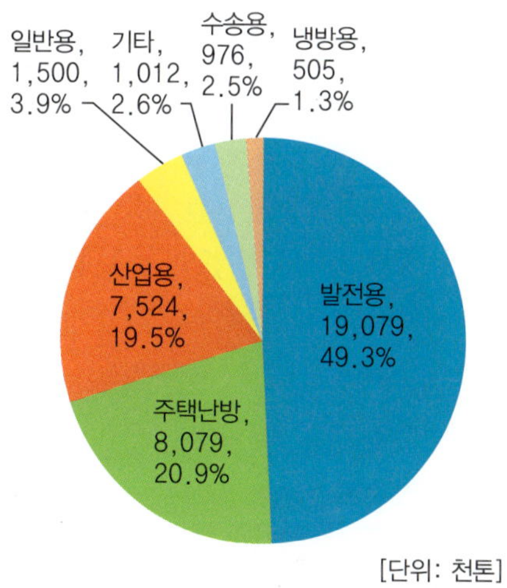

그림 2.5 ▪ 천연가스 소비현황 (출처: 한국가스공사)

열, 조력 등의 **재생가능한 에너지**가 있다. 2011년 연간 에너지 수급량은 1차에너지 기준으로 276.6 × 10^6 TOE 수준으로 1991년 103.6 × 10^6 TOE에 비해 약 2.6배 증가하였다.

2-4-2 에너지 흐름

1) 국가 에너지 흐름

우리나라의 에너지원별 수급량을 각 부문별 비율로 살펴보면 그림 2.6과 같다. 주요 에너지원으로 공급된 에너지 중 31.2%를 차지하고 있는 유류는 상당량이 수송에너지로 공급되며, 일부 산업과 주거 상업 부문에 공급된다. 공급된 에너지 중 29.3%를 차지하는 석탄의 경우, 많은 양이 발전소에 투입되어 전력으로 재생산된다. 그리고 석탄은 산업부문에서도 중요한 에너지원으로서 사용되고 있다. 천연가스는 주거 상업부문에 투입되어 냉 난방, 취사 및 급탕 에너지로 사용되고, 일부 산업부문에 공급되거나 천연가스 발전소에 공급되어 전력에너지 형태로 전환된다.

우리나라 발전에 투입되는 에너지원으로서 석탄, 원자력, 천연가스가 대부분을 차지하고 일부 수력에너지가 투입되고 있다. 발전소에서 전력에너지로 재생산되어 산업, 공공, 주거 상업 부문에 공급되어 사용된다. 에너지 용도면에서 보면 수송 18.9%, 산업 43.9%, 공공 4.5%, 주거 상업 32.7%를 각각 사용하고 있다. 각 에너지 사용에 있어서 에너지 효율에 따라 사용되지 못하는 미가용 에너지가 발생하게 되고 이는 전체 공급에너지의 55.4%에 이를 것으로 추정된다.

표 2.9 ▪ 우리나라의 주요 에너지 지표

항목		1991년	1996년	2001년	2006년	2011년
에너지수급 (1,000 TOE)	1차에너지	103,619	165,212	198,409	233,372	276,636
	최종에너지	83,803	132,033	152,950	173,584	205,863
1차에너지 원별 구성비(%)	석탄	23.7	19.5	23.0	24.3	30.2
	석유	57.5	60.5	50.7	43.6	38.0
	천연가스	3.4	7.4	10.5	13.7	16.7
	수력	1.2	0.8	0.5	0.6	0.6
	원자력	13.6	11.2	14.1	15.9	12.0
	신재생	0.6	0.7	1.2	1.9	2.4
1인당 에너지소비량 (TOE/인)		2.39	3.63	4.19	4.82	5.56
수입의존도[1] (%)		91.0 (77.5)	97.3 (86.1)	97.3 (83.2)	86.5 (80.6)	96.5 (84.4)

1) 괄호안의 수치는 원자력 발전을 국내생산에 포함시 수입의존도임.

그림 2.6 ▪ 우리나라의 에너지 흐름도(열량 기준)

2) 서울의 에너지 흐름

우리나라 국가전체의 에너지 흐름과 비교하여, 서울시의 에너지 흐름을 보여주는 그림 2.7와의 비교를 통해 도시지역의 에너지 수급을 이해할 수 있다. 서울과 같은 대도시는 구조적 특성상 에너지의 흐름 구조가 단순하다. 서울시에는 산업시설이 거의 없고, 주거 및 상업지구가 발달한 도시유형에 해당한다.

서울시에서 사용되는 에너지는 전력이 47.3%, 천연가스가 24.1% 유류가 25.8%로 전체 에너지 사용량의 97% 이상을 차지하고 있는 주요 에너지원들이다. 국가 전체적으로 살펴보았을 때는 큰 비중으로 사용되던 석탄에너지가 대도시인 서울시에서는 1차에너지 형태로 직접 이용되지 않고 지방에 위치하고 있는 발전소에서 가공되어 사용이 용이한 전력에너지로 공급된다. 유류에너지 또한 거의 대부분이 수송용으로만 사용되며 극히 일부 제한적인 양이 산업부문이나 주거 상업부문에 공급되고 있을 뿐이다. 천연가스의 경우 대

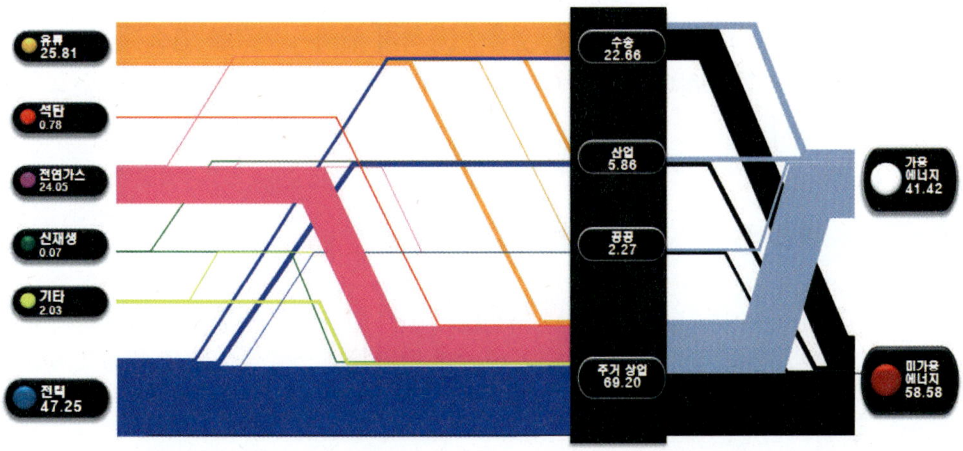

그림 2.7 ▪ 서울시 에너지 흐름도(열량기준)

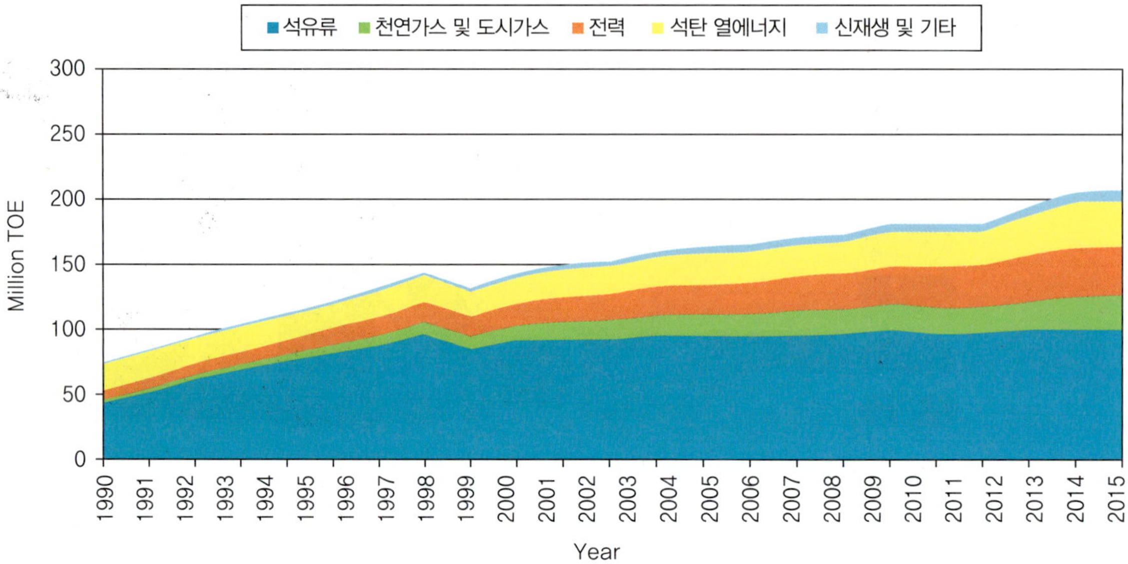

그림 2.8 ■ 우리나라의 최종에너지 원별 소비량 추이

부분이 주거 상업부문에 공급되어 사용되고 있다. 에너지 용도는 전국과는 다르게 수송 22.9%, 산업 5.9%, 공공 2.3%, 주거상업 69.2%를 각각 사용하고 있다. 따라서 대도시의 대기오염에서는 주거, 상업과 수송에 기여가 높음을 주목해야 한다.

2-5 연소이론

연소공정을 개선하고 대기오염을 효율적으로 방지하기 위해서는 연소반응 전후에 물질보존의 법칙을 적용하여 물질수지 (material balance)를 맞추고, 연소공기량, 연소가스량 및 기타의 연소반응에 대한 충분한 이해가 필요하다. 액체 고체연료 중의 가연성 원소와 기체연료 중의 단순성분 가스의 연소계산표는 표 2.10과 같다.

즉, 연소는 연료가 산소 (O_2)와 결합하여 CO_2와 H_2O가 생성되는 것이며, 이 과정에서 열 (heat)이 발생한다. 이 열을 이용하기 위해서 연료를 연소시키는 것이며, 이 연소에 따라 부산물로 CO_2와 H_2O가 발생하게 되며, 공기 중 질소 (N_2)는 연소과정에 개입하지 않는다.

2-6 이론산소량과 이론공기량

연료를 완전연소시키는데 필요한 최소의 산소량을 **이론산소량** (O_0)이라고 한다. 기체연료, 액체연료 및 고체연료는 그 조성에 따라 연소반응식에서 연소에 필요한 이론산소량을 계산할 수 있다. 또한, 이론산소량을 포함하는 공기량을 **이론공기량** (A_0)이라고 한다.

$$\text{이론공기량 } (A_0) = \frac{\text{이론산소량 } (O_0)}{\text{공기 중의 산소 부피조성비 } (0.21)}$$

표 2.10 ■ 연소성분에 따른 가스의 연소계산표 (Nm^3/kg, Nm^3/Nm^3)

구분		연소방정식	필요산소량 (Nm^3/Nm^3)	연소생성물 (Nm^3/Nm^3)		잔류질소량 (Nm^3/Nm^3)
			O_2	CO_2	H_2O	N_2
고체 및 액체연료	탄소 (C)	$C + O_2 = CO_2$ 12 32 44 kg 22.4 22.4 Nm^3	1.867	CO_2	1.867	7.022
		$C + \frac{1}{2}O_2 = CO$ 12 16 28 kg 11.2 22.4 Nm^3	0.933	CO	1.867	3.511
	수소 (H)	$H_2 + \frac{1}{2}O_2 = H_2O$ 2 16 18 kg 11.2 22.4 Nm^3	5.6	H_2O	11.2	21.07
	황 (S)	$S + O_2 = SO_2$ 32 32 64 kg 22.4 22.4 Nm^3	0.7	SO_2	0.7	2.63
기체연료	수소 (H_2)	$H_2 + \frac{1}{2}O_2 = H_2O$ 22.4 11.2 22.4 Nm^3 1 0.5 1 Nm^3	0.5	-	1	1.88
	일산화탄소 (CO)	$CO + \frac{1}{2}O_2 = CO_2$ 22.4 11.2 22.4 Nm^3 1 0.5 1 Nm^3	0.5	1	-	1.88
	메탄가스 (CH_4)	$CH_4 + 2O_2 = CO_2 + 2H_2O$ 22.4 2 × 22.4 22.4 2 × 22.4 Nm^3 1 2 1 2 Nm^3	2	1	2	7.52
	탄화수소 (C_mH_n)	$C_mH_n + (m + \frac{n}{4})O_2 = mCO_2 + \frac{n}{2}H_2O + Q$	$(m + \frac{n}{4})$	m	$\frac{n}{2}$	$3.76(m + \frac{n}{4})$

예제 2.1 공기 중 산소와 질소의 부피조성비가 각각 21%, 79%라고 가정할 때, 이 혼합기체의 무게 조성비를 구하라.

풀이

$$O_{2m} = \frac{O_2(\text{산소의 무게})}{M_n(\text{혼합기체의 무게})}$$

$$= \frac{M_1 \cdot X_1}{M_1 \cdot X_1 + M_2 \cdot X_2 + ... + M_n \cdot X_n}$$

$$= \frac{32 \times 0.21}{32 \times 0.21 + 28 \times 0.79}$$

$$= 0.233$$

$$N_{2m} = \frac{N_2(\text{질소의 무게})}{M_n(\text{혼합기체의 무게})}$$

$$= \frac{M_1 \cdot X_1}{M_1 \cdot X_1 + M_2 \cdot X_2 + \ldots + M_n \cdot X_n}$$

$$= \frac{28 \times 0.79}{32 \times 0.21 + 28 \times 0.79}$$

$$= 0.767$$

따라서, 공기 중 무게조성비는 산소가 23.3%, 질소가 76.7%이다.

연소계산에서는 연소되는 산소만이 중요시 되므로 산소는 21%로 하고, 산소가 아닌 모든 가스는 연소와 무관하게 다시 배출되는 것으로 가정하여 질소와 같이 79%로 취급한다.

2-6-1 액체연료 및 고체연료

$$A_0 = \frac{1}{0.21} \times O_0$$

$$= \frac{1}{0.21} \times \left\{\frac{22.4}{12}C + \frac{11.2}{2}H + \frac{22.4}{32}S - \frac{22.4}{32}O\right\} \quad [Nm^3 \cdot Air/kg \cdot Fuel]$$

$$= \frac{1}{0.21} \times \left\{1.867C + 5.6H + 0.7S - 0.7O\right\}$$

$$= \frac{1}{0.21} \times \left\{1.867C + 5.6(H - \frac{O}{8}) + 0.7S\right\}$$

여기서, A_0: 연료 1 kg의 연소에 필요한 이론공기 량 [Nm^3 · Air/kg · Fuel]
O_0: 연료 1 kg의 연소에 필요한 이론산소량 [Nm^3 · O_2/kg · Fuel]
C: 연료 1 kg 중의 탄소의 양 [kg · C/kg · Fuel]
H: 연료 1 kg 중의 수소의 양 [kg · H/kg · Fuel]
S: 연료 1 kg 중의 황의 양 [kg · S/kg · Fuel]
O: 연료 1 kg 중의 산소의 양 [kg · O_2/kg · Fuel]

연료 중에 포함되어 있는 수소의 일부는 산소와 결합하여 결합수 H_2O의 상태로 존재한다. 따라서 이 수소는 연소되지 않기 때문에 전체 수소에서 제외되어야 한다. 수소와 산소는 1:8의 중량비로 결합하기 때문에 1 kg의 산소는 1/8 kg의 수소와 결합한다. 따라서 실제로 $(H - \frac{O}{8})$의 수소만이 연소되며, 이 수소를 유효수소 (有效水素)라 한다.

예제 2.2 탄소, 수소, 산소, 황의 중량비가 각각 86.6%, 4.0%, 8.0%, 1.4%인 중유를 연소시키는데 필요한 이론산소량 (Nm^3/kg)과 이론공기량 (Nm^3/kg)을 구하라.

풀이

우선, 연료 전체의 중량을 1 kg이라고 가정하면, 탄소는 0.866 kg, 수소는 0.04 kg, 산소는 0.08 kg, 황은 0.014 kg이므로

① 이론산소량은

$$O_0 = \frac{22.4}{12}C + \frac{11.2}{2}H + \frac{22.4}{32}S - \frac{22.4}{32}O\ [Nm^3 \cdot O_2/kg \cdot Fuel]$$

$$= \frac{22.4}{12} \times 0.866 + \frac{11.2}{2} \times 0.04 + \frac{22.4}{32} \times 0.014 - \frac{22.4}{32} \times 0.08$$

$$= 1.79\ Nm^3 \cdot O_2/kg \cdot Fuel$$

② 이론공기량은

$$A_0 = \frac{O_0}{0.21}$$

$$= \frac{1.79}{0.21} = 8.54\ Nm^3 \cdot Air/kg \cdot Fuel$$

2-6-2 기체연료

기체연료인 경우는 부피로 계산하기 때문에 1 kmol은 22.4 Nm^3로서 결국 몰비 (mole ratio)로 계산하는 것이 편리하다.

$$A_0 = \frac{1}{0.21} \times O_0$$

$$= \frac{1}{0.21} \times \left\{0.5H_2 + 0.5CO + \Sigma(m + \frac{n}{4})\ C_mH_n - O_2\right\} \qquad [Nm^3 \cdot Air/Nm^3 \cdot Fuel]$$

여기서 A_0: 연료 1 Nm^3의 연소에 필요한 이론공기량 [$Nm^3 \cdot Air/Nm^3 \cdot Fuel$]

O_0: 연료 1 Nm^3의 연소에 필요한 이론산소량 [$Nm^3 \cdot O/Nm^3 \cdot Fuel$]

H_2: 연료 1 Nm^3 중의 수소의 양 [$Nm^3 \cdot H_2/Nm^3 \cdot Fuel$]

CO: 연료 1 Nm^3 중의 일산화탄소의 양 [$Nm^3 \cdot CO/Nm^3 \cdot Fuel$]

C_mH_n: 연료 1 Nm^3 중의 탄화수소의 양 [$Nm^3 \cdot C_mH_n/Nm^3 \cdot Fuel$]

O_2: 연료 1 Nm^3 중의 산소의 양 [$Nm^3 \cdot O_2/Nm^3 \cdot Fuel$]

예제 2.3 프로판 (C_3H_8) 1 Nm^3을 연소하는데 필요한 이론공기량 (Nm^3/Nm^3)을 구하라.

풀이

연소반응식에 의해 다음과 같은 반응이 일어난다.

$$C_3H_8 + 5O_2 = 3CO_2 + 4H_2O$$

22.4 Nm^3 : 5 × 22.4 Nm^3

1 Nm^3 : 5 Nm^3

위 반응식에서 프로판을 1 Nm^3을 연소하는데 필요한 이론산소량은 5 Nm^3이다. 따라서 이론공기량은 다음과 같다.

$$A_0 = \frac{O_0}{0.21}$$

$$= \frac{5}{0.21} = 23.81\ Nm^3 \cdot Air/Nm^3 \cdot Fuel$$

2-7 실제공기량

사실상 이론공기량만으로는 연료를 완전연소 시키기 어렵기 때문에, 약간의 추가공기를 필요로 한다. 이 공기량을 **실제공기량** (A)이라 하고 다음과 같다.

$$A = m \cdot A_0\ (m > 1)$$

$$m = \frac{A}{A_0} > 1$$

여기서, m은 **공기비**(空氣比) 또는 **과잉공기계수**(過剩空氣係數)라고 한다. 또한, 과잉공기율 (A_p)은 다음과 같이 계산된다.

$$A_p = \frac{A_G}{A_0} = \frac{A - A_0}{A_0} = \frac{mA_0 - A_0}{A_0} = \frac{A_0(m-1)}{A_0} = (m-1)$$

여기서, A_G는 과잉공기량 ($A - A_0$) 이다. 예를 들면, 과잉공기율이 30%이면 공기비는 1.3이 된다.

예제 2.4 CH_4 95%, CO_2 1%, O_2 4%인 기체연료 1 Nm^3에 대하여 10.8 Nm^3의 공기를 공급하여 연소시켰다. 이 경우 공기비는 얼마인가?

풀이

$m = \frac{A}{A_0}$ 이며, 문제에서 실제공기량 A는 10.8 Nm^3이고, 연료의 성분 중 가연성분은 CH_4 뿐이다. 또한, CO_2는 반응이 종결된 불연성분이며, O_2는 조연성분이므로 이론공기

량은 다음과 같이 구할 수 있다.

$$CH_4 + 2O_2 = CO_2 + 2H_2O \qquad O_2 \longrightarrow O_2$$

$$1\ Nm^3 : 2\ Nm^3 \qquad 1\ Nm^3 : 1\ Nm^3$$

$$A_0 = \frac{O_0}{0.21}$$

$$= \frac{(2 \times 0.95 - 1 \times 0.04)}{0.21} = 8.86\ Nm^3 \cdot Air/Nm^3 \cdot Fuel$$

$$m = \frac{A}{A_0} = \frac{10.8}{8.86} = 1.22$$

연료를 연소시킬 때 공기를 과잉으로 공급하면 공급된 공기가 연소과정을 빠져나가면서 열손실이 일어난다. 또한, 공기가 부족할 경우에는 불완전연소로 인한 열손실과 미연성분이 대기오염물질로 배출되어 바람직하지 못하다. 공기비는 연료의 종류 및 연소방법에 따라 각각 다르다. 따라서 연료의 종류와 연소방법에 따라 적정한 공기비로 완전연소시키는 것이 에너지 측면이나 대기오염방지 차원에서도 바람직하다. 연소방법에 따른 과잉공기계수의 범위는 표 2.11과 같다.

표 2.11 ▪ 각종 연소방법에 따른 과잉공기계수의 범위

연소방법	가스 연소	기름 연소	미분탄 연소	체인 스토커	수평 화격자
공기비 (m)	1.1～1.2	1.2～1.4	1.2～1.4	1.3～1.5	1.7～2.0
CO_2 (%)	8～20	11～14	11～15	10～14	8～10

※ Co_2는 연소가스 중 Co_2의 부피 백분율(%)

공기비는 계산하는 방법은 여러 가지가 있다. 첫째, 이론공기량과 실제공기량을 이용하는 방법은 $m = \frac{A}{A_0}$ 수식을 이용하며, 둘째, 연소가스의 조성결과를 이용하는 방법은 다음 수식을 이용한다.

$$m = \frac{21(N_2)}{21(N_2) - 79\{(O_2) - 0.5(CO)\}}$$

한편, 수소의 중량비가 극히 적고, 완전연소인 경우에는 다음과 같은 간단한 수식을 적용할 수 있다.

$$m = \frac{21}{21 - O_2}$$

여기서, O_2: 연소가스 중 산소의 부피 백분율 [%]

N_2: 연소가스 중 질소의 부피 백분율 [%]
CO: 연소가스 중 CO의 부피 백분율 [%]

2-8 공연비와 등가비

공연비 (AFR: air/fuel ratio)는 연소시 공급되는 연료에 대한 공기의 비를 말한다. 이론공연비 (A_0/F)는 공기와 연료와의 혼합과 접촉이 완전하고 연소반응이 순간적으로 진행되어 주입된 공기가 100% 효율로 사용되었을 때의 공연비이다.

2-8-1 이론공연비 (A_0/F)

무게기준 이론공연비: $AFR_{0m} = \dfrac{M_a \times m_a}{M_f \times m_f}$

부피기준 이론공연비: $AFR_{0v} = \dfrac{M_a \times 22.4\ Nm^3}{M_f \times 22.4\ Nm^3} = \dfrac{M_a}{M_f}$

여기서, M_a: 공기의 분자량 [28.97 kg/kg mole]
m_a: 공기의 몰수 [이론공기량, kg mole]
M_f: 연료의 분자량 [M kg/kg mole]
m_f: 연료의 몰수 [kg mole]

2-8-2 실제공연비 (A/F)

무게기준 실제공연비: $AFR_m = \dfrac{M_a \times m_a \times m}{M_f \times m_f}$

부피기준 실제공연비: $AFR_v = \dfrac{M_a \times 22.4\ Nm^3 \times m}{M_f \times 22.4\ Nm^3} = \dfrac{M_a \times m}{M_f}$

여기서, M_a: 공기의 분자량 [28.97 kg/kg mole]
m_a: 공기의 몰수 [이론공기량, kg mole]
M_f: 연료의 분자량 [M kg/kg mole]
m_f: 연료의 몰수 [kg mole]
m: 공기비 [과잉공기계수]

그림 2.9는 공기와 연료의 비에 따라 발생하는 오염물질의 발생량을 나타낸 것이다. 그림에서 보듯이, 완전연소인 경우 공연비로 연소할 때 CO_2가 최대가 되고 다른 오염물질의 양은 최소가 된다. 이론공연비에 비해 공기의 양이 적으면 (즉, 공연비가 작으면), 배출가스 중에는 CO가 많게 되며, 공기의 양이 많으면 (즉, 공연비가 크면) CO의 배출량이 감소하게 된다. 이 경우 과잉공기에 의해 연소온도가 낮아져 열손실이 많게 된다.

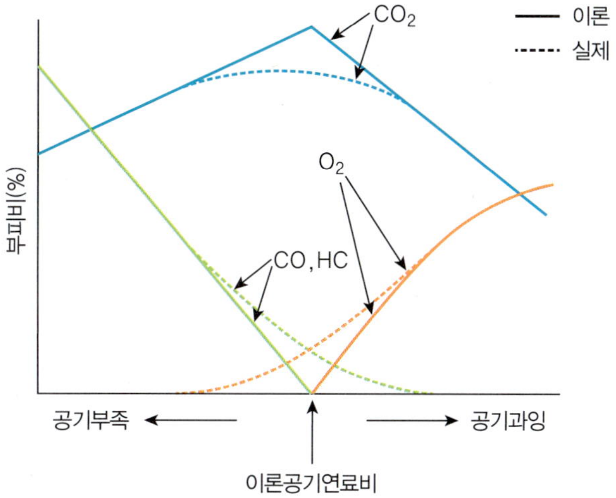

그림 2.9 ▪ 연소시 공연비에 따른 HC, CO, CO_2의 변화량

2-8-3 등가비

등가비(等價比: equivalence; φ)는 일정량의 이론적인 공연비에 대한 실제연소되는 공연비의 비율을 나타내는 것으로서 **당량비**(當量比)라고도 한다. 등가비 φ는 다음과 같이 표시된다.

$$\varphi = \frac{(F/A)_a}{(F/A)_0} = \frac{1}{m}$$

여기서, m은 공기비로서 이론공기량에 대하여 실제공기량의 비를 나타내므로 등가비의 역수가 된다. 따라서, $\varphi > 1$ (즉, $m < 1$)일 때, 연료가 과잉으로 공급되어 연소되어 **과농연소**라고 하고, $\varphi < 1$ (즉, $m > 1$)일 때, 공기가 과잉으로 공급되어 연소되어 **희박연소**라고 한다. 특히, 특히, $\varphi = 1$ (즉, $m = 1$)일 때, 이상적인 연소가 된다.

2-9 이론 연소가스량

연료가 이론공기량으로 완전연소하였을 때의 생성가스량을 이론 연소가스량 (G_0)이라고 하고, 연료의 조성을 알면 표 2.11 및 표 2.13에 나타낸 방법으로 계산할 수 있다. 사실상 연료의 연소가스 중에는 연료 중의 수분과 수소의 연소에 따라 발생하는 수증기가 불포화 상태로 함유되어 있다. 이 수증기를 함유한 연소가스를 **이론습연소가스량** (G_{wO})이라고 하고, 수증기를 제외한 것을 **이론건연소가스량** (G_{dO})이라고 한다.

2-9-1 액체연료 및 고체연료

$$G_{w0} = (1 - 0.21)A_0 + \Sigma CO_2 + \Sigma H_2O + \Sigma SO_2 \qquad [Nm^3 \cdot Gas/kg \cdot Fuel]$$

$$= (1 - 0.21)A_0 + \frac{22.4}{12}C + \frac{22.4}{2}H + \frac{22.4}{32}S + \frac{22.4}{18}W$$

$$= (1 - 0.21)A_0 + 1.867C + 11.2H + 0.7S + 1.244W$$

$$G_{d0} = (1 - 0.21)A_0 + 1.867C + 0.7s$$

여기서, G_{wO}: 연료 1 kg을 연소시켰을 때의 이론 습연소가스량 [Nm^3 · Gas/kg · Fuel]
G_{dO}: 연료 1 kg을 연소시켰을 때의 이론 건연소가스량 [Nm^3 · Gas/kg · Fuel]
C: 연료 1 kg 중의 탄소의 양 [kg · C/kg · Fuel]
H: 연료 1 kg 중의 수소의 양 [kg · H/kg · Fuel]
S: 연료 1 kg 중의 황의 양 [kg · S/kg · Fuel]
W: 연료 1 kg 중의 수분의 양 [kg · W/kg · Fuel]

2-9-2 기체연료

기체연료 1 Nm^3에 대한 습연소가스량, G[Nm^3 · Gas/Nm^3 · Fuel]는 연료의 성분에 따라 연소 전 · 후의 부피변화를 고려하여 다음 식으로 구할 수 있다. 공기량 계산에서와 마찬가지로 기체연료는 주로 부피기준으로 계산하기 때문에 몰 비로 계산하는 것이 편리하다.

$$G_{w0} = (1 - 0.21)A_0 + \Sigma CO_2 + \Sigma H_2O \qquad [Nm^3 \cdot Gas/Nm^3 \cdot Fuel]$$

$$= (1 - 0.21)A_0 + CO_2 + H_2O + H_2O'$$

$$G_{d0} = (1 - 0.21)A_0 + CO_2$$

여기서, G_{wO}: 연료 1 Nm^3을 연소시켰을 때의 이론 습연소가스량 [Nm^3 · Gas/Nm^3 · Fuel]
G_{dO}: 연료 1 Nm^3을 연소시켰을 때의 이론 건연소가스량 [Nm^3 · Gas/Nm^3 · Fuel]
CO_2: 연료 1 Nm^3 중의 이산화탄소의 양 [Nm^3 · CO/Nm^3 · Fuel]
H_2O: 연료 1 Nm^3 중의 수소의 양 [Nm^3 · H_2/Nm^3 · Fuel]
H_2O': 연료 1 Nm^3 중의 수분의 양 [Nm^3 · W/Nm^3 · Fuel]

2-10 실제 연소가스량

실제 연소가스량도 다음과 같이 연소의 조성 및 공기비 계산으로 구할 수 있다.

실제 습연소가스량 (G_w) = 이론 연소가스량 (G_0) + 과잉공기량 [$A_G = A_0 (m - 1)$]

$$= G_0 + A_0 (m - 1)$$

$$= [(1 - 0.21) A_0 + \text{연소생성물} (CO_2, H_2O, SO_2, \cdots)] + A_0(m - 1)$$

$$= (m - 0.21) A_0 + \text{연소생성물} (CO_2, H_2O, SO_2, \cdots)$$

실제 건연소가스량 (G_d) = 실제 습연소가스량(G_w) − ΣH_2O

2-10-1 액체연료 및 고체연료

$$G_w = (m - 0.21)A_0 + \Sigma CO_2 + \Sigma H_2O + \Sigma SO_2 \quad [Nm^3 \cdot Gas/kg \cdot Fuel]$$

$$= (m - 0.21)A_0 + \frac{22.4}{12}C + \frac{22.4}{2}H + \frac{22.4}{32}S + \frac{22.4}{18}W$$

$$= (m - 0.21)A_0 + 1.867C + 11.2H + 0.7S + 1.244W$$

$$G_d = (m - 0.21)A_0 + 1.867C + 0.7S$$

여기서, G_w: 연료 1 kg을 연소시켰을 때의 실제 습연소가스량 $[Nm^3 \cdot Gas/kg \cdot Fuel]$
G_d: 연료 1 kg을 연소시켰을 때의 실제 건연소가스량 $[Nm^3 \cdot Gas/kg \cdot Fuel]$
C: 연료 1 kg 중의 탄소의 양 [kg · C/kg · Fuel]
H: 연료 1 kg 중의 수소의 양 [kg · H/kg · Fuel]
S: 연료 1 kg 중의 황의 양 [kg · S/kg · Fuel]
W: 연료 1 kg 중의 수분의 양 [kg · W/kg · Fuel]

2-10-2 기체연료

$$G_w = (m - 0.21)A_0 + \Sigma CO_2 + \Sigma H_2O \quad [Nm^3 \cdot Gas/Nm^3 \cdot Fuel]$$

$$= (m - 0.21)A_0 + CO_2 + H_2O + H_2O'$$

$$G_d = (m - 0.21)A_0 + CO_2$$

여기서, G_w: 연료 1 Nm^3을 연소시켰을 때의 실제 습연소가스량 $[Nm^3 \cdot Gas/Nm^3 \cdot Fuel]$
G_d: 연료 1 Nm^3을 연소시켰을 때의 실제 건연소가스량 $[Nm^3 \cdot Gas/Nm^3 \cdot Fuel]$
CO_2: 연료 1 Nm^3 중의 이산화탄소의 양 $[Nm^3 \cdot CO_2/Nm^3 \cdot Fuel]$
H_2O: 연료 1 Nm^3 중의 수소의 양 $[Nm^3 \cdot H_2/Nm^3 \cdot Fuel]$
H_2O': 연료 1 Nm^3 중의 수분의 양 $[Nm^3 \cdot W/Nm^3 \cdot Fuel]$

표 2.14는 석탄 및 중유를 비롯한 각종 연료에 대한 이론공기량, 이론 습연소가스량 및 최대 탄산가스량을 보여주고 있다.

2-10-3 최대 탄산가스량

연료가 완전연소 된다면 연소가스 중 CO_2의 농도는 연료 중 탄소의 함량과 공기비에 의해 결정된다. 즉, C는 모두 O_2와 반응하여 CO_2가 되므로 CO_2의 부피를 건연소가스량으로 나누어 구할 수 있다. 이론공기량으로 완전연소될 때 연소가스 중의 CO_2의 비율은 최대값이 되며, 이때의 CO_2 양을 **최대 탄산가스량**이라고 정의한다. 이 $(CO_2)_{max}$ 값은 연료의 조성에 따라 달라지며, 연료의 특성 값이 된다. 따라서, 연소시에는 연소가스 중 CO_2가 최대가 되도록 설계하는 것이 이상적이다. 다음과 같이 여러 가지 수식을 이용하여 구할 수 있다.

표 2.12 ▪ 각종 연료의 이론공기량, 이론 습연소가스량 및 최대 탄산가스량

연료의 종류	이론공기량 (A_0)		이론 습연소가스량 (G_0)		최대 탄산가스량 [$(CO_2)_{max}$]
갈탄	5.5~7.0		7.5~8.5		19~21
역청탄	7.5~8.5		8~10		18~20
무연탄	8.5~8.8		9~11		19~20
코크스	8.0~8.8	Nm^3/kg	11~12	Nm^3/kg	20~21
탄소	8.9		8.9		21
경유	11.2		11.8		15~16
중유	10.0~11.0		10.5~11.5		15~16
석탄 가스	4~4.8		5.8~6.0		11
발생로가스	2.1~2.2	Nm^3/Nm^3	3.2~4.4	Nm^3/Nm^3	18~19
고로 가스	0.6~0.8		1.7~1.75		24
천연 가스	8.5~8.7		9.5~9.7		11~12

예제 2.5 프로판 (C_3H_8) 1 Nm^3를 공기비 1.2로 완전연소시킬 때 실제 습연소가스량 (Nm^3) 및 실제 건연소가스량 (Nm^3)을 구하라.

풀이

실제 습연소가스량은 다음과 같은 식을 이용하여 구할 수 있다.

$$G_w = (m - 0.21)A_0 + \Sigma CO_2 + \Sigma H_2O \qquad [Nm^3 \cdot Gas/Nm^3 \cdot Fuel]$$

① 프로판이 연소될 때 반응식은 다음과 같다.

$$C_3H_8 \quad + \quad 5O_2 \quad = \quad 3CO_2 \quad + \quad 4H_2O$$

$$22.4 : 5 \times 22.4 : 3 \times 22.4 : 4 \times 22.4$$

$$1 : 5 : 3 : 4$$

② 따라서 기체연료 1 Nm^3을 연소하는데 필요한 이론산소량은 5 Nm^3이다. 따라서 이론공기량은

$$A_0 = \frac{1}{0.21} \times O_0$$

$$= \frac{1}{0.21} \times 5 = 23.81\ Nm^3 \cdot Air/Nm^3 \cdot Fuel$$

③ 공기비 m은 1.2이므로 실제공기량은

$$A = 1.2 \times 23.81 = 28.57\ Nm^3 \cdot Air/Nm^3 \cdot Fuel$$

④ $G_w = (1.2 - 0.21) \times 23.8 + 3 + 4 = 30.56\ Nm^3 \cdot Gas/Nm^3 \cdot Fuel$

⑤ $G_d = 30.56 - 4 = 26.56\ Nm^3 \cdot Gas/Nm^3 \cdot Fuel$

1) 연료의 원소조성

$$(CO_2)_{max} = \frac{\Sigma CO_2}{G_{do}} \times 100 \qquad [\%]$$

여기서, G_{do}은 이론건연소가스량이다.

2) 공기비 (m으로 완전연소시)

$$(CO_2)_{max} = m \cdot CO_2 = \frac{21 \cdot CO_2}{21 - O_2} \qquad [\%]$$

3) 불완전 연소할 때

$$(CO_2)_{max} = \frac{21(CO_2 + CO)}{21 - [O_2 + 0.395(CO)]} \qquad [\%]$$

여기서, CO_2: 배출가스 중의 CO_2 농도 (%)
CO: 배출가스 중의 CO 농도 (%)
O_2: 배출가스 중의 O_2 농도 (%)

예제 2.6 탄소 82%, 수소 12%, 산소 3%, 황 2%, 수분 1%의 조성을 가진 중유를 연소시킬때, 이론적 $(CO_2)_{max}$를 구하라.

풀이

① 먼저 이론공기량은

$$A_0 = \frac{1}{0.21} \times O_0 \qquad [Nm^3 \cdot Air/kg \cdot Fuel]$$

$$= \frac{1}{0.21} \times \left\{\frac{22.4}{12}C + \frac{11.2}{2}H + \frac{22.4}{32}S - \frac{22.4}{32}O\right\}$$

$$= \frac{1}{0.21} \times \left\{\frac{22.4}{12} \times 0.82 + \frac{11.2}{2} \times 0.12 + \frac{22.4}{32} \times 0.02 - \frac{22.4}{32} \times 0.01\right\}$$

$$= 10.46\ Nm^3 \cdot Air/kg \cdot Fuel$$

② 이론건연소가스량은

$$G_{do} = (1 - 0.21)A_0 + \Sigma CO_2 + \Sigma SO_2 \qquad [Nm^3 \cdot Gas/kg \cdot Fuel]$$

$$= (1 - 0.21) \times 10.46 + \frac{22.4}{12} \times 0.82 + \frac{22.4}{32} \times 0.02$$

$$= 9.79\ Nm^3 \cdot Gas/kg \cdot Fuel$$

③ CO_2 량은

$$CO_2 = \frac{22.4}{12} \times 0.82 = 1.53\ Nm^3 \cdot CO_2/kg \cdot Fuel$$

따라서, $(CO_2)_{max}$는

④ $(CO_2)_{max} = \dfrac{\Sigma CO_2}{G_{do}}$

$$= \frac{1.53}{9.79} \times 100 = 15.6\%$$

2-11 연소가스중의 대기오염물질 농도

연료의 단위기준량 (액체 및 고체연료인 경우 1 kg, 기체연료인 경우 1 Nm^3)과 연료의 조성결과를 이용하여 연소시 생성되는 연소배출가스 중의 대기오염물질의 농도를 이론적으로 계산할 수 있다.

가스상 오염물질 중 황산화물의 농도를 예를 들어 설명한다. 만약, 연료 중 황은 연소에 의하여 대부분 아황산가스 (SO_2)가 되며 양론적인 관계는 다음과 같다.

$$\begin{array}{ccccc} S & + & O_2 & = & SO_2 \\ 32\ kg & & 32\ kg & & 64\ kg \\ 22.4\ Nm^3 & & 22.4\ Nm^3 & & 22.4\ Nm^3 \end{array}$$

이때, 연료중의 황의 중량분율 (연료 1 kg 당 포함된 S의 중량 kg)을 S로 하면, SO_2의 생성량은 다음 식으로 계산된다.

$$SO_2 = \frac{22.4}{32} S$$

일반적으로 연소가스 중 오염물질의 농도는 건조연소가스 (G_d)를 기준으로 하므로, SO_2의 부피를 건조연소가스량으로 나누어 주면 건조연소가스 중의 SO_2의 농도를 구할 수 있다.

$$C_{SO_2} = \frac{\frac{22.4}{32} S}{G_d} \times 10^6 \qquad \frac{Nm^3 \cdot SO_2/kg \cdot Fuel}{Nm^3 \cdot Gas/kg \cdot Fuel} \qquad [ppm]$$

한편, 건조배출가스 중의 먼지농도는 다음 식과 같이 이론적으로 구할 수 있다. 그러나 실제로는 연소중 생겨난 먼지가 모두 굴뚝으로 나가지 못하고 다른 물질들에 흡착되어 밑에 떨어지게 되어 일정비율을 가정하여 측정한다.

$$C_{dust} = \frac{m_d(mg \cdot dust/kg \cdot Fuel)}{G_d(Nm^3 \cdot Gas/kg \cdot Fuel)} \qquad [mg/Nm^3]$$

예제 2.7 탄소, 수소, 황의 중량비가 각각 84.0%, 14.4%, 1.6%인 중유를 20%의 과잉공기로 완전연소할 때, 실제 건조연소가스 중의 SO_2 농도 (%, ppm)는 얼마인가?

풀이

조건에서 중유 1 kg 중 탄소는 0.84 kg, 수소는 0.144 kg, 황은 0.016 kg이고, 20%의 과잉공기율이므로 공기비는 1.2이다.

① 먼저 이론공기량은

$$A_0 = \frac{1}{0.21} \times O_0 \qquad [Nm^3 \cdot Air/kg \cdot Fuel]$$

$$= \frac{1}{0.21} \times \left\{ \frac{22.4}{12}C + \frac{11.2}{2}H + \frac{22.4}{32}S - \frac{22.4}{32}O \right\}$$

$$= \frac{1}{0.21} \times \left\{ \frac{22.4}{12} \times 0.84 + \frac{11.2}{2} \times 0.144 + \frac{22.4}{32} \times 0.016 \right\}$$

$$= 11.36\ Nm^3 \cdot Air/kg \cdot Fuel$$

② 실제건연소가스량은

$$G_d = (m - 0.21)A_0 + \Sigma CO_2 + \Sigma SO_2 \qquad [Nm^3 \cdot Gas/kg \cdot Fuel]$$

$$= (1.2 - 0.21) \times 11.36 + \frac{22.4}{12} \times 0.84 + \frac{22.4}{32} \times 0.016$$

$$= 12.82\ Nm^3 \cdot Gas/kg \cdot Fuel$$

③ SO_2 량은

$$SO_2 = \frac{22.4}{32} \times 0.016 = 0.0112\ Nm^3 \cdot SO_2/kg \cdot Fuel$$

따라서, SO_2 농도는

④ $$C_{SO_2} = \frac{0.0112}{12.82} \times 100 = 0.087\ \%$$

$$= \frac{0.0112}{12.82} \times 10^6 = 873.6\ ppm$$

따라서, 연소가스중의 SO_2 농도는 0.08736%, 873.6 ppm이다. 일반적으로 중유연소시 공기비가 1.1~1.2일 때, 연소가스 중 SO_2 농도는 중유의 황함유율이 1%이면 약 600 ppm정도이며, 2%이면 1,200 ppm정도가 된다.

예제 2.8 액체연료의 원소조성과 연소배기가스의 조성결과가 아래와 같을 때, 건조배기가스 중에 함유된 먼지농도는 몇 mg/Nm^3인가?

> 액체연료의 조성: 탄소 87.0%, 수소 12.9%, 회분 0.1%
> 배기가스의 조성: CO_2 13%, O_2 3%
> 단, 연료 중의 회분은 전부 배출가스로 방출되는 것으로 가정한다.

풀이

① 먼저 이론공기량은

$$A_0 = \frac{1}{0.21} \times O_0 \qquad [Nm^3 \cdot Air/kg \cdot Fuel]$$

$$= \frac{1}{0.21} \times \left\{\frac{22.4}{12}C + \frac{11.2}{2}H\right\}$$

$$= \frac{1}{0.21} \times \left\{\frac{22.4}{12} \times 0.87 + \frac{11.2}{2} \times 0.129\right\}$$

$$= 11.17\ Nm^3 \cdot Air/kg \cdot Fuel$$

② 공기비 m은 배출가스조성 결과를 이용하여 구할 수 있다.

$$m = \frac{21}{21 - (O_2)} = \frac{21}{21 - 3} = 1.167$$

③ 실제 건연소가스량은

$$G_d = (m - 0.21)A_0 + \Sigma CO_2 \qquad [Nm^3 \cdot Gas/kg \cdot Fuel]$$

$$= (1.167 - 0.21) \times 11.02 + \frac{22.4}{12} \times 0.87$$

$$= 12.17\ Nm^3 \cdot Gas/kg \cdot Fuel$$

④ 먼지의 양 (m_d)은

$$m_d = \frac{0.001\ kg \cdot dust}{1\ kg \cdot Fuel} \times \frac{1 \times 10^6\ mg}{1\ kg} = 1{,}000\ mg \cdot dust/kg \cdot Fuel$$

⑤ $C_{dust} = \dfrac{1{,}000\ mg/kg}{12.17\ Nm^3/kg} = 82.17\ mg/Nm^3$

따라서, 건조배출가스 중의 먼지농도는 82.17 mg/Nm^3이다.

2-12 연소 발열량

2-12-1 고발열량과 저발열량

연료의 단위기준량(기체연료의 경우 1 Nm^3, 고체 및 액체연료는 1 kg)이 완전연소할 때 발생하는 열량 (kcal)을 발열량이라 한다. **발열량** (heating value, calorific value)은 화학성분으로부터 근사적으로 계산할 수 있지만, 정확하게는 일정량의 연료를 연소시켜 열을 모두 물에 전달시키고 그 때 수온상승으로부터 실험적으로 구하는 것이 보통이다. 이러한 장치를 **열량계** (calorimeter)라 한다. 현재 우리나라에서 소비되고 있는 각 연료별 발열량은 표 2.13과 같다.

발열량은 고발열량(高發熱量)과 저발열량(低發熱量)으로 구분된다. **고발열량**은 **총발열량**(總發熱量)이라고도 하며, H_h로 표시한다. 이것은 연료 중에 포함되어 있는 수분 및 수소의 연소에 의해 생성된 수분의 증발에 필요한 증발잠열(蒸發潛熱, ΔH)을 포함한 열량

표 2.13 ▪ 각 연료 및 열의 석유환산기준 (출처: 에너지이용 합리화법 시행규칙 제2조 석유환산기준 규정 별표[1])

구분		환산기준		석유환산	
		단위	발열량	단위	발열량
석유류	원유	kcal/kg	10,000	kg/kg	1.00
	휘발유	kcal/l	8,300	kg/l	0.83
	납사	..	8,000	..	0.80
	등유	..	8,700	..	0.87
	경유	..	9,200	..	0.92
	방카 A유	..	9,400	..	0.94
	방카 B유	..	9,700	..	0.97
	방카 C유	..	9,900	..	0.99
	젯트 A-1	..	8,700	..	0.87
	JP - 4	..	8,500	..	0.85
가스류	프로판가스	kcal/kg	12,000	kg/l	1.20
	부탄가스	..	11,800	..	1.18
	도시가스 1	kcal/Nm^3	7,000	kg/Nm^3	0.70
	도시가스 2	..	11,000	..	1.10
	도시가스 3	..	15,000	..	1.50
	천연가스	..	10,500	..	1.05
		(kcal/kg)	(13,000)	(kg/kg)	(1.30)
석탄류	무연탄	kcal/kg	4,500	kg/kg	0.45
	유연탄	..	6,600	..	0.66
	코크스	..	6,500	..	0.65
기타	전기	kcal/kg	2,500	kg/kg	0.25
	신탄		4,500	..	0.45

비고 1. 석유환산기준은 원유(1 kg = 10,000 kcal로 환산)를 기준으로 한 것임.
2. 최종 에너지사용기준으로 전력량을 환산하는 경우에는1 kWh = 860 kcal를 적용할 수 있음.
3. 도시가스는 공급회사별로 발열량의 차이가 있음.

이다. 열량계로 측정한 값은 고발열량이다. 그러나, 실제 연소에 있어서는 연소배출가스 중의 수분은 보통 수증기 형태로 배출되기 때문에 이용이 불가능하므로 발열량에서 이 수증기의 증발잠열을 제외한 나머지 열량이 유용하게 이용된다. 이것을 **저발열량** 또는 **진발열량**(眞發熱量)이라고도 하고, H_l로 표시한다. 고발열량과 저발열량의 관계는 다음과 같다.

$$H_h = H_\ell + \Delta H$$

발열량은 열량계로 측정하여 구하거나 (고발열량의 경우), 연료의 화학성분 분석결과를 이용하여 이론적으로도 구한다. 고체 및 액체연료인 경우 연료 1 kg 중 수소와 수분의 중량비를 각각 h, w라 하면 다음 식으로 계산할 수 있다.

$$\begin{aligned} H_\ell &= H_h - \Delta H \qquad [\text{kcal/kg}] \\ &= H_h - 600(9h + w) \end{aligned}$$

여기서, H: 연료 1 kg 중의 수소량 [kg]
W: 연료 1 kg 중의 수분량 [kg]

위의 식에서 600은 물 1 kg의 증발잠열 (ΔH)이고, h를 9배 한 이유는 수소 1 kg에서 물 9 kg이 발생하기 때문이다.

$$H_2 + \frac{1}{2}O_2 = H_2O$$

$$(2\ \text{kg}) \qquad\qquad (18\ \text{kg})$$

한편, 기체연료의 경우 다음 식과 같이 연료의 화학성분의 구성비를 이용하여 계산할 수 있다.

$$\begin{aligned} H_l &= H_h - \Delta H \qquad [\text{kcal/Nm}^3] \\ &= H_h - 480(\Sigma H_2O) \\ &= H_h - 480\left[(H_2) + 2(CH_4) + 2(C_2H_4) + \ldots + \frac{n}{2}(C_nH_n)\right] \end{aligned}$$

예제 2.9 중량비로 수소가 13.0%, 수분이 0.5%인 중유의 고발열량이 11,000 kcal/kg일 때, 저발열량을 구하라.

풀이

중유 1 kg에 대해서 수소는 0.13 kg, 수분은 0.005 kg이 포함되어 있으므로

$$\begin{aligned} H_l &= H_h - \Delta H \qquad [\text{kcal/kg}] \\ &= H_h - 600(9h + w) \\ &= 11{,}000 - 600(9 \times 0.13 + 0.005) \\ &= 10{,}295.7\ \text{kcal/kg} \end{aligned}$$

여기서, 480은 600 kcal/kg × $\frac{18\ \text{kg}}{22.4\ \text{Nm}^3}$ 에서 계산된 것으로 수소 1 Nm^3의 연소에 의해 발생하는 잠열이다.

2-12-2 발열량의 추정 (Rosin 식)

이론공기량 (A_0)과 이론연소가스량 (G_0)은 일반적으로 연료의 종류에 따라 고유한 값을 갖는다. 연료 중의 탄소는 저발열량에 비례하고, 수소나 수분은 연료에 따라 고유한 값을 가지므로 이 저발열량을 이용하여 A_0과 G_0의 대략적인 값을 추정할 수 있다.

1) 액체연료의 경우

$$\text{이론공기량: } A_0 = \frac{0.85 \cdot H_l}{1{,}000} + 2.0 \qquad [\text{Nm}^3/\text{kg}]$$

$$\text{이론가스량: } G_0 = \frac{1.11 \cdot H_l}{1{,}000} \qquad [\text{Nm}^3/\text{kg}]$$

2) 고체연료의 경우

$$\text{이론공기량: } A_0 = \frac{1.01 \cdot H_l}{1{,}000} + 0.5 \qquad [\text{Nm}^3/\text{kg}]$$

$$\text{이론가스량: } G_0 = \frac{0.89 \cdot H_l}{1{,}000} + 1.65 \qquad [\text{Nm}^3/\text{kg}]$$

3) 기체연료의 경우

$$\text{이론공기량: } A_0 = \frac{1.09 \cdot H_l}{1{,}000} - 0.25 \qquad [\text{Nm}^3/\text{Nm}^3]$$

$$\text{이론가스량: } G_0 = \frac{1.14 \cdot H_l}{1{,}000} + 0.25 \qquad [\text{Nm}^3/\text{Nm}^3]$$

연습문제

2.1 우리나라에서 주로 사용되는 석탄, 중유, LNG 연소 성분 구성을 석탄공사, 석유공사, 가스공사에서 찾아보자.

2.2 50 MWH 발전소에서 석탄, 중유, LNG를 사용할 때 이론공기량, 실제공기량, 실제 연소가스량, 배기가스중의 SO_2의 농도를 비교하라. 단 발전효율은 40%로 가정한다.

CHAPTER 03

가스상 오염물질

서울시립대학교 **김신도**

3-1 아황산가스 (이산화황, SO_2, Sulfur Dioxide)

3-1-1 황산화물 (SO_x, Sulfur Oxides)의 특징

황산화물은 주로 석탄과 유류와 같은 화석연료의 연소에 의해 발생한다. 화석연료에는 불순물로써 무기황(황철광, 황동광) 및 유기황(메르캅탄, 설파이드)이 적게는 0.5%에서 많게는 2.5% 이상 포함하고 있어 연소시 황이 산화하면서 아황산가스 (이산화황, SO_2)를 비롯하여 삼산화황(SO_3)과 황산미스트, 황산염 등의 황산화물이 배출된다. 일반적인 연소과정에서 황(S)성분은 95% 정도가 SO_2로 배출되고 약 5% 정도가 SO_3로 배출된다. SO_3는 배출가스 중 수증기와 반응하여 황산 (H_2SO_4)이 되며 배출가스의 온도가 낮을 경우 황산미스트 (입자상물질)가 된다.

SO_2는 대기오염의 규제물질이며 대기환경기준을 살펴보면 연간 기준치는 0.02 ppm 이하, 24시간 기준치는 0.05 ppm 이하, 1시간 기준치는 0.15 ppm 이하로 설정되어 있다. 황산화물의 발생량을 살펴보면 자연적인 발생량과 인위적인 발생량의 비율이 각각 약 50%로 비슷한 비율로 배출된다 (Robinson 등, 1969).

황화합물은 산화상태가 클수록 증기압이 낮아지고 용해성은 증가하며, SO_2는 무색이나 달걀 썩는 자극적인 냄새가 난다. 또한 SO_2는 자극성이 있는 유독성 기체로 호흡곤란과 기관지염, 폐수종, 폐렴 등을 초래하고 동 식물과 재산상에 피해도 일으킨다. 또한, 황화합물은 환원성이며 아황산 상태에서 각종 색소를 표백시키는 특성을 지니고 있으며, 물에 대한 용해도가 높아 대기 중 구름에 용해되거나 (rain-out) 빗물에 세정 (wash-out) 되어 제거된다. 기체상태의 SO_2는 대기압 하에서 환원제 및 산화제로서 모두 작용이 가능하다.

3-1-2 아황산가스의 발생요인

황산화물의 발생은 석탄과 중유를 연소하는 발전소와 수송기관, 그리고 제련소와 폐기물 처리 및 소각로, 석유정제와 황산 제조산업 등으로 다양하며, 자연상태에서는 지구의 화산 활동을 통해 배출된다. 원유 중 황은 유기황으로 존재하며, 석탄 중 황은 약 50%가 유기황이고 나머지는 무기황으로 FeS_2, $Fe_2(SO_4)_3$, $MgSO_4$, $CaSO_4$ 등의 형태로 존재한다.

인위적 발생원에서 화석연료 중 유기황화합물 (메르캅탄, 설파이드)과 황화합물이 연소되면 대부분이 SO_2가 된다.

$$S + O_2 \longrightarrow SO_2$$

또, SO_2의 일부는 불꽃 중에서 다음과 같이 산화되어 SO_3를 생성한다.

$$SO_2 + \frac{1}{2} O_2 \longrightarrow SO_3$$

SO_3는 분진 및 표면에 흡착되기가 쉽고, 연소가스 중의 수증기와 반응하여 황산미스트를 생성하여 스모그의 원인이 되기도 한다.

$$SO_3 + H_2O = H_2SO_4$$

황산 수용액의 포화증기압은 낮아서 표면온도가 높아도 응축이 일어난다. 때문에 산성미스트를 생성하여 저온부식의 원인이 된다.

3-1-3 아황산가스의 저감방안

SO_2는 화석연료 속에 있는 불순물인 황성분이 연소과정에서 배출되는 물질이므로 연료 속에 황성분이 없다면 SO_2의 배출도 없다. 따라서 연료 속의 황을 제거하는 기술을 **연료탈황** 기술이라고 하며, 황성분이 없는 도시가스와 같은 연료를 청정연료 (clean fuel)라고 한다. 그러나 이것은 SO_2를 위주로 판단한 것이며 다른 가스상오염물질들의 배출을 간과해서는 안된다.

연소가스내의 황성분을 제거하는 기술을 **배연탈황**이라 한다. 배연탈황은 크게 건식법과 습식법으로 나눈다. 건식법은 SO_2를 활성탄 및 촉매에 흡착시킨 후 황으로 환원시키는 방법이다. 습식법은 SO_2를 수용액 및 슬러리에 흡수시켜 회수하는 방법으로써, 흡수액으로 석회슬러리를 사용하여 석고 ($CaSO_4 \cdot 2H_2O$)로 고정하는 석회 석고법이 일반적이다. 다음 표 3.1은 건식법과 습식법의 종류와 장 · 단점을 요약 정리한 것이다.

표 3.1 ■ 건식법과 습식법의 종류 및 장 · 단점

	건 식 법	습 식 법
종류	• 석회석 주입법 • 활성 산화망간법 • 활성탄 흡착법 • (접촉, 촉매) 산화법 • 전자빔법, 산화구리(CuO)법, NOXSO 공법 등	• NaOH 및 Na_2SO_3 수용액에 의한 흡수법 • $CaCO_3$ 및 $Ca(OH)_2$ 슬러리에 의한 흡수법 • $Mg(OH)_2$ 슬러리에 의한 흡수법 • 염기성 황산알루미늄 수용액에 의한 흡수법 등
장점	• 배출가스의 온도 저하가 거의 없음 • 연돌에 의한 배출가스의 확산이 양호	• 반응효율이 높다 • 장치의 규모가 작다
단점	• 습식에 비하여 효율이 낮다. • 장치의 규모가 크다.	• 배출가스의 온도저하로 굴뚝에서의 확산이 어렵다. • 수질오염 문제를 야기시킨다.

3-2 일산화탄소 (CO)

3-2-1 일산화탄소의 특징

일산화탄소는 혈액순환 중에서 산소운반 역할을 하는 적혈구의 헤모글로빈과 결합하는데, 친화성이 산소보다 200~300배 정도로 더 커서 산소가 결합할 자리를 CO가 차지하여 COHb를 형성한다. 따라서 혈액을 통해 산소가 전달할 수 없게 된다. 표 3.2는 일산화탄소가 인체에 미치는 영향을 농도별로 정리하여 나타낸 것이다. 공기 중의 CO농도가 10~30 ppm에 장시간 노출되면 중독증세가 나타나 두통과 무력감, 졸음, 구토 등의 증세와 심한 경우에 혼수상태에 빠지게 되며, 1,000~2,000 ppm에서는 사망에 이를 수 있다. 도시교통이 혼잡한 지역에서의 CO농도는 100 ppm을 넘는 경우가 있어 주의를 요한다. 그리고 흡연시 400 ppm 정도의 CO가 담배연기 속에 함유되어 배출되기도 하고, 큰 산불이 일어나는 경우 주변의 산소부족으로 많은 양의 일산화탄소가 발생되기도 한다. 석탄 석유 등의 화석연료를 대량으로 소비하는 공장의 인근지대에서도 CO농도가 상당히 높을 수 있다.

일산화탄소는 주로 자동차, 폐기물소각, 제철소, 가정용 난방 및 산업장 등의 연소시설로부터 불완전연소에 의해 발생하는 오염물질이다. 우리나라의 일산화탄소 주요배출원은 가정용 연료인 연탄이었으나, 1990년 이후부터 가정용 난방 및 취사연료가 연탄에서 유류와 도시가스로 전환됨에 따라 배출량이 대폭 줄었고 지금은 자동차를 포함한 이동오염원이 배출량의 70% 이상을 차지하고 있다.

표 3.2 ▪ 일산화탄소가 인체에 미치는 영향

농도 (ppm)	노출시간	피해증상
5	20분	신경계 반사작용 변화
9~30	10~30분	건강한 사람은 문제가 되지 않지만, 호흡기계통 질환 등의 환자에게는 영향을 줄 수 있음. * 우리나라 대기환경기준 8시간 허용농도(9 ppm) * 우리나라 대기환경기준 1시간 허용농도(25 ppm)
100	1시간	중추신경에 영향
200	2~3시간	어지러움 및 두통
400	1~2시간 2~3시간	앞두통 후두통
800	45분 2시간	두통, 메스꺼움, 구토 2시간 내 의식불명
1,000	1~2시간 4~5시간	두통, 정신혼란 의식혼탁, 호흡중추마비
1,600	20분 1시간	두통, 메스꺼움, 구토 1시간 내 의식불명
1,500~2,000	4~5시간	사망

3-2-2 일산화탄소의 발생요인

무색, 무미, 무취의 일산화탄소는 일반적으로 탄소화합물 또는 탄소와 같은 가연성 성분이 산소가 부족하거나 온도가 낮은 불완전연소에 의해 생긴다. 또한 이산화탄소가 고온에서 분해되거나 적열(赤熱)한 탄소와 접촉할 때도 생긴다.

$$C + \frac{1}{2}O_2 \longrightarrow CO + 29{,}400 \text{ kcal/kmol} \tag{3.1}$$

$$CO_2 + C \longrightarrow 2CO - 38.8 \text{ kcal/kmol} \tag{3.2}$$

일산화탄소는 토양 박테리아의 활동에 의해 이산화탄소로 산화되어 대기 중에서 제거된다. 이 외에 대류권 및 성층권에서의 광화학반응에 의해 대기 중에서도 제거된다.

$$CO + OH \xrightarrow{O_2} CO_2 + HO_2 \tag{3.3}$$

$$CO + OH \longrightarrow CO_2 + H \tag{3.4}$$

그러나 일산화탄소는 물리 화학적 특징에 의해 다른 오염물질과는 대기 중에서의 거동이 다르다. 즉, 물에 난용성이기 때문에 수용성 가스와는 달리 강수에 큰 영향을 받지 않으며, 대기 중에서 자외선을 흡수하거나 가시도 (visibility)를 저하시키거나 다른 오염물질과 유해한 화학반응을 일으키지도 않으며 다른 물질에 잘 흡착되지도 않는다. 이러한 성질들이 대기 중에서의 **체류시간** (residence time, life time)을 길게하는 요인이라고 판단된다. 대기 중에서 일산화탄소의 평균 체류시간은 1~3개월로 추정된다.

3-2-3 일산화탄소의 저감방안

과잉연료를 전혀 포함하지 않는 이론 혼합기체에서 조차도 1,800 K이상의 온도에서는 CO 농도가 0.1% 이상이 된다. 당량비 ϕ를 변화시켜 계산한 결과를 그림 3.3에 나타냈다. $\phi \geq 1.1$의 과농 혼합기체에서는 1,000 K 정도의 저온 분위기에서도 1% 이상의 CO가 생긴다. 한편 $\phi < 1.0$인 희박 혼합기체에서는 CO의 평형농도는 온도에 크게 의존하고, 1,500 K이하에서는 농도가 매우 낮아진다. 이로부터 $\phi \leq 1$인 희박 혼합기체를 완전연소시켜 저온에서 배출시키면 CO는 거의 배출되지 않음을 알 수 있다.

그러나 실제로는 총 당량비 1.0 이하인 희박연소에 있어서도 CO가 배출되고, 특히 왕복식 내연기관에 있어서는 $\phi = 0.9$에서도 상당량의 CO가 배출된다.
따라서 CO의 배출농도를 낮추기 위해서는 총 당량비 1.0 이하인 희박연소를 해야 하지만, 가능하면 혼합이 잘되도록 하여 반응이 동결되지 않도록 기체온도를 서서히 내리도록 해야 한다.

CO의 배출량은 본래 수십 가지의 기초반응을 고려한 화학반응에 의해 예측해야 하며, 복잡한 유동장에서 이를 수행하는 일이 어렵기 때문에 보통 다음 방법 중에서 한 가지를 택하여 예측한다.

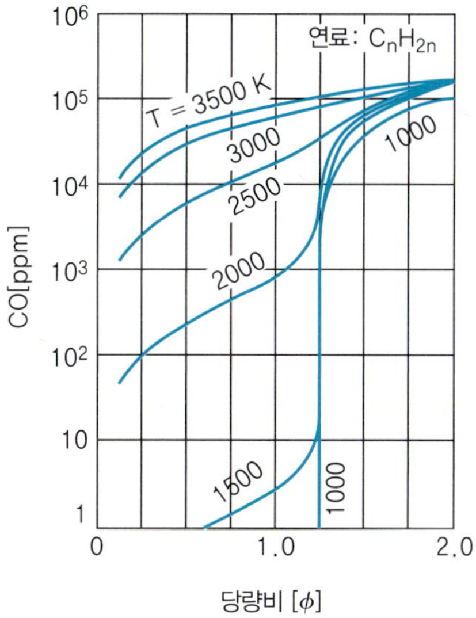

그림 3.1 ▪ CO의 평형농도

❶ 유선상의 최고온도의 위치에서 화학평형이 이루어지게 하고, 그 이후의 CO의 산화과정을 추적한다.

❷ 반응 초기단계에서

$$C_mH_n + \left(\frac{m}{2} + \frac{n}{4}\right)O_2 \longrightarrow mCO + \frac{n}{2}H_2O \tag{3.5}$$

반응식 (3.5)에서 탄화수소가 CO와 H_2O로 열분해 된다고 가정하고, 그 이후의 CO 산화과정을 계산한다. 일반적으로 CO는 다음 반응으로 산화된다.

$$CO + OH \Leftrightarrow CO_2 + H \tag{3.6}$$

한편, 저온에서는 다음과 같은 반응도 고려하여야 한다.

$$CO + HO_2 \Leftrightarrow CO_2 + OH \tag{3.7}$$

3-3 질소산화물 (NO_x)

3-3-1 질소산화물 (NO_x)의 특징

공기 중에 존재하는 질소산화물에는 NO, NO_2, N_2O, NO_3, N_2O_3, N_2O_4 및 N_2O_5 등이 있으며, 주요 질소화합물은 일산화질소 (NO)와 이산화질소 (NO_2)로 이를 합쳐 질소산화물 (NO_x)로 표현한다. 대기 중에서 체류시간은 NO와 NO_2가 2~5일로 추정되고 있다 (Urone, 1986). NO_2는 적갈색의 반응성이 큰 기체로, 대기 중에서 일산화질소 (NO)의 산화에 의해 발생한다. 대기 중 휘발성유기화합물 (VOCs)과 반응할 경우 오존 (O_3)을 생성하는 전구물질 (precursor)의 역할을 한다. NO_2는 상대적으로 안정된 물질이므로 이를 규제오염물질로 설정하고 있다. NO_2에 인체가 노출되면, 눈, 코 등의 점막을 자극하고 기관지 및 폐에 장해를 초래한다. 식물에 대한 피해로는 식물세포를 파괴하여 잎에 갈색이나 흑갈색의 반점을 생기게 한다 (대기환경연보, 2013).

NO_2의 주요한 특징은 광화학반응을 한다는 점인데, 연소에 의해 생성된 NO가 대기 중에서 NO_2로 전환된다.

$$2\,NO + O_2 \longrightarrow 2\,NO_2 \qquad \textbf{(3.8)}$$

태양광에 의해 광분해가 일어나는데, 단파장에서의 반응은 다음과 같다.

$$NO_2 + h\nu \longrightarrow NO + O \qquad \textbf{(3.9)}$$

또한 장파장에서의 반응은 다음과 진행되어 여기상태의 분자를 만든다.

$$NO_2 + h\nu \longrightarrow NO_2^* \qquad \textbf{(3.10)}$$

광화학 대기오염에 영향을 주는 반응은 식 (3.9)과 같이 단파장에서 일어나는 반응이다. 반응결과 생성된 산소원자 (O)는 즉시 대기 중의 산소 (O_2)와 결합하여 오존(O_3)을 생성한다.

3-3-2 질소산화물의 발생요인

공기 중의 질소산화물은 박테리아의 작용 및 번개와 같은 자연적 기작으로 생성되는 자연적 오염원 (natural source)과 화석연료를 이용한 고온연소 공정 등에서 생성되는 인위적 오염원 (anthropogenic source)이 있다. 고온연소 공정에서는 NO가 90% 이상 발생하며, 발생한 NO는 대기 중에서 급속히 산화하여 NO_2로 전환된다.

NO의 평형농도는 온도가 상승하면 급격히 증가하는데 이로 인해 연소시 온도를 높이면 NO_x의 발생량이 증가한다 (표 3.3 참고).

연소열에 의해 생성되는 NO_x는 연료-NO_x (fuel NO_x), 열적-NO_x (thermal NO_x), 공정-NO_x (prompt NO_x)로 구분된다.

표 3.3 ▪ NO의 평형농도

온도(°C)	NO 농도(ppm)
20	0.031
427	0.3
527	2.0
1,538	37,000
2,200	25,000

1) 연료-NO_x (Fuel NO_x)

연료-NO_x는 연료 중의 질소 (N_2) 성분이 연료가 연소될 때 공기 중의 산소와 만나 생성된다. 질소성분은 석탄에 0.2~3.4%, C-중유에 0.1~0.4% 함유되어 있고, 부산물가스 및 석탄가스에도 암모니아 및 시안화수소의 형태로 함유되어 있다. 그러나, 연료 속에는 극소량이 함유되어 문제가 되지 않는다. 하지만 장작불이나 쓰레기 연소, 재활용 펠렛 (pellet) 등은 연료 속에 N_2 성분이 상당량 남아 있어 이를 소각할 경우 많은 질소산화물이 배출되므로 주의하여야 한다.

연료 중의 질소는 화염대와 그 직후에서 급속히 NO_2로 전환된다. 이를 **연료-NO_x**라 부르며 연료 중 질소에서 연료-NO_x로 급속히 전환되는 비율을 **전환율**이라 한다. 전환율은 온도가 높을수록, 산소농도가 높을수록 증가한다. 일반적으로 당량비가 1.4 이하에서는 NO의 생성이 현저히 많고 1.4 이상에서는 HCN과 NH_3의 생성이 현저히 많다. 또한 산소의 공급이 있으면 NO_2로 전환된다.

2) 열적-NO_x (Thermal NOx)

공기 중 질소와 산소는 매우 안정된 물질이기 때문에 서로 반응하지 않는다. 그러나 고온영역에서 일정한 시간이 지나면 N_2와 O_2가 활성화하여 NO_x가 발생하는데 이를 **열적-NO_x** (thermal NO_x)라 한다. 이는 공기를 조연가스로 사용하여 연소하는 형태의 모든 공정에서 발생한다. 주로 1,800 K이상의 고온에서 발생하며, **Zeldovich mechanism**이라고 하는 반응기구에 의해 생성된다.

$$N_2 + O \Leftrightarrow NO + N \tag{3.11}$$

$$O_2 + N \Leftrightarrow NO + O \tag{3.12}$$

$$N + OH \Leftrightarrow NO + H \tag{3.13}$$

3) 공정-NO_x (Prompt NOx)

연료가 희박한 화염에서는 화염대 하류에서 서서히 NO가 생성되지만, 연료가 과농인 화염에서는 대부분의 NO가 화염대내에서 생성된다. 이때 화염대 전반부에서 HCN의 생성이, 후반부에서는 HCN이 감소되면서 NO가 생성된다. 이와 같이 과농화염에서는 연소의 연쇄반응 중에 NO가 생성된다. 이처럼 고온의 연소과정에서 공기 중 질소가 급속히 생성되는 NO_x를 **공정-NO_x** (prompt NOx)라 한다. 이처럼 화염 내부에서 반응이 신속히 일어나는데 주로 낮은 화염온도, 낮은 연비에서 상대적으로 많이 생성된다. 하지만 이와 같은 방법으로 생성되는 연료-NO_x와 공정-NO_x는 열적-NO_x에 비하여 생성량이 극히 적다. 일반적으로 발생하는 NO_x의 대부분은 열적-NO_x이다.

3-3-3 질소산화물의 저감방안

NO_x 저감을 위해서는 연료의 연소조건을 제어하는 저-NO_x 연소법과 발생된 NO_x를 제거하는 배연탈질법이 있다. 저-NO_x 연소법은 고온-NO_x를 대상으로 한 방법과 연료-NO_x를

대상으로 한 방법으로 구분된다.

배연탈질기술로는 **선택적 촉매환원법** (SCR: selective catalytic reduction)과 **선택적 비촉매환원법** (SNCR: selective non-catalytic reduction)이 대표적이다. SCR은 TiO_2와 V_2O_5를 혼합하여 제조한 촉매의 존재조건하에서 NH_3, CO, 탄화수소와 같은 환원제를 사용하여 NO_x를 N_2로 전환시키는 기술이다. 촉매환원법 중 효율이 가장 우수 (70~90%)하다. 환원제로는 대부분 NH_3 가스를 사용하며 반응식은 다음과 같다.

$$6\,NO + 4\,NH_3 \longrightarrow 5\,N_2 + 6\,H_2O \quad \textbf{(3.14)}$$

$$6\,NO_2 + 8\,NH_3 \longrightarrow 7\,N_2 + 12\,H_2O \quad \textbf{(3.15)}$$

$$4\,NO + 4\,NH_3 + O_2 \longrightarrow 4\,N_2 + 6\,H_2O \text{ (산소 공존시)} \quad \textbf{(3.16)}$$

$$2\,NO_2 + 4\,NH_3 + O_2 \longrightarrow 3\,N_2 + 6\,H_2O \text{ (산소 공존시)} \quad \textbf{(3.17)}$$

표 3.4 ▪ 열적-NO_x를 대상으로 한 저-NO_x 연소법

① 희박 예혼합연소법	최고화염온도를 NO_x 발생이 낮아지기 시작하는 1,800 K 이하로 억제하는 방법이다. 공정-NO_x의 발생도 동시에 억제되며 촉매연소법을 병용하면 더욱 희박한 연소가 가능하다.
② 배기 재순환법	팬을 사용하여 굴뚝가스 (stack gas)를 연소로의 상류부로 되돌림으로써 최고화염온도와 산소농도를 제어하는 방법이다.
③ 농담(濃淡)연소법	2개 이상의 버너를 이용하는 경우, 전체 버너의 공연비를 동일하게 하지 않고 공기과잉 버너와 연료과잉 버너의 상태로 사용하여 NO_x의 생성을 억제하는 연소방법이다.
④ 물분사와 수증기 분사법	연료와 같은 양의 물을 분사함으로써 물의 증발잠열과 수증기의 현열상승으로 화염의 열을 빼앗아 온도를 내림과 동시에 산소농도를 저하시켜 NO_x의 배출농도를 낮추는 방법이다.
⑤ 완만혼합법	선회 및 유속비를 적당히 하고 연료와 공기의 혼합을 완만하게 하면 연소가 오래 지속되고, 방열손실로 인해 화염온도 상승이 억제된다.
⑥ 2단계 연소법	연소를 2단계로 나누어, 1단계에서 연료과농 연소를 시켜 NO_x의 생성을 억제한 후, 2차공기를 공급하여 완전연소 시킨다. 2단계 연소가 일어날 때까지 열손실이 일어나게 함으로써 온도상승을 억제한다.
⑦ 화염형상의 변경법	화염의 최고온도를 낮추기 위해 화염을 분할 또는 막상으로 얇게 늘려 열손실을 증대시킨다.

표 3.5 ▪ 연료-NO_x를 대상으로 한 저-NO_x 연소법

① 완만혼합법	열적-NO_x를 대상으로 한 저-NO_x 연소법의 완만혼합법과 방법은 같으나 완만연소 동안에 과농연소에 의해 발생한 HCN 및 NH_3를 N_2로 분해한다는 점이 다르다.
② 2단계 연소법	다단연소법이라고도 하며 연소용 공기를 2단계, 경우에 따라서는 3단계로 나누어 공급하여 연소하는 방법이다.
③ 연소로내 탈질법	주연소영역의 하류에 연료를 공급하여 환원영역을 형성시키고, 여기서 주연소영역에서 생긴 NO_x를 N_2로 환원시킨다.

SNCR은 900~1,000°C에서 촉매 없이 NO_x를 N_2로 환원시키는 방법이다. 이 방법은 배출가스가 고온일 때 적합하며 온도가 낮을 경우 반응하지 않은 NH_3가 배출된다. 온도가 너무 높을 경우 NH_3가 NO로 산화되는 문제점이 발생하며 NH_3보다 경제적으로 저렴한 요소 $[(NH_2)_2CO]$를 사용하기도 한다.

$$4\,NO + 2\,(NH_2)_2CO + O_2 \longrightarrow 4\,N_2 + 4\,H_2O + 2\,CO_2 \qquad \textbf{(3.18)}$$

3-4 오존 (O_3)

3-4-1 오존 (O_3)의 특징

산소원자 (O) 2개가 결합된 산소분자 (O_2)는 안정된 물질이지만, 산소원자가 하나 더 결합된 오존분자 (O_3)는 불안정한 물질로 매우 강력한 산화제이다. 오존은 그 특유의 냄새 때문에 '냄새를 맡다'를 뜻하는 그리스어 ozein을 따서 명명되었다. 상온에서는 약간 푸른색을 띠는 기체이다. 마늘냄새와 비슷한 특이한 냄새가 나며, 공기 속에 2 ppbv 만 존재해도 냄새를 감지할 수 있다. 상온에서 자발적으로 분해되어 산소가 되고, 이산화망간 (manganese dioxide) 백금 가루 등은 분해를 촉진시킨다. 강한 산화력을 가지고 있으며, 인체에 독성이 있어 장시간 흡입하면 호흡기관을 해친다.

오존은 성층권과 대류권에 존재하고 있으며 오존전량의 90%는 성층권에 존재한다. 나머지 10%는 대류권에 존재한다. 특히 성층권 내에서도 25~30 km 부근에 오존이 밀집되어 있는데 이 층을 **오존층** (ozone layer)이라 한다. 예전에 지구는 광합성을 하는 수중식물 남조류의 출현으로 대기 중에 산소기체가 증가하기 시작하였고 이들이 성층권으로 올라가 오늘날 오존층의 주요성분이 되었다.

대류권의 오존은 국지적인 광화학스모그로 생성된 옥시단트 (oxidants)의 지표물질이다. 오염된 대기 중 오존은 LA스모그 사건에서 처음 확인되었다. 오존은 태양빛, 자동차 배출물인 질소산화물과 휘발성유기화합물 (VOC)에 의해서 일어나는 복잡한 광화학반응으로 생성된다. 따라서 성층권 오존은 유해 자외선을 차단해 주는 고마운 존재이며, 대류권 (지상) 오존은 유해한 존재이다.

3-4-2 오존의 발생요인

지구대기로 유입되는 태양광의 지표 및 성층권 상부에서의 스펙트럼은 그림 3.9와 같다. 파장 0.3 μm 이하의 단파장은 성층권의 오존층에서 흡수되며, 그 이상 장파장은 대류권에서 오존, 산소, CO_2 및 수분에 의해 일부 흡수됨을 알 수 있다. 대기 중에 존재하는 특정 분자는 태양광을 흡수하여 여기상태 (exited state)가 되거나 또는 분해한다. 이와 같은 화학반응을 **광화학반응** (photochemical reaction)이라고 한다. 이 반응으로 새로 생성된 분자 또는 여기상태의 분자는 대부분 분자끼리의 충돌에 의해 복잡한 후속반응을 일으킨다.

성층권 오존층이 대부분 자외선을 차단한 후 대류권으로 들어오는 태양광의 파장은

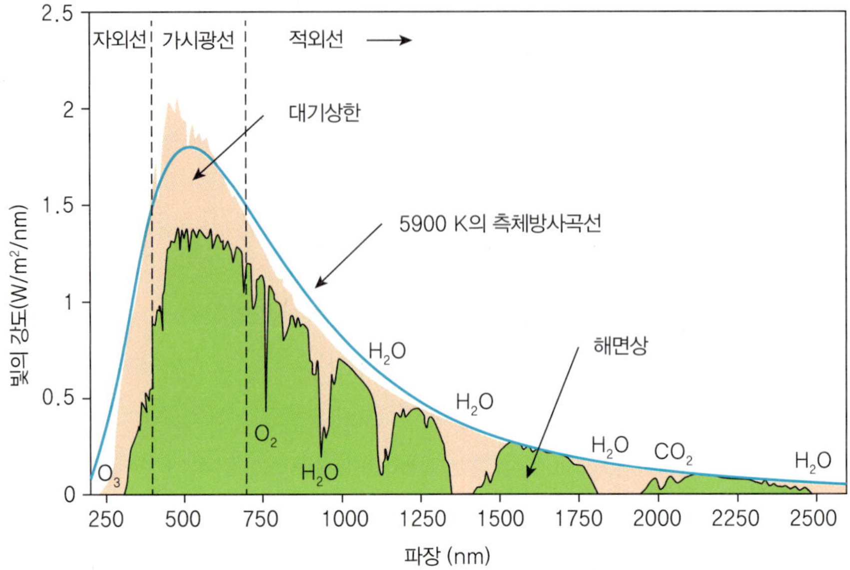

그림 3.2 ■ 태양 스펙트럼

280 nm 이상의 장파장이다. 따라서 대류권에서 광화학 대기오염에 영향을 미치는 물질은 280~700 nm 범위에서 빛을 흡수하는 물질이다. 즉 이 범위의 빛을 선택적으로 흡수한 물질은 매우 불안정해져서 반응성을 띤다. 중요한 태양광 흡수기체의 흡수성을 보면 다음과 같다.

NO_2는 도시 대기오염물질 중에서 가장 중요한 태양광 흡수기체로서 파장 420 nm 이상의 가시광선에 의하여 NO와 O로 광분해한다. O_3는 파장 200~320 nm에서 강한 흡수가 이루어지고 450~700 nm에서는 약한 흡수가 있으며 다음과 같이 광분해한다.

$$O_3 + h\nu \longrightarrow O_2 + O \tag{3.19}$$

알데하이드 (RCHO)는 파장 313 nm 이하에서 광분해하며 주요 반응은 다음과 같다.

$$\mathrm{RCHO} + h\nu \longrightarrow \mathrm{R}\cdot + \mathrm{H\dot{C}O} \tag{3.20}$$

여기서 R • 는 알킬기, HCO는 포밀기이다. 케톤 (ROOR′)도 300~700 nm의 파장에서 약한 흡수를 하여 광분해 한다.

$$\mathrm{ROOR'} + h\nu \longrightarrow \mathrm{RO}\cdot + \mathrm{R'O}\cdot \tag{3.21}$$

1) NO_2의 광화학 반응

대류권에서 오존생성의 주요 전구물질은 질소산화물이며, 특히 대도시지역에서 질소산화물은 자동차에 의한 기여도가 높다. 대기 중에 배출되는 NO_x의 대부분은 고온연소과정에서 배출되는 NO이며, NO는 공기 중의 산소와 결합하여 NO_2로 전환된다.

$$2\,NO + O_2 \longrightarrow 2\,NO_2 \tag{3.22}$$

NO_2는 자외선에서 가시광선까지의 전 파장영역에 걸쳐 흡수대를 갖기 때문에 태양광을 쉽게 흡수한다. NO_2가 빛을 흡수할 때 일어나는 과정은 파장에 따라 매우 다르며 약 400 nm를 경계로 하여 이것보다 짧은 파장에서의 반응식은 다음과 같다.

$$NO_2 + h\nu \longrightarrow NO + O \tag{3.23}$$

이보다 장파장에서 광화학반응식은 다음과 같으며 여기상태의 분자를 만든다.

$$NO_2 + h\nu \longrightarrow NO_2^* \tag{3.24}$$

이들 반응식 중에서 광화학 대기오염의 중요한 반응은 반응식 (3.26)이다. NO_2의 광화학은 대기화학적인 면에서도 매우 중요하므로 아래에서 자세히 살펴본다.

NO_2의 광화학 반응 다음으로 중요한 것은 아질산의 광분해이다.

$$NO + O_2 + H_2O \longrightarrow 2HNO_2 \tag{3.25}$$

$$HNO_2 + h\nu \longrightarrow OH + NO \tag{3.26}$$

반응 (3.25)에서 생성된 산소원자는 즉시 대기 중의 O_2와 결합하여 O_3를 생성한다.

$$O + O_2 + M \longrightarrow O_3 + M \tag{3.27}$$

여기서 M은 N_2 또는 O_2 분자로서 O_3의 과잉에너지를 흡수한다. 그러나 대기 중에 NO가 공존하면 위의 반응으로 생성된 O_3은 다음의 반응으로 파괴되며 NO_2와 O_2로 되돌아가기 때문에 O_3은 축적되지 않고 대기 중의 O_3 농도는 증가하지 않는다. 이들 반응을 **NO_X 순환** (NO_X cycle)이라고 한다.

$$NO + O_3 \longrightarrow 2NO_2 + O_2 \tag{3.28}$$

그림 3.3과 같이 대기 중에 탄화수소가 존재하면 위의 반응들은 매우 복잡해지며 그 특징을 보면 다음과 같다.

1. 광화학반응이 일어나면서 NO가 감소하고 여기에 대응하여 NO_2가 증가한다.
2. NO에서 NO_2로의 산화가 거의 완료되고, NO_2가 최고농도에 달하기 직전부터 O_3이 생성되기 시작한다.
3. 알데하이드는 오존생성에 앞서 반응초기부터 생성되며 탄화수소의 감소에 대응한다.
4. 이외의 주요한 생성물로서 PAN (peroxyacetylnitrate), CO, CO_2, 질산에스테르 (CH_3ONO_2), 케톤, 질산 등이 있다.

이러한 광화학반응의 중요한 예는 표 3.6과 같다.

여기서 PAN의 생성반응을 자세히 살펴보면 다음과 같다.

$$RCHO + OH \longrightarrow RCO + H_2O \tag{3.29}$$

$$RCO + O_2 + M \longrightarrow RC\begin{matrix} \diagup O \\ \diagdown OO\cdot \end{matrix} + M \tag{3.30}$$

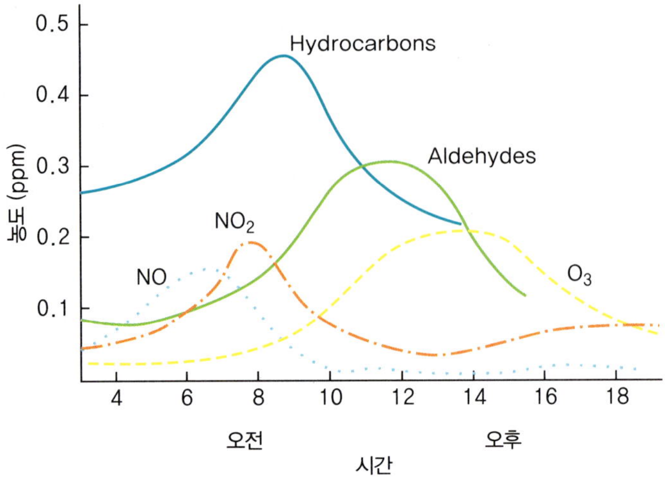

그림 3.3 ■ 광화학스모그의 O_3와 NO_x 농도

$$RC\begin{matrix} \diagup O \\ \diagdown OO\cdot \end{matrix} + NO_2 \longrightarrow RC\begin{matrix} \diagup\!\!\diagup O \\ \diagdown OONO_2 \end{matrix} \quad (PAN) \tag{3.31}$$

따라서 PAN의 생성은 알데하이드보다 늦게 시작하며, 일반적으로 오존농도와 높은 상관성을 가지고 있다.

2) 오존 (O_3)이 광학적 반응

대류권 오존은 국지적인 광화학스모그로 생성된 옥시던트 (oxidants)의 지표물질이다. 그

표 3.6 ■ 대기 광화학반응에 주로 사용되는 반응식

$O_3 + NO_2 \longrightarrow NO_3 + O_2$ $NO_3 + NO_2 \xrightarrow[H_2O]{} 2HNO_3$	질산생성
$NO + NO_2 \xrightarrow[H_2O]{} 2HNO_2$	아질산생성
$HNO_2 + h\nu \longrightarrow NO + OH$	
$CO + OH \longrightarrow CO_2 + HO_2$ $HO_2 + NO \longrightarrow NO_2 + OH$	OH의 생성
$HC + O \longrightarrow \alpha RO\cdot$ $HC + O_3 \longrightarrow \beta RO_2\cdot + \gamma RCHO$ $HC + OH \longrightarrow \delta RO_2\cdot + \epsilon$psilonRCHO $HC + RO_2 \longrightarrow \zeta RO_2\cdot + \eta RCHO$	알데히드와 과산화라디칼
$RO_2 + NO \longrightarrow NO_2 + \phi OH$	NO의 NO_2로의 산화
$RO_2 + NO_2 \longrightarrow PAN$	peroxyacetylnitrate의 생성
HC = 탄화수소	$\alpha \rightarrow \phi$화학량론적 계수
$RO_2\cdot$ = 과산화라디칼	

자신은 온실가스로도 작용하고 동시에 광분해반응으로 생성된 OH기가 메탄, HCFC 등의 다른 온실가스의 대류권 수명을 제어한다는 의미에서 지구온난화에도 간접적으로 영향을 미치고 있다.

오존은 자동차 배출물인 질소산화물과 휘발성유기화합물 (VOC) 등이 자외선에 의해 복잡한 광화학반응을 일으켜 PAN, 알데히드, 아크롤레인 (acrolein) 등의 광화학 옥시던트와 함께 생성되는 **2차오염물질** (secondary pollutant)이다.

도시나 전원지역의 대기 중 오존농도는 가끔 NO_2의 광분해에 의하여 생성될 때보다 더 높은 경우가 있다. 이는 O_3을 소모하지 않고 NO가 NO_2로 산화하기 때문이다. 오염된 대기 중 탄화수소의 산화로 생성된 과산화기 (RO_2)가 존재하면 이러한 반응이 일어나며 반응식은 다음과 같다.

$$RO_2 + NO \longrightarrow NO_2 + RO \quad \textbf{(3.32)}$$

$$NO_2 + h\nu \longrightarrow NO + O \quad \textbf{(3.33)}$$

$$O + O_2 + M \longrightarrow O_3 + M \quad \textbf{(3.34)}$$

따라서 오존의 생성율은 RO_2의 농도와 관계가 깊다. RO_2는 표 3.6에서와 같이, 탄화수소, 산소원자, OH, HO_2에 의하여 생성된다. 오염된 대기 중에서 오존농도에 영향을 주는 것은 태양강도, NO_2/NO의 비, 반응성 탄화수소 농도, 기타 알데하이드와 CO 및 RO_2를 생성하는 오염물질 등이다.

대류권에서의 광화학반응과 성층권에서 생성된 오존은 지표면에서의 침착 (沈着)과 광화학적 소멸반응에 의하여 대기 중에서 제거된다. 광화학반응에 의한 오존의 소멸은 NO와의 반응식 (3.43)에 의한 파괴와 아래에 기술된 H_2O, OH 및 HO_2 등과의 반응이 관여한다.

$$O_3 + H_2O + h\nu \longrightarrow O_2 + 2\,OH \quad \textbf{(3.35)}$$

$$O_3 + OH \longrightarrow HO_2 + O_2 \quad \textbf{(3.36)}$$

$$O_3 + HO_2 \longrightarrow OH + 2\,O_2 \quad \textbf{(3.37)}$$

또한 야간에는 NO_2와 반응하여 O_3이 소멸되며, 표 3.6에 나타낸 바와 같이 계속해서 일어나는 반응에 의해 HNO_3가 생성된다.

대기 중 오존의 배경농도는 0.01~0.02 ppm으로 알려져 있다. 청정지역에서 오존농도는 일변화를 하지 않으므로, 이러한 지역의 지표부근에서는 오존의 광화학생성이 중요하지 않음을 시사한다. 그러나 도시와 같은 오염지역에서는, 오전 7시경 최저농도를 보이고, 정오를 지나면서 최고농도를 보이다가 오후 4시 이후에 점차 감소하는 일변화를 보여준다.

3-4-3 오존의 저감방안

우리나라는 오존에 대한 환경기준을 설정하고 관리하고 있다. 1시간 평균기준은 0.1 ppm이며, 8시간 평균기준은 0.06 ppm이다. 반면, 미국의 경우 1시간 평균기준은 0.12 ppm이며, 8시간 평균 0.08 ppm을 적용하고 있다. EU도 8시간 평균을 기준으로 채택하고 있는데 기준농도는 우리나라와 같은 0.06 ppm이다. 기준치 초과여부를 결정하는 것은 나라마다 통계처리 방법이 달라서 직접 비교하기는 어렵다.

오존은 보통 기온이 높을수록, 질소산화물과 휘발성 유기화합물의 농도가 높을수록, 풍속이 작을수록, 일사량이 풍부할수록, 상대습도가 낮을수록 높은 농도를 보인다. 우리나라 오존의 연평균 오염도는 20~25 ppb로서 큰 변동 없이 일정한 수준을 보이고 있다. 오존은 광화학 산화물의 특성상 여름을 중심으로 5월에서 9월 사이에 농도가 높으며 이 기간을 오존 시즌이라 부른다. 우리나라에서는 1시간 환경기준 초과는 7월에 많이 나타나며 8시간 환경기준 초과는 5, 6월에 많이 나타난다. 이는 기온이 높은 한여름에는 0.1 ppm 이상 고농도가 잠깐씩 나타나는데 비하여 5, 6월에는 0.06 ppm 이상의 농도가 몇 시간씩 지속되기 때문이다.

오존은 다른 대기오염물질처럼 바람을 따라 쉽게 이동한다. 대규모 공업단지와 대도시가 오존오염의 중심지이고 나무와 식물에서 나오는 반응성 탄화수소도 오존생성에 커다란 기여를 하기 때문에 이들 지역의 풍하지역에 거주하는 주민들은 큰 피해를 받을 수 있다.

우리나라에서는 1995년 서울을 시작으로 전국에서 **오존경보제**를 시행하고 있다. 1시간 평균농도가 0.12 ppm 이상이면 주의보, 0.3 ppm 이상이면 경보, 0.5 ppm 이상이면 중대경보가 발령된다. 그동안 경보단계 이상의 농도가 나타난 적은 없으나 주의보는 종종 발령되었다. 주의보가 발령되면 어린이와 노약자, 호흡기 질환이 있는 사람은 외출을 자제하고 건강한 사람도 과격한 실외 활동을 삼가야 한다. 오존농도가 매우 높아 경보가 발령되면, 행정당국은 자동차 운행제한과 연료사용 감축, 조업단축 등의 조치를 취할 수 있다.

한편, 오존은 2차오염물질이고 바람에 따라 이동하기 때문에, 오존의 피해를 줄이기 위해서는 원인물질을 제공하는 풍상지역의 이웃 도시와 서로 협조하여야 한다. 이웃 도시가 만든 오존 원인물질이 몇 시간 후 옆 도시에 고농도 오존으로 나타나기 때문에 지자체 간에 대기환경개선을 위한 공동정책개발이 필요하다.

3-5 배출원별 대기오염물질 배출량

대기오염물질은 여러 과정속에서 생성되고 소멸한다. 주요 생성요인은 에너지산업연소, 비산업연소, 제조업연소, 생산공정, 도로이동오염원, 비도로이동오염원 ,폐기물처리 기타면오염원, 생물성연소 등 다양한 과정에서 발생된다. 그림 3-4에 배출원별 배출량을 보여준다.

SO_x는 제조업 연소, 생산공정에서 약 55% 이상이 배출되며 에너지산업(발정)에서도 25% 정도를 배출한다. 황성분이 적은 양질의 연료의 사용이 중요하며 그래도 배출되는 SO_2가스는 방지장치에 의해 철저히 저감시켜야 한다.

NO_x는 도로이동오염원, 비도로이동오염원에서 약 65%를 배출한다. 또한 연료의 연소시 고온이 유지되는 곳에서 많이 배출된다.

NO_x는 자체의 위해성 뿐만 아니라 O_3 생성에 크게 관여하므로 관리를 엄격하게 할 필요가 있다.

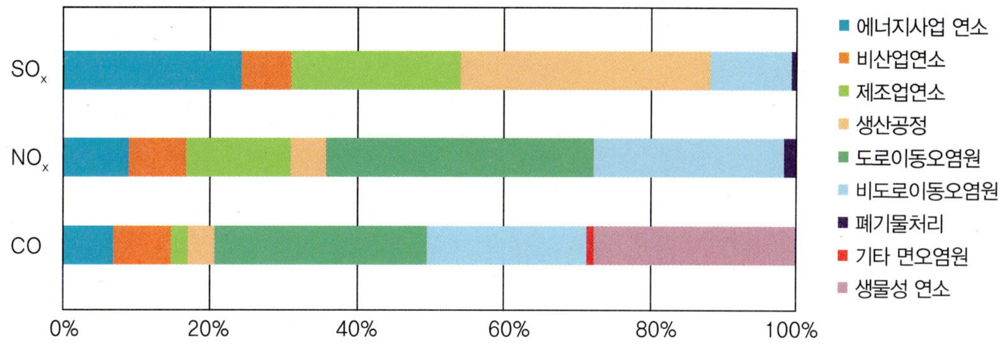

그림 3.4 ■ 배출월별 배출량

CO는 도로이동오염원, 비도로이동오염원, 생물성연소에서 약 80%를 배출한다. 자동차에서의 배출이 50%이므로 저공해 · 친환경 자동차의 보급이 매우 중요하다.

연습문제

3.1 연소시 CO와 CO_2의 발생기작을 설명하시오.

3.2 면료 탈황과 배연탈황의 차이를 설명하시오.

3.3 대기 중 가스상오염물질의 월별 변화, 시각별 변화를 그리고 이렇게 나타나는 요인을 설명하시오.

3.4 대류권과 성층권에서 오존의 영향과 역할에 대하여 설명하시오.

3.5 VOC_s와 오존농도와의 연관성에 대해서 설명하시오.

3.6 SO_2, NO_x, CO, O_3 농도의 계절적 변화특성을 설명하시오.

CHAPTER 04

입자상 오염물질

경희대학교 **김동술**

4-1 머리말

우리가 숨쉬는 공기의 주성분은 질소와 산소이지만, 공기 속에는 아황산가스 (SO_2)나 일산화탄소(CO)와 같은 가스 형태의 오염물질도 있고, 분진과 같은 입자 형태의 오염물질도 섞여 있다. 대기 중 입자상 오염물질 (particulate matter)을 한 단어로 간단히 **분진** (粉塵)이라고 하며, 영어로는 **에어로졸** (aerosol)이라고 한다. 비록 대기오염물질 총량 대비 입자상 오염물질 (이하 분진 또는 에어로졸)은 가스상 물질과 비교하여 매우 작은 양이지만 (총량 대비 약 10%), 인체, 재산, 가시도 및 기후 등에 커다란 영향을 준다. 과거 1930년 뮤즈 밸리 (벨기에), 1948년 도노라 (미국), 1952년 런던 (영국) 등에서 발생했던 스모그 현상의 원인 중 하나가 바로 공기 중에 존재하는 분진 때문인데, 동 식물 및 인간 생태계에 심각한 영향을 주었다. 최근에도 서울을 비롯한 전 세계 대도시에서 극심한 연무 현상이 빈번히 발생하고 있다. 세계보건기구 (WHO)는 2013년도에 **대기오염** 그 자체와 대기오염의 구성성분인 **입자상 오염물질**을 1급 발암물질로 신규 지정하고 위해성을 경고한 바 있다. 기존에는 석면, 디젤엔진 배출물, 특정 금속성분, 특정 용매 등 대기 중에 존재하는 미량의 물질만을 발암물질로 지정하였으나, 오염현상 그 자체와 공기 중 분진 전체를 지정한 이유는 그 동안의 연구결과 인간에 미치는 건강영향이 그만큼 크다는 의미이다.

분진은 산업활동 뿐만 아니라 우리 생활주변에서 다양한 경로로 생성된다. 알레르기를 일으키는 진드기, 각종 질병을 일으키는 박테리아와 바이러스, 봄철에 산을 자욱하게 만드는 꽃가루 등 생물분진 (bioaerosol)을 비롯하여, 자동차의 매연, 공장의 굴뚝연기, 제철소, 소각장, 채석장, 시멘트 공장의 먼지, 낙엽과 쓰레기의 불법연소에 의해 분진이 발생되며, 걸을 때, 움직일 때, 요리할 때, 책장을 넘길 때에도 많은 분진이 발생된다. 또한 우리 주변에서 발생되는 국내산 분진도 있지만 엄청난 외국산 분진이 유입되기도 한다. 파도가 부서질 때마다 생성되는 소금알갱이 (해염)도 수백 km를 이동하여 항상 우리 주변에 있으며, 중국과 몽골 지역에서 발생되는 황사는 바람을 타고 장거리 이동하는데, 우리나라를 거쳐 심지어 미국 서해안까지 도달하여 영향을 준다. 뿐만 아니라 지구 건너편에서 방출된 화산재는 물론이고 지구 대기권에서 타버린 유성의 재도 우리 주변에 있다. 대략적으로 지구상 분진의 40%는 자연적으로 직접 생성되며, 40%는 자연적 및 인위적으로 발생한 가스상 물질이 입자상 물질로 전환되어 (GPC: gas to particle conversion) 간접 생성되고, 나머지 20% 정도는 인위적 활동으로 생성된다 (Preining, 1991).

분진오염을 효율적으로 관리하기 위해서는 환경에 관한 사회 · 경제적 측면과 함께 제도적 · 기술적 측면에서 종합적이며 체계적인 저감노력이 필요하다. 대기환경에서 분진오염을 개선시키기 위해서는 일차적으로 분진의 오염현황을 지속적으로 측정하여야 하며, 이차적으로 분진의 물리화학적 특성을 파악하여 환경에 미치는 악영향을 위해성 차원에서 조사하여야 한다. 최종적으로 오염발생원을 파악하고 이들 오염원의 지역적 기여도를 추정한 후 관리방안을 세워야 한다. 우리나라의 경우, 오랫동안 전국적인 자료가 축적되고 있지만 자료의 내용이 질적 및 양적으로 부실하며, 그나마 축적된 자료도 분석역량과 의지부족으로 오염관리 및 규제대책을 수립할 때 활용되지 못하고 있다.

분진과 관련한 초기 연구는 단지 중량농도의 분석과 더불어, 인체, 동식물, 물질에 대한 피상적인 영향조사 연구에 한정되었지만, 최근에는 각종 첨단 측정 및 분석장비의 개발과 더불어 수학, 통계학, 기상물리학의 도움으로 분진의 이동현상 연구, 오염배출원의 정량적 추정연구, 위해성 평가연구, 지구기후에 미치는 영향 연구 등이 활발하게 진행되고 있다.

4-2 입자상 오염물질의 분류와 명칭

입자상 오염물질은 크기와 색깔 등 물리적 측정과 유기화합물 및 무기원소의 화학적 측정을 바탕으로 그 특성을 파악할 수 있으며 여러 가지 형태로 분류하고 있다. 우선 입자상 오염물질에 관해 공부하기 이전에 용어부터 이해하여야 한다. **입자상 물질** (particulate matter)을 한국, 일본, 중국에서는 분진이라는 간단한 명칭으로 부르고 있으며, 구미에서는 **에어로졸**로 간단히 부르고 있다. 흔히 에어로졸 하면, 스프레이통의 모기약과 같은 작은 크기의 액체상 물질을 떠올리지만 지금부터는 넓은 개념의 보통명사로 이해하여야 한다. 사실 에어로졸이라는 용어는 20세기 초부터 사용되었는데, 이는 당시 콜로이드 연구에서 사용된 물 속의 미세입자, 즉 hydrosol의 명칭을 약간 바꾼 것으로, 공기 중 졸 (sol) 상태의 부유하고 있는 물질을 의미했다. 과거의 엄격한 정의에 의하면, 에어로졸은 중력침강의 영향을 받지 않고 비중이 1에 가까우며 입자의 크기가 10~20 μm인 부유물질이었지만, 이제는 “고체상 및 액체상의 미세입자”를 총칭하는 의미로 사용되고 있다. 본 교과서에서는 분진과 에어로졸을 동일한 용어로 간주하고 사용할 것이다.

입자상 오염물질 즉, 분진 또는 에어로졸은 **연무** (haze), **먼지** (dust), **연기** (smoke), **훈연** (fume), **안개** (fog), **미스트** (mist), **스모그** (smog), **생물분진** (bio-aerosol) 등과 같이 여러 가지 형태로 존재하며, 이들은 각기 구체적인 정의와 물리화학적 특성을 가지고 있다. 예를 들어, 먼지는 입자의 크기가 비교적 큰 고체상 분진이며, 미스트는 주로 증기가 응축되어 생성되는 액체상 분진이고, 연기와 검댕은 땔감이 불완전 연소될 때 생성되는 분진이다. 분진의 생김새는 배출원에 따라 다양하여 물방울과 같은 구형, 소금결정과 같은 육면체, 디젤 분진과 같이 작은 입자들이 뭉친 포도송이 형태 등 실로 많은 형태로 존재하며 서로 충돌하고 응집하여 크게 성장하기도 한다. 다시 말해, 분진은 불완전 연소과정, 기계적 분쇄과정, 응축 및 고온 화학반응과정을 거쳐 직접적으로 생성되기도 하며, 가스상 오염물질이 응핵, 응축, 화학반응 등을 거쳐 간접적으로 생성되기도 하는데, 각각의 분진 형태는 그 물리화학 특성을 통해 확인되고 분류된다. 표 4.1은 분진의 여러 가지 종류에 대해 설명하고 있다.

최근 대부분 국민들은 물론 대기오염을 공부하는 학생들까지도 표 4.1에 언급한 학술적 용어와 사회적으로 통용되고 있는 용어의 쓰임새가 달라 커다란 혼란을 겪고 있다. 예를 들어, 우리나라 대중들은 TSP (total suspended particle)를 **총먼지**, PM_{10}을 **미세먼지**, $PM_{2.5}$를 **초미세먼지**로 부르고 있다. 반면 대기환경 전문가들은 TSP를 **총부유분진**. $PM_{2.5}$를 **미세입자** 또는 **미세분진**으로 부른다. 이로 인해 많은 사람들이 미세먼지, 미세입자, 미세분진, 초미세먼지라는 용어 구별에 어려움을 겪고 있다. 분진크기와 관련된 명칭부여는 다음 절에 또 논의되겠지만, 혼란이 벌어진 기본적 이유는 오래 전부터 공기 중 입자상물질을 광의개념에서 분진이라는 용어를 사용하는 대신, 협의개념을 갖는 먼지로 불러왔기 때문이다. 즉 공기 중에는 고체상과 액체상의 입자가 섞여 있어 당연히 분진이라는 일반적 명칭으로 불러야 했으나, 단지 고체상의 입자만을 의미하는 먼지로 불러온 것이다. 과거 환경관련법을 검토하면 이러한 사유를 이해할 수 있다. 표 4.2는 1963년 공해방지법과 1978년 환경보전법, 그리고 최근까지 수없이 개정을 거듭하고 있는 대기환경보전법 상에 언급된 입자상물질의 법률적 정의를 보여주고 있다. 매 법령이 제정될 때마다 과학기술적 근거 없이 당시 사회적으로 통용되던 용어를 사용하였으며, 동일한 오염물질에 대해서도 매번 그

표 4.1 ▪ 입자상 오염물질의 분류

분류	입자상 오염물질 (분진)의 생성 및 특징
먼지 (dust)	입자 크기가 비교적 큰 고체입자로서, 석탄, 재, 시멘트와 같이 물질의 운송처리과정에서 방출되며, 톱밥, 모래흙과 같이 기계적 작동과 분쇄에 의하여 방출되기도 한다. 입자의 크기는 1~100 μm 정도이다.
훈연 (fume)	금속산화물과 같이 가스상물질이 승화, 증류, 화학반응 과정에서 응축될 때 주로 생성되는 고체입자이다. 한 예로서, 아연과 납산화물의 훈연은 고온에서 휘발된 금속의 산화와 응축 과정에서 생성된다. 입자의 크기는 0.03~0.3 μm이다.
미스트(mist)	증기의 응축 또는 화학반응으로 생성되는 액체입자로서, 주성분은 물로서 안개와 구별할 필요가 있다. 안개는 연무보다는 포괄적 개념을 갖는다. 미스트는 안개보다는 투명하며, 전형적 입자의 크기는 0.5~3.0 μm이다. 한 예로서, SO_3는 흡습성 가스로서 이 가스의 이슬점은 22°C이다. 22°C 미만에서 이 가스는 물과 반응하여 황산미스트가 된다.
연기 (smoke)	불완전연소로 생성되는 미세입자로서, 가스를 함유하며 주로 탄소성분과 연소물질로 구성되어 있다. 입자의 크기는 0.01 μm 이상이다.
스모그(smog)	대기 중 광화학 반응에 의해 생성된 가스의 응축으로 생성된다. 크기는 1 μm보다 작으며 smoke와 fog의 합성어이다.
연무 (haze)	시야를 방해하는 입자상 물질로서, 수분, 오염물질 및 먼지 등으로 구성되어 있고, 크기는 1 μm보다 작다.
검댕 (soot)	탄소함유물질의 불완전 연소로 형성된 입자상 오염물질로서 탄소입자의 응집체이다.

표 4.2 ■ 우리나라 각종 환경관련법에서 정의된 입자상 오염물질의 정의

법령	용어	정의
공해방지법 (1963)	매연	매연이라 함은 공장이나 사업장에서의 조업시에 연료나 기타의 물질을 연소하는 경우 또는 전기를 열원으로 사용하는 경우에 발생하는 검댕이, 아황산가스 또는 무수황산을 말한다.
	분진	분진이라 함은 공장이나 사업장에서 조업시에 발생하는 부유분진 또는 강하분진을 의미한다
환경보전법 (1977)	매연	매연이라 함은 연료 또는 기타 물질의 연소시에 발생하는 검댕, 입자상 물질 또는 황산화물을 말한다.
	먼지	먼지라 함은 물질의 파쇄, 선별 기타 기계적 처리 또는 퇴적에 따라 발생하거나 비산하는 입자상 물질을 말한다
대기환경보전법 (1990 ~ 현재)	입자상물질	입자상물질이란 물질이 파쇄 · 선별 · 퇴적 · 이적될 때, 그 밖에 기계적으로 처리되거나 연소 · 합성 · 분해될 때에 발생하는 고체상 또는 액체상의 미세한 물질을 말한다
	먼지	먼지란 대기 중에 떠다니거나 흩날려 내려오는 입자상물질을 말한다
	매연	매연이란 연소할 때에 생기는 유리(遊離)탄소가 주가 되는 미세한 입자상물질을 말한다.
	검댕	검댕이란 연소할 때에 생기는 유리탄소가 응결하여 입자의 지름이 1 μm 이상이 되는 입자상물질을 말한다

정의가 바뀌어 온 것을 알 수 있다. 또한 매연과 같이 애매모호한 용어도 50년 가까이 사용되어 온 것을 알 수 있다. 현재까지도 이러한 부적절한 용어가 존재하는 이유는 기본적으로 입안 초기부터 환경과학기술에 무지하였기 때문이지만, 무엇보다 상기 환경관련법들이 국민 (수용체) 중심에서 대기질 개선을 위한 국민건강과 복지에 목표를 두고 제정되었다기보다는 사업장 (오염원) 중심에서 규제에만 초점을 두었기 때문이다. 다시 말해, 사업장에서는 수분을 없앤 고체상 입자만을 규제하므로 먼지라는 용어 선택이 배출규제 측면에서 적합할 수 있지만, 액체상과 고체상이 공존하는 일반 대기질 환경규제에는 적합하지 않다. 그동안 이와 같이 잘못된 용어 사용으로 우리나라 대기환경 규제와 관리는 정책수행 상 커다란 혼선을 빚을 수밖에는 없었다. 이에 대한 자세한 언급은 제 13장을 참고하라.

앞 장에서 배운 것처럼, 대기오염물질은 오염배출원에서 공기 중으로 직접 배출되는 **1차오염물질** (primary pollutants)과 공기 중에서 광화학반응 등으로 간접 생성되는 **2차오염물질** (secondary pollutants)로 나눌 수 있다. 특정 오염물질이 화학적으로 변환될 때, 어떤 오염물질은 방출된 직후에는 인체에 해가 없지만, 화학반응에 의해 고농도의 해로운 물질로 변환되기도 한다. 일산화질소 (NO)에서 이산화질소 (NO_2)로의 변환과정이 좋은 예이다. 이와 마찬가지로 분진도 **1차분진** (primary aerosol)과 **2차분진** (secondary aerosol)으로 나눌 수 있다. 오염원에서 대기 중에 직접 방출되는 분진을 1차분진이라 하며, 가스상 물질이 대기 중 물리화학적 기작으로 입자화되어 생성된 [즉 기체의 입자화 현상 (GPC: gas-to-particle conversion)] 분진을 2차분진이라 한다. 또한 1차분진 중 유기성 분진을

1차유기성분진 (POA: primary organic aerosol)이라고 하며, 2차분진 중 유기성 분진을 **2차유기성분진** (SOA: secondary organic aerosol)이라고 한다. 한편, 자연적으로 공기 중에 방출되는 분진에는 화산폭발, 산불, 해염 (sea-salt), 황사와 같은 토양분진, 먼지, 박테리아, 식물의 포자 및 꽃가루 등이 있다.

4-3 분진의 물리화학적 특성과 생성원

4-3-1 분진 크기의 영향

분진의 입자크기는 오염원과 위해성을 평가할 때 가장 중요한 물리적 인자이다. 분진의 크기는 마이크론 (μm; micrometer) 단위로 표시하며, 1 μm는 백만분의 1 m이다. 따라서 1 μm는 10^{-6} m. 10^{-4} cm, 10^{-3} mm, 1,000 nm, 10,000 Å에 해당한다. 분진은 대략 0.005~500 μm의 크기를 가지고 있으며 오염발생원에 따라 고유의 크기범위를 가지고 있다. 가장 작은 분진은 분자의 군집체 정도의 크기를 가지며 큰 분진은 가시적으로도 확인할 수 있다. 일반적으로 대기환경에서 분진을 채취하면 입경 2.5 μm를 기준으로 두 개의 그룹으로 나눌 수 있는데, 대략 2.5 μm 미만인 **미세입자** (fine particle) **영역**과 그 이상 크기를 갖는 **거대입자** (coarse particle) **영역**으로 나눌 수 있다. 보통 이단분진채취기 (dichotomous sampler)를 이용하면 미세 및 거대입자를 분리 채취할 수 있다. 그림 4.1은 분진의 크기별 질량농도 분포를 보여주고 있다. 여기서 가로축은 공기역학직경 (aerodynamic diameter: 다음에 설명예정)을 log-scale로 표시한 것인데, 그림에서 보는 쌍극분포 (bimodal distribution) 형태는 일반 대기환경에서 보편적으로 관찰된다. 그

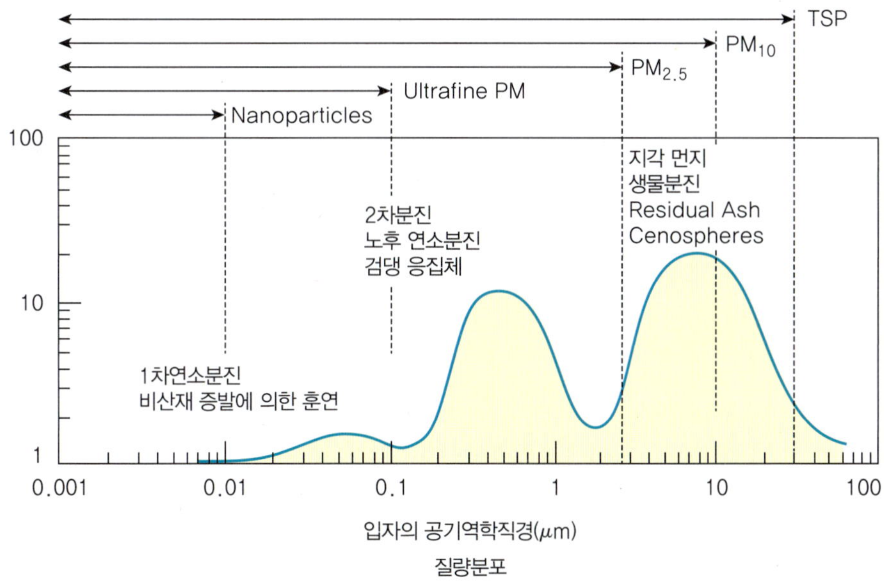

그림 4.1 ▪ 분진입자의 크기별 질량분율 (출처: USEPA, 2004).

림 좌측 0.1 μm 미만에서 보이는 작은 피크는 **초미세입자** (ultrafine particle) **영역**인데 다음 절에서 구체적으로 설명할 예정이다. 참고로, 분진의 크기가 공기역학직경을 기준으로 10 μm보다 작은 분진을 PM_{10}이라 정의하며, 2.5 μm보다 작은 분진을 $PM_{2.5}$라고 정의한다.

우리나라는 1995년 이후 PM_{10}과 TSP (총부유분진: total suspended particle)에 대한 대기환경기준을 동시에 설정하고 운영하다가, 2001년 이후에는 TSP 항목을 삭제하고 PM_{10} 항목만을 두었으며, 2015년부터 $PM_{2.5}$ 항목을 PM_{10}과 함께 규제하고 있다. 한편, 실내 지하공간에서도 **지하생활공간 공기질 관리법** (1996년)에 의거하여 PM_{10}을 규제하고 있다. 대기환경기준과 별도로 산업체에서는 배출기준을 설정하고 규제하고 있는데, 대기환경기준 항목 ($PM_{2.5}$와 PM_{10} 2종)과는 달리 1983년부터 현재까지 변함없이 TSP만을 대상으로 규제하고 있어, 허술한 배출규제가 40년 가까이 계속되고 있다. 한편 우리나라에서는 TSP를 **총먼지**, PM_{10}을 **미세먼지**, $PM_{2.5}$를 **초미세먼지**라 부르고 있는데, 앞에서 배웠듯이 이 용어는 비환경과학적 용어임에는 틀림없다. 하지만 이미 수십 년간 관용적으로 또한 법률적으로 사용되고 있기에 이미 굳어진 용어이다. 그럼에도 대기환경학을 공부하는 여러분은 미세먼지와 **미세입자** (또는 미세분진)의 차이점을 명확하게 구분하여야 한다. 다시 한번 강조하여, 우리나라에서 **미세입자**는 $PM_{2.5}$를 의미하며, 미세먼지는 PM_{10}을 의미하고, 따라서 초미세먼지는 거대입자와 대별되는 미세입자이므로 각별한 주의가 필요하다.

일반적으로 $PM_{2.5}$보다 큰 **거대입자** (또는 거대분진)는 마모, 마찰 및 기계적 분쇄과정을 통해 생성되며, 대부분의 경우 자연적 발생원에서 방출된다. 이러한 거대분진은 방출 후, 수 분 또는 수 시간 이내에 지상에 떨어지기 때문에 공기 중 체류시간이 짧아 미세입자와 비교하여 상대적으로 오염피해가 작다. 하지만 거대입자 중 직경이 2.5~10 μm 인 분진은 호흡계 질환을 가진 사람이 특히 코보다 입으로 호흡할 때 심각한 영향을 받는다. 이는 정상적으로 코를 통해 호흡할 경우 거대입자의 대부분이 허파 끝까지 침투하지 못하고 비강경로에서 여과되기 때문이다.

반면 **미세입자** (**초미세먼지**)인 $PM_{2.5}$는 화석연료의 연소, 자동차의 배출가스, 화학물질의 제조과정처럼 주로 인위적 발생원에서 방출되며, 또한 SO_2나 휘발성 유기화합물 (VOC) 등이 화학반응과 응축과정을 거쳐 생성된 **2차분진**으로 주로 구성된다. 오염된 도심지역에서는 $PM_{2.5}$가 총 분진 수 (number)의 90~99%를 차지하기도 한다. 미세입자는 인간과 동물이 호흡할 때 폐 깊숙이 흡입되는데, 특히 크기가 0.1~1.0 μm일 때 폐침투도는 최대가 되어 폐질환을 야기시킨다. 또한 동일질량의 분진이 부유한다고 가정할 때 크기가 감소할수록 표면적이 급증하고 흡착력과 부착력이 증가하기 때문에, 라돈과 다이옥신과 같은 유해성분과 Cd, Ni, Cr, Pb과 같은 중금속이 분진표면에 쉽게 흡착될 수 있다. 마치 활성탄의 비표면적이 클수록 흡착능이 증가하는 원리와 같다. 따라서 이들 미세입자는 유해물질을 체내에 전달하는 매개체 역할을 한다. 담배연기, 라돈, 다이옥신이 인체에 해로운 일차적인 원인은 이들 유해성분을 함유한 분진이 미세입자 크기이며, 이 크기의 체내 침투도가 최대이기 때문이다. 이러한 이유로 분진의 크기가 0.1~1.0 μm인 영역을 때로는 **악마의 영역**이라 부른다.

분진의 인체 유해성은 과거 수십 년 동안 많은 연구가 있었다. 특히 인체의 영향은 어린이, 연로자 및 노약자에게 심각하며, 분진의 농도와 호흡기 질환 사망률은 상관성이 매우 크다. PM_{10}의 영향 중 뚜렷하게 나타난 현상으로는 농도가 증가할 때, 1) 폐기능의 저하, 2) 호흡기 질환의 증가, 3) 학교 결석률의 증가, 4) 병원 내원객의 증가, 5) 심폐기능 저하로 사망률 증가, 6) 폐암 가능성 증가 등이다 (Spurny, 1999). Pope and Dockery (1999, 2002)에 의하면, PM_{10}이 10 $\mu g/m^3$ 증가할 때마다 하루 평균 사망위해도는 0.8%씩 증가한다고 하며, $PM_{2.5}$가 10 $\mu g/m^3$ 증가할 때마다 평균 폐암사망 위해도는 8%씩 증가한다고 한다. 특히 흡연자의 사망 위해도는 비흡연자의 14.8배나 되었다.

이와 같이 미세입자가 인체에 미치는 위해도는 거대입자와 비교하여 매우 크고 대기 중에 장시간 체류하기 때문에, 수 백~수 천 km까지 장거리 이동하여 심각한 환경문제를 초래한다. 표준상태에서 비중이 1인 구형입자를 가정할 때 1,000 μm의 입자가 1 m 낙하할 때 걸리는 시간은 0.25초 정도이지만, 0.01 μm인 경우 178일 정도 걸린다 (Hinds, 1982). 미세입자의 장거리 이동으로 비 또는 눈 속에 중금속 농도가 증가하기도 하며, 황산염과 질산염 등의 형태로 결합된 무기성 미세입자는 토양과 수중 생태계에도 큰 영향을 미친다.

시정거리 (visual range)는 빛의 소광도 (흡수도+산란도)가 클수록 짧아지는데, 일반적으로 가스상물질은 빛을 흡수하고, 입자상물질은 빛을 산란시킨다. 따라서 분진은 가시도 (visibility) 감소에 영향을 주는데 특히 분진의 크기가 0.1~1.0 μm일 때 **빛의 산란도**가 최대가 되어 시정악화의 주범이 된다. 최근 서울을 비롯한 대도시에서 빈번하게 나타나는 연무와 박무현상시 시정거리가 짧아지는 것은 이들 미세입자 때문이다.

이와 같이 분진은 빛을 주로 산란시켜 (검댕의 경우에는 빛을 흡수하지만) 시정거리를 감소시키지만, 한편으로는 일출과 일몰시 붉고 멋진 노을을 만들어 내기도 한다. 근세 역사상 최대 규모의 화산폭발은 1883년 태평양상 인도네시아의 크라카토아 화산폭발인데, 이 화산이 폭발하였을 때 전 세계에서는 화산재, 즉 분진에 의한 태양광 산란으로 멋진 저녁노을을 수년 간 볼 수 있었다. 당시 수많은 예술가들은 자연의 신비로운 조화에 갈채를 보냈는데 한마디로 분진오염에 대한 예찬이었다. 하지만 남태평양 지역은 지구에서 가장 청정한 지역이기 때문에 일부 국가에서는 분진의 개수농도가 적고 청정하여 저녁노을을 볼 수 없을 정도이다. 또 다른 예로, 요즘 우리나라에서는 저녁 무렵 서쪽하늘의 붉은 노을을 볼 수 있는 날이 많아지고 있는데, 과거에는 노을은 커녕 두꺼운 먼지층 너머로 해가 일찍 지는 날이 더 많았다. 그만큼 과거와 비교해서 요즘 공기가 깨끗해졌다는 의미이다. 즉 저녁놀을 볼 수 있을 정도라면, 여러분은 그날 저녁이나 다음날 오전 마음 놓고 운동해도 좋다. 왜냐하면 저녁노을이 생길 정도의 분진오염도라면 건강에 지장을 주지 않을 수준이고, 또한 우리나라 전역이 서풍의 영향을 주로 받기 때문에, 서쪽에서 유입되는 그 공기질이 대개 다음 날 오전까지 유지되기 때문이다.

분진에 의한 빛의 산란은 지구기후변화 (GCC: global climate change)에도 커다란 영향을 준다. 기후변화는 대기권 (atmosphere) 내에 미량으로 존재하는 가스상 및 입자상물질의 산란과 흡수 때문에 일어난다. CO_2, N_2O, CH_4, halocarbon과 같이 인위적으로 방출되는 온실가스는 빛을 흡수하여 온실효과 (warming effect)를 야기시키지만, 반면 분진은 빛을 산란시켜 냉각효과 (cooling effect)를 야기시킨다. 지구는 이러한 온실효과와 냉각효과가 서로 상쇄되어 균형을 맞추어 왔으나, 최근 들어 온실가스 방출량이 급증하면서 온실효과가 심화되고 있다. 또한 대기권 내에서 분진의 체류시간은 온실가스와 비교하여 매우 짧기 때문에 온실가스의 상대적 영향력은 장기간 지속될 수 있다. 지구기후변화와 관련된 추가논의에 대해서는 제8장을 참고하라.

위에서 논의한 바와 같이, 분진의 크기는 건강 및 심미적으로 미치는 영향과 지구기후에 미치는 영향에서 가장 중요한 물리적 인자이다. 따라서 분진오염의 관리 및 제어전략을 수립할 때에도 반드시 분진의 크기를 고려하여야 하며, 특히 미세입자 ($PM_{2.5}$)에 초점을 두고 수립되어야 한다.

4-3-2 공기역학직경

공기 중 분진의 형상과 모양은 환경조건에 따라 지역적으로 다르며 발생원에 따라 다르다. 일반적으로 액체입자, 비산재 (fly ash), 연기 및 꽃가루는 구형이며, 모 (wool), 면 (cotton), 유리, 석면 등과 같은 입자는 선형이다. 고온가스의 냉각과정 중에는 포도송이 모양의 입자도 관찰되고 속이 비어 있는 입자도 관찰된다. 하지만, 공기 중의 고체입자는 결정형 또는 비결정형으로 존재하며 비구형 광물질이 대부분이다. 입자가 구형인 경우 입자의 크기는 구의 직경으로 표시할 수 있지만, 비구형 입자의 경우 크기를 결정하기 쉽지 않다. 예를 들어, 백묵과 같이 긴 원통형 입자가 있다고 할 때, 입자의 회전방향에 따라 입자의 크기는 원통의 높이가 될 수도 있고 원통의 두께가 될 수도 있다. 따라서 대기환경학에서는 여러 가지 방법으로 입자의 크기를 정의하고 사용하고 있다.

입자의 크기는 크게 현미경적 방법과 역학적 방법으로 나누어 정의하고 있다. 우선, 현미경적 방법은 광학현미경, 전자현미경 및 전자주사현미경을 이용하여 입자의 크기를 결정하는데, 이와 같은 방법으로 측정된 입자의 크기를 **광학직경** (optical diameter)이라고 하며, **실제직경** (true diameter)라고도 한다. 광학적으로 투영된 모양이 원형이 아닐 때 광학직경도 여러 가지 방법으로 정의할 수 있다. 즉 분진의 최장 또는 최단의 크기를 대표직경으로 정의하기도 하며, 최근에는 자동화된 전자주사현미경으로 투영된 분진의 무게중심을 구하고 8 방향 또는 16 방향에서 크기를 잰 후 산술평균하여 결정하기도 한다. 하지만 이와 같은 현미경적 방법은 앞의 백묵의 예처럼, 입자가 공간상에서 회전할 때 투영 형상이 달라지므로 근본적인 어려움은 여전히 남아 있다.

역학적 방법은 운동학적으로 중요 변수를 상수로 가정하고 측정과정을 단순화시킨 방법론이다. 일반 공학과 대기환경학에서는 입자크기에 대해 특별한 언급이 없는 경우 모두 역학적 방법론을 이용하여 크기를 구했다고 생각해도 좋다. 일반적으로 입자의 운동론을 전개할 때, 우선 입자를 구형으로 가정하고 비구형 입자의 경우에는 역학적 형상계수 (dynamic shape factor)를 보정계수로 사용한 **등가직경** (equivalent diameter)을 사용한다. 등가직경이란 공기 중의 비구형입자를 물리적 특성이 같은 구형입자로 가정한 후 계산한 직경이다. 역학적 등가직경은 **스톡스 직경** (Stokes diameter)과 **공기역학직경** (aerodynamic diameter)으로 나눌 수 있는데, 대기환경학에서는 항상 공기역학직경을 사용한다. 따라서 황사를 비롯하여 공기 중 부유분진의 크기를 거론할 때 사용하는 직경은 모두 공기역학직경이며 실제크기는 아니다.

Stokes 직경은 본래의 분진과 밀도와 침강속도가 동일한 구형입자의 직경으로 정의된다. 주로 분체를 다루는 공정과 산업장에서 주로 사용한다. 반면, 공기역학직경은 본래 분진과 침강속도가 동일하며 밀도가 1 g/cm^{3}인 구형입자의 직경으로 정의된다. 이들 입경들의 관계식은 식 (4.1)과 같다.

$$v_t = \frac{\rho_p \, d_p^2 \, g}{18\mu X_p} \equiv \frac{\rho_s d_s^2 g}{18 \ \mu X_s} \equiv \frac{\rho_a d_a^2 g}{18\mu X_a} \tag{4.1}$$

여기서,
v_t = 입자의 공기 중 침강속도 [980 cm/sec]
g = 중력가속도 [cm/sec^2]
μ = 절대점도 [g/cm sec]
d_p, d_s, d_a = 각각 실제직경, Stokes 직경, 공기역학직경 [cm]
ρ_p, ρ_s, ρ_a = 각각 실제입자, Stokes 입자, 공기역학입자의 밀도 [g/cm^3]
X_p, X_s, X_a = 각각 실제입자, Stokes 입자, 공기역학입자의 형상계수 [무차원]

각 직경의 정의에 의하여, $\rho_p = \rho_s$, $X_s = X_a = 1$, $\rho_a = 1$이므로, 식 (4.1)의 수식을 두 개씩 같게 놓고 정리하면,

$$d_a = d_p \cdot (\rho_p / X_p)^{1/2} = d_s \cdot {\rho_p}^{1/2} \tag{4.2}$$

여기서, X_p = 무차원 역학적 형상계수로서 1 이상
(예, 구형입자 = 1, 석영입자 = 1.36, 모래 = 1.57, 정방형입자 = 1.08)

공기역학직경은 분진의 여과집진과정, 호흡기의 침적, 공기정화기의 성능평가 등 분진의 특성파악에 이용된다. 사실 공기역학직경만 알고 있다면, 입자의 밀도, 광학적 크기, 형상계수 등의 물리적 변수는 크게 중요하지는 않다. 참고로 황사를 비롯하여 공기 중에 존재하는 거의 모든 분진의 밀도가 1보다 크므로, 구형에 가까운 입자의 공기역학직경은 실제크기보다 항상 크다.

4-3-3 분진의 밀도와 비표면적

분진의 중요한 물리적 특성 중 또 하나는 입자의 밀도이다. 밀도는 g/cm^{3}로 표시되며 분진 자체의 질량과 부피의 비로 표시된다. 일반적으로 부유분진의 밀도범위는 0.5~6.5 g/cm^{3}이며, 대기 중 부유분진의 밀도는 대략 1.0~2.0 g/cm^{3}이다. 부유분진의 밀도를 직접 측정하기는 어려우므로, 입자의 밀도는 각 입자의 화학적 조성을 바탕으로 추정한다. 이 경우 입자의 구조와 생성과정이 중요하며 분석할 때 많은 주의가 필요하다. 즉, 큰 액체입자 혹은 고체 덩어리를 가정할 경우, 분쇄된 미세입자의 밀도는 크기에 관계없이 각각의 모(母)집단 입자의 밀도와 같다. 하지만, 연기나 훈연과 같은 입자의 실제 밀도는 화학적 조성에

의해 추정된 밀도보다 항상 작은 값을 갖는다. 왜냐하면, 이들 입자는 포도송이와 같은 응집구조를 가지고 있어, 분진 내부에 많은 기공을 가지고 있기 때문이다. 분진은 자체의 비표면적을 가지고 있으며 비표면적을 가지고 있는 물질은 흡착능력이 있다. 따라서 주변 가스상 오염물질을 흡착할 수 있고 더 작은 입자상 오염물질과 응집할 가능성이 있다. 또한, 휘발성이 큰 입자는 주변 온도와 습도변화에 따라 크기가 변할 수도 있다. 대부분 경우 입자의 밀도는 실측값보다는 추정값을 주로 이용한다.

4-3-4 분진의 크기별 특성과 생성과정

실제 대기 중으로 배출되는 분진의 크기별 질량농도분포는 **3극분포** (trimodal distribution)를 이루고 있으며 그림 4.2와 같은 분포도를 보인다. 일반적으로 분진의 크기별 분포는 미세입자 쪽으로 쏠리는 비대칭 분포를 보이는데, 이러한 비대칭분포는 정규분포 (Gaussian 또는 normal distribution)가 아니므로 통계적 해석이 어렵다. 따라서 그림 4.2에서와 같이 공기역학직경으로 표시된 가로축을 대수 (logarithm) 좌표로 변환하면 대수정규분포 (lognormal distribution) 곡선을 얻을 수 있다. 대수정규분포는 기하평균 (geometric mean)과 기하표준편차 (GSD: geometric standard deviation)라는 두 매개변수로 설명된다.

그림에서와 같이 분진의 질량분포에는 3개의 영역 (mode)이 있는데, 직경이 대략 0.1 μm 이하인 **응핵영역** (nuclei mode), 직경이 0.1~2 μm인 **축적영역** (accumulation

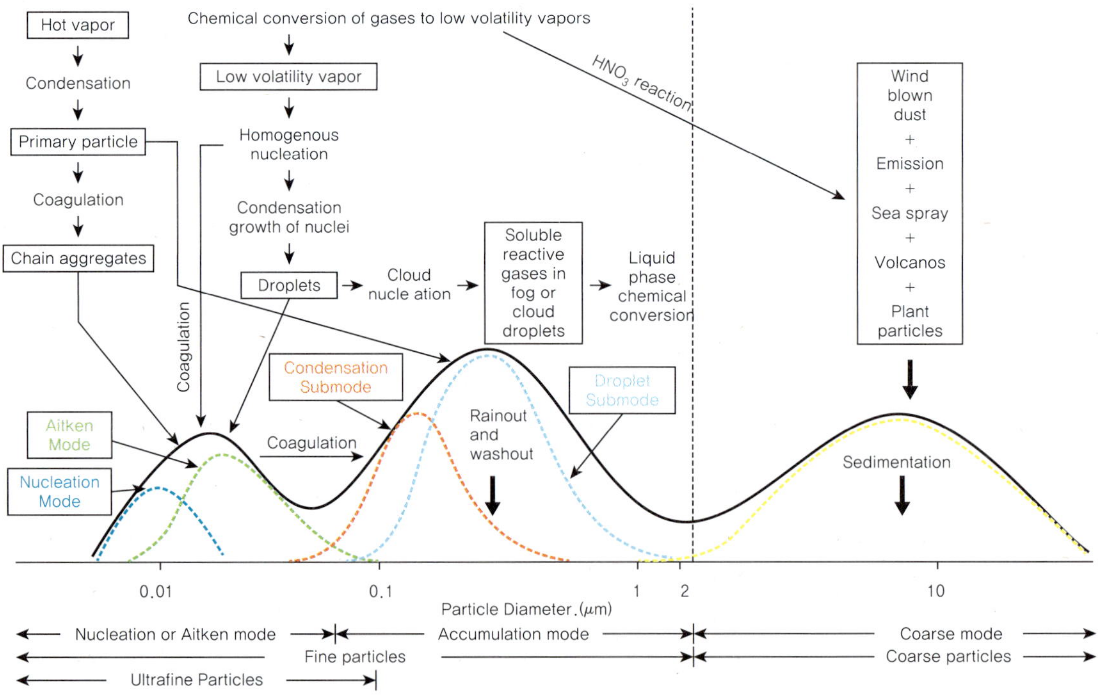

그림 4.2 ▪ 대기 중 입자상 물질의 크기별 질량농도분포 (Whitby, 1972).
[DGV: 기하평균직경 (geometric mean diameter), g: 기하표준편차 (geometric standard deviation)].

표 4.3 ■ 미세분진과 거대분진의 생성원, 생성과정, 구성성분 및 물리화학적 특성비교 (EPA, 1999).

항목	미세분진 (Fine Particle)		거대분진 (Coarse Particle)
	응핵영역	축적영역	
생성원	• 연소, 고온공정, 대기 중 반응	• 연소, 고온공정, 대기 중 반응	• 고체상 물질 또는 액적의 분해, 분쇄
생성과정	• 응핵 • 응축 • 응집	• 응축 • 응집 • 안개, 구름 액적의 증발	• 기계적 분쇄 • 분무 증발 • 먼지 부유 • 입자내, 입자표면에서 가스 반응
구성성분	• 황산염 (SO_4^{2-}) • 원소성 탄소 • 중금속 • 유기화합물	• SO_4^{2-}, NO_3^-, NH_4^+, H^+ • 원소탄소 • 각종 유기화합물 • 중금속 (Pb, Cd, V, Ni, Cu, Zn, Mn 등)	• 비산토양, 도로변 먼지 • 석탄, 기름, 목재의 연소 비산재 • HNO_3/HCl로부터 질산염/염화물 • 지각원소 산화물 (Si, Al, Ti, Fe) • $CaCO_3$, NaCl, 해염 • 꽃가루, 곰팡이, • 타이어, 브레이크 패드의 마모물
발생원	• 연소 • 유기화합물, SO_2의 대기 중 변환	• 석탄 기름 목재 등의 연소 • NO_x, SO_2 생성물 • 터펜 등과 같은 생물기원 • 유기물질의 대기 중 변환 • 고온연소과정, 제련,제강공정	• 산업먼지, 도로변 토양의 재비산 • 경작, 광산, 비포장도로 토양의 부유 • 건설, 파괴 • 통제되지 않은 석탄, 기름의 연소
대기 체류시간	• 수분~수시간	• 수일 ~ 수 주일	• 수분 ~ 수시간
소멸과정	• 축적영역으로 성장이동	• 구름액적 및 rain-out 형성 • 건식 침착	• 건식 강하침적 • 강수에 의한 세정 (wash-out)
이동거리	• <1 ~ 수십 km	• 수백 ~ 수천 km	• < 1 ~ 수십 km

mode), 직경이 2 μm 이상인 **거대입자영역** (coarse mode)이 존재한다. 앞에서 설명한 바와 같이, 응핵영역과 축적영역을 포함하여 **미세입자영역** (fine mode)이라고 한다. 따라서 미세입자영역과 거대입자영역에 존재하는 분진을 각각 **미세입자** (fine particle 또는 미세분진), **거대입자** (coarse particle 또는 거대분진)이라고 부른다. 일반 대기 중에서는 응핵영역을 발견하기 어렵다. 이는 고온 연소과정에서 방출된 입자와 가스의 입자화로 변환된 초미세입자가 응축 및 응집 과정에 의해 축적영역으로 신속하게 이동하기 때문이다. 표 4.3은 미세분진과 거대분진 각각에 대한 생성원, 생성과정, 구성성분 및 물리화학적 특성을 비교 나열한 것이다.

응핵영역은 연소 등에 의해 직접 배출되는 입자와 배출 후 바로 냉각되면서 가스의 응축으로 생성된 입자로 구성되어 있다. 응핵영역 범위의 입자들은 배출 후 더 큰 입자들과 빠르게 응집되고 또는 구름이나 안개의 핵 (nuclei)으로 이용되기 때문에 대기 중 체류시간은 수 시간 미만으로 매우 짧다.

축적영역은 2개의 소영역으로 세분되는데, 0.2 μm에서 정점 (peak)을 이루는 부분은 가스상 생성반응이 포함된 **응축영역** (condensation mode)이고, 0.7 μm에서 정점을 이루는 부분은 응축영역의 입자들이 물이나 황산염에 흡수되어 생성된 **액적영역** (droplet

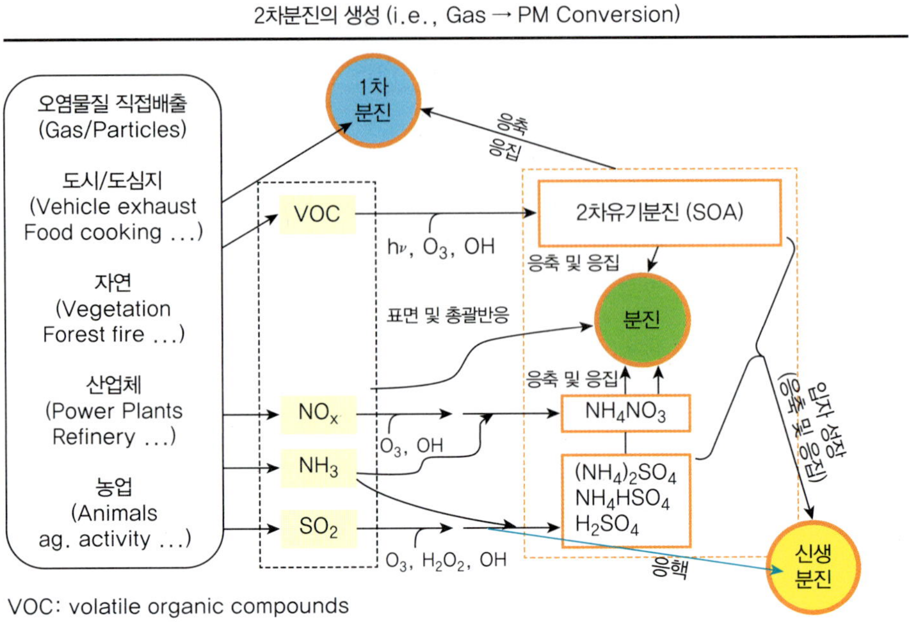

그림 4.3 ▪ 대기 중 2차분진의 생성과정 (NARSTO, 2004).

mode)이다. 축적영역의 입자들은 연소할 때 배출되는 아주 작은 입자들의 응집, 휘발성 물질의 응축, 기체의 입자화로 변화된 입자, 미세한 토양입자 등으로 구성된다. H_2SO_4, $(NH_4)_2SO_4$, NH_4NO_3, 유기탄소 등이 이 영역에서 주로 발견된다. 대기 중 황산염은 0.2~0.5 μm의 범위에 존재하는데, SO_2의 가스상 산화 균일반응 (homogeneous reaction) 또는 SO_2와 주변 입자와의 반응으로 생성된다.

응핵영역과 축적영역에 존재하는 대부분의 입자들은 가스상 물질의 응축, 산화중화반응, 입자상물질과의 **불균일반응** (heterogeneous reaction) 등을 통하여 2차분진(secondary aerosol)이 생성된다. 또한 가스상 물질이 상변화 (phase change)하여 액체상 및 고체상의 새로운 입자가 생성되는 **균일반응**에 의해서도 **2차분진**이 생성된다. 2차분진은 화학반응 또는 흡착, 흡수반응 등을 포함한 복잡한 반응과정을 통하여 생성되기 때문에 구성성분이 다양하고 변환되기 쉬우며, 주요 구성성분은 유기물질과 수용성 성분이다. 즉, 2차분진은 (1) 가스상 물질의 응축현상, (2) 입자표면에서 가스상 물질과의 반응, (3) 입자 내에서의 화학반응 등의 과정으로 생성된다. 표 4.3은 미세분진과 거대분진의 물리화학적 특성을 보여주고 있으며, 그림 4.3은 대기 중 2차분진의 생성과정을 보여주고 있다.

1) 응집 (Coagulation)

입자상 물질의 응집은 입자가 상대적인 운동에 의하여 서로 충돌하고 부착하여 더 큰 입자를 형성하는 과정이다. 응집의 결과, 개수농도는 감소하게 되고 입자의 크기는 증가하게 된다. 입자 사이의 상대적인 운동이 브라운 운동에 기인하는 경우를 **열응집** (thermal coagulation)이라 한다. 반면 중력이나 정전기력과 같은 외력 또는 공기역학적 효과에 의하여 상대적인 운동이 발생하는 과정을 **운동응집** (kinetic coagulation)이라 한다. 또한 응집은 크게 단분산 (monodisperse) 응집과 다분산 (polydisperse) 응집으로 나눌 수 있다.

단분산 응집의 가장 단순한 형태는 단분산 구형입자의 열응집이다. 초기에 단지 입자 몇 개의 충돌만을 고려하므로 응집된 입자들의 크기는 초기 입자들의 크기와 크게 다르지 않다. 응집된 입자의 크기는 생성되는 입자수의 세제곱근에 비례하여 증가한다. 이러한 형태의 응집이론을, 처음으로 제안한 사람의 이름을 따서 **Smoluchowski 응집**이라고도 한다. 응집되는 정도를 나타내는 응집률 (rate of coagulation)은 개수농도의 제곱에 비례한다. 즉, 응집에 의해 입자의 크기가 두 배 될 때 개수농도는 1/8로 줄어든다 (Hinds, 1982). 단분산 응집에서, 비구형 입자의 응집은 구형 입자보다 빠르게 진행된다. 그 이유는 구형 입자와 비구형 입자가 동일 체적이라면 비구형 입자의 표면적이 더 크고 브라운 운동에 의해 입자간의 충돌 확률이 더 커지기 때문이다.

다분산 응집의 경우에는 응집률이 입자 크기에 좌우되므로 단분산 응집보다 과정이 복잡하다. 즉, 동일한 크기를 갖는 입자들보다는 크기가 서로 다른 입자들이 더 빠르게 응집한다. 큰 입자는 큰 흡수면 (absorbing surface)을 가지고 있으며 그 표면에 작은 입자들이 빠르게 확산하므로 크기가 다른 입자끼리의 응집은 같은 크기의 입자들 응집보다 빠르게 진행된다. 이러한 현상은 입자의 크기 차이가 클수록 잘 일어난다. 예를 들어 0.01 μm 입자와 1.0 μm 입자의 응집은 1.0 μm 입자들끼리의 응집보다 약 500배, 0.01 μm 입자들끼리의 응집보다 약 25배 빠르게 진행된다 (Hinds, 1982; 김신도 등, 1995; 김동술과 황인조, 2002).

2) 응축 (Condensation)

고온증기의 냉각에 의한 미스트의 발생과 NH_3 가스와 HCl 가스의 혼합으로 생성된 NH_4Cl 백색연기 등은 기체의 응축으로 입자가 생성되는 대표적인 예이다. 이를 기체의 입자화 전환 (GPC: gas to particle conversion)이라 한다. 응축에 의한 입자의 생성은 크게 균일응핵 (homogeneous nucleation)과 불균일응핵 (heterogeneous nucleation)으로 나눌 수 있다.

응축에 의한 입자의 생성과 성장은 입자 생성의 주요한 물리적 과정이다. 이 과정은 포화수증기를 필요로 하며 핵 (nuclei)의 존재 하에 발생한다. 그림 4.4에 응축에 의한 입자의 생성과정을 도식하였다. 가스의 화학반응 또는 증기의 물리적 냉각으로 응축성 물질은 과포화 상태가 되며, 서로 충돌, 합체 및 증기분자의 증발과정을 반복하면서 분자의 집합체인 클러스터 (cluster)를 형성한다. 이러한 클러스터들이 응집하거나 또는 모노머 (monomer)가 클러스터에 응축하여 입자가 생성된다. 이러한 기작에 의해 입자가 생성되는 것을 **균일응핵**이라 한다. 즉, 균일응핵은 여러 단계를 거치는데, (1) 증기는 응축이 일어날 수 있을 만큼 과포화되어야 한다. (2) 작은 분자나 핵이 생성되어야 한다. (3) 증기가 핵 주변에서 응축되어야 하며 그 다음 액적이 된다. 반면, 불균일응핵은 (1)과 (3)번째 단계만을 거친다. 즉, 과포화도가 낮아도 이온이나 외부입자가 존재하면 이들이 응축핵이 되면서 응축입자나 증기로 코팅된 입자가 생성되는데 이러한 현상을 **불균일응핵**이라 한다.

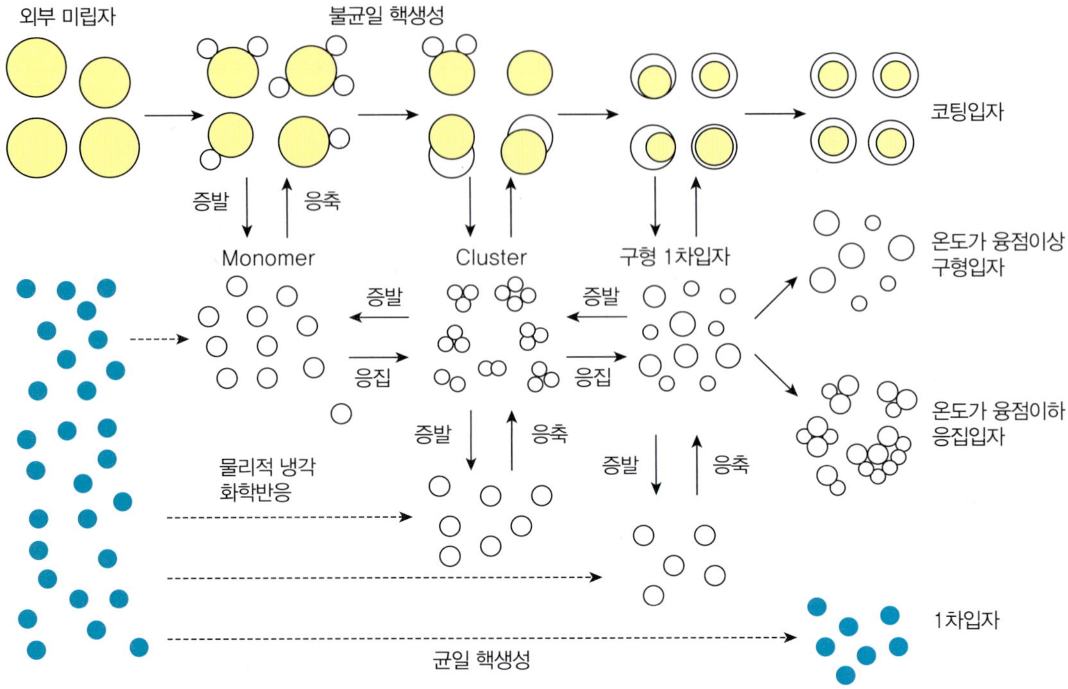

그림 4.4 ▪ 균일 및 불균일 응핵과정에 의한 입자의 생성과정 (김동술과 김태오, 2001).

그림 4.4에서와 같이, 물리적 응축에 의한 입자의 생성과정은 두 개의 모델이 이용된다. 하나는 모노머의 증발 및 응축이 입자의 생성을 지배한다는 가정 하에 클러스터 사이의 응집을 무시한 후 입자생성을 평가하는 모델이다. 이를 고전적 **균일응핵론** (classical homogeneous nucleation theory)이라 한다. 두 번째 모델은 입자의 생성과정이 비가역적이라 가정하고, 클러스터의 응집 및 모노머의 응축에 의해 입자의 생성을 평가하는 응집모델이다. 비록 기체상 화학반응에 의한 입자의 생성과정이 명확하지는 않지만, 가정된 화학반응의 진행을 열역학적으로 검토하여 입자가 어떻게 생성되는지를 밝힌 후 입자생성을 정량적으로 평가할 수는 있다. 한편, 응축에 의한 다분산 입자의 생성과정에서, 입자화하려는 물질을 가열 증발시킨 후 고온증기를 저온공기와 혼합시키거나, 관벽에서 냉각시키거나, 또는 단열팽창으로 냉각시키면 과포화상태가 되는데, 이때 균일 또는 불균일 응핵기작에 의해 입자가 생성되기도 한다 (김동술과 김태오, 2001; 김동술과 황인조, 2002)).

3) 증발 (Evaporation)

증발은 응축에 의해 입자들이 성장 (growth)하는 현상과 반대 개념이다. 증발과정에서는 물분자들이 입자 표면에 도달하는 양보다 탈출하는 양이 더 많다. 증발과정에서는 응축과정에서 볼 수 있는 입자의 생성역치 (threshold of formation) 현상은 없다. 따라서 불순물이 없는 액적은 완전히 증발한다. 증발에 있어서 중요한 변수는 증발률 (rate of evaporation)인데, 증발률은 시간에 따른 입자 크기의 변화율이라고 할 수 있다. 즉, 액적이 완전히 증발하는 시간, 액적의 수명, 또는 건조시간 이라고 표현할 수 있다.

대부분 액적은 핵 응축에 의해 생성되었기 때문에 증발이 일어나도 입자의 크기는 0이 되지 않고 원래 핵의 크기로 돌아간다. 수용성 핵의 경우 증발률은 액적이 핵 크기로 작아질수록 느려진다. 이것은 용액농도가 증가하여 액적표면 증기분압이 감소하기 때문이다. 일반적으로 대기 중 액적은 표면에 흡착된 오염물질이 막을 형성하기 때문에 증발률이 크게 줄어든다.

4-3-5 분진의 소멸과정 (세정과 분산)

대기오염물질의 농도는 배출량뿐만 아니라 지형 및 기상조건에 따라 크게 영향을 받는다. 특히, 오염물질의 대기 중 수송, 확산 등에 관여하는 기상인자는 그 중요성이 매우 크다. 대기질을 지배하는 주요 기상인자로는 풍속, 기온, 강수량, 대기안정도 등이다.

대기 중 가스상 및 입자상 오염물질들은 침적과정 (deposition process)에 의해 토양이나 수계로 이동한다. 침적과정은 중력침강, 관성충돌, 확산과정에 의한 **건식침적** (dry deposition)과 강수, 안개 및 응축 등에 의해 지표로 이동하는 **습식침적** (wet deposition)으로 나눌 수 있다. 건식침적에는 비교적 큰 입자가 중력에 의해 떨어지는 **중력침강**과 대기경계층에서 가장 효율적 수직이동 메카니즘인 **난류침적** (turbulent deposition)이 있다. 습식침적과정에는 분진이 구름의 응축핵으로 작용하여 빗방울로 침적되는 **레인아웃** (rainout)과 비 또는 눈이 떨어지면서 충돌, 간섭, 흡수 및 흡착 과정에 의해 제거되는 **세정** (washout)으로 구분된다.

강수에 의한 습식침적은 건식침적에 비해 비교적 짧은 시간동안 다량의 대기오염물질을 제거할 수 있는 주요 제거기작이다. 특히 습식침적에 의한 소멸과정은 매체를 운송하는 운반자 역할을 하므로 환경적 관점에서 중요성이 매우 크다. 종래 강수에 의한 습식침적 연구는 강우 중 이온성분 분석을 통한 오염물질 농도파악이나 산성도 연구가 주로 수행되었다. Slinn (1978)과 Wang (1990)은 이론적 세정모델을 개발한 후 세정은 입자상 물질의 농도, 입경별 특성, 그리고 빗방울의 크기 등에 영향을 크게 받는다고 보고하였고, Luo (2001)는 강수 시간과 강도가 대기 중 분진 중 원소성분의 습식침적량을 결정하는 주요인자임을 확인하였다. Ahmad (2011) 등은 NO_2와 기상인자 (온도, 상대습도, 풍속, 강수 등)와의 관계를 조사하고, 풍속이 증가하고 강수량이 많을수록 낮은 농도로 분포한다고 보고하였다. 한편, 임득용 등 (2012)은 우리나라 오염자료와 기상자료로 구성된 빅데이터를 이용하여 세정 및 분산 특성을 파악하였으며, 대기 중 PM_{10}과 NO_2에 대한 소멸 효과를 정량화하였다.

1) 강수에 의한 세정

기상청의 기상백과사전에 의하면 (KMA, 2012), 강수일(수)는 주로 일기의 통계를 내기 위하여 사용하는데, 우리나라의 경우 강수량이 0.1 mm 이상인 날을 강수일로 계산하고 강수량은 00시 24시까지의 하루 누적된 값을 이용하고 있다. 반면 미국 대기해양관리처 (NOAA, 2012)는 0.01 inch 또는 0.2 mm 이상인 날수를 강수일로 정의하고 있다.

황사 발생일을 제외한 2000년부터 2009년까지 10년간의 월평균 강수량과 PM_{10}과

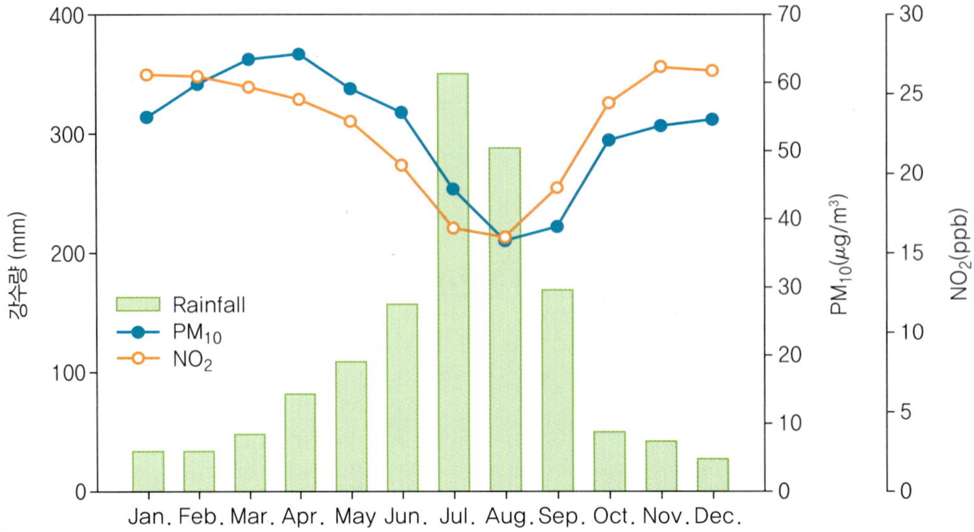

그림 4.5 ▪ 우리나라 전역에서 황사현상 시를 제외한 2000~2009년 기간 동안의 월평균 강수량 분포 (막대그래프)와 PM_{10}과 NO_2의 월평균 농도분포 (꺾은선 그래프) (임득용, 2013).

NO_2의 농도를 그림 4.5에 제시하였다 (임득용 등, 2013). 우리나라의 강수는 대략 6월과 9월 사이에 집중되며, 특히 장마철인 6월말부터 8월까지 월평균 강수량은 7월에 350 mm로 최대이었고 8월에는 288 mm이었다. PM_{10}의 월평균 농도는, 황사발생일의 자료를 제외했음에도 불구하고, 황사의 잔재영향으로 3월과 4월에 각각 63.3 $\mu g/m^3$와 63.9 g/m^3로 최대를 보였고 여름철에 최저농도 (8월 평균 36.7 $\mu g/m^3$)를 보였다. 정성적으로 오염물질 농도와 강수량 사이에 대략적인 역상관관계가 있음을 알 수 있다.

임득용 등 (2012)은 2000년부터 2009년까지 10년간 우리나라 전역 240곳 대기오염측정망에서 측정된 시간별 PM_{10}과 NO_2, 그리고 20곳의 지상 기상관측지점에서 측정된 일별 강수량과 풍속자료 1,685만개를 분석하고 강수에 의한 세정효과와 바람에 의한 분산효과를 분석하였다. 그림 4.6은 전체 일일강수량을 5 mm 단위로 총 11개 구간으로 구분하고 구간별 강수강도에 따른 PM_{10}의 **세정률**을 비강수시의 농도와 비교하여 계산한 것이다.

한편, 강수에 의한 세정과 흡수효과를 정량적으로 계산하기 위해, 즉 대기 중 오염물질의 **총괄 세정기여율** (OSC: overall scavenging contribution)을 계산하기 위해 구간별 10년간의 강수발생빈도를 조사하였다. 여기서 OSC란 구간별 세정률에 구간별 강수확률밀도를 곱하여 합산한 값으로, 과거 10년간 우리나라 전역에서 강수에 의한 PM_{10} 평균 제거율을 의미한다. 그림 4.7은 강수 구간별 PM_{10}과 NO_2의 총괄 세정기여도 (OSC)를 보여주고 있다. 황사현상 발생시를 제외한 우리나라 전역에서 강수에 의한 OSC는 PM_{10}이 22.3%이었으며 참고로 NO_2는 15.7%로 계산되었다. PM_{10}의 세정효과가 NO_2보다 더 높았으며, 강수량 1 mm 이하인 구간에서 PM_{10}과 NO_2의 OSC는 각각 4.5%와 3.9%를 보여 강수구간 중 최대 세정기여율을 보였다. 결과적으로 우리나라의 세정기여도는 강수의 강도가 약할 때 가장 높았으며, 강수량이 증가할수록 저감률 자체는 감소하였으나 비가 내리

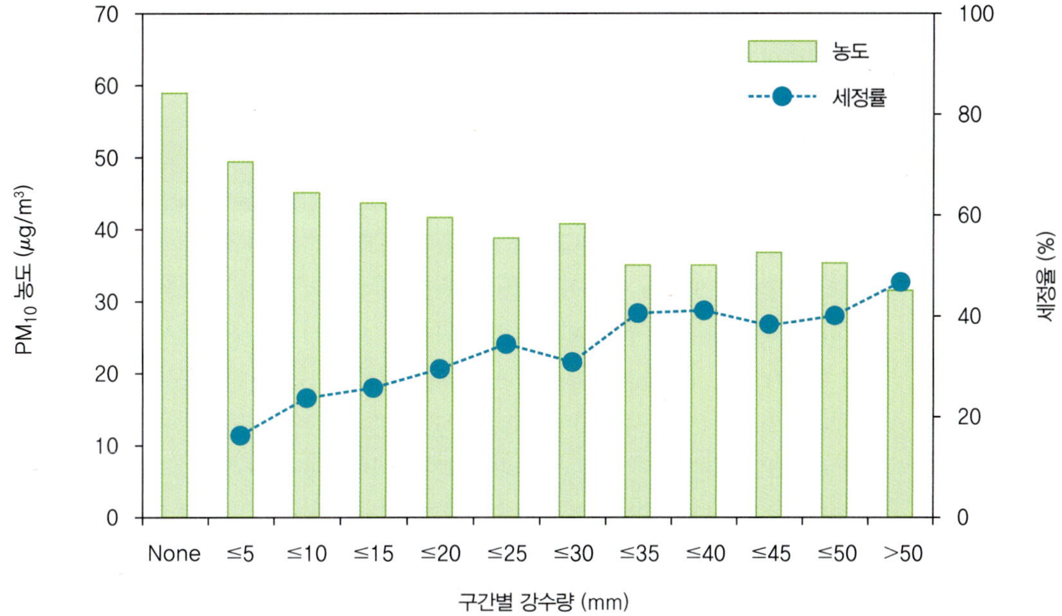

그림 4.6 ▪ 우리나라에서 2000~2009년 전체 강수기간 동안, 강수 (mm/day) 구간별 PM_{10}의 평균 농도 분포도 (막대그래프) 및 PM_{10}의 구간별 세정률 분포 (꺾은선 그래프) (임득용, 2012).

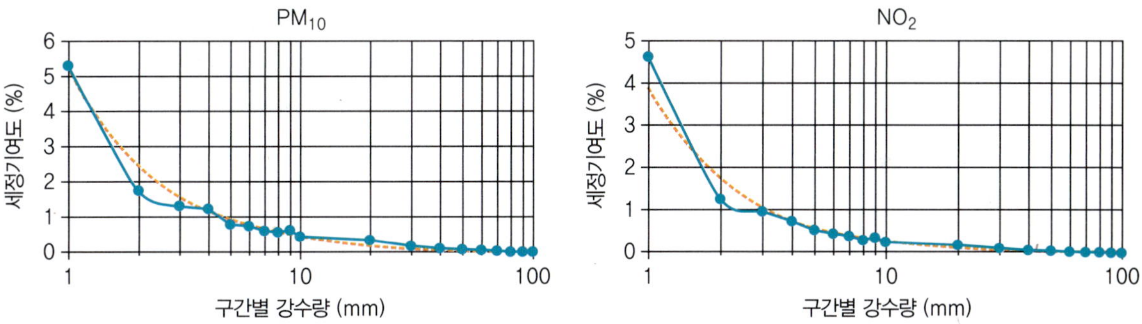

그림 4.7 ▪ 우리나라에서 2000~2009년 동안, 강수 구간별 PM_{10}과 NO_2의 총괄 세정기여도 (OSC)로서, 점선은 각 오염물질의 최적선 (best fit)이다 (임득용, 2013).

는 동안 감소추세는 계속되었다. 임득용 (2013)은 구간별 세정기여도를 계산하고 이를 그림 4.6과 같이 도식하였다. 또한 지역별로 강수세정에 의한 기여도를 정량화 (공식화)하였다. 자세한 설명과 논의는 해당 논문을 참조하라.

2) 바람에 의한 분산

우리나라의 무풍 기준 (calm condition)은 풍속 0.2 m/s 이하이었지만, 2006년부터 0.4 m/s 이하로 변경된 기준에 따르고 있다. 기상청에서 정의하는 일평균 풍속은 24시간 풍속 자료를 평균한 값이다. 참고로 미국의 경우에는 3 mph (1.34 m/sec) 이하를 무풍기준으로 삼고 있다 (NOAA, 2012).

풍속과 오염도와의 상관성을 파악하기 위해 임득용 등 (2012)은 1) 풍속의 변화에 따른 오염도의 분포, 2) 무풍인 날의 오염도를 기준으로 풍속구간별 무풍 대비 상대적 오염도를 계산하였으며, 바람에 의한 오염물질의 저감률을 정량적으로 계산하기 위해 풍속구간별 풍속의 확률밀도를 이용하였다. 우선 10년간 전국 20곳 기상관측지점에서 일평균 풍속 분포를 0.5 m/s 간격으로 조사한 결과, 풍속구간별 발생확률밀도는 1.5~2.0 m/s 및 1.0 1.5 m/s 구간에서 전체 기상일수 73,060일의 각각 18.4% 및 18.2%를 보여 주풍 구간이었으며, 0.5 m/s 이하 및 5 m/s 초과 구간은 각각 전체 바람의 3.1% 및 3.5%에 불과하였다.

한편, 바람에 의한 분산효과를 정량적으로 계산하기 위해, 대기 중 오염물질의 **총괄 분산기여율** (ODC: overall dispersion contribution)을 계산하고 구간별로 10년간의 풍속발생빈도를 조사하였다. 여기서 ODC란 구간별 분산율에 구간별 풍속 확률밀도를 곱하여 합산한 값으로, 과거 10년간 우리나라 전역에서 바람에 의한 PM_{10}과 NO_2의 평균 감소율을 의미한다. 그림 4.8은 PM_{10}과 NO_2의 풍속 구간별 분산율을 보여주고 있다.

일반적으로 풍속이 증가하면 PM_{10}과 NO_2 농도는 감소하는 경향을 보이지만 감소정도는 풍속에 따라, 오염물질에 따라, 지역에 따라 다르다. 그림 4.8에 의하면, 전국적으로 PM_{10}은 약 2.5 m/s일 때 최대 분산율을 보이고 (즉, PM_{10} 저감률은 최대가 되고), 이후 분산율은 감소하다가 4.5 m/s부터는 다시 증가한다. 이러한 임계 풍속은 지역에 따라 달라지는데, 풍속이 빠르고 건조 사막지대인 미국 Las Vegas에서는 시간평균풍속이 4~5 m/s부터 PM_{10}의 농도는 상승하였으며 (즉, 분산율이 음의 수로 나타났으며), 10 m/s를 초과할 때는 PM_{10} 농도가 급증하였다. 이는 지면에 침적된 분진이 난류확산 (turbulent diffusion)에 의해 재비산되어 농도가 상승한 것으로 보인다 (Watson and Chow, 2000; Chow and Watson, 1997). 하지만, 풍속에 따른 NO_2의 분산율은 PM_{10}과 차이가 있었다. 전반적인

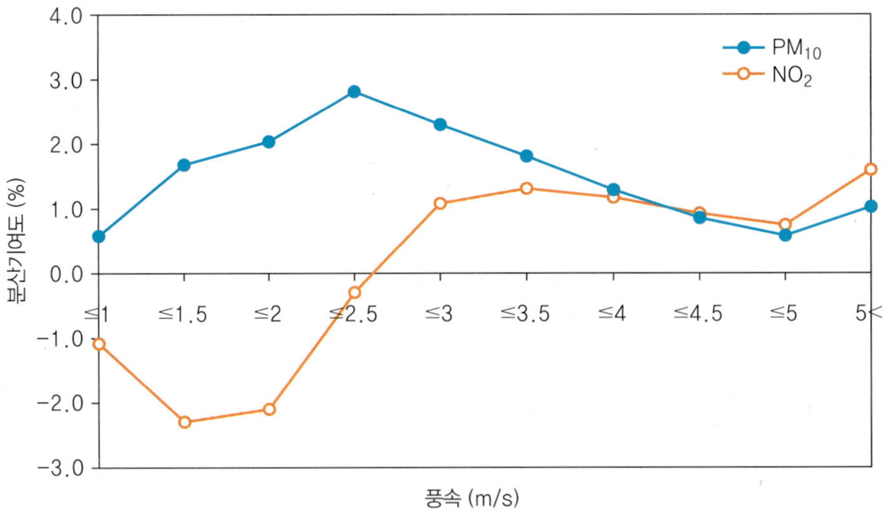

그림 4.8 ▪ 우리나라에서 2000~2009년 기간 동안, PM_{10}과 NO_2의 풍속 구간별 분산율 (dispersion ratio)의 분포 (임득용 등, 2012).

NO_2 농도는 Dayan 등 (2011)의 연구결과처럼 풍속에 따라 감소하였으나, 특정 풍속 특정 구간에서는 오히려 증가하다가 감소하였다. 그림 4.8에서와 같이 NO_2의 분산율은 1.5 m/s 부근에서 최저가 되었으며, 2.5 m/s 구간까지 음의 수를 보였다. 즉 풍속 2.5 m/s 이하까지는 NO_2의 농도가 증가한다는 의미이다. 이는 우리나라의 경우 PM_{10} 농도는 광역오염원의 영향을 많이 받는데, 풍속의 증가로 더 멀리까지 확산되어 광역오염원의 기여도가 감소된 것으로 판단된다. 즉 외부로부터 운송되어 지역으로 유입되는 분진의 분산율이 증가되기 때문으로 사료된다. 반대로, NO_2의 경우 주요오염원은 광역규모라기 보다는 지역규모의 이동오염원으로서 특정 임계풍속 구간까지는 분산에 의한 유출량보다 지역 자체 발생량이 많아 대기 중에 축적되기 때문이다. 또한 NO_2의 주요 배출원인 차량 배기구의 위치가 지면과 가깝기 때문으로 사료된다. 따라서 1.5 m/s 이하 구간에서는 대기분산효과를 전혀 기대할 수 없다.

결론적으로 풍속의 증가에 따라 PM_{10}과 NO_2 농도는 지속적으로 감소하였다 ($p < 0.001$). 전국적으로 PM_{10}은 약 2.5 m/s일 때 최대 오염저감을 보였으며 4.5 m/s를 초과하였을 때 오염저감의 폭은 크게 둔화되었다. 한편, NO_2의 경우에는 PM_{10}과는 다른 결과를 보였는데, 한계풍속점 (약 2.5 m/s)까지 오염물질이 축적되다가 분산되는 경향을 보였다. NO_2의 축적률은 풍속구간이 $1 < WS \leq 1.5$ 구간에서 가장 높았다. 바람에 의한 오염저감 즉 분산기여율을 계산한 결과, 전국적인 PM_{10}의 총괄 분산기여율은 14.9%를 보여 지역의 오염저감에 커다란 기여를 하였다. 하지만 NO_2의 경우 1.0%를 보여 자연적 저감효과는 사실상 미미하였다. 이에 대한 자세한 논의는 임득용 등 (2012)을 참조하라.

바람에 의한 분산효과의 한 예로서, 서울시에서는 2004년을 기점으로 청계천 고가도로 철거하였고 이에 따라 바람길이 확보되어 평균풍속이 0.4 m/s 빨라졌다. 이러한 풍속증가가 오염물질의 저감으로 이어졌다. 풍속 증가의 영향을 정량적으로 추정한 결과, 서울시의 PM_{10} 농도는 그 이전보다 3.4%P 개선되었으며, NO_2의 경우 그 이전보다 4.4%P 개선되었다. NO_2의 경우 비록 한계풍속 구간 내에서 풍속변동이 있었지만 분산저감률은 크게 개선되었다 (임득용 등, 2012).

4-3-6 분진의 개수농도와 질량농도 측정

분진의 농도측정에서는 여러 가지 방법이 있다. 우선, 분진은 크게 강하분진 (falling particle)과 부유분진 (suspended particle)으로 나눌 수 있는데, 부유분진의 경우 총부유분진 (TSP), PM_{10}, $PM_{2.5}$ 또는 특정 크기로 나누어 측정할 수 있다. 분진채취기는 일단 공기의 흡입속도에 따라, 고속, 중속 및 저속 **공기채취기**(high, middle, and low volume air sampler; 간단히 high-vol, middle-vol, low-vol로 부르기도 한다) 등으로 세분하며, 모든 채취기에는 분진을 채취하기 이전에 특정 크기로 분극할 수 있는 크기선별장치 (SSI: size-selective inlet)가 달려있다. SSI는 분진의 크기를 선별하기 위해 관성충돌 (inertial impaction) 원리를 응용하고 있다. 부유분진의 중량농도 (gravimetric concentration)를 측정하는 일반적인 방법으로는, 공기를 여지(filter)에 통과시켜 분진을 여지 위에 거르고

표 4.4 ■ 공기 중 분진의 중량농도 및 화학성분 분석을 위해 보편적으로 사용되는 분진채취기

종류	유속 (m^3/min)	크기 분극수	특징
표준 고속공기채취기 (HVAC: high-volume air sampler)	1.1~1.7	1	유리섬유 또는 석영섬유여지를 이용한다. PM_{10} 또는 $PM_{2.5}$를 채취하기 위해, 분진을 크기별로 분극할 수 있는 cyclone 또는 impactor 장치 (즉, SSI)가 부착되어 있다.
고속 다단공기채취기 (HVCI: high-volume cascade impactor)	0.5~1.7	2~7	분진크기를 선별하기 위해 단별로 기공의 크기가 점차 좁아지는 충돌판이 여러 장 일렬로 연결되어 있다.
저속 다단공기채취기 (LVCI: low-volume cascade impactor)	0.001~0.2	1~7	상동
2단 공기채취기 (dichotomous sampler)	다양	2	2.5 μm 기준으로 미세 및 거대분진을 분리하고 채취한다.
싸이클론 채취기 (cyclone air sampler)	0.001~0.1	1	관성분리를 위해 싸이클론 방식을 이용하며. 실질적인 유속은 싸이클론의 크기와 차원과 관련이 있다.

공기흡입 전후의 여지무게를 측정한 후, 그 차이 값으로 중량농도를 구하는 여과방법과 관성충돌 원리로 분진을 여지 위에 충돌시켜 선별된 분진을 채취하는 충돌방법 (impaction)이 있다. 표 4.4는 분진의 중량농도와 화학성분 분석에 보편적으로 사용되고 있는 분진 채취기의 종류와 특징을 설명한 것이며, 표 4.5는 실시간으로 분진의 크기와 개수농도 측정법을 설명한 것이다. 또한, 표 4.7에는 $PM_{2.5}$ 또는 PM_{10}의 실시간 질량농도 측정법을 설명하였다.

4-3-7 분진 중 화학성분 분석

대기환경학자들은 분진크기의 중요성을 인식하고, 입경별 농도를 조사하거나 분진의 형상과 모양, 전기하전, 화학조성을 지역별로 연구하는데 많은 노력을 기울여 왔다. 대기환경학 초창기에는 Boltzman 전하분포와 같은 순수 기초연구를 주요 연구과제로 삼았으나, 최근에는 분진이 인간에 미치는 악영향에 대한 우려로 건강과 위해도 측면의 연구가 활발하게 진행되고 있다. 환경오염 현황에 중점을 두었던 초기에는 분진전량 (全量)의 농도분포와 분진에 함유된 무기금속원소 분포에 관한 연구가 활발하였고, 1980년대부터는 분진입자 각각에 대한 형상, 모양, 화학조성 등에도 관심을 갖게 되었다. 특히 분진은 다양한 무기 및 유기 화합물로 구성되어 있기 때문에, 화학조성 연구는 분석기자재의 발전에 맞추어, 우선적으로 인체와 재산상에 영향이 큰 무기금속원소, 즉, Cd, Pb, Hg, Cu, As, Ni 등과 같은 제한된 수의 무기원소분석에서부터 시작하였다. 최근에는 40~50가지의 미량원소 분석도 보편적으로 이루어지고 있다. 1980년 중반 이후부터는 무기원소 연구와 병행하여 다환방향족탄화수소 (PAH: polycyclic aromatic hydrocarbons)와 같은 유기화합물 조사연구

표 4.5 ■ 실시간 분진의 크기 및 개수농도 측정방법 (McMurry, 2000; NARSTO, 2004).

항목	방법	특징	비고
응축입자계수기 **CPC** (condensation particle counter)	알콜 등의 용액을 과포화상태로 만든 후 총 입자의 개수를 측정한다. 즉, 알콜 액적이 응핵화되고 광산란되어 검출된다.	총개수농도 측정	• 모델에 따라 3~20 nm 절단직경을 측정 • 여러 모델을 병렬로 연결하여 응용 가능.
입자개수농도측정기 (0.003~0.5 μm) **SMPS** (scanning mobility particle sizer)	DMA(differential mobility analyzer)와 CPC로 구성되어 있다. 입자는 전기이동도에 의거하여 대전되고 분류된다. 개수농도는 CPC로 측정된다.	크기영역별 개수농도 측정.	• 일정 알콜 조건하에서 매우 정확한 측정법. • 비싼 장비는 전기이동도 크기를 제공.
입자개수농도측정기 (0.3~10 μm) **APS** (aerodynamic particle sizer)	평행 레이저로 가속기류 중 부유입자의 속도 간격을 측정한다.	크기영역별 개수농도 측정.	• 공기역학직경 제공 • 고농도에서는 부정확.
입자개수농도측정기 [미세입자 (0.1~2.5 μm) 및 거대입자 (2.5~10 μm)] **OPC-SS** (optical particle counter/size spectrometer)	광선 속을 이동하는 개별입자의 광산란도를 여러 각도에서 감지한 후, 이들 신호를 입자크기별로 보정하여 해석하고 분석한다.	0.1~50 μm의 크기영역에서 개수농도를 측정	• 광학직경을 제공 • 제작사별로 모델별 크기영역과 분율을 다양하게 제공 • 굴절률에 민감 (즉 입자의 조성과 형상에 민감)
전기저압충돌기 (13단 크기영역에서 0.03~10 μm) **ELPI** (electrical low pressure impactor)	입자는 대전되고 각 충돌판위에 관성에 의해 분류된다. 각 충돌판 상에 축적된 전하를 측정한다.	13단 크기영역별로 0.03~10 μm	• 상대적으로 거친 공기역학직경을 제공 • 저농도에서 부정확

가 활발히 진행되었고, 2000년 이후에는 첨단 기자재의 급속한 발전과 양산으로 미세분진의 초미량 유기화합물에 대한 연구가 활발하다.

앞 절에서 공부하였듯이, 대기 중 분진은 크기에 따라 미세입자와 거대입자로 구성된 다극분포 (multimodal distribution)를 보인다. 보편적으로 거대입자는 육지의 토양입자와 바다의 해염입자로 구성된 자연기원 분진인데, 육지에서 발견되는 분진의 주요 원소와 이온은 Si, Al, Ca, Fe, K, Ti, Mn, Sr 등이며, 바다에서는 Na, Cl, SO_4^{-2}, Mg 등이다. 해염은 0.1~100 μm 까지 다양한 크기를 가지고 있지만 주로 거대입자인데, 생성초기에는 액체상태이나 증발과정을 거치며 농축되고, 최종적으로 고체상의 해염이 된다. 거대입자에 속하는 대부분 원소는 비휘발성이며 매우 안정하지만 Cl 반응기 (radical)는 반응성이 상대적으로 크기 때문에 공기 중 산성가스와 쉽게 반응할 수 있어 농도의 기복이 매우 크다.

미세입자는 산업공정에서 배출된 인위적 분진으로 주로 구성되어 있다. 주로 발견되는 무기원소는 As, Cd, Ni, Pb, V, Zn, Co, Cr, Hg, Se, Mn 등이다. 분진의 발생원에 대해서는 다음 장에서 자세히 공부하겠지만, 기름을 연소할 때, V, Ni, S, As 등; 석탄을 연소할 때, Al, Sc, S 등; 제철산업에서는, Fe, Mn, Cr, 등; 비철금속산업에서는, Cu, Zn, As, Sm, Sb 등; 쓰레기를 연소할 때, Zn, K, Pb, Sb 등; 토양분진에서는, Al, Si, Ti, Mn 등이 방출된다. 그림 4.9는 경기도 용인지역의 부유분진 중 무기원소의 입경별 농도분포를 보여주고 있다.

표 4.6 ■ 실시간 분진 중 $PM_{2.5}$ 또는 PM_{10}의 질량농도 측정방법 (McMurry, 2000; NARSTO, 2004).

항목	방법	특징	비고
TEOM (tapered element oscillating microbalance)	입자는 속이 빈 유리 요소(element) 끝에 장착된 필터위에 연속적으로 채취된다. 유리요소는 주어진 전기장 속에서 진동한다. Tapered element의 공명진동수는 필터위에 축적된 분진질량에 따라 감소한다. 온도는 요소의 열팽창을 줄이기 위해 30°C 또는 50°C로 일정하게 유지된다.	질량농도의 감지한계는 5분 평균기준으로 약 5 $\mu g/m^3$이다.	• 전형적 평균 신호시간은 10분. • 휘발성 성분은 가열된 기류 때문에 증발. 따라서 중량법보다 저농도를 보임. • 대기온도에서 질량농도를 얻을 수 있는 TEOM도 가능. • Filter dynamics Measurement System과 같이 휘발성과 흡수를 감안한 방법이 개발되고 있음.
RAMS (real-time total ambient mass sampler)	Denuder 기술과 함께 TEOM 원리를 이용하여 질량농도를 측정한다 (휘발성분포함). 시료채취는 2개의 TEA-annular denuders, Nafion dryer, BOSS carbon denuder, 3번째 TEA-annular denuder, 최종 Nafion dryer로 구성되어 있다.	질량농도의 감지한계는 1시간평균기준으로 약 5 $\mu g/m^3$이다.	
CAMMS (continuous ambient mass monitor system)	막여지 전후의 압력강하를 측정한다. 적절한 조건에서 압력강하는 필터위에 침적된 분진질량과 선형적으로 비례한다.	질량농도의 감지한계는 1시간평균기준으로 약 2 $\mu g/m^3$이다.	
BAM (beta attenuation monitor)	필터테이프 위에 분진이 침적될 때, Beer 법칙에 의거하여 베타선은 질량농도의 지수적으로 감쇄된다. 분진이 침적된 테이프와 청정 테이프 사이의 관계를 이용하여 베타선 감쇄정도를 보정하고 질량농도로 환산한다.	질량농도의 감지한계는 1시간평균기준으로 약 2 $\mu g/m^3$이다.	• 평균시간을 30분 정도로 줄일 수 있다. • 습도가 높을 때 방해가 될 수 있다.
Piezoelectrc Microbalance	입자가 관성충돌 또는 정전기적 침강으로 압전 (piezoelectric) 수정결정판 표면에 침적된다. 수정결정의 자연적 공명진동수는 침적된 분진질량에 따라 감소한다. 비교를 위해 사용되는 표준수정판은 온도 보상을 감안한다.	질량농도의 감지한계는 1분 평균기준으로 약 10 $\mu g/m^3$이다.	

Pb, Zn, Cu는 미세입자군에 Ca, Si, Fe, Al, K는 거대입자군에 주로 분포함을 알 수 있다.

분진의 화학적 특성과 오염원인을 규명하기 위해서는 여지 상에 채취된 TSP, PM_{10}, $PM_{2.5}$ 시료의 무기원소, 이온성분, 탄소성분, 유기물의 분석이 필요하다. 분진의 화학분석은 연구목적에 따라 분석대상 화학종도 선택하여야 하지만, 화학종에 따라 분석기자재의 검출한계를 고려한 적절한 양의 분진시료가 필요하다. 모든 경우 QA/QC에 각별한 주의가 필요하다.

오염원에서 배출되는 분진의 화학성분을 확인하기 위하여 여러 가지 분석기술이 이용된다. 대표적인 무기원소 분석방법으로는 원자흡광광도법 (atomic absorption spectrometry; AAS), 중성자 활성법 (neutron activation analysis; NAA), X선 형광분석

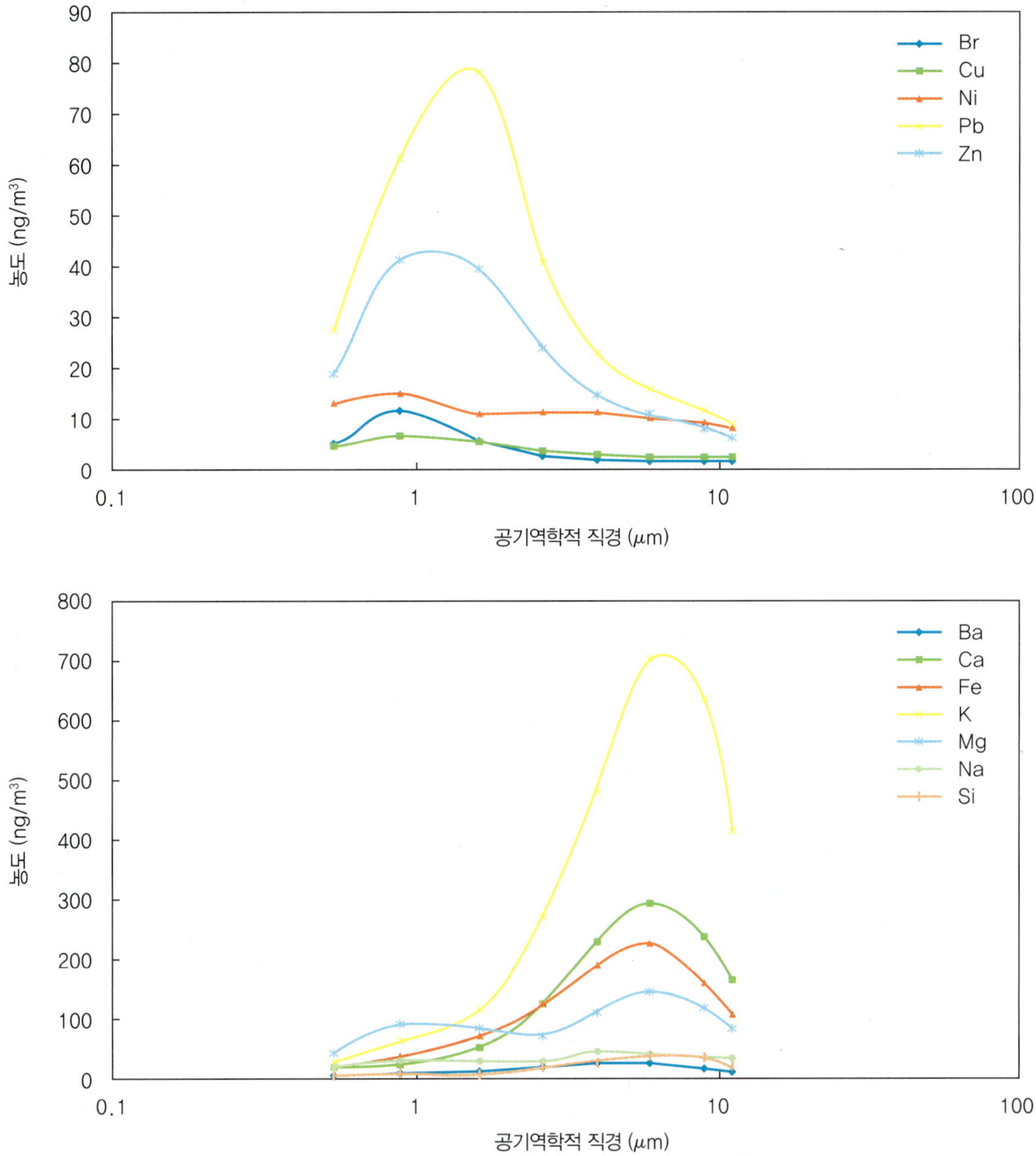

그림 4.9 ■ 분진의 크기별 무기원소의 농도분포 (신훈중, 1996).

법 (x-ray fluorescence; XRF), PIXE 분석법(proton-induced x-ray emissions), 유도결합 플라즈마법 (inductively coupled plasma spectrometry: ICP) 등이 있다. 이중 NAA, PIXE, XRF 등은 비파괴 건식분석방법이며, 고체 시료의 다원소 분석이 가능하기 때문에 미세입자의 다원소 분석에 광범위하게 사용되고 있다. 정량가능한 원소수는 NAA의 경우 40~50개, PIXE나 XRF의 경우 15~20개 정도가 되나, PIXE나 XRF의 경우 상대적으로 신속한 분석이 가능하다. 이러한 비파괴분석법은 모든 환경시료 분석에 강력한 기술이지만 모든 기자재는 각기 장 단점을 가지고 있다. 따라서 분진에 함유된 다양한 원소를 한 가지 특정 기자재로 분석할 수 없기 때문에 보통 몇 가지 기자재를 조합하여 사용한다.

Na^+, NH_4^+, K^+, Mg^{2+}, Ca^{2+}, Cl^-, NO_3^-, SO_4^{2-} 등과 같은 이온분석에는 주로 이온크로마토그래피 (ion chromatography; IC)가 이용되며, 탄소분석에는 탄소연소법과 유기탄소 추출법 등이 이용된다. 또한 분진 중 PAH를 비롯한 유기분석에 널리 사용되는 방법에는 가스크로마토법 (GC: gas chromatography)과 HPLC 법 (high performance liquid chromatography) 등이 이용된다.

1) X선 형광분석법

X선 형광분석법 (XRF)은 제철, 비철제련, 금속가공 산업 등에서 공정관리 차원에서 최근에도 사용이 많으며, 신제품 개발 및 정밀 화학분석에도 많이 이용되고 있고 고대유물의 화학분석에도 이용된다. XRF의 원리는 X선을 분진시료에 조사하면 원자의 내각전자가 여기해서 방출되고 내각에 빈 틈이 생긴다. 이곳에 외각전자가 옮겨올 때 해당 원소의 전자에너지의 준위차에 해당하는 에너지가 전자파 형태 (즉 특성 X선)로 되어 방출되는데 이를 **형광 X선**이라 부른다. 형광 X선 스펙트럼은 원소 고유의 것이기 때문에 고유 원소를 확인할 수 있으며, 또한 형광 X선 강도가 원소농도에 비례하기 때문에 해당 원소의 농도를 얻을 수 있다. XRF는 시료의 전처리가 필요 없는 비파괴 분석법으로 액체 및 고체시료의 원소분석이 가능하며, 습식분석 이상의 정확도로 분석할 수 있다. 이 분석법은 Na과 원소번호 11번 이상의 원소들을 상당히 정확한 검출감도로 분석할 수 있다. 우리나라에서 대기 중 분진시료 분석을 위한 XRF의 제반 활용은 다음 문헌을 참고하라 (이태정 등; 1992, 1997).

2) 중성자 활성법 (NAA)

NAA은 연구용 원자로에서 열중성자를 이용하는 기기분석법으로 방사화분석법 (activation analysis) 기술 중에서도 환경시료 중 다수의 미량원소를 매우 정확하게 신속히 분석할 수 있는 강력한 분석법이다. 선진외국에서는 이미 오래 전부터 대기 중 분진연구에 활발하게 사용되고 있으나, 우리나라에서는 연구용 원자로의 수가 한정되어 그 활용도가 매우 낮다. 대기 중 분진의 미량원소 분석에 대한 NAA의 응용과 자세한 정보는 다음 문헌을 참고할 수 있다 (임종명, 2006). NAA의 장점과 특징은 높은 감도와 동시 다원소 및 비파괴분석능력 뿐만 아니라, 대기 중 미세분진에 대해 실질적인 매질효과가 없다는 점이다. NAA의 분석감도와 검출한계는 Al, As, Ba, Br, Cl, Co, Cr, Mn, Fe, Sc, Se, Ti, V, Zn, halogen 및 희토류 원소에 대해서는 높은 감도를 가지나, Si, P, S, Pb 또는 낮은 원자번호를 갖는 경량원소의 정량에는 일반적으로 이용할 수 없다.

3) 원자흡광광도법 (AAS)

원자흡광광도법은 화염 또는 기타 에너지원에 이용하여 시료를 해리시켜 중성원자로 증기화한다. 기저상태의 원자가 이 원자 증기층을 투과하는 특성파장의 빛을 흡수하는 현상을 이용한다. 이때 각 특성파장에 대한 흡광도를 측정하여 시료중의 원소농도를 정량하는 방법으로 대기 또는 배출가스 중의 유해중금속과 기타 원소의 분석에 적합하다. AAS의 정밀도는 일반적으로 10%의 수준이다. 우리나라 환경시료 및 부유분진 중 원소측정시 가장 많이 활용되는 기자재이다.

4) 유도결합 플라즈마법 (ICP)

ICP는 다른 분석법보다 검출한계가 낮고, 저농도 분석에 적합하며 동시에 여러 원소를 분석할 수 있기 때문에 습식 파괴분석법 중 가장 유용한 방법이다. ICP-MS는 미량원소 분석에 뛰어난 검출효율과 신속한 분석력을 가지고 있다. 하지만 중요한 독성금속들인 As, Cr, Mn, Se, V, Zn 등의 원소들에 대해서 스펙트럼 방해영향이 커서 정확한 농도분석이 어렵다.

5) PIXE

PIXE 분석법의 원리는 고에너지의 이온빔 (주로 양성자)을 시료에 조사한 후, 시료 내 원자들을 여기시켜 내각전자를 방출하게 만들고, 곧이어 외각전자들이 내각전자 궤도에 채워질 때 발생되는 특성 x-선을 검출하여 분석에 이용한다. 특성 x-선은 원소마다 고유의 전자에너지를 가지고 있다. PIXE 분석법을 적용되는 분진시료의 경우, 시료의 양이 수백 μg 이내의 적은 양이기 때문에, 고감도의 분석이 가능하며 미량시료의 분석에 적당하다. 이에 따라 시료채취에 소요되는 시간이 매우 짧으며, 시료 전처리 과정이 필요 없고, 분석에 소요되는 시간이 극히 짧다는 장점이 있다. 하지만 고가의 MV급 가속기를 필요로 한다.

6) 이온 크로마토그래피 (IC)

IC는 이온교환수지를 바탕으로 무기 양이온과 음이온을 검출하는 장비이다. IC는 대기, 수질 등의 환경시료, 무기이온, 희토류와 동위원소, 약품, 대사물질, 혈청, 식품 방부제 등의 검출에 유용한 방법이다. HPLC로 적용이 어려운 이온성, 이온화가 가능한 성분, 극성 성분의 분석에 유용하다. 특히, 강우뿐만 아니라 분진 중 이온성분의 분석에 폭넓게 사용되고 있다. 주요 양이온 (Na^+, NH_4^+, K^+, Mg^{2+}, Ca^{2+}) 분석에 AAS보다 IC가 더 경제적이며 편리하다. IC는 분석시간이 빠르며 시료를 농축하지 않아도 ppb 이하까지 분석이 가능하고, 한 번의 시료주입으로 다수의 원소를 분석할 수 있다.

7) 탄소 분석법

분진시료에 함유된 OC/EC (유기탄소/원소탄소: organic carbon/elemental carbon)는 특정온도에서 휘발되거나 연소되어 CO_2와 CH_4의 형태로 바뀐다. 이때 적외선 흡수법을 통해 CO_2량을 감지하고, 불꽃 이온화검출기 (FID)를 이용해 CH_4를 측정하여 해당온도에서 탄소량을 분석할 수 있다. 분진시료중 EC는 휘발되기보다는 산소존재 하에 산화되어 방출되며, 반면 OC는 550°C이하의 낮은 온도에서 산소 없이도 방출된다. 따라서 OC와 EC를 분리할 수 있다.

대표적인 탄소성분분석은 TOR/IMPROVED (thermal optical reflectance/interagency monitoring of protected visual environments)법이 있다 (Chow *et al.*, 1993). 방법은 OC (OC1, OC2, OC3, OC4)와 OP, 그리고 EC (EC1, EC2, EC3)의 8가지 항목으로 탄소성분을 분석할 수 있다. 이 방법은 휘발성의 OC (유기탄소: organic carbon) 성분을 헬륨

존재 하에서, 4가지 온도단계에 따라 OC를 측정한다. 120°C에서 OC1, 250°C에서 OC2, 450°C 에서 OC3, 550°C 에서 OC4가 분석된다. OC4 측정 후 OP는 550°C의 2%의 산소와 98%의 헬륨 공기 안에서 산화된다. 그 후 EC가 분석되는데, 550°C 에서 EC1, 700°C 에서 EC2, 850°C 에서 EC3 항목이 각각 분석된다.

8) 기타 분석법

지금까지 분진의 크기, 밀도, 비표면적 및 농도를 포함하여 분진의 거동과 관계된 물리적 인자를 공부하였다. 대기환경학에서는 분진의 표면전기량, 부착력, 표면응축 및 증발 등과 같은 물리적 특성 역시 중요한 인자이다. 이러한 인자는 자연 중에 존재하는 분진의 특성 규명 뿐 아니라, 산업용 방지장치를 설계할 때 반드시 고려되어야 하므로 지속적인 관심이 필요하다. 다음 절에서는 국내외 분진오염의 현황을 알아보겠다.

4-4 분진의 국내외 대기환경기준

분진의 물리적 특성 중 질량농도 (mass concentration)는 대기환경학 관점 및 위해도 관점에서 분진크기와 더불어 중요한 인자이다. 가스상 오염물질의 농도는 ppm 또는 $\mu g/m^3$로 표시되지만, 분진의 농도는 $\mu g/m^3$로만 표시가 가능하다. 즉, 1 m^3 공기 중 분진의 질량을 μg (백만분의 1 gram)으로 표시한 것으로 액체상과 고체상의 2개의 상 (phases)이 관여한다. 분진의 농도를 표시하는 방법 중의 또 다른 하나로 개수농도 (number concentration)가 있는데, 공기의 단위부피당 분진의 개수(number/cm^3)로 표시된다. 앞 절의 그림 4.2 분포도에서, 비록 응핵영역의 질량 분포도는 다른 영역보다 매우 낮은 봉우리를 보이지만, 만약 세로축을 개수농도로 표시한다면 매우 큰 봉우리로 나타난다. 즉 응핵영역에서의 개수농도는 다른 영역보다 매우 높다.

지구상에서 분진의 대부분은 행성 경계층 내에 존재하는데, 분진의 질량농도는 높이에 따라 지수적으로 감소한다. 지구규모로 분진은 약 2×10^{15} g/year 정도 생성되는데 지구의 표면적이 5×10^{14} m^2이므로, 분진의 생성속도는 대략 4 g/year/m^2 정도이다. 이때 분진의 평균 수명 (lifetime)을 0.01 year로 가정하고, 분진 대부분이 지상 4 km 이내에 존재한다고 가정하면, 지구상 분진의 평균농도는 10 $\mu g/m^3$가 된다 (Preining, 1991).

전 세계 각 국가들은 대기오염의 피해를 줄이기 위하여 대기환경기준을 설정하고 이 기준을 준수하기 위해 여러 가지 방법을 강구하고 있다. 현재 WHO (World Health Organization: 세계보건기구)를 포함한 대부분 국가에서는 TSP 대신 PM_{10}과 $PM_{2.5}$를 부유분진의 환경기준 항목으로 설정하고 있는데, 이는 TSP가 분진의 크기를 고려하지 않은 중량규제 항목이며 국민의 건강 및 복지에 미치는 영향을 제어하기에 부적절한 기준항목이기 때문이다. 참고로 다른 나라의 경우에는 TSP 역시 분진크기의 상한선을 가지고 있다. 미국의 경우 상한 크기는 대략 35 μm이며, 캐나다의 경우 상한 크기는 100 μm이다. 우리나라의 경우에는 현재까지 상한크기가 설정되지 않고 있다. 표 4.7은 우리나라를 비롯한 주요 국가들의 분진에 관한 대기환경기준 (AAQS: ambient air quality standard)을 보

표 4.7 ▪ 2020년 현재 각국의 대기환경기준 [환경부 (2019) 및 기타 문헌].

항목	기준시간	한국	미국	일본	호주	중국[8]	EU	WHO
PM-10 ($\mu g/m^3$)	1시간			200				
	24시간	100	150[1]	100		150	50[4]	50
	년	50			50[6]	100	40	20
PM-2.5 ($\mu g/m^3$)	24시간	35	35[3]	35[7]	25			25
	년	15	12[2]	15	8		25	10

주 1) 최근 3년간 24hr 평균 PM_{10} 농도가 150을 1회 이상 초과하면 안됨
주 2) $PM_{2.5}$의 연간 산술평균 농도의 3년 평균치가 12 $\mu g/m^3$을 초과하면 안됨 (2012)
주 3) $PM_{2.5}$의 24시간 농도의 98percentile의 3년 평균치가 35 $\mu g/m^3$을 초과하면 안됨
주 4) PM_{10} 24시간 농도가 1년에 35회를 50 $\mu g/m^3$을 초과하면 안됨
주 6) 일평균 최고치가 1년에 5일 이상 초과하면 안됨
주 7) $PM_{2.5}$의 24시간 농도의 98percentile이 35 $\mu g/m^3$을 초과하면 안됨
주 8) 도시계획 중 확정된 주거구역, 상업교통주거혼합구역, 문화구역, 일반공업지역과 농촌지역)에 적용된 2급 기준임

여주고 있다. 일반적으로 환경기준의 선언은 인위적 오염원을 실질적으로 규제하려는 의미를 가지고 있으며, 아동 및 노약자의 건강 보호를 최우선으로 하려는 정책의지를 반영한다. 참고로 우리나라 $PM_{2.5}$ (초미세먼지) 기준은 2015년부터 적용되고 있으며, 다른 나라 기준치와 비교하여 매우 느슨하게 설정되어 있어 국민의 건강과 재산을 보호하려는 기준 (standard) 개념이라기보다 행정달성 목표치 (goal)에 가까운 개념이다. 이에 따라 환경부는 2018년 3월 표 4.7과 같이 다소 강화된 기준을 개정하였다. 이러한 표 4.8은 지속적으로 강화되고 있는 우리나라의 분진과 납의 환경기준을 보여주고 있다.

그림 4.10은 전 세계 주요도시에서 2008년에서 2012년 사이 측정된 PM_{10}의 연평균 농도를 보여주고 있다. 그림은 주요도시들을 지역별 및 소득별로 구분하고 각각의 평균농도를 도식한 것이다. 서울의 경우, 그림의 우측 끝에 서태평양 지역상 고소득 도시로 분류

표 4.8 ▪ 우리나라 대기환경기준의 체계변경 및 강화내역 (환경부, 2019).

항목		1978	1983	1991	1993[1]	2001	2007	2012	2018
먼지 ($\mu g/m^3$)	총먼지 (TSP)	–	150/년 300/일	150/년 300/일	150/년 300/일	–	–	–	–
	미세먼지 (PM_{10})	–	–	–	80/년 150/일	70/년 150/일	50/년 100/일	50/년 100/일	50/년 100/일
	초미세먼지 ($PM_{2.5}$)	–	–	–	–	–	–	25/년[2] 50/일	15/년[3] 35/일[3]
납 ($\mu g/m^3$)		–	–	1.5/3개월	1.5/3개월	0.5/년	0.5/년	0.5/년	0.5/년

주 1) 1993년 미세먼지(PM_{10}) 기준 신설 (1995년 적용)
2) 2011년 $PM_{2.5}$기준 신설 (2015년 적용)
3) 2018년 $PM_{2.5}$기준 신설 (2018년 적용)

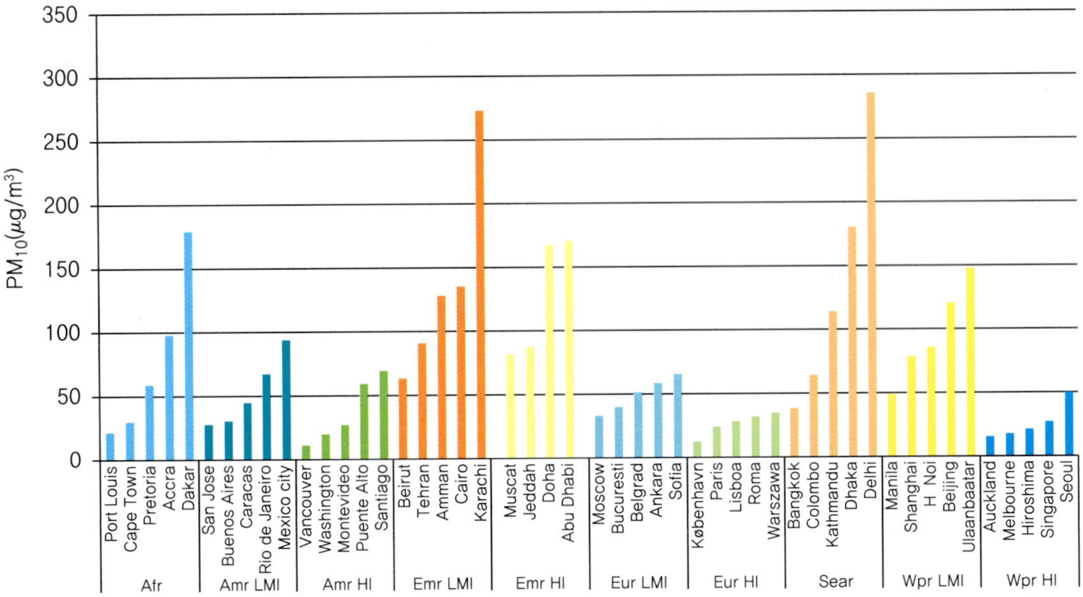

PM_{10}: Fine particulate matter of 10 microns or less; Afr: Africa; Amr: America; Emr: Eastern Mediterranean; Eur: Europe; Sear: South-East Asia; Wpr: Western Pacific; LMI: Low-and middle-income; HI: high-income.

그림 4.10 ▪ 지역별 및 소득별로 분류된 세계 주요도시에서의 2008년~2012년 기간 중 측정된 연평균 PM_{10} 농도 (WHO, 2014).

되었고 평균농도는 대략 50 $\mu g/m^3$를 보이고 있다. 참고로 WHO에서 설정한 PM_{10}의 연평균 기준은 20 $\mu g/m^3$이다.

한편, 그림 4.11과 4.12는 우리나라 전역에서의 PM_{10}과 $PM_{2.5}$의 평균농도를 연도별로

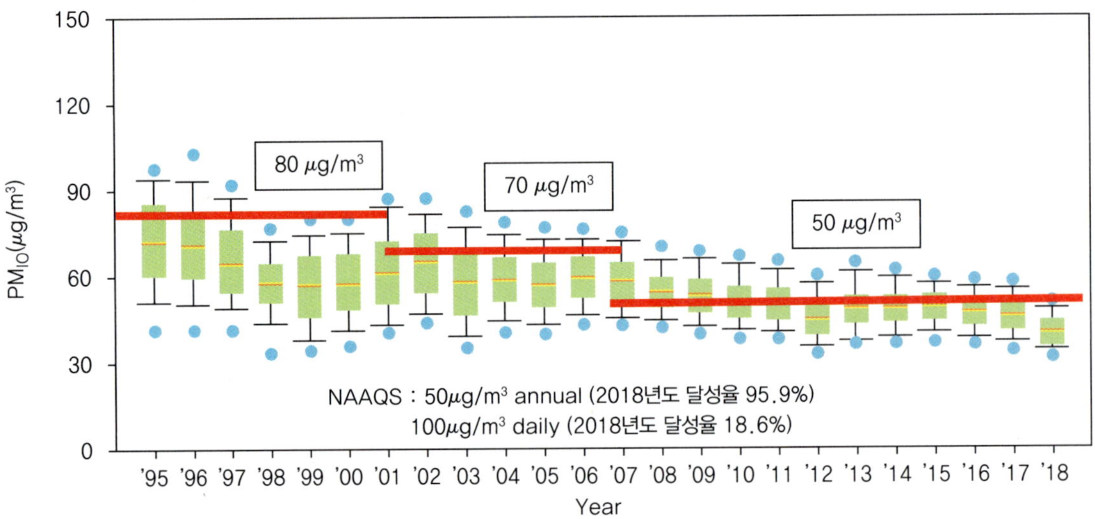

그림 4.11 ▪ 우리나라 PM_{10}의 연도별 평균농도 (환경부, 2019. 그림 속의 두꺼운 선분은 점차 강화되고 있는 PM_{10}의 환경기준치를 단계별로 표시한 것이다.

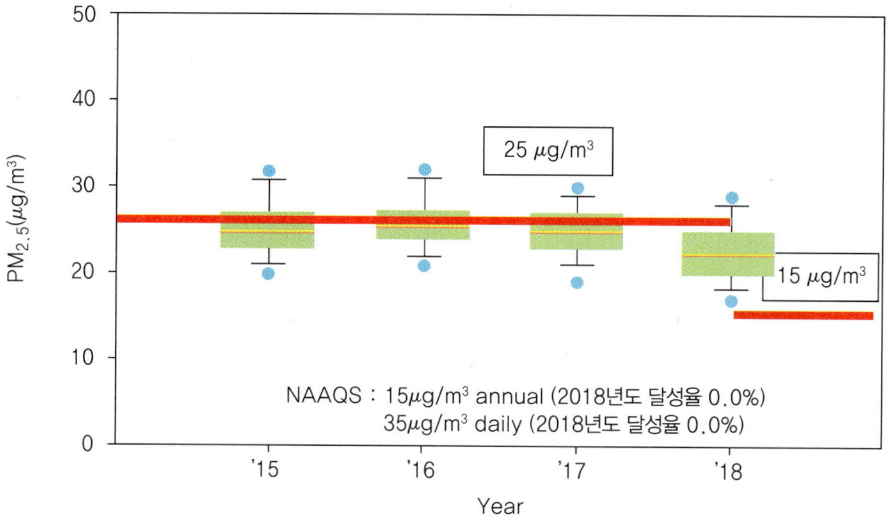

그림 4.12 ▪ 우리나라 $PM_{2.5}$의 연도별 평균농도 (환경부, 2019. 그림 속의 두꺼운 선분은 강화된 $PM_{2.5}$의 환경기준치를 단계별로 표시한 것이다.

도식한 것이다. PM_{10}의 경우 오염도는 1995년 측정을 시작한 후 감소하다가 1999년을 기점으로 2002년까지 증가하였지만, 2002년 이후 2018년까지 다소 감소하는 추세를 보였다. 그림 속에서 80 $\mu g/m^3$에서 50 $\mu g/m^3$로 점점 강화되고 있는 PM_{10}의 농도기준선을 볼 수 있다. 한편 $PM_{2.5}$의 경우 2018년도에 농도는 다소 감소하였으나, 강화된 기준에 크게 못미침을 알 수 있다.

4-5 분진의 성분별 농도현황

4-5-1 $PM_{2.5}$와 PM_{10}의 질량농도 현황

그림 4.13은 경희대학교 국제캠퍼스 (용인)에서 1989년부터 2015년까지 다단분진채취기 (cascade impactor)와 고용량분진채취기 (high-volume air sampler)로 측정된 $PM_{2.5}$와 PM_{10}의 연도별 평균농도와 $PM_{2.5}/PM_{10}$의 비율을 보여주고 있다 (임득용, 2014). $PM_{2.5}$의 전반적인 농도는 2005년까지 감소하다가 이후 급속히 증가함을 볼 수 있다. 특히 $PM_{2.5}/PM_{10}$의 비율을 0.21 (2001)에서 0.73 (2008)을 보였으며, 2008년 이후 급속히 증가하였다. 2001년은 황사 폭풍의 빈도수가 높은 해였으며 (황사는 주로 거대분진이며 PM_{10}에 속하므로 $PM_{2.5}/PM_{10}$의 비가 낮아진다), 2006년 이후 우리나라에서 연무 (haze)의 발생횟수가 급증하였다 (연무는 주로 미세분진이며 $PM_{2.5}$에 속하므로 $PM_{2.5}/PM_{10}$의 비가 높아진다), 그림 4.13에서 보다시피 이 지역의 $PM_{2.5}$ 수준을 보면, 우리나라 연평균 기준은 물론 WHO의 기준을 훨씬 초과하고 있다. 중요한 점은 $PM_{2.5}$와 비교하여, PM_{10}은 체류시간이 짧아 상대적인 지역성을 보이지만, $PM_{2.5}$의 영향 거리와 체류시간이 매우 길기 때문에 전국적으로 $PM_{2.5}$의 농도는 비슷한 수준을 보일 것으로 판단된다.

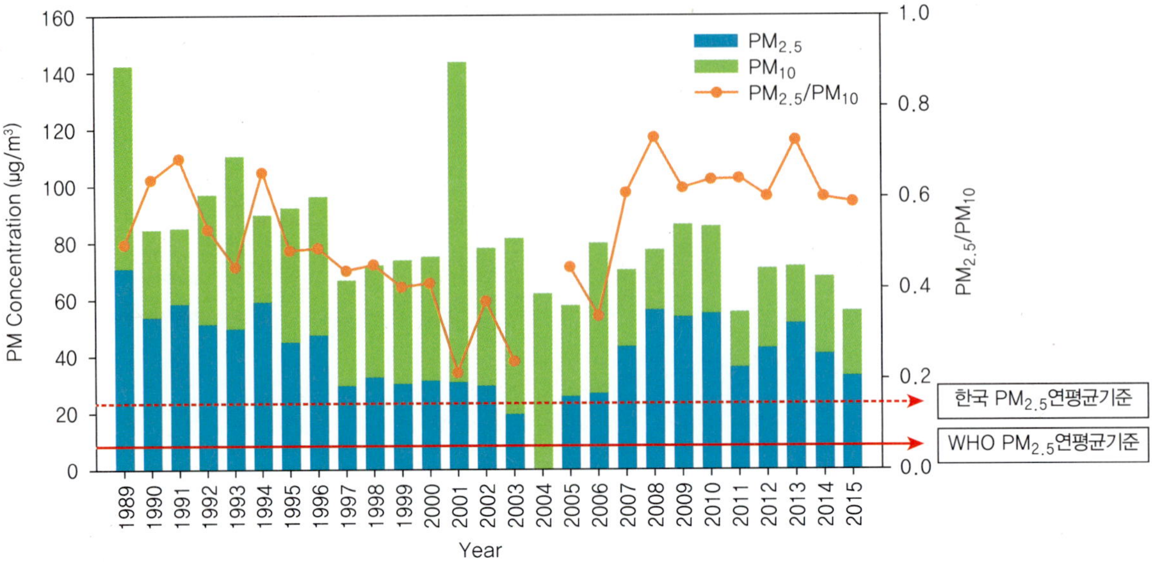

그림 4.13 ■ 경희대학교 국제캠퍼스 (용인)에서 측정된 $PM_{2.5}$와 PM_{10}의 연도별 평균농도와 $PM_{2.5}/PM_{10}$의 비율 (임득용, 2014). 그림 속의 점선과 선분은 우리나라와 WHO에서 설정한 $PM_{2.5}$의 연평균 기준이며, 원형 점으로 연결된 꺾은 선은 $PM_{2.5}/PM_{10}$의 연도별 비율이다.

그림 4.13에서와 같이, PM_{10}과 $PM_{2.5}$의 오염거동은 계절별, 연도별, 기간별로 차이가 매우 크다. 이는 이들이 서로 다른 생성원과 소멸원을 갖는다는 의미로서, 우리나라 환경부가 추후 설정할 $PM_{2.5}$ 제어를 위한 종합계획은 기존의 PM_{10} 제어를 위한 기본계획과는 기본적으로 달라야 함을 의미한다. 즉, 기존의 PM_{10} 저감계획과는 달리 국가의 경제수준을 고려한 차별화된 규제정책이 수립되어야 한다. $PM_{2.5}$에 대한 합리적인 제어전략이 수립될 때, 2008년 이후 오염개선도가 더딘 PM_{10}도 $PM_{2.5}$와 함께 개선될 것이다. PM_{10}과 $PM_{2.5}$의 농도증가를 유발할 수 있는 주요 요인은 중국에서의 장거리 운송량 증가, 경제활동 증가로 인한 교통량 증가와 각종 산업체로부터의 배출량 증가, 지구기후변화에 의한 기상변화의 심화 등으로 사료되지만, 무엇보다 대기오염도 개선을 고려한 각종 에너지 수급조절(고체연료 및 고형 연료를 비롯한 저급연료의 사용확대 금지 포함)과 시민의식 홍보를 통한 생활주변에서의 각종 오염행위의 저감 등을 위한 정책개발과 수립이 중요하다 (임효지 등, 2015a).

4-5-2 $PM_{2.5}$ 중 이온성분의 농도현황

일반적으로 도시지역의 $PM_{2.5}$ 중 분진질량의 약 1/3을 차지하는 SO_4^{2-}, NO_3^-, NH_4^+ 등과 같은 수용성 이온성분은 구름의 응결핵으로 작용할 수 있어 기후변화에 매우 중요한 역할을 한다. K^+, NH_4^+, NO_3^- 성분들은 건식 및 습식강하를 통해 생태계에 유입되어 생물체의 영양소로 작용하기도 하지만, SO_4^{2-}와 NO_3^-는 산성을 띠며 생태계에 심각한 피해를 줄 수 있다. 뿐만 아니라 $PM_{2.5}$ 중 이온성분은 주로 2차오염물질을 기원으로 하기 때문에 도시의 대기질을 좌우하는 주요 영향인자로 간주되고 있다. 특히, 최근 발생빈도가 급증하고 그 강

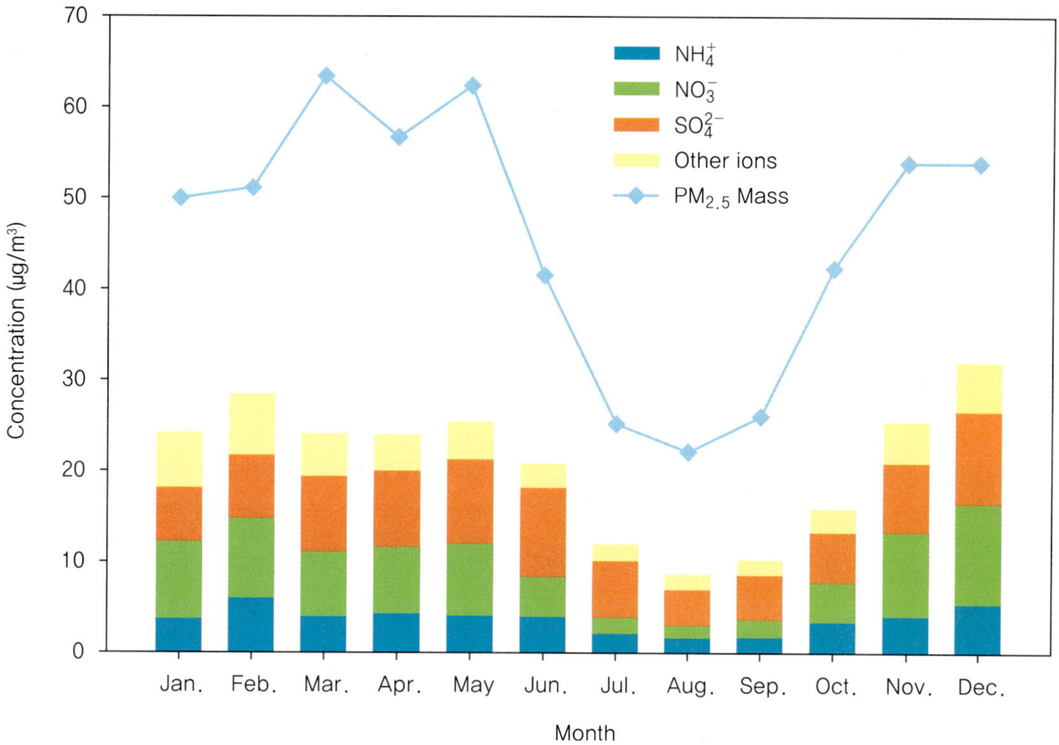

그림 4.14 ▪ 경희대학교(용인)에서 2006년3월부터 2012년4월까지 $PM_{2.5}$ 고속공기채취기 (HVAS)로 채취된 분진 중 수용성 이온의 월평균 농도분포 (임효지 등, 2015b).

도도 심해지고 있는 연무현상이 발생할 때, $PM_{2.5}$ 중 SO_4^{2-}와 NO_3^-의 구성비는 평상시와 확연히 다른 분포를 보이기 때문에 연무발생과 이들 이온성분 사이의 상호관계에 대한 면밀한 특성조사와 연구가 필요하다 (임효지 등, 2015b).

그림 4.14와 같이 $PM_{2.5}$ 중 이온성분의 월별 농도경향은 $PM_{2.5}$의 농도경향과 대체로 일치하였으며, 주요 이온성분들은 주로 봄철과 겨울철에 고농도를 보였다. SO_4^{2-}는 봄철과 여름철에 높은 경향을 보였는데, 특히 여름철에 높은 농도를 보였다. 이는 일사강도가 큰 여름철에 광화학반응에 의해 SO_2가 H_2SO_4로 변환되면서 빠른 속도로 SO_4^{2-} 입자가 생성되기 때문이다. 계절별로 8가지 이온의 성분비율을 살펴보면, SO_4^{2-}는 겨울철에는 27.9%를 보였지만 여름철에는 48.0%까지 급증하였다. 또한, NO_3^-는 유난히 겨울철에 34.1%로 가장 높았고, 여름철에는 19.4%를 보였다. NO_3^-의 대부분은 화석연료의 연소 및 차량의 운행과정에서 배출된 NO_x가 대기 중 산화과정을 거쳐 생성된다. 특히 저온고습인 기상상태에서 농도가 증가한다 (Park *et al.*, 2013; Park and Kim, 2004).

4-5-3 $PM_{2.5}$ 중 무기원소의 농도현황

이온성분과 함께 분진을 구성하는 물질 중 무기원소성분 역시 비록 미량으로 존재하나, 인체에 유해한 성분을 함유하므로 중요하게 간주된다. 또한 분진의 화학적 성분은 오염원에 따라 서로 다른 조성비를 보이며, 각 오염원들은 화학적 확인자 (chemical marker)를 가지고 있다. 즉, 무기원소 성분 중 Al, Ca, Fe, K, Si, Sr, Ti 등은 지각성분으로 황사 발생 시 높은 농도로 존재하며, Br, Cl, Mg, Na 등은 해염의 추적자로 사용되는데, 이들 자연적 오염원의 성분들은 앞서 설명한 것처럼 주로 PM_{10} 영역에 속한다. 한편, $PM_{2.5}$ 영역에 속하는 As, Cd, Co, Mn, Ni, Pb, Se, V, Zn 등은 인체에 유해한 성분들로 주로 산업활동에서 배출된다. 이러한 무기원소의 성분비를 통해 다양한 형태의 오염원을 확인할 수 있다 (임효지, 2015b).

분진 중 많은 무기원소 가운데 특히 인체에 유해하며 특정 오염원 확인에 중요한 마커로 이용되고 있는 Cr, Ni, Pb 원소를 구체적으로 살펴보자. 우선, 대기 중 존재하는 납 (Pb)은 우리나라 대기환경기준물질 (연평균 기준 0.5 $\mu g/m^3$ 이하) 중 하나로 설정되어 대기오염의 주요 척도 중 하나로 이용되고 있다. 대기환경에서 Pb는 다양한 오염원의 영향을 받으며, 특히 분진형태로 대기 중에 배출되는 Pb는 미세입자 영역에서 농도가 높으며 공기 중 체류시간도 상대적으로 길다. 또한 다른 중금속들과 비교해 건식침적속도 (0.005~1.3 cm/s)가 느리며 화학적으로 안정하여 광역적으로 비교적 고른 분포를 유지한다 (Kim *et al.*, 1997). 반면, 크롬 (Cr)은 Cr(0), Cr(III), Cr(IV)등 3가지 형태로 존재하는데, Cr(0)과 Cr(IV)은 주로 제철 및 각종 철강산업 등 인위적 활동에 의해 발생하고 Cr(III)은 토양이나 화산폭발에 의한 먼지와 가스 등 자연기원에 의해 발생한다. 존재형태에 따라 차이가 있으며, 미국 보건부에서는 Cr 화합물을 발암성 물질로 분류하고 있다. Cr은 Cu, Mn과 더불어 산업활동에서 기인하며 산업관련 오염원의 주요 추적자로서 활용되고 있다 (Hopke, 1985). 한편, 니켈 (Ni)을 배출하는 오염원 니켈정련과정, 니켈도금 및 합금작업, 니켈, 카드뮴 건전지 제조, 석면 제조업종 등이 있는데, 특히 석탄가스화 작업과 석유정제시 니켈촉매제를 사용하기 때문에, 석탄, 석유를 연료로 사용하는 모든 공정이 배출원이 되며, 기름 관련 오염원의 주요 확인자로 이용되고 있다 (임효지, 2015b).

그림 4.15는 경희대학교(용인)에서 1990년9월부터 1995년12월까지 고속공기채취기 (HVAS)로 채취된 $PM_{2.5}$ (Group-A)과 1990년5월부터 2012년4월까지 저속다단공기채취기 (LVCI)채취된 $PM_{2.1}$ (Group-B) 중 Cr, Ni 및 Pb의 연평균 농도분포를 나타낸 것이다. Group-A 기간 중 Cr, Ni, Pb의 평균농도는 각각 0.023 $\mu g/m^3$, 0.039 $\mu g/m^3$, 0.156 $\mu g/m^3$이었고, Group-B 기간 중에는 각각 0.038 $\mu g/m^3$, 0.031 $\mu g/m^3$, 0.037 $\mu g/m^3$이었다. 참고로 우리나라 대기 중금속측정망에서는 22개 도시에서 월5회 정기적으로 중금속을 측정하고 있는데, 2012년도 전국에서의 Cr, Ni, Pb의 연간 농도범위는 각각 0.002~0.074 $\mu g/m^3$, 0.001~0.039 $\mu g/m^3$, 0.0250~0.1306 $\mu g/m^3$이었다 (NIER, 2013), 2013년도의 Cr, Ni, Pb의 연간 농도범위는 각각 0.001~0.009 $\mu g/m^3$, 0.001~0.009 $\mu g/m^3$, 0.020~0.067 $\mu g/m^3$이었다 (NIER, 2014).

그림 4.15에 의하면, 1987년 무연휘발유 공급정책으로 서서히 감소추세를 보였던 Pb 농도가 2000년대 후반에는 급격히 감소하여, 우리나라 연평균 기준치 0.5 $\mu g/m^3$를 충분히 만족하면서 저농도 상태를 계속 유지하였다. 특히 Group-A 기간과 비교하여, Group-B 기간의 Pb 농도가 대폭 감소함을 알 수 있었다. 하지만 Cr과 Ni의 경우, 비록 미량으로 존재

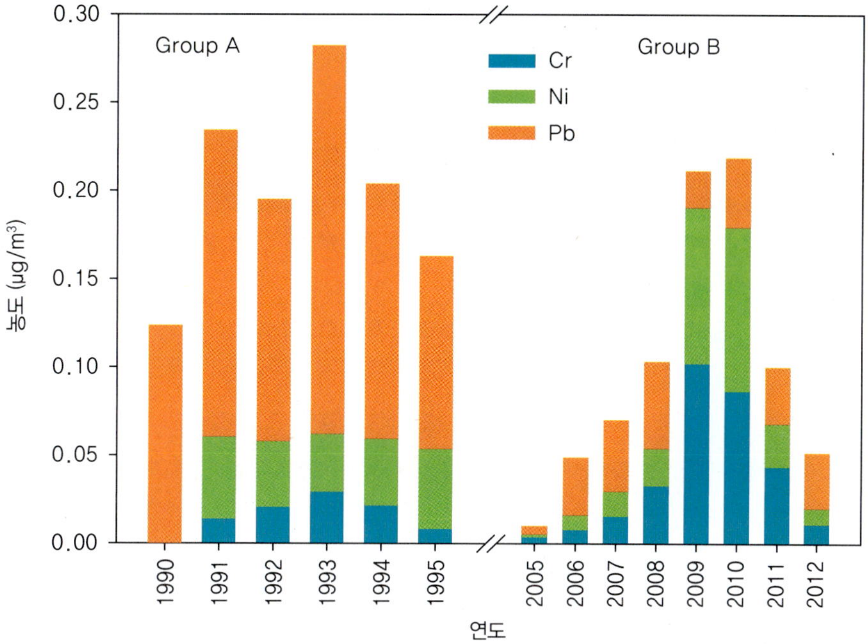

그림 4.15 ■ 경희대학교(용인)에서 1990년9월부터 1995년12월까지 고용량공기채취기 (HVAS)로 채취된 $PM_{2.5}$ (Group-A)과 1990년5월부터 2012년4월까지 저속다단공기채취기 (LVCI)채취된 $PM_{2.1}$ (Group-B) 중 Cr, Ni 및 Pb의 연평균 농도분포 (임효지 등, 2015b).

하나 Group-B 기간에 커다란 양적 증가를 확인할 수 있었다. 특히, 2009년과 2010년에 일시적으로 농도가 증가하다가 이후 큰 폭으로 감소하였는데, 이러한 Cr과 Ni의 일시적 증가는 주변지역에서의 배출원 변화와 배출량 증가 때문으로 사료된다. 참고로 이 기간 중에는 시료채취 인근 남서쪽에서 2011년6월까지 대규모 택지개발 공사가 진행되었으며 북서쪽에서는 분당선 지하철공사가 대규모로 진행 중이었다. 또한 겨울철 평균기온이 2009년에 -1.2°C와 2010년에 -2.5°C로 여느 해보다 낮은 분포를 보였고, 2008년 국제금융위기를 겪는 시기로 난방을 위한 연료사용의 증가 및 석탄 등 고체연료 사용증가로 Cr과 Ni의 농도가 급증한 것으로 판단된다.

4-5-4 $PM_{2.5}$ 중 탄소성분의 농도현황

분진의 화학성분 중 탄소성분은 크게 유기탄소 (OC: organic carbon)과 원소탄소 (EC: elemental carbon)으로 나눌 수 있다. 탄소성분의 분석에는 DRI/OGC 분석기가 많이 사용되는데, 이 방법을 사용하면 탄소는 온도에 따라 세분되어 5종의 OC류 (OC1, OC2, OC3, OC4, OP)와 3종의 EC류 (EC1, EC2, EC3)로 나뉜다. 일반적으로 PM_{10}과 $PM_{2.5}$ 모두에서 OC가 EC보다 높게 관측된다. OC는 자연적 오염원에서 주로 발생되며, VOC와 같은 가스상물질이 물리화학적으로 변환되어 생성된다. EC는 주로 화석연료의 연소에 의해 발생되는 1차분진이다. 따라서 겨울철과 봄철에는 난방을 위한 화석연료 연소와 불법연소로 인해 여름철보다 EC의 농도가 높다.

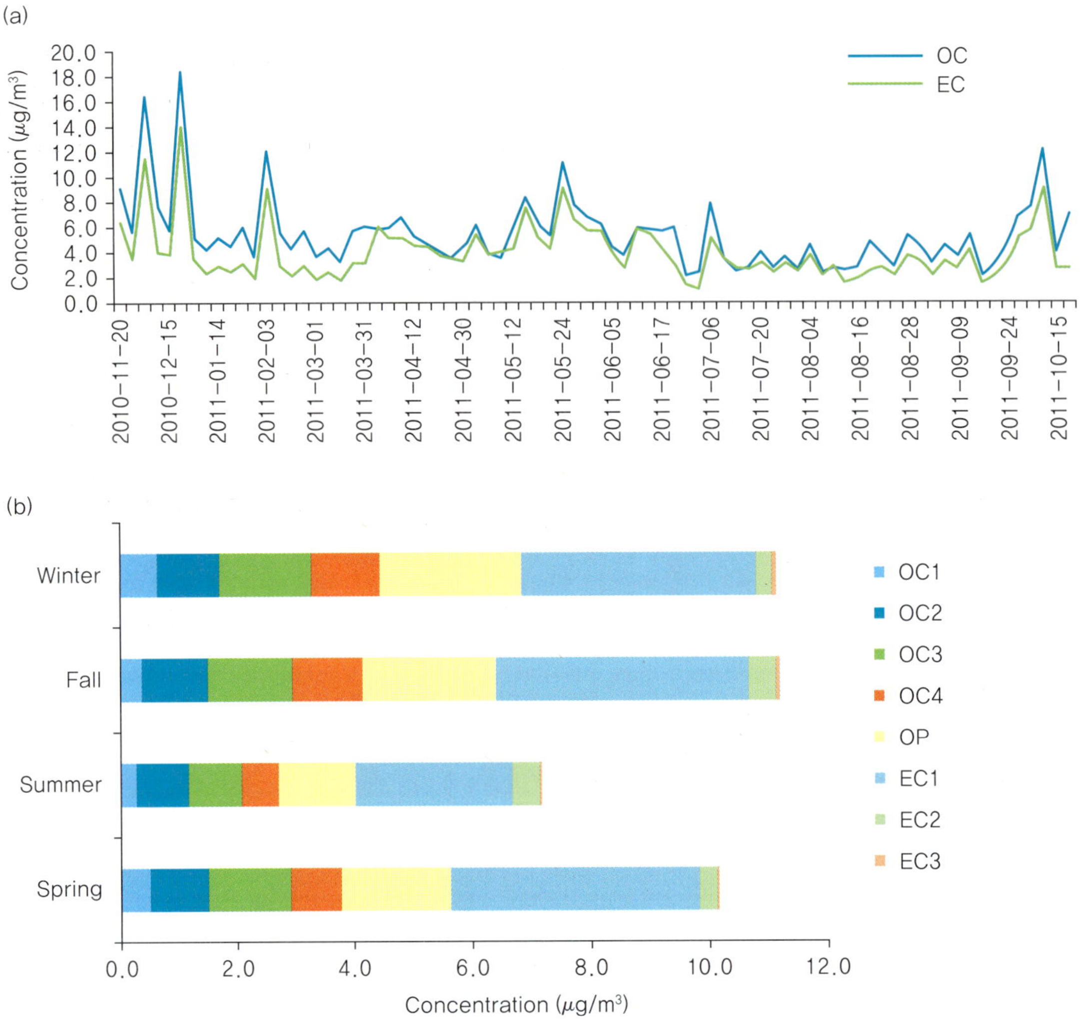

그림 4.16 ▪ 경희대학교(용인)에서 2010년11월부터 2012년10월까지 고속공기채취기 (HVAS)로 채취된 $PM_{2.5}$ 중 (a) OC 및 EC의 농포분포, (b) OC류 및 EC류의 계절별 농도 (김도균, 2012).

그림 4.16은 용인 · 수원의 경계지역에 위치한 경희대학교에서 2010년11월부터 2011년10월까지 4일 간격으로 HVAS로 채취한 $PM_{2.5}$를 탄소분석한 자료로서 OC와 EC의 시간별 거동 및 계절별 평균농도를 보여주고 있다. 일반적으로 디젤차량이 일정속도 (시속 40 km)로 운행된다면 EC가 OC보다 높게 배출된다고 보고되고 있으며, 가솔린 차량에서 배출되는 탄소성분은 EC보다 OC의 배출이 많다. 또한 OC 중에서도 OC3와 OC4가 높다고 알려져 있다 (Kim and Hopke, 2004).

4-6 분진 중 납, 다이옥신, 석면

지난 30여년간, 우리나라의 경제와 삶의 질은 눈부시게 향상되었으며, 이에 따라 많은 신제품들이 개발되고 있다. 이들 상품은 항상 우리 주변에서 사용되고 있고, 합성섬유, 플라스틱 및 정유과정에서의 부산물질과 제조공정에서 건강에 해로운 가스와 증기가 흔히 발생한다. 이 혼합물에는 주요 오염물질이외에 미량의 **유해대기오염물질** (HAP: hazardous air pollutants, 우리나라에서는 **특정대기유해물질**로 불리고 있으며, 제 5장에서 집중적으로 논의될 것이다)을 포함하고 있다. 많은 선진국들이 이 미량의 HAP를 규제하기 위해 부단한 노력을 하고 있는데, HAP가 극미량이라 할지라도 독성, 신경장애성, 종양성, 발암성, 태아기형성, 돌연변이성 등을 유발하기 때문이다. 이러한 유해성 때문에 일반 대중들은 HAP를 **내분비 장애물질** (endocrine disruptor chemicals) 또는 **환경호르몬**으로 부르고 있다. HAP는 굴뚝을 통해서 뿐만 아니라 작업공정 도처에서 비산배출된다. 이러한 배출을 **불특정배출** (fugitive emission)이라 하며, 도색작업, 저온 용매세정, 저장탱크, 밸브누출, 펌프 축 밀봉작업 등이 여기에 포함된다. 미국 EPA는 대부분 산업시설을 잠재적인 암 유발 시설로 간주하고 있다.

대부분 HAP는 생활주변 도처에 존재하는 대기오염물질이다. 주로 **휘발성유기화합물** (VOC: volatile organic compounds)이며, HAP의 약 1/3은 반휘발성 유기물질 (SVOC: semivolatile organic compounds)이다. 즉 이들은 대기 중 증기 또는 입자형태인 **다환방향족탄화수소** (PAH: polycyclic aromatic hydrocarbons)로 존재한다. HAP는 저농도에서 건강과 환경에 영향을 미칠 수 있고, 규제대기오염물질 (criteria air pollutants)의 규제를 받지 않는 비규제오염물질로 정의할 수 있다. 참고로 규제대기오염물질은 주요 대기오염물질 (major air pollutants)이기도 하다. 주요 대기오염물질의 규제만으로도 HAP의 배출을 저감시킬 수는 있다. 예를 들어, 도시에서 주요 대기오염물 중의 하나인 오존을 감축하기 위해 VOC를 감축한다면 HAP의 배출량을 줄일 수 있다. 왜냐하면, VOC는 오존의 전조물질이며 또한 대부분의 VOC는 HAP이기 때문이다. 또한 입자상물질의 규제만으로도 HAP의 배출량을 감소시킬 수 있다. 이는 대부분의 유해 중금속과 HAP가 분진 속에 함유되어 있기 때문이다. 하지만, 이러한 방식의 HAP 감축은 부수적으로 얻은 행운이며, 일관된 HAP 감축정책에 따라 얻은 성과물은 아니다.

대기환경기준이 점진적으로 강화되고 있음에도 불구하고, 국민이 느끼는 체감오염도는 개선되지 않고 있으며 국민의 건강을 위주로 한 대기오염관리가 설득력을 잃고 있다. 우리나라에서 선진국과 비교하여 대기오염 관리정책이 부실한 이유로는 우선, 대기오염의 위해 심각성에 대한 국민들의 인식부족을 들 수 있다. 또한, 환경과학적으로 조사된 대기오염 현황자료의 미비와 대기질을 평가할 수 있는 기술부족도 심각한 원인 중의 하나이다. 이러한 평가와 관리기술의 낙후로 아직도 단편적 처리공학위주로 우리의 대기환경이 관리되고 있다. 이에 따라 최근 배출허용기준치를 더욱 강화하여야 한다는 요구와 규제대상 오염물질 항목을 더욱 확대해야 한다는 요구가 계속되고 있다. 즉, 국민의 건강과 환경에 악영향을 줄 수 있는 HAP의 규제항목을 세분화시키고 확대시켜야 하며, 주요 HAP에 대한 오염원 목록을 신속히 구축하여야 할 것이다. 또한, 규제도입에 필요한 건강위해성 연구, 측정감시 및 평가연구 등의 기초연구가 장기적 관점에서 수행되어야 할 것이다 (김동술 등, 1994).

표 4.9 ■ 일반 대기오염물질과 특정 대기유해물질

1. 입자상물질	17. 황화수소	**33. 납 및 그 화합물**	**49. 포름알데하이드**
2. 브롬 및 그 화합물	18. 황화메틸	**34. 크롬 및 그 화합물**	**50. 아세트알데하이드**
3. 알루미늄 및 그 화합물	**19. 이황화메틸**	**35. 비소 및 그 화합물**	**51. 벤지딘**
4. 바나듐 및 그 화합물	20. 메르캅탄류	**36. 수은 및 그 화합물**	**52. 1,3-부타디엔**
5. 망간화합물	21. 아민류	37. 구리 및 그 화합물	**53. 다환방향족 탄화수소류**
6. 철 및 그 화합물	**22. 사염화탄소**	**38. 염소 및 그 화합물**	**54. 에틸렌옥사이드**
7. 아연 및 그 화합물	23. 이황화탄소	**39. 불소화물**	**55. 디클로로메탄**
8. 셀렌 및 그 화합물	24. 탄화수소	**40. 석면**	**56. 테트라클로로에틸렌**
9. 안티몬 및 그 화합물	25. 인 및 그 화합물	**41. 니켈 및 그 화합물**	**57. 1,2-디클로로에탄**
10. 주석 및 그 화합물	26. 붕소화합물	**42. 염화비닐**	**58. 에틸벤젠**
11. 텔륨 및 그 화합물	**27. 아닐린**	**43. 다이옥신**	**59. 트리클로로에틸렌**
12. 바륨 및 그 화합물	**28. 벤젠**	**44. 페놀 및 그 화합물**	**60. 아크릴로니트릴**
13. 일산화탄소	**29. 스틸렌**	**45. 베릴륨 및 그 화합물**	**61. 히드라진**
14. 암모니아	30. 아크롤레인	**46. 프로필렌옥사이드**	62. 아세트산 비닐
15. 질소산화물	**31. 카드뮴 및 그 화합물**	**47. 폴리염화비페닐(PCB)**	63. 비스(2-에틸헥실)프탈레이트
16. 황산화물	**32. 시안화물**	**48. 클로로포름**	64. 디메틸 포름아미드

주의: 굵은 글씨체로 표시된 오염물질은 특정 대기유해물질 (35종)

참고로 우리나라 대기환경보전법상 대기 중 오염물질은 표 4.9와 같이 64종의 일반 대기오염물질과 35종의 **특정대기유해물질**로 구분하고 있다. 우리나라의 특정대기유해물질은 외국의 유해대기오염물질 (HAP)과 동일한 개념으로 이해할 수 있으며, 우리나라에서는 사람의 건강, 재산이나 동식물의 생육에 직 · 간접으로 위해를 줄 우려가 있는 물질"로 정의하고 있다. 본 절에서는 입자상 HAP 중 납 (Pb), 다이옥신, 석면에 대해 자세히 알아보고자 한다.

4-6-1 납 (Pb)

분진에 함유된 미량원소 중 납은 가공이 용이하고 내식성이 강한 특성 때문에 수천 년 동안 인간 생활주변에서 널리 사용되어온 주요 금속원소 중의 하나이다. 그러나 납화합물은 저농도에 장기간 노출될 때 골격, 치아 등에 축적되거나, 고농도에서 단기간 노출될 때 간, 폐, 중추신경, 혈액 중에 축적되어 지능저하, 행동장애, 심장질환, 사망 등을 유발하는 독성물질로서 알려져 있다 (El-Shobokshy, 1984; Driscoll 등, 1992). 납에 의한 대기오염 문제는 1940년대에 4에칠납을 휘발유에 녹킹 방지제로 사용한 이 후에 급증하였다. 과거 유연휘발유가 사용되면서 또한 차량의 급속한 증가로 대기 중 납 농도는 크게 증가하였으며 차량의 통행량과 대기 중 납농도 간에 높은 상관관계가 조사되었다. 또한, 산업지역 내 거주인의 혈중 납 농도는 다른 지역보다 상대적으로 높았다 (Brown, 1986, Walter, 1990). 이에 따라 미국, 일본, 유럽 국가들은 납 오염 문제를 해결하기 위해 70년대 이후 무연휘발유를 공급하기 시작했으며, 우리나라도 1987년부터 무연휘발유를 공급하기 시작하여 1993년 초부터는 유연휘발유의 공급을 전면 중단한 바 있다. 참고로, 무연휘발유라고 해서 100% 납성분이 제거된 것은 아니다. 대기환경보전법에 의해 자동차용 연료제조 기준은 휘발유

1 liter 당 0.013 g 이하까지 납농도를 허용하고 있다.

납은 주변 환경에서 흔히 볼 수 있는 중금속 중 하나이다. 다량으로 퇴적된 납광석을 제외하고, 동 · 식물의 조직과 세포 속에도 존재하며 먹고 마시는 음식과 물속에서도 미량으로 존재한다. 인체에 흡수된 납은 전량 축적되지 않으며 일부만이 축적된다. 잔류 납은 주로 뼈 속에 축적되지만 나머지는 혈류, 골수, 혹은 신장같이 연질인 세포 조직 속으로 유입된다 (Hamilton, 1984; Baker, 1977). 성인의 경우 혈중 납의 정상적인 범위는 10~40 μg (Pb)/100 g (전체 혈액)이지만, 고농도로 장기간 폭로되면 흡수된 납의 일부가 혈액 속에 남는다. 일반적으로 혈중농도 80 μg/100 mg이 건강상의 한계로 알려지고 있다 (Yaffe, 1983). 하지만, 최근까지 납이 어떤 과정으로 인체에 피해를 주는 지 명확하지 않다.

납의 배출원은 이를 원료로 취급하는 작업장, 주로 건전지, 축전지, 인쇄, 크레용, 그림물감, 안료, 에나멜, 페인트, 고무가공 및 도가니 공업 등이다. 이들은 작업장 또는 한정된 공간에서 영향을 미칠 수 있지만, 대기환경에 영향을 주는 납은 토양, 소각장, 용광로 및 유연휘발유를 쓰는 자동차에서 오염배출원을 찾을 수 있다. 특히 주목되는 것은 과거 비행기나 자동차에 휘발유의 옥탄가를 높이기 위하여 4에틸납 (tetraethyl lead)이 첨가되었는데, 이 유연휘발유가 개발된 이후, 대기환경은 반세기 이상 큰 위협을 받았다. 실제로 유연휘발유가 사용된 이후, 그린란드를 비롯한 전 세계 모든 지역에서 공기 중 납농도가 크게 증가하였다 (EPA, 1986).

우리나라는 1991년부터 납의 환경기준을 설정하고 규제하고 있는데, 이 기준에 의하면 납의 농도는 3개월 평균으로 1.5 $\mu g/m^3$을 초과하지 않아야 한다. 2001년부터는 기준이 강화되어 연평균 0.5 $\mu g/m^3$을 초과하지 않아야 한다. 작업장을 제외한 실내공기 중 납 오염원은 실외에서 유입된 토양분진과 유연휘발유 연소분진 정도이다. 납이 함유된 토양은 흙과 접하여 뛰노는 어린이의 혈중농도를 증가시키기도 하며, 노후 건물의 실내에서는 납이 함유된 페인트의 벗겨진 조각이나 부스러기가 납의 주요오염원이 되기도 한다. 일반인들의 납에 대한 노출과 혈중 납함유량은 최근에는 크게 감소하고 있다.

표 4.10은 환경부가 조사한 전국 주요도시에서의 연도별 대기 중 납 농도이며, 표 4.11은 수원지역에서 측정한 연도별 납 농도이다. 전반적으로 모든 도시의 오염도가 비슷하거

표 4.10 ▪ 연도별 주요도시의 납의 오염도 (단위: ng/m^3: 환경부, 1999)

연도	서울	부산	대구	인천	광주	대전	울산
1993	209	176	48	259	54	257	87
1994	191	144	44	246	47	276	83
1995	184	71	14	243	49	367	46
1996	150	102	32	216	44	141	66
1997	109	83	30	170	33	181	69
1998	94	110	36	126	9	89	70

표 4.11 ■ 수원지역의 연도별 납농도 변화 (이태정 등, 1995)

		Pb in air (ng/m³)					
연도	시료수	산술평균	산술표준편차	기하평균	기하표준편차	최소치	최대치
1989	58	240	170	228	1.7	151	365
1990	256	134	79	108	2.0	34	281
1991	330	297	163	268	1.6	78	543
1992	300	228	144	211	1.9	22	451
1993	254	304	248	275	1.8	98	514
1994	132	224	73	208	1.4	142	459

나 서서히 감소하고 있음을 알 수 있고 최근 환경기준치와 비교해도 현저하게 낮은 농도를 보이고 있다. 일반적으로 납의 입경별 농도분포는 미세입자 영역에 편중되어 있는데, 한 예로 수원지역에서는 겨울철에 1.1~2.1 μm 범위에서 최고 농도를 보였으며, 여름철은 0.65~1.1 μm 범위에서 최고 농도를 보였다. 앞 절에서 설명했지만, 2012년도 전국에서의 납의 연간 농도범위는 25.0~130.6 ng/m^{3}이었고 (NIER, 2013), 2013년도에는 20~67 ng/m^{3}이었다 (NIER, 2014).

이와 같이 유연휘발유 사용금지 이후 대부분 지역에서 납농도가 크게 감소했고 기준치보다 낮은 농도를 보이고 있지만, 대기 중 농도가 일정 농도로 지속적으로 관찰되는 이유는 유연휘발유 이외에도 또 다른 발생원이 있기 때문이다. 일반적으로 납의 주요 발생원으로는 화석연료인 석탄이나 원유, 황산납을 사용하는 자동차 배터리, 그리고 페인트나 안료 등이 포함된다. 또한, 대기 중의 납농도는 토양 중의 납농도에 의해 영향을 받는데, 납을 함유한 토양입자가 차량운행이나 바람에 의해 재비산 되기 때문이다. 한편, 수원지역에서 납의 계절별 평균농도를 살펴보면, 겨울철에 증가하고 여름철에 감소하는데, 이는 겨울철 사용량이 증가되는 석탄연소 때문으로 사료된다. 석탄에는 비교적 높은 농도의 납이 함유되어 있고, 휘발성도 커서 과거 유연휘발유 다음의 주요오염원으로 알려져 있다. Boyd (1992)는 미국 석탄 중 납 함유량은 35~45 mg/kg로 추정하였고 석탄재 (ash)에도 다량 함유되어 있었다. 석탄발전소에서 배출되는 비산재 중 납농도는 1~100 mg/kg로 보고된 바 있다.

우리나라에서 유연휘발유 사용량은 1988년을 고비로 감소하기 시작하여 현재는 유연휘발유를 사용하지 않는다 (환경부, 1998). 우리나라 대기 중 납농도가 오래 전부터 기준치보다 매우 낮은 농도를 보이는 이유는 전 세계적에서 유래 없을 정도로 무연휘발유로의 대체속도가 빨랐기 때문인데, 더 큰 이유는 당시 무연휘발유의 생산단가가 유연휘발유보다 비쌈에도 불구하고 동일한 가격정책을 폈기 때문이다. 경제원칙 차원에서는 다소 문제점이 있을 수 있으나 환경관리 차원에서 우리나라 납오염 개선속도와 과정은 전 세계적으로 모범사례가 될 수 있다.

4-6-2 다이옥신 (Dioxins)

성장위주의 정책에 가려 뒤늦게 인식되기 시작한 환경문제는 최근 온 국민의 공감사가 되었다. 이는 국민의 욕구가 건강과 복지와 관련하여 생활의 질을 향상시키는 방향으로 진행되고 있기 때문이다. 국민은 안심하고 마실 수 있는 물과 공기를 절실하게 원했으며, 특히 1990년대에는 폐기물에 대한 관심이 급증했었다. 최근에는 수동적 환경보호 차원에서 벗어나 적극적으로 폐기물의 분리수거에 앞장서고 있으며, 폐기물의 감량화 자원화에도 열의를 보이고 있다. 폐기물 처리에는 여러 가지 방법이 있으나, 우리나라는 아직까지 많은 양을 매립에 의존하고 있다. 하지만 최근 매립장 선정과 부지의 한계로 소각장 건설이 확산되고 있다. 참고로 쓰레기 처리를 위한 연소행위는 인류 역사상 매립과 더불어 가장 오래된 처리방식이다. 이러한 연소행위는 대기오염 주요 배출원 중의 하나이지만, 여기서 소각과 연소행위를 구분할 필요가 있다. **소각** (incineration)은 완벽한 방지장치가 설치된 상태에서 쓰레기를 연소시키는 합법적 행위이며 방지장치가 없는 모든 **연소** (combustion 또는 burning) 행위는 노천연소 (open burning)처럼 불법행위이다. 최근 수십 년간 소각기술은 놀라울 정도로 발전했으며 도처에서 볼 수 있는 각종 대형 소각장은 환경공학이 만들어 낸 걸작품이라고 할 수 있다.

초기의 소각기술은 단지 폐기물 감량측면에 역점을 두었으나 이제는 완벽한 대기오염물질 배출저감과 폐열 에너지 회수에 중점을 두고 있다. 우선, 선진국에서는 1960년대 이후부터 소각시 배출되는 대기오염물질을 저감시키기 위해서 각종 첨단방지장치를 개발해 왔는데, 당시 대기환경학자들이 소각장을 주요 대기오염 배출원으로 인식하면서 연구과정 중 소위 환경호르몬으로 알려진 **다이옥신** (dioxin)을 추출하였다. 물론 이 다이옥신은 대형 소각장에서만 방출되는 것은 아니다. 다이옥신의 배출원은 매우 다양한데, 우리나라에서는 1995년 쓰레기 종량제가 시행된 이후 도처에서 벌어지는 불법연소행위 (무분별한 쥐불 놓기, 달집태우기, 캠프파이어, 생활쓰레기 노천연소, 건축 폐자재의 무단연소, 폐유의 연소 등 모든 태우는 행위)가 대형 소각장보다도 주변 대기질을 더 악화시키고 있다. 이러한 행위는 대부분 불완전연소 상태에서 진행되면서 다이옥신을 비롯한 각종 HAP를 방출한다. 특히 이런 행위자체가 사람 눈을 피해 주로 복사역전이 형성되는 야간부터 새벽에 자행되기 때문에 해당지역은 늦은 아침까지 탁하고 위해한 공기로 뒤덮이게 된다. 이와 같이 무지한 소수가 발생시킨 다이옥신의 총량이 초대형 소각장에서 방출량을 크게 상회하는 것으로 알려지고 있다. 한마디로 천문학적 비용을 들여 설치한 방지장치가 무색하게 되었다. 성숙한 시민의식이 다시금 절실한 시점이며, 특히 이러한 불법쓰레기 연소행위를 기본적으로 제공한 원인이 **쓰레기 종량제도** (1995)에 있으므로 근본적인 정책시정과 보완이 필요한 시점이다. 환경보전은 합리적 규제를 바탕으로 자발적으로 이루어져야 하는데, 특히 한 오염매체 (폐기물)를 저감시키기 위해 또 다른 매체 (수질 및 대기질)를 악화시키는 규제행위는 기본적으로 환경철학이 부족했기 때문이다. 최근에는 쓰레기 종량제를 더욱 강화하여 **음식물쓰레기 종량제** (2013)까지 강제시행하고 있어 대다수 국민들의 불만과 민원이 급증하고 있다. 우리나라의 쓰레기 문제는 우리 국민이 현재 감당할 정도의 처리비용을 투자하면 충분히 환경공학적으로 해결할 수 있다. 한 국가의 환경규제는 국가의 경제적 수준에 맞게 합리적으로 바뀌어야 한다.

1) 다이옥신의 물리화학적 특성

다이옥신은 두개의 산소 교량으로 2개의 벤젠고리가 연결된 유기염화물들을 총칭하며, 그림 4.17과 같이 염화다이옥신 (PCDD: polychlorinated dibenzodioxins)과 염화퓨란 (PCDF: polychlorinated dibenzofurans)으로 나눌 수 있다. 그림처럼 최소 2개에서 최대 8개의 염소원자가 8개의 자리에 위치할 수 있어 많은 이성질체 (isomers)가 존재한다 [참고로 유사 다이옥신 (DLC: dioxin-like compound)인 PCB (polychlorinated biphenyls)에는 10개의 염소원자가 위치할 수 있다]. 다이옥신의 이성질체는 이론적으로 210개 정도 (염화다이옥신 75개와 염화퓨란 135개의 합) 존재하며, 치환된 염소의 수와 위치에 따라 물리화학적 성질이 다르다. 오늘날 전 세계 대부분 환경단체들은 모든 유기염화물에 대해 경계를 늦추지 않고 있으며, 특히 그린피스는 염소를 **악마의 원소**로 칭하고 모든 유기염화물에 대항하여 전쟁을 선포하기도 했다 (Emsley, 1994).

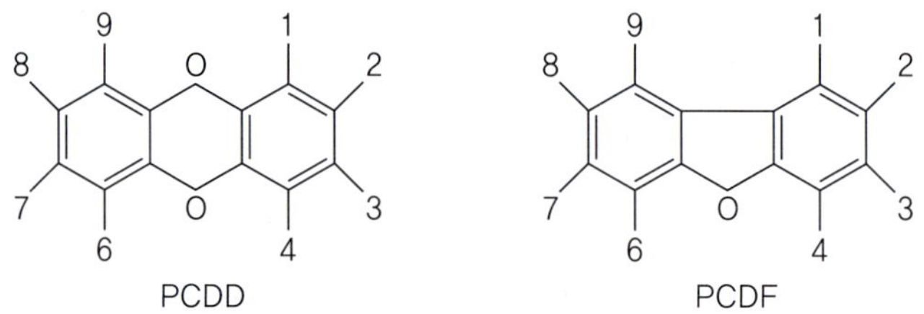

그림 4.17 ▪ 염화다이옥신과 염화퓨란의 기본 구조식.

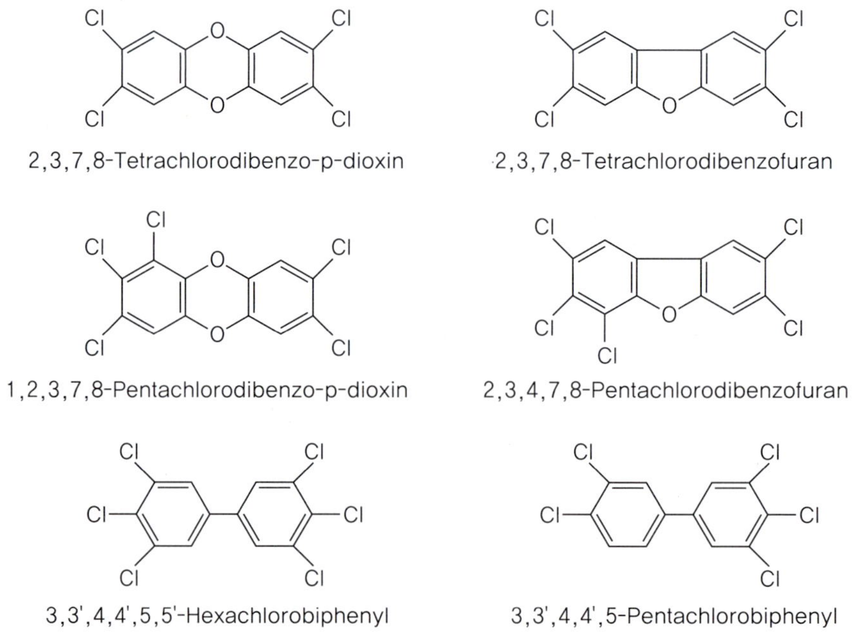

그림 4.18 ▪ 대표적 독성 PCDD, PCDF, and PCB의 구조식 (NRC, 2006).

그림 4.18에 볼 수 있는 여러 가지 다이옥신류 중 2,3,7,8-TCDD는 가장 유해한 다이옥신으로 표준상태에서 증기압이 매우 낮은 고형 화합물이다. 이 물질의 수용성은 작지만 (25°C에서 0.0002 mg/L), 벤젠에는 57 mg/L 용해되는 지용성 (lipophilic) 화합물로서 토양에 흡수도가 크다. 인체로의 노출경로는 호흡, 피부흡수 및 음식섭취 과정 등이며, 특히 먹이사슬 과정에서 체내에 축적되어 위해성이 점증된다. 이러한 다이옥신의 대표적 물리적 성질 3가지는 **고온 안정성**, **낮은 증기압**, **낮은 수용성**을 들 수 있다. 즉, 다이옥신은 700°C까지 열적으로 안정하며, 이 온도 이상에서는 열분해 된다. 하지만, 다이옥신이 고온에서 완전연소 될 때 완전분해 된다고 하더라도, 연소 후 연소가스로 배출될 때 저온에서 재생성이 가능하기 때문에 방지장치를 선택할 때 주의가 필요하다. 때때로 공기 중 다이옥신을 검출할 때 어려움을 겪는 이유는 다이옥신이 미량 존재하는 이유도 있지만 증기압이 극히 낮기 때문이다.

2) 다이옥신의 발생원

1977년 네덜란드의 도시쓰레기 소각로 비산재에서 처음으로 다이옥신이 추출되었다. 우리나라에서는 다이옥신의 분석비용이 매우 고가이고 초정밀 분석기자재가 필요하기 때문에 국내에서 다이옥신에 대한 조사 및 분석연구는 매우 미진했다. 서울의 목동과 평촌 쓰레기 소각장에서 1996년 처음 다이옥신이 측정되면서 사회적으로 관심사가 되었는데, 최근에는 소형 소각장도 법률적 규제로 측정이 주기적으로 이루어지고 있다. 환경시료에 대한 다이옥신 분석법은 우리나라 대기오염공정시험법을 참고하라.

각종 환경매체에 존재하는 다이옥신의 발생원과 소멸경로는 매우 다양하다. 일반적으로 다이옥신은 다음과 같은 과정으로 생성되어 공기 중에 존재한다 (WHO, 2010; Schecter, 1994; Rappe, 1986).

1. 클로로페놀, 종이-펄프 표백, 살충제, phenoxy기를 함유한 제초제 등의 농업 및 산업 화학물질의 부산물에서 방출된다.
2. PCDD (polychlorinated dibenzo-p-dioxins)를 함유한 폐기물을 연소할 때 방출된다.
3. 유기염화물이 전구물질 (precursor)로 이용되어, 적정한 온도와 산소가 공급될 때 이중축합 반응에 의해 생성된다.
4. PCB의 부분산화 또는 불완전연소 시 생성된다.
5. 염소가 나무 또는 식물잔재 등 목질소 (木質素: lignin)와 관계된 방향족화합물과 결합할 때 방출된다. 즉 염소를 함유한 플라스틱, 무기염소염 등과 함께 나무와 짚단을 땔 때 생성되며, 모닥불을 피울 때, 성냥불을 붙일 때, 산불이 날 때도 다이옥신은 방출된다.
6. 도시폐기물을 소각할 때, 유해 폐기물을 소각할 때보다 수천 배의 다이옥신이 방출된다.
7. 화산폭발 및 산불 등에서 자연적으로 배출된다.

미국에서는 1991년도에 방출된 다이옥신의 26%가 연료연소 (난방, 산업용 및 발전용)로부터, 26%가 도시폐기물 소각로에서, 16%가 병원폐기물 소각로에서, 7%가 자동차에서, 7%가 나무연료를 땔 때, 4%가 도시하수에서, 1%가 펄프를 표백할 때 방출된다고 추정하였다 (Emsley, 1994). 우리나라에서는 1997년 7월부터 대형 생활폐기물 소각시설 (50 ton/day 소각규모, 현재 4 ton/hr)에 대해 배출가스 중의 다이옥신 농도를 0.1 ng TEQ/Nm^3으로 규제하고 있으며, 연 2회 이상으로 다이옥신의 측정분석을 의무화하였다. 사실상 방지장치 부착이 미진한 소형소각로에서 다량의 다이옥신이 배출되기 때문에, 환경부는 배출규제 대상을 2000년부터 중형 (200 kg/hr), 2006년부터 소형 (25 kg/hr) 이상의 모든 소각시설로 확대하였다. 하지만 소형인 경우 규제기준은 5 ng TEQ/Nm^3으로 다소 높게 설정되었다.

표 4.12는 다이옥신의 주요 오염원을 나열한 것이다. 이러한 오염원 배출자료를 바탕으로 1994년 미국 EPA는 다이옥신과 유사 다이옥신 화합물의 질량수지를 맞추기 위하여 오염원을 재평가하고 보고서를 작성한 적이 있다. 다이옥신 배출 추정량과 실제 축적량을 확인하기 위한 작업의 일환이었다. 이 과정에서 기존에 잘 알려진 주요 다이옥신 배출원 이외에 중요한 2가지 오염발생원이 누락된 것을 확인할 수 있었다. 이 두 가지 오염원은 쓰레기의 불법연소와 매립장에서의 부주의한 화재였다. 미국 전역에서 배출량을 추정한 결과, 불법연소, 매립장 화재, 대형 도시폐기물 소각장에서 배출되는 양은 각각 1,000 g TEQ/year, 1,000 g TEQ/year, 1,100 g TEQ/year로 엇비슷하였다. 한편 4가구가 하루 동안 발생한 쓰레기를 불법연소 시킬 때 방출되는 다이옥신은 하루 200톤 규모 대형소각장에서 방출되는 다이옥신의 양과 같았다 (Hileman, 1998). 미국의 경우 불법연소와 관련한 관리가 잘되고 있음에도 불구하고 불법연소로 인한 다 이옥신의 방출량이 상당한 수준이었다. 첨단 소각장의 건설은 반대하며 동네의 불법연소를 묵인하는 우리의 시민의식을 재고할 필요가 있다. 다이옥신의 배출원과 관련한 자세한 내용은 문헌 (EPA, 2013)을 참고하라.

표 4.12 ▪ 다이옥신의 오염원 (KIST, 1996: 첨단환경기술, 1999)

분 류	배 출 원	주요 세부 배출원
1차 오염원	화합물 제조	클로로페놀, 관련물질의 제조(제초, 곰팡이방지제, 살충제 등) 예) 2,4,5-T, PCP, 헥사클로로펜, NIP, X-52 등
	폐기물 소각	도시폐기물, 산업폐기물, 의료폐기물, 오니소각에 의한 굴뚝 배출물, 비산재, 잔재의 매립지
	펄프, 종이 제조	염소화합물에 의한 표백처리
	자동차	가솔린 첨가제(4에틸납), 포착제(2클로로-2브로모-에탄)
	각종 플랜트	제철, 비철, 목재연소
	기타	담배연기, 에너지 관련 산업시설
	자연적 발생원	화산, 화재, 번개 및 산불 등
2차 오염원	식품섭취, 음용수 섭취, 공기흡입, 피부접촉, 토양, 하수오니, 퇴비 및 퇴적물 등	

총량 약 0.85 pg-TEQ/kg/day

공기	0.0090 pg-TEQ/kg/day	0.013 pg-TEQ/kg/day	공기	실제 흡입량
토양	0.0042 pg-TEQ/kg/day		토양	
해산물	0.78 pg-TEQ/kg/day	0.84 pg-TEQ/kg/day	음식	
육류 및 달걀	0.040 pg-TEQ/kg/day			
우유 및 유제품	0.013 pg-TEQ/kg/day			
짙은색소 야채	0.0004 pg-TEQ/kg/day			
곡류 및 감자	0.0010 pg-TEQ/kg/day			
기타	0.0038 pg-TEQ/kg/day			

그림 4.19 ▪ 일본에서 추정한 일본국민의 하루 다이옥신 섭취량 [2009년 기준, (GOJ, 2012)].

3) 다이옥신의 위해성

위에 언급한 것처럼, 다이옥신은 다양한 배출원에서 방출되어 공기 중에 존재한다. 화학적으로 안정한 화합물인 다이옥신은 장기간에 걸쳐 토양과 수계환경에 영향을 미친다. 즉, 지용성이며 수용성이 낮고 용출과 휘발이 어려워 토양과 수계환경에 오랫동안 잔존하는데, 염소가 4개 이상인 PCDD는 통상 반감기가 10년 이상이 되어 수십 년간 축적될 수 있다. 따라서 초기 공기 중에 존재할 때 저농도였던 다이옥신은 건식 및 습식침적에 의해 토양과 물로 운반되며 점차 고농도로 축적된다. 궁극적으로 이들 매체 내에서 서식하는 각종 동식물의 체내는 더욱 농축될 수밖에는 없고, 먹이사슬의 최종 수요자인 인간은 농축된 다이옥신을 지속적으로 섭취하고 있다. 참고로 그림 4.19는 일본 정부가 2009년을 기준으로 일본국민의 하루 다이옥신 섭취량을 추정하고 도식한 것인데, 섭취 총량은 약 0.85 pg-TEQ/kg/day이며, 일본의 하루 용인되는 섭취량 (TDI: tolerable daily intake) 4 pg-TEQ/kg/day보다는 매우 적은 양이었다. 참고로 2002년 WHO가 설정한 TDI는 70 pg-TEQ/kg/month이다, 그림에서 공기를 통한 섭취량은 전체의 약 1% 정도 인데, 일반적으로 알려진 음식물을 통해 섭취되는 양인 1 2%와 유사하였다 (WHO, 2014).

미국 EPA는 다이옥신에 대한 위해평가를 시도한 바 있다 (Hanson, 1994). 다이옥신과 관련된 화합물 즉, 퓨란, PCBs (polychlorinated biohenyls)도 인간이나 환경에 잠재적인 악영향을 주며 발암 위해성을 보인다. 유럽공동체를 포함하여 미국은 위해성과 관련하여 여러 가지 접근을 시도하였는데, 우선 여러 화합물의 독성을 상대적으로 평가하기 위해 가장 큰 독성을 가진 2,3,7,8-Tetrachlorodibenzo-p-dioxin (TCDD)을 기준으로 삼았다. 즉, 독성을 정량적인 수자로 표현하기 위해 독성등가지수 (TEF: toxicicity equivalent factor)라는 환산계수를 개발하였다. 따라서 가장 독성이 강한 2,3,7,8-TCDD를 TEF 1로 간주하고 각 이성질체의 독성을 산출할 때는 TEF를 곱하여 각 독성을 2,3,7,8-TCDD의 양으로 환산하였다. 이 양을 **독성등가량** (TEQ: toxicicity equivalency)이라고 한다. TEF는 위해평가 연구결과에 따라 개정되고 있는데 각 나라마다, 각 연구기관마다 약간의 차이가 있다. TEF 값과 관련한 최근 정보는 EPA (2010)을 참고하라.

동물실험에 의하면 TCDD는 선천적 기형성 (teratogenic), 발암성 (carcinogenic), 면역독성 (immunotoxic), 태아독성 (fetotoxic) 및 낙태를 유발할 수 있는 물질로 알려졌지만, 사실 인체에 미치는 영향에 대해서는 염소좌창과 같은 피부질환, 간기능 장애, 지방대사 장애, 현저한 체중감소, 면역체계 저하, 신경계 장애 등을 보인다는 점을 제외하고, 동물실험 결과처럼 과학적 증거가 명백하지는 않다. 이는 다이옥신의 양이 미량이며 인체실험이 불가능하고 화학분석의 한계가 있기 때문이다 (WHO, 2014).

1872년 독일에서 다이옥신이 처음 합성된 이후 다이옥신 에 의한 환경사고가 세계도처에서 발생하였다. 그 중 1976년7월 이태리 Seveso에서는 다이옥신 누출사고가 발생하여 인근 7개 도시를 포함하여 1,810 ha의 토양을 오염시킨 적이 있다. 환경호르몬 사건이었기에 많은 가축을 폐사시켰고 임산부는 강제 낙태수술을 받게 하였다. 당시 이 사건은 이태리 환경과 경제에 엄청난 피해를 주었는데, 최근까지도 역학조사가 계속되고 있지만 노출량과 인체에 미치는 상관성은 명확히 밝혀지지 않았다 (NIH, 2015). 한편, 월남전이 진행되던 당시, 미군은 7년에 걸쳐 소위 Agent Orange 라는 고엽제 (枯葉劑)를 5만톤 가량 살포한 적이 있다. 이중 불순물로서 다이옥신의 일부가 섞여 많은 참전 병사들이 피부질환, 간암, 유산 등 심각한 휴유증을 겪었다. 이 고엽제가 1970년대에 우리나라 비무장지대에도 살포되었는데, 오랫동안 쉬쉬하다가 피해자가 속출하자 사회적으로 커다란 문제가 된 적이 있다. 1999년에는 벨기에의 가금육과 달걀에서 고농도의 다이옥신이 발견되었는데 PCB가 사료에 섞여 오염된 것으로 확인되었고, 2008년 아일랜드에서는 돈육과 돈육 가공제품에서 안전기준치의 200배에 달하는 다이옥신이 발견되어 대량의 식가공품이 회수되었다. 이 사건은 화학물질 오염으로 가장 많은 식품이 회수된 사건인데 역시 사료가 오염되어 있었다. 또한 독극물로 다이옥신이 악의적으로 사용된, 가장 악명 높은 사건이 2004년 우크라이나 유센코 (Yushchenko) 대통령에게 일어났었다. 그는 운 좋게 살아남았지만 그의 얼굴은 다이옥신의 인체에 미치는 급성영향 중 하나인 염소좌창 (chloracne)으로 크게 손상되었다 (NIH, 2015).

4-6-3 석면 (Asbestos: 石綿)

석면은 기원전 2,500년경 핀란드에서 처음으로 사용한 흔적이 발견되었다. 옛 그리스, 이집트, 중국에서는 석면섬유를 귀족만이 입을 수 있었던 최상급의 직포였고, 기원전 5세기경에는 아테네 신전에서 램프의 심지로 사용되었으며 또한 귀족의 의관으로 사용되었다. 석면이 본격적으로 대중화되기 시작한 것은 19세기 후반 방적법이 개선되고 대광맥이 발견된 직후이다. 1900년~1960년 사이에 전세계 생산량은 무려 1,000 배까지 증가하였다. 석면은 물리화학적 특성인 고강도, 고탄성, 단열성, 내산성, 내염기성, 고절연성, 방음성, 내마찰성 등이 우수하여 절연체, 보강재, 충전재, 수지의 유동흐름을 제어하는 조절제, 분산제, 비연마제 등의 용도로 건축자재, 마찰재, 방직품, 도료 등의 공업 재료로 광범위하게 이용되어 왔다 (Dunnigan, 1990). 이중 약 80%가 건축자재인 석면 슬레이트, 바닥타일 및 단열재, 분무 단열재 등으로 제품화되었으며, 마찰재로 약 7%, 나머지는 방직품, 석면지 등의 재료로 사용되었다 (산업기술연구원, 1992). 사실 인류는 오랜 세월동안 석면의 이용 용도를 3,000가지 이상으로 늘려왔다. 구체적으로 석면은 비닐타일, 온수 파이프, 전기코드, 토스터, 오븐, 벽의 칸막이, 구식 hair dryer, 석유난로 심지, 냄비의 손잡이, 페인트, 석고보드, 각종 건축자재 등에 사용된 바 있으며, 외국에서는 각종 식음료 및 수돗물에서 석면이 검출되기도 하였다. 이는 석면을 사용한 시멘트 파이프가 마모되어 오염된 결과이다.

외국에서는 석면과 관련하여 공공건물에서 방출되는 대기 중 석면에 대한 폭넓은 연구가 수행되었다. 최근까지도 석면의 유해성과 관련하여, 발암성 연구에 초점을 두고 섬유직경의 중요성에 관한 연구와 인체에서의 석면과 체세포의 화학적 상호작용에 대한 연구와 같은 실태조사, 측정방법의 개발 및 인체 위해성에 관한 연구가 진행되고 있다. 우리나라에서는 주로 산업보건기준 적합여부를 위한 작업장을 중심으로 많은 실태조사가 이루어진 바 있다 (유영식, 1989; 김현욱, 1994; 유성환, 1996; 이기라, 1996; 서울특별시 지하철공사, 1998). 최근에는 환경부 주도로 석면제품의 최종 사용처인 노후화 건물, 사무실 및 초등학교 등에서의 실태조사와 함께 이들 건축물에 대한 석면지도가 작성되고 있다.

1) 석면의 물리화학적 특성

석면은 자연적으로 생성된 수화광물규산염을 일컫는 일반 용어이며, 화학적으로 사문석 계열과 각섬석 계열로 크게 나눌 수 있다. 석면의 기본 결정구조는 SiO_4이다. 미국 국립직업안전보건연구원 (NIOSH)에서는 석면을 백석면 (chrysotile), 청석면 (crocidolite), 갈석면 (amosite), 각섬석면 (anthrophylite), 투각섬석면 (tremolite), 양기석면 (actinolite) 등으로 분류하고 있다. 석면은 위상차 현미경으로 관찰했을 때 길이가 5 μm 이상이고 가로 세로의 비가 최소한 3:1 이상인 입자상 물질이라고 정의하고 있다. 표 4.13은 석면의 종류와 화학식을 보여주고 있다. 이들 모두 화학적 조성과 물리적 성질이 다르고 각기 사용 용처도 다르다. Ney (1986)에 의하면 전 세계 생산되는 석면의 약 95%가 백석면, 3%가 청석면, 1.5%가 갈석면, 나머지 0.5% 가량이 기타 석면이었다.

석면의 존재유무와 종류를 결정하기 위해서, 물리화학적 분석을 통해 검사해야 한다. 이중 석면의 가로:세로비 (aspect ratio)는 석면의 물리적 특징을 규명하는데 중요한 요소

표 4.13 ▪ 석면의 종류와 화학식 (Michaels, 1979).

계열	종류	화학식
사문석 계열	백석면	$Mg_3(Si_2O_5)(OH)_4$
각섬석 계열	갈석면	$(Fe^{2+}Mg)_7Si_8O_{22}(OH)_2$
	청석면	$Na_2Fe_2^{3+}(Fe^{2+}Mg)_3Si_8O_{22}(OH)_2$
	각섬석면	$Mg_7Si_8O_{22}(OH)_2$
	투각섬석면	$Ca_2Mg_5Si_8O_{22}(OH)_2$
	양기석면	$Ca_2(MgFe^{2+})_5Si_8O_{22}(OH)_2$

중 하나이다. 대부분 자연섬유가 3:1 보다 작은 비를 가지는 반면에, 모든 석면은 3:1 이상의 비를 가진다. 석면은 비석면보다 더 길고 다양한 길이를 가지며, 더 가늘고 다양한 폭을 갖는다 (Schreier, 1989). 처음에는 길이/폭의 비율이 3:1 이상인 모든 섬유가 인체에 대한 유해도가 큰 것으로 알려졌으나, Pott (1987)에 의하면, 5:1 이상의 비율과 길이가 3 μm보다 길고 폭은 1 μm보다 가는 섬유가 더 유해하다.

백석면은 부드럽고 유연한 백색섬유로 각각 40%의 SiO와 MgO로 조성되어 있으며, 세계 석면소비량의 90% 이상을 차지한다. 긴 섬유형태를 가진 **백석면**은 보호의류, 단열재 등에 석면포로 사용되기 위해 가공된다. 내열성이 우수한 반면에 내산성은 다소 떨어지는 것으로 알려져 있다. **청석면**은 곧고 청색을 띠는 섬유로, 화학적 조성은 약 50%의 SiO와 40%의 FeO_2와 Fe_2O_3로 구성되어 있다. 청석면은 석면 중 가장 강하고 내산성과 내구성이 큰 가공품을 제조하는데 이용되지만, 고온에서 녹는 경향이 있어 대부분 석면 시멘트 파이프 생산에 이용되고 있다. **갈석면**은 곧고 부서지기 쉬운 섬유로 옅은 회색에서 희미한 갈색을 띄며, 내부식성, 비탄성, 그리고 가공 분리될 때 고밀도의 특징을 갖기 때문에 내열 단열판 등의 단열재로 널리 사용되고 있다. **각섬석면**은 부서지기 쉬운 희귀한 백색 섬유로 우수한 내열성과 내산성을 가지고 있어 특수 목적의 값비싼 필터 재료로 사용된다. **투각섬석면**의 원산지는 한국이며, 과거에는 유럽, 아시아, 북미 등에서 채광되어 왔다. 이 석면은 탄력이 있고, 가늘며, 원섬유상 구조를 지니고 있어, 다른 각섬석계 석면 (청석면, 갈석면, 직섬석면)과 구별된다 (Wiley 등, 1993).

2) 석면의 측정과 분석

석면을 분석하는 방법에는 위상차현미경법 (phase contrast microscopy, PCM), 편광현미경법 (polarized light microscopy, PLM), 전자주사현미경법 (scanning electron microscopy, SEM), 투과전자현미경법 (transmission electron microscopy, TEM), X-선 회절법 (x-ray diffraction, XRD) 등이 있다. 이 방법 중 일반 대기환경에서는 해상도가 높고 섬유의 종류 식별이 용이한 SEM과 TEM이 많이 이용된다. 이러한 전자현미경과 함께 보조적 분석장치로 SAED (selective area electron diffraction)와 EDX (energy dispersive x-ray analyzer)가 주로 사용되는데, 섬유확인 및 규명에 가장 좋은 기법으로 알려져 있다. 특히 EDX는 섬유입자의 원소조성에 대한 정보를 제공하기 때문에 매우 유용하다 (Schreier, 1989). 그림 4.20은 백석면, 청석면, 투각섬석면 및 유리섬유의 SEM 영상 및 EDX 스펙트럼을 보여주고 있다.

우리나라에서는 김수환 등 (1999) 및 최영아 등 (2008)이 SEM/EDX를 이용하여 백석면, 청석면, 투각섬석면 및 유리섬유 등의 섬유상 물질을 분석하여 오염원분류표 (source profile)를 작성하고 석면종을 분리 및 확인할 수 있는 전문가시스템을 개발한 바 있다. 이들은 일부 다세대주택, 초등학교, 지하상가, 폐차장 등에서 석면종의 오염도를 분석한 결과, 백석면이 5.4%, 청석면이 4.1%, 유리섬유가 3.6%, 기타 섬유종이 86.9%로 분류됨을 확인할 수 있었으며 투각섬석면은 검출되지 않았다. 전반적인 석면 농도는 매우 낮아, 미국 EPA 실내공기 기준치이며 우리나라 실내공기 권고치인 0.01 f/cc보다 낮게 조사되었다. 이

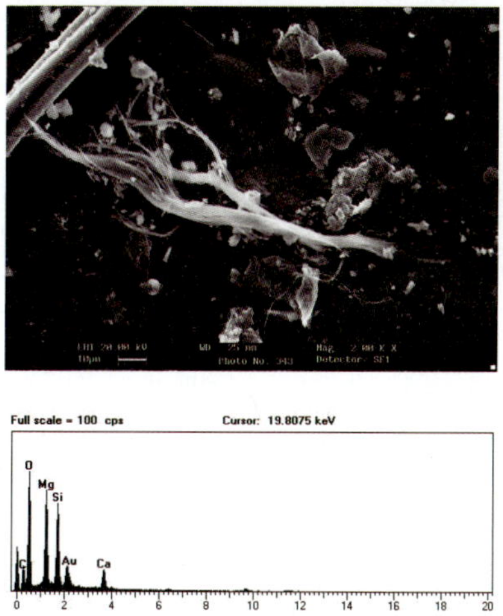

(a) 백석면의 SEM 영상 및 EDX 스펙트럼

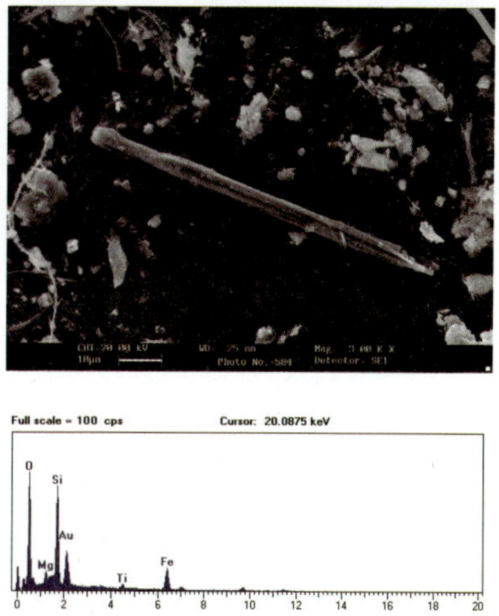

(b) 청석면의 SEM 영상 및 EDX 스펙트럼

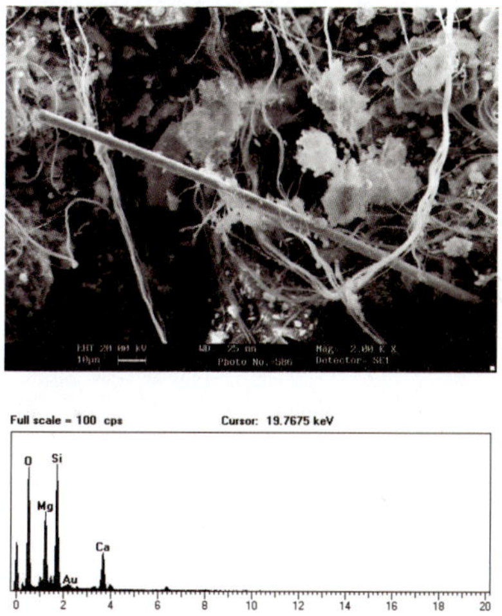

(c) 투각섬석면의 SEM 영상 및 EDX 스펙트럼

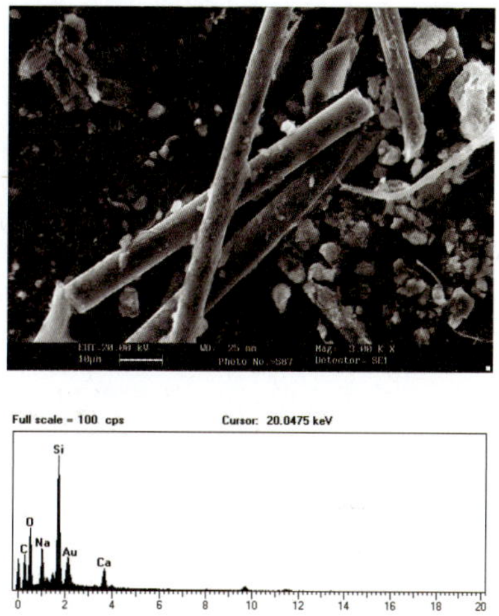

(d) 유리섬유의 SEM 영상 및 EDX 스펙트럼

그림 4.20 ▪ 백석면, 청석면, 투각섬석면 및 유리섬유의 SEM 영상 및 EDX 스펙트럼(김수환 등, 1999).

는 1990년 이후 석면이 탄소 합성체인 케브라 등의 비석면 물질로 대체되면서, 석면의 사용이 상당량 감소되었기 때문으로 전체 섬유상 물질 중 석면의 비율은 단지 10% 미만이었다 (김수환 등, 1999; 최영아 등, 2008). 따라서 그동안 형태상 석면으로 인식되었던 섬유상 물질은 비석면으로서 대부분은 케브라를 비롯한 탄소합성체 섬유, 알루미늄 규산염 섬유, borosilicate 섬유, 금속 섬유 등이었다. 유사한 연구결과가 지하철에서도 집중적으로 조사된 바 있다 (서울시 지하철공사, 1998).

3) 석면의 위해성

인류역사상 석면오염의 피해가 처음 보고된 것은 그리스와 로마시대에 석면채광 광부와 직물을 다루는 사람들 사이에 폐질환이 유행했다는 점이다. 석면재해가 본격적으로 나타나기 시작한 시점은 20세기 들어와 석면이 일반대중에 보급되기 시작하면서 부터이다. 주로 피해는 캐나다와 남아프리카 석면 채광지에서 나타났으며, 영국의 방적공장과 미국의 조선공장에서 석면을 다루는 본인과 가족에게 집중적으로 나타났다. 1940년대 말 남아프리카에서는 노임이 싼 많은 흑인 소년들에게 채광된 석면을 부대에 담는 일을 시켰는데 이들은 12살이 되기 전에 대부분 사망하였다. 미국에서는 해군조선소에서 석면을 다루는 인부들과 건축현장에서 석면가공을 하던 사람들이 폐암에 걸려 사망한 바 있으며, 영국에서는 철도 객차의 석면 판넬을 다루던 사람이 폐암으로 사망한 바 있다. 미국 EPA는 1972년 석면을 암유발 HAP로 분류한 이래 매년 3,300~12,000명 정도가 석면에 의해 폐암에 걸리는 것으로 추정하였다 (Cox, 1989; 안정주 역, 1989).

석면은 인간의 호흡기나 소화관을 통해 체내로 흡수된다. 석면이 함유된 물질의 표면이 손상되면 섬유질이 공기 중에 방출된다. 이 석면이 공기 중에 장시간 부유하면 결국 호흡기를 통해 체내에 유입되는데, 석면폐증 (asbestosis), 폐암 (lung cancer), 중피종 (mesothelioma) 등의 질병을 유발시킬 수 있다 (Mattison, 1987). 이중 청석면과 갈석면은 중피종의 원인으로서 백석면보다 더 유해하다 (Wagner 등, 1973). 그 이유는 각섬석계의 섬유가 폐 속에 유입되어 체내에서 용해되지 않고 잔류하기 때문인데. 이러한 증세가 바로 나타나는 것이 아니라 장기간 경과된 후 나타난다는데 문제가 있다. 또한 흡연자일수록 석면에 대한 위험성은 더욱 크다고 알려져 있다. 이는 석면 그 자체가 폐포세포의 이상형성과 증식 이상을 일으켜 폐세포에 발암 기반을 만드는데, 이때 흡연 등으로 약발암성 물질이 유입되면 폐포와 기관지 상피에서 종양화가 일어날 가능성이 크기 때문이다 (Kazuo, 1997). 포항제철을 건설한 박태준 회장의 사망(2011) 원인은 젊은 시절 철강 생산 현장에서의 석면 노출이었다.

일반적으로 호흡기와 소화관을 통해 체내로 흡수된 석면은 혈행성, 임파행성으로 폐와 전신의 장기에 운반된다. 석면이 기도를 거쳐 흡입되면 섬유는 화살과 같이 기도를 따라 침투하기 때문에, 길이가 25~50 μm의 크기라도 폐세포까지 쉽게 침투한다. 흡입된 석면은 그 종류와 형태에 따라 폐내 침착률과 체내 흡수율이 다르다. 폐부 침착률은 섬유의 길이가 길수록 증가한다. 또한, 석면의 대체품으로 알려진 유리섬유와 암면도 눈, 피부 등에 건강 장해를 일으키고 장기 폭로시 유해성이 있다 (환경포럼, 1998).

3) 석면의 규제와 관리

석면이 상업적으로 최초 채광된 곳은 1878년 캐나다 퀘벡의 백석면 광산이며, 1885년 러시아, 1906년 남아프리카 등에서 대규모로 채광되었다. 2014년 기준으로 러시아는 세계 최대 석면 생산국이며, 2011년까지 캐나다와 브라질과 함께 세계 총생산량의 85% 이상을 생산하였다 (KOTRA, 2015). 우리나라에서도 1930년대 충남 홍성 등에서 채광되었던 적이 있었으나 1983년 폐광된 후 주로 수입에 의존해 왔다. 수입 석면은 비교적 위해성이 작은 백석면이 대부분으로 80% 이상이 건축자재의 원료로 사용되었다.

석면에 의한 건강위해성이 널리 알려짐에 따라, 세계 각국은 석면 농도에 대한 공기

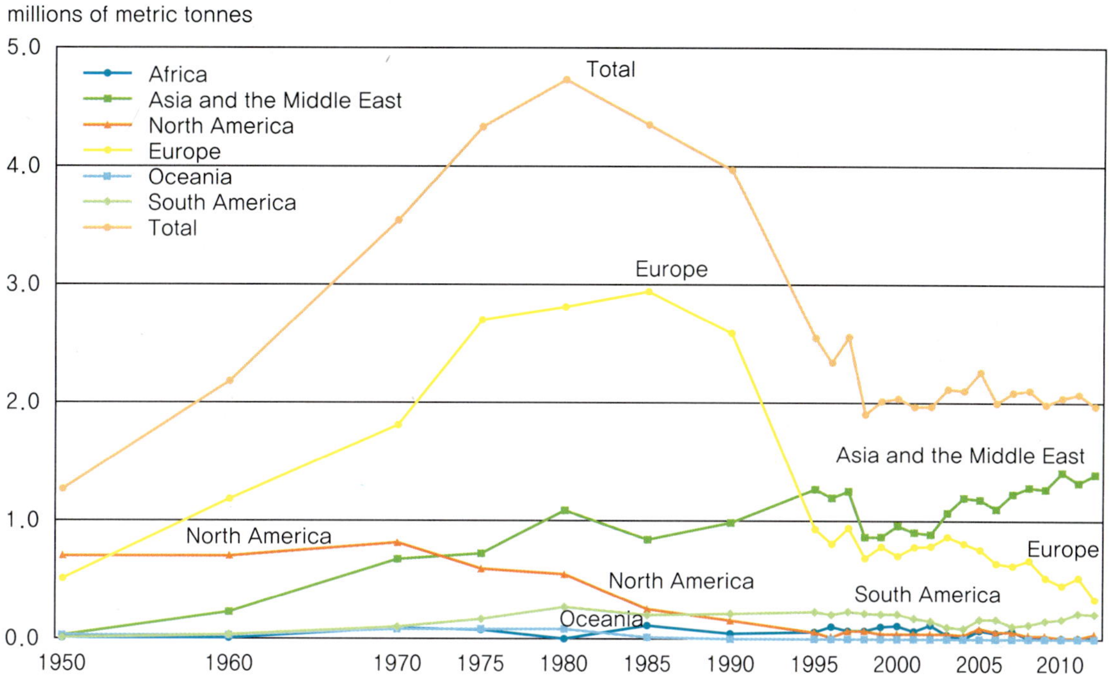

그림 4.21 ■ 1950년~2012년까지 전 세계 지역별 석면 공급 및 소비 경향 (USGS, 2015).

오염기준을 마련하였고, 미국과 프랑스는 1997년 이후 석면사용을 전면 금지시키는 등 석면 기준을 강화시켰다. 우리나라도 1997년 청석면과 갈석면의 수입, 제조, 사용을 금지시킨 바 있다. 2015년 현재 우리나라를 비롯하여, EU 27개국, 호주, 이집트, 사우디아라비아, 칠레, 일본 등은 석면사용을 전면 금지하고 있다 (KOTRA, 2015). 그림 4.21은 1950년~2012년까지 전 세계 지역별 석면 공급 및 소비 경향을 보여주고 있다. 1980년을 정점으로 급속히 감소함을 알 수 있다.

우리나라의 경우, 산업안전보건법에 의해 작업장 석면의 농도기준을 설정하고, 지하생활공간 공기질관리법으로 공기오염 물질로 지정하고 있으나, 한때 관련법규가 부처마다 각기 존재하여 체계적인 종합관리가 어려웠다. 2009년 1월 이후 **산업안전보건법**에 의거하여, 석면이 0.1% 이상 함유된 건축자재 등 제품의 제조, 수입, 사용을 전면 금지하였다. 또한 석면피해자에 대한 사후 구제제도인 **석면피해구제법**이 2011년부터 시행되었고, 석면피해에 대한 사전예방제도인 석면안전관리법도 2011년 공포되어 효과적인 석면관리가 이루어지고 있다.

참고 및 인용문헌

김도균 등, 2012, 한국대기환경학회지, 28 (5). 538-555.

김동술 등, 1994. 유해대기오염물질의 규제 및 관리에 관한 조사연구, 경희대학교, 한국환경기술개발원.

김동술, 김태오, 2001. *미립자 공학*, 도서출판 대웅.
김동술, 황인조, 2002. 한국공기청정협회지, 15:1: 38-53.
김성천 등, 1996. 한국대기보전학회지, 12 (1), 101-112.
김수환 등, 1999. 한국대기환경학회지, 15 (6), 704-712.
김신도, 김종호, 김태식, 1995. *에어로졸*, 동화기술.
산업기술연구원, 1992. 석면의 사용규제 및 대체품 개발현황, 세계기술뉴스 브리프.
서울특별시 지하철공사, 1998. 서울시 지하철 환경개선 방안 연구.
신훈중 등, 1996. 한국대기보전학회지, 12 (1), 67-77.
심상규, 1996. 첨단환경기술, 4 (8), 2-9.
안정주 역, 1989. *석면공해*, 동화기술.
유성환, 김현욱, 1996. 한국산업위생학회지, 6(2).
유영식, 김종규, 1989. 한국대기보전학회지, 5(2).
이기라, 1996. 서울대학교 보건대학원 석사논문.
이태정 등, 1992. 한국대기보전학회지, 8 (1), 20-28.
이태정 등, 1997. 한국대기보전학회지, 13 (4), 285-296.
임득용 등, 2012, 한국대기환경학회지, 28 (3), 325-347.
임득용 등, 2013, 한국대기환경학회지, 29 (3), 297-306.
임득용, 2014. 경희대학교 환경학 및 환경공학과, 박사학위논문.
임종명, 2006. 충남대학교 환경공학과 박사학위논문.
임효지 등, 2015a. 한국대기환경학회지, 31 (3), 209-222.
임효지 등, 2015b. 한국대기환경학회지, 31 (3), 224-238.
장여진 등, 1997. 한국대기보전학회지, 13 (5), 345-353.
첨단환경기술, 1999.폐기물 소각 및 다이옥신류 오염현황, 1999 (9) p.17.
최영아 등, 2008. 한국대기환경학회지, 24 (3), 346-356.
황인조 등, 1998. 한국대기보전학회지, 14 (1), 11-23.
환경부, 1998, 환경백서. 환경부.
환경부, 1999, 환경백서. 환경부.
환경부, 2013, 대기환경연감. 환경부.
환경부, 2015, 대기환경연감. 환경부.
환경부, 2019, 대기환경연감. 환경부.
환경포럼, 1998. 석면의 건강 위해성과 관리개선 방안, 한국환경정책평가 연구원.
Ahmad, S.S., *et al.*, 2011. Water Air and Soil Pollution, 220, 141-150.
Baker, E.l.Jr., *et al.*, 1977. N. Engl. J. Med. 296, 260-61.
Boyd, C.A. and Casey, T.G., 1992. AWMA, 85th Annual Meeting & Exhibition.
Brown, D.R., 1986. Atmospheric Environment, 20, 1304-1308.
Chow, J.C., *et al.*, 1993. Atmospheric Environment 27A (8), 1185-1201.

Chow, J.C., and Watson, J.G., 1997. Report No. DRI 4039.1F.

Dayan, U., *et al.*, 2011. Atmospheric Environment, 45, 3325-3332.

Driscoll, W., *et al.*, 1992. Environ. Sci. & Technol., 26 (9), 1702-1705.

Dunnigan J. and N. K. Seymoar, 1990. *A scientific update on asbestos and health*, The Asbestos Institute.

El-Shobokshy, M.S., *et al.*, 1990. Atmospheric Environment, 24B, 261-265.

Emsley, J., 1994. *The Consumer's Good Chemical Guide.*

Friedlander, S.K., 1977. *Visibility, in Smoke, Dust and Haze, Fundamentals of Aerosol Behavior*, John Wiley & Sons, Inc., New York.

EPA, 1986. *Air Quality Criteria for Lead*, Research Triangle park, NC, EPA-600/8-84-028.

EPA, 1994. *Health Assessment Document for 2,3,7,8-TCDD and Related Compounds*, Vol III, EPA-600-BP-92-001C.

EPA, 1999. *Air Quality Criteria for Particulate Matter*, Vol. 1, EPA600/P-99/002a.

EPA, 2004. *Air Quality Criteria for Particulate Matter*, Vol. 1, EPA/600/P-99/002aF.

EPA, 2010. *Recommended Toxic Equivalance Factors (TEF) for Human Health Risk Assessment of 2,3,7,8-TCDD and DLCs*, EPA/100/R-10/005.

EPA, 2013. *Update to An Inventory of Sources and Environmental Releases of Dioxin-Like Compounds in the United States for the Years 1987, 1995, and 2000*, EPA/600/R-11/005A.

GOJ, 2012. Goverment of Japan, https://www.env.go.jp/en/chemi/dioxins/brochure2012.pdf. [Accessed 21 July 2015].

Hamilton, A., 1984. *Exploring the Dangerous Trades*, Boston, Little-Brown Co.

Hanson, D., 1994. C&EN, p13-14, May.

Hileman, B., 1998. C&EN, p25, May 29.

Hidy, G.M., 1984. Aerosols, Academic Press, Inc., New York.

Hinds, W.C. (1982) Aerosol Technology, John Wiley & Sons, New York.

Hopke, P.K., 1985. *Receptor Modeling in Environmental Chemistry*, J. Wiley and Sons, New York.

Kazuo T. (1997) 석면 및 유사물질의 생체영향, 첨단환경기술, 22-27.

Kim, E. and P.K. Hopke, 2004. Atmospheric Environment, 38, 4667-4673.

KIST, 1996. *Dioxin Handbook*,, 동화기술 p.33.

KMA, 2012. *Weather Dictionary*. Available from URL: http://www.kma.go.kr/index.jsp.

KOTRA, 2015. http://www.globalwindow.org/gw/overmarket/GWOMAL020M.html?BBS_ID=10&MENU_CD=M10103&UPPER _MENU_CD=M10102&MENU_STEP=3&ARTICLE_ID=5026093&ARTICLE_SE=20302.

[Accessed 23 July 2015].
Luo, W., 2001. Atmospheric Environment 35, 2964-2967.
Mattison, M. L. (1987) *Asbestos and asbestos related diseases*, Asbestos Information Centre.
McMurry, P.H., 2000. Atmospheric Environment, 34, 1959-1999..
Michaels, L and Chissick, S.S., 1979. *Asbestos: Properties, Applications, and Hazards*, Chichester, Wiley Pub. Co.
NARSTO, 2004. *Particulate Matter Science for Policy Makers*, Cambridge Univ. Press.
Ney, P.E., 1986. *Asbestos in: O. Hutzinger (ed.), The Handbook of Environmental Chemistry. Anthropogenic Compounds*, Springer Verlag, N.Y., 3 (Part D).
NIER, 2013. Annual Report of Air Quality in Korea 2012, National Institute of Environmental Research.
NIER, 2014. Annual Report of Air Quality in Korea 2013, National Institute of Environmental Research, NIER-GP2014-157.
NIH, 2015. http://toxlearn.nlm.nih.gov/htmlversion/module1.html.
NIH, 2015. https://www.niehs.nih.gov/health/materials/dioxins_new_508.pdf. [Accessed 21 July 2015].
NOAA, 2012. Weather terminology, Available from URL: http://www.noaa.gov/.
NRC, 2006. *Health Risks from Dioxin and Related Compounds Evaluation of the EPA Reassessment*, National Academies Press.
Park, S.S. and Kim, Y.J., 2004. Atmospheric Environment, 38, 1459-1471.
Park, S.S., *et al.*, 2013. Aerosol and Air Quality Research, 13, 957-976.
Pope III, C.A. and Dockery, D.W, 1999. In Air Pollution and Health, Holgate, *et al*, eds, Academic Press, London, pp674-705.
Pope III, C.A., *et al.*, 2002, J. American Medical Association 287, 1132-1141.
Pott, F., 1987. Die Faser als krebserzeugendes Agens, Zentralblatt fur Bakt. Hyg. B., 184: 1-23.
Preining, O., 1991. Atmospheric Environment., 25A (11) 2443-2444.
Rappe, C., at al., ed., 1986. *Chlorinated Dioxins and Dibenzofurans in Perspective*, Lewis Publishers. Inc.
Schecter, A., ed., 1994. Dioxins and Health, Plenum Press.
Schreier, H., 1989. *Asbestos in the natural environment*, Elsevier Science Publishing Co., NY.
Simpson, R.W. and Xu, H., 1994. Atmospheric Environment, 28, 3074-3082.
Slinn, W.G.N., *et al.*, 1978. Atmospheric Environment 12, 2055-2087.
Spurny, K.R., 1999. *Analytical Chemistry of Aerosols*, Edited by K.R. Spurny, Lewis Pub.

USGS, 2015. http://minerals.usgs.gov/minerals/pubs/commodity/asbestos/. [Accessed 23 July 2015].

Wagner, J.C., *et al.*, 1973. Br. J. Cancer, 28: 174-185.

Wang, T.T., *et al.*, 1990. Atmospheric Environment 24(9), 2485-2498.

Watson, J.G. and Chow, J.C., 2000. Desert Research Institute, 4-5-4-6.

Walter, V.J. and Raveendran, E., 1990. Environ. Technol., 11, 491-498.

Whitby, K.T. *et al.*, 1972. J. Col. & Inter. Sci., 39:203 (1972).

WHO, 2010. *Exposure to Dioxins and Dioxin-like Substances: WHO Document Production Services*, Geneva, Switzerland.

WHO, 2014. http://www.who.int/phe/health_topics/outdoorair/databases/AAP_database_results_2014.pdf. [Accessed July 2015].

WHO, 2014. http://www.who.int/mediacentre/factsheets/fs225/en/.[Accessed 21 July 2015].

Wiley, A.G., *et al.*, 1993. American Industrial Hygiene Association (54), 239-252.

Yaffe, Y., at al., 1983. Arch. Environ. Health, 38:4:227-245.

CHAPTER 05

유해대기오염물질

영남대학교 **백성옥**

5-1 서론

대기오염물질이란 정상적인 대기의 화학적 조성을 초과하는 물질로서 비교적 대기 중의 체류기간이 길면서 그에 노출되는 인간, 동 식물 및 재산상에 피해를 줄 수 있는 물질을 말한다. 이러한 대기오염물질들은 공통적으로 화석연료의 연소와 생산활동과 직간접적으로 연계되어 있다. 따라서 산업화가 계속되고 인간의 화석연료 사용의존도가 현재와 같거나 그 이상으로 클 경우 대기오염문제는 필연적으로 발생한다.

대기 중 오염물질의 농도는 크게 나누어 지표면에서의 오염물질 배출량과 이들 물질의 대류권에서의 희석 · 확산에 영향을 미치는 기상조건의 함수로 설명될 수 있다. 그러나 수질의 경우와는 달리 대기의 경우에 있어서는 이 두 가지의 조절인자 중에서 공기의 유동량을 결정하는 기상조건은 인간 조절영역의 범위를 벗어나므로 결국 대기오염물질의 농도를 제어하기 위해서는 오염물질의 배출량을 억제할 수밖에는 없다.

최근 미국, 일본, 유럽 등 선진국에서의 국가 및 지자체의 환경관리 패러다임은 국민들의 '삶의 질' 향상에 대한 욕구를 충족하기 위하여 종래의 매체별 농도관리에서 벗어나 보건학적 총괄 위해성 저감차원으로 변하고 있는 추세이다. 이는 실질적으로 국민의 환경보건학적 위해성을 저감하는 통합매체 환경관리체제로 변하고 있다는 의미이다.

대부분의 유해화학물질은 일단 공기라는 매체를 통하여 수환경이나 토양환경으로 이송된다. 즉, 대기환경은 유해물질이 환경으로 유입되는 일차관문일 뿐만 아니라 공기를 통한 호흡이 인체의 노출경로에서 가장 중요한 부분을 차지하고 있어 상대적으로 다른 매체보다 중요하게 취급되어야 한다. 대기로 배출되어지는 유해물질, 즉 **유해대기오염물질**(HAP: hazardous air pollutants)은 토양이나 물 등 다른 매체로 침적 · 이송되기 전에 호흡을 통하여 인체에 가장 먼저 직접적으로 피해를 줄 수 있으므로 다른 매체의 유해물질보다 훨씬 치명적인 영향을 미친다.

대기 중 독성이 강한 물질들 중 특히 환경적 관심사가 높은 물질로서는 휘발성유기화합물 (VOC: volatile organic compounds), 다환방향족탄화수소류 (PAH: polycyclic aromatic hydrocarbons), 폴리클로라이네티드바이페닐류 (PCB: polychlorinated biphenyls), 다이옥신과 퓨란류, 그리고 유기염소계 농약류 등을 들 수 있다 (표 5.1 참조). 이외에도 니

표 5.1 ■ 환경대기 중 부유입자에 존재하는 주요 발암관련물질

Class of Compounds	Compounds of Environmental Concern
중금속류 (Heavy Metals)	Cr, Ni, As, Cd, Sb
광물질	Asbestos
지방족 탄화수소	C_{14}~C_{28}
다환방향족 탄화수소 (PAH)	Benzo(a)pyrene, Dibenzo(a,h)anthracene 등
방향족 Ketone류	Benzanthoron
방향족 Lactone류	Oxapyrene-5-one, 4-Oxabenzo(a)pyrene-5-one 등
방향족 Epoxy 화합물	Benzo(a)pyrene-4,5-oxy 등
방향족 니트로 화합물	4-Nitrobiphenyl, 2-Nitroflourene, Dinitropyrene(1,8-,1,6-,1,3-)등
Azahetero고리족 탄화수소	Benzo(c)acridine, Benzo(a,h)acridine, Carbazol 등
유기할로겐 화합물	Polychlorinated Biphenyls, Dioxines, Furans etc.
기타 물질	다환방향족 탄화수소의 히드록시류, 퀴논(quinone)류, 황함유화합물, 무수산화물, 카르복시 알데하이드류 등

켈, 카드뮴, 납과 같이 발암성 혹은 생체농축성이 높은 중금속도 일부 포함된다. 이들 중 VOC, PAH와 유기염소계 화합물 그룹에는 강한 발암성 혹은 돌연변이원성을 가진 화합물들이 많이 포함되어 있을 뿐 아니라, 일반대중이 노출되는 주변 대기환경 어디에나 널리 분포되어 있을 가능성이 높으므로 다른 물질들에 비해 더 많은 연구와 관심의 대상이 되고 있다.

국내 수도권 및 광역대도시 인근에 산재된 공단에서 배출된 각종 HAP는 대기 중으로 확산되어 공단 주변의 주거지역으로 유입될 우려가 있으나 아직까지 이에 대한 구체적인 현황 파악 및 대책이 마련되고 있지 않다. 2012년 9월 27일 발생한 구미산업단지의 불화수소 유출사건이 전형적인 사례로서 결과적으로 인명손실과 막대한 규모의 피해를 유발한 바 있다. 불화수소는 분명 불소화합물의 하나로서 환경보전법 제정 당시부터 우리나라 특정대기유해물질 목록에 포함된 항목이었으나 환경대기를 대상으로는 30여년 간 정기적으로 측정된 사례가 없었다.

따라서 산업단지 뿐만 아니라 대규모 노출집단이 있는 대도시를 대상으로 유해대기오염물질의 배출현황을 파악하고 이들 지역에서 배출되는 HAP의 환경대기 중 농도를 측정으로써, 지역 주민의 건강을 보호하기 위한 근본적인 대책수립은 국가안전관리차원에서도 가장 필수적이고 기본적인 과업이다. 이러한 측면에서 본 장에서는 우리나라의 HAP 관리 실태와 화학물질 배출 · 이동량 조사(PRTR, Pollutant Release and Transfer Registers) 제도를 전반적으로 검토하고, 최근에 수행된 HAP 모니터링 결과를 바탕으로 주요 핵심물질 선정의 배경 및 활용방안과 함께 향후 HAP의 환경학적 중요성과 특성에 대하여 고찰하고자 한다.

5-2 HAP의 정의와 환경학적 특성

5-2-1 HAP의 정의

유해대기오염물질(HAP)에 대한 정의와 대상물질은 나라마다 다르게 규정하고 있다. 일본 대기오염방지법에서는 HAP를 *저농도에서도 장기적인 섭취에 의해 건강에 영향을 미칠 우려가 있는 물질*로 규정하고 있으며, OECD는 *인간 건강과 식물 또는 동물에 위해를 주는 특성(독성 또는 잔류성 등)을 가진 대기 중의 미량의 가스상, 에어로졸, 또는 입자상 오염물질*로 규정하고 있다. 미국은 90년대 이전까지는 Toxic Air Pollutants (TAP)와 HAP의 용어를 혼용하였으나 1990년 개정된 Clean Air Act의 112조에서 규정된 191종(현재 187종으로 조정)의 구체적인 물질에 대하여 특별히 HAP라는 용어를 법률적 의미로 적용하고, TAP은 대기 중 독성물질 전반을 칭하는 보다 광범위한 개념으로 사용하고 있다. 우리나라는 표 5.2에 나타낸 바와 같이 대기오염물질 중 사람의 건강과 재산이나 동식물의 생육에 직접 또는 간접으로 위해를 끼칠 우려가 있는 대기오염물질로서 **특정대기유해물질** 35종 및 환경부에서 내부적으로 선정한 우선관리물질 48종 등을 포함하는 총 53종의 물질에 대해서 유해대기오염물질로 범위를 확대 · 지정하고 있다(백성옥과 전찬곤, 2013).

HAP의 경우 일반적으로 '대기오염물질'의 의미에 이미 인체나 생태계에 나쁜 영향을 줄 수 있는 물질이라는 개념이 내재되어 있는데도 불구하고, '유해성'이라는 수식어를 사용하여 일반 대기오염물질과 구분하는 데는 나름대로 몇 가지 이유가 있다. 첫째, HAP는 대기환경에서 낮은 농도에서도 장기간 노출될 경우 심각한 건강피해를 유발할 수 있는 물질, 즉 대부분 **비역치 오염물질** (non-threshold pollutants)이 많이 포함된다. 따라서 대기환경기준이 마련되지 못한 물질들이 많이 포함된다. 둘째, HAP는 유전독성을 가진 오염물질로 인간에게 암, 기형, 신경장애, 돌연변이 등을 유발할 수 있다. 마지막으로 대부분의 HAP는 환경잔류성 (persistency), 생체농축성 (bio-accumulation), 독성 (toxicity)을 가지는 물질들이 많다(Bjorseth, 1983).

이러한 비규제오염물질 (non-criteria pollutants)들은 그 자체가 유해하지 않다는 이유에서가 아니라, 환경기준을 설정하는데 필요한 관련 자료나 과학적 정보가 미비하거나 위해성에 대한(특히 threshold value에 대한) 결정적인 결론에 도달하지 못했기 때문에 규제의 범주 속에 포함되지 않고 있다. 이들 비규제오염물질들은 자료가 확보되면 규제영역에 포함될 잠재성을 가진 오염물질들이다. 일반적으로 환경기준이나 배출허용기준을 설정하기 위해서는 다음과 같은 조건에 대한 실질적이고도 확실한 근거가 마련되어야 한다.

- 특정오염물질에 대한 위해평가 (risk assessment)
- 특정오염물질에 대한 분석, 측정방법이 보편화
- 특정오염물질에 대한 저감대책의 확보

위의 3가지 조건 중에서 특히 대기 중 수많은 발암가능성 물질에 대하여 아직 규제조치가 취해지지 않고 있는 가장 큰 이유는 위해평가의 어려움과 연관 지을 수가 있다. 일반

표 5.2 ■ 우리나라의 우선관리 유해성 대기오염물질 및 법적으로 규정된 특정대기유해물질(환경부, 2015)

No	Compound	Priority pollutant	HAP	No	Compound	Priority pollutant	HAP
1	Dioxins	✔	✔	25	Acrylonitrile	✔	✔
2	PAH	✔	✔	26	Acrolein	✔	–
3	Benzene	✔	✔	27	Aniline	✔	✔
4	Ethylene oxide	✔	✔	28	Di(2-ethylhexyl)phthalate	✔	–
5	1,3-Butadiene	✔	✔	29	Epichlorohydrin	✔	–
6	Vinyl chloride	✔	✔	30	Vinyl acetate	✔	–
7	Dichloromethane	✔	✔	31	Nitrobenzene	✔	–
8	Styrene	✔	✔	32	Dibutyl phthalate	✔	–
9	Tetrachloroethylene	✔	✔	33	Phenol	✔	✔
10	Propylene oxide	✔	✔	34	Cobalt & compounds	✔	–
11	Chloroform	✔	✔	35	Phosgene	✔	–
12	1,2-Dichloroethane	✔	✔	36	Asbestos	✔	✔
13	Ethylbenzene	✔	✔	37	Chlorine	✔	✔
14	Trichloroethylene	✔	✔	38	Diesel & gasoline exhaust	✔	–
15	Carbon tetrachloride	✔	✔	39	2-Ethoxyethylacetate	✔	–
16	Beryllium & compounds	✔	✔	40	Carbon disulfide	✔	–
17	Cadimium & compounds	✔	✔	41	2-Ethoxyethanol	✔	–
18	Chrome[VI] & compounds	✔	✔	42	Hydrazine	✔	✔
19	Arsenic & compounds	✔	✔	43	N,N-Dimethylformamide	✔	–
20	Lead & compounds	✔	✔	44	Acrylamide	✔	–
21	Nickel & compounds	✔	✔	45	Dimethyl sulfate	✔	–
22	Mercury & compounds	✔	✔	46	2-Methoxyethanol	✔	–
23	Formaldehyde	✔	✔	47	Methylene diphenyl diisocyanate	✔	–
24	Acetaldehyde	✔	✔	48	Toluene diisocyanate	✔	–

적으로 환경오염물질에 대한 위해평가는 오염물질의 독성평가와 일반대중의 노출평가의 두 분야에서 얻은 정보를 종합적으로 분석하는 과정이다.

이와 같이 HAP의 범주에 속하는 물질들은 대기환경뿐만 아니라, 환경전반에 널리 분포되어 있는 물질이 많으며, 어느 한 매체에서의 소멸은 다른 매체로의 이송을 뜻하므로 궁극적으로 또 다른 환경매체 내에 출현할 가능성이 높은 물질이다. 이러한 물질들은 산업화된 나라에서는 언제 어디서든 검출될 가능성이 높은 물질들이므로 HAP 대상물질을 엄격히 제한적으로 규정할 수도 없으며, 그렇게 할 필요도 없다. 하지만 단기적인 저감 효율성을 높이기 위하여 우선 관리대상물질을 선정하여 집중 관리한다는 차원에서 제한적인 목록을 만들 수는 있으며, 일반 규제대기오염물질과는 달리 그 관리와 관측에 각별한 주의와 노력이 필요하다.

5-2-2 위해성 저감을 위한 HAP 관리체계

우리나라는 1990년대 까지는 주로 점, 면, 선오염원에 대한 배출농도 규제방식으로 배출원 관리에 치중하였다. 이후 대기환경기준이 정비되면서 환경기준 달성여부에 중점을 두는 관리체계로 발전하여 현재에 이르고 있다. 그러나 궁극적으로 대도시(나아가 전국적인) HAP 관리의 최종목표는 종전의 물질중심의 농도 저감차원이 아닌 시민의 환경보건학적 위해성 저감차원으로 패러다임이 바뀌어야 한다(그림 5.1 참조). 그러나 위해평가는 매우 어렵고 까다로운 작업이다. 위해평가의 가장 핵심적인 요소는 호흡을 통한 노출평가를 위한 대기 중 농도 경향에 대한 정보이다. 즉, 신뢰성 있는 측정자료 없이는 어떠한 위해평가도 그 결과의 정확성을 확신할 수 없다(제 11장 참고).

노출평가, 용량-반응평가 등을 위한 특별한 고려사항들이 많다. 현실적으로 가장 중요한 문제는 다양한 집단이 다양한 HAP에 다양한 방식으로 노출된다는 점이다. 더욱이 여러 물질이 가중되고 노출 양상이 복합적으로 나타날 때, HAP에 대한 복합적인 누적위해도 (cumulative risk)을 어떠한 방식으로 추정하고 저감해 갈 것인가에 대한 과학적 방법

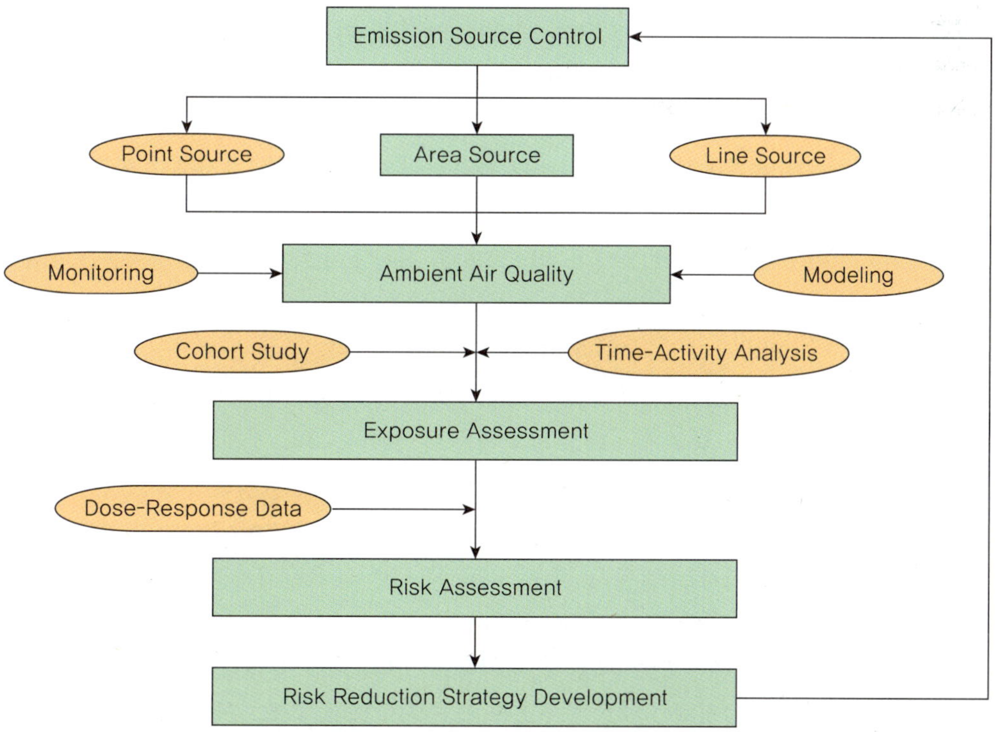

그림 5.1 ■ 위해성 기반의 대기질관리 체계도.

이 모색되어야 한다. 이러한 방법은 장기간에 걸쳐 시행–반복–수정–보완 등의 절차를 거치면서 중·장기적 관점에서 접근하여야 한다.

5-3 HAP의 종류와 특징

5-3-1 휘발성유기화합물 (Volatile Organic Compounds)

대기 중 유기화합물들은 여러 가지 측면에서 분류되고 있으나, 각 물질의 존재 상태(phase)에 따라 휘발성 (voatile), 반휘발성 (semi-volatile), 비휘발성 (non-volatile)의 세 그룹으로 분류된다. 대체로 **휘발성유기화합물** (VOC: volatile organic compounds)은 증기압이 10.2 kPa 이상이며, **반휘발성 유기화합물**(SVOC)은 10.2~10.8 kPa 정도, **비휘발성 유기화합물** (NVOC)은 10.8 KPa 이하의 증기압을 가지는 물질들이다(서영교 등, 2011). 여기서 VOC라 함은 탄소와 수소만으로 구성된 탄화수소류와 할로겐화 탄화수소, 질소나 황함유 탄화수소 등 상온·상압에서 기체상태로 존재하는 모든 유기성물질을 통칭하는 의미로 사용된다. 넓은 의미로는 반휘발성 유기화합물도 포함된다.

일반적으로 VOC란 상온 상압에서 대기 중에서 가스상으로 존재하는 유기화합물이다. 우리나라는 휘발성유기화합물 지정고시에서 1기압, 250°C 이하에서 최소 비등점을 가지는 유기화합물을 VOC로 정의하며 37종의 물질에 대하여 배출시설을 규제하고 있다(환경부, 2015).

VOC의 발생원은 자연적인 배출원과 인위적인 배출원으로 나뉜다. 자연적으로 배출되는 VOC는 이소프렌, 모노테르펜, 알코올, 카르보닐화합물, 에스테르 등이 식물에서 방출되는 대표적 VOC들이다. 이 물질들은 기후변화에 영향을 미치고 광화학반응에 의한 오존 생성에 중요한 역할을 한다. 반면 인위적 배출원은 자동차, 선박 등의 도장 공정 등을 포함하는 유기용제 사용과 관련된 배출량이 50% 이상을 차지하고 있으며, 자동차관련 이동오염원의 배출량이 뒤를 이어 13.5%를 차지하고 있다. 특히 유기용제를 많이 사용하는 배출원에서는 비교적 독성이 강한 방향족 화합물이 70% 이상을 차지한다고 보고된 바 있다(환경부, 2015).

일반적인 도시의 환경대기 중 VOC의 농도는 대체로 작업환경 농도에 비하여 매우 낮은 수준으로 건강에 직접적으로 영향을 미치는 수준은 아니다. 하지만 저농도에서도 장기간 폭로될 경우에는 만성적 피해가 예상된다. 특히 벤젠과 같이 역치가 없는 발암물질들은 농도가 낮아도 발암위해도가 사라지지 않으므로 환경학적 중요성이 부각되고 있다. 따라서 유해성 VOC의 농도 수준과 경향을 파악하는 것이 중요하다. 이런 관점에서 이미 영국과 일본에서는 벤젠 등 주요 VOC에 대한 대기환경기준을 설정하고 있다. 우리나라는 대기환경보전법 제2조9호에 의거하여, 벤젠과 1,3-부타디엔을 포함하여 35종의 화합물을 특정대기유해물질로 지정 및 관리하고 있다. 또한 우리나라는 대기환경기준의 선진화 일환으로 환경정책기본법 제10조에 의거하여 벤젠의 대기환경기준을 연평균 5 $\mu g/m^3$으로 설정하고 2010년부터 적용하고 있다.

현재의 유해성 VOC 측정은 흡착관이나 캐니스터와 같이 채취매체를 이용하여 실험실에서 분석하는 수동측정법이 널리 사용되고 있다. 하지만 이와 같은 수동측정법은 측정숙련도에 따라 측정결과의 질이 달라질 수 있다. 또한 수동측정법은 주간뿐만 아니라 야간의 측정을 포함하는 실시간 모니터링에는 어려움이 있다. 반면에 자동연속측정법은 실시간 모니터링이 가능하다. 하지만 자동연속측정법은 운전자의 기기유지보수 및 기기운영의 전문성이 요구된다.

VOC의 환경학적 중요성은 일반적으로 두 가지 측면으로 요약할 수 있다. 첫째는 올레핀계 탄화수소와 같이 그 자체로는 인체에 대한 직접적인 유해성은 크지 않으나 대기 중에서 질소산화물의 광분해반응에 관여하여 2차적으로 오존과 알데하이드류와 같은 산화성물질의 생성을 유발하는 소위 광화학스모그의 전구물질로서의 역할을 들 수 있다. 둘째는 방향족 탄화수소나 할로겐화 탄화수소류와 같이 그 자체로 인체에 직접적으로 유해한 보건학적 측면이다.

광화학스모그 전구물질로서의 VOC는 현재 총 56개 항목에 대하여 on-line GC와 불꽃이온화 검출기 (flame ionization detector, FID)를 이용하는 방법으로, 전국에 약 30여개의 측정소가 운영 중에 있다. 이들 광화학오염물질 측정망에서 측정된 자료를 근거로 수도권 오존생성에 기여하는 개별 VOC의 기여도를 산정한 결과, 톨루엔이 가장 큰 기여를 하였으며 m,p-자일렌과 에틸렌이 그 뒤를 이었다. 개별 VOC의 유해성은 일찍부터 많은 연구가 있었으며 다양한 종류의 VOC에서 그 발암성이 입증되었다. 발암성이 입증된 유해성 VOC에 대하여 국제암연구기관 (IARC: International Agency for Research on Cancer)과 미국 환경청 (USEPA: Environmental Protection Agency) 산하기관인 통합위해정보시스템 (IRIS: Integrated Risk Information System)에서 지정한 VOC의 **발암등급**을 표 5.3에 제시하였다. **단위위해도** (unit risk)는 특정물질에 단위농도 1 $\mu g/m^3$에 평생을 노출되었을 때 암에 걸릴 확률을 의미한다. 이중에서 특히 벤젠과 1,3-부타디엔은 1급-발암성물질로 분류되어 환경학적으로 매우 중요한 물질들이다(WHO, 2000).

환경대기 중에 존재하는 VOC의 시료측정법은 크게 나누어 현장에서 시료의 채취와 분석을 동시에 병행하는 on-line **자동연속측정법**과 캐니스터와 같은 적정용기를 사용하여 VOC 함유공기를 직접 채취하는 **용기채취법**, 그리고 흡착제나 흡수액을 사용하는 **매체채취법**으로 구분할 수 있다. On-line 측정법은 도입부에 저온응축장치를 갖춘 GC를 사용하여 현장에서 공기를 직접 채취하고 분석하는 방법으로 영국에서 처음 고안되었다. 이 방법은 시료채취 즉시 분석이 가능하다는 장점이 있으나, 채취현장에 GC와 같은 분석기계와 저온응축에 필요한 액체냉매 등을 구비해야 하는 단점 때문에 각종 실험에서 사용범위가 제한적이다. 하지만 최근에는 기술의 발전으로 액체냉매 없이 기기가 단순화 되면서 일부 악취물질과 VOC 연구에 사용되고 있다.

용기채취법은 현장의 공기를 그대로 실험실로 가져올 수 있는 이상적인 방법이나, 채취대상물에 대한 용기의 안정성이 중요한 문제이다. 특히 채취대상물이 산화물, 질소화물, 황화물을 함유하거나 극성물질일 경우 용기내부의 표면화 반응으로 불순물 (artifact) 생성

표 5.3 ■ 독성 VOC의 발암등급과 단위위해도

Compounds	Carcinogenicity		Unit Risk* (per $\mu g/m^3$)
	IRIS	IARC	
1,3-Butadiene	B2	1	3×10^{-5}
Methylene chloride	B2	2B	4.7×10^{-7}
Vinyl acetate	-	2B	–
Chloroform	B2	2B	2.3×10^{-5}
1,2-Dichloroethane	B2	2B	2.6×10^{-5}
Benzene	A	1	$(2.2 \sim 7.8) \times 10^{-6}$
Carbon tetrachloride	B2	2B	1.5×10^{-5}
Bromodichloromethane	B2	2B	–
Trichloroethylene	-	2A	–
1,2-Dibromoethane	-	2A	3×10^{-4}
Tetrachloroethylene	-	2A	–
Ethylbenzene	D	2B	–
Bromoform	B2	3	1.1×10^{-6}
Styrene	-	2B	–
Benzyl chloride	B2	2A	–
1,4-Dichlorobenzene	-	2B	–

* 단위위해도는 흡입노출에 대한 발암위해도를 정량적으로 추정한 값으로서 1 $\mu g/m^3$ 농도에 70년동안 노출되었을 때 발병할 확률을 의미한다.

과 시료손실이 야기될 수 있다. 따라서 미국 EPA TO-14A법은 캐니스터에 채취되는 공기 중 극성물질 제거를 위해 Nafion-dryer를 사용한다. 하지만 Nafion dryer의 불순물이 측정에 방해를 주기도 한다.

매체채취법은 유리나 스테인레스-스틸로 제작된 튜브 (tube)에 입상흡착제를 충전시킨 흡착관을 사용한다. 이 흡착관에 펌프를 사용하는 능동채취법 (active sampling)과 오염물질의 농도구배에 따라 확산기작을 이용한 수동채취법 (passive sampling)으로 나눌 수 있다. 수동채취법은 경비가 저렴하고 사용하기 용이한 장점이 있으나 농도의 정량에 불확도가 크기 때문에 능동채취법이 주로 사용되고 있다. 미국 EPA TO-17법에서는 능동채취에 의거한 흡착관 채취법을 대기 중 VOC 측정법으로 공인하고 있다.

5-3-2 카르보닐 화합물 (Carbonyl Compounds)

알데하이드와 케톤 등의 카르보닐화합물은 인체에 미치는 보건학적 영향과 광화학스모그 형성에 있어서 주요 기인자라는 2가지 측면에서 관심의 대상이 되고 있다. 특히 포름알데하이드는 눈, 코, 목을 자극하고, 기관지 천식, 피부 알레르기를 일으킬 뿐만 아니라 동물실

험 결과 발암가능성물질로 간주되고 있다. 아세트알데하이드 및 이들 산화물 역시 돌연변이원성 물질로서 연구대상이 되고 있다.

카르보닐화합물은 제지, 접착제 등과 같은 제조공정 또는 차량에서 직접 배출될 뿐만 아니라 탄화수소 등의 광산화생성물이기도 하므로, 1차 또는 2차 대기오염물질로 존재하게 된다. 또한 카르보닐 화합물은 오존, peroxyacetyl nitrates (PAN), peroxycarboxylic acids를 포함하는 유기산화물과 카르복실산의 형성에 있어서 전구물질로 작용한다. 동시에 광분해, OH 반응기 (radical) 또는 질산염 반응기와의 반응, 그리고 건 습식 침적에 의해 대기 중에서 제거 및 소멸된다. 따라서 대기 중에서 ppb 수준의 저농도로 존재하는 카르보닐화합물을 측정하기 위해서는, 탄화수소의 순환, PAN을 포함한 옥시단트의 형성, 그리고 에어로졸 형성 및 침적에 의한 유기물 제거과정 등을 이해하여야 한다.

우리에게 잘 알려진 포름알데하이드와 카르보닐화합물의 측정법으로는 크게 **발색법**과 화학적 유도체화법을 겸한 **크로마토그래피법** 등이 있다. 이 중 발색법으로는 chromotropic acid법과 pararosaniline법이 있다. 우리나라 대기오염공정시험법으로 규정되어 있는 chromotropic acid법은 포름알데하이드 검출을 위한 것으로 발색법 중 가장 널리 사용되는 방법이다. 하지만 페놀이나 일부 유기물, 그리고 다른 알데하이드의 방해를 받는 것으로 알려져 있다. 특히 검출한계가 높아 시료채취 시간이 길기 때문에 미량검출에는 적합하지 않다는 단점이 있다. Pararosaniline 복합체의 경우에는 흡광도가 온도에 민감하므로 정확한 측정을 위해서는 채취시료를 일정온도로 유지시켜야 한다.

크로마토그래피법은 대표적인 카르보닐화합물 측정법으로 감도가 뛰어나며 선택적 검출이 가능하다는 장점이 있다. 이 중 3-methyl-2-benzothiazolinone hydrazone (MBTH) 유도체화법은 알데하이드류에만 적용가능하다. 하지만 2,4-dinitrophenylhydazine (DNPH) 유도체화법은 시료채취시 알데하이드 뿐만 아니라 카르보닐화합물에 대한 측정도 가능하다. 카르보닐화합물과 DNPH가 반응하여 형성된 DNPH 유도체는 가스크로마토그래피 (GC) 또는 고성능액체크로마토그래피 (HPLC)법에 의해 정성 정량이 가능하다. GC에 비해 HPLC는 고분자화합물과 열적안정성이 좋지 않은 화합물도 분석가능하며 GC의 단점으로 꼽히는 이성질체의 분리 또한 용이하다.

DNPH-HPLC법으로 카르보닐화합물 측정시, 시료채취법으로는 DNPH를 코팅한 유리섬유필터 (glass-fiber filter), 임핀저 (impinger), 고체흡착 카트리지를 이용하는 방법 등이 있다. 유리섬유필터를 이용할 경우 비용은 저렴하나 조작이 복잡하고 습도의 영향을 받는다. 임핀저를 이용한 시료채취는 사용이 까다롭고 용매증발로 인해 시료채취 시간이 길며, 시료의 운반 및 저장상의 문제점 등을 내포하고 있다. 따라서 이러한 단점을 극복하기 위한 방안으로 유리구슬 (glass beads), 유리섬유필터 (glass fiber), 실리카겔 (silica gel), Chromosorb P, Florisil, Carbopack B, XAD-2, C18 등의 고체흡착제에 DNPH를 코팅시킨 고체흡착 카트리지를 사용하는 방법이 주로 이용되고 있다. 이중 실리카겔 및 C18 카트리지법이 간편성 등의 이유로 가장 널리 이용되고 있다. 특히 실리카겔 카트리지의 경우, 시료채취 후 상온에서 2주, 냉장보관 시에는 4주 동안 안정한 것으로 입증되어 운반과 저장에 따른 문제점은 거의 없다. 하지만 시료채취 시 오존에 의한 방해가 심하기 때문에 오존제거용 스크러버를 사용하여 오존을 반드시 제거하여야 한다.

5-3-3 다환방향족탄화수소 (Polycyclic Aromatic Hydrocarbons)

PAH는 2개 이상의 벤젠고리가 선형으로 각을 지어 있거나 밀집된 구조로 이루어져 있다. 원래 PAH는 탄소와 수소만으로 구성되어 있으나, 고리 내의 탄소원자는 질소, 황, 산소 원자와 빠른 속도로 치환될 수 있다. 이렇게 치환된 heterocyclic 방향족탄화수소는 PAH와 더불어 **다환유기물질** (polycyclic organic matter, 이하 POM)이라 불린다. PAH는 화석연료, 더 넓게는 탄소와 수소로 구성된 물질이 고온에서 열분해되는 과정이나 불완전연소 과정에서 생성된다. 이러한 과정들에서 발생되는 PAH의 양과 다양성은 연소대상물질의 형태나 연소조건에서 결정된다(USNAS, 1983).

PAH는 오래 전부터 발암물질로 알려져 왔음에도 불구하고 아직까지 PAH에 대한 위해도는 정확하게 평가되지 못하고 있다. 이는 환경대기 중에 존재하는 PAH에 노출될 때 나타나는 증상과 PAH 그룹 내 어떤 특정화합물들이 인체에 영향을 유발하는지에 관한 정확한 자료가 부족하기 때문이다. 또한 미량의 PAH에 대한 정확한 정성 정량기술의 한계성도 또 다른 요인이다. 이와 같이 1980년대까지 위해평가에 적합한 자료를 얻기 위한 시료의 채취 분석방법 및 생물학적평가에 많은 문제점이 있었으나, 최근 10여 년 동안 분석기술의 급속한 발달로 PAH의 측정방법도 커다란 진척이 있었다.

대기 중 아황산가스나 분진 등과 같은 규제오염물질의 행정목표를 달성한 선진국은 점차적으로 미량 발암물질에 대한 규제의 필요성을 인식하게 되었으며, 이에 따라 PAH와 같은 HAP에 많은 관심을 가지게 되었다. 지난 30여년 동안 각종 PAH가 보고되어 왔으나 이용가능한 대부분 자료는 benzo(a)pyrene (BaP)에 한정되어 있다. 불완전연소 생성물인 BaP은 주요 PAH 중 하나이지만, 그 농도는 대기환경에 존재하는 총 PAH 중 미미한 부분을 차지하며 BaP 배출량은 동일한 배출원 내에서도 항상 변화하기 때문에, 'BaP surrogate' 방법을 이용하여 PAH의 위해도를 평가할 때 많은 제한이 있다.

PAH의 배출원이 다양하기 때문에 인체의 노출경로도 다양하나, 도시대기 중 PAH의 경우 비록 저농도이지만 노출 대상인구가 많고 노출행태가 연속적이기 때문에 그 중요성이 크게 부각되고 있다. 도시대기는 구성요소가 복잡하며, 가스상-입자상 물질들이 서로 상호작용을 일으키는 거대한 하나의 유동시스템이다. 따라서 대기 중 독성오염물질 및 PAH가 인체에 미치는 영향은 단일 물질만 존재할 때보다 더욱 크다. 비록 도시지역 내에 있는 주요 점오염원 (point source)에 대한 집중적인 배출규제가 시행된다 하더라도, 자동차와 같은 다양한 선오염원 (line source)과 이들 오염물들의 복잡한 상호 작용으로 보건학적 위해성은 여전히 남아있다.

PAH에 대한 인체의 노출정도는 궁극적으로 PAH 농도, 가스상–입자상 분포, PAH가 함유된 분진입자의 크기에 영향을 받으며, 또한 오염물질의 배출량과 기상조건에 영향을 받는다. 따라서 도시대기 중에 존재하는 PAH의 오염특성을 정확히 평가하기 위해서는 주요 배출원을 파악하는 동시에 PAH의 물리 화학적 특성 및 대기 중의 거동에 대한 이해가 선행되어야 한다.

우리나라에서의 PAH 연구동향은 1980년대 후반부터 서울지역을 중심으로 측정사례가 보고되기 시작하였다. 1990년대에 들어와서는 비교적 많은 연구자들에 의해 대도시를 중심으로 계절별 농도변화와 입자의 크기에 따른 농도분포 등에 관한 연구결과가 보고되었다. 하지만 국내 PAH 연구결과들은 아직도 측정분석방법의 평가, 대기 중 농도자료 확보와 추이파악, 이들 자료를 이용한 대략적인 위해 평가 등을 수행하는 수준에 머무르고 있다. 즉 전국적인 PAH의 배출원 조사와 배출량 추정 등 체계적인 배출자료 (emission inventory)에 관한 조사와 연구가 극히 미진한 실정이다. 더욱이 대기 중 화학적 변환과정과 다른 오염물질과의 상호작용 등에 관한 대기환경화학적 기초 및 기반연구는 수행된 적이 없기 때문에 국내연구수준은 선진국과 비교하여 많이 뒤떨어져 있는 실정이다. 뿐만 아니라 PAH 분야의 연구인력도 부족하여 PAH와 관련한 어떤 보편적 결론도 도출하기에는 여전히 한계가 있다.

1) PAH의 배출원과 대기 중 거동

PAH는 산불이나 화산폭발과 같은 자연재해로 대기 중에 배출되기도 하지만 가장 큰 배출원은 인간의 활동으로 초래된다. PAH의 인위적 오염배출원은 크게 고정오염원 (stationary source)과 이동오염원 (mobile source)으로 나눌 수 있다. **이동오염원**에는 가솔린과 디젤 엔진차량 등이 포함되며 **고정오염원**으로는 가정의 난방과 산업활동, 소각과 같은 각종 연소행위들이 포함된다. 대기 중 PAH의 총부하량은 지리적 특성, 도시화의 정도, 기후, 배출강도와 같은 여러 요인에 의해 영향을 받는다. 국내외적으로 PAH에 관한 특정배출원에서의 **배출계수** (emission factor)에 관한 자료는 아직 빈약한 실정이다. 1960년대 이래 BaP와 총PAH (ΣPAH)에 관한 많은 연구가 있었으나, 이들 연구들은 BaP와 그 외 PAH와의 연관성 및 분석적 차원에서 특정 PAH에 의한 그 외 PAH의 발생량 추정 등과 같은 연구는 거의 다뤄지지 않았다. 이에 따라 각종 배출원에서 방출되는 PAH의 정량적 평가는 거의 미흡하였다. 하지만 미국국립과학원에 의해 BaP에 관한 포괄적인 평가가 시행된 이후, 이를 기초로 한 많은 연구들이 수행되고 있다. 이들 연구에 의하면, 가정난방용으로 사용되는 석탄과 목재의 연소과정, 코크스 제조과정, 야적장에서의 석탄 찌꺼기 연소과정 등과 같은 고정오염원에서 상당량의 BaP와 총PAH가 배출되는데, 연간 PAH 총배출량의 80~90% 정도를 차지하였다. 고정오염원에서 배출되는 대부분의 BaP와 그 외 PAH는 석탄, 나무와 같은 고체연료가 불완전연소 될 때 생성되므로 가정의 난방시스템은 PAH의 주요 배출원 중 하나이다. 미국의 경우, 1980년대 한 때 일시적으로 가정난방용으로 장작난로 (woodstoves)와 벽난로의 사용이 증가되어 PAH 발생량이 급증한 적이 있었다. 하지만 전국적인 규제강화로 특히 야적장에서의 석탄 찌꺼기 연소로 인한 PAH 배출량은 크게 감소하였다. 또한 산업체에서의 BaP의 주요 배출원은 코크스 제조공정이었으며, 대부분 BaP는 석탄으로 채워진 코크스 오븐에서 누출된다고 보고된 바 있다.

자동차에서의 BaP 배출량은 다른 고정배출원에 비해서 미미한 편이나, BaP를 포함한 총PAH 측면에서는 상당량이 배출되기 때문에 차량 배출원의 중요성이 높아지고 있다. 미국의 경우, 총PAH 배출량 중 자동차 배출에 의한 양이 무려 21~25%를 차지하여 주요 단일오염원으로 간주되었다. 특히 촉매장치가 부착된 가솔린차량보다 POM을 더 많이 배출하는 디젤차량의 증가로 차량 이동오염원의 중요성이 더욱 강조되고 있다.

한편, 자동차 이외의 항공기, 선박, 오토바이에 관한 PAH 배출자료는 여전히 부족한 실정이다. 특히 실내에서의 PAH 배출원 및 배출량에 대한 연구는 매우 부족한 실정이다. 일반적으로 주거공간에서의 PAH 배출원으로는 난방시스템, 담배연기, 외부로부터의 유입 등이 포함된다. 특히 산업체에서는 적절한 공정관리가 되지 않으면 실내작업장 내로 PAH가 유입되므로 인체 위해도가 높아질 수 있다.

PAH 배출량은 측정기간과 계절에 따라 달라지는데, 일례로 지난 40여년 동안 영국 런던에서의 BaP 농도 경향을 살펴보면, 1949~1951년 기간 중 런던 중심지에서의 BaP 연평균농도는 무려 46 ng/m^{3}이었다. 1972~1973년에는 4 ng/m^{3}로 검출되어 지난 25년 사이에 무려 90%나 감소되었다. 1980년대 이후에는 영국 전역에서 1 ng/m^3 이하인 수준을 보이고 있다. 또한, 런던 중심지에서 1962/63년과 1972/73년 사이에 석탄연소가 감소됨에 따라 BaP와 benzo(e)pyrene (BeP)는 감소되었으나 계속적으로 증가되는 차량으로 인해 coronene의 농도는 큰 변동이 없었다. BaP 및 PAH의 감소추세는 1964년과 1979년 사이에 네덜란드에서도 관측되었으며, 이는 가정용 난방연료가 석탄 석유에서 천연가스로 대체되는 동시에 지역적으로 석탄연소기술이 개선되었기 때문이다. 미국의 경우에는 1950년대 후반부터 정기적으로 대기 중 BaP의 농도를 측정한 결과, 1966년과 1977년 사이에 26개 도시지역에서 농도가 5.0 ng/m^{3}에서 1.0 ng/m^{3}로 감소되었다. 1980년 대 이후에는 미국 내 거의 모든 지역에서 0.5 ng/m^3 수준을 초과하지 않았다. 계절적 BaP의 농도경향을 살펴보면, 일반적으로 겨울에 고농도로 존재하며 여름에는 저농도로 나타난다. 이는 난방으로 인한 영향이 매우 크기 때문이며, 석탄 사용량 감소와 야적장에서의 연소규제 역시 BaP 배출량을 감소시킨 한 요인이었다(백성옥, 1999).

이와 같이 비록 세계 곳곳에서 PAH 농도가 감소한다고 보고되었지만, 이는 일부 PAH만을 대상으로 한 연구결과이므로 BaP 이외의 다른 PAH 화합물도 모두 감소한다고 단언할 수는 없다. 1970년대 중반부터 분석기술이 향상됨에 따라, PAH에 대한 광범위한 정성정량이 가능해져 도시대기 중의 입자상 유기물로부터 100여 가지 이상의 PAH가 분석되기 시작하였다. 대기 중 PAH는 기체상과 입자상으로 존재하지만 시료채취의 어려움으로 90년대 이전까지 대부분의 연구는 입자상 PAH만 다루었다. 따라서 PAH 농도를 비교할 때는 시료채취와 분석방법을 면밀히 살펴보아야 한다. 일반적으로 PAH 농도는 여름보다는 겨울에, 전원지역보다는 도시지역에서 더 높은 농도를 보인다.

도시지역에서 측정된 PAH는 다양한 고정오염원 및 이동오염원에서 배출된 혼합물이기 때문에 지역에 따라 농도가 다르게 나타날 수 있으며 배출자료 (emission profile) 역시 같은 지역 내에서도 달라질 수 있다. 이는 지역적 특성을 가진 배출원의 국지적 영향 때문이다. 그럼에도 독일 여러 지역에서의 배출자료를 분석한 결과를 살펴보면, 여름철에 비해 겨울철에 PAH 농도가 모두 높게 나타났으나 도시간 차이는 거의 없었다. 미국 뉴저지 주의 3개 지점에서 계절에 따른 PAH의 도시간 배출자료 양상도 서로 비슷하였다. 이러한 결과는 대기 중에서 진행되는 확산, 분해, 침적 등 대기기작이 PAH의 거동에 영향을 미쳤기 때문으로 판단되며, PAH의 분포가 동일지역 내 기상인자와 밀접한 관련이 있다는 점을 시사한다. 그러나 최근까지 각기 다른 도시에서의 PAH 배출자료 간에 어떤 유사성이 있는지는 명확히 규명되지 않고 있다.

자동차에서의 PAH 배출량은 엔진의 형태, 운전조건, 연료 및 윤활유의 조성 등의 요인에 따라 달라지는데, PAH가 방출되는 주된 요인으로는 ① 연료 중 저분자 화합물(특히 방향족화합물)로부터 합성으로 인한 생성, ② 엔진에 침적된 PAH와 연료 중에 함유된 PAH의 방출, ③ 윤활유의 열분해로 인한 생성 등 크게 3가지로 나눌 수 있다.

엔진의 형태는 연소시스템, 연료와 공기의 혼합비(공연비: air-fuel ratio), 연소실 온도, 제품의 성능과 같은 기술적 요인에 의해 크게 좌우된다. 같은 조건, 같은 연료를 사용한다하더라도 PAH의 배출량은 달라질 수 있다. 탄화수소, 일산화탄소, 그리고 질소산화물의 배출저감을 위해 장착한 촉매변환장치에 의해, 가솔린엔진에서의 입자상 유기물의 발생량은 현저히 감소되었다. 촉매장치를 사용하지 않은 가솔린엔진의 경우에는 디젤엔진보다 많은 양의 PAH가 배출되나, 연료소비량 측면에서 보면 디젤엔진에서 더 많은 양의 PAH가 발생된다. 또한 디젤엔진이 더 높은 고온에서 운전되면서 PAH가 질소산화물 또는 활성산소와 반응하여 산화 PAH나 질산화 PAH와 같은 돌연변이원성 물질이 다량 생성된다. 1970년대부터 공연비, 엔진부하, 엔진냉각제의 온도 등과 같은 운전조건에 따라 PAH 배출량이 어떻게 변화하는지에 관한 연구가 수행되었다. 엔진냉각제의 온도는 상대적으로 PAH 배출에 미미한 영향을 주는데, 이는 연소실 온도자체는 PAH 배출량에 큰 영향을 주지 않는다는 의미이다. 또한 가솔린과 디젤 엔진 모두 가속 시와 감속 시 및 고속주행 시에 PAH 배출량이 증가하였으며, 정상상태보다 엔진부하를 30% 증가시킬 때 7종의 PAH 배출량이 2~3배 증가하였다(백성옥, 1999).

엔진의 운전조건 중 특히 공연비는 PAH 배출에 큰 영향을 준다. 보통 공연비가 증가하면 PAH 배출량이 감소하는데, 이는 과잉산소가 공급되면 완전연소가 일어나 총탄화수소와 PAH의 배출량이 감소하기 때문이다. 또한 공연비가 증가하면, 가스상-입자상의 구성비가 달라지면서 입자상물질의 배출이 감소한다. 하지만 연료조성과 같은 여러 변수들의 영향으로 최종결과를 해석하기에는 많은 어려움이 있다.

1960년대부터 수행된 연구에 의하면, 일반적으로 연료 중 지방족탄화수소보다 방향족화합물의 함량이 증가하면 PAH 배출량이 증가하였다. 하지만 모든 종류의 방향족 화합물들이 똑같은 영향을 나타내지는 않았다. 가솔린이나 디젤 엔진의 경우에는 연료 중 고분자 방향족화합물 (C_{10}이상)은 미량으로 포함되어 있으나, C_6~C_{10} 또는 C_{10} 이상까지 광범위하게 포함되어 있다. Ethyl benzene과 xylene등의 벤젠유도체는 벤젠 그 자체보다 PAH 생성 전구물질로 더 큰 역할을 하며, 또한 가솔린 중 방향족 탄소원자 수가 증가할수록 더 많은 양의 PAH가 생성되었다.

연료 중에 이미 함유되어 있던 PAH 역시 배출가스 중에 포함되어 방출될 수 있다. 일반적으로 연료 중에 끓는점이 높은 방향족화합물이 많을수록 PAH의 배출량도 많아진다. PAH가 다량 함유된 연료가 연소될 때, 예를 들어, 연료 중 BaP의 함량이 약 23배 증가하면 BaP 배출량이 3~5배 증가하고 엔진에서 침전물이 형성되었다.

한편, 자동차 노킹방지제(제폭제)로 가솔린에 첨가되었던 4-에틸납 [tetraethyl-lead (TEL)]과 4-메틸납 [tetramethyl-lead (TML)]과 같은 알킬류 납화합물 역시 PAH 배출에 영향을 준다. 또한 방향족탄화수소도 노킹방지제의 역할을 하기 때문에 납과 함께 연구되어 왔다. 무연가솔린 (unleaded gasoline)보다 유연가솔린에서 BaP의 배출량이 다소 높았지만 TEL 첨가가 BaP의 배출에 큰 영향을 미치지는 않았다. 올레핀계 연료의 경우 TEL을 첨가했을 때 BaP의 배출이 다소 증가했으나 비올레핀계 연료의 경우에는 오히려 BaP 배출이 감소하였다. 그러나 일부 연구에서는 이와 상반된 결과가 보고되기도 하였다.

연료 중 납 함량에 관한 초기연구에서는 TEL만을 다루었으나, 1980년대에 들면서 유럽의 대다수 나라에서 가솔린에 TML을 첨가 사용하면서 TML 역시 상당한 주목을 받았다. 옥탄가가 거의 일정한 TML과 TEL를 3:1로 섞은 혼합물을 이용하여 납 함량이 0 g/l에서 0.8 g/l로 증가될 때, 연료 중 납 함량은 입자상 PAH의 배출에만 미미한 영향을 미쳤다. 윤활유에 함유된 PAH 역시 PAH 배출에 영향을 미친다. 윤활유의 성능은 화학적 구조와 관계가 있다. 윤활유 자체는 미량의 PAH를 함유하지만 연료 중에 함유된 PAH와 연료와 윤활유의 열분해로 인해 발생한 소량의 PAH가 윤활유에 축적될 수 있다. 또한 엔진오일의 소모가 많을 때 BaP의 배출량이 증가하였다.

전 세계적으로 1980년대에는 자동차 배출가스 규제의 일환으로 연료의 조성이 급격히 바뀌었다. 특히 가솔린의 경우 알킬납의 사용이 엄격히 제한을 받았다. 미국과 일본에서는 1970년대 중반부터 이미 무연가솔린을 사용하였으나 유럽 대부분의 나라에서는 1981 1985년 사이에 가솔린 중 납의 상한치와 하한치를 각각 0.4 g/l와 0.15 g/l로 설정하였으며, 1985년부터는 0.15 g/l로 설정하였고, 1991년부터는 모든 신차에 무연가솔린을 사용하도록 했다. 우리나라는 1987년부터 무연휘발유를 공급하기 시작했다.

한편, 대부분의 석유정제공장에서는 납 함량을 감소시키는 동시에 옥탄가를 유지시키기 위해 방향족화합물의 함량을 증가시켰는데, 이는 또 다른 대기오염문제를 유발하는 계기가 되었다. 서독의 경우, 1976년에 납 함량을 0.4 g/l에서 0.15 g/l로 감소시키면서, 방향족화합물의 함량은 20% 정도 증가하였다. 영국의 경우에도 가솔린 중 방향족화합물의 함량이 1984년/1985년 대비 1986년에는 9~15% 정도 증가되었다. 요약하여, 가솔린 중의 납 함량 그 자체는 PAH 배출에 큰 영향을 미치지 않았지만 납 함량규제로 방향족화합물의 함량이 증가하면서 PAH의 배출량이 증가하였다. 이에 따라 영국의 경우 휘발유 중의 방향족화합물의 함량을 40% 이하로 엄격히 제한하였다. 결국 정유공장에서는 부득이 방향족화합물 대신 올레핀계 화합물의 함량을 증가하게 되었고 이는 또다시 자동차 배출가스 중 1,3-butadiene의 배출이라는 또 다른 환경문제를 유발하였다(UKDOE, 1994).

2) PAH의 대기 중 거동

일반적으로 도시지역 내 PAH 배출원으로는 자동차, 가정난방, 산업체를 들 수 있다. 이들의 상대적 기여도는 상황에 따라 변할 수 있으며, 결국 대기 중 PAH 농도변동에 미치는 주요한 대기기작은 ① 기온과 PAH의 휘발성에 따른 기체상-입자상 분배, ② 대기 중 광화학반응 혹은 열반응에 의한 분해 및 변환, ③ 혼합고 증가로 인한 대기 중 희석, ④ 바람과 대기안정도에 의한 타 지역으로의 운송, ⑤ 건 습식 침적에 의한 제거 등으로 요약할 수 있다.

대기 중의 PAH는 주로 입자상으로 존재하며 입자상 PAH는 일반적으로 응결과정과 흡착과정에서 생성된다. 처음에 PAH는 기체상으로 생성되나 배출가스 냉각에 따른 응결과정에서 입자에 흡착되어 결과적으로는 상당량의 PAH가 비표면적이 큰 입자 중에 존재하게 된다. 저-휘발성 PAH에 비해 고-휘발성 PAH는 대기 중에서 주로 기체상으로 존재하며, PAH의 휘발성은 대체로 분자량에 반비례하므로 저분자 PAH 역시 대부분 기체상으로 존재한다. 분자량이 228인 bena(a)anthracene, chrysene과 이보다 분자량을 적은 PAH는 보통 50% 이상이 기체상으로 존재하지만, 분자량이 큰 PAH는 주로 입자상으로 존재한다. PAH의 기체상-입자상 분포는 온도함수인 PAH의 증기압, 비표면적이 큰 미세입자의 양, 입자상 유기물에 대한 친화력 등의 요인에 의해 결정된다.

많은 연구에 의하면, PAH의 기체상-입자상 분포와 입자의 크기분포는 계절적 변동에 의존하며. 계절에 따른 기온과 증기압의 변화로 인해 배출자료와 기체상-입자상 분포가 달라진다. 일반적으로 기온이 낮을 때는 총PAH (ΣPAH) 중 기체상 PAH가 적게 검출되고 입자상 PAH가 많이 검출된다. 온도의 영향 이외에 대기확산에 의해서도 기체-입자상 분포가 달라지기 때문에, 기체상과 입자상 변화는 에어로졸의 소멸기작에서 중요한 역할을 한다. 저-휘발성 PAH가 장기간 이동할 때, 그리고 고유량으로 장기간 시료를 채취할 때 역시 PAH의 손실로 인해 PAH의 기체상-입자상 분포가 달라진다. 따라서 시료채취 시 야기되는 방해물질 (artifact)로 인해 실제 대기 중에 존재하는 입자상 PAH의 정확한 측정과 기체상-입자상 분포 측정이 어려워질 수 있다.

많은 연구 결과에 의하면, 대기 중의 PAH 농도는 호흡성 입자 가운데 가장 넓은 분포로 존재하며 입자크기에 큰 영향을 받았다. 대기 중에 존재하는 PAH 중 75% 이상이 공기역학직경 (aerodynamic diameter)이 5.0 μm이하인 입자에 흡착되어 있었다. 도심과 근교에서 관측한 결과에 의하면, 총 PAH 중 90~95% 정도는 3 μm 이하의 미세입자에서 검출되었으며 이중 60~70%는 직경이 1 μm인 입자에 흡착되어 있었다.

이와 같이 BaP를 포함한 대부분 발암성 PAH는 주로 입자상으로 존재하기 때문에 체류시간은 이동 매체인 입자의 거동과 매우 밀접한 관계가 있다. 대기 중 부유입자의 이동 및 물리적 제거는 입자크기와 기상조건에 따라 달라진다. 거대입자 (2.5 μm 이상)와 극미세입자 (0.1 μm이하)의 제거기작은 확실히 구분되지만 대기 중 체류시간은 거의 유사한 수준으로 나타난다. 거대입자는 대부분이 건식침적과 습식침적에 의해 제거되며, 극미세입자는 주로 입자끼리 응집하거나 또 다른 큰 입자에 흡착되어 제거된다. 이에 반해 PAH가 집중적으로 분포되어 있는 0.1 μm와 2~3 μm 정도인 입자는 느린 속도로 확산되기 때문에 대기 중에서 장기간 체류하며, 강우에 의해 잘 제거되지도 않는다. 따라서 이 크기영역에 있는 입자들은 대기조건에 따라 먼 거리까지 운송될 수 있으므로 미세입자에 함유된 PAH는 PCB와 함께 환경에의 잔류성 측면에서 중요하게 인식되고 있다. 계절에 따른 배출량과 기상조건에 의해 여름보다는 겨울에 PAH가 고농도로 검출되며, 황산염과 검댕 (soot) 함량이 높은 PAH는 화석연료의 연소와 관련이 있다. 따라서 북극이나 해양과 같은 원격지역 (remote area)에서도 PAH가 검출되는 것은 바람에 의한 장거리운송 때문으로 파악되고 있다.

실제 대기조건과 유사하게 설정한 모의실험 결과, 여러 종류의 PAH는 광화학적 산화 또는 화학적 산화의 영향을 크게 받는다. 이 결과를 실제 대기조건에 적용하는 것은 무리가 있지만, 배기구 및 배출 시스템에서의 기체상-입자상 반응, 그리고 대류이동으로 PAH의 화학적 전이가 일어날 수 있다는 사실이 충분히 입증되었다. 따라서 대기 중 분진입자 내에 함유된 돌연변이원성 물질은 PAH 단독에 의한 것뿐만 아니라, 일부는 PAH의 전이로 생성될 수도 있다.

일반적으로 PAH는 광화학반응에 의해 분해되며 PAH의 광분해 생성물인 ketone, quinones과 같은 카르보닐 화합물 (carbonyl compound)은 PAH 그 자체보다 더 위해할 수 있다. 광화학반응에 의한 PAH 분해율은 PAH의 종류에 따라 각기 다르지만 PAH가 흡착되는 기질에 큰 영향을 받는다. 실리카겔이나 알루미나에 흡착된 PAH보다는 검댕 (soot)이나 재 (ash)와 같은 자연발생적 입자에 흡착될 때 PAH는 안정성이 더 높았다. 검댕이나 재에 흡착된 PAH의 분해율이 더 낮은 이유는 기공상의 구조, 입자의 색깔과 같은 물리적 요인 이외에 입자표면에 존재하는 전이금속 이온의 안정성 등 화학적 요인이 중요하게 작용하기 때문이다. 따라서 자연적으로 존재하는 PAH가 상대적으로 안정한 형태로 존재한다고 판단된다. 광화학반응에 의한 PAH 분해과정은 중요한 경로이지만, 산화반응이나 증발기작과 같은 비광화학적 경로에 의해서도 PAH가 분해된다. 빛이 없는 조건하에서 재에 흡착된 fluorene과 benzo(a/b)fluorene은 자연산화에 의해 상당량 분해되었고, anthracene과 BaP도 비록 느린 속도이지만 분해가 진행되었다. 따라서 시료채취와 저장 시에 빛을 완전히 차단한다고 해도 분해가 일어날 수 있기 때문에 PAH의 비광화학적 분해경로도 중요시되고 있다.

PAH는 배출원에서 주로 질소산화물과 함께 배출되기 때문에 질소산화물과 PAH의 화학반응은 특히 중요하게 간주되고 있다. 많은 연구에 의하면, 일부 PAH는 빛이 차단된 어두운 곳에서 질소산화물과 빠른 속도로 반응하여 질화유도체 PAH를 형성하며, 이 유도체는 직접적인 돌연변이 유발물질로 작용할 수 있다. 이때 반응율은 PAH 각각의 화학구조와 PAH가 흡착되는 기질의 특성에 의해 결정되며, 표면의 산도가 높을 때, 특히 질산이 존재하면 반응이 촉진된다고 알려졌다. PAH가 질산화를 일으킨다고 보고되고 있지만, 고유량으로 시료를 채취하는 동안에는 불순물이 형성될 수 있기 때문에 입자상물질에서의 질산화 PAH의 검출은 논란이 되고 있다. 아직까지 질화유도체가 인체에 미치는 영향에 대해서는 정확한 평가가 이루어지지 않고 있다.

대기 중 PAH는 구름액적 (cloud droplet)에 유입되어 강우 중에서 검출되기도 하며 일반적으로 여름보다는 겨울에 더 높게 검출된다. 저분자 기체상 PAH는 구름액적에 유입된 후 기체와 물이 교류되는 과정에서 빗물에 유입되기 때문에 강우시료에서도 검출되지만, 고분자 입자상 PAH는 확산, 충돌, 차단 효과에 의해 구름 내에서 잘 제거되므로 대기 중의 분진입자에서 주로 검출된다.

수용모델링 (receptor modeling) 기법이 화학적으로 반응성이 강한 물질에 적용되고 있다. 하지만 부유분진과는 달리 PAH와 같은 반응성과 휘발성이 큰 유기물질의 경우, 이론적 제한요인이 많아 실용화 단계에는 이르지 못하고 있지만, 기존 모델링을 개선하는 연구가 계속되고 있다. 대기 중 화학반응 또는 광화학반응을 통한 분해 · 소멸의 정도가 심한 유기물의 경우, 수용모델링 응용시 여러 가지 제한요인이 있는데, 요약하면 다음과 같다. ① 각종 오염원에 대한 PAH 오염원분류표 (source profile)의 불확실성, ② PAH 화합물의 대기 중 소멸 또는 반응성에 관한 자료의 불확실성, ③ 각 PAH 화합물의 크기 의존성에 따른 대기 중 체류시간과 관련된 자료의 불확실성, ④ PAH에 대한 수용모델링 결과에 대한 검증의 어려움 등이다. 결과적으로 이들 요인들에 대한 보다 과학적이고 구체적인 자료를 확보하는 일이 PAH 오염원의 특성파악과 기여도를 정량적으로 평가하는 최우선적 선결과제이다.

3) PAH의 시료채취와 분석방법

대기 중의 PAH를 평가할 때 가장 큰 어려움은 이들 화합물에 대한 측정기술이라고 할 수 있다. PAH 검출과정은 크게 3단계, 즉 ① 기체성 및 입자상 PAH의 채취, ② 추출과 clean-up 과정을 포함한 시료의 전처리, ③ PAH 각각의 정성 정량을 위한 분석과정으로 나눌 수 있다.

입자상과 기체상 PAH의 채취는 흡착제를 통해 장기간 공기를 주입함으로써 흡착제에 PAH를 채취하는 능동채취법이 주로 이용되고 있다. 입자상 PAH 시료채취량은 후속되는 분석방법의 감도에 의해 결정된다. 최근 들어 10 μm이하의 공기역학직경을 갖는 분진입자 (PM_{10})는 보건학적으로 매우 중요하다. 입자크기 분포와 관련된 PAH 채취 시에는 공기역학직경에 의거하여 특정 크기범위의 입자를 분리하는 다단공기채취기 (cascade impactor)가 널리 이용되고 있다. 이외에 입경분리장치로 2단공기채취기 (dichotomous sampler)와 광학입자계측기 (optical particle counter)가 있으나 채취되는 시료량이 적어 PAH 측정에는 널리 이용되지는 않는다.

환경대기 중에 존재하는 PAH채취 시에는 유리섬유, 석영섬유, 셀룰로이스 등과 같은 여러 재질의 여지 (filter)를 이용하고 있다. 여지의 선정은 시료채취장소와 분석방법에 의해 주로 결정되나 채취효율 및 유기물에 의한 여지의 오염유무, 사용의 용이성 등도 고려해야 한다. 유리섬유여지는 내구성이 우수하고 비용이 저렴하여 고유량으로 채취할 때 널리 이용되며 추출 전 전처리 방법으로는 400~500°C 에서 건조한 후 사용하는 것이 보통이다. Polytetrafluoroethylene (PTFE 또는 Teflon) 막여지 (membrane filter)와 PTFE로 코팅되어 있는 유리섬유여지는 화학적 활성이 없고 불순도가 낮아 PAH 채취에 효과적이다. 현장실험 결과 PTFE 여지는 다른 종류의 여지에 비해 채취된 PAH의 분해율이 낮게 나타나 그 우수성이 입증되었다. 셀룰로이스 여지는 채취효율은 높지만 용해성 유기물 함량이 높아 PAH 채취에는 적합하지 않다. 섬유상여지와는 달리 막여지는 분진부하량이 증가하면 구멍이 쉽게 막힐 수 있어 고유량보다는 저유량 채취시에 적합하다. 특히 벤젠고리가 3~4개인 PAH는 장기간 채취 시에 휘발로 인해 시료손실이 야기될 수 있으며, 미세입자상 PAH 역시 여지 상에서 쉽게 손실될 수 있다. 또한 시료채취 시 일부 PAH는 오존이나 이산화질소와 같은 가스상 오염물과 함께 빠른 속도로 반응할 수 있으며, 증발과 화학적 전이로 인해 정성 정량에 심각한 문제가 야기될 수 있다. 이외에 시료를 운반하고 저장하는 동안에도 PAH의 손실이 일어날 수 있다.

기체상 PAH에 대한 채취효율을 높이고 입자상 시료채취 시에 야기되는 시료의 손실을 최소화하기 위한 방안으로 함침여지, 고체흡착제, 저온응축트랩, 가스 bubbler 등을 사용할 수 있다. 1970년대까지 흔히 사용된 glycerotricaprylate에 함침한 유리섬유여지는 함침하지 않은 여지보다 휘발성 PAH에 대한 채취효율이 높게 나타났으나 장기간 채취하는 동안에는 휘발성 PAH의 손실이 관측되었다. 기체상 PAH를 채취하기 위한 고체흡착제로는 Bondapak C18 on Porasil, XAD-2 수지, Chromosorb 102, Tenax 등이 이용되고 있다. 최근에는 유기시료 채취 시에 압력손실이 작고 취급이 용이한 polyurethane foam (PUF) 플러그가 널리 이용되고 있다. 이는 특히 고유량 채취기를 사용할 때 휘발성 PAH에 대한 채취효율이 우수하다. 저온응축트랩과 임핀저는 일반 환경대기 중의 PAH 채취에는 거의 사용되지 않으나 굴뚝이나 소각로와 같은 특정 배출원에서의 시료채취 시에 많이 이용되고 있다.

흡착제를 선정할 때에는 채취효율, 흡착된 가스의 회수율, 추출의 용이성, 화학적 안정성 등을 모두 고려해야 한다. 흡착제의 채취효율은 유량, 선속도, 체류용량, 온도의 영향을 받는다. 시료채취 과정과 전처리 단계에서는 PAH가 손실되지 않도록 각별히 주의하여야 한다. 흡착제와 여지로부터 PAH를 추출할 때는 Soxhlet 장치를 이용한 용매추출법이 가장 널리 이용되고 있다. Soxhlet 장치를 이용한 추출시에는 benzene, toluene, acetone, methanol, cyclohexane, dichloromethane, petroleum ether 등의 유기용매가 사용되고 있다. 대부분 용매는 6~24시간 동안 Soxhlet 추출을 수행하면 100%에 가까운 효율이 얻을 수 있다. 이외에 초음파추출과 진공추출법 역시 PAH 추출에 효과적이다.

환경대기 중의 PAH 검출을 위해 다양한 분석법이 개발되고 있으나 작용기 (functional groups)의 결여와 많은 이성질체로 인해 분석상 어려움이 있다. 유기추출물 중의 PAH는 분석 시 방해물질과 종종 반응을 일으킬 수 있기 때문에 각각의 PAH를 분리하기 이전에 복잡한 혼합물로부터 PAH 전체를 한 부류로 분리하여야 한다. PAH 그룹을 분리시키는 가장 오래된 방법 중의 하나는 PAH의 방향성을 기준으로 한 액-액 분리방법이다. 이때 분배용매로는 methanol, water, acetonitrile, dimethyl-formamide, dimethylsulphoxide 등이 사용되며, 분리 (fractionation)와 clean-up 과정을 위해서는 칼럼크로마토그래피 방법이 가장 널리 이용된다. 위에서 언급된 용매들이 이동상으로 사용될 때, 고정상으로는

silica, alumina, Florisil, XAD-4, acetylated cellulose와 같은 흡착제를 주로 이용한다.

고정상을 이용한 기체크로마토그래피 (GC)는 우수한 분리능과 분석능으로 인해 지난 수 십년간 PAH 분석에 널리 이용되고 있다. 이때 PAH 분리를 위한 GC 고정상은 각각의 화합물에 대해 선택성이 높고 열적 안정성이 우수하여야 한다. 충전칼럼 GC의 경우에는 위의 두 조건을 모두 만족시키는 고정상이 개발되지 않았으나 용융 실리카 모세관 칼럼의 경우에는 효율이 뛰어나 컬럼의 온도를 낮게 설정하여도 PAH 분석이 가능하다. GC의 불꽃이온화검출기 (FID)는 탄화수소에 대한 반응감도가 거의 일률적으로 나타나므로 PAH 분석에 가장 널리 사용되어 왔다. 1980년대 후반부터는 개별물질의 확인과 정량이 가능한 질량검출기 (MSD)가 장착된 GC/MSD가 높은 신뢰도로 각광을 받고 있다.

PAH는 고성능 액체 크로마토그래피 (HPLC)로도 분리가 가능하며 특히 GC로 잘 용출되지 않는 고분자 PAH를 분석하는데 적합하다. 다양한 고정상의 개발로 인해 HPLC의 성능이 강화되었으며 C_{18} 충전칼럼의 경우에는 적당한 이동상을 사용하면 PAH 이성질체에 대한 분리도를 향상시킬 수 있다. 형광검지기는 UV검지기보다 감도가 높아 pg (picogram) 이하도 검출이 가능하다.

위에서 언급한 분석방법들은 공통적으로 우선 PAH를 한 부류로 분리한 후 각각의 화합물에 대해 정성 정량하는 원리에 기초하고 있다. 그러나 이러한 절차는 시간적 소모와 경제적 비용이 많이 들기 때문에 이에 대한 대안으로 분광학적 원리에 기초한 분석법 개발에 관심이 집중되고 있다. 대기 중 PAH를 분석하는 또 다른 방법으로는 상온 phosphorimetry, synchronous luminescence spectrometry, second derivative UV흡광법 등이 있다. 이밖에 FTIR (Fourier-transform infrared spectroscopy)과 NMR (nuclear magnetic resonance spectrometry) 등도 PAH 분석에 비교적 효과적인 것으로 알려져 있다. 그러나 이와 같은 기기분석법은 비록 감도가 뛰어나지만 아직까지는 개발단계에 있으며 광범위한 적용에는 한계가 있다.

5-3-4 중금속 (Heavy Metals)

일반적으로 비중이 4.0 이상인 금속원소들을 중금속이라 한다. 이러한 중금속 원소들에는 대표적으로 Hg (수은), Pb (납), Cd (카드뮴)을 비롯해서 Cr (크롬), Cu (구리), Ni (니켈), Zn (아연), Mn (망간), Co (코발트), Sn (주석) 등이 있다. 이외에도 준금속이지만 비교적 비중이 큰 As (비소), Sb (안티몬) 등도 중금속으로 분류된다. 이들은 미량 지각성분으로 함유량은 대부분 0.1% 미만이다. 이 중 구리, 아연, 니켈, 코발트 등은 생명체에 필수원소이고, 납과 수은 등은 비필수원소이다. 그러나 이들 중금속들은 모두 허용기준 이상으로 체내에 흡수되면 인체에 위해성을 나타내며, 환경오염물질로 관리가 필요하다.

대부분 분진형태로 존재하는 중금속은 대기, 수질, 토양, 생물을 통해 궁극적으로 우리 몸에 흡수된다. 환경에 배출된 중금속은 쉽게 분해되거나 배출되지 않고 생태계를 순환하면서 먹이사슬을 따라 생물농축 현상을 일으킨다. **생물농축**이란 환경 오염물질이 생물체 내에 침투하여 체내 농도가 주위 환경농도보다 높게 되는 현상을 말한다. 수은과 같은 중금속은 물속 농도에 비해 물고기 체내 농도가 천만배 이상으로 농축되기도 한다. 인체는 모든 중금속을 포함한 외부 이물질에 대한 자체 방어기구를 가지고 있다. 인체에 중금속이 침투하면 모두 흡수되는 것은 아니고 미량으로 존재하면 문제가 없지만, 저농도일지라도 장기간 노출되는 경우에는 체외로 배출되지 않고 지방세포나 단백질 세포와 결합하고 축적되어 피해를 준다. 대체적으로 중금속은 생체 내에서 효소와 결합하여 전기하전 상태를 변화시켜 단백질 구조를 변화시킴으로써 효소의 활성을 억제한다. 또한 생체에 필요한 금속 대사에 영향을 주거나 치환작용으로 효소의 활성에도 영향을 미친다. 납, 카드뮴, 수은, 크롬, 비소 등과 같은 중금속은 주로 인간의 생활환경 오염 때문에 발생되며, 체내 축적성이 높아 공중보건학적으로 커다란 문제가 되고 있다. 체내에 흡수된 중금속은 혈액을 통하여 머리카락과 체내 각 장기조직에 축적된다. 또한 중금속류의 체내 체류시간도 혈액이나 오줌 속에서는 비교적 짧지만, 머리카락의 경우에는 비교적 길다. 일반적으로 중금속의 생체 내 축적은 먹이사슬을 통해 이루어지고 있고, 상위 포식자일수록 체내 농도가 높아지는 생물농축 특성을 나타낸다.

1) 수은

수은은 상온에서 액체이며, 비중이 13.6인 휘발성 금속으로 온도계, 수은전지, 치과재료, 형광등 등에 사용된다. 수은은 크게 무기수은과 유기수은이 있다. 수은은 우리의 주변에서 오랜 기간 잔류하여 유기수은이 무기수은으로 변하기도 하고, 무기수은이 미생물의 생화학적 작용에 의해 유기수은인 메틸수은으로 바뀌기도 하는데, 메틸수은은 독성이 강한 물질이다. 수은은 주로 중추신경계에 손상을 주어 뇌와 신장 등에 영향을 주며, 특히 태아나 어린아이에게 큰 영향을 미치므로 가임 여성은 특별히 유의하여야 한다. 일본 큐슈에서 발생했던 **미나마타병**은 대표적인 수은중독 사건이다. 큐슈 남서쪽의 미나마타만에 위치한 신일본질소주식회사에서 배출된 폐수 내에 메틸수은이 함유되어 있었고, 메틸수은은 먹이연쇄를 따라 어패류에 고농도로 농축되었다. 이 어패류를 섭취한 주민 2,266명이 수은중독으로 판명되었고, 이 중 938명이 사망하였다.

2) 크롬

크롬은 은빛을 내는 금속으로 토양, 화산재, 화산가스에서 배출된다. 세 가지 상태의 크롬이 있으며, 3가크롬은 자연상태에 존재하고, 금속크롬과 6가크롬은 일반적으로 공업제품 생산 과정에서 생성된다. 열과 부식에 강하여 철강제품과 합금에 많이 이용되고, 유리나 도자기의 유약성분으로도 사용된다. 크롬화합물은 크롬도금, 색소제조, 가죽가공, 목재처리 등에 이용되고, 천연가스, 석유, 석탄의 연소과정에서 발생한다. 또 시멘트 생산, 소각장, 자동차의 배출가스, 크롬화합물을 사용하는 에어컨 냉각타워, 전기도금, 가죽가공, 방직공장의 폐수 등에서도 발생한다. 크롬은 형태에 따라 건강에 미치는 영향이 다르다. 특히 6가크롬은 발암물질로 알려져 있으며, 궤양, 코의 연골화, 위장자극을 일으킨다. 반면에 3가크롬은 과다하게 섭취하면 해롭지만, 미량일 때는 필수 영양소로 작용한다. 음식에 들어 있는 대부분의 크롬은 이러한 형태이다.

3) 납

납은 주변환경에서 흔히 볼 수 있는 중금속 중 하나로 자동차 배터리, 페인트, 가솔린 첨가제, 다양한 금속제품(납판, 납땜, 납 파이프) 등에 사용된다. 납에 의한 대기오염 문제는 1940년대에 4-에칠납을 휘발유에 녹킹방지제로 사용한 이후에 전 세계 대도시에서 피해가 급증하였다. 세계 각국은 납오염 문제를 해결하기 위해 1970년대 이후 무연휘발유를 공급하였으며, 우리나라도 87년 7월부터 무연휘발유를 공급하기 시작하여 1993년부터는 유연휘발유 공급을 전면 중단하였다. 우리나라에서는 1991년 2월부터 납의 대기환경기준을 설정하여 규제하고 있는데, 무연휘발유를 사용한 이후 전국적으로 납의 농도는 매우 낮아 일반인들의 납에 대한 노출과 혈액 중 납함유량이 크게 감소하였다. 한편, 납이 함유된 토양은 흙에서 뛰노는 어린이의 혈중농도를 증가시키기도 한다. 노후건물의 실내에서는 납이 함유된 페인트의 벗겨진 조각이나 부스러기가 납의 주요오염원이 되기도 한다. 인체에 흡수된 납은 전부 축적되지 않으며 일부만이 인체에 축적된다. 잔류 납은 주로 뼈 속에 축적되지만 나머지는 혈류, 골수, 혹은 신장같이 연질인 세포조직 속으로 들어간다. 납 화합물은 저농도에 장기간 노출될 때 골격, 치아 등에 축적되거나, 고농도에서 단기간 노출될 때 간, 폐, 중추신경, 혈액 중에 축적되어 지능저하, 행동장애, 심장질환, 사망 등을 유발하는 독성물질로서 알려져 있다. 납은 태아가 성숙하는 동안 태아에게 해를 끼치므로, 임산부가 납에 노출되면 조산하거나 저체중 아이를 낳거나 유산할 수도 있다.

4) 카드뮴

카드뮴은 지각에서 흔히 발견되는 은백색의 광택이 나는 금속으로 니켈-카드뮴 전지, 색소, 형광물질 등에 이용된다. 순수 카드뮴은 부드러운 은색 금속이지만, 자연환경에서는 여러 가지 화합물 형태로 존재한다. 이런 화합물들은 대부분 안정한 고체이지만, 일부 산화카드뮴은 작은 입자로서 공기 중에 존재한다. 석탄이나 석유와 같은 화석연료를 연소시키거나 쓰레기를 소각할 때 공기 중에 방출되어 호흡기를 통해 체내로 흡수된다. 특히 음식을 통해 많은 양의 카드뮴을 섭취하면 위에 심각한 손상을 주어 구토와 설사를 일으키며, 호흡을 통해 흡입하면 폐에 심각한 손상을 준다. 공기와 유해식품을 통해 카드뮴에 과다 노출될 경우, 뼈의 주성분인 칼슘대사에 장애를 일으켜 뼈를 연골화시키며 통증을 수반한다. 카드뮴 중독의 가장 대표적인 피해는 **이따이이따이병**이다. 일본 도야마현에서 1947년에 발생하여 1965년까지 모두 100여명이 숨진 이 병은 일본말로 "아프다"라는 의미이며, 카드뮴이 뼈의 주성분인 칼슘대사에 장애를 가져와 뼈를 연골화시켜 심한 통증을 유발한다. 당시 오염 원인은 상류의 아연광산에서 버린 폐수 때문으로 이 폐수가 섞인 강물을 이용하여 벼농사를 짓고, 카드뮴이 농축된 쌀을 오랫동안 먹은 마을 주민들에게서 중독현상이 나타났다.

5) 비소

비소는 준금속 원소이지만 중금속과 비슷한 성질을 나타내고, 그 독성도 수은이나 납과 비슷하다. 다양한 형태의 화합물을 형성하며, 산소, 염소, 황 등과 결합하고 있는 **무기비소**

와 탄소나 수소와 결합하고 있는 **유기비소**로 분류된다. 일반적으로 유기비소에 비해 무기비소가 독성이 더 크다. 자연계에서 비소는 주로 구리나 니켈, 철 등과 반응하여 비소화물 형태의 광물로 존재한다. 또한 자연계에 존재하는 메틸화 유기비소는 미생물 등의 대사로 생성된다. 비소의 생체 내 위해는 암과 심혈관계 질환이 대표적이며, 그 외에도 피부 질환이나 호흡기 질환, 신경계 질환 등의 발병이 보고되고 있다. 비소화합물은 1930년대에서 1980년대에 이르기까지 근 50여 년 동안 농업과 임업에서 살충제, 제초제, 가축사료 보조제 등으로 널리 사용되어 왔으며, 납, 아연, 구리 등을 처리하는 과정이나 비소합금, 놋쇠 제조와 가공, 유리와 도자기 제조, 의약품 제조, 화학무기 생산, 및 반도체 생산 등에 의해 비소화합물에 노출되기도 한다. 그러나 인체가 비소에 노출되는 가장 주요한 경로는 음용수와 식품의 오염에 의한 것이다. 음용수 중의 비소는 대부분 무기비소 형태로 체내로 흡수된 후 혈류를 따라 여러 장기에 분포되며, 주로 간에서 대사되어 오줌으로 배설된다. 그러나 일부는 체내에 잔류하여 머리카락, 손톱에 잔류한다.

이와 같이 중금속은 여러 경로를 통해서 방출된다. 자연발생적으로는 먼지, 화산폭발이나 용암의 분출, 삼림화재, 해양 염분의 방출 등에서 발생되기도 한다. 하지만 자연적인 발생원보다는 발전소나 산업체에서 석탄과 석유의 연소, 비철금속 제련소에서 원광의 제련이나 철 주조, 폐기물 소각, 시멘트 공장 등과 같이 여러 고온공정들에 의한 인위적 배출이 더 큰 영향을 미친다. 2000년대 들어서 황사가 심해지고 있는데, 이 황사 안에는 토양성분 이외에, 황사가 중국의 동부 산업지대를 거쳐 우리나라로 유입되면서 중금속 농도도 크게 높아지고 있다. 따라서 황사 시에는 중금속에 의한 피해도 유의하여야 한다. 따라서 중금속을 배출하는 기업이나 개인이 그 위해성에 대해 바르게 이해함으로써 스스로 배출을 자제하도록 유도하고, 개개인도 이러한 오염현상으로부터 스스로를 지킬 수 있도록 노력해야 한다. 이를 위해 산업체에서는 폐수처리시설을 확충하고, 특히 중금속 배출 가능성이 큰 폐기물 소각시설, 납 구리 및 아연 등의 정련시설, 대형보일러 시설 등에 대한 대기오염물질 방출을 최소화하여야 한다. 또한 청정기술 개발을 통해 녹색산업을 육성하고, 중금속의 사용을 줄이거나 중금속을 대체할 수 있는 대체물질을 개발하기 위한 노력을 기울여야 한다. 또 개인은 유기농법에 의한 영농으로 화학비료와 농약의 사용을 줄여야 하며, 전지나 형광등은 반드시 분리수거하여야 한다. 특히 중금속 오염의 위해성을 알리고, 오염피해에 대비할 수 있도록 환경교육을 강화하여야 한다.

5-4 국내 외의 HAP 관리 현황

본 절에서는 국내 및 국외의 HAP 관리현황을 조사하고 각국의 특징을 분석하였다. 대기환경관리의 궁극적 목적은 대기환경의 질을 개선하기 위함이며, 적절한 관리를 위해서는 측정한 결과를 토대로 한 현황파악이 선행되어야 한다. 따라서 본 절에서 사용하는 관리(management)의 개념에는 관리대상오염물질의 범주와 이들에 대한 측정실태에 관한 조사내용을 포함시켰다.

5-4-1 국내 HAP의 관리현황

1) 특정대기유해물질의 지정현황

일반적으로 국제적인 용어로 사용되고 있는 HAP의 개념이 우리나라 대기환경보전법에서는 **특정대기유해물질**이란 용어로 사용되고 있다. 우리나라의 대기환경보전법에는 대기오염의 원인이 되는 총 61종의 물질을 대기오염물질로 지정하여 관리하고 있으며, 이들 중에 저농도에서도 장기간 노출될 경우 사람의 건강 재산이나 동 식물의 생육에 직접 또는 간접으로 위해를 줄 우려가 있는 35종의 대기오염물질을 특정대기유해물질로 지정하고 일반 대기오염물질보다 더 엄격하게 관리하고 있다. 특정대기유해물질은 1978년에 중금속 및 무기물류를 중심으로 16종을 지정하였고, 1998년에는 유기물질까지 확대하여 총 25종을 지정하였으며, 2005년도에 10종을 추가 지정하였다. 표 5.2에 우선관리 대상물질과 특정대기유해물질 지정 현황을 나타내었다. 이들 중 VOC 7종과 악취관리대상물질 2종은 특정대기유해물질과 중복된다. 2003년에는 유해대기오염물질의 본격적 관리를 위해 206종의 관리대상물질 및 48종의 관리대상 우선순위물질을 정하였고, 2005년에는 대기환경보전법 시행규칙 개정을 통해 특정대기유해물질을 35종으로 확대 지정하였다(환경부, 2015).

2) 특정대기유해물질의 관리 및 측정 현황

특정대기유해물질의 관리는 일반대기 중에서의 측정과 발생원에서의 제어를 통해 관리하고 있는데, 대기환경보전법 시행규칙 제8조4항에 의해 유해대기측정망과 중금속측정망이 운영되고 있다. 유해대기측정망은 도시지역(인구 50만 이상), 공단지역, 녹지지역 및 주거지역 등으로 구분하여 벤젠, 톨루엔, 스타이렌, 자일렌 등 13종의 오염물질을 측정하고 있고, 대기 중금속측정망은 Pb, Cr, Cd, Ni, Cu, Mn 등 6종을 측정 관리하고 있다. 발생원에서의 특정 유해물질의 규제는 배출허용기준과 배출시설 관리강화 입지제한 등을 통해 관리하고 있는데, 대기환경보전법 시행규칙 별표8, 대기보전특별대책지역관리를 위한 환경부고시 및 악취방지법, 폐기물관리법에서 대기오염물질들에 대한 배출허용기준을 설정하고 있다.

3) 특정대기유해물질의 배출량 조사

HAP의 배출량 조사는 대기환경보전법 제8조28항에 의거한 "대기배출원조사"와 유해화학물질관리법 제14조2항에 의거한 "화학물질배출량조사" 등이 있다. **대기배출원조사**는 매년 1~5종 사업장에 대해 배출허용기준이 설정되어 있는 14종에 대해서만, 1999년부터 SODAM (source data program)을 이용하여 처리되고 있다. **화학물질배출량조사** 프로그램 (toxics release inventory, TRI)은 미국에서 1987년 처음 시작한 이래 화학물질 배출량 감축에 획기적인 결과를 유도하여 전 세계의 여러 국가들이 채택하고 있는 제도이다. 우리나라는 1996년 시범적으로 실시하였고, 현재는 매년 실시하여 조사결과 보고서가 인터넷으로 공개되고 있다. 현재 이 제도는 **유해화학물질 배출 및 이동량 조사** (Pollutants Release, Transfer, and Registration, 이하 PRTR) 시스템으로 명칭이 변경되어 시행되고 있다.

4) 특정대기유해물질의 배출사업장 관리

특정대기유해물질을 배출하는 시설에 대해서는 자가측정 횟수와 환경관리인의 요건을 비교적 다른 시설에 비해 엄격하게 적용하고 있다. 자가측정은 시설규모에 상관없이 월 2회 이상 측정하여야 하고, 4~5종 사업장이라 하더라도 특정유해물질을 배출하는 경우에는 3종 사업장에 해당하는 환경관리인을 고용하여야 한다. 자가측정 대상오염물질은 배출시설에 상관없이 모두 측정하여야 하나, 배출시설의 종류에 따라 대기환경관리의 편의와 효율성을 고려하여 시설별로 주요 측정항목을 지정하고 있다.

5-4-2 외국의 HAP 관리현황

1) 미국의 HAP 관리현황

미국의 대기질 관리는 1955년 대기오염방지법 (Air Pollution Control Act)에 의해 시작되었으며, 1963년 청정대기법 (Clean Air Act)이 제정되면서 본격적으로 시행되고 있다. 미국의 HAP 관리는 청정대기법이 1970년 개정되면서 처음 시작되었다. 1990년 개정에서는 7종의 HAP를 189종으로 늘려 지정하였는데 향후 더 늘어날 가능성이 있다. 1990년 개정에서 HAP 관리의 가장 큰 변화는 'technology first, then risk approach' 정책으로 기술이 있다면 먼저 규제하는 정책이다. 이 정책을 마련한 이유는 건강위해평가는 어렵고, 비용과 시간이 많이 필요하여 정부가 빠른 규제를 하는데 어려움이 있었기 때문이며, 또한 HAP와 관련한 안전한 농도(역치)를 확인하기 어렵기 때문이었다.

따라서 1990년 이후 189개의 HAP를 재지정하고 174개의 산업오염원 목록을 작성하였으며, 이들을 주요오염원 (major source)과 면오염원 (area source)으로 나누고 각각에 대하여 **최대성취가능 방지기술 기준** (MACT: maximum achievable control technology, MACT)을 설정하였다. 최근 EPA는 오염원을 추가하여 17개 오염원 범주와 221개 오염원으로 배출원을 확대지정하였고, 현재까지 118개 HAP 배출원에 대한 **연방배출기준** (NESHAP: national emission standards for hazardous air pollutants)을 설정하였다. 또한, MACT 기준은 신규시설 및 기존시설에 대해 차별적으로 적용하는데, 신규시설은 HAP 배출을 관리하고 있는 사업장에 최적기술수준을 적용하고, 기존시설은 현재 운영중인 기술수준의 상위 12% 평균기술을 적용한다. 조사대상이 30개 미만인 배출원에는 상위 5개 시설의 평균기술을 적용하며, 경제적, 환경적, 국민건강 측면에서 필요할 경우 더욱 강화된 기준을 적용할 수 있다. HAP 배출사업장은 NESHAP가 시행된 후 일정기간 내에 NESHAP을 만족시켜야하며, 기준을 만족시키는 경우에만 운전허가를 얻을 수 있고 주기적으로 허가를 갱신해야 한다. 배출원은 주요오염원과 면오염원으로 구분하는데, 그 기준은 단일 HAP를 10 톤/년 이상 배출하는 시설 혹은 총 HAP 배출량이 25 톤/년을 초과하는 시설을 **주요오염원**으로 분류하고, 이보다 적은 량을 배출하는 시설은 **면오염원**으로 분류하였다. EPA는 주요오염원에 대하여 관리의 우선순위를 두고 있지만, 면오염원에 대해서도 기준을 제정하는 등 관리를 강화하고 있다. 면오염원의 경우에는 중요도에 따라 MACT를 적용하거나 **보편적 방지기술기준** (GACT: generally achievable control technology)의 수준을 적용하고 있다(USEPA, 2006).

미국의 HAP 관리는 복잡하고 다양한 관리기준을 갖고 있으며, 가장 큰 특징은 HAP 배출원을 생산공정이나 발생특성에 따라 매우 자세하게 분류하고, 개별 배출원에 대해서도 각각의 NESHAP을 적용하고 있다는 점이다. 이와 같이 배출원을 세분화하면 배출원별로 관리해야할 오염물질을 명확히 할 수 있고, 적용가능한 기술의 수준을 구체화할 수 있다. 그러나 이 방법은 공정을 세밀하게 파악하고 기술적으로 충분히 이해해야 하기 때문에, 기초자료를 수집하는데도 비용과 시간, 인력이 많이 소요된다.

NESHAP는 다양한 기준이 있는데, 배출가스 중의 농도규제, 원단위개념의 농도규제, 방지시설의 처리효율규제, 사용금지 물질의 규제, 소규모 면오염원 혹은 배출규제가 어려운 오염원에 대해서는 HAP 함량이 적은 용제를 사용하는 방안 등 많은 규제기준이 있다. 또한 이들 여러 가지 규제기준을 복합적으로 적용하기도 하는데, 배출허용기준이나 시설기준 등 대표적인 관리기준 뿐만 아니라 방지시설의 운전조건과 운영 관리도 동시에 요구하는 경우가 많다. 이는 HAP 배출농도를 연속적으로 측정할 수 없는 경우 방지시설의 운전조건을 규제하여 처리성능을 간접적으로 관리할 수 있기 때문이며, 비점오염원에서의 배출을 최소화하기 위한 것이다.

또한 HAP 중에서 중금속 혹은 총탄화수소류 (THC) 등과 같이 직접관리하기 어려운 경우에는 간접적인 관리방법을 이용하기도 한다. 예를 들어, 배출가스 중 중금속에 대해 종류별로 농도를 측정하는 일은 비용이 많이 들기 때문에 이를 먼지농도로만 규제하고 있다. 금속산업의 용해로 등에서는 여러 종류의 중금속이 다른 입자상 물질과 섞여 배출되는데, 투입물의 양과 종류가 거의 변동이 없다면 배출되는 중금속량과 먼지량 사이에 일정한 관계가 있기 때문에 이 점을 이용하여 간접적으로 관리하고 있다. 유기화학물질의 경우에도 개별물질이 아닌 THC의 농도로 규제하는 경우가 있다. 이 경우 역시, 개별물질의 배출농도와 THC농도와의 일정한 관계가 먼저 기술적으로 규명되어야 간접관리가 가능하다. 간접관리 수단은 분석비용이 적게 들지만 우수한 배출저감효과를 가지는 장점이 있다.

미국에서는 1990년도 **청정대기법**에 따라 크게 3가지 목적, 즉 ① 점/면오염원 배출에 의한 발암위해성을 75% 줄이고, ② 면오염원 배출에 의한 비발암 위해성을 충분히 줄이며, ③ 노출이 집중되는 지역이나 취약계층이 주거하는 지역에 대한 영향을 조사할 목적으로, 1999년 33개 HAP를 선정하고 29개 면오염원을 지정하는 등 도시지역 HAP 통합전략을 수립하였다. 2010년 현재 이를 시행하기 위한 조사가 55개 지역에서 완료되었고, 나머지 지역은 조사가 진행 중이다. 또한 1990년 청정공기개정법 이후 NATA (National Air Toxics Assessment)의 일환으로 미국전역에 대하여, 디젤분진 (DPM, diesel PM)을 포함한 HAP 배출목록을 작성하고, 대기 중 농도와 노출을 추정하였으며 호흡에 의한 발암/비발암 위해도를 평가하였다. NATA는 모델을 이용하여 대기 중 농도를 추정하고 있는데 이는 HAP 측정이 용이하지 않기 때문이다. HAP 측정은 1996, 1999, 2002년 등 3차례 실시되었으며 2002년 결과가 2009년 공개되었다. 미국은 대기독성물질 배출을 1993년 수준보다 75% 저감하는 것을 목표로 두고 있다. NATA에서 가장 중요한 것은 대기독성물질에 대한 영향을 정량화하는 것으로 NATTS 프로그램의 개발과 실행을 통해 전국 측정소에서 일관성 있게 농도를 측정할 수 있다. 이 자료들은 오염원 규제전략 수립과 장기적 위해영향을 결정하기 위한 각종 모델의 입력자료 및 공중보건과 역학조사의 기본자료로 이용되고 있다.

1996년 1차 NATA 결과를 바탕으로 전원지역과 도시지역의 HAP를 장기간 감시하기 위한 연방유해대기오염물질측정망 (NATTS: National Air Toxics Trends Station) 프로그램이 2003년부터 시작되었다. 처음에는 6일 간격으로 벤젠 등 6개 물질을 측정하였으나 최근 추가되었고, 측정소의 수도 증가하여 2009년 현재 29개이다. NATTS 측정소에는 도시지역 이외에 시골과 청정지역도 일부 포함되어 있다. 한편, 도시지역 HAP 측정과 관리를 목적으로 운영되고 있는 UATMP (Urban Air Toxics Monitoring Program)는 1987년 NMOC (non-methane organic compounds) 프로그램을 확장한 것으로 2000년대 중반까지는 NATTS와 함께 취급하였으나 NATTS가 늘어나면서 분리하여 관리하고 있다. 2005년도의 UATMP에 의하면 미국 전역에 걸쳐 총 47개의 측정소에서 24시간 시료를 연간 (12개월) 측정하고 있으며, 시료채취 주기는 항목에 따라 매 6일 혹은 매 12일 간격으로 채취하고 있다.

미국의 HAP 측정항목은 다른 나라에 비해 매우 세분화되고, 종류도 다양하다. 이를 물질을 특성별로 구분하면, 60종의 VOC와 15종의 카르보닐화합물, 80종의 SNMOC(Specified Non-Methyl Organic Compounds), 반휘발성유기화합물 (SVOC, PAH 항목이 주류임) 및 11종의 중금속류로 구성되어 있다. 이 물질들은 측정소별로 선택적으로 측정되고 있다. 즉, 46개의 측정소에서 VOC와 카르보닐화합물을 동시에 측정하며, 13개의 측정소(일명 PAMS 측정소)에서 SNMOC를, 6개 측정소에서 PAH (SVOC)를, 그리고 15개의 측정소에서 중금속을 측정하고 있다. 미국 EPA는 이 자료들을 매년 연보 형식의 정기간행물을 통하여 통계처리한 결과를 공표하고 있다. HAP의 측정법은 미국 EPA의 TO-method와 IO-method를 적용하고 있으며, 상세 내용은 아래와 같다.

미국의 도시유해대기전략 (UATS: Urban Air Toxics Strategy)에서 제시하는 HAP의 33개 항목을 표 5.4에 나타내었다. 이들 화합물들은 도시지역에서 국민보건과 환경에 가장 큰 영향을 줄 것으로 예상되는 청정공기개정법 상의 187개 물질에 포함되며, VOC, SVOC, 중금속, 알데하이드류로 구분된다. 이들 물질들 중 비교적 위해도가 큰 벤젠, 1,3-부타디엔, 비소, 크롬, 아크롤레인, 포름알데하이드 6개 항목에 대한 측정자료 정도관리 목표수준 (DQO)이 개발되었으며, 허용가능한 결정오차 범위 내에서 3년 연속 연평균농도를 15%씩 저감하는 것을 국가유해대기측정계획 (National Air Toxics Monitoring Program)의 목표로 설정하였다.

2) 캐나다의 HAP 관리현황

캐나다는 미국에 비해 HAP 연구와 조사가 상대적으로 뒤진 실정이다. 캐나다에서는 1999년에 Canadian Environmental Protection Act (CEPA)를 제정하여 79여종의 HAP를 정의, 선정하고 규제, 관리하고 있다. 79종의 HAP 중 유기성분들로 구성된 물질이 항목 수

표 5.4 ▪ 미국의 국가유해대기오염물질측정망 (NATTS)의 분석대상물질 목록

필수항목 (Required) - 6개 항목	주요항목 (Core) - 17개 항목	확장 항목 (Maximum) - 33개 물질 군
Benzene, acrolein, hexavalent chromium, 1,3-butadiene, arsenic, formaldehyde	Benzene, 1,3-butadiene, carbon tetrachloride, chloroform, 1,2-dichloropropane, dichloromethane, tetrachloroethylene, trichloroethylene, vinyl chloride, arsenic, beryillium, cadmium, hexavalent chromium, lead, manganese, formaldehyde, acrolein	Acrylonitrile, benzene, 1,3-butadiene, chloroform, carbon tetrachlotide, 1,2-dibromomethane, quinoline 1,3-dichloropropene, 1,2-dichloropropane, ethylene dichloride, ethylene oxide, dichloromethane, tetrachloroethane, tetrachloroethylene, trichloroethylene, vinyl chloride, arsenic, beryillium, cadmium, hexavalent chromium, lead, mercury, manganese, nickel, acetaldehyde, formaldehyde, acrolein, 2,2,7,8-tetrachlorobenzo-p-dioxin, coke oven emissions, hexachlorobenzene, hydrazine, polycyclic organic matter, polychloronated biphenyls

에서 전체의 50%이상을 차지하고 있고, 대표적 유기성분 HAP로는 염소계 유기성분, 브롬계 유기성분, 휘발성 유기성분들의 광화학 반응으로 생성되는 2차생성 유기성분 등이 있다. 캐나다에서는 대기로 배출되는 유기성분들의 HAP를 효과적으로 규제, 관리하기 위하여 각종 감시 프로젝트들을 진행하고 있는데 대표적인 프로젝트로는 Global Atmospheric Passive Sampling Network와 Chemical Management Plan 등이 있다.

3) 일본의 HAP 관리현황

일본의 '대기오염방지법'은 1968년에 제정되었으며, 1996년 개정안을 통해 HAP 관리를 의무화하고 있다. 대기오염방지법 제18조21항(사업자의 책무)에서 '*사업자는 사업 활동에 수반하여 배출되는 HAP의 대기 중 배출 상황을 파악함과 동시에 배출 또는 비산을 억제하기 위한 조치를 강구해야 한다*'고 명시하고 있다. 또한 대기오염방지법에서는 HAP을 '*저농도에서도 장기적인 노출에 의해 건강에 영향을 미칠 우려가 있는 물질*'로 정의하고 이중 우선적으로 관리해야 할 필요성에 따라 우선취급물질, 지정물질을 선정하여 배출억제기준을 설정하여 관리하고 있다. 또한 HAP에 대해서도, 도,부, 현은 조례로써 국가기준보다 엄격한 배출기준을 설정할 수 있다. 1996년 중앙환경심의회의 답신에서 HAP 234종이 선정된 바 있으며, 이중 우선대책이 필요한 22종이 **우선취급물질**로 지정되었다(표 5.5 참조). 또한 우선취급물질 중에서도 배출억제가 시급한 물질 5종이 **지정물질**로 선정되었다. 지정물질은 벤젠, 트리콜로로에틸렌, 테트라클로로에틸렌, 디클로로메탄, 다이옥신 등 5종이다. 이외에도 검댕과 매연 배출시설에서 생성되는 4종의 유해물질은 카드뮴과 그 화합물, 납과 그 화합물, 염소와 염화수소, 불소와 불화수소 등이다.

일본 대기오염방지법에서는 HAP 대책을 위해 각 주체별로 시행해야 할 의무사항으로 국가, 지방자치단체, 배출사업자, 국민 등이 지켜야 할 사항들을 지정하고 있다. 국가의 의

표 5.5 ▪ 일본의 HAP 우선관리대상물질 목록

No.	Pollutants	No.	Pollutants
1	Acrylonitrile	12	Tetrachloroethylene
2	Acetaldehyde	13	Trichloroethylene
3	Vinyl chloride monomer	14	Nickel compounds
4	Chloroform	15	Arsenic and its compound
5	Chloro methyl ether	16	1,3-butadiene
6	Ethylene oxide	17	Beryllium and its compound
7	1,2-dichloroethane	18	Benzene
8	Dichloromethane	19	Benzo(a)pyrene
9	Mercury and its compound	20	Formaldehyde
10	Talc	21	Manganese and its compound
11	Dioxins(PCDF & PCDD)	22	Hexavalent chromium & its compound

주) 2011년에 chloromethylether)와 talc가 제외되고 chloromethane, toluene 및 크롬(6가 및 3가)이 추가됨.

무는 과학적 사실에 입각한 건강위해성 평가의 공표 등이며, 지방공공단체의 의무로는 오염상황의 파악, 정보의 제공 등이 있다. 또한 배출사업자의 의무는 배출상황의 파악, 배출억제 등이 있고, 국민들은 배출억제 등의 의무가 있다. 일본은 1997년 2월 12일에 HAP 모니터링 지침을 공표하였다. 일본의 경우 다양한 HAP가 저농도로 대기환경 중에서 검출되기 때문에, 저농도 오염물질의 장기적 노출에 의한 건강영향을 고려하고 있다. HAP로 인한 인체 피해를 미연에 방지할 목적으로 1996년 5월 대기오염방지법이 개정되었고 HAP 대책이 수립되었다.

대기 중 HAP의 측정은 대기오염방지법에 의거하여 전국을 대상으로 표 5.6과 같이 19종에 대해 측정하고 있는데, 측정주체는 지방자치단체이며, 일반, 고정발생원 주변, 도로주변으로 구분하여 측정하고 있다. 측정지점수는 2001년의 경우 벤젠 438개 지점, 트리클로로에틸렌 403개 지점 등 물질별로 최소한 300개 이상의 지역에서 측정하고 있다.

표 5.6 ▪ 일본의 HAP 측정항목

Group	Pollutants
VOC	benzene, trichloroethylene, tetrachloroethylene, methylene chloride, acrylonitrile, vinyl chloride, chloroform, 1,2-dichloroethane, 1,3-butadiene, formaldehyde
Aldehydes	acetaldehyde, formaldehyde
PAH	benzo(a)pyrene
Heavy metals	Hg and compounds, Ni and compounds, As and compounds, Be and compounds, Mn and compounds, Cr and compounds

표 5.7 ■ 일본의 자주관리대상 HAP

No.	Pollutants	No.	Pollutants
1	Acrylonitrile	8	Trichloroethylene
2	Acetaldehyde	9	1,3-butadiene
3	Vinyl chloride monomer	10	Benzene
4	Chloroform	11	Formaldehyde
5	1,2-dichloroethane	12	Nickel compounds
6	Dichloromethane	13	Dioxins(PCDF & PCDD)
7	Tetrachloroethylene		

측정대상 물질중 중금속 및 그 화합물(수은 및 그 화합물은 제외)에 대해서는 입자상 물질로 한정한다. 수은 및 그 화합물에 대해서는 가스상 물질로 한정한다. 6가크롬에 대해서는 현재 측정이 곤란하기 때문에 총 크롬을 측정하고 있다.

1996년 일본 환경성과 경제산업성은 '사업자에 의한 HAP의 자주 관리 촉진을 위한 지침'을 작성하여 배출사업자가 HAP의 대기 중 배출을 억제하도록 요구하고, 이에 따라 관련업계는 **자주관리계획**을 수립하였다. 1999년까지 77개 사업장에서 표 5.7에 나타낸 13종 대상물질에 대해서 자주관리계획을 수립하였는데, 다이옥신류를 제외한 12종 물질의 총배출량은 계획실시 전인 1995년에 비해 41% 감축되었으며, 다이옥신의 경우도 36% 감축되어 효과적인 관리정책으로 평가받고 있다. 일본의 '자주관리계획'은 특히 벤젠 저감에 초점을 두고 있는데, 휘발유 제조과정에서 추출 생산되는 벤젠 및 휘발유에 포함된 벤젠을 대상으로 감축작업이 진행되었다. 석유업계에서 실시한 1996년 이후의 벤젠배출량 조사결과에 따르면, 1999년의 배출원단위(휘발유 판매량당 벤젠배출량)는 1995년 대비 44% 감소하여 계획목표인 40%를 초과달성하였다. 휘발유중 평균 벤젠함유량 역시 1995년 2.2%, 1999년 0.8%, 2000년 0.5%로 지속적으로 감소하였다. 석유업계는 휘발유의 벤젠함유량 저감을 위해 막대한 설비투자를 하였다.

이동오염원에서 벤젠을 저감시키기 위해 1999년 12월말까지 휘발유의 벤젠함유량 상한치를 5 vol%에서 1 vol%로 감축하였다. 그 결과 이동오염원의 벤젠배출량은 1999년까지 연간 약 3,550 톤 감축되었고, 고정오염원에서의 벤젠 저감은 원유기지, 정유공장의 휘발유시설 및 벤젠시설, 저유소, 주유소 부문에서 진행되었다. 정유공장의 경우, 벤젠함유유종의 저장시 발생하는 증기손실의 감축을 위해 함유량에 따라 우선순위를 부여하여 부상지붕식 탱크의 도입을 촉진하였다. 함유량이 60%를 넘는 탱크에 대해서는 기존, 신설 모두 부상지붕식이 도입되었으며, 함유량이 60% 미만인 벤젠 중간제품 탱크에 대해서는 신설탱크의 경우 부상지붕식으로, 기존 탱크의 경우에는 개방점검 시에 부상지붕식으로 개조하였다. 이러한 조치들을 통해 1995~1999년 동안 벤젠 취급량이 대폭 증가했음에도 불구하고, 1999년 정유공장에서의 배출량은 1995년 대비 3.5% 소폭 증가하였다. 이와 같이

'사업자에 의한 유해대기오염물질의 자주관리 촉진을 위한 지침'을 시행한 결과, 이동오염원에서의 배출량은 대폭 저감되었고 벤젠의 품질개선 측면에서도 소기의 성과를 거두었다. 국가에서 실시한 환경농도측정 조사에서도 벤젠의 전국 평균치가 1997년 3.4 $\mu g/m^3$에서 1999년에는 2.5 $\mu g/m^3$로 크게 개선되었다.

한편, 사업자 지침으로 벤젠 농도가 크게 저감됨에 따라 지역단위의 새로운 저감정책도 필요하다고 판단하여, 2001년도에는 사업자의 자주관리촉진 지침이 개정되었다. 이 내용에 의하면, 사업자는 1999년도를 기준으로 2003년도의 관리목표를 설정하여야 했다. 벤젠의 경우, 사업자는 단독으로 혹은 동지역의 다른 사업소와 공동으로 배출억제기술 정보를 참고하여 기술 경제적으로 가장 적절한 배출억제기술을 도입하여야 했다. 이 계획을 실시한 결과, 2003년의 배출원단위(휘발유 판매량당 벤젠배출량)는 1999년 대비 62% 삭감되었으며, 휘발유 판매량은 2002년 대비 약 3% 증가한 반면에 배출원단위는 약 4% 감소되었다. 2003년 당시 시행한 주요대책으로는 고정지붕식탱크의 내부부상지붕식으로의 개조, 중간탱크의 사용금지 등의 대책이 있었다. 정유공장에서는 선박출하 시의 배출억제대책으로 증기회수장치의 설치대책이 있었다. 2004년 이후에는 휘발유 탱크의 부상지붕식 개조, 정유공장의 탱크로리 출하 및 벤젠 선박출하 설비의 증기회수장치 설치 등을 통하여 배출량을 더욱 감축하였다.

4) 영국의 HAP 관리 현황

영국의 HAP 측정자료는 영국환경부가 국립물리연구소 (National Physical Laboratory)와 장기계약을 맺고 수집하고 있다. 영국 NPL에서 운영하고 있는 HAP 관련자료는 크게 나누어 VOC와 PAH로 구분할 수 있다. 또한 VOC는 벤젠과 1,3-부타디엔과 같이 대기환경기준이 설정된 두 항목은 수동식으로 측정하고, 미국의 PAMS 측정소와 같은 자동식 VOC 측정소를 별도로 운영하고 있다.

탄화수소의 매시간 자동측정은 1991년 영국에서 시작되었으며 최신 자동 GC 분석시스템을 사용하여 수행되고 있다. 1993년부터 1995년까지 3년에 걸쳐 측정망을 완성한 뒤 도시지역, 산단지역, 교외지역에서 지속적으로 13곳의 측정망에서 26종의 대상물질을 측정하는 등 확대하다가 최근 측정소를 5개소로 축소한 바 있다. 영국의 자동측정망에서 VOC를 측정하는 목적은 크게 두 가지이다. 첫째는 광화학산화물의 생성 잠재력을 가진 VOC의 대기 중 농도범위를 평가하기 위해서이고, 둘째는 영국 대기질 목표의 달성여부를 확인하기 위한 두 개의 유전독성 발암물질(벤젠, 1,3-부타디엔)을 측정하기 위해서이다. 이런 대기독성물질의 측정자료는 정기적으로 공공기관에 보고되고 있다.

영국은 세계 처음으로 독창적으로 설계된 자동 VOC 측정망을 고안하였으며, 고급 소프트웨어 기반위의 최신 측정기술을 사용하고 있다. 자동 VOC 측정망은 2002년에 재정비되고 단순화되기 이전 10년 동안 성공적으로 운영되었다. 벤젠 측정값은 영국의 대기질 목표와 비교하고, 유럽연합의 벤젠기준을 만족시키기 위해 사용된다. 1,3-부타디엔 측정값은 영국의 대기질 목표와 비교하기 위해 사용된다.

영국의 수동식 VOC 측정망은 35개 지점에서 환경대기 중 벤젠농도를 측정하고 10개 지점에서 1,3-부타디엔을 측정한다. 1,3-부타디엔은 영국의 대기질 목표(연평균 2.25 μg/m^3)를 만족하는지를 평가하기 위해 고농도 발암물질의 배출이 예상되는 지점에서 측정된다. 벤젠은 대기목표치(지역별로 차이가 있지만 연평균 3.25~16.25 μg/m^3)를 만족하는지 평가하기 위해 측정된다. 또한 EU 허용농도(연평균 5 μg/m^3)를 만족하는지 평가하기 위해 측정된다. 주목할 점은 환경대기 중 벤젠과 1,3-부타디엔이 연평균 농도 형식의 목표치와 허용농도를 갖는다는 점이다. 따라서 벤젠과 1,3-부타디엔은 더 높은 시간 해상도를 갖는 농도측정값이 요구되지 않는다. 벤젠과 1,3-부타디엔 시료는 carbopack X가 충전된 흡착관으로 2주간 채취된다. 벤젠 채취를 위해 2개의 흡착관을 8분간격으로 교대로 시료가 채취되며 각 흡착관은 약 10 ml/min의 유량으로 2주간 채취된다. 이는 흡착관별로 약 100 L에 해당하는 양이다. 1,3-부타디엔은 2개의 흡착관을 이용하여 확산법으로 2주간 채취시료를 마련한다. 개별 측정지점 관리자에 의해 흡착관은 2주마다 교체되고 측정장비는 점검된다. 또한 측정지점 관리자는 흡착관 시료를 측정망 시료분석자에게 전달한다. 현재 도시 및 교외 자동측정망내의 측정지점에 수동시료채취장비가 있다.

영국의 경우 미량 독성유기오염물질 (TOMP: toxic organic micro-pollutants)의 범주에는 다이옥신 (PCDD)과 퓨란 (PCDF), 다환방향족탄화수소 (PAH), 폴리염화비페닐 (PCB)을 포함한다. 다이옥신/퓨란 그리고 PAH는 다양한 화학, 산업, 연소공정에서 부산물로 생성된다. PCB는 원래 1980년 중반까지 다양한 전기제품의 생산에 사용되었다. 이와 같이 독성과 잔류성을 가진 물질들은 주변에 만연해 있지만 대부분 매우 낮은 농도로 존재한다. TOMP 측정망은 대기질의 공공성을 확보하기 위한 자료와 환경보호 정책개발을 지원하기 위한 정보를 제공하고 있다. 표 5.8에는 다이옥신 및 PAH 측정항목 및 측정장소를 나타내었다.

5) 독일의 HAP 관리 현황

독일은 연방국가로 환경관련 법률이 연방법과 지방법으로 구성되어 있으며, 연방정부는 기준을 정하고 지방정부는 허가주체로써 기준의 만족여부를 판단하는데 이는 미국의 법체계와 유사하다. 독일의 연방배출방지법 (Federal Immission Control Act)은 연방정부로 하여금 허가를 받아야 하는 시설의 종류 및 허가요건을 공포하고 허가대상 유무에 관계없

표 5.8 ▪ 영국의 다이옥신 및 PAH 측정항목 및 측정장소

Dioxin (measured at 9 sites, current sites: 6) All 17 toxic 2,3,7,8 polychlorinated dioxin and furan cogeners at all sites
PAH (measured at 18 sites, current sites: 15) Acenaphthene, fluorene, phenanthrene, anthracene, pyrene, benz[a]anthracene, chrysene, benz[b]fluoranthene, benzo[a]pyrene, benzo[ghi]perylene. Additionally at London and Middlesbrough: Acenaphthalene, fluoranthene, benzo[k]fluoranthene, indeno[123,cd]pyrene, and dibenzo[ah/ac]anthracene. Additionally at Manchester and Hazelrigg: Flouranthene/methylphenanthrene, dibenzo[ah/ac]anthracene/benzo[k]fluoranthene and coronene.

이, 모든 시설에 대한 배출한계치와 적용기술과 관련된 의무조항을 규정하고 있다.

독일은 총 154종의 HAP를 관리하고 있으며, 발암성물질 (21종), 입자상물질 (20종), 가스상물질 (10종), 유기화학물질 (103종) 등 4종류로 구분하고 이를 각각 I~IV 등급으로 구분하여 배출량에 따라 배출허용기준을 각각 달리 설정하고 있다. 독일의 HAP 관리의 특징은 배출원 개념이 아닌 수용체 중심의 관리정책을 시행하고 있고, 배출허용기준도 BACT (best available control technology)에 근거한 매우 엄격한 기준을 설정하고 있다. 배출허용치는 독성학, 생체축적성, 역학적 측면 등을 고려하여 결정한다.

TA-Luft의 기준은 허가를 위한 최소한의 기준이며, 실제 허가과정에서는 더욱 엄격한 기준을 적용하기도 한다. TA-Luft에서는 경제적인 이유로 배출기준을 초과하는 예외를 인정하지 않고 있으며, 배출한계치, 특정시설 및 조치의 설치와 이행 등과 같은 다양한 방법들을 이용하여 관리하고 있다. 배출사업자는 시설입주지역의 대기질을 측정하고 대기질 모델링을 통해 배출시설로 인한 대기 환경영향평가를 수행하여야 한다. 이 결과를 토대로 적절한 추가조치를 취해야 한다. 이때 배출시설이 배출한계치를 만족하더라도 심각한 환경영향이 예상될 경우에는 허가하지 않고 있다. 허가대상 시설의 규모가 정해져 있으나, 대상시설이 아닌 경우에도 허가심의를 요청할 수가 있으며 실제 그런 사례가 많다. 이는 정부의 허가심사가 매우 엄격하고 과학적으로 이루어지기 때문에, 일단 정부의 허가를 획득하면, 사업자는 최고수준의 기술을 채택하여 배출을 억제한다는 사실을 지역주민들에게 인정받을 수 있기 때문이다.

5-5 HAP 모니터링의 중요성과 과제

HAP 관리의 궁극적 목표는 인간에 대한 위해성 저감이며, 위해평가 (risk assessment)를 위해서는 가장 기본적인 자료인 대기 중 농도와 분포에 대한 감시자료의 확보가 필요하다. 따라서 HAP의 적정관리를 위한 가장 핵심적인 단계는 감시를 통한 현황파악이다. 도시(특히 대도시)지역의 HAP 측정과 관리는 다음과 같은 두 가지 관점을 반드시 고려하여야 한다. 첫째, 인구규모와 밀도를 고려하여 조사대상지역의 우선순위를 부여하여야 한다. 환경관리의 기본적인 목표가 주민 건강과 생태계의 안전성 보전을 위한 것이라면, 대도시 HAP은 많은 시민의 건강에 미치는 영향이 크기 때문에 환경오염연구의 근본 취지에 가장 적합하다고 할 수 있다. 둘째, 대도시에는 매우 다양한 HAP이 존재하고 주민들 역시 매우 다양한 경로로 이들 물질에 노출되고 있다. 따라서 지금까지의 HAP 연구는 주로 물질 중심, 배출원 중심이었으나 대도시지역의 HAP 관리에서 먼저 고려하여야 할 것은 수용체 중심이다. 이러한 측면에서 산업단지와는 다른 양상을 보이는 도시지역에서는 HAP 관리계획에 아래와 같은 내용을 중점적으로 연구하여야 한다.

- 국내외 HAP 관리현황 분석
- HAP 범위와 우선관리대상 물질선정(측정농도, 위해성, 배출량 측면 고려)
- HAP 배출원 관리(점, 면, 선오염원 및 비산오염원 고려)

- 정기적인 건강위해평가를 통한 위해감축 목표 설정
- 농도, 배출량, 위해도 등을 고려한 대기환경기준 설정

5-5-1 HAP 모니터링의 국내 현황

벤젠을 포함한 HAP 측정자료는 많을수록 좋으나 비용이 과다하게 소요될 수 있다. 따라서 적정한 측정항목 선정, 측정주기 및 측정망의 수와 위치에 대한 전문가 집단의 신중한 검토가 요구된다. 환경부가 2010년 현재까지 운영하고 있는 유해대기측정망은 전국적으로 총 31개소이다(표 5.9 및 그림 5.2 참조). 그러나 EU의 측정망 설치기준이나 미국, 일본 등 외국의 경우와 비교해 볼 때, 우리나라의 인구수와 대규모 산단의 배치현황 등을 감안하면 국내의 측정소수는 부족한 실정이다. 특히 일본의 경우, 전국적으로 300개소가 넘는 지점에서 HAP이 측정되고 있는 점을 보면, 우리나라는 일본의 1/10 수준에 지나지 않는다. 또한 HAP 범주에 속하는 중금속 측정망과 유해대기측정망이 별도로 운영되고 있다는 점도 향후 통합하거나 중복성을 고려하여 조정하여야 한다.

HAP의 위해평가를 위한 선결조건은 무엇보다 신뢰성 있는 노출량 자료가 마련되어야 한다. 또한 감시를 통한 신뢰성 있는 자료를 확보하기 위해서는, 먼저 측정에 대한 보편적 방법론이 확립되어야 한다. 그러나 아직 HAP 범주에 포함되는 많은 물질에 대한 측정법이 국내뿐만 아니라 선진국에서도 완전히 정립되어 있지 않다. 따라서 HAP의 측정기술개발 역시 중요한 과제이다.

환경부에서는 "특정대기유해물질측정망" 사업의 일환으로 1990년대부터 도시와 산업단지에서 매달 정기적으로 중금속을 측정하고 있으며, 2000년대부터는 VOC와 PAH 등

표 5.9 ▪ 국가 및 지자체 대기오염측정망 설치현황 (2011. 01월 기준)

구분	총계	국가측정망							지자체측정망		
		교외대기	국가배경	유해대기	광화학	산성강하물	지구대기	PM 2.5	도시대기	도로변	대기중금속
계	446	16	5	31	26	40	1	4	239	33	51
국가	114	16	5	31	17	40	1	4	-	-	-
지자체	332	-	-	-	9	-	-		239	33	51

표 5.10 ▪ 국내 유해대기측정망에서의 측정대상물질

Group	Target compound
VOC (13 compounds)	Benzene, Toluene, Ethylbenzene, m,p-Xylene, Styrene, o-Xylene, Chloroform, Methylchloroform, Trichloroethylene, Tetrachloroethylene, 1,1-Dichloroethane, Carbontetrachloride, 1,3-Butadiene
PAH (7 compounds)	Benzo(a)anthracene, Chrysene, Benzo(b)flouranthene, Benzo(k)flouranthene, Dibenzo(a,h)anthracene, Benzo(a)pyrene, Indeno(1,2,3-cd)pyrene

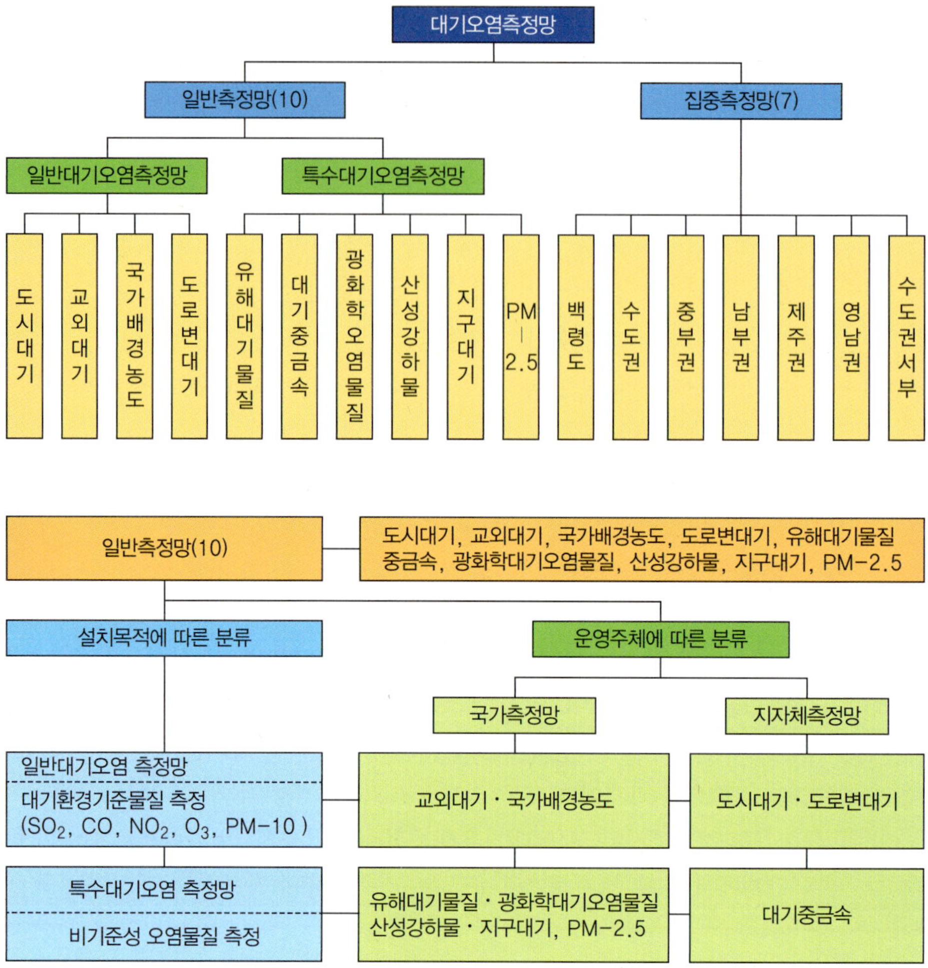

그림 5.2 ■ 국내 대기오염측정망 현황(환경부, 2015)

HAP에 대하여 자동방식은 2시간 간격 연속, 수동방식은 월 1회 24시간 시료채취를 통해 측정하고 있다(표 5.10). 이외에 환경공단에서는 광화학오염물질 측정망을 운영하여 일부 VOC를 자동연속측정법으로 자료를 수집하고 있어 VOC 중 일부 HAP과 관련한 자료를 얻을 수 있다. 그러나 광화학오염물질측정망의 근본적인 설치목적은 오존오염 원인규명을 위한 비메탄계 탄화수소류(대부분은 인체에 독성이 없는 물질)의 관측이며 독성이 강한 할로겐화 VOC 등은 누락되어 있어, 이들 자료를 위해평가에 바로 대입하여 사용할 수 없는 한계점과 문제점이 있다.

한편, HAP 범주에 속하는 다이옥신과 PCB 등에 대해서는 2007년에 스톡홀름협약의 이행을 위하여 잔류성 유기오염물질의 관리에 관한 특별법이 제정되었다. 이에 다이옥신 등 POP의 배출조사와 함께 2008년부터 전국 37개 지점에서 연 4회 대기 중 농도를 측정하고 있다. POP와는 별도로 환경부는 2006년부터 2011년까지 5개년 중장기 로드맵을 작성하고 사업을 연차적으로 수행한 바 있다. 즉, 대규모 국가산업단지의 특정대기유해물질에 대한 조사사업을 국립환경과학원을 통해 시화 · 반월지역, 여수 · 광양지역, 울산지역, 구미지역, 대산지역에서 수행하였으며, 최근에는 포항지역을 추가로 조사 하였다. 이들 연구들은 지금까지 국내에서 수행된 HAP 관련 조사연구로는 가장 종합적이고 방대한 사업으로서 HAP의 측정방법 정립 및 위해평가와 연계한 관리방안 등을 제시하여 정책수립에 중요한 정보들을 제공하였다.

이와 같은 대규모 연구조사사업에 대해서는 반드시 사후연구 (follow-up studies)를 통하여 수집된 주요 정보와 자료들에 대한 심층적 통계분석을 통해 요인해석이 반드시 수행되어야 한다. 궁극적으로 자료저장소 (archives)를 만들어 관련전문가들이 쉽게 활용할 수 있도록 하여야 한다. 아울러 기존 조사자료를 이용하여 환경부가 확충하고 있는 국가유해대기물질측정망의 운영계획과 연계하여 향후 전국적인 HAP 감시계획의 최적화를 도모할 필요가 있다.

HAP 측정은 이들 물질이 대기 중에서 저농도로 존재하거나 종류가 다양하기 때문에, 다른 규제오염물질과는 달리 고도의 전문성이 요구된다. 먼저 측정항목의 선정에서 가장 먼저 고려되어야 하는 것은 위해성(독성)이지만, 실제 대기 중에서의 검출빈도와 검출농도를 고려하여 우선관리 대상물질을 선정하는 것이 현실적이며 비용 효과 측면에서도 유리할 수 있다. 다음으로 측정가능성을 염두에 두어야하는데, 아직 국내뿐만 아니라 선진국에서도 수많은 HAP 물질의 상시측정이 모두 가능한 것은 아니다. 측정대상물질의 선정은 독성, 출현빈도와 농도, 측정가능성 등을 동시에 고려하여 결정해야 한다.

국가적인 HAP 감시계획의 개선방안을 모색함에 있어서 당분간은 대기측정망 기본계획에 따른 유해대기물질측정망과 대기중금속측정망을 계속 유지하면서 초기에는 측정항목을 확대하고 그 결과를 분석하여 검출빈도가 낮고 아주 낮은 농도를 보이는 경우에는 측정대상에서 점차적으로 제외하면서 운영부담을 줄이는 방안을 생각할 수 있다. 장기적으로는 중금속도 HAP 범주에 포함되므로 대기중금속측정망은 유해대기물질측정망으로 통합하여 관리하는 것이 바람직하다. 예를 들어, 미국은 187종(당초 189종에서 카프로락탐과 메틸에틸케톤이 제외됨)의 HAP을 목록에 등재하고 있으나 NATTS (National Air Toxic Trend Station Network)은 33종을 권장하고 있다. 이들 결과는 전국의 오염도 추이를 장기적으로 파악하기 위한 목적으로 운영하고 있다. 일본의 경우도 234종의 HAP을 목록에 등재하고 있으나 실제 대기 중에서는 22종의 물질을 측정하고 있으며 중앙정부와 지방자치단체가 협력하여 측정가능한 물질부터 우선적으로 자료를 수집하고 있다(일본대기환경학회, 1997).

향후의 HAP 측정망을 확충할 경우, 현재의 측정기술의 발전수준을 고려할 때 HAP도 규제오염물질과 같이 자동식 방법으로 채택될 가능성이 매우 높다. 하지만 일정기간은 선택된 주요 측정지점에 대해서 자동식과 수동식 측정소를 같이 운영하여 자료의 신뢰성을 검정할 수 있는 근거자료를 확보하여야 한다. 따라서 향후 측정망은 현재 대기오염집중측정소가 최적일 것으로 판단되며, 인력과 비용문제를 고려할 때 원거리 지역이나 신설측정소에는 자동식 측정장비를 설치하는 것이 비용 효과 측면에서 유리할 것이다.

환경관리의 궁극적인 목표는 불특정 다수가 각종 환경매체를 통해 비자의적으로 노출되어 야기되는 환경보건학적 위해성 저감에 있다. 전술한 바와 같이 위해평가의 핵심적인 요소는 각종 환경매체에서의 유해물질의 농도를 파악하여 노출량을 평가하는 과정이다. 그러나 HAP에 관한 한 아직까지 측정기술이 완전하게 개발되거나 보편화되어 있지는 못한 실정이다. HAP 측정이 기술적으로 어려운 이유는 첫째, 대부분 유해물질들이 환경에서 매우 낮은 농도로 존재하기 때문이다. 따라서 검출한계가 적절치 못할 경우 실제 HAP의 존재 유 무를 파악하기 어려우며, 결과적으로 고가의 장비와 고감도의 측정기기가 활용되어야 한다는 어려움이 있다. 둘째, 특히 유기오염물질의 경우 동종체가 많으며, 이성질체에 따라 독성도 서로 다르기 때문에 정확한 독성평가를 위해서는 이성질체를 분리확인하는 과정이 반드시 필요하다. 따라서 분석과정에서 상당한 전문성이 요구되며 분석 기술뿐만 아니라 분석자의 숙련도도 확보되어야 한다는 어려움이 있다. 셋째, 실제 환경시료의 모체 (matrix)에 함유된 유해물질을 분리정량하기 위해서는 복잡한 전처리 과정이나 정제작업 (cleaning-up)이 요구된다. 분석 방법이 복잡하고 어려울수록 시료의 손실이나 방해물질 (artifact)의 출현 가능성이 증가하여, 결국 최종적으로 얻은 농도 결과치의 불확도 (uncertainty)가 커져 측정결과의 신뢰도에 영향을 크게 준다는 어려움이 있다.

일반적으로 측정결과의 정도관리는 정확도와 정밀도 등을 평가하는 정도보증 (QA: quality assurance)과 정도관리 (QC: quality control) 과정으로 구분되며, 최종적인 정도평가 (quality assessment)는 QA와 QC 모두를 포함한다. ISO에서는 불확도가 표기되지 않은 자료는 자료로서 의미가 없다고 할 정도로 국제적으로는 정도관리가 강조되고 있다. 이러한 추세를 감안하여 국내에서도 최근 환경 정도관리의 중요성이 부각되고 있다. QC/QA와 관련한 자세한 내용은 제14장을 참고하기 바란다.

5-5-2 대도시에서의 HAP 관리의 중요성

국민의 노출규모를 고려할 때 향후 대도시를 위주로 HAP의 관리계획을 수립하는 것은 매우 중요하다. 그러나 대도시 HAP 관리는 무엇보다 다음과 같은 두 가지 관점에서 산업단지와는 다른 차별성과 특이성이 있다. 첫째, 국내 대도시는 공통적으로 인구가 많을 뿐 아니라 밀집되어 있다. 즉 오염물질로 인한 노출규모가 커서 그 피해 규모도 크다. 궁극적으로 환경부의 정책이 국민의 환경오염으로 인한 위해성 저감이라면, 당연히 산업단지와 같은 오염우심지역이 아니더라도 많은 규모의 인구가 밀집된 도시지역의 HAP 관리는 궁극적인 목표가 되어야 한다. 다음으로 대도시에는 다양한 HAP 배출원이 존재하고 다양한 종류의 HAP이 존재하므로 시민들은 여러 경로로 HAP에 노출되고 있다. 즉, 오염의 양상이 매우 복잡하고 다양하므로 일부 배출원이 집중되어 있는 산업단지에 적용하던 관리 방식으로는 실효를 거두기 어렵다.

국내 주요 산업체 (30인 이상, 사용량 1 ton 이상)를 대상으로 한 유해화학물질 배출량조사 (CPRTR: pollutants release and transfer registration) 결과 99%이상이 대기로 배출되고 있으며, 인구의 90% 이상이 도시에 밀집되어 도시지역의 대기질 개선은 전 국민의 건강을 향상시키는 지름길이다. 이를 추진할 때 중점적 고려사항은 HAP 관리를 위한 현장실측 결과를 기반으로, 우선관리 대상물질을 선정 · 관리함으로서 궁극적으로는 인체노출에 대한 위해평가를 수용체 중심의 정보를 바탕으로, 국가고유의 환경보건학적 영향평가를 수행하여야 한다. 이러한 국가적인 정책과제들은 단기간에 수행하기 어려운 속성이 있으므로 결국 중 · 장기적 종합계획을 수립하고 지속적인 예산을 투입하여 정책적 기반을 확보하여야 한다. 또한, 유사한 HAP 관리정책을 수행하는 정부의 각 기관 또는 환경부 내의 관련 부 또는 과 단위와 상호 유기적이고 보완적인 관계를 설정하고, 협동연구체제를 구축하여 보다 원활하게 위해성 저감을 최소화 할 수 있는 범부처적 관리체계를 구축하여야 한다.

HAP에 대한 관리방안을 설정할 때 당면과제는 '어디에서 무엇을 먼저 조사할 것인가?'라는 문제이다. 따라서 관리지역과 관리대상물질의 우선순위를 결정하는 것이 중요한 관건이다. 환경부는 2004년에 200여종의 유해화학물질을 대상으로 그 사용량과 유해성을 조사하였다. 그 중 48종의 우선관리 대상물질을 선정하였다. 이와 같은 접근방식은 언뜻 효율성 제고측면에서 바람직하게 보여지지만, 이들 물질에 대한 관련정보가 미미한 실정에서 초기단계에 대상물질을 너무 많이 선정하였다는 지적이 있다. 우선관리물질이 너무 많아지면 결국 '선택과 집중'의 효과는 떨어지며, 비용과 시간이 분산되어 결과적으로 우선관리는 유명무실할 가능성이 높다. 참고로 HAP에 대한 규제강화를 우리나라보다 약 10여 년 먼저 시작한 일본의 경우 현재 23개 물질을 우선관리 대상물질로 선정하여 주요 항목에 대해서는 대기환경기준을 설정하고(현재 5개 항목), 측정방법이 마련되지 못한 항목에 대해서는 그에 대한 연구를 지원하고 있다.

우선관리물질을 선정할 때 반드시 고려해야 될 중요사안 중 하나는 이들 물질에 대한 측정방법이 현실적으로 마련되어 있는지를 고려해야 한다는 점이다. 또 다른 중요한 사안은 배출원 조사에서 파악된 물질의 배출자료 (source profile)과 대기환경 (ambient air) 중에서 나타나는 환경농도가 항상 일치하지 않는다는 점이다. HAP 중 어떤 물질은 산업체에서 사용되고 있으나 대기으로 배출될 때에는 다른 물질로 변질되는 경우도 있으며, 실제 산업체에서 사용은 되지 않으나 공정상 다른 물질에서 변질되어 배출되는 물질들도 있다. 따라서 우선관리 대상물질은 산업체에서의 물질 사용량뿐만 아니라 대기환경에서 나타나는 농도수준과 검출빈도를 고려하여 선정하는 것이 바람직하다. 이때 반드시 대상물질에 대한 측정가능성을 파악하여 단계적으로 그 대상물질을 확대하는 것이 효과를 높일 수 있는 방법이라고 사료된다. 사실, HAP의 관리범위를 설정하는 것은 비단 대도시에 국한된 것은 아니다. 산업단지의 경우에는 산업의 유형과 특성에 따라 특징물질들이 우선관리 대상으로 선정될 수 있다. 국내 산업단지에서는 HAP의 종류와 배출이 상당부분 파악되어 있으므로 알려진 정보를 대상으로 비교적 쉽게 우선순위를 정하고 범위를 설정할 수 있다. 그러나 대도시의 경우 최근까지 조사사례가 부족하고 다양한 노출형태를 임의로 규정하기 어려운 요인이 많다. 대도시지역 배출에는 소각로와 같은 일부 점오염원이 포함될 수 있지만 차량 배출과 면오염원이 매우 중요한 부분을 차지한다. 차량 배출 부분은 이미 활동자료 (activity data)가 많이 구축되어 있고 HAP 배출에 대한 정보도 비교적 많이 축적된 상태이다. 하지만 도시지역에서 HAP의 면오염원에 대한 배출기여분(예를 들어 음식점의 화석연료/생물연료의 연소 혹은 불법 노천연소 등)은 아직도 추정하기 어려운 실정이다.

우선관리대상물질의 선정에서 반드시 고려해야 할 핵심요소는 위해성(발암성, 비발암성)과 만연성(대기환경농도) 및 측정가능성 등 3가지를 들 수 있다. 아무리 독성이 높은 물질이라도 국내 대기 중 검출될 가능성이 희박하다면 환경기준 설정과 같은 포괄적 관리대상에 포함하기보다는 시설관리 기준 등을 정비하여 일부 배출원을 중점관리하는 것이 효과적일 수 있다. 또한 아무리 위해성이 높은 물질이라도 현재의 과학기술 수준에서 신뢰성 있는 측정결과를 제시할 수 없다면 관리영역에 포함되어 있다 하더라도 유명무실할 수밖에 없다. 따라서 HAP에 대한 측정결과가 없는 상태에서, 단순히 유통량이 많고 독성이 높다는 측면에서 우선관리대상물질을 선정하는 것은 현실적으로 부적절하다고 판단된다.

실질적으로 국민의 환경위해성을 저감하기 위해서는 대기환경기준 설정 등 핵심적으로 관리할 대상물질을 선정하여야 한다. 종합적으로 고려할 때 우선적으로 선정할 항목으로서 VOC 그룹에서는 벤젠과 1,3-부타디엔 및 트리클로로에틸렌의 3종, 카르보닐 그룹에서는 포름알데하이드와 아크로레인 2종, PAH에서는 BaP, 그리고 중금속 그룹에서는 6가크롬을 고려할 수 있다. 이들 항목들은 모두 WHO에서 1급 혹은 2급 발암성 물질로 등재된 유해물질로서 각각 그룹 중 독성측면에서 대표적인 물질들이다. 이러한 선정과정에 내재된 과학적인 논리와 관련 정보들은 매우 방대하다.

5-5-3 HAP의 환경기준 설정 문제

어떤 오염물질에 대한 환경기준의 설정은 환경관리의 가장 현실적인 지향목표를 설정하는 것과 같다. 환경기준의 경우 나라별로, 그리고 매체별로 그 대상 물질이나 기준치에서 공통되거나 비슷한 부분도 있지만 각각의 환경 현황, 산업화 정도, 사회 경제적 특성 등이 반영됨으로써 서로 상이한 요소들이 상당히 존재하다. 우리나라의 경우 지금까지 수질이나 대기환경 기준설정에 있어서 외국의 경우를 준용하는 수준에서 그친 것은 사실이다. 환경관리 역사가 짧은 탓에 자체적으로 누적된 자료와 정보가 없는 상황에서 어느 정도는 그 불가피성을 인정하지 않을 수 없지만, 나라마다 사회, 경제적 요인이 다른 상황에서 다른 선진국의 경우를 그대로 국내에 여과 없이 도입하는 것은 재고되어야 한다. 특히 최근의 국내 산업발전과 규모를 고려할 때 어느 듯 우리나라의 경우가 세계에서 유례없이 가장 특별한 수준에 이른 부분도 많다. 따라서 환경관리 분야 역시 우리의 경우에 맞는 독특한 방식을 개발해 나가는 발상의 전환이 필요하다고 사료된다. 이러한 측면에서 최근 마련된 다중이용시설과 신축공동주택에 대한 실내공기질관리법은 아직 그 법의 효율성과 타당성에 대한 논란이 전혀 없는 것은 아니나 우리나라의 독특한 경우를 반영하였다는 점에서 매우 고무적이라고 본다. 각국의 HAP 관련 대기환경기준을 표 5.11에 요약하였다.

현재 국내 대기환경기준은 아황산가스, 일산화탄소, 질소산화물, 오존, 미세먼지(및 초미세먼지), 납, 그리고 벤젠의 7개 항목에 대하여 설정되어 있다. 이들 중 HAP와 관련 있는 항목은 벤젠과 납이 있으며 미세먼지는 간접적으로 입자상 유해물질과 관련이 있는 정

표 5.11 ■ 각국의 HAP에 대한 대기환경기준 및 권고기준 설정현황

항목	기준시간	일본	영국	EU	WHO(권고기준)
Acrylonitrile	평생				2×10^{-5}
Arsenic	평생				1.5×10^{-3}
Benzene	1년	3 μg/m^3 (0.94 ppb)	16.25 μg/m^3 (5 ppb)	5 μg/m^3 (1.5 ppb)	
	평생				6×10^{-6}
1,3-Butadiene	1년		2.25 μg/m^3 (1 ppb)		–
Chromium(VI)	1년				4×10^{-2}
Nickel Compounds	1년				3.8×10^{-4}
PAH(BaP)	평생			검토중	8.7×10^{-2}
Refractory ceramic fibers	1년				1×10^{-6} $(\text{fibre}/1)^{-1}$
Trichloroethylene	1년	200 μg/m^3 (36.63ppb)			
	평생				4.3×10^{-7}
Vinyl Chloride	24시간				
	평생				1×10^{-6}
Cd	1년				5 ng/m^3
CS_2	24시간				100 μg/m^3
1,2-Dichloethane	24시간				700 μg/m^3
Dichlomethane	24시간				3,000 μg/m^3
	1주일				450 μg/m^3
	1년	150 μg/m^3 (36.4 ppb)			
Fluoride	–				–
Formaldehyde	30분				100 μg/m^3
H_2S	24시간				150 μg/m^3
Mn	1년				0.15 μg/m^3
Hg	1년				1 μg/m^3
Particulate Matter	–				–
PCBs	–				–
PCDDs/PCDFs	1년	0.6 pg TEQ/m^3			
Stylene	1주일				260 μg/m^3
Tetrachloroethylene	1년	200 μg/m^3 (28.99 ppb)			250 μg/m^3
Toluene	1주일				260 μg/m^3
Vanadium	24시간				1 μg/m^3
Sulfate	24시간				

주) 음영은 WHO Air Quality Guideline에서 발암물질로 규정하고 있는 물질. 대기환경기준으로도 지정되어 있고, WHO의 권고기준치도 설정되어 있는 물질은 벤젠, 트리클로로에틸렌, 디클로로메탄, 테트라클로로에틸렌의 4개 항목이다. 그리고 이중 벤젠, 트리클로로에틸렌 2개 항목은 IARC 등의 발암성 결과를 근거로 WHO에서 발암성 물질로 지정되어있다.

도이다. 특히 아황산가스와 일산화탄소는 대도시 연료정책의 효과로 개선되어 이미 환경기준으로서의 의미가 상실된 지 오래이며, 납 역시 1987년에 무연휘발유를 공급하기 시작하여 이미 전국적으로 납 농도가 급격히 감소한 5년이 지난 시점에 기준을 새로이 설정하여 기준치로서의 효용성에 의문이 제기되는 항목이기도 하다. 결국, 현행 기준설정 항목 중에는 질소산화물과 오존 그리고 미세먼지 (PM_{10})의 3개 항목만이 대도시와 산업단지의 환경위해성을 평가하는 항목으로 활용되고 있는 실정이며, 벤젠은 중요한 물질임에도 불구하고 2010년에 기준이 발효되어 아직까지는 전국적인 자료구축이 미흡한 실정이다.

대기환경기준은 대기오염물질의 농도로 인한 유해성을 저감하기 위한 가장 실효적인 수단으로 사용될 수 있음에도 불구하고 많은 국가에서 아직도 수많은 오염물질 중에 일부만이 기준이 설정되어 있다. 그 주된 이유는 대기환경기준을 설정하기 위해서는 아래와 같은 세 가지 요건이 수반되어야 하기 때문이다.

- 특정 대상오염물질에 대한 위해평가 자료의 축적
- 특정 대상오염물질에 대한 모니터링 기술의 보편화
- 특정 대상오염물질에 대한 방지기술 및 제어기술의 확보

위의 세 가지 요건이 사전에 구비되고 난 후에 환경기준을 발효해야만 효과적인 관리가 수행될 수 있으며, 많은 오염물질에 대하여 아직도 이러한 조건을 충분히 충족하지 못하는 경우가 많다. 그러나 이러한 자료와 정보가 모두 마련될 때까지 기다리기 이전에 행정 효율을 높이고 측정 및 방지기술의 개발 등을 선도하기 위해서 국가나 지자체는 나름대로 환경기준을 행정목표로 제안하여 적용하는 것이 현실적으로 효과적일 수도 있다. 그리고 제안된 환경기준이 달성되면 다시 기준을 단계적으로 강화해 가면서 오염물질의 발생량을 억제시켜나가는 방법이 우리나라의 실정에는 오히려 적합할 수도 있다고 사료된다.

5-6 우리나라 화학물질 배출 · 이동량 조사 제도

현대사회에서는 경제성장과 국민들의 삶의 질에 대한 욕구가 커지면서 갈수록 다양한 화학물질들이 많이 사용되고 있다. 현재 전 세계적으로 12만여 종의 화학물질이 유통되고 있으며, 매년 2천여 종의 새로운 화학물질이 개발되고 있다. 그 중 국내에는 4만 4천 종 이상의 화학물질이 유통되고 있고, 매년 300여 종 이상이 새로이 국내시장에 유통되고 있다고 알려져 있다. 2012년 현재 국내의 대기오염물질 배출업소 현황은 총 48,035개소가 있으며, 그 중 1종이 1,144개소, 2종 1,276개소, 3종 1,907개소, 4종 14,953개소, 5종 28,755개소가 등록되어 있다 (환경부, 2013). 사업장의 보고 업체 수는 매년 늘어나는 추세이며, 화학물질의 취급량과 배출량 비율은 감소하는 추세를 나타내고 있다. 또한, 사업장 내에서 화학물질이 배출되는 경로는 약 99%가 대기 중으로 배출되고 있다고 보고된 바 있다 (김준영과 백성옥, 2019). 이와 같이 산업체에서 사용되는 많은 화학물질의 배출량을 파악하고 관리하기 위해서 만든 제도가 화학물질 배출 · 이동량(Pollutant Release and Transfer

Registers, PRTR) 조사이다.

PRTR 조사는 1992년에 브라질에서 열린 리우데자네이로(리우회의)에서 필요성이 최초로 제기되어 OECD는 1996년 'PRTR 지침서'를 개발하고 'PRTR 도입에 대한 이사회 권고안'을 채택하였다 (OECD, 2014). 이에 따라 1997년 OECD의 각 회원국들은 이사회 권고에 의해 각국의 특성에 맞게 PRTR 제도를 도입하고 그 이행계획을 수립하게 되었다. OECD는 PRTR의 기준을 국가별로 특성에 맞게 설정하여 운영하고 있으며, OECD 사무국은 지역별 특징적인 PRTR시스템을 비교할 수 있도록 국가별 조사기준을 검토하고 필요시 이를 수정하도록 권고하고 있다.

국내의 PRTR 자료는 현재는 단순히 화학물질의 배출량만 발표하고 있으며, 노출정도, 분해정도, 잔류성 등 위해성 관련 정보는 아직 마련되지 못하고 있다. 또한, 위해성을 고려한 화학물질 배출량을 추계하고, HAPs의 위해성평가를 통하여 지역별로 특징적인 우선관리물질을 선정하는 것은 국민 건강 보호를 위하여 매우 중요한 작업이다. 중점 관리 대상 물질의 선정을 단순 배출량에만 의존하는 단계에서 나아가 지역별로 위해성을 고려한 관리대상 물질을 선정하게 되면 저예산으로도 인체에 미치는 영향을 최소화 할 수 있는 효율적인 정책을 개발할 수 있을 것이다.

국내 PRTR제도는 사업장에서 제품을 제조하는 데 사용되는 화학물질이 수질, 대기, 토양 등 환경으로 배출되는 양을 파악하기 위한 제도이다. 환경으로 배출되는 양을 파악하고 제품이나 원료의 배출 손실을 기업이 자발적으로 줄여 환경오염을 최소화하고 기업의 생산성을 향상시키는 목적을 가지고 있다. 화학물질 배출량 조사제도가 도입된 배경으로는 1996년 OECD에 가입하면서 OECD의 PRTR제도 도입을 약속하였다. 이에 따라 '유해화학물질 관리법'을 개정하여 필요한 법적 근거를 마련하고 화학물질 배출량을 조사하게 되었다. 현재는 '유해화학물질 관리법'에서 '화학물질관리법'으로 변경되었으며, '화학물질관리법' 제11조, 동법 시행규칙 제5조 및 '통계법' 제18조, 동법 시행령 제24조, 동법 시행규칙 제12조, 환경부 고시 제 2014-255호에 의해서 조사되고 있다 (환경부, 2016).

환경부는 화학물질 배출량 조사제도를 도입 후 국내 22개 업체를 대상으로 시범사업을 실시하였다. 시범사업 결과, 배출량 산정기법을 개발필요성이 제기되어 1997년부터 1999년까지 석유정제, 화학, 자동차 등 23개 업종에 대해 배출량산정기법을 마련하였으며, 2001년부터 2002년 1년 동안 비점오염원 배출량 산정기법을 개발하였다. 그 후로도 휘발성물질 등 물질군별 배출량 산정지침과 섬유염색 · 금속수조 · 정밀화학업 등 업종별 배출량 산정지침을 마련한 바 있다 (PRTR, 2016).

화학물질 배출량 조사제도는 조사대상 업종, 화학물질 및 사업장 규모(종업원 수)의 기준을 두고 보고업체를 선정하고 있다. '대기환경보전법'과 '수질 및 생태계 보전에 관한 법률'에 의해 배출 시설의 설치 및 신고를 한 업종 중 한국표준산업분류에 해당되는 41개 업종이 해당하며, 사업장 규모는 종업원 수 30인 이상이 대상이었지만, 2012년 구미 불산사고 이후 2013년부터 1인 이상으로 조사대상이 강화되었다. 조사대상 물질은 시행 초기엔 80여 종이 해당하였으며, 2016년 기준으로 415종까지 확대되었다 (환경부, 2015).

조사대상 화학물질의 경우 Ⅰ그룹과 Ⅱ그룹으로 기준이 설정하고 있다. 사업장에서 생산되는 화학물질 및 제품, 원료 및 첨가제, 폐기물처리사업장에서 처리되는 폐기물, 사업장에서 보관 또는 저장하는 화학물질 등이 Ⅰ그룹에 해당하는 물질(16종)은 연간 1톤 이상, Ⅱ그룹에 해당하는 물질(399종)은 연간 10톤 이상 되면 조사대상 업체에 해당된다. 하지만, 연구 또는 검사 등 제한된 장소에서 연구자에 의해서 사용되는 경우, 축전지와 같이 구입하여 사용하는 장치 내에 내장되어 있는 화학물질, 사업장 조경시설 등의 유지에 사용되는 살충제 및 비료 등은 조사대상에서 제외되는 사항이 있다 (환경부, 2016).

화학물질 배출량 조사제도는 배출원의 위치가 확실한 사업장을 대상으로 조사하지만, 소비 · 유통과정에서 배출되는 비점오염원을 파악하기 위해 매 4년마다 비점오염원에 대한 배출량조사를 실시하고 있다. 비점오염원조사는 2003년 농업분야 · 가정 · 이동발생원 등 9개 배출원, 240종의 화학물질에 대해서 1차 조사를 실시하였고 2007년에는 철도 등 15개 배출원, 388종의 화학물질을 대상으로 2차 조사가 진행되었다. 2011년에는 기존 15개 배출원에 이륜자동차, 선박, 건설기기계의 비점오염원을 추가하여 3차 조사를 실시한 바 있다 (환경부, 2015).

화학물질 배출량 조사절차는 기업에서 한 해 동안 제조한 제품이나 사용한 원료 등의 화학물질 양을 조사하여 배출량과 이동량 및 자가 매립량을 산정한다. 배출량은 한 해 사업장 내에서 대기, 수계, 토양으로 배출된 화학물질 양을 산정하고, 이동량은 사업장 밖으로 이동된 폐수 또는 폐기물에 함유된 화학물질의 양을 파악하여 폐수 및 폐기물 처리업체로 이동되는 양으로 구분하여 산정한다. 자가 매립량은 사업장 내에서 매립된 폐기물에 함유된 화학물질의 양으로 산정한다 (환경부, 2016). 산정방법에는 직접측정법, 물질수지법, 배출계수법, 공학적 계산법이 있다. 첫 번째로 직접측정법은 실제로 배출되는 양을 실제로 측정하여 배출량을 산정하는 방법이다. 두 번째로 물질수지법은 질량 보존의 법칙인 물질수지 식을 이용하여 산정한다. 세 번째로 배출계수법은 특정시설에서의 배출량을 직접 측정하여 산출된 평균배출량 값을 이용하여 유사한 배출원에 적용하여 배출량을 산정하는 방법이다. 마지막으로 공학적 계산법은 물리 · 화학법칙이나 이론 등을 이용하거나 공정설계자료, 생산 공정이나 오염방지시설의 특성을 이용하여 배출량을 산정하는 방법이다. 위와 같이 4가지 방법으로 산정된 배출량을 매년 4월 30일까지 관할 환경청에 제출하면 이를 취합 · 검토한 후 환경부로 보내진다. 환경부에서는 배출량 조사 자료를 DB화시킨 후 홈페이지와 조사보고서를 작성하여 국민에게 공개하고 있다.

5-7 요약 및 결론

PAH와 VOC와 같은 화학적 발암성 물질을 포함하는 HAP로 인한 환경보건학적 영향은 일반적으로 장기간에 걸친 저농도 수준에서의 누적노출로 인한 영향이 단기간의 급성노출로 인한 그것에 못지않거나 대도시나 대규모 산업단지에서는 피해규모의 측면에서 오히려 더 심각할 수 있다고 알려져 있다. 더욱이 국내의 경우 기존의 규제오염물질에 비해 HAP

와 같은 비규제물질에 대한 측정과 연구는 상대적으로 부족하여 이들 독성유기오염물질에 대한 노출정도를 평가할 신뢰성 있는 자료가 마련되지 못하고 있는 실정이다. 따라서 이들 물질의 대기 중 농도를 보다 정확히 측정할 수 있는 방법론의 확립과 아울러 장기적이고도 정기적인 관측을 통하여 HAP에 대한 자료를 축적하는 것은 환경보건학적 측면에서의 국민 위해성 저감 차원에서 매우 중요한 과제라고 할 수 있다.

최근 구미 불산가스 누출사고에서 경험한 바와 같이, 특정대기유해물질의 경우 이들 물질의 유통과 배출 및 관리체계가 미비할 경우 자칫 대형 환경안전사고로 국가에 엄청난 피해를 줄 수 있으므로 환경부는 다른 규제물질 보다 더 많은 관심과 주의를 기울여야 한다. 전 세계적인 대기환경관리의 패러다임이 종래의 '맑고 푸른' 공기의 개념에서 진일보하여 국민에게 '건강하고 안전한' 공기를 공급하고 확보하는 방향으로 변하고 있다. 불특정 다수의 환경보건학적 위해성에 가장 큰 영향을 미치는 매체가 대기환경이라는 점을 고려할 때 HAP에 대한 주기적인 측정과 그로 인한 위해평가 및 저감은 궁극적으로 환경관리가 추구해야 할 당면과제이다.

향후 단일매체에 대한 물질별 농도규제보다는 복합매체에 대한 총괄 위해성 평가의 개념으로 환경관리의 패러다임이 바뀔 것으로 예상된다. 환경복지국가 구현을 천명한 현 정부는 이미 환경행정 체제 역시 새로운 패러다임을 반영하여 각종 정책을 발표하고 있는 중이다. 대부분의 유해화학물질은 일단 공기라는 매체를 통하여 수환경이나 토양환경으로 이송된다. 따라서 HAP에 대한 효과적인 관리는 통합 환경매체 관리에 있어서도 가장 중요한 요소이며, 이에 대한 집중적인 투자와 노력이 필요하다고 사료된다.

참고 및 인용문헌

Bjorseth, A. (1983) Handbook of Polycyclic Aromatic Hydrocarbons, Marcel Dekker, 95-148.

IARC (1983) Polynuclear Aromatic Compounds, V.32, Lyon, France.

Patric, D. R. (1994) Toxic Air Pollutants Handbook, Van Nostrand Reinhold, New York, 588 p.

U.K.DoE (1994) Expert Pannel on Air Quality Standards: 1,3-Butadiene, HMSO, London, 23p.

U.S. National Academy of Sciences (1983) PAH - Evaluation of Sources and Effects, 477 p.

USEPA (2006) Urban air toxics monitoring program(UATMP) final report, EPA-454/R-07-001.

WHO (2000) Guidelines for air quality, Geneva, 2000.

김준영, 백성옥 (2019) 한국대기환경학회지, 35(4), 461-475.

백성옥 (1999) 한국대기환경학회지, 15(5), 525-544.

백성옥, 김기현 (1998) 한국대기환경학회지, 14(3), 251-260

백성옥, 전찬곤 (2013) 한국대기환경학회지, 29(5), 513-527

서영교 등 (2011) 한국대기환경학회지, 27(6), 734-745.

일본대기환경학회 (1997) 일본대기환경학회 특집호, 32, 1-140

환경부 (2015) 환경백서, 609p.

환경부 (2015) 2015 환경백서.

환경부 (2016) PRTR조사지침서.

CHAPTER 06

미기상

강원대학교 **이종범**

6-1 대기권

6-1-1 대기환경과 기상학

대기오염물질은 화산재, 꽃가루, 황사 등의 자연현상에 의하거나, 연료의 연소나 공장의 생산공정 등 인간의 활동에 의하여 발생되어 대기권에 퍼져나가고, 인간을 포함한 생물체나 건물 등에 피해를 주게 된다.

대기오염물질이 대기중에 배출된 후 피해를 주기까지의 과정은 첫째로 대기오염 물질이 발생되어 굴뚝으로부터 배출되기까지의 과정, 둘째로 굴뚝에서 배출된 대기오염물질이 대기 중에서 확산 및 변질되는 과정, 셋째로 대기오염에 의한 영향과 피해를 미치는 과정으로 나눌 수 있다.

대기오염물질은 대기 중에서 난류에 의하여 확산, 희석되고 바람에 의하여 풍하측으로 수송되며, 또한 태양광선, 기온, 습도 등의 기상조건과 대기 중 여러 가지 조성물질의 농도 등의 조건에 따른 화학반응에 의하여 다른 물질로 변질되기도 한다. 또한 최근 이산화탄소의 증가에 의한 지구온난화현상이나 오존층 파괴와 같이 대기 중의 대기오염 물질의 증가는 전 지구적인 대기의 상태를 변화시킬 수 있으므로 지구규모의 대기권에 대한 폭넓은 지식이 요구된다.

그러므로 오염물질의 대기 중에서의 거동을 파악하고 대기오염이 기후에 미치는 영향을 파악하기 위하여 태양에너지의 전달 및 변환, 대기의 열역학, 대기의 난류구조와 바람 등의 기상학적 기초지식을 이해하고 이들 지식을 대기오염물질의 확산, 대기오염농도와 기상조건의 관계, 대기오염에 의한 기후변화 등에 적용하여야 한다.

6-1-2 대기오염과 기상의 상호작용

1) 기상이 대기오염에 미치는 영향

대기오염물질은 바람에 의하여 이동 (transport)하고 대기중의 난류에 의하여 확산 (diffusion) 희석된다. 또한 지표면부근의 난류와 지표면 상태는 대기오염물질이 지표로 이동되어 제거되는 **건식침적** (dry deposition)을 좌우한다. 또한 대기 중에서의 오염물질의 화학반응은 일사, 기온, 습도 등의 기상조건에 따라 영향을 받는다.

대기중의 수분이 응결되어 구름이 될 때 분진이나 스모그 등의 부유입자 (aerosol)는 응결핵으로 작용하여 구름에 포함되며 (rain out), 강우는 대기 중의 오염물질을 세정하여 (wash out) 대기오염의 제거에 기여한다. 이와 같이 수분이 관여하여 대기 중 오염물질이 제거되어 지표로 이동하는 과정을 습식침적 (wet deposition)이라고 한다.

2) 대기오염이 기상에 미치는 영향

부유분진, 스모그, 광화학스모그 등의 대기 중 미세 분진입자는 응결핵으로 작용하므로 대기오염이 심한 지역은 청정지역에 비하여 안개 발생이 빈번하다. 또한 심한 대기오염은 대기를 혼탁하게 하여 일사량이 감소되고 시정이 악화된다. 대기권의 이산화탄소 농도가 증가하면 온실효과로 기후가 온난해 진다. 또한 염화불화탄소 (CFCs)와 같은 물질이 성층권의 오존층을 파괴하여 지표에 도달하는 자외선을 증가시킨다. 한편 연료의 연소에 의하여 발생되는 인위적인 오염물질이 대기층에 부유하면 태양복사를 차폐하여 일사량이 감소된다.

6-1-3 대기조성물질의 변화

대기권의 조성물질은 지구가 탄생한 이래 지속적으로 변화되어왔으며, 이러한 변화는 기후변화와 태양자외선의 투과, 산소의 생성, 온실효과에 의한 기후변화 등으로 지구상의 생물의 진화와 생태에도 큰 영향을 미치고 있다. 최근에는 인간활동에 의하여 대기 중으로 배출되는 대기오염물질이 증가함에 따라 대기의 조성이 인위적으로 변화되고 있다.

현재로부터 약 46억 년 전 성운가스나 미립자가 응축하여 고온의 원시지구가 탄생하였다. 초기에는 수증기, 이산화탄소, 질소, 황, 소디움, 염소 등이 지구내부로부터 분출되었으며, 지구상의 수분이 저지대에 모여 바다를 형성하고 이 바다에 아황산가스나 염소가스가 녹아들어 산성을 띠게 되었다.

원시대기 중에는 산소가 희박하여 오존층도 생성되지 못한 상태에서 지표상에 자외선이 직접 쪼였을 것이며, 자외선은 생물체에 유해하므로 초기 생물들은 자외선을 피하면서 광합성이 가능한 깊이의 해양에 서식하였을 것이다. 그 후 식물체의 엽록소가 광합성과정으로 산소를 생성하게 되어 점차로 대기 중에 산소가 풍부하게 되었으며, 이 산소는 자외선을 흡수하여 산소원자로 해리되어 오존층을 생성하였다. 오존층이 발달함에 따라 태양자외선을 흡수하여 지표면에 도달하는 자외선은 더욱 약해지면서 약 4억년 전에는 육상에 생물이 서식할 수 있게 되었다.

표 6.1에 보듯이, 현재 대기를 구성하고 있는 기체의 조성은 질소와 산소가 거의 대부분을 차지하고 있다. 조성비는 작지만 중요한 역할을 하는 기체로서는 이산화탄소, 메탄, 오존 등이 있다.

현재의 대기의 조성비도 지속적으로 변화가 진행되고 있다. 특히 최근 인간 활동으로 인한 대기오염으로 지구규모의 대기조성에 변화가 생기면서 그에 따르는 대기층의 복사특성의 변화를 초래하게 되었다.

표 6.1 ■ 지구 대기의 조성물질

성분	분자식	분자량	존재비율 (%)	
			부피비	중량비
질소	N_2	28.0	78.09	75.53
산소	O_2	32.0	20.95	23.14
이산화탄소	CO_2	44.0	0.03	0.046
메탄	CH_4	16.1	1.4×10^{-4}	7.25×10^{-5}
오존	O_3	48.0	2×10^{-6}	3×10^{-6}

이산화탄소의 증가에 따른 지구온난화는 기온상승과 강수량변동 등의 기후변화를 초래하며 그에 따라 해수면상승, 생태계의 변화도 초래하게 된다. 또한 오존층의 파괴로 지표에 도달하는 자외선의 증가에 따라 생물체에 피해를 주게 된다.

6-1-4 대기의 수직구조

지구 대기권의 고도에 따른 온도분포는 그림 6.1과 같으며, 이와 같은 온도의 고도분포 특징에 따라 몇 개의 층으로 구분한다. 대기의 수직구조에 대해서는 제1장에서 자세히 공부하였으므로 여기서는 간단히 이를 요약한다.

대기의 밀도는 고도에 따라 급격하게 감소하며 전 대기질량의 50%는 고도 약 5 km 이하에 밀집되어 있다. 대기를 수직방향으로 구분할 때 지표에 가까운 최하층을 **대류권** (troposphere)이라고 부르며 지표에서부터 평균적으로 약 12 km까지이다. 대류권에서는 고도가 1 km 상승함에 따라 온도는 6.5°C 비율로 감소하므로 대류현상이 일어나기 쉽다. 또한 대기 중의 대부분의 수분은 이 권에 존재하므로 구름이 끼고 비가 오는 등의 기상현상은 대류권에 국한되어 나타난다.

대류권 위에는 **성층권** (stratosphere)이 있으며 고도는 약 11 km에서 50 km까지이다. 이 권역에서는 고도에 따라 온도가 상승하므로 하층부의 밀도가 커서 매우 안정한 상태를 유지하며, 따라서 공기의 상승이나 하강 등의 연직운동은 억제된다. 그러므로 화산분출 등에 의하여 미세한 분진이 성층권에 유입되면 수년간 남아 있게 되어 기후에 영향을 미치기도 한다.

성층권에서 고도에 따라 온도가 상승하는 이유는 성층권의 오존이 태양광선 중의 자외선을 흡수하기 때문이다. 고도에 따른 오존의 분포는 그림 6.2와 같이 위도에 따라 다르며 중위도에서의 오존밀도의 극대는 고도 약 25 km 부근이다. 이와 같이 오존이 많이 분포된 층을 오존층 (ozone layer)이라고 부른다.

오존층에서는 지표면의 생물체에 유해한 자외선을 흡수한다. 최근 남극지역 상공의 성층권에서 오존층의 농도가 낮아지는 현상 (ozone hole)이 발견되었으며, 그 원인물질은 인간이 스프레이 등에서 추진제로 사용하거나 냉장고의 냉매로 사용하는 염화불화탄

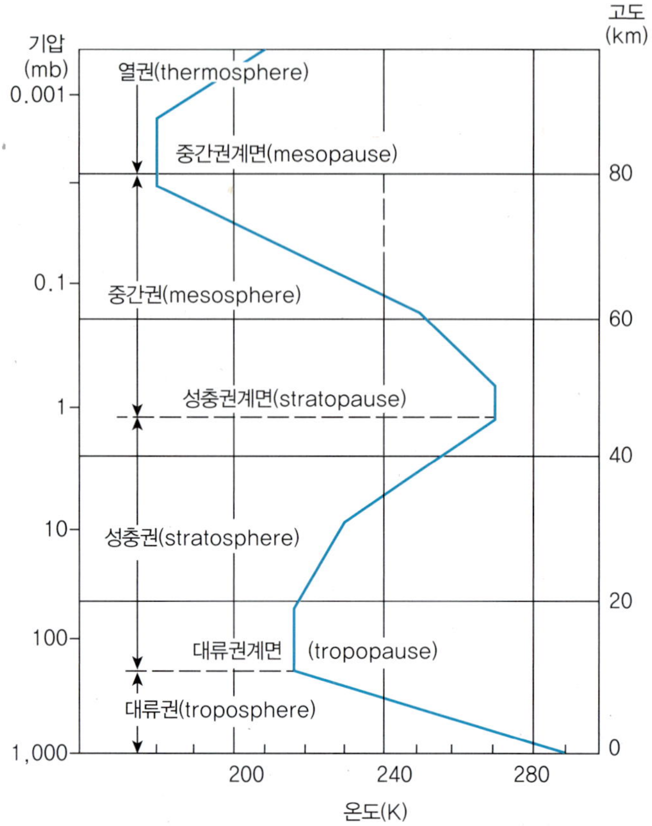

그림 6.1 ■ 온도의 고도분포(미국 표준대기)와 대기층의 구분

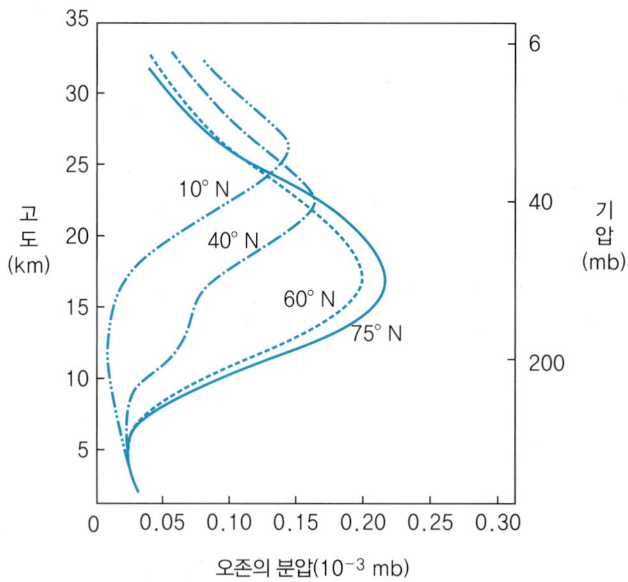

그림 6.2 ■ 위도별 오존량의 고도분포

소 (CFCs: chlorofluorocarbons)라는 것이 밝혀졌다. 성층권의 오존층이 파괴되면 자외선이 증가하여 피부암 환자가 증가하고 식물체의 광합성에 지장을 초래하게 되므로 오존층을 보호하여 피해를 막기 위하여 1987년에 제정된 **몬트리올의정서** (Montreal Protocol)는 CFCs의 생산과 사용을 금지하고 있다.

성층권의 위층인 고도 약 80 km까지를 **중간권** (mesosphere)이라고 부르며 중간권의 상층을 **열권**(thermosphere)이라고 하며 이 권역에서는 분자들이 전리상태에 있으므로 **전리층** (ionosphere)이라고도 한다.

6-2 대기의 열역학

열에너지는 복사 (radiation), 전도 (conduction), 대류 (convection)의 3가지 형태로 전달된다. 전도에 의한 열전달은 고체에서 가장 효율이 크며 액체에서는 작으며 기체에서는 무시할 수 있을 정도로 작다. 대류는 매질로서 공기나 물과 같은 유체가 필요하다. 한편 복사에 의한 열전달은 매질이 필요하지 않으므로 진공 중을 통과하여 전달될 수 있다. 대기권에서 일어나는 여러 가지 현상에는 에너지가 관여하며 이 에너지의 기원은 대부분 태양에너지이다. 태양에너지는 복사의 형태로 우주공간을 통하여 지구에 도달하여 흡수되면 여러 가지 형태의 에너지로 변환되어 이동되게 된다.

6-2-1 대기중의 복사전달

1) 복사이론

흑체의 단위 표면적에서 복사되는 에너지 E와 그 물체의 표면온도 T와는 다음 식과 같은 관계가 있으며 이를 **스테판-볼츠만의 법칙** (Stefan-Boltzmann's law)이라고 한다.

$$E = \sigma T^4 \tag{6.1}$$

여기서 T는 절대온도이며 σ는 스테판-볼츠만의 상수로서 $\sigma = 5.67 \times 10^{-8}\ W/m^2 \cdot K^4$이다.

이 관계식을 이용하면 표면온도가 2,000 K인 흑체에서 복사되는 에너지는 표면온도가 1,000 K인 흑체에서 복사되는 에너지의 16배인 것을 알 수 있다.

한편 비인 (Wien)은 1890년대 초에 실험에 의하여 복사에너지 중 에너지 강도 (energy intensity)가 최대가 되는 파장 λ_m과 흑체의 표면온도는 다음식과 같은 관계가 있음을 밝혔으며 이 관계를 **비인의 변위법칙** (Wien's displacement law)이라고 한다.

$$\lambda_m = 2{,}897/T \tag{6.2}$$

여기서 λ_m의 단위는 μm이고, T는 표면온도로서 절대온도 (K) 단위이다. 즉, λ_m이 작을수록 표면온도가 높은 물체이므로 파장이 긴 붉은 별과 파장이 짧은 푸른별을 비교하면 푸른별의 표면온도가 더 높다.

독일의 막스 플랑크는 스테판-볼츠만의 법칙이나 비인의 변위법칙들을 설명할 수 있

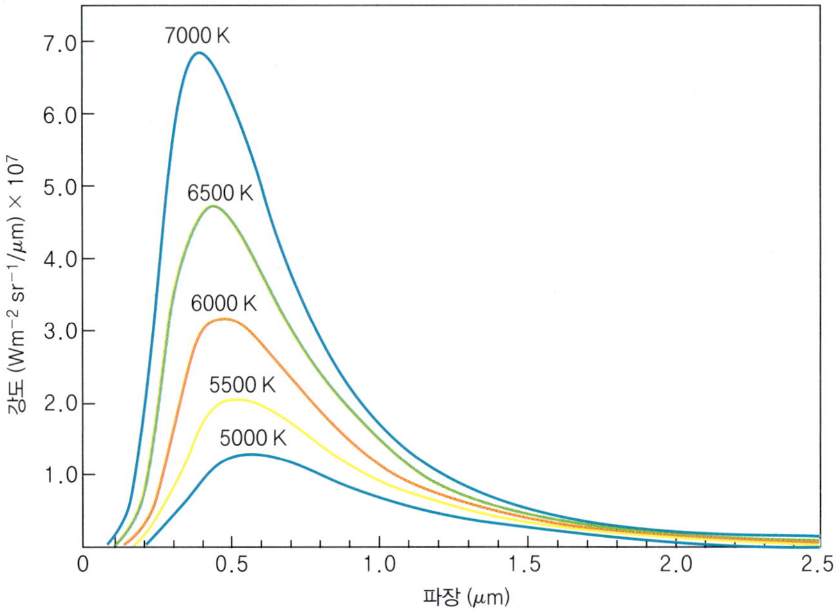

그림 6.3 ▪ 다양한 온도에서 흑체를 가정한 물질의 복사에너지

는 **플랑크 방정식**을 유도하였으며 이 방정식으로 여러 가지 표면온도에서 방출되는 복사에너지 강도를 계산하여 파장에 따른 에너지변화를 나타낸 것이 그림 6.3이다.

2) 단파복사와 장파복사

태양복사에너지의 약 50%는 가시광선 (visible light) 영역에, 나머지는 자외선 (ultra violet)과 적외선(infra-red) 영역에 속하며 에너지강도가 최대인 파장은 0.475 μm이다. 이 값을 비인의 변위법칙에 적용하면 태양을 흑체로 간주할 경우, 태양의 표면온도는 약 6,100 K인 것을 알 수 있다.

한편 지구에서 방출되는 복사에너지로부터 스테판-볼츠만의 법칙을 이용하여 지구의 복사평형온도를 구하면 255 K가 구해진다. 이 온도는 지구대기층의 대표적인 온도라고 할 수 있다. 그림 6.4은 태양의 광구온도 (5,780 K)와 지구의 복사평형온도 (255 K)에 대한 복사에너지 강도의 파장에 따른 분포를 나타낸다. 이 그림에서는 종축은 복사에너지 강도와 파장의 곱으로 나타내었다. 두 가지의 복사는 약 4 μm를 경계로 구별되며 태양복사에서는 약 0.5 μm인 곳에서, 지구복사에서는 약 14 μm인 곳에서 복사에너지의 강도가 최대가 된다. 그러므로 태양복사 (solar radiation)를 단파복사 (short wave radiation)라고 하며 지구복사 (terrestrial radiation)를 장파복사 (long wave radiation)라고 부른다.

3) 비어의 법칙

어떤 매질을 통과하는 빛의 복사속밀도는 통과 거리에 따라 식 (6.3)과 같이 지수적으로 감소하게 된다.

$$I_S = I_0 \exp\left(-\int_0^S K \rho \, dS\right) \tag{6.3}$$

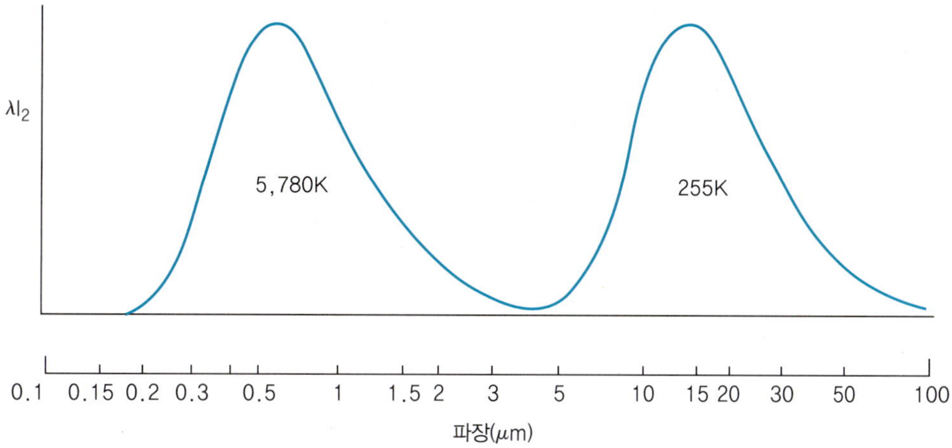

그림 6.4 ■ 태양과 지구표면의 온도에 해당하는 흑체복사 비교

여기에서 I_s는 매질 통과거리가 S일 때의 복사에너지의 강도, I_0는 매질로 입사되는 복사에너지의 강도, K는 매질에 따른 감쇄계수, ρ는 매질의 밀도 이다.

이 식을 **비어의 법칙** (Beer-Lambert's Law)이라고 하며 간단히 표시하기 위하여, $\int_0^S K\,\rho\,dS = \tau$로 치환하면, 다음과 같다.

$$I_s = I_0 \exp(-\tau)$$

여기서 τ를 광학적두께 (optical thickness)라고 하며 무차원 수이다.

만약 수식 (6.3)에서 K와 ρ를 통과거리 S에 무관한 일정한 것으로 간주할 수 있을 경우에는 다음 식 (6.4)와 같이 단순화된다.

$$I_s = I_0 \exp(-K\,\rho S) \tag{6.4}$$

대기층을 통과하는 동안의 태양복사의 감쇄는 K, ρ, S에 의하며 K는 대기층의 조성물질에 의한다. 즉, 건조공기 이외에도 수증기, 먼지, 매연, 스모그와 구름 등에 따라서 K값은 달라지며, 또한 물질별로 복사의 파장 에 따라서도 K는 크게 달라진다. 그리고 대기층을 통과하는 과정에서 태양복사는 이들 조성물질의 밀도 ρ와 대기층 통과거리 S에 비례하여 감쇄하게 된다. 이와 같이 대기층을 통과한 태양복사는 대기 중의 혼탁한 정도에 따라 달라지므로 태양복사를 측정함으로서 대기의 오염을 간접적으로 측정할 수 있다.

대기층이나 대기층에 떠있는 어떤 에어로졸이 수평적으로 층을 이루고 있을 때 태양복사의 통과거리 S는 그 층의 두께를 1 (unit air mass)이라고 하고 태양고도를 z라고 하면 S = cosec z가 된다. 그러므로 동일한 대기오염상태에서도 태양복사에너지의 감쇄는 하루 중 태양고도가 변화됨에 따라서 변화된다. 즉 한 낮에 비하여 태양고도가 낮은 오후 늦은 시간에는 대기오염에 의한 감쇄가 더 크게 나타나게 된다.

6-2-2 지구대기의 흡수

단파복사와 장파복사가 대기층을 통과하는 동안에 특정 파장영역에서 각종 기체에 의하여 흡수되는 비율을 그림 6.5에 나타내었다.

태양광선 중에서 파장이 0.31 μm보다 짧은 자외선은 대류권계면에 도달하기 전에 산소분자 및 오존에 의해 거의 완전히 흡수된다. 그러나 태양광선 중에서 파장이 비교적 긴 가시광선 영역 (특히 복사속밀도가 최대인 0.5 μm 파장영역)에서는 흡수가 아주 적다. 이산화탄소, 메탄가스나 N_2O 등은 태양에서 입사되는 단파복사에너지는 잘 통과시키지만, 지구에서 방출되는 장파복사에너지를 잘 흡수하여 지구대기층에서 보온효과를 나타내므로 이러한 보온작용을 **온실효과** (greenhouse effect)라고 한다.

최근 인간의 화석연료 사용 증가로 지구대기권의 이산화탄소 농도가 급격히 증가되고 있다. 이산화탄소는 온실효과를 일으켜서 지구온난화를 초래하므로 이산화탄소의 사용을 저감할 수 있는 대책이 요구된다. 이산화탄소 이외에도 온실효과를 초래하는 기체는 메탄가스, 오존, N_2O, CFC 등이 있으며 온실가스 (GHG: greenhouse gas)라고 부른다.

파장 11 μm를 중심으로 한 8~12 μm의 파장영역에서는 대기에 의한 흡수가 약하게 되어, 이 파장영역의 복사는 대기에 의하여 별로 흡수되지 않고 지구대기권을 통과하게 된다. 이 파장영역을 **대기의 창**(atmospheric window) 이라고 한다. 지구의 지표면이나 대기 중에 떠 있는 구름에서 외계로 방출되는 장파복사 중에서 이 파장 영역의 복사에너지는 대기층에 흡수되지 않고 대기층을 통과하므로 인공위성에서 이 파장 범위의 적외선 센서를 이용하여 원격탐사(remote sensing)를 할 수 있다.

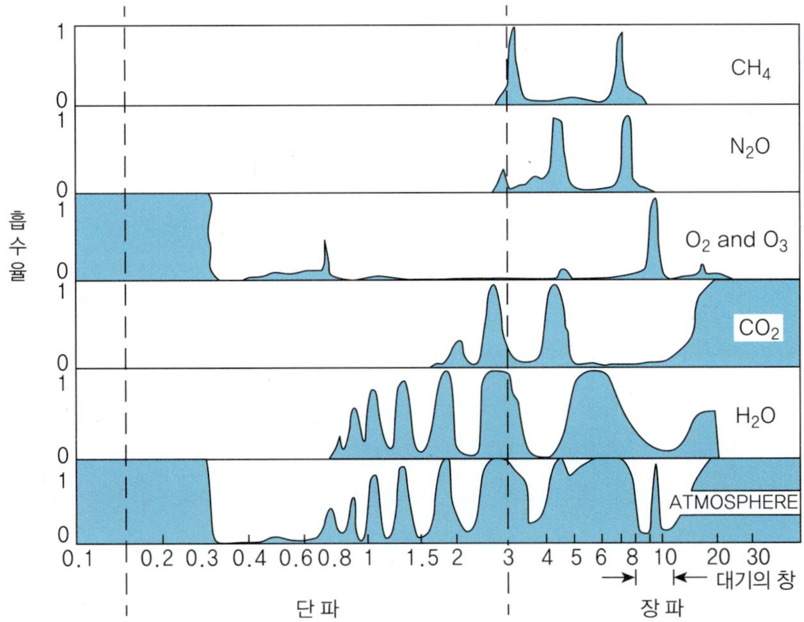

그림 6.5 ▪ 지구대기의 조성물질에 따른 다양한 파장에서의 흡수

6-2-3 산란

지구대기에는 질소, 산소 등 기체분자 이외에도 많은 분진이 부유하고 있으며 광선이 이것에 부딪히면 여러 방향으로 퍼져나가게 된다. 이것을 **산란** (scattering)이라고 한다. 지표에 도달하는 태양복사에너지는 산란에 의하여 감소하게 된다. 일반적으로 산란의 강도, 산란되는 각도분포 등은 광선의 파장과 산란을 일으키는 입자 반경의 상대적인 크기에 따라 매우 다르다.

입자 반경이 입사광선의 파장보다 훨씬 작은 경우에는 **레일리-산란** (Rayleigh scattering)이라고 하는 산란효과가 뚜렷이 나타난다. 이 산란에서 산란강도는 광선의 파장의 4승에 반비례하므로 파장이 짧은 광선일수록 공기분자에 의해 더욱 강하게 산란된다. 가시광선 중에서 적색광의 파장은 약 0.71 μm이고, 청색광은 약 0.45 μm이다. 따라서 청색광은 적색광에 비하여 약 6.2배 강하게 산란되므로 맑은 날 하늘이 푸르게 보이게 된다. 반대로 해가 질 때의 서쪽 하늘이 붉은 색으로 보이는 것은 태양고도가 낮은 저녁때에는 광선이 대기층을 통과하는 거리가 길어서 자색이나 청색광이 먼저 산란되고, 다음으로 녹색광이 산란되므로, 결국 오렌지색이나 붉은 색의 광선만이 보이게 된다.

광선의 파장과 이를 산란시키는 입자의 반경이 거의 같은 크기인 경우에는 **미-산란** (Mie scattering)이라고 하는 산란효과가 뚜렷이 나타난다. 미-산란의 강도는 파장에 별로 의존하지 않는다. 공기 중 분진농도가 높은 날에 하늘이 희뿌옇게 보이고, 맑은 날의 푸른 하늘을 배경으로한 뭉게구름이 하얗게 보이는 것은 태양광선이 대기 중 분진이나 운립에 의해서 산란되고, 산란광은 입사한 태양광과 마찬가지로 백색광에 가깝기 때문이다.

6-2-4 지표면의 열수지

1) 복사수지

대기층의 기온변화는 지표면에서의 열공급에 의하며 복사에 의한 지표면의 가열 및 냉각을 좌우하는 열에너지는 다음 식 (6.5)와 같은 지표면 복사평형식 (surface radiation balance equation)으로 표현된다.

$$\mathrm{Rn} = \mathrm{K}\,(1 - \alpha) - \mathrm{L} \tag{6.5}$$

여기서, Rn은 순복사(net radiation), K는 지표면에 도달한 일사량, L은 지표로부터 방출되는 장파복사이다. 위 식에서 Rn이 양수인 경우에 지표는 복사에너지에 의하여 가열되며 음수인 경우에는 냉각된다. α는 지표로 입사되는 태양복사중 지표에서 반사되는 비율을 나타내는 반사능 (알베도, albedo)로서 표 6.2에 보인바와 같이 눈이나 얼음으로 덮인 경우에는 0.25~0.95, 숲으로 덮인 지역은 0.10~0.20 정도의 값을 나타낸다.

주간에는 장파복사의 방출에 의한 열손실에 비하여 단파복사에 의한 열축적이 진행됨으로써 큰 값의 순복사를 나타내어 지면은 가열되고, 야간 중에는 입사되는 단파가 없고 지표면에서 방출되는 장파복사가 커서 음의 순복사를 나타내어 지면은 냉각된다.

표 6.2 ■ 지표면의 종류별 반사능 (albedo).

표면종류	반사능
나지	0.10~0.25
사막	0.25~0.40
초지	0.15~0.25
삼림	0.10~0.20
신설	0.79~0.95
구설	0.25~0.75

2) 에너지 평형

지표면에 복사의 형태로 흡수된 에너지의 일부는 현열 (H)의 형태로, 일부는 지표로부터 수분의 증발에 의한 잠열 (LE)의 형태로 공기 중으로 전달되고, 그 나머지 (H_G)는 토양 속으로 전달된다. 이 관계는 식 (6.6)과 같으며 이를 **지표면 에너지평형식** (surface energy balance equation)이라 한다.

$$Rn = H + LE + H_G \tag{6.6}$$

한편, 현열 flux에 대한 잠열 flux의 비를 **보웬비** (Bowen ratio, β = H/LE)라고 하며 그 값은 표면의 상태에 따라 매우 다르다. 지표면이 건조한 경우, 잠열에 비하여 현열이 크고, 지표면이 습한 경우에는 그와 반대가 되므로 대개 열대지역의 늪지대에서는 0.1~0.3 정도가 되며, 온대지방의 잔디나 숲으로 형성된 곳에서는 0.4~1.0 정도이고, 표면이 건조할수록 그 값은 더욱 커져서 사막과 같은 지역에서는 10 이상의 값을 갖는다.

6-2-5 단열변화와 온위

1) 단열변화

공기와 물은 유체로서 운동이나 열역학적인 특성이 유사하므로 동일한 이론이나 법칙이 적용되는 경우가 많지만, 근본적인 차이점 중의 하나는 공기는 압력변화에 따라 부피가 변화하는 성질, 즉 압축성인데 비하여 물은 비압축성이라는 점이다. 그러므로 호수나 해양에서는 수심이 깊어져서 수압이 증가하여도 부피의 변화가 거의 없는 데 비하여 대기 중에서는 고도가 높아져서 기압이 낮아지면 공기의 부피는 증가하게 된다. 상승하는 공기의 부피가 증가하면 공기의 내부에너지는 감소하게 되므로 기온의 하강을 초래한다. 이와 같이 외부로부터 가열이나 냉각이 없이 단열적인 과정에서 고도가 높아짐에 따라서 기온이 하강하는 비율을 **단열감률**이라고 한다. 특히 대기 중 수분이 많지 않아서 응결잠열방출이 없을 때의 단열감률을 **건조단열감률** (dry adiabatic lapse rate)이라고 하며, 지구대기의 경우 Γ_d = 0.00976°C/m이다. 즉 공기가 건조한 경우 100 m 상승할 때마다 온도는 약 1°C의 비율로 낮아진다. 그러나 구름속이나 안개와 같이 습한 경우 공기의 단열감률을 **습윤단열감률**

(wet adiabatic lapse rate)이라고 하며 일정치는 않지만 평균 약 0.005°C/m정도이다.

공기의 온도는 외부에서의 열의 유출입이 없어도 상승과 하강에 따라 변화되므로, 공기의 단열적인 상승과 하강에 무관하게 보존되는 **온위** (potential temperature) 개념을 도입하는 것이 편리하며 다음 식에서 구할 수 있다.

$$\theta = T\left(\frac{p_0}{p}\right)^{\frac{R}{C_p}} \tag{5.7}$$

여기서, θ는 온위 (K), T는 기온 (K), P는 기온 측정고도에서의 기압 (mb, hPa), P_0는 기준이 되는 고도에서의 기압이며 보통 1,000 hPa를 취한다. R과 C_p는 상수이므로 온위는 $\theta = T\ (1{,}000/P)^{0.288}$로 구할 수 있다. 즉 공기가 건조단열적으로 하강 또는 상승하여 기압이 1,000 hPa인 고도까지 이동하였을 때의 온도를 온위라고 한다. 공기의 온위가 같으면 밀도가 같으며 밀도는 온위에 반비례하므로 온위가 높을수록 공기의 밀도는 작아진다.

6-3 대기의 운동

6-3-1 바람에 관여하는 힘

바람이란 지역간의 기압 차이 및 지구자전에 의한 효과, 지표면 마찰력, 지구 중력에 의한 효과 등이 작용하여 나타나는 공기의 운동으로서 시공간적으로 매우 다양하다. 이러한 요인들 중 바람은 일차적으로 기압의 차가 원동력이 된다. 공기는 두 지점간의 기압 차이를 거리로 나눈 **기압경도력**에 비례하는 힘을 받아서 움직이게 된다. 일단 움직이기 시작한 공기는 지구자전에 의하여 북반구에서는 운동방향의 오른쪽으로 휘어지게 되며 이러한 겉보기 힘을 **전향력** (Coriolis force)이라 한다. 전향력은 북반구에서 항상 진행방향의 오른쪽 직각방향으로 작용하며, 남반구에서는 진행방향의 왼쪽으로 작용한다. 전향력은 적도상에서는 0이 되며 위도가 증가할수록 전향력도 커지며 극지방에서 최대가 된다.

일반적으로 물체가 원운동을 할 때 원심력을 받는다. 그러므로 바람도 저기압이나 태풍 내부와 같이 원운동을 하면 원심력이 작용하게 된다. 원심력은 반경이 작고 속도가 클 때는 큰 값이 되므로 특히 태풍내부에서 원심력은 크게 작용한다.

지표면의 거칠기에 의한 마찰력은 지표에서 크며 상층으로 올라갈수록 작아지므로 마찰력은 지표부근의 풍속을 감소시키는 중요한 역할을 한다.

6-3-2 지균풍과 경도풍 (Geostropic Wind and Gradient Wind)

마찰 영향이 무시되는 대기상층에서 전향력과 기압경도력의 두 힘이 평형을 이루면서 등압선에 평행하게 부는 바람을 **지균풍** (geostropic wind, Vg)이라고 한다.

그림 6.6와 같이 등압선이 직선인 경우 최초에 저기압 방향으로 움직이기 시작한 공기는 진행방향의 오른쪽 직각방향으로 전향력을 받으므로 점차로 풍향이 오른쪽으로 변화되어 최종적으로는 기압경도력과 전향력이 평형을 이루게 되어 등압선에 평행한 지균풍이

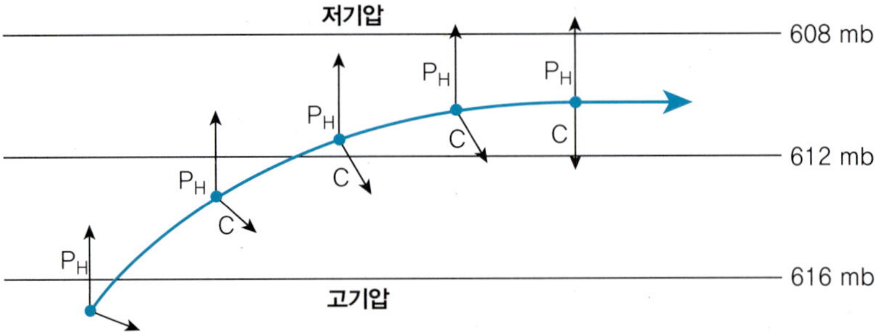

그림 6.6 ■ 지균풍이 부는 경우 기압경도력과 전향력의 평형. 여기에서 P_H는 기압경도력, C는 전향력을 나타낸다.

불게 된다. 북반구에서는 지균풍의 진행방향의 왼쪽에 저기압이 위치하게 된다.

한편 저기압 주변에서 등압선이 그림 6.7과 같이 곡선을 그릴 때, 곡선의 바깥쪽으로 향하는 원심력이 생겨나게 되고, 이 힘은 전향력과 합해져 기압경도력과 평형을 이루게 된다. 이와 같은 힘이 평형을 유지하면서 부는 바람을 **경도풍**(gradient wind)이라고 한다. 저기압 주변에서 경도풍의 방향은 북반구에서는 저기압을 왼쪽에 두고 반시계방향으로 회전하며 남반구에서는 저기압을 오른쪽에 두고 시계방향으로 회전하게 된다.

한편 고기압 주변에서는 기압경도력과 원심력의 합이 전향력과 평형을 이루면서 바람이 불게 되므로 북반구의 경우 바람은 고기압을 오른쪽에 두고 시계방향으로 회전하게 된다.

6-3-3 지표부근의 바람

지표부근에서는 지표에서의 마찰에 의하여 풍속 감소가 나타난다. 북반구에서 흐름이 정상인 경우, 지면부근의 대기 중에서는 기압경도력 (P_H), 전향력 (C), 마찰력 (F)의 세 힘이 그림 6.8과 같이 평형을 이루고 있다. 풍향이 등압선과 이루는 각은 지표면의 마찰력이 클

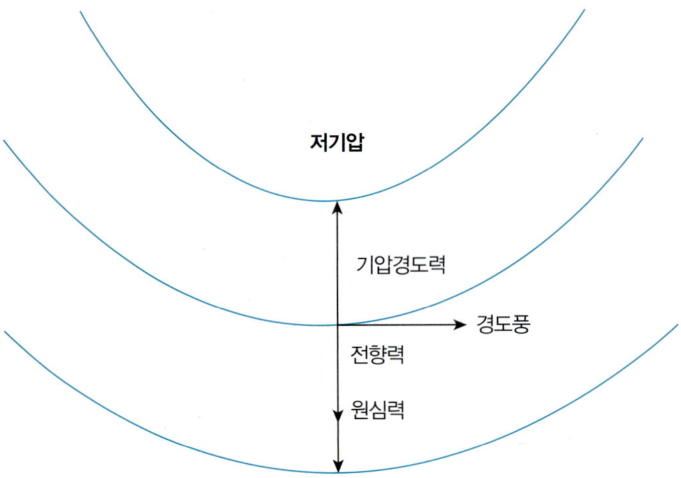

그림 6.7 ■ 저기압 부근에서의 경도풍의 힘의 평형

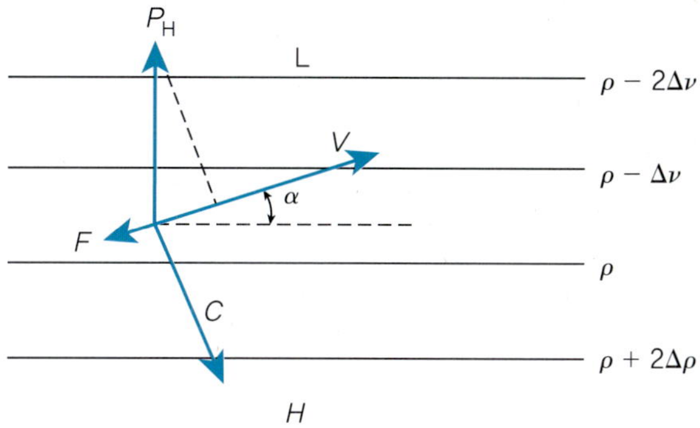

그림 6.8 ▪ 북반구의 대기중에 마찰력이 작용하고 있는 경우, 수평 기압경도력 (P_H), 전향력 (C), 마찰력 (F)의 세 힘의 평형

수록 커진다. 넓은 초원에서 바람은 등압선의 20~25°의 각도로 불고 거친 육지에서는 마찰력이 커서 45° 각도로 불게 된다.

6-3-4 국지규모의 바람

1) 해륙풍

물은 토양에 비하여 비열이 매우 크며 해수면에 입사된 일사는 수심이 깊은 곳까지 투과되고 또한 해수는 바람에 의하여 표층에서 깊은 곳까지 혼합된다. 따라서 해수의 열용량은 매우 커서 낮에 일사에 의한 가열이나 야간에 냉각에 의한 해수표면의 온도변화가 작다. 반면에 육지는 낮에 기온이 높고 밤에 기온이 낮아지는 일변화가 크다. 육지와 바다는 이와 같이 서로 다른 열적 성질 때문에 주간에는 바다로부터, 야간에는 육지로부터 바람이 부는 **해륙풍**이 생겨난다.

일출이 시작되면 육지가 바다보다 빨리 가열되므로 육지에서 먼저 상승기류가 생기게 된다. 이 때 육지에서의 기압은 바다보다 낮아지게 되므로 기압경도가 생겨 바다로부터 **해풍** (seed breeze)이 불기 시작한다. 반대로 야간에는 바다의 온도 냉각률이 육지에 비하여 작으므로, 이 경우 또한 기압 차가 생겨나 육지에서 바다로 바람이 부는 **육풍**(land breeze)이 발생하게 된다. 해풍은 일출과 동시에 시작되는 것은 아니고 일출 후 수시간 경과되어 육지가 가열된 후 시작된다. 지표에서 해풍이 불 때 지상 약 1 km 고도에서는 육지에서 바다로 향하는 보상류가 존재하므로 해륙풍은 폐쇄순환계를 이루게 된다.

특히 이러한 해륙풍이 장기간 지속될 경우, 폐쇄된 국지순환의 결과로 인하여 해안가에 공업단지 등의 산업도시가 있는 지역에서는 대기오염물질의 축적이 일어나 대기오염 농도가 높게 된다.

2) 산곡풍

산곡풍도 해륙풍과 마찬가지로 지표의 가열과 냉각에 의하여 나타난다. 산악지형의 경우 일출이 시작되면 산정상에서의 가열이 더 크므로 기류는 산의 사면을 따라 상승하는 **곡풍** (valley breeze)이 생긴다. 야간에는 반대로 사면 상부에서부터 장파복사냉각이 시작되어 중력에 의한 활강기류 (katabatic flow)가 생기며 이를 **산풍** (mountain breeze)이라 한다. 특히 지형이 분지의 형태로 되어 있을 경우, 야간에 냉각된 공기는 분지 저지대로 모여 계곡의 하부에서는 냉기호 (cold air lake)가 형성되기도 한다.

분지나 계곡지형에서 야간에 생기는 냉기호는 강한 역전층이므로 대기오염물질의 확산을 저해하여 대기오염농도가 매우 높은 에피소드가 자주 나타난다. 과거 계곡 지형의 공장지대에서 대기오염 사건이 자주 발생한 것도 이러한 지형적인 역전층이 원인의 하나가 되었다.

6-4 대기경계층

지표에서 약 12 km까지인 대류권 중에서 특히 지표에서 1~2 km까지의 대기층은 **대기경계층**(atmospheric boundary layer) 또는 **행성경계층** (planetary boundary layer)이라고 하며 지표의 영향을 받아서 일변화가 크게 나타나며 또한 대기오염물질의 확산은 대체로 이 층 내에 국한된다.

6-4-1 기온과 풍속의 수직분포

기온의 변화는 공기의 가열 또는 냉각에 의하며, 열전달과정은 주로 난류에 의한 현열수송에 의하며 일부 복사전달에도 의존한다. 공기를 가열 또는 냉각하는 열원 (또는 냉원)은 지표면이 되며 낮에 기온이 상승하는 것은 일사에 의하여 먼저 가열된 지표면에서 공기 중으로 현열이 수송되기 때문이다. 밤에는 지표면의 장파복사 방출에 의하여 지표면이 냉각되면 공기 중에서 지표면으로 현열이 수송되므로 기온은 하강하게 된다.

낮과 밤의 기온 및 지온의 수직분포 특징을 나타내면 그림 6.9과 같으며 다음과 같이 요약할 수 있다.

1. 낮에는 고도 (지중에서는 깊이)에 따라 온도는 하강한다. 그러므로 기온감률 (dT/dz)은 음의 값이 되며 이러한 온도분포상태를 감률분포 (lapse profile)라고 한다.
2. 밤에는 고도 (지중에서는 깊이)에 따라 온도는 상승한다. 기온감률은 양의 값이 되며 이러한 상태를 **기온역전** (temperature inversion)이라 한다.
3. 지표에 가까울수록 낮에 기온이 더 높고 밤에 기온이 더 낮다. 따라서 기온의 일교차는 지표면 부근에서 가장 크다.
4. 고도에 따른 온도의 기울기 (temperature gradient)는 지표면 부근에서 가장 크고 고도에 따라 감소한다.

바람은 지표면의 마찰의 영향을 받으므로 풍속은 지표면 부근에서 약하며 고도에 따라 증가한다. 풍속의 수직분포는 그림 6.10과 같이 지표면의 거칠기에 따라 달라진다. 평탄한 시골에서는 지표 부근까지도 비교적 풍속이 강한데 비하여, 산림이나 도심과 같이 지표면

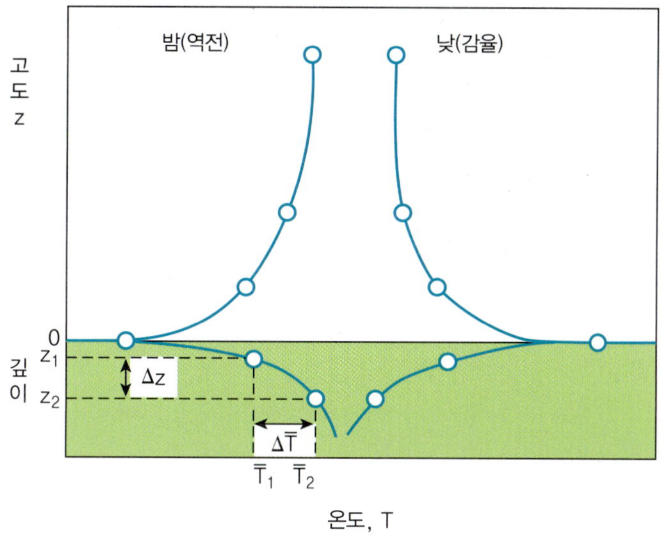

그림 6.9 ▪ 맑은 날 낮과 밤에 지표면 부근의 기온과 지중온도의 수직분포

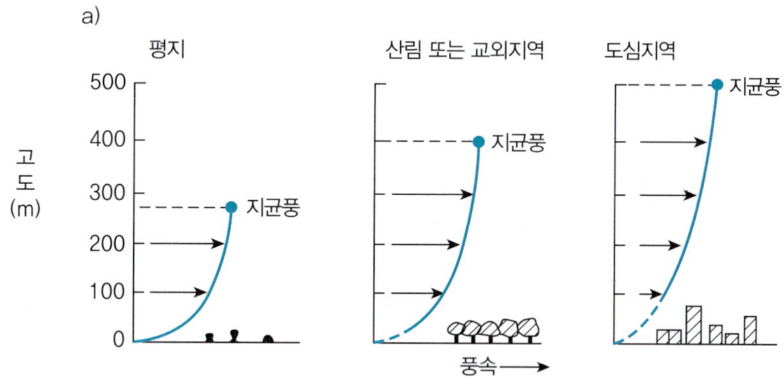

그림 6.10 ▪ 시골, 도시교외 및 도시중심지역에서의 바람의 수직구조

이 거친 지역에서는 지표의 마찰의 영향을 받는 고도가 높으므로 비교적 높은 고도까지도 풍속이 약하다. 또한 지표면의 거칠기가 같은 동일한 지점에서도 대기의 안정도 상태에 따라 고도에 따른 풍속의 분포가 달라진다.

굴뚝에서 배출되는 대기오염물질을 배출하는 굴뚝의 높이는 일상적으로 풍속을 측정하는 고도 (보통 10 m) 보다 높으므로 지상 10 m 에서의 풍속으로 대기오염 물질이 확산되는 굴뚝 높이에서의 풍속을 추정할 필요가 있다. 실용적으로 다음 식과 같은 풍속의 지수법칙(power law)이 흔히 쓰인다.

$$\left(\frac{u_2}{u_1}\right) = \left(\frac{z_2}{z_1}\right)^p \tag{6.8}$$

여기서 z_1과 z_2는 각각 하층과 상층의 고도이며, u_1과 u_2는 각각 z_1과 z_2에서의 풍속이다. p

표 6.3 ■ 풍속의 지수법칙의 p 값 (출처: Irwin, 1979)

p	파스킬 안정도 계급					
	A	B	C	D	E	F
대도시 (z_0 = 3.0m)	0.27	0.28	0.31	0.37	0.47	0.69
도시 (z_0 = 1.0m)	0.17	0.17	0.20	0.27	0.38	0.61
시골 (z_0 = 0.1m)	0.08	0.09	0.11	0.16	0.34	0.54
나지 (z_0 = 0.01m)	0.05	0.06	0.06	0.12	0.32	0.53

는 지표면의 거칠기 길이와 대기안정도에 의존하는 지수로서 Irwin (1979)에 의하면 표 6.3과 같다.

6-4-2 대기안정도 판정

기온의 수직분포가 그림 6.11과 같을 때 대기의 안정도를 생각해 보자. 그림에서 푸른 실선은 실제 측정된 기온의 수직분포(환경감율선)이며 녹색 점선은 건조단열감율선을 나타낸다. a)의 경우에는 상승하는 공기의 온도는 건조단열감률선 B−E를 따라서 하강하므로 상승 후에는 직선 C−F의 우측, 즉 주위의 공기보다 온도가 높게 되고, 따라서 가벼우므로 계속 상승하므로 대기는 불안정한 상태이다.

b)의 경우에는 상승 또는 하강한 후에도 온도가 주변의 공기온도와 같으므로 대기는 중립상태가 된다. c)의 경우에는 반대로 상승하는 공기의 온도가 주변의 공기온도보다 낮으므로, 더 이상 상승하지 못하고 되돌아오게 되어 대기는 안정상태가 된다. 즉 건조단열감률보다 기온감률이 작은 경우에는 불안정, 큰 경우에는 안정이다. d)의 경우에는 고도가 높아질수록 기온이 오히려 높아지는 기온역전 상태로서 상층에 가벼운 공기가 있으므로 대기안정도는 강안정이 된다.

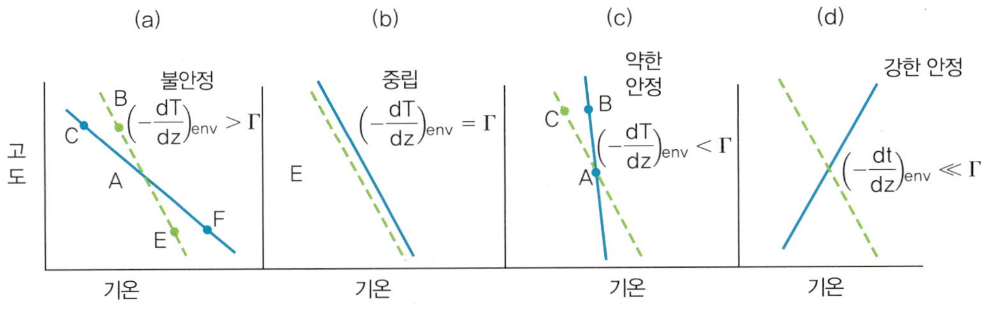

그림 6.11 ■ 기온의 연직분포에 의한 안정도 판정 (환경감률선 ———, 단열감률선 -----)

6-4-3 대기안정도의 종류

1) 파스킬 (Pasquill) 안정도계급

파스킬의 안정도계급 (stability class)은 표 6.4에서와 같이, 주간에는 일사강도와 풍속으로, 야간에는 운량과 풍속으로부터 구하며 매우 불안정한 A등급부터 매우 안정한 F등급까지의 6단계로 구분하며 중립은 D등급이다.

2) 리차드슨 수

리차드슨 수 (Richardson number: Ri)는 다음식으로 정의 된다.

$$\mathrm{Ri} = \frac{g(d\theta/dz)}{T(du/dz)^2} \tag{6.9}$$

여기서, g는 지구의 중력가속도, T는 기온 (K), dz는 두 층의 고도차, $d\theta$는 두 층의 온위차, du는 두층의 풍속차이다. Ri는 대기안정도가 중립이면 0, 불안정이면 음수, 안정이면 양수가 된다. 고도가 증가함에 따라서 온위가 증가하면 Ri는 양의 값이 되어 안정한 기층이 되므로 야간에 형성되는 역전층은 강한 안정상태이다.

Ri를 구하기 위하여서는 두 층 (보통 지표에서 수 m와 10 m 내외의 고도)에서 기온과 풍속을 동시에 측정하여야 한다. 특히 풍속의 차의 제곱에 반비례하므로 정확한 풍속 측정이 중요하다. 표 6.5는 파스킬 안정도계급에 해당하는 리차드슨 수의 개략적인 값을 비교한 것이다.

표 6.4 ▪ 일사량과 풍속으로 구분하는 파스킬 안정도 (Pasquill, 1961).

풍속(m/s)	일사량 (주간)			운량 (야간)	
	강	중	약	≥ 4/8	≤ 3/8
$u < 2$	A	A-B	B	–	–
$2 \le u < 3$	A-B	B	C	E	F
$3 \le u < 5$	B	B-C	C	D	E
$5 \le u < 6$	C	C-D	D	D	D
$6 \le u$	C	D	D	D	D

표 6.5 ▪ 파스킬 안정도계급에 해당하는 리차드슨 수의 개략적인 값

PSC	A	B	C	D	E		F
Ri	−1.0	−0.1	0.01	0	+0.01	+0.1	+1.0
대기운동	자유대류	자유대류감소		강제대류	강제대류감소		대류없음
안정도	불안정			중립	안정		

3) 모닌 오브코프의 길이 (Monin-Obukhov Length)

대기안정도를 나타내는 지표 중에서도 특히 모닌-오브코프의 길이 (L)와 고도 (z)로부터 구해지는 z/L은 접지층의 난류구조를 기술하는데 가장 기본적인 요소 중 하나이다.

Monin-Obukhov 길이 (L)는 다음과 같이 나타낼 수 있다.

$$L = \frac{\rho C_p u_*^3 \bar{\theta}}{k\, g\, H} \tag{6.10}$$

여기서 ρ는 공기밀도, g는 중력가속도, C_p는 정압비열, $\bar{\theta}$는 평균 온위이며, k는 Von-Karman 상수로서 0.4가 보통 이용된다. 그리고 현열 flux (H)와 마찰속도 (u_*)를 구하기 위하여는 감응시간이 빠른 난류측정장치가 필요하다.

6-4-4 역전층

대류권 내에서 온도는 높이에 따라 감소하는 것이 보통이다. 그러나 경우에 따라서는 역으로 높이에 따라 온도가 높아지는 층이 관측되는 일이 있다. 이 층을 **역전층** (inversion layer)이라고 한다. 역전층이 형성되면 굴뚝에서 배출된 연기 등의 오염물질은 역전층을 벗어나지 못하고 그 층 내에 머물게 되어 오염물질의 축적이 일어나서 오염농도가 높아지게 된다. 이러한 역전층은 여러 가지 원인에 의하여 형성되며, 이 중에서 대기오염의 확산관점에서는 다음에 기술하는 두 가지 역전층이 중요하다.

1) 침강역전

고기압 중심부근에서의 대기 하층에서는 공기가 발산하여 넓은 지역에 걸쳐서 상층의 공기가 서서히 하강하는 침강현상이 나타난다 (그림 6.12 참조). 이때 기층은 낮은 고도로 하강함에 따라 단열압축에 의하여 가열되어 하층의 온도가 낮은 공기와의 경계에 역전층을 형성한다. 이 층은 매우 안정하므로 그 아래의 대기에 대하여 큰 뚜껑과 같은 역할을 하여 대기오염물질의 수직확산을 억제한다. 이러한 역전층을 **침강역전층** (subsidence inversion layer)이라고 한다.

침강역전의 고도는 보통 1,000~2,000 m 내외이다. 미국의 서해안 지역에서는 여름철에 침강역전층 고도가 500 m 내외로 낮아서 로스엔젤레스 지역의 광화학스모그를 더욱 심하게 하는 주 요인이다.

2) 복사역전

구름이 없고 일사가 강한 낮의 경우, 태양복사에 의하여 지표층의 수직기온분포는 일출 후부터 그림 6.13의 점선과 같이 기온이 상승하여 일몰 전까지 불안정층으로 남아 있게 된다.

일몰 후 지표면의 복사냉각이 시작되면, 지표면은 열을 복사하고 빨리 냉각된다. 그러므로 지표면 근처의 온도는 높은 고도의 온도보다 낮게 되어 그림 6.13의 실선과 같이 고도에 따라 기온이 상승하게 된다. 이것을 **복사역전** (radiative inversion)이라 하며, 지표에 형성되므로 **접지역전** (surface inversion)이라고도 한다. 이러한 형태의 역전은 일출 직전

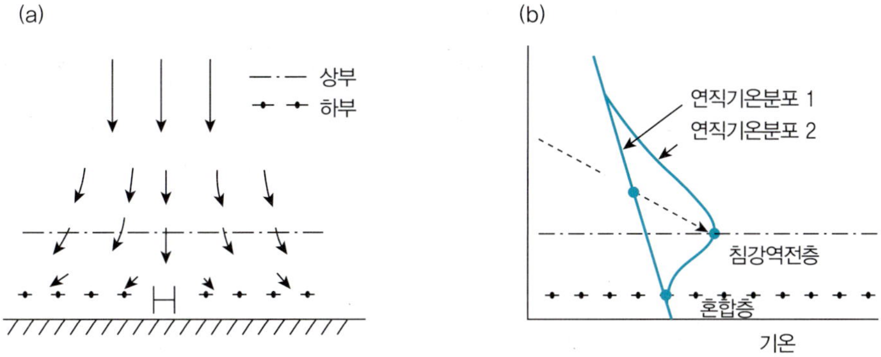

그림 6.12 ■ 고기압권 내에서 침강역전층의 형성과정

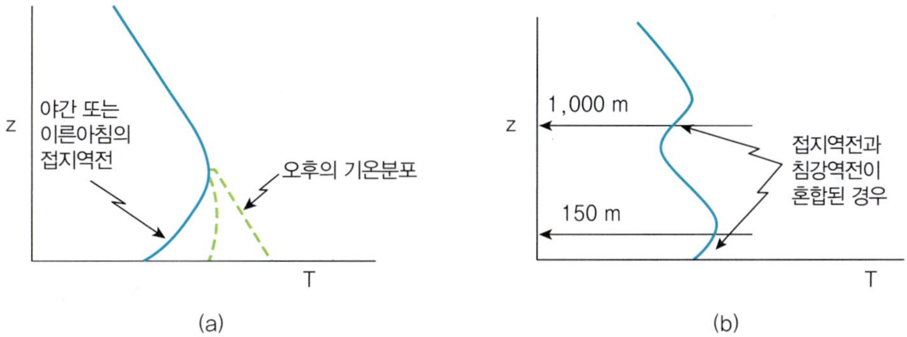

그림 6.13 ■ (a) 야간에 지면의 복사냉각에 의한 접지역전층 형성, (b) 접지역전층과 침강역전층이 동시에 존재하는 경우의 수직구조.

에 하늘이 맑고 바람이 약할 때 가장 강하게 형성되며 지표에서 수 100 m 고도까지 발달된다. 복사역전이 대기오염 문제에 있어 중요한 이유는 오염물질의 확산을 억제하는 강안정층으로서 오염물질을 배출하는 대기층 내에서 발생하기 때문이다.

위의 침강역전 및 복사역전이 동시에 발생될 수 있는 경우를 그림 6.13의 (b)에 나타내었다. 이 두 가지 역전층이 동시에 발생하면 두 층 사이에 배출된 오염물질은 이 층 내에서 구속 (trapping)된다.

6-4-5 연기의 형태

굴뚝으로부터 배출된 연기가 퍼지는 모양은 배출 높이에서의 풍속 및 기온의 수직분포에 따라 달라진다. 그림 6.14에 6가지의 대표적인 연기모양을 풍속 및 기온의 수직분포와 함께 나타내었다.

a)의 **환상형** (looping)은 대기가 불안정하여 난류가 심할 때 발생한다. 강한 대류는 오염물질의 수직확산이 커서 굴뚝부근의 지표면에서는 국지적이고 일시적인 고농도 현상이 발생하기도 한다. 일반적으로 환상형은 지표면이 가열되고 바람이 약한 맑은 날 낮에 주로 일어난다.

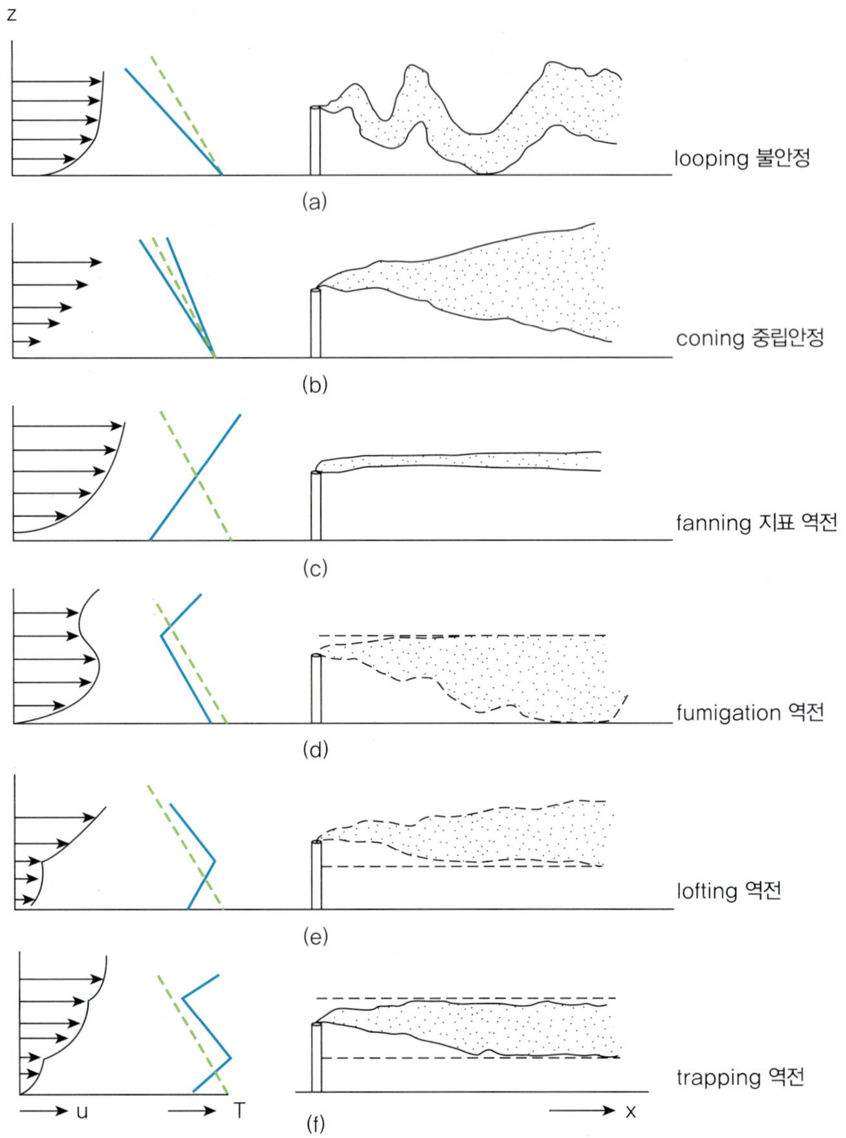

그림 6.14 ■ 여러 가지 대기 조건하의 풍속과 기온의 수직분포와 연기 모양
(환경감률 ———, 단열감률 -----)
a) 환상형 (looping), 불안정 b) 원추형 (coning), 중립 c) 부채형 (fanning), 지표역전
d) 훈증형 (fumigating), 굴뚝높이 이상에서 역전 발생, e) 지붕형 (lofting), 굴뚝높이 정도의 역전 발생
f) 구속형 (trapping), 굴뚝높이 상하에서 역전 발생

바람이 다소 강하거나 구름이 많이 낀 경우 대기상태는 중립을 유지하게 되며, 이 때 발생하는 연기의 모양은 b)와 같이 **원추형** (coning)으로 나타난다. 한편 연기가 배출되는 상당한 고도까지도 강안정한 대기가 유지될 경우, 즉 기온역전 현상을 보이는 경우에는 수직운동이 억제되어 연기의 모양은 c)와 같이 **부채형** (fanning)이 된다. 이 경우에는 굴뚝 높이에서의 연기의 농도는 높지만 대기층이 안정하여 연기는 지표면까지 하강하지 못하므

로 굴뚝부근의 지표에서는 오히려 농도가 낮다.

야간에 형성된 접지역전층은 일출 후 지표면이 가열되면 지표면에서부터 역전이 해소되어 하층은 대류가 활발하여 불안정해지나 그 상층은 아직 안정상태로 남아 있는 경우가 있다. 이때 나타나는 연기의 형태는 **훈증형** (fumigating)으로 d)와 같이 굴뚝의 연기가 하방혼합으로 지표면에서의 오염물질 농도가 일시적으로 높아질 수 있다. 이는 하늘이 맑고 바람이 약한 날의 아침에 잘 발생할 수 있다. 반대로 일몰 후에 접지역전층이 다시 형성되면 상층에 비하여 하층은 강안정한 대기상태를 유지하게 된다. 이 때는 e)와 같이 **지붕형** (lofting)이 나타난다. 그러나 위의 훈증형이나 지붕형은 일반적으로 일시적으로 나타나는 과도기적인 현상이다. 침강역전과 접지역전이 동시에 발생한 경우, 연기는 f)와 같이 두 개의 안정층 사이의 영역에 제한되는 **구속형** (trapping)이 나타난다.

6-4-6 도시기후

도시는 구조물들을 통해 생기는 기압 등과 에너지 사용시에 달라지는 열적차이, 그리고 지표면의 형태 등의 차이로 인하여 기온, 습도, 일사량, 강수, 안개 그리고 대기안정도 등에 있어서 교외지역과 차이가 있다. 이에 따라 대기오염물질의 확산특성도 교외지역과는 다르게 나타나므로 도시에서 대기오염의 확산을 조사할 경우에는 도시열섬 효과를 고려하여야 한다. 이 장에서는 교외지역과 차이를 나타내는 도시기후 현상에 대해 살펴보고자 한다.

1) 도시열섬 (Urban Heat Island)

도시에서는 교외지역에 비하여 기온이 높은 현상이 자주 나타난다. 그림 6.15는 서울의 AWS(기상청 무인기상관측소) 25개소와 서울기상관측소에서 측정된 매시간 기온자료를 분석한 결과로서 2001년부터 2010년 까지의 10년간 겨울철 오전 6시의 기온중에서 맑은 날의 경우만을 평균하여 수평기온 분포를 나타낸 것이다. 도심지역에 해당하는 동대문, 성동, 강남, 영등포, 동작, 금천 지역이 기온이 높으며 서울시의 외각지역인 도봉, 노원, 구로, 관악 지역이 기온이 낮게 나타났다. 이와 같이 등온선 분포가 섬의 등고선 모양과 비슷하게 나타나므로 도시열섬(urban heat island)이라고 부른다. 기온이 가장 낮은 지역과 높은 지역의 기온차이(도시열섬의 강도)는 3.6°C로 나타났다.

이러한 도시열섬현상의 요인으로서는 표 6.6에서 보이는 것과 같이 도시지역의 인구집중에 따른 인공열 발생의 증가, 건물 등 구조물에 의한 거칠기 길이의 변화, 표면의 열적성질의 차이, 표면의 피복도 및 지표면에서의 증발잠열의 차이 등을 들 수 있다. 이와 같은 도시열섬의 규모와 현상은 위의 여러 가지 요인에 의하여 시공간적으로 다양하게 나타난다.

도시열섬의 강도는 도심지역의 기온과 교외지역의 기온의 차이로 나타낸다. 그림 6.16은 춘천의 도심지역과 교외에서 1992년 측정한 결과로서 냉각률($\Delta T/\Delta t$)과 열섬강도(ΔT_{u-r})를 나타낸 것이다. 일몰후 도시와 교외지역의 냉각률의 차이로 인하여 열섬강도가 매우 빨리 증가하는 것을 보여준다. 그 동안에 교외지역의 장파복사에 의하여 저장한 에너지를 급히 손실하게 되는 반면, 도시는 매우 느리게 냉각하여 거의 균일한 냉각률을 갖는다.

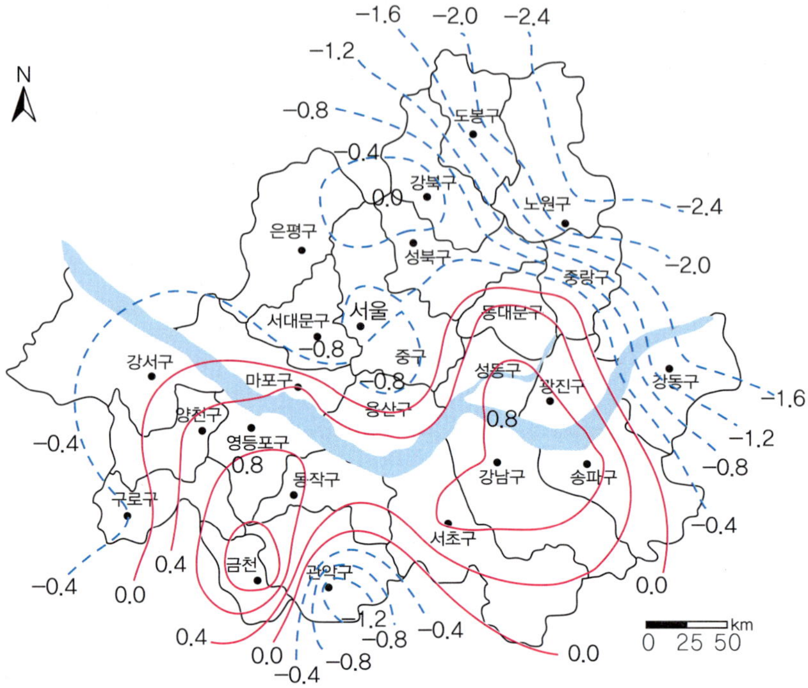

그림 6.15 ▪ 2001년부터 2010년의 서울의 AWS(기상청 무인기상관측소) 기온자료를 이용한 겨울철 맑은 날 오전 6시의 기온분포(김유진, 2012). 기온은 서울 전역의 평균치에 비한 편차로서 나타내었다.

표 6.6 ▪ 도시열섬의 원인

1) 도시 오염층에 의하여 단파복사의 흡수와 장파복사의 재흡수로 복사에너지 증가
2) 건물들사이에 의한 SVF (sky view factor) 감소에 의한 도시건물 계곡으로부터의 순장파 복사의 손실 감소
3) Albedo에 관여해서 건물들로 이루어진 계곡형태의 구조에 의한 단파복사 흡수 증가
4) 도시 자재의 열적특성으로 인하여 낮동안 열저장이 증가하고 밤에는 감소
5) 자동차 또는 건물 외벽에서의 인공열의 방출
6) 도시의 지면방수와 식물의 감소에 의한 증발열의 감소
7) 도시 건물 내에서 풍속의 감속에 따른 현열손실의 감소

도시열섬은 야간에 최대로 발달하며, 열섬강도는 풍속과 구름의 양과 반비례의 관계를 나타낸다. 도시열섬현상은 구름이 없고 풍속이 약한 이상적인 조건하에서 최대가 되며, 인구수가 많은 대도시일수록, 여름보다는 인공열의 사용이 많은 겨울에 강하게 나타난다.

2) 교외풍 (Country Breeze)과 먼지돔 (Dust Dome)

상대적으로 기온이 높은 도시 중심부에서는 그림 6.17과 같이 상승기류가 존재하며 주변 지역에서 바람이 불어 들어오는 특유한 순환계를 나타낸다. 도시지역에서 건물 등 구조물의 영향으로 풍속은 교외지역에 비하여 평균적으로 25~30% 감소하며, 이때 부는 바람을 교외풍 (country breeze)이라 한다. 교외풍은 0.5 m/sec 정도로 풍속이 약하며 자주 발생하는 현상은 아니다. 이러한 순환은 열섬강도가 강한 날에 나타나며 이에 의하여 먼지돔(dust dome)을 형성한다.

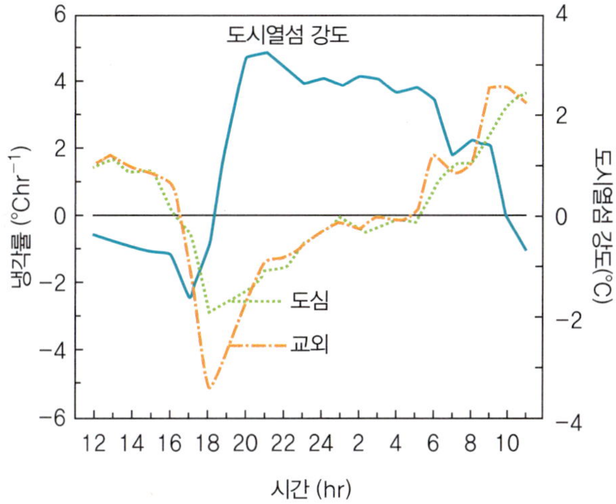

그림 6.16 ▪ 춘천 도심지역과 교외에서 측정한 기온변화율과 열섬 강도의 시간변화

그림 6.17 ▪ 도시열섬 효과로 인한 먼지돔의 형성과 국지순환

CHAPTER 07

광역대기오염

동아대학교 **최금찬**

7-1 산성비

7-1-1 서론

세계 최초로 광역적인 대기오염의 피해를 받은 나라는 영국이었다. 산업혁명이후 석탄의 소비증가로 영국전역은 산성비의 피해가 나타났다. 영국은 주로 석탄의 소비로 인한 이산화황 오염이 주원인이었으며, 이른바 '검은 비'가 내리기 시작하였다. 18세기 후반 영국을 중심으로 소다공업이 발달한 이래 대기오염은 더욱 가속화되었고 소다공업에서 발생하는 염산이 공장주변에 비에 섞여 농토 및 삼림에 큰 피해를 주었다. 우리나라도 산성비 문제는 예외가 아니며 인접에는 중국이 위치하여 국가 간 장거리 오염문제로 그 피해가 확대되고 있다. 산성비는 우리나라 국민이 모두 인식하고 있는 대기오염의 영향 중 대표적인 것이다. 산성비에 대해서는 1853년에 스미스 (Robert Angus Smith)가 영국 Manchester 시 주변 빗물의 화학에 대해서 발표한 것이 처음인 것으로 알려져 있다. 20세기에 들어서서 대기화학과 분석화학의 획기적인 발전의 결과로 빗물의 산도를 pH로 표현하기 시작하였으며, 1948년에 스웨덴의 에그너 (Egner)가 최초로 산성비 측정망을 설치하였다. 1961년 스웨덴의 오덴 (Svante Oden)은 지표수 측정망을 운영하여 산성비의 원인이 대기오염물질의 장거리 이동임을 알아내고 빗물의 주요 이온과 산도에 계절적 변화가 있음을 발표하였다. 그의 주장에 근거하여 스웨덴은 1972년 유엔환경회의에서 산성비에 대한 주장을 하였으며 그 이후로 산성비는 지구적인 관심의 대상이 되는 용어로 부각되었다. 산성비 문제는 주로 지구환경 문제로 분류하고 있으나, 엄격히 말하자면 지역환경의 문제이다. 산성비의 원인물질로는 황산화물과 질소산화물을 들 수 있으며 이들 물질이 대기 중에서 이동하고 확산하면서 화학적 물리적 변환을 일으켜 황산, 질산이 되어 빗물을 산화시키며 이를 산성비라고 한다. 산성비는 배출원에서 수 천 km 떨어진 곳까지 영향을 미치는 것으로 알려져 있다. 따라서 산성비 문제는 다국 간의 대기오염물질 장거리 이동이 문제가 된다. 특정 지역의 빗물의 산도는 지역오염과 대기오염물질의 장거리 이동이 복합적으로 나타난 결과이다. 산성비에 대한 피해에 대해서는 유럽과 북미 대륙에서 보고된 바 있다. 그 동안 많은 국가들이 참여하여 산성비의 영향을 밝히고 저감대책을 세우는 것을 목표로 한 많은 국제공동연구와 국제협약의 결과로 대기오염물질 배출저감을 목표로 하는 국제협약이 체결된 바가 있다. 우리나라를 포함하는 동북아시아 지역의 대기오염물질 배출량은 이미 앞서 언급한 서유럽과 북미대륙과 비슷한 수준에 이르렀다. 향후에는 중국 등의 영향으로 세계 최대의 대기오염물질의 배출지역이 될 것은 매우 명확한 사실이다. 따라서 동북아지역의 산성비 피해를 방지하기 위해서 산성비를 장기적으로 감시하는 것이 중요하며 산성비 특성을 파악하는 것은 매우 중요하다.

7-1-2 산성비의 정의

산성비에서 pH는 액체의 산도를 측정하는 측정치이다. 순수한 물은 그 속에 H^+이온과 OH^-이온을 가지고 있다. 25°C의 물의 평형상수 값은 1×10^{-14}이다. 이들 원자들의 반이 수소이온 (10^7개/L)으로 양의 전하를 갖는다. 용액의 pH는 수소이온 농도의 음의 대수로 정의된다. 그러므로 만약 수소이온이 10^{-7}이라면 pH는 7이고 이것은 중성 상태에 대응한다. 만약 수소이온 농도가 10^{-6}이라면 pH는 6이 된다. pH의 차가 1이면 수소이온의 개수는 10배의 차이를 보인다. 산성비는 pH가 5.6 미만인 비로 정의된다. 빗물은 대기 속을 통과하면서 대기 중에 부유하는 가스, 미세한 입자, 분진 등을 녹여 함유하게 된다. 깨끗한 지역의 대기에서는 자연계에서 발생한 이산화탄소 (CO_2)가 빗물에 녹아 pH값이 5.6~6.5 정도의 약한 산성을 띄게 된다. 대기 중에 어떤 오염물질도 존재하지 않고 이산화탄소의 농도가 330 ppm 일 때 빗물의 pH는 5.6이 된다. 최근 지구의 이산화탄소 평균농도가 400 ppm을 육박하므로 자연적 빗물의 산도는 점차 감소하고 있다. 한편 대기오염이 심한 지역에서는 화석연료의 연소과정에서 나오는 황산화물과 질소산화물 등이 빗물에 용해되어 자연적 산도 밑의 산성비가 내리게 되는 것이다.

빗물의 산도는 장소에 따라 상당히 다르게 나타난다. 높은 알칼리 먼지가 존재하는 곳에서는 약 7의 중성 또는 심지어 알카리성을 띄기도 하지만 보통은 6 부근에 나타난다. 다른 액체들과 간접적으로 비교하면 식초는 약 pH = 4의 값을 가지며 건전지 액은 pH =1의 값을 가진다. 반면에 중탄산나트륨은 pH = 8 이상을 나타내며 암모니아는 pH = 11의 값을 갖는다 (그림 7.1 참조).

1) 산성비의 원인물질

산성비는 화석연료의 사용으로 발생하는 황산화물과 질소산화물 등의 대기오염물질인 SO_2/SO_3, NO_2/HNO_3가 구름이나 물방울에 용해되어 황산 및 질산을 형성하며, 주된 원인물질은 지역에 따라 차이가 있다. 우리나라를 주축으로 하는 동북아 대기에서는 SO_x가 84%, NO_x가 8%, Cl이 8%를 차지하는 것으로 알려져 있다. 그 중 가장 비율이 높은 SO_x는 주로 무연탄 등 화석연료를 연소하여 발생하며 NO_x는 주로 자동차의 매연이나 천연가스가 그 주요 발생원이 되고 있다. Cl은 자연발생원이며 그 비율도 강우의 산도에 크게 기여치 않은 것으로 알려져 있다. 문제는 인간활동의 영향에 의한 황산화물과 질소산화물이며, 이들 산화물들이 산성비에 미치는 영향은 심각하여 강우의 산도가 생물들이 존재하기 힘든 3.0이하의 경우도 자주 출현하는 것으로 보고되고 있다.

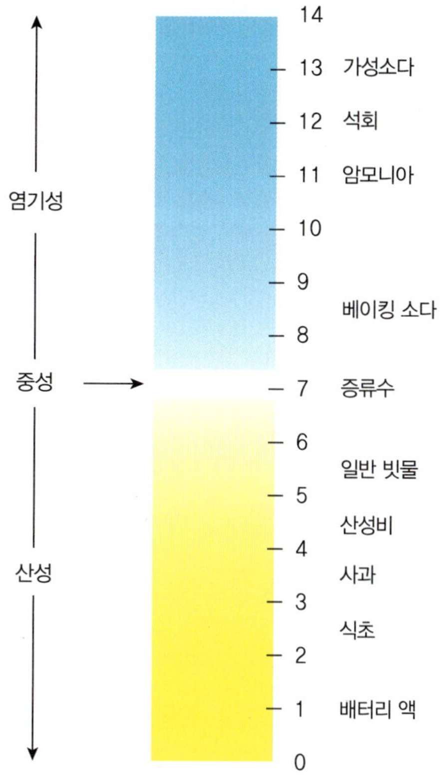

그림 7.1 ▪ pH의 비교 (출처: 2005 Thomson-Brooks/Code)

① **황산화물**

이산화황 (SO_2)과 삼산화황 (SO_3)을 SO_x라고 하는 데, SO_x는 호흡기관에 강한 자극을 준다. 5 ppm 정도의 SO_2의 존재로도 거의 모든 사람들은 목과 눈에 자극을 받아 고통을 느낀다. 1 ppm 정도의 SO_3가 존재해도 노인이나 호흡기 질환을 가진 사람들은 매우 심각한 영향을 받는다. 황을 포함하는 석탄이나 석유가 연소할 때 SO_2가 생긴다. 가솔린을 제조할 때 대부분의 황은 제거되기 때문에 자동차로 인한 이산화황의 생성은 적은 편이며, 공장에서 황광석으로부터 황을 산화시켜 제거하는 과정이나 황산 제조과정에서 만들어진다. SO_3는 SO_2가 공기 중에서 산화하여 생성되며, SO_2는 물에 녹아 황산이 되어 산성을 띠게 된다. 질산과 황산은 지구상에 떨어지는 입자들의 표면, 눈, 안개, 비에 의해서 제거된다. 스모그와는 달리 산성비는 도시 문제와는 달리 광역규모의 문제라고 할 수 있다.

② **질소산화물**

일산화질소 (NO)와 이산화질소 (NO_2)의 합을 보통 NO_x라 언급하는데, 이는 대기 중의 질소분자나 질소화합물의 산화로 생성된다. NO는 공기 중 화석연료 등 물질이 연소할 때 부산물로 생긴다. 즉 자동차는 화석연료 (석유 및 천연가스)가 연소할 때 높은 온도에 도달되며 NO의 90% 정도는 이러한 방법으로 생성되어 고온-NO_x (thermal NO_x)를 배출한다. NO에 의한 오염은 자동차가 많은 도시에서는 심각하다.

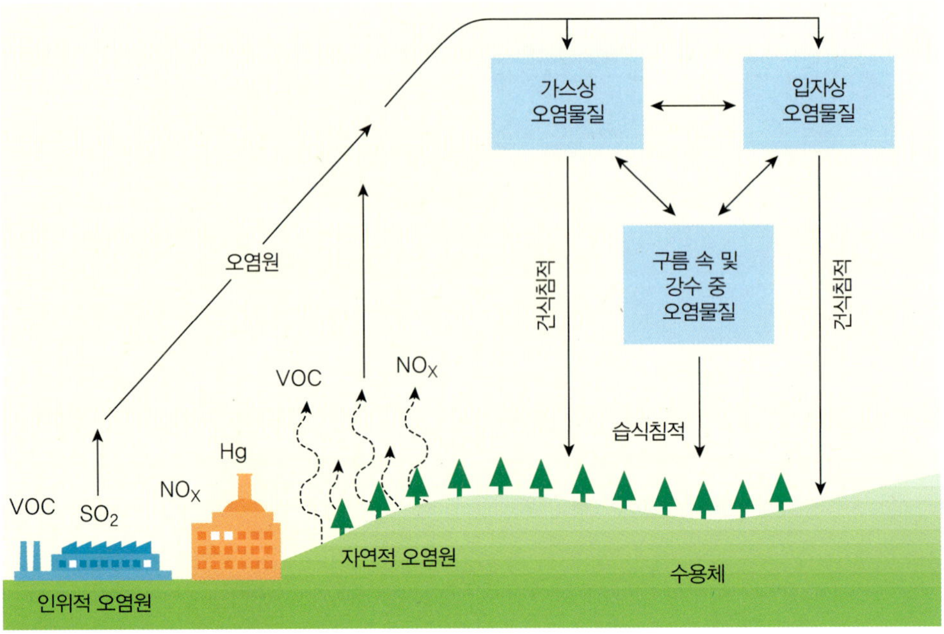

그림 7.2 ■ 산성비의 순환과정

질산 (HNO_3)의 형성은 수산화기 (OH^-: hydroxyl radical)의 광화학반응과 관련이 있다. OH^-는 광화학적으로 물과 여기상태의 산소원자와의 반응으로 생성된다. HNO_3 (g)이 물에 용해되면 산성을 띈다.

2) 우리나라 산성비의 특징

우리나라에 내리는 빗물은 외국에서의 산성비와 매우 다른 특징을 보이고 있다. 외국의 경우 비가 내리기 시작하는 초기 강우의 경우 pH가 낮고, 시간이 갈수록 즉 비가 계속 내릴 때 pH가 높아질 것으로 예상할 수 있다. 그러나 우리나라의 경우 초기 강우 일 때, pH가 높으며 비가 계속 내리면 pH가 낮아지거나 일정 수준이 유지된다. 그 이유는 우리나라의 경우 초기 강우에 의해서 제거되기 쉬운 먼지가 대기 중에 존재하다가 강우 시 흡수되어 빗물을 중화시키기 때문이다. 우리나라의 강우는 양이온 성분 즉 NH_4^+, Ca^{2+}, K^+, Mg^{2+}, Na^+이 다량 함유되어 있고, 이들 양이온이 일반적으로 초기 강우를 중화시키는 역할을 한다. 봄철에는 강우량이 적고 가뭄에 의해서 토양분진과 장거리 이동하는 황사의 영향으로 빗물 중 양이온이 풍부하게 존재하기 때문에 높은 pH를 나타낸다.

우리나라 환경부는 전국적인 산성강하물의 침착량을 파악하기 위해 1999년부터 산성강하물측정망을 설치하여 운영하고 있으며, pH 및 이온성분 등을 분석하고 있다. 표 7.1은 2014년도 전국 주요도시의 측정지점별 pH 현황을 월별로 보여주고 있다.

빗물을 산성화시키는 주요 성분인 SO_4^{2-}, NO_3^-는 빗물의 pH (또는 수소이온 농도)와 상관관계가 있을 것으로 추측되고 있다. 외국의 경우, SO_4^{2-}, NO_3^- 이온의 농도와 pH는 좋은 역의 상관관계를 보이는 반면 우리나라의 경우 이러한 상관관계가 거의 성립하지 않는

표 7.1 ▪ 2014년도 전국 주요도시의 측정지점별 pH [출처: 환경부 대기환경연감 (2015)]

측정지점	1월	2월	3월	4월	5월	6월	7월	8월	9월	10월	11월	12월	평균
서울 불광동	4.2	4.4	4.0	5.1	5.2	4.6	5.0	5.0	4.7	4.6	4.2	4.5	4.8
안산 고잔동	4.3	4.6	4.6	6.6	5.8	4.7	5.1	4.9	4.0	5.2	4.3	5.5	4.8
포천 관인면	5.9	4.7	5.3	5.5	5.6	4.9	5.5	5.7	5.9	4.9	4.2	4.6	5.0
강화 석모리	4.1	4.5	3.9	4.6	5.2	4.8	5.1	5.2	6.5	4.7	4.3	5.0	4.9
춘천 석사동	4.3	4.5	4.3	4.6	4.8	4.7	5.0	5.2	4.9	5.0	4.8	4.2	4.9
강릉 옥천동	4.7	4.2	4.2	5.0	–	5.1	4.9	4.8	5.1	4.9	4.6	–	4.7
대전 구성동	5.2	5.3	5.0	5.0	5.3	5.3	5.2	5.2	5.2	4.9	4.8	4.7	5.1
태안 파도리	4.9	4.3	4.4	5.0	5.1	4.7	5.1	4.7	5.1	4.7	5.1	5.4	4.9
청주 봉명동	5.1	5.2	5.2	5.0	5.2	5.1	5.3	5.4	5.3	5.0	5.5	5.3	5.2
대구 지산동	4.6	4.8	5.7	4.7	5.5	5.1	5.3	5.5	5.0	4.8	5.0	4.8	5.1
부산 연산동	5.1	4.6	5.2	4.6	5.6	4.6	4.9	4.7	4.5	4.7	4.9	4.8	4.8
창원 명서동	5.6	4.6	5.7	4.9	5.9	4.8	4.9	4.6	4.7	4.9	5.0	4.8	4.8
거제 저구리	4.7	4.9	5.0	4.8	5.2	4.5	5.0	5.4	4.9	5.1	5.0	4.8	5.0
울산 신정동	6.7	5.2	5.2	4.9	6.3	5.1	4.5	5.2	4.6	4.8	4.8	5.4	5.0
포항 대송면	6.7	5.8	6.2	5.5	5.9	6.1	6.0	5.3	6.0	5.2	5.7	6.1	5.5
전주 삼천동	4.6	5.2	5.8	5.6	6.0	5.5	6.3	5.8	6.2	4.9	5.0	4.4	5.3
광주 농성동	4.9	5.0	6.2	5.0	5.6	5.3	5.8	5.9	5.1	4.7	5.4	5.3	5.4
광양 중동	6.3	6.8	5.7	5.8	5.7	4.8	5.7	5.2	5.3	5.5	6.0	6.3	5.3
여수 주삼동	4.8	5.5	4.9	4.4	5.0	4.8	5.0	5.3	4.9	4.5	4.5	4.3	4.9
제주 고산리	6.5	6.6	5.9	6.0	5.8	6.4	6.3	6.1	4.9	6.1	5.7	6.2	5.8

것으로 보고되고 있다. 그 이유로는 빗물 중에 양이온 성분이 풍부하여 빗물을 중화시키기 때문이다. 양이온의 농도는 경우에 따라 큰 차이를 보이며 다량의 양이온이 존재할 때에는 알칼리성의 비가 내리기도 한다. Ca^{2+}, K^{+} 이온의 근원은 토양입자로 알려져 있으며, NH_4^{+} 이온의 경우 농업, 축산활동, 쓰레기의 부패 과정에서 방출되는 것으로 알려져 있다.

우리나라의 산성비 특성은 빗물을 중화해 주는 분진 때문에 나타난다고 해도 과언이 아니다. 황사 현상이 있을 때에나 대기 중의 분진이 다량 존재할 경우, pH 7 이상인 알칼리성 비가 내리기도 한다. 따라서 황사나 분진오염 문제는 부유분진의 관점에서 보면 문제점이지만, 산성비의 관점에서 보면 중요한 중화제의 공급처이기도 하다. 따라서 우리나라의 경우 산성비 현상을 이해할 때 빗물의 pH는 좋은 척도라고 볼 수는 없다.

빗물 중 양이온, 음이온 성분은 대기 중 기체상, 입자상 물질이 빗물에 영향을 주는 것이므로 대기오염관리의 직접적인 결과로 볼 수 있다. 따라서 산성비 정책을 수립하기 위해서는 빗물의 pH 이외에도 다른 이온성분을 장기적으로 측정하는 것이 필요하며, 산성비 정책의 변화에 따른 각 이온성분의 변화를 장기 관측하는 것이 미래의 산성비 정책, 대기오염 저감정책의 신뢰성을 높여 줄 수 있다. 산성비 피해 조사에서는 이온농도가 많이 사용되고 있으며, 장기적인 피해영향을 파악하기 위해서는 순간적인 농도보다는 장기적인 침적량을 조사하는 것이 도움이 된다. 우리나라에서 산성비 정책을 세우는데 필요한 것은 우리나라에 떨어지는 산성물질 강하 총량에 대한 전국적 규모의 연구이다. 우리나라와 같이 부유분진이 산도에 영향을 크게 미치는 나라에서는 pH 보다는 H^+, SO_4^{2-}, NO_3^-, Ca^{2+}, K^+, NH_4^+ 이온의 농도 및 그 총량이 더 의미가 있는 숫자가 된다. 현재 환경부는 이러한 정보를 수치로 제공하고 있다.

7-1-3 환경적 영향

황산과 질산은 지구상에 육상에 있을 때보다 물속에 함께 존재하고 있을 때, 그 효과가 상승작용으로 그 영향이 더욱 크다. 굴뚝에서 배출되는 오염물질(SO_x, NO_x등)은 바람을 따라 수 백 km를 이동하여 다른 인접국가들까지 운반된다. 예를 들면, 영국에서 매년 방출하는 황산화물은 바람에 의해 이동되어 스칸디나비아 반도까지 날아가고 있다. 스웨덴, 노르웨이, 독일 등 유럽대륙 오염의 상당량은 영국에서 방출된 오염물질에 의한 것이다. 우리나라도 중국, 일본과 같은 주위의 공업국가로부터 미세먼지, 안개, 눈 등 여러가지 형태의 영향을 받을 수 있다.

산성물질은 나무 전체에 침투하여 먼저 숲 상반부의 높은 나무 끝에 부착되어 산성액적이 흙 속으로 서서히 스며든다. 다음으로 뿌리에 침투한 후 인이나 칼슘 같은 주요 영양분을 녹여서 없애고 알루미늄 같은 독성의 금속성분만 남아 식물과 나무를 손상시킨다. 또한 산성비가 침엽수나 활엽수의 나뭇잎에 떨어지면 나무의 기공작용을 혼란시켜 광합성작용의 평형을 잃게 하고, 나뭇잎의 색변화나 조숙도 등에 영향을 미치며 각종 중요한 영양분을 씻어내어 영양부족으로 고사시킨다.

1) 토양에 미치는 영향

토양이 산성화되면 토양 중에 생육하고 있는 식물의 뿌리, 토양생물, 토양미생물 등이 영향을 받는다. 토양이 산성화되면 인근 호소 등도 그 영향을 받게 된다. 토양은 완충능력이 있으므로 토양의 산성화는 장기적인 관측을 통하여 그 영향을 파악하여야 한다. 토양에는 식물에 영양원이 되는 Ca^{2+}, Mg^{2+}, K^+ 등과 식물에 독성을 주는 H^+, $Al_3{}^+$ 등이 함유되어 있다. 토양에 산성 오염물질이 유입되어도 토양내의 탄산염이나 교환성 염기, 음이온 등이 중화를 촉진하여 pH가 낮아지는 것을 방지한다. 토양에 산성물질이 빗물로 침투되면 처음에 탄산염 등으로 중화되다가 Ca^{2+}, Mg^{2+}, K^+, Na^+ 등에 침투수 중의 H^+가 치환되어 산성화된다. 따라서 이들 영양분들이 감소되어 성장장해를 일으킨다. 알루미늄은 식물의 세포막에 있는 인화합물과 반응하여 인산알루미늄 화합물을 만들어 식물의 정상적인 생육을 방해한다. pH가 저하된 산성환경에서는 식물의 뿌리에 기생하여 영양분을 공급하거나 뿌리와 함께 생활하고 있는 토양미생물의 성장도 어렵게 되며, 토양생물이 사멸하여 공생관계를 유지하기 어렵게 된다.

2) 삼림피해

유럽 등에서는 1970년대부터 독일의 흑림을 비롯하여 스칸디나비아 반도의 북구지역에 소나무, 전나무 등의 피해가 발견되었다. 이후 나무들은 황색으로 변하였고 이상 낙엽현상을 일으켜 고사하여 갔다. 1983년 독일의 환경문제 전문위원회에서는 이를 신종 삼림피해로 규정하고 그 대응에 착수하였다. 특히, 소나무의 피해가 컸으며, 1984년에는 34%에 이르렀던 피해가 1986년에는 54%에 이르렀다. 그 결과로 첫째, 삼림감소가 매년 확대되었으며, 그 영역이 확대되었다. 둘째, 기상조건이나 삼림의 방향, 토양의 염기포화도, 건조상태, 지질 등과는 관계없이 일어났으며, 고사한 나무 주변에 건전한 나무가 성장하는 등 통일된 결론을 추출할 수 없었다. 셋째, 표고가 높은 지역에서 나무의 고사가 많이 나타났었다. 그림 7.3은 체코슬로바키아에서의 삼림피해를 보여주고 있다.

3) 호소의 산성화

노르웨이 등의 최남부 호소에서는 1940년 2,500마리 이상 생식하고 있던 연어가 1975년에는 반감했으며, 1986년에는 pH 5.5 이하에서 60%, pH 5.0 이하에서는 40%가 생존하였다. 캐나다에서는 1966년 램스덴호에서 새끼연어 4,000마리를 방류하여 조사한 결과 전멸한 사건이 발생하였다. 이 때, 호소의 pH는 4.4이었다. 이 pH 값은 호소에 사는 모든 생물이 간신히 생존할 수 값이었다.

그림 7.3 ■ 체코슬로바키아에서 산성화로 인해 고사한 삼림.
(사진출처: www.atmos.washington.edu/2005Q4/212/AcidDepositionSlides.pdf)

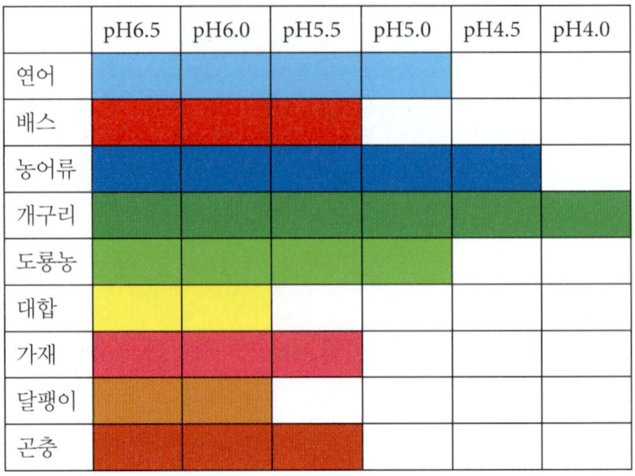

그림 7.4 ■ 호소의 산성화와 생물의 영향(출처: 미국 EPA)

4) 건축물의 영향

유럽에는 역사적인 건축물 등이 많으며, 이들 건축물에 고농도 SO_2가 영향을 주고 있다. 예를 들면, 런던의 웨스트민스터 사원, 남부 독일의 퀼른 성당 등이 피해를 받고 있으며, 지난 수 십년간 받은 피해는 자연상태에서 400년 동안 풍화에 의한 피해와 같다. 특히, 대리석 등의 건축물은 산성물질을 만나면 부식이 되어 석고로 변화하며, 아테네의 파르테논 신전의 여신상에서는 표면에 4 mm 이상의 석고 층이 생긴 경우도 있다. 또한 금속의 건축물이나 동상 등의 표면에 산화구리가 부식되어 그 외부에 탄산구리가 존재하여 안정화되는 경우도 있다. 여기에 이산화황이 반응하면 염기성의 황산구리가 되어 부식이 일어난다. 한 예로 로뎅의 '생각하는 사람'과 같은 역사적으로 유명한 조각품도 그 표면이 검게 부식되고 푸른 구리성분이 외부로 흘러나오고 있다. 산성비는 콘크리트에도 영향을 주며 콘크리트 균열 속으로 스며들어 철근을 부식시키거나 콘크리트를 변형시켜 구조물을 파괴한다. 그림 7.5는 60년간 산성비로 부식된 독일의 한 조각상을 보여주고 있다.

7-1-4 산성비의 대책

산성비에 대한 종합적인 대책은 3가지로 요약할 수 있다. 첫째로, 억제대책이며, 둘째로, 원인물질을 대기 중으로 방출하지 않는 처리대책이며, 셋째로, 파괴된 산성물질 배출억제 대책이다. 산성비에 대한 대책의 기본은 에너지 절약 등을 통한 황산화물, 질소산화물을 대기 중으로 배출하지 않는 것이다. 복원대책에는 산성화된 토양이나 호소를 복원하는 방법으로 토양이나 삼림에 석회를 살포하는 방법, 호소를 중화시키는 방법 등이 있다. 화석연료에 의한 산성비의 원인이 되는 대기오염물질의 배출을 근원적으로 없애기 위해서는 다음의 대책들이 필요하다.

❶ 전기를 절약한다. 자동차의 사용을 억제하는 등 에너지절약 정책을 추진하여 대기오염물질의 배출을 줄인다.

(a) 1908년 (b) 1968년도

그림 7.5 ▪ 독일의 한 조각상으로 사진은 (a) 1908년도, (b) 1968년도에 촬영한 것이다. 60년간 산성비로 부식된 모습을 보여주고 있다. (출처: www.atmos.washington.edu/2005Q4/212/AcidDepositionSlides.pdf)

❷ 깨끗한 청정연료를 사용을 권장하며 보급한다.
❸ 발전소나 공장 등에 탈황, 탈질설비인 대기오염 방지시설을 설치한다.
❹ 자동차에 배출가스 정화장치를 부착한다.
❺ 적은 연료로 최대한의 에너지효율을 얻을 수 있도록 에너지의 방식을 개선한다.

각 가정에서 사용하는 에너지원으로는 전기, 천연가스, 등유, 경유 등이 있으며 이중 태양열을 사용하는 것이 가장 깨끗한 에너지원이다. 다음으로 전기를 사용하는 것이 가장 편리하며 산성비의 대책으로 바람직하다. 산업분야에서는 석유나 석탄이 많이 사용되나 가급적 천연가스로 전환하는 것이 좋으며, 이는 대기오염물질의 배출도 적기 때문이다. 자동차는 승용차에서 삼원촉매장치 등 정화장치의 사용을 권장하고 디젤차에서는 매연저감장치를 활용하여 보급하여야 한다. 버스 등 공공교통수단은 전기나 가스연료를 사용하도록 하며, 지하철 등 깨끗한 에너지를 사용하는 대중 교통수단을 홍보한다.

7-2 지구온난화

7-2-1 이산화탄소의 농도변화

지구관측지점인 하와이 마우나로아에서 관측한 결과에 의하면 1986년의 대기 중 이산화탄소 농도는 346 ppm이었는데 1959년의 316 ppm에 비해 20년간 매년 10%씩 증가하였다. 산업혁명 이전에는 약 280 ppm으로 추정되고 있으며, 2015년에는 400 ppm에 도달하고 있다. 대기 중 이산화탄소는 태양복사를 거의 투과하나 지표면에서 반사되는 적외선 복사

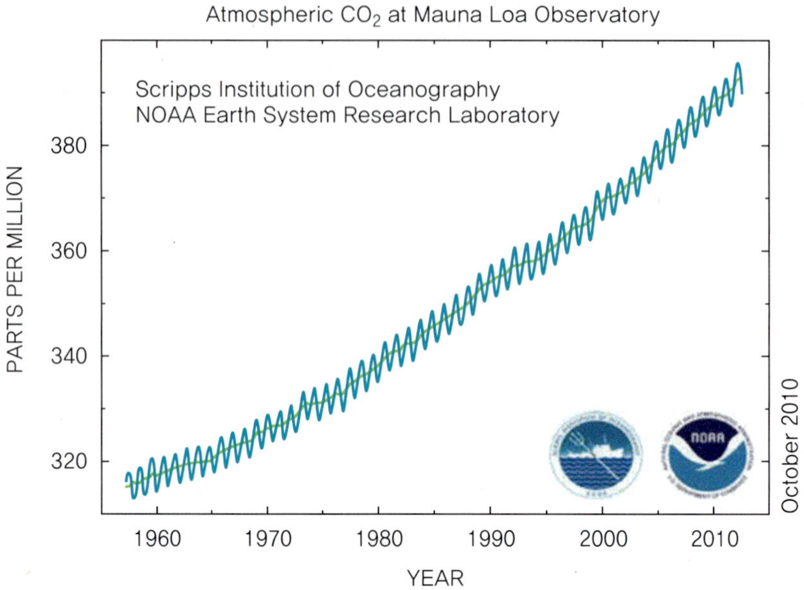

그림 7.6 ▪ 지구대기의 이산화탄소 농도변화 (자료: NOAA)

는 거의 흡수하게 되어 지구를 따뜻하게 하는 지구온난화 현상을 보이고 있다. 이들 온실기체들의 배출량 증가는 지구표면의 온도상승 결과를 초래하며 그 결과로 수면의 수증기가 대기 중으로 다량 증발하는 결과를 가져올 수 있다.

남극에는 지구상의 90%의 얼음이 존재하고 있으며, 2,000 m 두께로 지구를 덮고 있는 곳도 있다. 지구의 온도가 5°C만 상승하여도 얼음의 전부가 녹을 가능성도 있다. 기온상승은 해수면의 상승을 가져오며, 과거 100년간 평균 10~25 cm의 상승한 관측을 토대로 보면 1.5~4.5°C 상승에 20~140 cm 상승도 예측된다.

미국 환경자문위원회에서 밝힌 화석연료의 사용으로 인한 이산화탄소의 농도는 1950년 이후로 급격히 증가하고 있으며(그림 7.6 참조) 1986년에 이미 350 ppm에 육박하고 있다.

7-2-2 온실효과와 온실가스

지구의 온도는 태양에서 내려 쬐는 에너지에 의한 열과 지표면의 반사열의 균형에 의해서 결정된다. 태양광에 의한 에너지의 대부분은 대기를 통하여 지표로 도달되고 열로 전환된다. 이 때 가열된 열은 지표면에서 적외선의 형태로 열을 대기 중으로 방출하게 된다. 앞의 두 가지 효과를 생각하지 않고 단순히 태양과 지구간의 열의 교환만을 생각한다고 하면, 지구표면의 평균기온은 5°C 정도가 된다. 태양과 지구와의 사이에는 대기가 존재하며 대기층에는 구름이나 화산 등에서 발생하는 가스나 먼지 등 미립자가 존재하여 태양광을 차단하고 있다. 이들은 대기를 냉각시키는 결과를 가져오나, 반대로, 수증기, 메탄, N_2O 등과 같은 기체가 온실의 유리와 같이 지표면에서 반사되는 적외선을 흡수하여 대기층의 온도를 상승시키는 온실효과를 가져오게 되는데, 온실효과의 쪽이 강하기 때문에 지구의 평균 온도는 10°C 상승하여 15°C로 유지하게 된다.

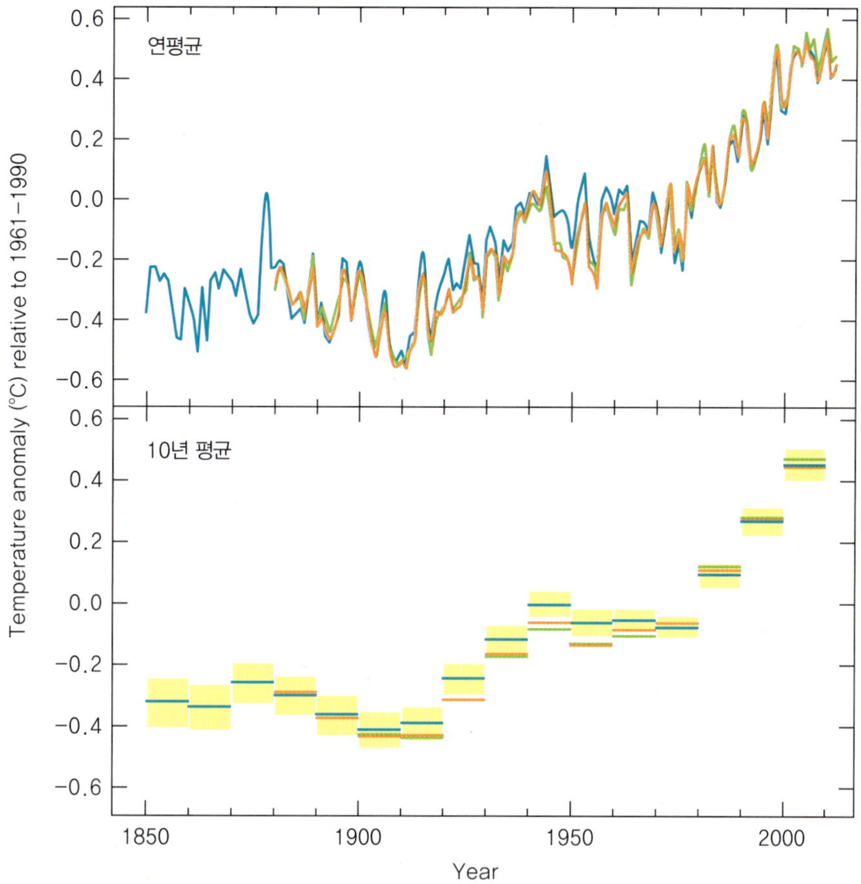

그림 7.7 ▪ 지구대기의 온도상승 (자료: IPCC Report)

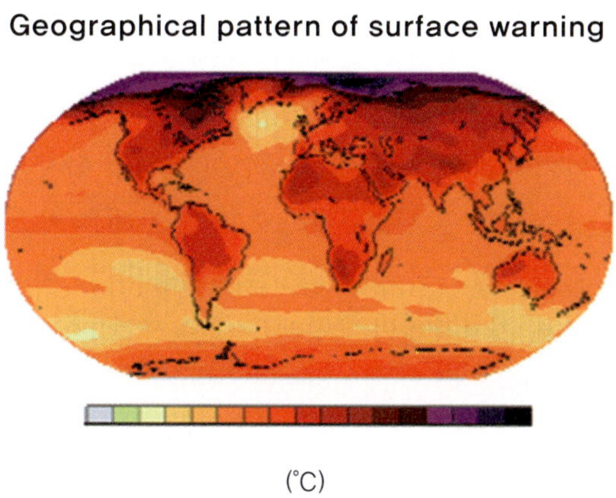

그림 7.8 ▪ 전세계 지구의 표면온도 분포(시나리오 A1B SRES에서 투영된 결과치 IPCC 4차 보고서 인용)

하지만 인간의 경제활동 등 인위적인 원인으로 대기 중에 온실효과 가스가 더욱 방출되면서 지구에서 방출되는 더 많은 장파복사에너지를 흡수하게 되었다. 지구복사 에너지가 대기권에 축적되면서 온실효과가 가속화되고 지표면의 온도를 상승시키는 결과를 초래하게 되었다.

대기 중에는 이산화탄소 이외에도 지구온난화에 영향을 주는 기체들이 있으며, 메탄 및 CFC, N_2O, SF_6 등이 대표적인 물질이다. 미국 EPA의 보고에서는 각 기체의 기여율을 산정하였는데, 이산화탄소 49%, 메탄 18%, 프레온 14%, N_2O 5%, 기타 13% 로 추정하고 있다. 국가별로는 미국, 소련, 중국, 일본 등의 발생원이 있으며, 지구온난화에 관련되는 기체는 다음과 같다.

온난화에 관계되는 대기성분
- 온실효과 기체
  - H_2O, CO_2, CH_4, 오존, N_2O, CFCs
- 온난화 관련기체
  - NO_x, NHMC, CO
- 에어로졸 관련물질
  - 블랙카본, 화산분출 먼지, 황화합물

이 중 메탄은 매년 1% 씩 증가하고 있으며, 수농재배, 목축의 확대, 바이오매스, 연소, 천연가스의 누출, 석탄채광 등이 그 원인이 된다. 메탄은 지구상에서 발생하는 연간 탄화수소의 86% 이상을 점유하고 있다. 지구상의 농도는 1987년을 기준으로 1.7 ppm 정도이고 발생원은 열대의 습지, 논, 광산 등의 자연발생원이 대부분이다. 메탄가스는 북반구 중위도에서 고농도를 나타내며, 그 이유는 툰트라 지대에서의 자연적 방출이 원인으로 생각된다.

N_2O는 메탄이나 이산화탄소보다는 느린 속도로 증가하고 있으며, 토양 중 질소산화물이 질화작용에 의하여 분해되어 대기 중으로 방출된다. N_2O는 화석연료의 사용증가와 농업용 비료사용의 증가로 인한 탈질작용을 원인으로 볼 수 있다. N_2O 는 지구 전체의 발생량을 추정하기가 어렵고 특정발생원에 그 원인이 있다고 단정할 수 없다. 대부분은 자연발생원이 차지하고 있으며, 향후 농업의 생산성 향상을 위해 질소비료의 사용증가가 N_2O의 농도를 상승시킬 것으로 예측하고 있다. 프레온 가스는 헤어스프레이, 페인트 스프레이 등의 에어로졸 분무기의 추진제로 널리 사용되었으며, 냉장고 및 냉동고의 냉매, 발포 플라스틱의 발포제, 전자산업의 세정제등 많은 산업분야에서 폭넓게 사용되어 왔다.

대기 중 수소 등을 제외한 많은 미량기체들은 적외선 복사 활성의 특성을 가지고 있다. 그 중에서 대기 중 농도와 복사특성을 고려할 경우, 실제로 지구의 열수지에 영향을 주고 있다고 생각되는 기체를 온실가스로 정의한다. 수증기는 가장 적외선 흡수량이 크며, CO_2, CH_4, 오존, N_2O, CFC-11, CFC-12 순으로 되어 있다. 상기의 온실가스 외에 비록 그 자신의 직접적 기여율은 작지만, 대류권의 광화학반응을 통하여 온난화기체의 전구체가 되고, OH 반응기의 농도를 변동시켜 CH_4, CFC의 대기 중 체류시간에 영향을 주고, 온실가스의 농도를 변화시킬 수 있는 물질들이 포함된다. 한편 지구온난화에 대한 원인이 인위적인 발생원의 영향 이외에 화산폭발이나 다른 기후학적인 요인에 의한 것이라는 주장도 꾸준히 제기되고 있다.

지구각지에서 과거 100년 이상 조사되어 온 지구관측자료에 의하면 지구의 온도가 점차 상승되고 있다. 그러나 일부 과학자들은 온도와 온실효과 사이에 명확한 관계가 아직 확립되지 않았다는 점을 지적하고 있다. 큰 격년변동 및 1940~1975년 사이의 비교적 평탄한 곡선은 기후변화에 있어서 다른 중요한 요인이 있을 수 있다는 점을 제기하고 있다. 예를 들면, 화산 대폭발과 엘리뇨 등이 이 기록에 나타난 기온상승 편차에 관여하고 있기 때문이다. 장래의 온실가스의 배출량을 예측한 바에 의하면, 금세기에는 이들 가스가 지구온난화에 미치는 다른 어떠한 영향보다도 클 것이라고 판단하고 있다.

7-2-3 지구온난화에 관한 국제적 대응

지구온난화에 대한 국제적인 대응으로는 WMO (세계기상기구)가 중심이 되어왔다. WMO는 기후변화에 대한 이해를 깊게 함과 동시에 기후변화에 대한 인간활동의 영향을 명확히 하는 등 역할을 추진하여 왔다. IPCC는 1990~2100년 사이에 인구증가, 경제성장, 토지이용, 기술혁신 및 에너지 등에 근거하여 장래의 지구온난화에 관한 시나리오를 작성하였다. 이 시나리오 가운데 중간정도의 예측 시나리오에서는 2100년에는 이산화탄소의 배출량이 1990년의 약 3배 (이산화탄소 농도로는 약 2배)로 추정하고 있으며 전 지구적인 온도는 1990년에 비해 2°C 상승할 것으로 예측하고 있다. 최대 배출시나리오는 평균기온이 3.5°C 상승하며, 해수면이 95 cm 상승하는 것으로 예측하고 있다. 또한, 기후변화에 대한 환경 및 경제, 사회활동에 대한 피해를 경감시키기 위해 기후에 대한 지식을 적극적으로 활용하고, 행정기관을 지원할 목적으로 1979년에 국제연합환경계획 (UNEP), ICSU와 함께 세계기상계획 (WCP)을 채택하였다. 1980년 후반부터 지구온난화는 세계환경의 중요문제로 다루어졌으며, 국제연합총회에서 세계 각국의 수뇌들에게 대책을 강구하도록 권고하는 결의가 채택되었다. WMO와 UNEP는 이를 받아들여 1988년 11월에 **기후변화에 관한 정부간 패널** (IPCC)를 설치하였다. 2,000명이 넘는 각국의 과학자들이 참가하고 과학적 평가, 환경영향, 정부입안 등 3부로 나뉘어 현재분석과 장래예측을 보고하였다. 제1차 보고서에서는 이산화탄소의 현상유지를 위해 배출량의 대폭삭감이 필요하다는 점, 제2차 보고서에서는 현재 이미 지구온난화의 영향이 나타날 가능성이 높으며, 그 원인이 인위적인 기원에 의한다고 각각 보고하였다. IPCC에 의한 과학적 평가는 기후변화에 관한 국제연합단체조약 (FCCC)을 책정하는데 중요한 역할을 하고 있다. FCCC는 기후변화에 관한 조약 또는 지구온난화 방지조약이라고 불리우며, 1992년 5월에 채택되었다. 브라질의 리오데자네이로에서 개최된 지구서미트에서 155개국이 서명하였고 1994년 3월에 발효되었다. 이 조약에는 선진국이 2000년까지 온실가스의 배출량을 1990년 수준으로 낮추는 규정은 있으나 조약의 구체적인 세부대책은 정해져 있지 않았다. 1995년 베를린에서 제1회 당사국회의 (COP1)가 열렸고, 1996년 제네바 (COP2)에서 열렸으며, 1997년 12월에 교토 (COP3)에서 열렸다. COP3에서는 구체적인 대책을 정한 의정서의 채택과 법적 구속력이 있는 목표설정이 논의되었다. 그러나 각국의 구체적인 수치 목표의 설정에는 큰 차이가 있었으며, 이견을 나타내었다. 교토 메카니즘은 국제사회가 어떻게 지구온난화방지를 위해 노력해야 하는가에 대한 구체적 형태, 교토의정서 체제에 교역적 측면 등을 포함하고 있으며, 이는 저감의무이행과 더불어 배출권의 거래 및 탄소세 등으로 구체화될 전망이다. 국제사회의 움직임은 온실가스저감과 더불어 배출권거래, 의무부담국간 상호감사, 개도국의 저감사업에 참여 등을 통해 많은 협약국에 국제적 협력과 교역의 새로운 기회를 제공할 것으로 예상된다. 우리나라도 개도국의 위치로서 당분간은 저감의무에 책임은 면할 수 있으나 국제적인 대응에 소홀해서는 안되며 다각적으로 교토의정서에 대한 검토와 대응전략이 필요하다. 1997년 일본 Kyoto에서 1990년 기준으로 이산화탄소 배출량을 5.2% 줄이기로 합의하였으며 이 후 COP회의는 파리협약까지 COP21을 유지하였다. 2007년 12월에 게최된 COP13에서는 2012년에 끝나는 온실가스 감축제계를 위한 발리로드맵이 채택되었다.

2009년에는 덴마크의 코펜하겐에서 192국이 참가하는 COP15 기후변화 당사국 총회가 열렸으며 코펜하겐 협정을 유의(take note)하기로 합의하고 마쳤다. 이 협정에서는 평균기온 상승폭을 산업화이전 대비 섭씨2도씨로 제한하고 2010년1월까지 감축목표를 제시하고 구체적인 실행방안을 제시하도록 하였다. 그러나 각 국의 미지근한 대응으로 구속력 있는 대응방안을 마련하는 데는 실패하였다.

2011년 11월 남아프리카 더반에서 열린 COP17에서는 2017년까지 Kyoto의정서 체제를 유지하는데 합의하였고 의무감축국에서 빠져있는 나라들도 포함하는 내용이 발표되었다. COP18은 2012년 카타르 도하에서 열렸으며 Kyoto의정서를 2020년까지 연장하는데 합의하였으나 많은 나라들이 탈퇴하였고 미국, 캐나다, 중국, 인도 등의 국가들의 합의를 이끌어 내지 못하였다. 우리나라는 2020년까지 30%를 감축하는 자발적 감축을 선언하였고 2015년부터 온실가스배출권 거래제를 시행하는 내용을 발표하였다. 2013년 11월에 폴란드의 바르샤바에서 COP19가 개최되었으며, 감축목표 제출시기와 감축목표를 설정하고 개도국의 손실과 피해를 논의하기 위한 장기적 재원에 대해 논의가 이루어져 온실가스 저감을 위한 기반을 마련하였다.

COP20은 페루 리마에서 열렸으며 'Lima Call for Climate Action'을 채택하였고 Post 2020을 위한 자발적 기여방안, 제출시기, 협의절차, 제출정보 등이 논의되어 COP21파리협약을 위한 준비단계가 완성되었다. COP21은 2015년 11월에 프랑스 파리에서 열렸으며 2020년 만료되는 Kyoto의정서의 새로운 협의문인 가칭 파리협정(Paris Agreement)을 196개국이 합의하는 역사적인 협정을 이루어내었다. 이 협약에서는 온실가스 상승을 1.5도로 제한하도록 노력하고 모든 국가가 자발적 감축방안(INDC)를 의무적으로 이행하며 모든 국가가 참여하는 능동적인 감축방안을 마련하는데 성공하였다.

7-2-4 지구온난화의 영향

1) 해수면 상승

해안지역에서 높은 조수의 피해를 입기 쉬운 인구는 해수면이 50 cm 상승한다고 가정하면 4,500만 명에서 9,600만 명으로 증가할 것으로 추정하고 있다. 더 높아져 1m일 경우는 1억2천만 명이 피해를 입을 것이고 태평양의 마아샬 군도는 80%, 방글라데시는 18%가 물에 잠길 것이다. 지구온난화에 의하여 2100년까지는 0.5~2 m의 해면상승이 발생할 가능성이 있으며, 그 결과 해안의 저 · 습지대의 침수, 해안침식, 범람의 증대, 해수의 침입 등의 영향이 발생할 가능성이 있다. 해안지대에 대해 이러한 사태로부터 방재하기 위해서는 거대한 비용이 소요된다. 지구전체의 평균적인 해면의 변화는 세계 각지의 조수 수위계 자료에 기초해서 추정하고 있다. 그 자료에 의하면 최근 100년간 10~15 cm의 해면상승이 있었고, 이것은 온난화에 의한 영향으로 생각하고 있다. 해면상승은 전 지구적으로 일정하게 발생하는 것은 아니며 온난화에 의한 해류, 바람, 기압 등이 변화한 결과 지역적으로 다른 분포를 나타낼 것으로 생각되고 있다.

2) 동식물영향

지구의 전 삼림의 1/3에서 등온선의 이동에 의해 식생이 변화를 받는다고 한다. 예를 들어 지구온난화가 진행된다면, 지금보다 많은 수림은 시원한 북쪽의 산악지대가 아니면 생존하기 힘들게 된다. 그러나 기후변화가 급격해지면 식물의 이동속도가 기후에 적응하기 어려워져 소멸하는 동, 식물 종의 변화가 생길 수 있다. 이는 전 세계적 삼림에 중대한 영향을 미칠 가능성이 있다. 실제의 영향이 발생되는 시기는 지역과 장소의 특성 그리고 기후변화의 속도에 의하여 달라지겠지만 30~80년 후에 나타날 것으로 예상된다. 기온상승과 토양의 건조화는 사막화를 진행시켜 생물의 멸종이나, 종의 이동, 생물성장의 남방, 북방한계에 영향을 주어 수종에 따른 생육지역의 변화를 가져올 수 있다.

3) 농업 및 수자원

지구온난화는 북유럽지역에 식량생산을 증가하게 하며, 서유럽, 미국남부, 오스트레일리아 등 에서는 아열대화로 인하여 고온장해, 병충해 피해로 현재 수확량보다 감소할 것으로 전망하고 있다. 열대나 아열대에서는 태풍의 증가, 가뭄과 같은 급격한 기후변화 등으로 생산량이 낮아지고 건조, 반 건조지역을 포함하여 기아의 빈곤지역이 점차 넓어지게 될 것이다. 사과 등 과일은 온도에 따른 변화로 북쪽으로 재배지가 상승할 것이며, 해수의 변화로 수산물의 변화도 일어나 동해의 명태가 사라지고 오징어나 대구가 잡히는 등 수산자원의 종의 변화가 나타나고 있다.

4) 건강에 미치는 영향

지구온난화의 영향으로 생물체를 매개로 하는 전염병이 증가할 수 있다. 말라리아, 뎅기열, 황열병, 바이러스성 뇌염 등이 증가한다. 열대병으로 알려져 있는 말라리아가 북상 중에 있으며, 잠재적으로 5,000~8,000명 정도로 증가할 수 있다. 우리나라의 남부지방은 모기의 증가가 예상되며 뇌염, 아열대성 질병들이 나타날 수 있다. 기온상승에 따른 홍수 등으로 콜레라나 장티푸스 등의 수인성 전염병도 증가 할 수 있다. 기후변화는 삼림파괴와 더불어 삼림의 이산화탄소 흡수량을 감소시켜 더욱 온난화를 촉진한다. 이 온난화에 의해 시베리아 등의 영구 동결토가 녹아 흙 중의 메탄가스가 지표로 발생하여 온난화 기체로 온난화를 가속시킬 수 있다.

7-2-5 지구온난화 방지 대책

지구온난화 방지대책의 기술적 방안으로는 CO_2의 배출 억제기술과 탄소함량이 적은 저탄소 연료를 사용하는 방법이 있다. 또한, 에너지의 형태를 완전히 전환하여 지열에너지, 태양에너지, 바람에너지, 바이오매스 등을 이용한 신재생에너지의 보급으로 자연 발생 형태의 에너지를 적극 이용하는 것이 필요하다.

1) 에너지 이용효율의 개선

산업분야에서는 사용 연료량을 절감하는 방법에 의해 이산화탄소 배출량을 크게 줄일 수 있다. 이것은 에너지 절약과 밀접한 관계가 있으며, 화력발전의 열효율 향상을 가장 먼저 들 수 있다. 현장에서의 에너지 절약의 원칙은 (1) 저렴한 에너지를 만든다. (2) 에너지를 잘 사용한다. (3) 열 손실이 없게 사용한다는 3가지 점이 중심이 되고 있다. 히트펌프나 복합발전, 송풍기 등 기계효율의 성능 향상 등이 포함된다. 발전분야에서는 발전효율 향상과 복합발전, 석탄가스화 복합발전, 가압 유동상연소, 열병합발전, 연료전지 등을 활용할 수 있다.

가정분야에서는 가전제품의 보급과 더불어 전기에너지의 사용량은 급격히 늘고 있다. 가정분야는 가정용 전자제품의 에너지 절약과 냉난방기의 열효율 개선 연료전지 보급 등이 있다. 또, 급탕기 등의 열효율 개선으로 축열 방열의 손실이 적은 보일러들이 개발되고 있다.

상업분야에서는 오피스빌딩의 공기조화시설에 에너지 절약 정책이 시행되어 가스엔진에 의해 여열을 이용하여 냉난방을 하는 열병합방식이 채택되고 있다. 심야전력을 이용해 야간에 얼음을 만들어 주간에 다시 냉방용으로 사용하는 시스템도 이미 가동 중이다. 이와 같이 저효율로 사용하던 과거의 열발생 시스템들이 효율이 개선되고 성능이 향상됨으로 열 손실을 줄이게 되었고, 결국 연료를 줄이게 되어 이산화탄소의 배출량을 줄이는 데 기여할 수 있다. 또한 LNG가스와 연료전지를 결합한 co-generation 발전 방식이 도입되고 있다.

교통분야에서는 전기차 보급, 자동차 차체기술, 지원설비 및 정비기술, 운용방법, 교통개선 등에 따라 이산화탄소를 줄일 수 있다. 우선, 자동차 차체기술은 주행성능의 향상, 연비개선, 차체 경량화 등에 의해 가능하며, 지원 설비 및 정비기술로는 공항, 항만, 역등의 도로설비 개선, 하역설비 개선, 보수정비의 합리화 등이 있다. 운용방법에는 항로 및 노선의 적정성 검토, 운송방식을 개선하고 육상 교통관리의 시스템화 등을 통하여 도로소통을 최대화할 수 있다.

2) 저탄소연료로 전환

석유, 석탄 등은 탄화수소를 주성분으로 하는 복잡한 유기화합물의 연료이며, 천연가스는 메탄을 주성분으로 하는 연료이다. 이산화탄소는 유기화합물 중의 탄소가 연소에 의해 산화되어 만들어지는 것이므로 탄소수가 낮은 연료를 사용하면 이산화탄소의 배출을 줄일 수 있다. 천연가스는 1988년에 11.2%, 1989년에 4.7%로 확인된 매장량이 매년 조금씩 증가하고 있으며 현재는 11.2조 m^3에 달하고 있다. 전 세계적인 에너지원별 소비실적을 보

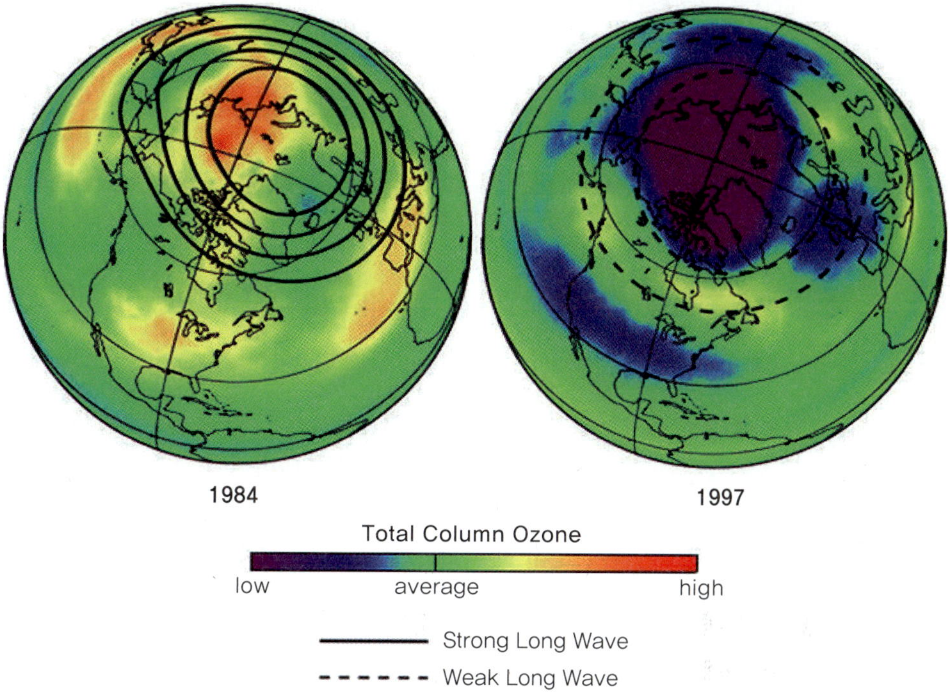

그림 7.9 ▪ 오존층파괴 현상 (자료, NASA)

면 석유 3135.2(단위 백만 TOE)(39.4%), 천연가스 1977.3(23.4%), 석탄2293.4(27.2%),원자력 617.4(7.3%), 수력 225.9(2.7%)이다. 이 자료는 1985년 석유 2806.6 (40.6%), 천연가스 1479.1 (21.4%)에 비교하면 석유소비는 감소추세에 있으며, 천연가스는 증가추세에 있다. 천연가스의 최종 에너지 이용분야는 철강, 화학, 농업, 발전, 가정, 자동차 등으로 나뉘며, 이중에 발전이나 도시가스의 이용은 크게 문제가 없다. 그러나 가정용이나 자동차등 저장, 수송이 따르는 분야는 많은 기술적인 검토가 진행되고 있으며, 실용화를 앞에 두고 있다. CNG 자동차는 천연가스를 사용하는 대표적인 자동차이며 경제성 면에서도 유리하여 전 세계적으로 보급되고 있다. 우리나라에도 대도시의 버스 등 대중교통수단에 적극 사용되고 있으며 90%를 초과하고 있다.

메탄올은 다른 연료에 비해 이산화탄소 발생이 적으며 천연가스를 화학적으로 변환하여 액체연료로 사용하는 방안이 강구되고 있다. 혼합알콜은 가솔린 등 탄화수소와의 혼용도 검토되고 있다.

석탄가스화 기술은 석탄을 불완전 연소시켜 일산화탄소와 수소를 주로 하는 가스로 전환하는 기술이다. 석탄가스화 기술에서 냉각가스 효율을 높이며 탄소의 소비를 16~18%로 줄일 수 있다. 이것은 이산화탄소의 배출억제에 기여할 수 있다. 석탄 액화기술에서도 열효율을 높여 이산화탄소의 배출을 줄일 수 있다.

마지막으로 생물체를 이용한 바이오매스 기술이 이산화탄소의 배출억제 효과를 높일 수 있다. 바이오매스 중 에너지의 밀도가 가장 높은 것이 삼림이며, 전체 바이오매스의

60%를 차지한다. 지구상에 바이오매스가 연간 고정하는 이산화탄소의 고정량은 2750t으로 알려져 있으며, 평균적인 고정능력은 14~17 t/ha 연간 이다. 바이오매스는 탄소 동화작용에 의해 대기 중의 이산화탄소를 고정하므로 이산화탄소 증가에 대한 기대가 더욱 크다고 할 수 있다.

바이오매스 기술에는 직접연소, 가스화기술, 액화기술, 에탄올 발효기술 등이 있다.

7-3 오존층 파괴

7-3-1 오존층 파괴 문제의 배경

우리들의 일상생활에서는 수많은 화학물질을 사용하고 있다. 이 중 염소를 포함하는 많은 화합물들은 대기 중에 배출된 후 성층권에 도달하여 오존층을 파괴하는 것으로 알려져 있다. 1974년 미국 캘리포니아 대학의 로랜드 교수와 몰리나교수는 프레온의 분포와 자외선 창의 존재를 확인하여 프레온이 오존에 의해 파괴되는 메카니즘을 처음으로 발표하였다. 이 가설은 지구상에 도달하는 자외선의 증가로 생태계에 중대한 영향을 줄 수 있다는 점에서 큰 반향을 불러 일으켰으며, 1975년 1월 미국은 정부에 성층권에서 인위적인 변화에 대한 대책본부'를 발족시키고 본격적으로 과학적인 조사를 시작하였다. UNEP도 1977년 프레온 및 오존문제를 관리이사회에서 결의하고 오존문제 조정위원회를 발족시켰다. 이제 오존층 파괴문제는 국제적인 문제로서 대두되었고, 1978년에 처음으로 프레온을 이용하는 분사제의 사용금지를 실시하였다. 그 이후 과학적인 조사가 진행되는 동안에도 이에 대한 논란은 계속되었지만 이에 대한 확실한 국제적인 대응은 없었다. 그러나 1981년에는 UNEP에서 오존층 보호조약을 위한 초안이 작성되었고, 1985년에는 드디어 UN의 후원 하에 오존층 보호조약인 비엔나협정이 체결되었다. 2년 뒤 1987년에는 외교관회의에서 프로토콜로 채택되어 몬트리올 의정서가 24개국에 의해 조인되었다. 이 몬트리올 의정서에서 제한한 CFC의 생산량은 110만 톤이며 전 세계적으로는 25개국정도가 생산하고 있으며, 그 중 5개국이 전 세계의 생산량 중 75%를 차지하고 있다.

7-3-2 오존층 파괴현상

인류가 지구상층 대기 중에 오존층이 있다는 사실을 처음으로 발견한 것은 지구부터 100년 전의 일이다. 오존의 자외선의 흡수 스펙트럼과 지표에 도달하는 태양의 스펙트럼이 일치한다는 알게 되었다. 지구의 대기권은 지표에서 12 km 까지는 대류권이라 하고 12~48 km를 성층권으로, 48~80 km를 중간권, 그 이상을 열권이라고 한다. 산소는 공기의 대류에 의해 상공으로 이동하며, 상공에서 태양의 강한 자외선을 받게 되면 산소분자(O_2)는 2개의 산소원자(O)로 분해된다. 이 분해된 산소원자(O)는 반응성이 강하므로 별도의 산소분자(O_2) 와 결합하여 오존을 만든다. 이와 같은 반응은 상층 25 km 이상에서 일어나며 따라서 오존층이 만들어지게 된다. 오존층 파괴의 위기는 3회에 걸쳐 나타났다. 처음으로 1960년 초 미소양국의 냉전시기에 수소폭탄의 대기권 실험이었다. 핵융합의 고온 하에 대

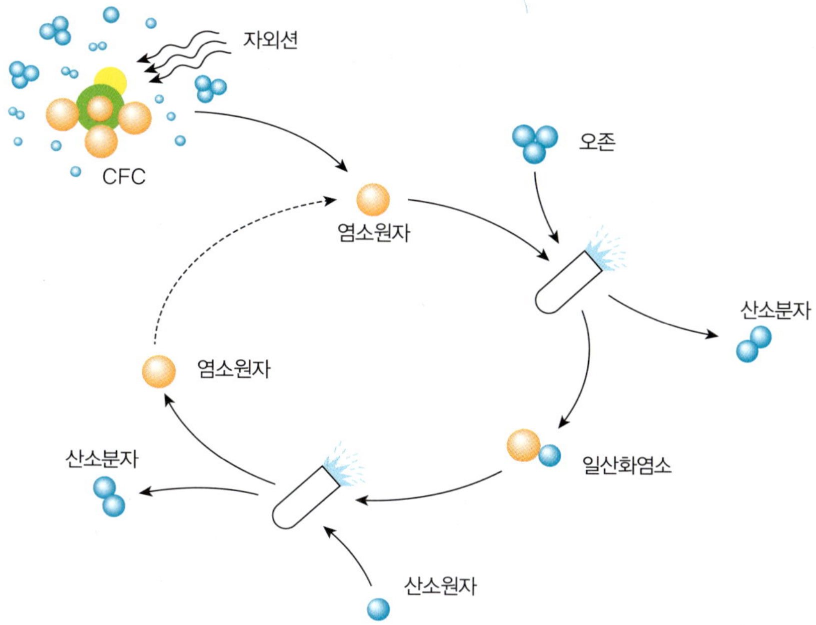

그림 7.10 ▪ 프레온가스에 의한 오존의 파괴과정

기 중의 질소와 산소가 다량의 NO_x를 생성하여 이것이 오존층을 파괴하였다는 설이다. 과학자들은 수소폭탄의 실험에 의한 오존의 감소량을 4~5 %로 추정하고 있다. 두 번째의 위기는 1970년 초음속 항공기(SST: supersonic transport)의 출현이었다. 영국과 프랑스는 콩코드를 취항시켰으며 미국과 유럽을 단시간에 연결할 수 있었으나 배출가스에 발생하는 질소산화물과 과산화물 등이 오존과 반응하여 오존을 파괴한다는 것이었다. 당시 미국 교통부가 발표한 내용은 SST가 보통 500기 정도 비행하면 오존은 15년간 15% 정도 감소한다는 사실이었다. 이외에도 네덜란드의 과학자 크루첸은 토양에 의한 질소비료에서 발생하는 N_2O(일산화이질소)가 오존층에 영향을 줄 수 있다는 것을 예측하였고, 니바스 위성의 관측에 의하여 1972년에 태양의 활동에 의해 지구의 양극에 질소산화물이 2배로 증가하고 이에 따라 오존층이 18% 정도 감소하는 관측결과를 내놓고 있다. 그러나 현재까지 가장 유력한 설은 프레온가스에 의한 오존파괴이며 미국 등이 가장 빠르게 대응하여 1987년에 이미 프레온의 사용하는 분사제를 원칙적으로 금지하였다.

1) 오존파괴 메카니즘

이렇게 생성된 오존층은 과거 새로운 화학물질이 존재하지 않았던 시기에는 잘 보호되어 있었지만 최근 프레온이나 각종 유해 화학물질들이 만들어지고 대량 사용됨에 따라 오존층은 위협받기 시작하였다. 그림에서와 같이 지상에서 사용된 프레온이나 염소를 포함하는 화학물질들이 대류권에서 분해되지 않고 성층권에 도달하여 대류권에서 존재하지 않는 강한 에너지를 가지는 자외선에 의해 분해되어 염소원자를 생성한다. 이 염소원자는 오존과 충돌하면 오존을 분해하여 일산화염소(ClO)와 산소(O_2)를 만들고 일산화염소(ClO) 중의 산소원자는 다시 떨어져 새로운 산소분자가 된다. 이 때, 남겨진 오존은 계속해서 오존을 파괴할 수 있으며 반복되어 염소 1개 원자가 10만개의 오존분자를 단시간에 파괴할 수 있게 된다.

2) 프레온

오존층의 파괴에 대한 최초의 확인은 남극이었으며, 1985년 영국의 학자들이 남극대륙 상공의 오존농도가 급격히 감소한다는 사실을 밝혔다. 그 후 국제 사회에서 오존층 파괴문제는 심각한 사실로 대두되면서 파문이 일기 시작하였다. 과학자들은 남극대륙의 상공에 오존 감소를 염소를 포함하는 프레온 등과 같은 염소화합물과 브롬화합물, 용제 등으로부터 염소가 배출되어 오존을 파괴한다는 사실에 동의한다. 그러나 최근에는 화산폭발 등에 의해 생성된 각종 미세입자와 유해물질들이 성층권까지 상승하여 오존층을 파괴한다는 설도 있다. 오존의 감소현상은 1970년부터 서서히 시작되어 1987년에는 수개월 만에 남극상공의 오존량이 절반 정도 감소하는 현상을 보이기도 하였다. 오존층이 파괴되는 현상은 북극에도 나타났으며 1989년 초기 수개월간 북극의 대기권도 남극과 비슷하며 북반구에서도 3 5%의 오존이 감소한 사실을 조사하였다.

프레온이란 일반적인 명칭으로 알려진 것이고 영어로는 '할로카본' 또는 'chlorofluorocarbon'으로 CFC의 약자로 사용된다. 이것은 염소와 불소와 탄소의 세성분에 의해 만들어진 화합물을 말하며 탄소수가 1~3개로 형성된 물질이다. 프레온은 미국의 제너럴모터사의 토마스 미즐리(Thomas Midgley)에 의해 발명되어 냉장고의 냉매로서 사용되어 왔다. 1931년 세계적인 화학회사인 듀퐁사가 프론11과 프론12의 공업화에 성공하여 프레온으로 명명하였다. 이때부터 프레온이라는 상품명으로 전 세계로 급속히 그 사용량이 증가하였고 보통은 유기용제에 불화수소를 반응시켜 제조한다. 현재까지 시판되어온 프레온은 프론113이 반도체 세정 등의 용제로, 프론12가 냉매나 에어로졸 분사제, 발포제 등에 사용되었다. 프론 11은 분사제와 발포제로, 프론22는 대부분 냉장고 냉매로 사용되었다. 이들 물질은 다음과 같은 특성을 가지고 꿈의 물질이라고 알려져 왔다.

① 열에 대해 매우 안정하다. ② 불에 잘 타지 않는다. ③ 금속을 부식시키지 않는다. ④ 용해성이 우수하다. ⑤ 전기절연성이 크다. ⑥ 독성이 적다.

이와 같은 성질을 이용해서 프레온은 주로 세정제, 냉장고, 에어컨 등의 냉매, 플라스틱의 발포제, 스프레이 등 에어로졸 분사제로 널리 사용되어 왔다.

7-3-3 오존층 파괴의 영향

오존층 파괴의 영향으로는 유해자외선에 의한 피부암과 시력장애를 들 수 있으며, 농작물의 감소와 생태계에 영향을 미친다. 또한, 온실효과에 의한 온도상승과 이상기후 등을 발생하는 것으로 알려져 있다.

1) 유해자외선에 의한 인체영향

자외선은 눈에 보이지 않으며 가시적으로 자외선을 지정할 수 없다. 따라서 산이나 바다에서 일광욕을 하게 되면 피부색이 검게 변하여 자외선의 존재를 간접적으로 확인할 수 있는 것이다. 자외선은 살균작용을 하며, 생체에 비타민 D를 합성하며 골조직의 성장에 도움을 주는 것으로 알려져 있다. 성장기의 어린이들에게 야외에서 노는 것이 건강상 중요하다고 한다. 따라서 자외선은 지구상의 생물이 살아가는데 필수적인 요소이지만 그 량이 증가할 때 피해가 발생하게 된다. 자외선은 적외선보다는 파장이 짧으며 190~400 nm의 파장범위를 가진다.

자외선 A(UV-A), 자외선 B(UV-B), 자외선 C(UV-C), 진공자외선 등 4 종류로 나뉘며, 이 가운데 지표에 도달하는 자외선은 UV-B의 일부와 UV-A이며 특히 UV-B (280~320 nm)가 인체 및 생물에 유해하다. 즉, 오존층에 오존이 충분히 존재하게 되면 이 층을 통과할 수 없었던 자외선이 오존의 고갈로 지표에 직접적으로 도달하게 된다는 점에서 오존층은 유해자외선을 막아주는 역할을 한다. 오존이 1% 감소하면 UV-A는 거의 변화가 없지만 UV-B는 10% 정도 증가한다. 이와 같이 오존감소에 의한 자외선의 증가율은 자외선의 파장에 따라 달라지지만 생물에 대한 유해한 자외선을 평균하면 오존이 감소함에 따라 2배 정도의 증가한다고 할 수 있다.

피부는 자외선에 민감하며 쉽게 검게 변한다. 최근 자외선의 유해성이 논란이 되면서 여름철에 자외선 차단제, 차단제품 등이 개발되어 인기를 얻고 있다. 일반적으로 피부가 자외선에 오래 노출되면 일광 과민성질환이 발생한다. 프로 스포츠맨의 경우에는 만성적으로 피부의 노화가 빨리 진행되며, 얼굴의 기미, 주근깨, 각종 피부종 등이 발생한다. 후천적인 일광 과민성질환의 경우에는 약제, 향료, 살균제, 과일즙 등이 피부에 접촉되고 이것이 햇빛에 닿아 염증을 일으키는 것으로 광접촉 피부염이라고 말한다. 유해자외선은 피부의 외피 뿐 아니라 피부내부에도 깊이 침투되어 DNA의 일부를 손상시킬 수 있다. 이 때, 세포는 DNA 복구를 위해 노력을 하지만 수차례에 걸쳐 침투되면 복구능력을 상실하여 피부암으로 진행될 수 있다. 동양인 보다는 서양인의 발생빈도가 높으나 최근에는 동양인에게도 악성흑색종의 발생빈도가 증가하는 경향을 보고하고 있다. 이 사실은 피부암과 자외선 량 간에는 확실한 인과관계를 나타내고 있으며 그 근거로 첫째, 피부암은 피부의 노출부 얼굴, 손, 손가락 등에 발생하며 스포츠맨이나 노동자에게 발생률이 높다는 것이다. 둘째는 자외선의 영향을 받기 쉬운 서양인의 경우 다른 유색 인종에 비해 발생 확률이 높다는 것이다. 또한, 동일 인종이라도 자외선이 강한 지역에 사는 주민이 다른 지역보다 발생률이 높게 된다.

피부암 외에 나타나는 인체영향으로는 시력장해를 들 수 있다. 여름철이나 겨울철에는 야외에서 즐기는 스포츠가 많고 해수욕이나 스키 후에 결막이 충혈되는 결막염과 각막이 흐리게 되는 각막염이 자주 발생한다. 이것의 원인으로는 태양의 자외선이 눈이나 물에 반사되어 발생되는 자외선에 의해 눈에 영향을 주기 때문이다. 통상은 자외선 노출 후 6~12 시간 후에 발생되는 것으로 보고하고 있으며, 심할 경우 일시적으로 시력을 손상하는 경우도 있다고 한다. 만성적으로 자외선에 노출되면 백내장을 일으키게 되며 이는 동물실험의 결과로 밝혀지고 있다. 프레온에 의한 오존층의 파괴는 지구상에 보다 강한 자외선 양을 증가시키게 되고 상기의 안질환과 백내장 등의 시력장해를 발생하게 된다.

2) 생태계의 영향

오존층파괴로 인한 유해자외선의 증가는 피부암이나 시력장해시 인체영향 뿐 아니라 식물이나 플랑크톤에 대해 중대한 영향을 미친다. 세계적으로 과학자들은 300 종류의 식물에 대한 자외선의 영향을 실험하고 있다. 그 결과, 3종류 중 2종류는 자외선에 대해 감수성이 큰 것으로 나타났다. 감수성이 민감한 식물 종에 자외선을 쬐면 잎의 면적이 작아지고 영양성분의 비율이 변하여 병에 걸리기 쉽게 된다. 메릴랜드 대학의 테라무라 교수는 오존층이 25% 정도 파괴되는 조건으로 6년간 실험한 결과, 자외선에 의해 콩의 수확량은 20% 감소하고 단백질의 함유량이 낮은 품질이 떨어진다는 것을 보고하였다. 배추, 호박 등의 잎이 넓은 식물류는 자외선에 의해 좋지 않은 영향을 받으며, 품종과 종류에 따라 가각 그 영향은 다르게 나타나고 있다. 침엽수림에서도 10종 중 3종이 자외선 UV-B의 영향으로 피해를 받는 것으로 나타났으며, 자외선의 량이 증가하면 식물 군의 변화만 발생하는 것이 아니고 식물을 먹이로 하는 동물 군에 있어 변화가 발생하여 생태계의 균형이 깨드려질 위험성이 존재한다. 바다의 플랑크톤이나 어류들은 자외선에 매우 민감한 종들이다. 물 표면에 다량 존재하는 플랑크톤은 강한 자외선으로 광합성이 저해되어 사멸하고 광합성에 강한 종들이 대량 발생하게 된다. 자외선이 20% 정도 증가하면 멸치 중 어떤 종은 5%가 감소하는 보고도 있다.

3) 기후영향

금성의 대기는 96%가 탄산가스로 되어 있다. 따라서 탄산가스에 의한 적외선 흡수로 태양이 비추어지면 온도가 상승한다. 금성의 온도는 500°C 전후를 나타내며 생명체는 존재할 수 없다. 지구는 온도가 상승하지만 지표에 수분이 증발하여 지표의 온도를 조절할 수 있고 탄산가스가 다시 물에 녹아 일정온도를 유지하게 된다. 지구상의 탄산가스는 1958년 316 ppm 이었으며 매년 증가일로에 있다. 근년 지구의 기온 상승에 많은 연구를 진행하고 있고 세계기상기구의 발표에 의하면 100년간 1°C에 가까운 온도 상승의 결과를 보고하고 있다. 그 원인으로는 탄산가스와 메탄, 일산화이질소(N_2O), 프레온가스 등이 있다. 이들 가스들은 온실기체로 알려져 있으며 특히 프레온가스는 온실효과가 매우 큰 기체이며, 프레온 1개 분자 당 지상기온 상승효과는 탄산가스의 수만 배로 추정되고 있다. 이와 같은 지상기온의 상승은 지표면에 여러 가지 형태의 이상기후 형태로 나타나며, 폭우나 태풍 등의 기상재해를 가져올 수 있다.

7-3-4 오존층 보호대책

1) 프레온 가스의 규제

캘리포니아 대학의 로랜드 교수가 프레온 가스의 위험성을 경고한 이래 과학적인 연구와 조사가 진행되어 세계 각국에서 구체적인 대책이 취해져 왔다. 국제연합과 세계기상기관 등 국제적인 과학기관, 각국정부, 환경보호운동, 프레온가스 제조기업 등이 적극적으로 대응하여 왔다. 1976년에 오존층 파괴에 대한 프레온가스의 이의를 국제적으로 제기한 것은 국제연합 환경계획(UNEP)이었다. 성층권에 대한 과학적인 정보를 수집하기 위하여 「오존

표 7.2 ■ 몬트리올 의정서의 내용

프레온에 대하여	생산량 및 소비량의 상한
의정서 발효 후 7개월째 첫날부터 12개월 후, 매 12개월 째	1986년 수준으로 동결, 생산량은 ㈜에 나타난 목적을 위해 1986년 수준의 10% 까지 가능
1993년 7월 1일부터 12개월 후, 매 12개월째	1986년 수준의 80%, 단 생산량은 ㈜에 나타난 목적을 위해 1986년 수준의 10%까지 가능
1998년 7월 1일부터 12개월 후, 매 12개월째	1986년 수준의 50%, 단 생산량은 ㈜에 나타난 목적을 위해 1986년 수준의 15% 까지 가능
할론에 대하여	생산량 및 소비량의 상한
의정서 발효 후 37개월째 첫날부터 12개월 매 12개월째	1986년의 수준으로 동결, 단 생산량은 ㈜에 나타난 목적을 위해 1986년 수준의 15%까지 가능

㈜ 발전도상국에서 프레온공급의 부족이 일어나지 않도록 이들 나라에 수출하는 분과 선진국의 합의에 의해 각구별 생산량의 상한을 정해 생산할 것

층 조정위원회」를 설치하였다. 1981년에는「성층권 오존층보호에 관한 국제문서」를 작성하기 위한 소위원회를 만들어 논의한 결과,「오존층보호를 위한 비엔나조약」을 채택하였다.

이 비엔나조약에서는 ① 오존층에 영향을 미치는 인간의 활동을 통제하는 입법 및 행정적 조치를 취한다. ② 오존층 보호에 관한 연구, 관측, 정보교환 등이 정해져 있다. 1988년 시점에서 20개국이 이 조약에 체결하여 발효되었다. 이 조약에서 보다 구체적인 대책은 별도의 의정서에서 다루어졌다. 이것이 1985년 9월에 채택된「몬트리올 의정서」이며, 5월에 의정서 대책을 위한 작업부회가 발족하였고 3회에 걸친 검토 끝에 이 의정서가 채택되었다. 이 의정서의 내용은 표 7.2와 같으며 몬트리올 의정서의 서명국은 31개국과 EC 공동체이었다.

몬트리올 의정서에는 5종류의 프레온가스(프레온 11, 12, 113, 114, 115)와 3종의 할론가스(할론 1211, 1301, 2402)가 규제 대상이 되어 있으며, 1998년 7월부터는 배출량 50% 삭감을, 2000년 이후의 전면 중지를 규정하고 있다.

2) 미국, 캐나다, 유럽각국의 대응

프레온가스의 생산 대국이며 전 세계의 30%를 생산하는 미국은 가장 빠르게 대응하였다. 1976년 미국에서는 에어로졸 분사제로서 프레온의 사용을 단계적으로 금지하는 조치를 발표하였으며, 1978년에는 전면 사용금지를 결정하였다. 1980년 이후 국제연합 환경계획(UNEP)에서 비엔나조약과 몬트리올 의정서의 선도적 역할을 한 것은 미국이었으며 1985년 12월에 국내, 국제적인 통합 방침인 미국환경청(EPA)의 '오존층 보호계획'을 발표하였다. 1985년10월에서 1986년 1월에 걸쳐 미국의 NASA와 세계기상기구 등이 오존층 보호에 관한 관측자료, 모델, 기상영향 예측 등을 발표하여 과학적으로 큰 발전을 가져왔다. 미국이 이와 같은 적극적인 대응을 취한 배경에는 환경보호 단체들의 활약이 있었다. 천연자원보호회의(NRDC)는 환경보호기금(EDF), 규제검토 등을 통하여 국제적으로 프레온 가스의 규제대책 작업부회를 만들어 참관인(observer)으로서 구체적인 대안들을 제시하였다.

미국에 이어 스웨덴은 1978년 7월 에어로졸 분사제로 사용되는 할론가스의 수입금지 조치를 취하였다. 캐나다는 1980년 5월에, 노르웨이는 1981년 7월에 각각 실시하였다. EC 각국과 영국, 일본 등도 이 조치를 뒤이어 취하였으며 우리나라도 LPG 등으로 대체하여 생산하고 있다.

3) 프레온가스 규제에 대한 국제적 동향

1988년 미국 NASA의 '오존 트랜드 판넬'이 발표되었다. 그 결과 1988년까지 오존층의 파괴는 0.5% 라는 결과를 내놓아 1988년까지 몬트리올 의정서를 전제로 5배의 속도로 오존층파괴가 진행되고 있음을 밝혔다. 1988년 9월 미국 환경청은 오존층 파괴를 중지하기 위하여 네덜란드 헤이그의 국제회의에서 ① 프레온 가스의 사용을 즉각 중지할 것 ② IC 반도체 세정 등에 사용되는 1.1.1-트리클로로에탄의 사용량 동결 등을 각국에 동의를 호소하였다. 1988년 10월 헤이그 회의에서는 UNEP도 10년간에 50% 삭감하는 조치도 불충분하다고 선언하였다. 11월에는 EC 위원회도 몬트리올 의정서를 개정하여 2000년까지 프레온가스를 전폐하는 조치를 각국에 동의를 요청하였다.

4) 대체기술

이와 같은 조치의 결과 오존층을 파괴하는 물질에 대한 규제와 더불어 대체물질의 개발이 시급한 과제로 부상하였다. 몬트리올 의정서에서 규제한 프레온 5종과 할론 3종에 대체할

표 7.3 ■ 각국에 있어 유망한 프레온 대체 기술

용도	유망한 대체기술	
에어로졸 분사제	가능한 한 DME나 LPG 등에 의한 대체	프레온 134a나 123에 의한 대체
냉매 자동차용 공조(프레온12) 산업용 공조(프레온11,12) 식품점용 냉동(프레온12, 502) 가정용 냉장고(프레온12)	• 공급, 수리, 처분시의 공정개선, 설계변경 등에 의한 누출방지 및 충진량 감소 • 공급, 수리, 처분시의 공정개선, 설계변경 등에 의한 누출방지 및 프레온22에 의한 대체 • 공급, 수리, 처분시의 공정개선, 설계변경 등에 의한 누출방지 및 프레온22에 의한 대체 • 설계변경에 의한 충진량 감소	프레온 134a에 의한 대체
발포제 – 경질 폼 (foam) – 연질 폼	제조시 회수, 재생처리	프레온 123에 의한 대체
용제 – 전자, 전기, 기계제품 세정 – 탈지, 크리닝 – 용접융제 제거	회수, 재생 처리 수성용제에 의한 대체 수성용제에 의한 대체	배출억제

(1988, '환경연구' 금후의 프레온 대책의 기술적 과제에서 인용)

물질은 없는지가 생산업체들의 관심이 되었다. 그 대체기술의 방법으로는 ① 프레온 가스를 사용하지 않는 제조공정이나 제품을 생산하는 것 ② 프레온 가스와 같은 성능을 가지고 오존층을 파괴하지 않는 대체품의 개발 ③ 프레온 가스의 제조, 사용, 폐기하는 공정에서 회수, 재생 이용하는 것 등 3가지 방법이 제안되었다.

각 용도별로 유망한 대체기술이 표 7.3에 제시되어 있으며, 사용금지와 더불어 재생 및 회수기술도 중요한 유망기술로서 평가되고 있다. 일상생활에서 가장 많이 사용되는 분사제로서 프레온 11,12 등이 있으나 LPG 나 부탄 등으로 대체되었으며 HFC-134a 134a 나 HCFC-123, HFC-125 등이 대체물질로 사용되고 있다. 발포제의 대체물질로서는 HCFC-123이 있으나 실용화, 재생, 회수기술의 개발이 중요시 되고 있다. 가장 문제시 되는 것은 세정제이며 CFC-113의 대체품으로 HCFC-132b가 고려되고 있으나 급성 독성 등이 인정되어 개발이 필요하다. 미국에서는 CFC-113의 대체품으로 테르펜(EC7)으로 부르는 물질을 사용하는데 세정효과가 우수한 것으로 증명되었다. 1988년 세계최대 프레온 가스 제조업체인 듀퐁사가 2000 년 까지 규제대상인 프레온 가스의 생산을 전면 중지한다고 발표하였다. 그리고 1990년에 대체품인 HFC-134a를 발매하여 사용하였다. 2003년 동위원회가 플루오르를 함유하는 가스류의 사용을 단계적으로 감축하기로 하여 2011년 이후에는 자동차에 전면 사용이 금지되었다. 최근 프레온가스는 국제적으로 자동차나 냉방용 냉매에 주로 사용되며 R1234yf 나 이산화탄소의 사용이 검토되고 있다. R1234yf는 안전성에 문제가 있으며 이산화탄소는 장치를 개선해야 하는 문제점이 있다.

7-4 황사

7-4-1 황사의 발생

황사는 매년 봄에 우리나라 주변을 비롯한 동북아시아 국가에 영향을 주는 대규모적인 먼지의 이동현상이다. 표 7.4는 황사의 연도별 발생빈도를 나타내며 연도별로는 줄어들고 있는 추세이다. 2005년 이후로 급격히 늘고 있는 것은 황사의 관측이 늘어난 것으로 보아지며 이전에는 황사에 대한 관심도가 낮아 관측의 기록이 없어 차이가 보인다. 계절별로는 3~5월에 집중적으로 발생하며 특히 3, 4 월에 중국내륙지방에서 해빙이 되면서 저기압과 함께 황사가 발생하여 우리나라에 피해를 주는 것으로 파악된다. 황사 입자의 크기는 1~수백 μm 범위에 이르며, 이 중 대기 중에 체류하며 이동하는 입자 크기는 1~10 μm 범위이다.

7-4-2 황사의 주요 성분 및 지역 대기오염

황사에는 토양성분을 중심으로 하는 Al, Ca, Si, Ti 등의 지각 원소들이 다량 포함되어 있으며, 황사가 내습할 시에 이들 성분이 포함된 모래 중 금속성분의 농도가 높아진다. 특히 Al은 높은 농도를 나타내고 있어 황사의 발생여부를 판단할 수 있는 좋은 지표원소가 된다. 이외에도 황사에는 중국 등 공업지역을 통과할 경우에 다량의 중금속을 흡착하게 되므로 황사의 표면에 중금속이 흡착되어 장거리 수송을 하게 된다. 이들 표면에 부착되는 금속들은 대부분이 저비점의 납, 구리, 카드뮴, 니켈 등의 금속으로 이루어져 있으며 황사에 동반하여 지역 대기에 영향을 미치게 된다.

7-4-3 황사의 영향

황사피해 중 가장 대표적인 것은 시계의 감소이다. 도시미관을 해치며 야외스포츠나 활동에 지장을 준다. 일반적으로 깨끗한 시계와 맑은 공기는 건강한 사회를 만들 수 있으며 사람의 감정에도 영향을 줄 수 있다. 황사의 영향에서 직접적인 것으로는 인체에 대한 영향을 들 수 있다. 10 μm 이하 크기의 황사 입자는 주로 상기도에 눈병, 기침, 호흡기질환, 피부질환 등의 문제를 발생하며 황사기간 동안 이비인후과나 호흡기 내과를 방문하는 환자수가 증가함을 보고하고 있어 인체에 대한 피해가 큼을 알 수 있다.

농업분야에서의 황사에 의한 피해는 개화시기의 농작물 피해, 과실 피해 등이 있으며, 일부 토양 유래의 전염성 병원균들이 황사에 포함될 경우 농가의 가축이나 농작물에 영향을 줄 수 있다.

산업체 피해는 반도체 산업이나 정밀화학, 정밀기계산업, 화상기기 제조산업 등 황사의 영향으로 표면이나 전자회로 등의 성능에 영향을 준다. 황사의 내습시기가 되면 관련산업들은 공기청정시스템을 가동하거나 노출을 최소화하여 생산제품의 불량을 줄이는 방향으로 노력을 한다.

표 7.4 ▪ 황사의 연도별 발생빈도 (기상청자료)

구분	1월	2월	3월	4월	5월	6월	7월	8월	9월	10월	11월	12월	계
2014년	1	1	2										4
2013년			3										3
2012년											1		1
2011년			3		6								9
2010년	1		4	1	2						3	4	15
2009년		1	3						1	1		3	8
2008년		1	3	2	2							3	11
2007년		1	4	2	4							1	12
2006년			3	7	1								11
2005년			1	9							2		12
2004년		1	4	1									6
2003년			1	2									3
2002년	2		6	6							2		14
2001년	1		11	9	4							2	27

7-4-4 황사의 방지 대책

황사를 방지하기 위해서는 동북아지역에 대한 피해조사 및 종합적인 관리대책을 수립하여야 한다. 특히 중국, 몽고, 일본 등 동북아지역에 대한 협력체계의 구축과 연구정보의 교환, 황사를 최소화하기 위한 국가 및 지역차원의 정책이 필요하다고 하겠다. 환경부에서는 2002년 이후 황사관측 실시간 공유시스템을 통하여 황사의 예, 경보제가 갖추어졌다고 할 수 있다. 또한 황사를 재난관리법에 자연재해로서 규정하였으며 황사대책을 위한 법적인 근거를 마련하였다는 점에서 중요한 의미를 가진다.

구체적인 황사방지 행동 대책으로는 첫째, 동북아지역에 녹화를 추진하는 것이다. 중국이나 내몽고 등의 사막지역을 녹화하고 관리하는 일은 황사의 발생을 막는 가장 근본적인 대책이다. 둘째, 황사에 대한 국가 간의 협력이 절실하며, 국가 간 연구 자료의 교환과 과학자교류, 예경보제의 공유를 통하여 상호 피해를 줄이고 협력할 수 있다. 셋째, 황사피해 저감을 위해서는 상시 예보체계를 가동해야 하며 어린이, 노약자들에 대한 호흡기 질환 피해를 줄이기 위해 외출자제, 피해방지 교육, 황사마스크 보급, 외출 후 목욕하기 등을 통해 청결을 유지하도록 노력하여야 한다.

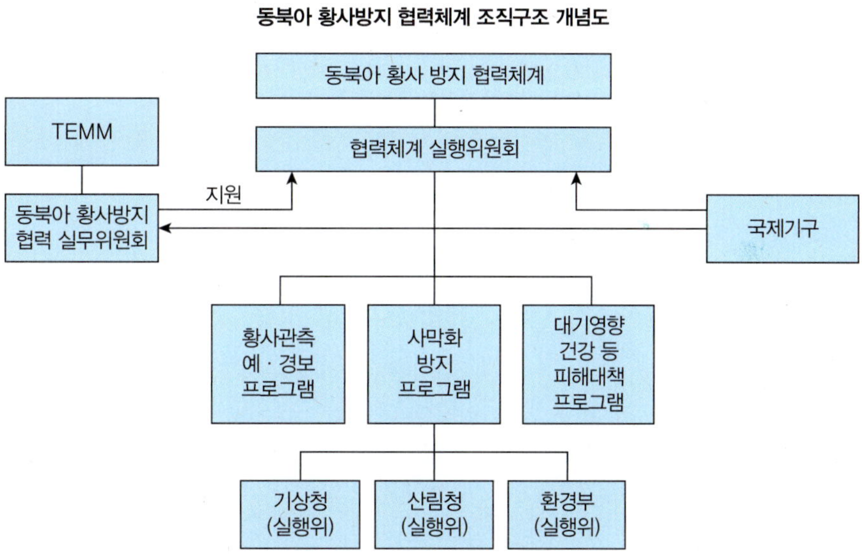

그림 7.11 ▪ 황사방지를위한 동북아 협력체계조직 구조 개념도
자료, 환경정책평가원(2004)

CHAPTER 08

지구기후변화

강원대학교 **이종범**

기후란 장기간의 평균적인 기상조건을 나타내는 용어이며, 이러한 기후는 장기간에 걸쳐서 변화되지 않는다는 전제가 깔려 있다. 그러한 관점에서 보면 최근의 기후변화라는 용어는 이렇게 변화하지 않아야 하는 기후가 변화된다는 점에서 보면 개념적으로 모순된다고 볼 수 있겠다.

지구가 탄생한지 46억년이 흐르는 동안 지구상의 기후는 여러 가지 원인에 의하여 큰 변화를 겪어 왔으며 중요한 원인 중의 하나는 대기층을 조성하는 물질의 변화이다. 특히 대기 중 이산화탄소 농도의 변화는 지질시대의 4차례 빙하기의 주원인으로 밝혀졌으며 최근에는 인간의 화석연료 사용에 의한 이산화탄소 증가가 지구온난화의 원인으로 밝혀졌다.

지구온난화는 비단 기후변화 문제에 국한되는 것이 아니며, 기후변화에 따라서 나타나는 환경변화와 생태계 변화, 나아가서 사회 경제문제와 국제정치에까지 지대한 영향을 미치게 된다. 그러므로 기후변화는 일부 기후학자나 환경학자의 대상에서 전 세계의 과학계와 경제사회학계의 주요 연구대상이 될 뿐 아니라 기업체의 사업영역으로서도 중요한 대상이 되고 있다. 2007년 스위스의 다보스에서 개최된 다보스포럼에 모인 경제 지도자들이 기후변화를 최우선 과제로 제기한 이유이다. 또한 국가간 정치의 중요한 이슈가 되기도 한다. 우리나라에서도 세계적인 추세에 발맞추어 저탄소녹색성장이라는 정부정책을 수립하고 기후변화에 적극적으로 대응하고 있다. 특히 2015년에 IPCC 의장으로서 우리나라의 이회성박사가 선임되어 우리나라는 기후변화에 관한 국제적인 활동의 리더 역할을 할 수 있게 되었다.

유인원에서 진화하여 탄생한 인류는 거대한 자연에 순응하면서 생존을 유지하여 왔으며, 문명의 발달 덕분으로 자연을 극복하면서 번성해 왔으나, 최근 과도한 개발과 막대한 에너지 사용으로 자연을 파괴하고 기후에 영향을 미치기 시작하였다. 이제 우리는 1972년 6월에 스톡홀름에서 개최된 UN 인간환경회의에서 채택한 **하나뿐인 지구** (only one earth)를 되새기면서 기후변화에 슬기롭게 대응하여 건강한 자연을 보호하여야 할 것이다.

8-1 서론

8-1-1 변화하는 대기

현재로부터 46억 년 전 태양주위에 흩어져 있던 미립자들이 중력에 의하여 서로 끌려서 응축되어 고온의 원시지구가 태어났다. 지구를 감싸고 있는 대기층의 조성성분도 초기에는 수소와 헬륨이 주를 이루다가 화산활동 등으로 점차 변화되어 질소와 이산화탄소가 주성분이 되었다. 약 5억 년 전부터 해양에서 광합성을 하는 식물이 번성하기 시작하면서 점차로 대기층에 산소가 풍부하게 되어서 현재에는 대기 중 산소의 조성비율이 21%로 되었다.

대기 중 이산화탄소나 메탄가스 등의 농도도 지속적으로 변화하면서 과거 빙하기와 간빙기와 같은 기후변화를 일으키는 주요인이 되었다. 이와 같이 대기층의 조성은 오랜 과거로부터 현재까지 끊임없이 변화되어 왔으며 앞으로도 지속적으로 변화될 것이다.

지구에는 지금으로부터 수천만년 전에도 빙하시대가 존재하였으며, 수백만년 전부터 빙하가 확장하면서 빙하기가 되어 대체로 4만 년을 주기로 빙기와 간빙기가 번갈아 나타났다. 남극의 빙하에서 수 km 깊이에서 채취한 얼음기둥 (ice core)을 조사한 결과를 보면, 이러한 변화에는 과거 대기 중의 이산화탄소 농도의 변화와 상관성이 뚜렷하여 이산화탄소의 농도가 높아지는 시기에 기온도 상승하는 경향이 있다.

지구의 기온이 변화하는 기작은 매우 복잡하며 인간의 영향이 없었던 과거에는 주로 지구의 공전궤도와 자전축변화, 화산활동 등 자연적인 변화에 의하여 기후가 변화되었다. 산업혁명이후에는 화석연료 사용에 따른 대기 중 온실가스의 증가가 지구 기온상승의 주요인이 되고 있다. 최근의 인간활동에 의한 기온상승은 생태계에 심각한 영향을 미치며, 인류의 보건, 경제, 사회적으로 큰 영향을 주게 되므로 기후변화에 대한 전 인류의 적극적인 대응이 요구된다.

본 장에서는 IPCC의 제 5차 보고서 (IPCC AR5), 우리나라 기상청에서 연구한 각종 기후변화 관련 자료, 정부의 기후변화 적응 관계부처협의회 자료 등을 참고로 하여 지구온난화의 현황과 장래의 기후변화 예측, 그에 따라 일어날 것으로 우려되는 환경문제와 경제 및 사회적인 문제, 기후변화를 이겨내기 위한 인간의 대응방안 등을 살펴보기로 한다.

8-1-2 기후변화에 관한 정부간 협의체

인간이 배출하는 온실가스에 의하여 지구기온이 상승하는 현상은 이제 논란의 여지가 없는 자명한 사실로 받아들여지고 있다. 그러나 불과 20여 년 전만 하여도 기온상승의 원인이 인간활동의 결과라는 사실을 인정하지 않고, 단지 자연현상의 일부일 뿐이라고 생각하는 과학자들이 적지 않았다. 이러한 시점에 세계기상기구 (WMO)와 UN환경프로그램 (UNEP)이 공동으로 전 세계 기후변화관련 전문가들로 구성된 **기후변화에 관한 정부간 협의체** (Intergovernmental Panel on Climate Change, **IPCC**)를 1988년에 창립하였으며, 기후변화 대응정책 수립자들에게 가장 신뢰할 만한 객관적인 과학적 기술적 자료를 제공하고 있다.

IPCC의 활동은 주로 기후변화의 과학적 연구를 담당하는 제1실무그룹 (Working Group I), 영향, 적응과 취약성에 관한 연구를 담당하는 제2실무그룹 (Working Group II), 기후변화 완화에 관한 연구를 담당하는 제3실무그룹 (Working Group III)으로 구성된다.

IPCC는 1990년에 제1차보고서 (First Assessment Report, FAR)를 발간한 이후 1995년에 제2차보고서(Second Assessment Report, SAR), 2001년에 제3차보고서 (Third Assessment Report, TAR), 2007년에 제4차보고서 (Fourth Assessment Report, AR4), 2014년에 제5차보고서 (Fifth Assessment Report, AR5)를 발행하였다. 특히 2007년에 발행된 AR4는 기후변화의 주원인이 인간의 온실가스 배출임을 명확히 하였다. 이러한 연구를 주관한 공로로 국제기구인 IPCC가 미국의 부통령을 지낸 앨 고어와 공동으로 노벨평화상을 수상하였다.

IPCC의 제1실무그룹의 연구에 의하면, 1900년 이후 기온은 섭씨 0.76°C 증가하였으며 온실가스의 증가로 2100년 지구평균기온변화는 섭씨 1.1~6.4°C 상승할 것으로 예측하였다. 제2실무그룹의 연구에 의하면, 기후변화에 따른 영향이 현재 수권, 생물권, 해양 등에서 다양하게 나타났다. 장래 예측의 경우, 수자원은 습윤지역과 고위도지역에서 10~40% 증가하지만 저 · 중위도와 반건조지역에서는 10~30% 감소하며, 전 지구 평균온도가 1.5~2.5°C 증가하면, 전 세계의 동물과 식물의 20~30%는 멸종 위기에 처하고 열파, 홍수, 가뭄 등으로 사망자가 증가하며 질병 매개체 분포가 변화 될 것으로 전망하였다. 제3실무그룹의 연구에 의하면, 온실가스 배출량이 1990년 이후 2004년까지 24% 증가하였으며 추가적인 기후변화완화/지속가능발전 정책이 없다면, 전 지구 온실가스배출량은 2000년 대비 2030년까지 25~90% 증가할 것으로 예측되었다.

8-2 기후변화의 실태

현대적인 관측기기에 의하여 기상관측이 이루어 진 것은 약 150년 전부터 라고 할 수 있으며 이 시기를 **관측시대**라고 한다. 관측시대 이전에는 주로 역사서에 기록되어 있는 사실로부터 기후를 유추하였으며 약 5,000년 전까지를 **역사시대**라고 한다. 역사의 기록이 없는 기간인 수백만년 전부터 약 5,000년 전까지에는 주로 빙하의 얼음기둥이나 지층의 화석 등을 연구하여 과거의 기후를 유추하므로 **지질시대**라고 한다.

8-2-1 과거의 기후변화

그림 8.1은 남극빙상의 얼음기둥 (ice core) 조사로부터 밝혀진 과거 40만년 동안의 이산화탄소 농도와 기온변화의 상관성을 나타낸 것이다. 이산화탄소의 농도는 대체로 200 ppm에서 300 ppm 사이에서 변화되었으며, 기온은 대체로 섭씨 6~8°C 정도의 변화 폭을 보이고 있다. 특히 최근 12만년 사이의 4번의 빙하기와 간빙기의 온도차이는 섭씨 5~6°C에 불과하였다. 이산화탄소의 농도가 높아지는 시기에 기온도 상승하는 특징이 확연히 나타난다.

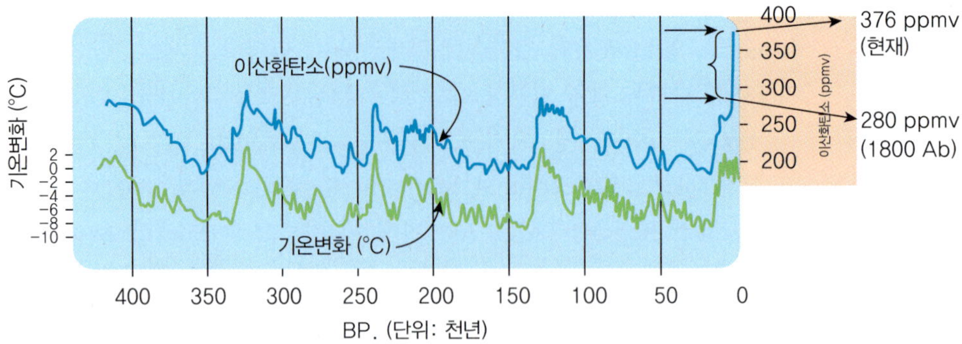

자료: ftp://cdiac.ornl.gov/pub/trends/co2/vostok.icecore.CO_2
자료: ftp://cdiac.esd.ornl.gov/ftp/trends/temp/vostok/vostok.1999.temp.dat

그림 8.1 ■ 남극의 얼음기둥 분석으로 밝혀낸 지난 40만년간의 이산화탄소와 기온의 변화. 청색이 이산화탄소 농도이며 녹색이 기온이다(그림에서 B.P.는 before present로서 현재로부터 몇년 전이라는 의미).

이와 같은 자연적인 변화는 매우 장기간에 걸쳐서 서서히 일어나므로 지구상의 생물들은 진화하면서 이러한 변화에 적응할 수 있었다. 그러나 산업혁명 이후 화석연료를 다량으로 사용하여 대기 중 이산화탄소 농도는 급격히 증가하게 되면서 기온이 상승하고 이 결과가 생태계에 미쳐 적응하기도 전에 영향들이 나타나게 되었다.

그림 8.2를 보면, 과거 80만년 사이에 지구의 기온은 약 6°C의 변화폭을 가지고 변동하고 있으며 [그림 (a) 참조], 현재로부터 16만년 사이에 4번의 빙하기가 있었으며 [그림 (b) 참조], 약 만년 전부터 빙하기가 끝나고 기온이 급격히 상승하였고, 약 5,000년 전에는 기후가 매우 온난하였으며 (climatic optimum, 기후최량기) [그림 (c) 참조], 약 1,200년 전에는 기후가 다시 온난해져서 (little climatic optimum, 기후소최량기) [그림 (d) 참조], 북대서양의 바이킹족들이 그린란드까지 진출하여 바이킹문화 (Viking civilization)를 전파할 수 있었다. 그 이후 기후는 다시 한랭해져서 약 300년 전후에 한랭한 기후 (little ice age, 소빙하기)가 되었으며 [그림 (d) 참조], 20세기에 들면서 인간 활동의 영향으로 기온은 지속적으로 상승하고 있다 [그림 (e) 참조].

8-2-2 최근의 기후변화

그림 8.3을 보면, 1910년을 시작으로 전지구의 평균기온은 지속적으로 상승하고 있으며 1960~1980년대에 잠시 상승이 둔화한 것을 알 수 있다. IPCC 제5차보고서에 의하면, 지난 133년간 (1880~2012년) 지구의 평균기온이 0.85°C 상승하였다. 한편, 제4차보고서에 의한 100년간 (1906~2005년) 평균기온 상승은 0.74°C 이었다.

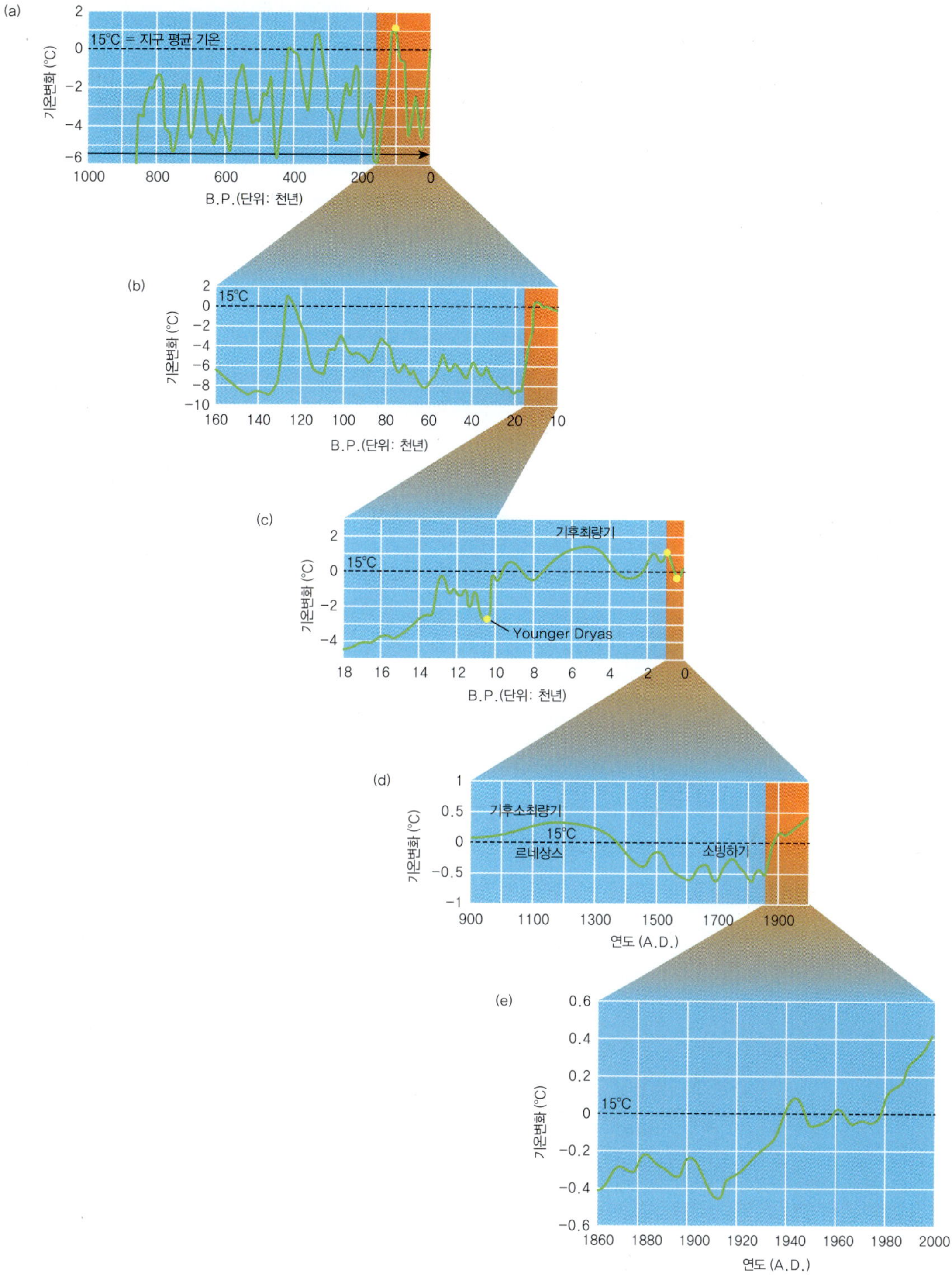

그림 8.2 ▪ 시간스케일을 확대해 가면서 나타낸 과거의 기온변화

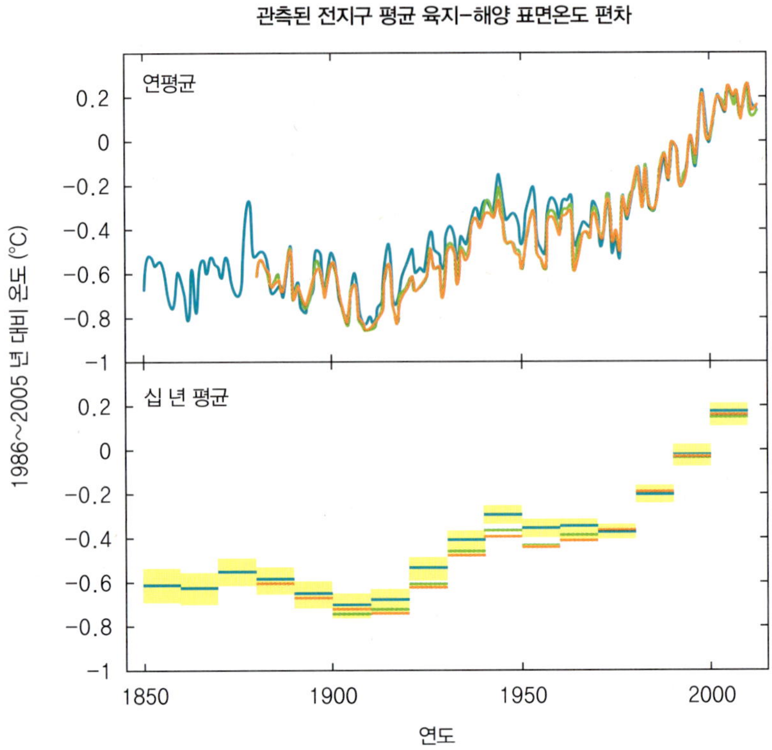

그림 8.3 ▪ 1850~2012년의 3개 지표온도 자료세트로부터 육지와 해양온도를 결합하여 산출한 전지구 지표온도 편차 (편차는 1961~1990년 평균을 기준으로 산출하였음).

8-2-3 기후변화의 영향

지구의 평균기온상승에 동반하여 강수량도 증가하고 있으며, 특히 집중호우 현상의 발생이 빈번해 졌다. 그러나 열대지역과 아열대지역에서는 1970년대 이후 가뭄이 더욱 빈번하게 나타났다. 또한 지구상의 얼음은 지속적으로 감소하고 있으며, 산악빙하와 그린란드 빙상의 녹는 속도는 점점 빨라지고 있다. 1978년 이후로 북극 해양빙하의 연평균 범위가 점차 감소하였으며, 남극반도의 아문센 빙붕도 붕괴되고 있다. 또한 북극 영구동토층의 온도는 1980년대 이후 최대 3°C 상승하였다.

이러한 북극과 남극의 얼음 융해는 해수면 상승으로 이어진다. 그림 8.4를 보면 전 세계적으로 지난 100년간 해수면 고도는 약 200 mm 상승한 것을 알 수 있다. 해수면 상승의 원인으로서는 남극과 북극의 육상빙하 융해와 해수온도 상승에 의한 해수의 체적 증가가 원인이다.

이러한 기후변화는 필연적으로 생태계의 변화를 초래하게 된다. 전 세계의 여러 곳에서 나타나는 수목의 고사는 기후변화가 원인인 경우가 많으며, 전 세계적으로 가뭄, 폭풍, 산불, 해충발생 등 생태계교란의 강도 및 빈도가 증가하고 있다. 산호는 온난화에 반응하여 종의 교체, 백화, 서식지 손실이 나타났고 이에 따라 산호면적이 감소되었다.

육상생물종에 미치는 지역적인 기후영향에 대한 대부분의 연구들은 동 · 식물종의 서

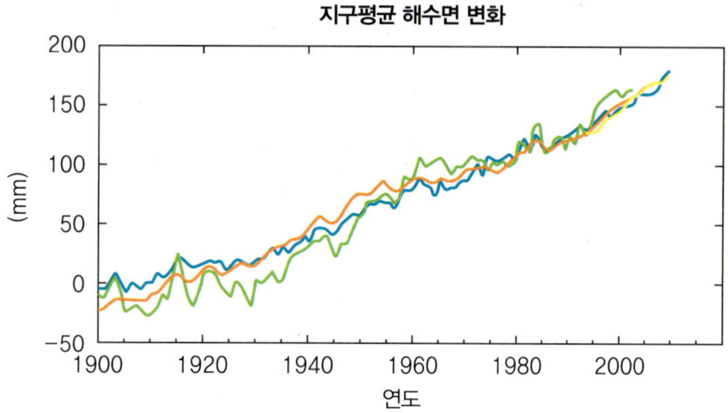

그림 8.4 ■ 전 세계 여러 곳에서 측정된 해수면 고도변화. 1993년도 값을 동일한 값으로 재정렬하였다.

식지가 극지 및 고지대로 이동하는 것과 같은 온난화 경향에 대한 일관적인 반응들을 보여주고 있다. 성장단계의 시기변화 (즉, 생물기후학적 변화들), 특히 봄 현상의 이른 시작, 이동 및 성장 기간의 장기화와 같은, 북반구에서 지구상의 종들이 온난화에 대응하는 방법들이 밝혀졌다. 1980년대 초 이후 위성관측을 근거로, 많은 지역에서 봄철 식생의 이른 녹화현상이 나타났고, 길어진 성장기간에 의한 순 일차 생산량 증가현상을 확인하였다. 기후변화의 영향으로 지난 수십 년 동안 제한적인 지역적 소멸의 증거를 포함하는, 몇몇 종에서 발견된 개체 수의 증가관련 변화 및 군락구성의 변화가 나타났다.

생물기후학과 해양 및 담수 종의 분포에서 관측된 많은 변화들은 수온상승뿐만 아니라, 다른 기후적 인자에 의한 결빙 표면, 염도, 용존산소 및 순환의 변화와 관련이 있다. 고위도 해양의 조류, 플랑크톤, 어류의 개체 수와 관련한 변화 및 서식지가 극지방으로 이동하였다. 예를 들어, 북대서양에서 플랑크톤은 40년 동안 위도로 약 10도 (약 1,000 km) 정도 극지방 쪽으로 이동하였다. 또한 고위도 및 고도가 높은 호수의 조류 및 동물성 플랑크톤 개체 수가 증가하고, 강에서 서식하는 어류의 조기 회유 및 서식지의 변화가 확인되었다. 산호초에 미치는 기후변화의 영향에 대한 증거는 증가했지만, 다른 요인들 (예, 어류 남획 및 오염)로부터 기후변화의 영향을 구별해 내는 것은 어렵다. 1750년 이후 인위적으로 발생한 탄소의 증가는 해양을 산성화시켜 해양의 pH를 평균 0.1 감소시켰다. 그러나 해양의 산성화가 해양생물권에 미친 영향은 아직 공식적으로 입증되지 않았다. 호수와 강의 온난화는 개체 수 및 생산력, 군락 구성, 기후 생물학 그리고 담수종의 분포와 이동에 영향을 주었다.

기후변화는 세계 여러 지역에서 밀과 옥수수 수확량 감소를 초래하였으며, 인간질병에도 영향을 미친다. 온난화의 결과로 고온관련 사망률이 증가되고 저온관련 사망률은 감소되었으며, 곤충을 매개로 하는 말라리아와 같은 질병발생 지역도 변화하고 있다.

8-3 기후변화의 원인

8-3-1 기후란?

장기간에 걸친 기상현상의 평균적인 상태를 **기후** (climate)라고 한다. 장기간이라 함은 표준적으로는 30년간이며 기간이 길수록 특이기상의 영향이 줄어들므로 기후 값의 대표성이 높아지지만 자료의 여부에 따라서는 가끔 10년 평균치도 사용된다. 어느 지역의 기후를 나타낼 때 평균치만으로는 충분치 않은 경우가 있다 예를 들면, 연간 기온변화가 별로 없는 멕시코시티와 4계절 변화가 뚜렷한 부산의 연평균 기온은 15°C로 비슷하지만, 인간이 느끼는 기후는 크게 차이가 난다. 멕시코시티는 주변에 5,000 m급 산들로 둘러싸인 해발 2,240 m 분지에 건설된 도시로 고원지대이므로 기온의 연교차가 작다 (최한월 12.1°C, 최난월 17.4°C). 따라서 기온의 연교차, 극값의 발생빈도 등도 기후의 특징을 파악하는데 중요한 요소이다.

어느 지역의 기후를 결정짓는 요인을 **기후인자**라고 하며 위도, 해륙분포, 해류, 해발고도, 지형, 지표면상태 등이다. 위도가 달라지면 태양고도의 차이로 일사량이 달라져서, 열대, 온대, 한대 등 기온이 달라진다. 육지와 해양은 열용량이 크게 차이가 나므로 해륙분포는 대륙성기후, 해양성기후와 같이 그 지역의 기후특징을 결정짓는 중요한 요인이 된다. 해류도 난류와 한류를 이동시키면서 지역기후에 영향을 미친다. 대서양에서 멕시코만을 거쳐 북쪽으로 흐르는 난류 때문에 북유럽은 온난하며, 반대로 베링해의 차가운 해수가 남쪽으로 흘러 캄차카반도나 시베리아는 한랭하다. 따라서 해양과 해류의 영향으로서 런던과 이루크츠쿠는 동일한 북위 52°C인데, 런던은 온대, 이루크츠쿠는 한대 기후를 나타내는 것이다. 국지적인 지형도 기후에 영향을 미친다. 대기는 고도가 100 m 높아짐에 따라 기온은 1°C씩 낮아지며 (건조단열감률), 분지지역은 일교차가 크고 역전층의 발생으로 대기오염 확산이 억제되며, 산맥 풍하 측에는 푄현상이 나타나기도 한다. 사막, 초원, 산림, 습지 등 지표면의 차이에 따른 열적인 성질의 차이로 기후는 크게 달라진다.

그림 8.5는 기후에 영향을 미치는 여러 가지 과정들을 종합적으로 나타낸 것이다. 태양에너지, 대기 중 구성성분, 구름, 육지와 대기 상호작용, 바다와 대기의 상호작용 등 복잡한 과정들에 의하여 그 지역의 기후특징이 나타나는 것이다.

피드백

이와 같은 과정들에 더하여 기후변화를 증폭시키거나 (양의 피드백, positive feed back) 약화시키는(음의 피드백, negative feed back) 메커니즘이 있다. 얼음이 있는 고위도지역에서는 CO_2 증가에 의한 기온상승이 지구평균치보다 약 2.4배 더 크게 나타난다. 이러한 현상은 최근 수십년 동안 관측되었다. 북극의 온난화는 북극해의 해빙이 빨리 녹기 때문이다. 이렇게 융해가 일어나면 눈과 얼음에 덮여있던 육지와 수면이 노출되고 태양열의 흡수가 증가하여 더 많은 온난화가 일어나게 된다. 이러한 온난화는 더 많은 융해를 야기하여 온난화는 더욱 가속된다.

수증기는 CO_2보다 온실효과가 크다. 기온이 상승하면 포화수증기압이 증가하여 공기

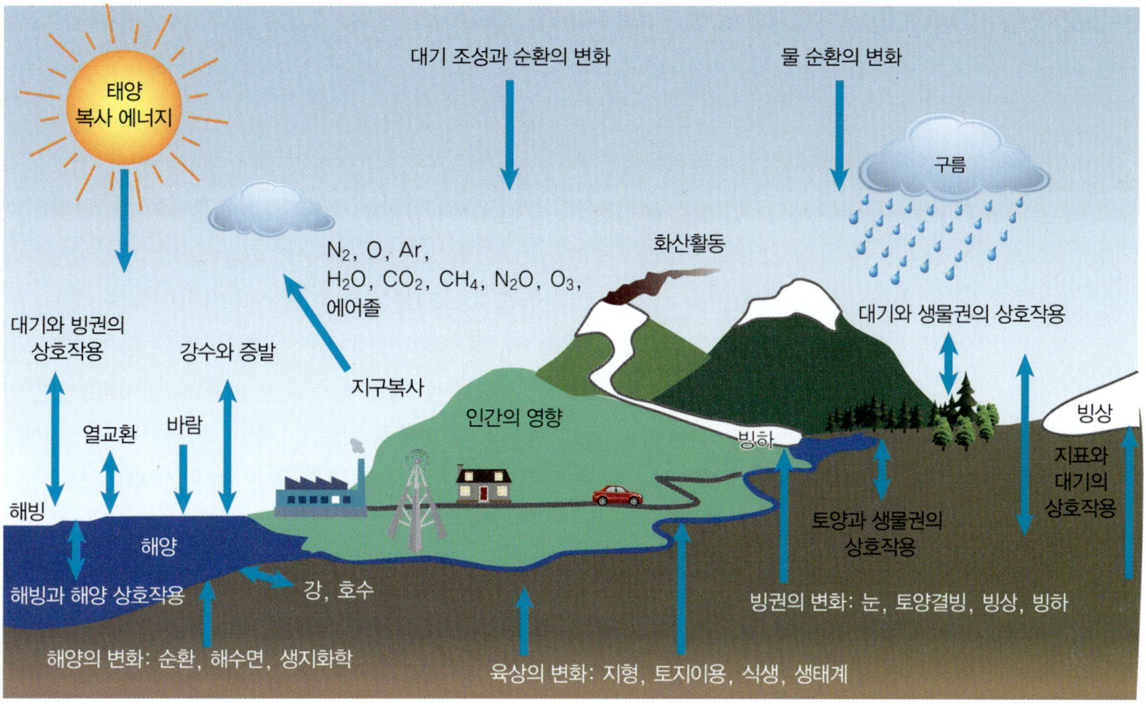

그림 8.5 ■ 지구의 기후시스템

는 더 많은 수증기를 함유할 수 있다. 이로 인해 온실효과를 증가시켜 기온상승이 일어나고 수증기 증발은 더욱 증가하면서 온실효과로 인해 기온상승이 더욱 일어나는 **양의 피드백**이 발생한다. 이러한 수증기 피드백은 CO_2 증가에 의한 온난화보다도 2배나 강한 영향을 미친다. 그러나 지구 대기 중에는 수증기가 증가하면 응결되어 비로 내리므로 대기 중 수증기는 그리 많이 증가하지 못하여 양의 피드백이 멈추게 된다. 따라서 지구의 온난화는 수증기 때문이 아니고 CO_2 증가 때문이다.

엘리뇨 (El Nino)는 무역풍이 약해져서 용승효과가 작아지면서 심층 냉수가 올라오지 못하여 페루 서해안 해수온도는 높아지고 저기압이 되는 현상이다. 이렇게 되면 적도상에서 태평양 서쪽에서 동쪽으로 바람이 불게 된다. 그러면 무역풍은 더 약해지는 양의 피드백이 나타나게 된다. 그렇지만 수년 후에는 바뀌어 **라니냐** (La Nina) 상태로 된다.

라니냐는 페루 서쪽 바다에 남동에서 북서로 부는 무역풍이 강하여 에크만 나선(Ekmann spiral) 현상으로 표층수는 해안에서 멀어지는 서쪽으로 흐르게 된다. 그러면 한랭한 심층수가 용승되어 표층으로 올라와서 해수온도가 낮아지고, 그에 따라 고기압이 되면 페루에서 필리핀 쪽으로 바람이 불게 되는 순환이 형성된다. 이 경우는 심층의 유기물질이 많아서 어획고도 많아진다.

엘니뇨와 라니냐는 4~7년을 주기로 서로 반복되어 나타나며, **남방진동** (ENSO, El Nino Southern Oscillation)이라고 한다. 이에 따라 지구의 기상은 큰 영향을 받는다. 지구온난화는 엘리뇨현상을 더욱 강화시킬 가능성이 있지만 확실치는 않다.

8-3-2 기후변화의 자연적 요인

지구의 기후는 먼 태고적부터 지속적으로 변화되어 왔으며 그 원인도 다양하다. 과거 빙하기의 주기적인 변화는 지구공전궤도의 주기적인 변화에 기인한다. 지구는 태양을 타원을 그리면서 공전하는데, 타원의 이심률이 10만 년 주기로 변화하면서 태양까지의 거리가 변화된다. 지구의 공전축의 방향과 지구의 자전축의 방향은 현재 23.5°C를 이루고 있지만, 약 41,000년 주기로 22.1~24.5°C 사이에서 변화하고 있다. 지구의 자전축 방향이 현재는 북극성 방향인데 26,000년을 주기로 회전하므로, 13,000년 전에는 이 방향이 직녀성 방향이었다. 이와 같은 지구공전궤도와 자전축 변화에 의하여 태양에너지를 받는 양이 변화되면서 기후변화를 초래하게 된다. 여기에 대기 중에서 피드백 현상이 더해져서 기후가 변화된다. 화산폭발은 대기 중에 엄청난 양의 화산재를 방출하므로, 미세한 화산재가 성층권에 올라가서 태양에너지를 차단하게 되면 지구의 저온현상을 일으키게 된다. 실제로 최근에 필리핀의 피나튜보 (Mt. Pinatubo) 화산이 폭발하여 장기간 지구의 평균기온이 낮아졌다.

8-3-3 기후변화의 인위적 요인

온실효과를 일으켜서 지구온난화를 초래하는 가스를 **온실가스** (greenhouse gas)라고 한다. 그림 8.6은 과거 260년간의 대표적인 온실가스인 이산화탄소 (CO_2), 메탄가스 (CH_4), 아산화질소 (N_2O)의 대기 중 농도변화를 나타낸 것이다. 과거의 대기 중의 농도는 빙하의 얼음기둥(빙하 코어) 조사로 추정하는데, 최근의 농도는 대기 중에서 직접 측정한 값을 사

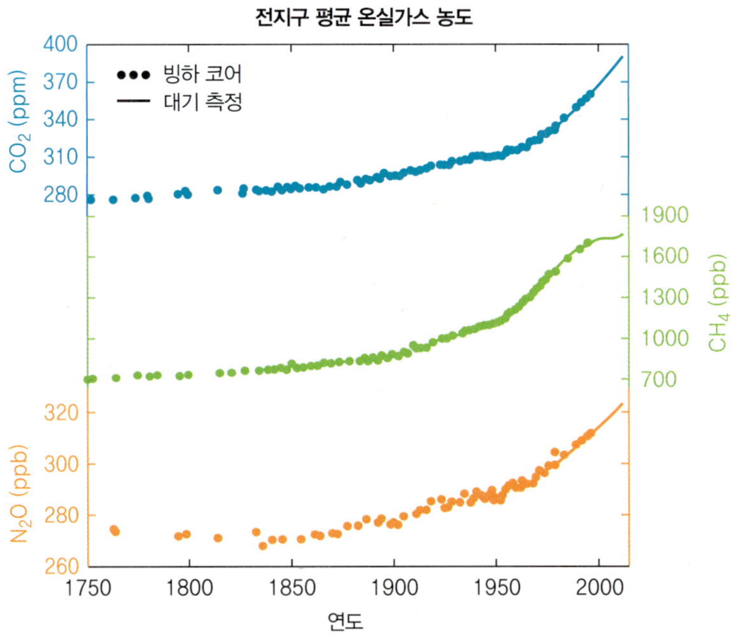

그림 8.6 ▪ 대기중 온실가스 (CO_2, CH_4, N_2O)의 농도변화. 점으로 표시된 농도는 빙하코어 자료이고 1960년 이후의 곡선은 직접 측정한 대기 중 농도이다.

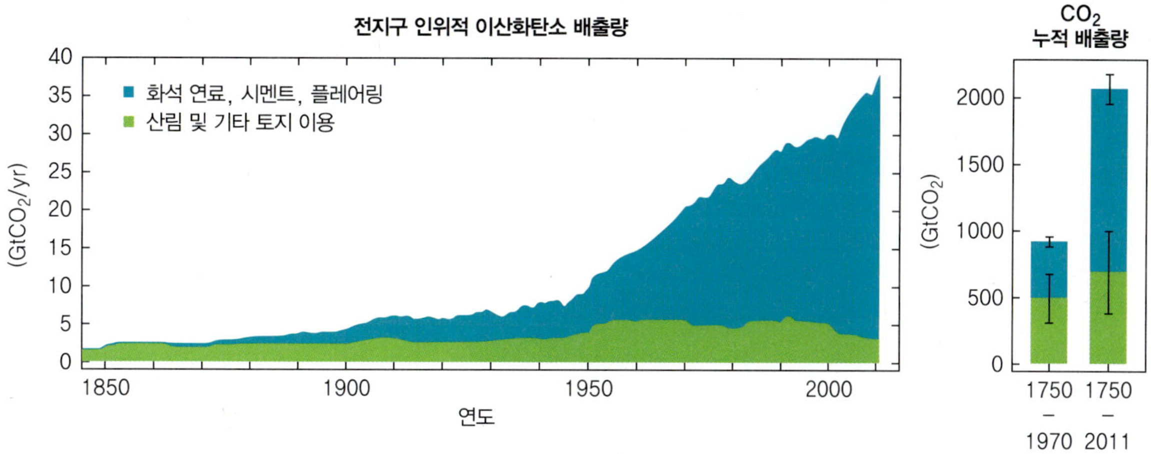

그림 8.7 ▪ 1750~2011년의 화석연료 연소, 시멘트 생산, 플레어링, 산림과 토지이용으로 인한 연간 인위적 이산화탄소 배출량.

용한다. 온실가스의 농도는 1960년대 이후 증가속도가 더욱 빨라진 것을 알 수 있다.

한편 1750~2011년의 화석연료 연소, 시멘트 생산, 플레어링, 산림과 토지이용으로 인한 이산화탄소 배출량을 추정하여보면 그림 8.7과 같이 1950년대 이후 급격히 증가한 것을 알 수 있다. 1950년대 이후 기온 상승과 온실가스 농도증가와 이산화탄소 배출량 증가는 모두 유사한 경향을 나타내고 있다.

그림 8.8은 지구의 **복사수지** (radiation budget)에 관계하는 여러 요소를 조사한 결과이다. 그림에서 온실가스의 복사강제력은 일부 분진 (aerosol)에 의한 감소효과를 상쇄하고도 2.29 W/m^{2}으로 나타났다. 이 값은 지난 2007년에 작성된 제4차보고서 (AR4)에서 추정한 복사강제력 1.6 W/m^{2}에 비하여 44% 증가한 값이다. 이와 같은 근거로 제5차 IPCC 보고서 (AR5)는 인위적인 온실가스배출량 증가가 대기 중 온실가스의 농도를 증가시켜 온난화를 초래하였으므로, 최근의 기온상승은 명확하게 인간의 활동이 주원인임을 밝혔다.

8-3-4 온실효과

태양광선에서 에너지가 많은 파장은 0.5 μm 내외의 단파장이며, 지구에 도달한 에너지의 약 반 정도는 대기층에서 반사 또는 산란, 흡수되며 나머지는 지표에 흡수된다. 지구는 태양보다 온도가 훨씬 낮으므로 방출되는 복사에너지의 파장도 10 μm 내외의 장파장이다. 대기 중에 포함된 수증기, 이산화탄소, 메탄가스 등과 같은 온실가스는, 그림 8.9에서와 같이, 태양에서 오는 단파복사는 대부분 통과시키지만 지구에서 우주로 방출되는 장파복사는 흡수하므로 지표면과 대기층의 보온작용을 한다. 이러한 보온작용은 유리벽으로 이루어진 온실에서의 보온작용과는 원리가 다르지만 결과적으로는 보온작용을 하므로 **온실효과** (greenhouse effect)라고 한다. 이러한 온실효과의 기여도가 큰 이산화탄소의 농도가 최근 인간의 화석연료사용으로 급격히 증가하면서 지구온난화를 초래하였다. 온실효과를 일

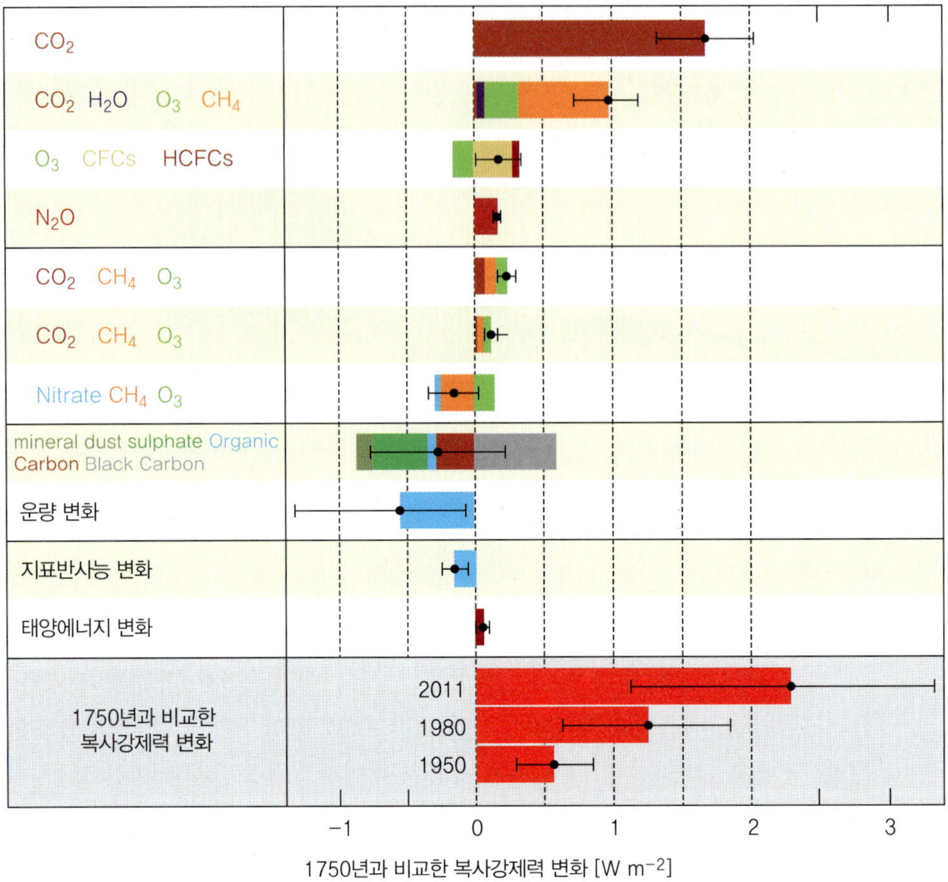

그림 8.8 ■ 대기 중의 온실가스, 분진 및 토지이용에 의한 지표 반사능의 변화 등에 따른 복사강제력의 추정결과. 그림에서 온실가스의 복사강제력은 1750년에 비한 증가량을 산출한 것이며 분진에 의한 저감을 상쇄하고도 2.29 W/m^{2}로 큰 값을 나타내고 있다. (IPCC AR5)

으키는 가스를 온실가스라고 하며 이산화탄소와 메탄가스이외에도 N_2O, CFC, O_3, SF_6 기체들도 온실가스이다.

8-4 장래의 기후변화와 영향예측

8-4-1 기후 예측모델

지구규모의 대기현상을 모사하는 모델을 **GCM** (General Circulation Model)이라고 하며, 해양이 대기에 미치는 영향도 고려하기 위하여 **대기-해양접합모델** (AOGCM: Atmosphere-Ocean General Circulation Model)을 사용하고 있다. 최근에는 육상생태계와의 상호작용도 고려할 수 있는 모델을 개발하고 있다. 기후변화모델의 정확도를 좌우하는 또 하나의 요소는 모델의 해상도이다. 그림 8.10은 IPCC의 제 1차보고서 (FAR, 1990년)부터 제4차보고서 (AR4, 2007년)까지 사용된 기후모델의 해상도를 나타낸 것이다. 제

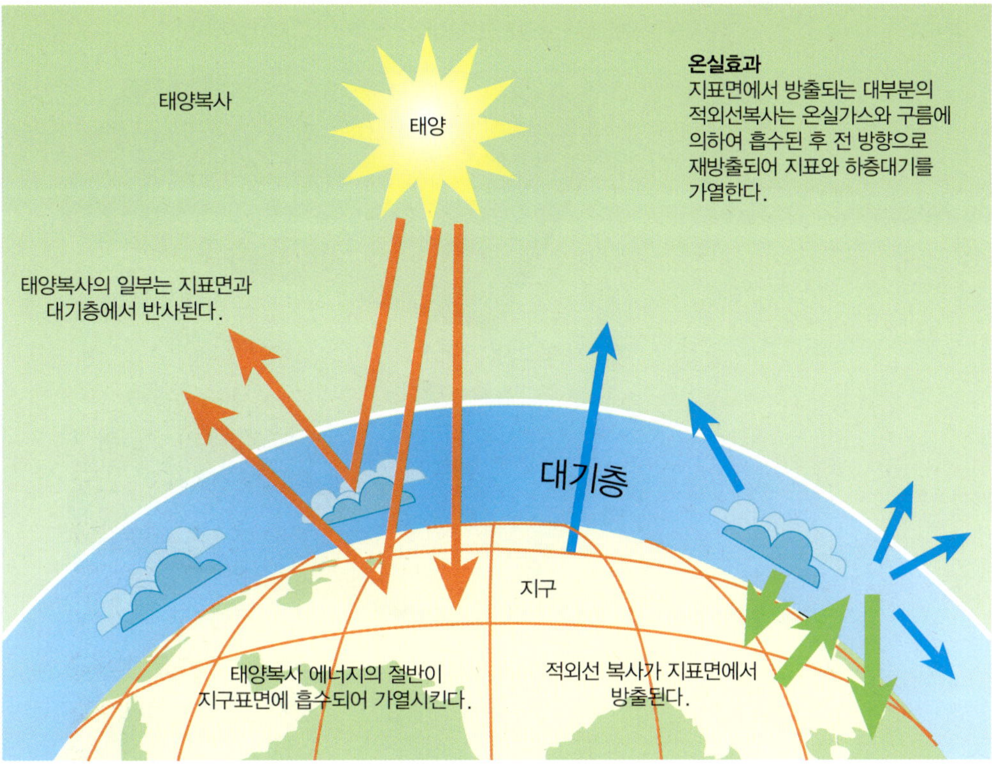

그림 8.9 ▪ 온실효과의 원리

1차보고서에 사용된 모델의 격자크기는 500 km로서 유럽대륙의 형태 구분이 불가능할 정도이었다. 하지만 제4차보고서에서는 격자크기 110 km로서 유럽과 지중해, 아프리카까지 구분이 가능하며 지역적인 기후특징도 더욱 상세하게 추산할 수 있게 되었다. 이와 같이 해상도를 높이기 위하여서는 연산능력이 매우 빠른 슈퍼컴퓨터가 필수적이다.

장래 기후변화를 예측하고 온실가스 배출저감 정책의 효과를 파악하기 위하여서는 기후변화모델의 정확도 검증이 필요하다. 이를 위하여 지난 100년간 실제 측정된 지구평균기온과 기후변화모델에 의한 기온을 비교한 결과를 그림 8.11에 제시하였다.

지구대기 중의 온실가스 증가를 무시하고 모사한 경우 [그림 (b) 참조]에는 1960년대 이후 관측치와 모델결과와의 차이가 크게 나타나지만, 온실가스 증가를 고려하여 모사한 경우 [그림 (a) 참조]에는 모델이 온실효과를 적절하게 계산함으로서 관측된 기온상승을 잘 모사하고 있음을 알 수 있다. 따라서 장래의 온실가스 증가에 따른 기후변화를 예측하는데 있어서도 AOGCM은 신뢰성을 인정받았다고 할 수 있다.

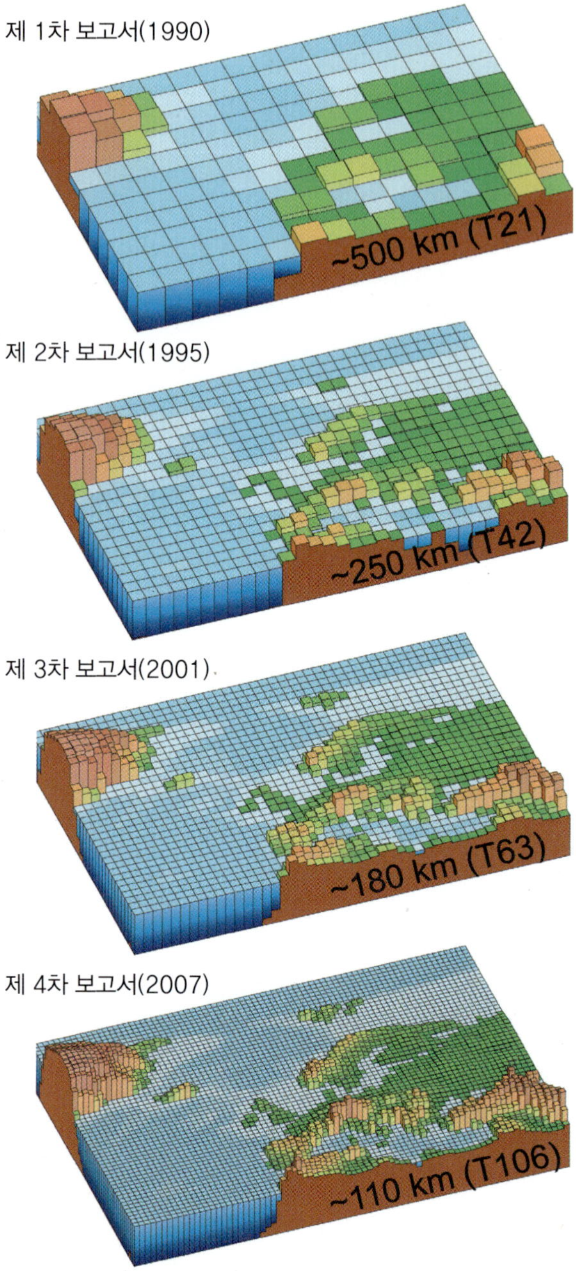

그림 8.10 ■ 제1차~제4차 IPCC 평가보고서에 사용된 기후모델들의 해상도 변화.

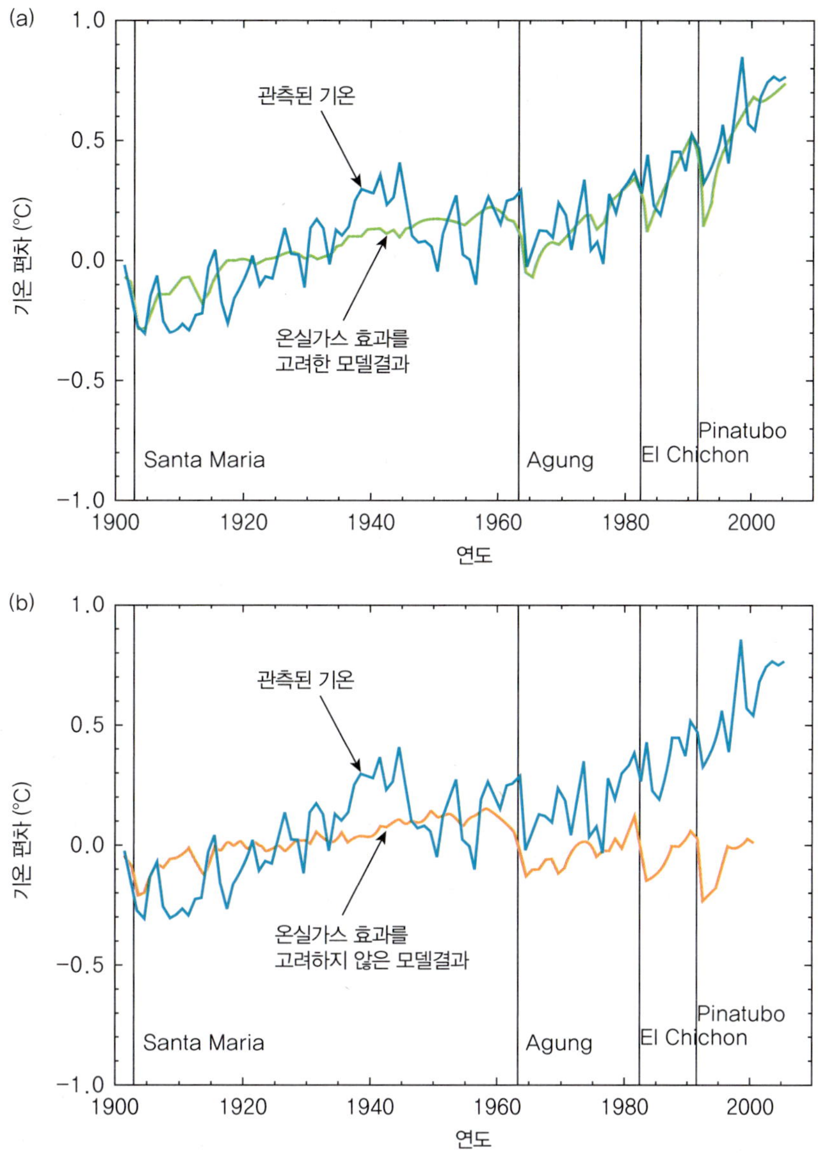

그림 8.11 ■ 지난 100년간에 대한 지구평균기온의 관측치와 모델치의 비교. (a) 온실가스의 증가를 고려하고 모사한 경우, (b) 온실가스 증가를 무시하고 모사한 경우이다. 세로선은 4차례의 대규모 화산이 폭발한 시점을 나타낸다. (IPCC AR4)

8-4-2 기후변화 예측

1) 장래 배출량 시나리오

제5차보고서 작성을 위하여 IPCC가 새로 채택한 온실가스배출량 시나리오를 **RCP** (representative concentration pathways)라고 하며 4가지 시나리오를 채택하였다. 그림 8.12는 2100년까지의 4가지 시나리오에 의한 온실가스배출량 변화를 표시한 것이다. 온실가스배출량을 엄격하게 억제한 시나리오는 RCP2.6로서 2100년경에는 배출량이 영 (zero)에 접근한다. 다음으로 중간정도 완화 시나리오는 RCP4.5와 RCP6.0 두 가지이며, 매우 높은 온실가스배출 수준의 시나리오는 RCP8.5이다. 여기서 수치는 각각 복사강제력을 나타낸다. 즉, RCP2.6은 복사강제력 2.6 W/m^2, RCP8.5는 복사강제력 8.5 W/m^2을 나타낸다.

표 8.1은 4가지 시나리오에 입각하여 2100년의 온실가스 농도 (모든 온실가스의 온실효과를 고려하여 CO_2농도로 환산한 농도)와 2010년의 배출량에 비교한 환산 CO_2 배출량 변화를 나타낸 것이다. 표에서 RCP2.6이나 RCP4.5 시나리오를 만족하려면 2010년 배출량보다도 저감하여야 함을 알 수 있다. 1750년 이래 현재까지의 인위적인 복사강제력은 2.3 W/m^2이다. RCP2.6은 전 지구기온 상승이 산업화 이전 (1850년대 이전) 수준에 비하여 2°C 이하로 유지될 수 있는 온실가스배출량 시나리오이다.

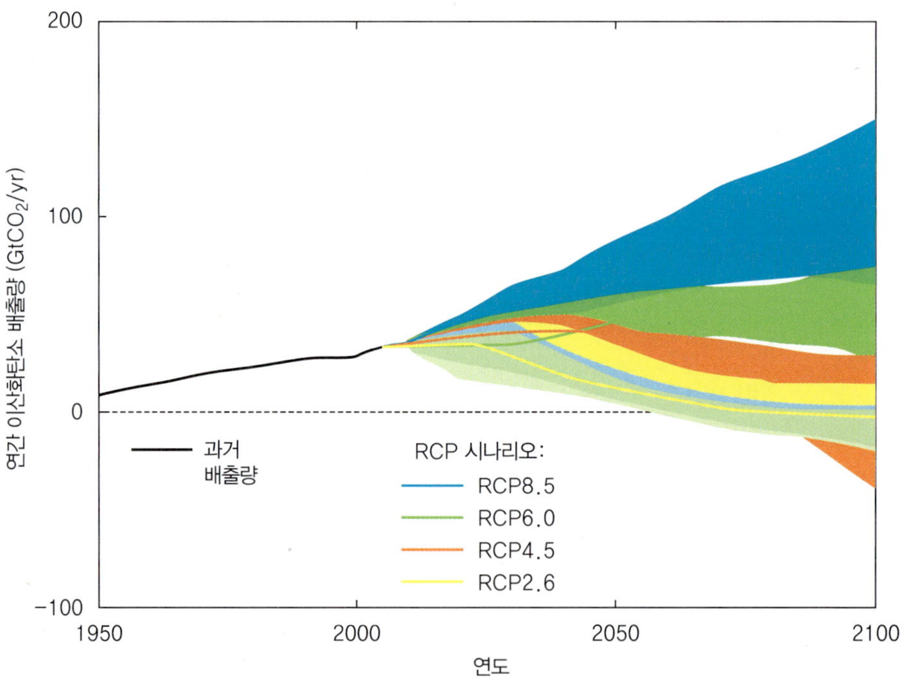

그림 8.12 ▪ IPCC 제5차보고서 (AR5)에서 채택한 온실가스배출 RCP 시나리오에 의한 연간 이산화탄소 배출량의 변화.

표 8.1 ▪ IPCC 제5차보고서 (AR5)에서 채택한 온실가스 배출 RCP 시나리오.

시나리오	2100년의 CO_2 환산농도 (ppm CO_2-eq)	2010년 대비 CO_2 환산배출량 변화(%)	
		2050	2100
RCP2.6	490	−72~−41	−118~−78
RCP4.5	650	−38~17	−134~−21
RCP6.0	850	18~54	−7~72
RCP8.5	1,370	52~95	74~178

2) 장래의 기후변화 예측

이와 같은 4가지 온실가스배출 시나리오로 지구기온 및 해수면 변화를 2100년까지 예측하면 그림 8.13과 그림 8.14와 같다.

1986~2005년 동안 20년간 평균기온과 평균해수면을 기준으로 할 때 기온상승과 해수면상승의 정도를 표 8.2에 나타내었다. 1850~1900년에 비하여 1986~2005년은 지구평균기온이 이미 0.61°C 상승하였다.

IPCC는 인류가 기후변화에 어느 정도 적응하면서 극복할 수 있는 한계치를 제시하였는데, 1800년대의 산업화 시작점을 기준으로 기온이 2°C 상승하는 것이다. 지구온난화를 산업화 이전의 2°C 미만 상승으로 한정할 경우, 산업화시대 초기부터의 인위적인 총 누적 CO_2-상당배출량을 약 1,000 GtC로 억제할 필요가 있는데, 2011년까지 이미 531 GtC를 배출하였다. 또한 모델결과를 보면, 거대한 지구시스템의 관성으로 지금 모든 온실가스의

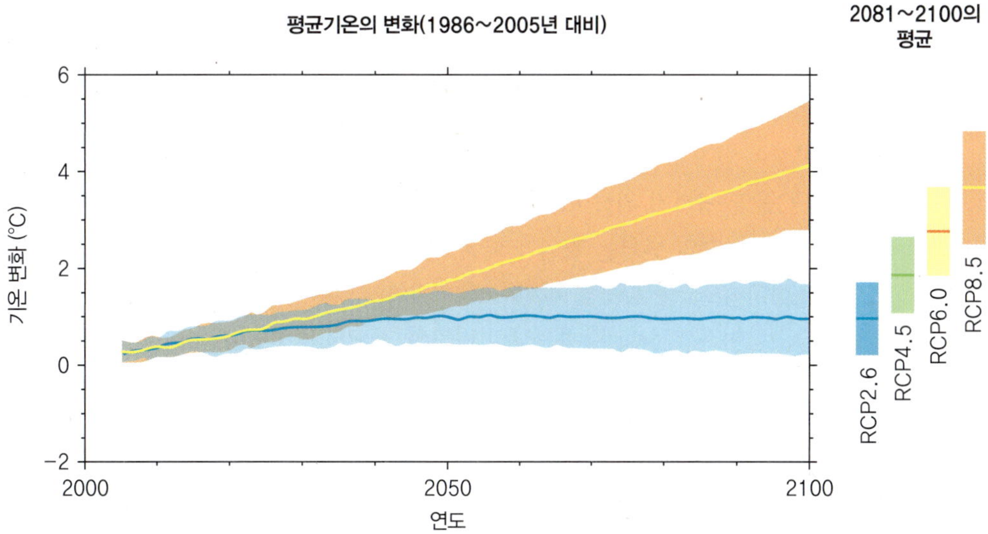

그림 8.13 ▪ 1986~2005년 평균기온을 기준으로 한 RCP시나리오별 기온변화. 기온변화가 작은 선이 RCP2.6 시나리오로 예측한 기온변화이며, 변화가 큰 선이 RCP8.5 시나리오로 예측한 기온변화이다.

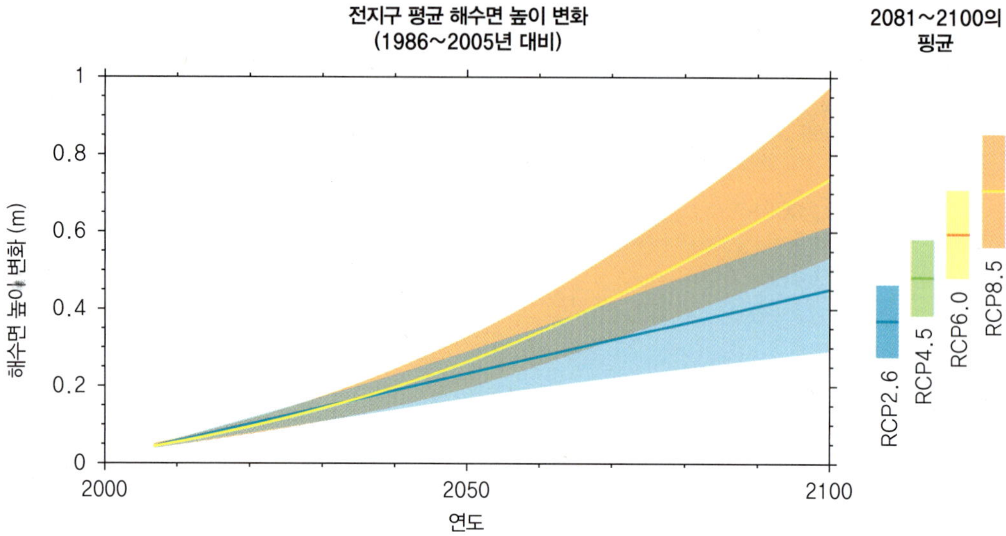

그림 8.14 ■ 1986~2005년 평균 해수면을 기준으로한 RCP 시나리오별 해수면 변화. 청색선이 RCP2.6 시나리오로 예측한 해수면 변화이며 주황색선이 RCP8.5 시나리오로 예측한 해수면 변화이다.

표 8.2 ■ 1986~2005년에 대비한 장래 지구평균 기온 및 해수면 상승변화

시나리오	2046~2065		2081~2100	
	평균기온 (°C)	평균해수면 (m)	평균기온 (°C)	평균해수면 (m)
RCP2.6	1.0	0.24	1.0	0.40
RCP4.5	1.4	0.26	1.8	0.47
RCP6.0	1.3	0.25	2.2	0.48
RCP8.5	2.0	0.30	3.7	0.63

배출을 멈춘다고 해도 기후변화의 영향은 수백년 동안 지속될 것이며 배출된 CO_2의 20% 이상이 앞으로 1,000년 이상 대기 중에 남게 된다. 그러므로 IPCC가 제시한 기온상승 제한 2°C를 달성하기 위하여서는 온실가스 감축을 위한 전세계의 적극적인 노력이 요구된다.

강수량의 변화는 지역에 따른 편차가 크며 적도부근과 고위도지역 강수량은 증가할 가능성이 높고 중위도 및 아열대 건조지역에서는 강수량이 감소하고 중위도 습윤지역에서는 강수량이 증가하고 강수현상의 빈도와 강도도 증가할 가능성이 높을 것으로 예측된다.

3) 극단적 기상현상 예측

지구기후가 변함에 따라 극단적 현상의 종류, 빈도, 세기도 변할 것으로 예상된다. 이런 변화는 상대적으로 평균기후변화가 작은 상황에서도 발생할 수 있다. 일부 극단적 현상의 변화는 이미 관측되고 있는데, 열파와 집중호우의 빈도와 세기가 증가하고 있다.

미래에 더 따듯한 기후에서는 더 강력하고 더 빈번하고 더 오래 지속되는 열파가 발생할 위험도가 증가할 것이다. 2003년의 유럽 열파는 며칠에서 1주일까지 지속되어서 수만

명의 초과사망자를 낸 극단적 열파의 한 예인데, 미래의 더 따뜻한 기후에서는 더 빈번할 가능성이 있다. 극단적 기상현상과 관련한 특징 하나는 대부분의 지역에서 일교차가 감소될 가능성이 있다는 것이다. 또한 미래의 따뜻한 기후에서는 서리가 끼는 날 (즉, 야간 기온이 영하 이하로 떨어지는 날)의 수도 감소할 가능성이 있다. 경작철의 길이는 서리 끼는 날의 수와 관련이 있는데 기후가 온난해짐에 따라 경작철이 증가할 것으로 전망되었다. 북반구 대부분의 지역에서는 겨울에 한파 (즉, 극단적으로 찬 공기가 며칠에서 1주일 이상 지속되는 기간) 발생빈도가 감소할 가능성이 있다.

미래에 북반구 중위도 및 고위도 지역의 대부분에서 여름철 건조와 겨울철 강우가 증가할 것으로 전망한다. 여름철 건조는 가뭄 위험도가 증가한다는 의미이다. 건조화 위험도와 더불어, 따뜻해진 대기의 수분 보유력 증가로 인해, 강력한 강우 및 홍수가 증가할 가능성이 있다. 이것은 이미 관측되었고, 앞으로도 계속될 것으로 전망된다. 따뜻한 조건에서는 강우는 내릴 때 집중적으로 내리고 그 사이에는 전혀 비가 오지 않는 기간이 길어지는 경향이 있기 때문이다. 따라서 강하고 집중적인 폭우가 산발적으로 일어나고 상대적으로 건조한 기간은 더 길어질 것이다.

변화 전망의 또 하나의 특징은 평균강우량이 증가할 것으로 예상되는 여러 지역에서 극단적 강우가 더 심각해질 것으로 전망된다. 또한 평균강우량이 감소할 것으로 전망되는 지역에서는 극단적 건조화가 더 심각해질 것으로 전망된다.

북반구 육지의 경우, 중부 및 북부 유럽의 많은 지역에서는 폭풍이 있는 동안 집중강우의 증가로 인해 겨울에 비가 많아질 가능성이 증가할 것으로 전망된다. 이것은 유럽과 기타 중위도 지역에서는 유출량을 증가시켜 홍수발생 가능성이 증가한다는 것을 암시한다. 여름철 강우에 대한 결과도 이와 비슷한데 그것은 아시아 몬순지역과 다른 열대지역에서 홍수가 증가할 것이라는 의미이다. 이런 변화의 일부는 이미 진행 중에 있다.

미래에는 태풍과 같은 열대성 저기압이 더욱 심각해지고 풍속과 집중강우가 더 강해질 것이라는 모델링 결과가 있다. 태풍은 해수온도가 높아지면 해수면으로부터 수분과 에너지를 공급 받아서 더 강하게 발달하게 된다. 4등급과 5등급 허리케인의 연간 발생수가 지난 30년 동안 증가했다는 징후가 있다. 열대 이외의 지역에서는 폭풍세기가 증가하고 발생수는 감소하는 일반적 경향이 있을 것이고, 일부지역에서는 심화된 저기압으로 인해 극단적 바람은 증가하고 파고는 높아지는 경향이 있을 것이라고 전망하였다. 이 외에도 남반구와 북반구 모두 폭풍경로가 극지 쪽으로 위도를 몇 도 이동할 것이라고 전망하였다.

8-4-3 기후변화의 영향예측

지구온난화로 북극과 남극의 해양빙의 융해가 지속적으로 일어나고, 북부 고위도지역의 영구동토층은 감소할 것으로 예상된다. 이산화탄소의 대기 중 농도증가로 해양에 흡수되는 이산화탄소도 증가 되며, 이에 따라 해양이 산성화되면 산호초와 극자방의 해양생태계에 위험을 초래하게 된다.

지구시스템에서 온실가스에 의한 온난화의 심각성은 앞으로 인류가 이산화탄소를 전혀 배출하지 않는다고 가정해도, 이미 배출된 온실가스만으로도 앞으로 수백년 동안 지구기온은 지속적으로 상승한다는 것이다. 지구온난화로 인한 위험요소들은 폭풍, 해일, 홍수의 빈발, 식량과 수자원의 불안정성, 생태계 변화와 멸종에 의한 생물다양성 감소이다. 해수면 상승으로 인하여 저지대는 침수, 연안침식, 홍수 등의 피해를 입으며 연안생태계도 피해를 입게 된다.

1) 수자원에 미치는 영향

세계 인구의 1/6 이상이 빙하나 눈 녹은 물이 유입된 강 유역에 살고 있다. 이들은 빙하에 저장된 수량 감소, 겨울유량의 증가, 그리고 빙하의 감소에 따른 유량감소의 영향을 받게 될 것이다. 해수면 상승은 지하수와 강어귀의 염분도 높은 지역을 확장시켜 해안지역의 인간 및 생태계를 위한 담수 가용률을 감소시킬 것이다. 강수량 집중 및 변동은 많은 지역에서 가뭄과 홍수의 위험을 증가시킬 것으로 예측된다. 세계인구의 20%이상의 사람들이 강유역에 살고 있으며, 이러한 지역들은 2080년까지 지구 온난화가 일어나는 동안 증가할 홍수의 위험에 노출될 것이다. 심각하게 영향을 받는 강 유역에 거주하는 사람의 수는 1995년의 14~16억 명에서 2050년에는 43~69억 명으로 현저하게 증가할 것으로 예측된다. 물부족 위험에 직면하게 될 인구는 다음과 같이 예측된다: 2020년대에 4~17억 명, 2050년대에 10~20억 명, 그리고 2080년대에 11~32억 명의 인구가 물 부족을 겪게 되는 범위에 포함될 것으로 보인다.

반건조 및 건조 지역들은 특히 담수에 미칠 기후변화의 영향에 노출되어 있다. 이런 다수의 지역들 (예, 지중해 연안, 미국서부, 남부 아프리카, 브라질 북동부, 호주의 남부 및 동부)은 기후변화에 의한 수자원 감소로 고통 받게 될 것이다. 또한 인구 및 물수요의 빠른 증가에 의해 취약성이 심화되어 이미 물 부족을 겪고 있는 지역에서 지하수량이 크게 감소할 것이다.

상승한 수온, 증가한 강우강도 (precipitation intensity), 길어진 유량감소 기간은 생태계, 인간 건강 및 수계 (water system)의 신뢰성과 운영비용에 대한 영향과 함께, 각종 수질오염을 심화시킬 것으로 예측된다. 이러한 오염물질에는 침전물, 영양염류, 용존 유기탄소, 병원균, 살충제, 염분, 열오염 등이 있다.

기후변화는 수자원 관리기술뿐만 아니라, 존재하는 수자원 기반시설의 기능 및 운영에 영향을 미친다. 전 세계적으로, 다가오는 시대에 인구증가 및 생활향상으로 물 수요량은 증가할 것이다. 지역적으로는, 기후변화의 결과로 관개용수 수요량에 큰 변화가 있을 것으로 보인다. 최근의 수자원 관리기술로서는 물 공급 신뢰성, 식량 위험, 건강, 에너지, 그리고 수중생태계에 미치는 기후의 부정적인 영향들을 감소시키는 어렵다. 일부지역에서 증가한 연간 유출수의 이로운 영향들은 일부지역에서의 물 공급량, 수질, 그리고 홍수 위험에 미치는 증가한 강수량 변동 및 계절적 유출수의 변화 등에 의한 피해로 상쇄될 것이다.

2) 생태계에 미치는 영향

산업화 이전보다 지구평균온도가 2~3°C이상 상승한다면, 현재까지 평가된 (편중되지 않은 샘플 중) 동식물종의 약 20~30% (지역 생물군 중 1~80%까지 변화)가 멸종될 위기에 처할 가능성이 더욱 높아질 것이다.

전 지구적 생물다양성 감소는 돌이킬 수 없는 핵심적인 문제이다. 토착종의 풍부함은 지역적인 고대-기후변화가 거의 없었던 곳에서 가장 크게 나타나는데, 이는 지질학적 과거 사실보다 지역적 풍토병이 멸종위험에 더 크게 영향을 준다는 사실을 보여준다. 해양의 산성화는 플랑크톤과 얕은 해양 저서생물 안에서 아라고나이트를 원료로 하는 조개의 형성을 감소시킬 것이다. 일반적으로 이들을 보호하는 방법들은 기후변화에 대한 준비가 불충분하였기 때문에 효과적인 적응방법들을 시행하는데 많은 비용이 들 것이다.

육상 및 해양 생태계의 구조와 기능상의 큰 변화들은 산업화 이전보다 2~3°C 상승한 지구온난화 및 그에 따라 증가한 대기 중 CO_2에 의해 발생할 가능성이 매우 높다. 기온상승이 일정 수준을 넘어서면 새로운 생물군계의 출현과 같은 주요 생물군계의 변화와 생물종의 생태학적 상호작용으로 생태계에 부정적인 영향을 미치게 된다. 지구온난화에 따라 열대 및 온대지역에서 밀, 쌀 및 옥수수의 수확량은 감소할 것이지만, 작물의 종류, 지리적인 위치, 적응시나리오에 따라 기후변화의 영향은 다양하게 나타날 것이다.

기온상승이 인류건강에 미치는 영향에는 폭염 및 화재에 따른 사망률 증가, 음식 매개성 및 수인성 질병이 증가할 것으로 예상한다. 또한 기후변화는 도시지역에서 폭염, 폭우, 대기오염, 물부족, 해수면 상승 등의 위험을 초래한다.

3) 식량 및 산림에 미치는 영향

중위도부터 고위도 지역까지는 온난화가 작물 및 목초 수확에 적절한 도움이 되지만, 계절적으로 건조 및 열대 기후지역에서는 비록 경미한 온난화로도 수확량을 감소시킨다. 온대지역에서는 CO_2의 증가 및 강우량 변화와 함께 지역 평균기온이 1~3°C 상승하면, 작물수확량에 다소 이로운 영향을 미칠 것이다. 하지만 그림 8.15에서와 같이, 저위도, 특히 계절적으로 열대 건조지역에서는, 1~2°C의 기온상승도 주요 곡물의 수확량 감소로 이어져 기아의 위험이 증대될 수 있다.

최근의 연구결과들은 폭염, 가뭄 및 홍수의 빈도증가가 평균적인 기후변화의 영향 이상으로 곡물 수확 및 가축에 부정적인 영향을 미친다는 놀라운 사실을 제시하고 있다. 하지만, 곡물수확 시스템에서 파종시기를 변화시키는 등의 적응노력으로 1~2°C의 지역적 온도상승에 따라 발생하는 10~15%의 수확량 감소를 상쇄시킬 수 있게 한다. 적응에서 오는 장점들은 기후변화의 정도에 따라 증가하는 경향이 있다. 정책 및 제도는 적응을 용이하게 하는 방향으로 수정할 필요가 있다. 적응방법들은 개발 전략 및 프로그램, 국가사업 및 빈곤-감소 전략들과 통합되어야 한다.

식량에 대한 구매력은 실질가격의 하락으로 2050년까지 강화될 가능성이 있지만, 반면 2050년에서 2080년 사이에는 역으로 기후변화에 의해 더욱 높아질 식량의 실질가격에 도리어 영향을 받게 될 것이다. 열대기후 국가로 수출되는 온대기후지역의 식량생산품들은 증가할 것으로 판단된다. 반면, 산림부문에서는 단기적으로 그 반대현상이 나타날 것이다.

최근의 자유대기 중 이산화탄소의 농축 (free-air carbon dioxide enrichment: FACE)

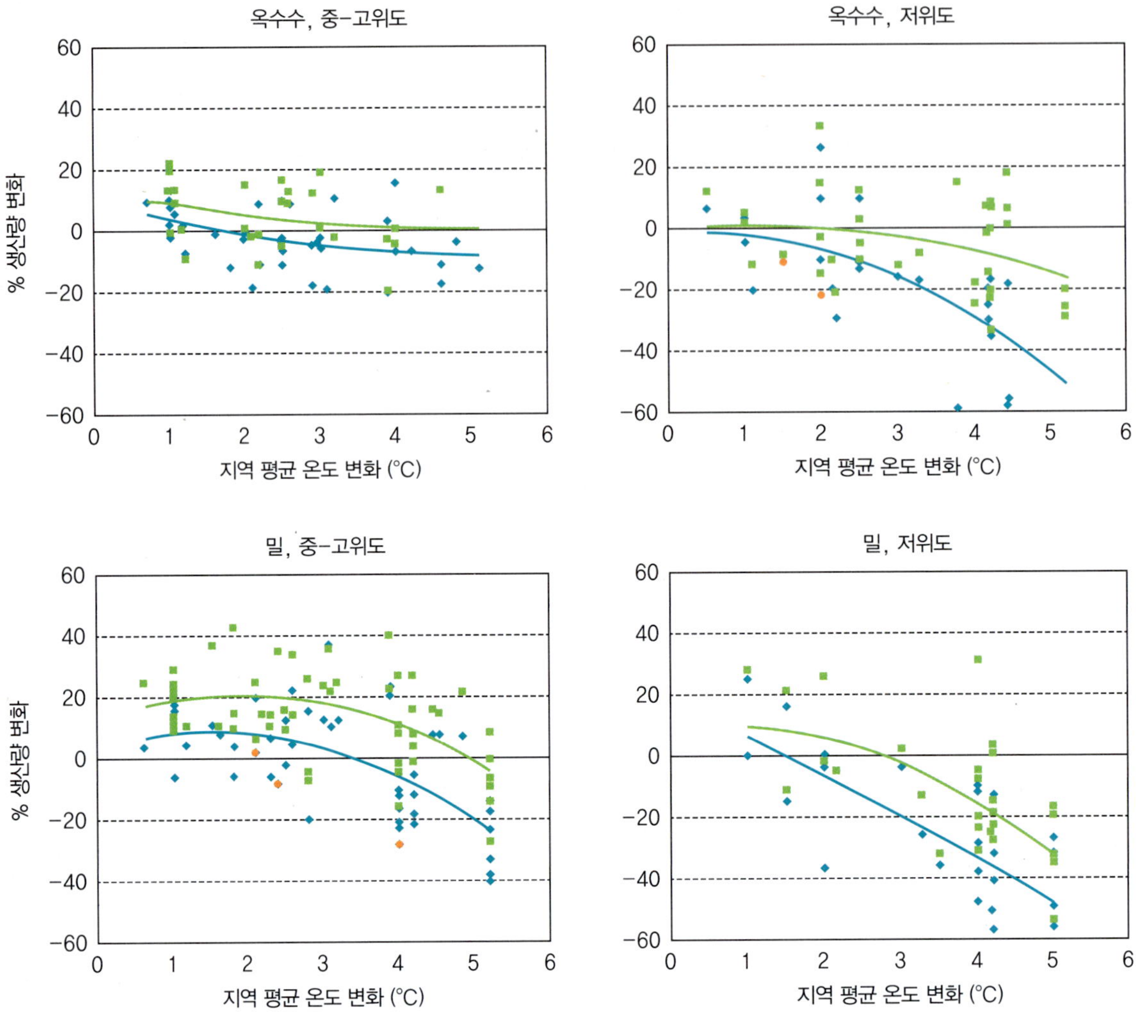

그림 8.15 ▪ 기후변화에 대한 곡물 (옥수수와 밀) 수확량의 민감도 변화. 반응 (response)은 적응을 했을 경우 (녹색선)와 적응을 하지 못했을 경우 (청색선)를 포함하고 있다.

에 대한 재분석 연구에 의하면, 다른 스트레스요인이 없는 상황을 가정했을 때, CO_2 550 ppm에서의 수확량은 C3 작물의 경우 10~20% 증가, C4 작물의 경우 0~10% 증가한다는 사실을 보여준다. 증가한 CO_2 농도에서의 곡물모델 시뮬레이션은 위의 범위와 일치한다. 최근의 FACE 결과들은 성숙한 산림의 입목에는 특이한 반응이 없었지만, 어린 나무들의 성장은 강화된다는 사실을 보여준다. 곡물과 산림에 대해서 증가되는 오존 오염에의 노출은 CO_2에 의한 증산을 상쇄시킨다.

8-5 우리나라의 기후변화 예측과 대응정책

8-5-1 장래의 기후예측

우리나라의 기후변화를 예측하기 위하여 기상청의 한 위원회에서 "한국기후변화평가보고서 2014"를 발간하였다. 이 보고서의 내용을 참고로 우리나라의 기후변화 예측을 소개하고자 한다. 예측기간을 2050년 이전을 단기예측으로, 2050년 이후를 장기예측으로 나누어서 예측하였다. 단기예측 시에는 1980~2005년에 비하여 2025~2050년에는 기온이 2.0 (RCP4.5), 2.3°C (RCP8.5) 상승하고 강수량은 6.4% 증가하는 것으로 예측하였다. 한편 장기예측 시에는 1971 2000년에 비하여 2071~2100년에는 기온이 1.8°C (RCP2.6), 2.7°C (RCP4.5), 3.1°C (RCP6.0) 4.8°C (RCP8.5) 상승하고, 강수량이 6.5% (RCP2.6), 9.2% (RCP4.5), 8.4% (RCP6.0), 13.2% (RCP8.5) 증가하는 것으로 예측하였다. 현재 우리나라는 대부분 지역이 온대지역이며 제주도와 남해안 일부지역만이 아열대 기후에 해당되지만, 장래 2100년이 되면 서울을 포함한 서부지역과 경상남북도의 대부분 지역이 아열대지역이 될 것으로 예측한다.

8-5-2 장래의 영향예측

장래 기후변화에 따른 영향예측을 위하여 환경부는 "한국기후변화 평가보고서 2014"를 발간하였다. 이 보고서를 참고로 우리나라의 기후변화 영향을 소개한다. 우리나라는 전 세계 평균에 비하여 약 2배 정도 기온상승폭이 크다. 따라서 기후변화에 의한 영향도 크게 나타날 것으로 예상된다. 장래 강수량 증가로 수자원은 증가하지만, 집중호우의 빈도와 강도가 더욱 커질 것으로 예측되므로 강우 취약성에 대한 대책이 요구된다. 해수표면온도가 상승하게 되면, 수면으로부터 수분과 열공급이 늘어나서 태풍의 빈도와 강도가 증가하여 피해에 따른 대비가 요구된다.

산림청에 의하면, 현재 소나무가 전 국토에 퍼져있지만 장래 2100년경에는 기온상승으로 우리나라 대부분의 지역에서 소나무가 사라지고 백두대간 고지대에만 일부 남게 될 것으로 예측하였다. 사과는 기온이 높아지면 당도가 낮아지므로 기후온난화의 영향을 직접적으로 받는다. 농촌진흥청의 연구결과에 의하면, 그림 8.16과 같이, 사과의 재배적지는 2090년경에는 강원도 고산지대 일부로 나타났다.

기후변화는 우리나라의 농업에도 큰 영향을 미치게 되므로 농작물의 품종개량과 재배방법 개발 등 기후변화를 대비한 대책이 요구된다. 또한 기후변화가 인간의 건강에 미치는 영향은 여름철 고온으로 인한 인체의 열 스트레스 증가로 노약자의 건강이 위협 받고, 말라리아 모기의 증가로 환자가 증가 할 것으로 예상한다.

8-5-3 적응대책

기후변화를 완화하기 위하여 지금 당장 모든 온실가스 배출을 중지한다고 하여도, 지구대기는 관성이 있어서 향후 수백년간 온난화가 지속될 것으로 예상된다. 그러므로 불가피하

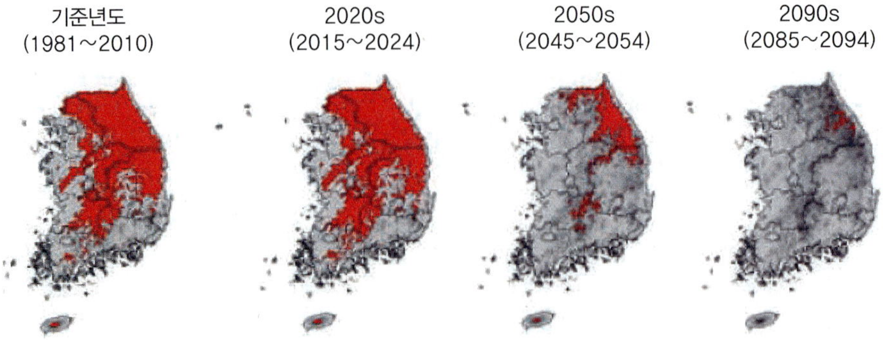

그림 8.16 ■ 기후변화 시나리오 (RCP8.5)를 적용하여 산출한 장래 사과의 재배적지(적색지역) 분포 변화. (출처: 농촌진흥청 2013)

게 나타나는 기후변화에 대비하여 적응할 수 있는 대책수립이 시급히 요구된다. 영향을 예측하여 평가하고 취약성을 파악할 필요가 있다.

온난화가 일어나도 지역과 기간에 따라 그 강도는 크게 달라지므로 지역별로 영향을 예측하고 취약성을 평가하여야 한다. 특히 자연재해에 취약한 지역에는 재해에 대비한 체제구축이 필요하다. 또한 지속적인 모니터링에 의하여 적응대책을 수정 보완 할 필요가 있다.

우리나라는 기후변화에 효율적으로 적응하기 위하여, 그림 8.17과 같이 환경부를 주축으로 정부의 관련부처를 총 망라하는 '**기후변화적응 협의회**'를 구성하였다. 이 협의회는 기후변화 적응을 위하여 10가지 대상분야를 정하고 **적응대책**을 수립하였다. 이 협의회는 국가 기후변화 적응대책 및 세부시행계획을 수립 시행하고 추진실적 평가 등 적응관련 정책에 관한 주요 의사결정 및 전문가 의견을 수렴하고 있다.

1) 건강분야

건강분야에 관한 정부의 적응대책은 주로 폭염, 질병 및 알레르기의 피해저감 대책이 중심이다. 여름철 폭염증가에 대비하여 건강영향평가 및 감시체제를 구축하고 특히 노인 등 폭염 취약계층에 대한 집중 보호대책과 폭염적응 매뉴얼을 보급한다. 또한 폭염극복을 위한 건축물 및 도시계획 모델을 마련하고 시범사업으로서 도시생태 네트워크를 추진한다.

지구온난화에 따라 우려되는 질병에 대비하여 말라리아 및 수인성 질병의 매개체 감시체계를 구축한다. 취약계층의 대기오염 및 알레르기성 질환 예방과 모니터링을 강화한다.

2) 재난/재해 분야

기후변화에 따른 기상재해를 유형별로 취약성지도를 작성하고 하천 제방과 같은 자연재해 저감시설물의 설계기준을 재설정하여 용량을 증대하고 방재기준을 강화한다. 급경사지나 노후저수지와 같은 재해위험시설을 보강하고 소하천을 친환경적으로 정비한다. 국지적인 집중호우 등 악기상에 대하여 예보와 경보 정확도를 개선하고 수요자에게 전달기술을 개발한다. 국토이용계획을 수정하여 취약성평가를 반영한 적응형 국토이용모델을 구축하고 전략환경평가를 통하여 반영한다.

기후변화적응 관계부처협의회 (총괄: 환경부)

건강	재난/재해	농업	산림	해양/수산	물관리	생태계	기후변화 감시예측	산업 에너지	홍보/국제
복지부 환경부	행안부 국토부 방재청 환경부	농식품부 농진청	산림청	국토부 농식품부	국토부 환경부	환경부 농식품부 국토부등	환경부 교과부 기상청	지경부 환경부 국토부	관련부처

그림 8.17 ▪ 기후변화적응 협의회의 구성과 대상업무

3) 농업분야

기후변화에 따른 고온적응성, 내재해성 및 병해충저항성 품종을 개발하여 보급하고 기후변화에 따른 농작물의 생육기간변동 분석과 재배기술을 개발하여 보급한다. 농업용수 관리 및 안정적인 물공급체계를 구축하고 저수지의 수질관리를 강화한다. 또한 물 절약 인프라 확충 및 농업용수시설을 보강한다. 작물의 재배지역을 재설정하고 취약지대를 분석한다. 병해충 및 외래 병해충의 발생에 대비하여 조기 대응체계를 구축한다.

4) 산림분야

지역 수종별로 임업생산성을 예측하고 취약성평가 및 조림적지 산림지도를 보급한다. 산불 및 산사태 저감대책을 수립하고 산림 병충해 예찰시스템을 강화하고 조기방제체계를 구축한다.

5) 해양/수산업 분야

해수면 상승으로 인한 연안의 취약성평가 및 해안지형변화 적응방안을 마련하고 연안 자원관리대책의 평가를 실시한다. 기후변화에 따라 예상되는 해양산성화 피해저감 대책과 해파리 등 유해생물 증가에 따른 어업피해 경감기술을 개발한다.

6) 물관리 분야

기후변화를 고려한 물관리 (수위, 유량, 수질, 수생태, 퇴적물)와 홍수 가뭄 등의 취약성평가를 하고 첨단기술을 활용한 홍수예보시스템 구축 및 수방시설 치수능력 강화와 수자원 확보를 위한 중소규모댐 건설과 해수담수화 사업을 추진한다.

7) 생태계 분야

생태계 생물지표종을 지정하여 해양 및 산림생태계의 모니터링을 강화하고, 생태 우수지역, 습지, 무인도서 등에 대한 실태조사를 실시하여 기후변화 취약 생물종의 보전 복원대책 추진하고 유전자원 은행을 설립하고 생태계 보호지역을 확대한다. 자생식물의 서식 훼손지 복원 및 야생동물 생태통로 관리를 강화하고 외래 생물종의 확산을 억제한다.

8-6 기후변화 완화

8-6-1 온실가스 배출량

IPCC의 제5차보고서에 의하면, 지구의기온을 산업혁명 시작시점을 기준으로 2°C 이하로 억제하도록 촉구하고 있다. 만일 지구기온이 그 이상 올라간다면 기후변화는 인류가 통제할 수 없을 정도로 위험하게 진행될 수 있음을 경고하였다.

그림 8.18은 우리나라 국립기상연구소에서 AOGCM (대기-해양결합 기후모델)을 이용하여 계산한 2100년까지의 지구 평균기온을 나타낸 것이다. 전 세계 평균기온은 1800년대 산업화 시점 (1860~1899년)에 비하여 현재까지 이미 약 0.75°C 상승했으며, 지구위험 한계까지는 1.25°C 남아있다. 장래 2100년에 기온상승을 2°C 이하로 유지하기 위하여서는, RCP2.6 시나리오보다 약간의 배출량 여분이 남아 있다.

지구시스템은 매우 거대하여 열적 관성이 있기 때문에 지금 당장 온실가스 배출을 중지한다고 해도 현재의 온실가스 농도로도 지구는 계속 온난화가 되어 2100년에는 현재보다 0.6°C (실현되지 않은 온난화) 상승할 것으로 예측되었다. 바다의 표층이 지구온난화에 의한 열을 흡수하는 데에는 약 20~30년이 걸리며, 그 열이 심해까지 도달하는데에는 약 1,000년이 걸린다.

장래에 일어날 기후변화를 완화하기 위하여서는 그 원인이 되는 온실가스의 배출량을 저감하여야 한다. 우선 온실가스의 배출량을 정확히 파악하고 저감에 따른 경제성 분석을 실시하여 어떤 분야의 배출원을 저감할 것인지를 결정하여야 한다. 상향식 연구 (bottom-up study)와 하향식 연구 (top-down study) 결과에 의하면, 다음 몇 십년 동안 전 지구의 온실가스 배출량을 감축하기 위해, 전망된 증가량을 상쇄하거나 현재 수준보다 낮출 수 있

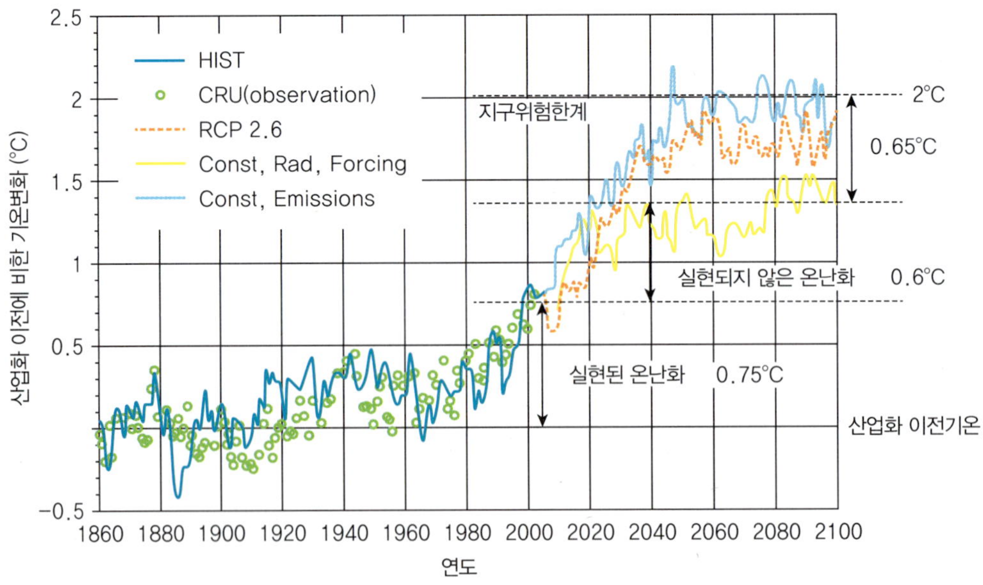

그림 8.18 ■ 우리나라 국립기상연구소에서 계산한 2100년까지의 기온 추정결과.

는, 즉 실질적 완화를 위한 경제적 잠재력이 충분하다는 공감대와 증거가 많다.

온실가스 배출시나리오에 관한 특별보고서 (IPCC Special Report on Emission Scenarios: SRES)에서 제시된 온실가스 배출시나리오를 **SRES 시나리오**라고 하며, IPCC 제3차보고서 (TAR)와 제4차보고서(AR4)에서 사용되었다. 그림 8.19는 2030년의 지구전체의 경제적 완화 잠재력을 2000~2030년의 배출량 증가전망과 비교한 것이다. 상향식 연구결과에 의하면, 순 마이너스 비용이 들어가는 완화 기회는 2030년 안에 배출량을 약 6 Gt-CO_2상당량/yr 줄일 잠재력이 있다. 이것이 실현되려면 이행 장벽이 해결되어야 한다. 경제적 완화잠재력은 일반적으로 시장을 통한 완화잠재력보다는 크지만, 적절한 정책이 알맞게 추진되고 장벽이 해소될 때에만 실현될 수 있다. 하향식 연구와 상향식 연구의 결과는 지구 차원에서는 서로 비슷하지만 섹터 차원에서는 상당히 큰 차이를 보인다.

저탄소기술은 설령 조기투자가 이득이 된다 하더라도 널리 확산되는 데는 수십 년 걸릴 수 있다. 초기 추정치를 보면, 전 지구 에너지 관련 CO_2 배출량을 2030년까지 2005년 수준으로 회복시키는데 필요한 순 추가 투자범위는 무시할만한 수준부터 5~10%까지 정도이다. 그럼에도 불구하고 투자패턴의 큰 변화가 필요할 것이다.

연구에 사용된 방법론은 서로 다르지만, 분석대상의 세계 모든 지역에서 온실가스배출량 완화조치의 결과로 인한 대기오염의 감소는 보건상 전반적인 수혜 폭이 상당히 클 것이고 완화비용의 상당한 부분을 상쇄시킬 수도 있다는 점에서 공감대가 높다.

재생에너지의 에너지 효율과 활용은 지속가능한 발전과 시너지 효과를 발휘한다. 개발이 가장 덜 된 국가들에서 에너지 대체는 실내공기오염을 감소시켜 질병발생률과 사망률을 낮추고 여성과 아동들의 작업부하를 줄이며 산림벌채를 감소시킬 수 있다. 완화에 긍정적인 영향을 줄 수 있는 보기로는 소비형태의 변화, 교육과 훈련, 건물입주자 행동의 변화, 교통수요 관리, 업계의 관리도구 등이다.

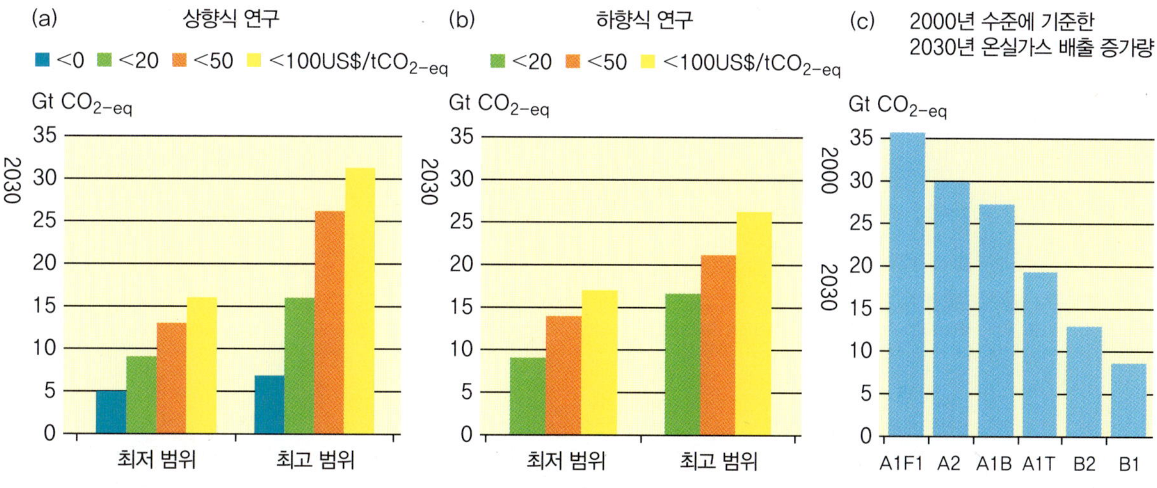

그림 8.19 ▪ (a) 상향식 연구 및 (b) 하향식 연구를 통해 추정된 2030년도 전 지구의 경제적 완화잠재력과 (c) SRES 시나리오에 따른 2000년 온실가스 배출량 (40.8 Gt-CO_2상당량/yr) 대비 2030년의 배출량 증가전망.

8-6-2 에너지저감과 대체에너지

온실가스의 배출량을 저감하기 위하여서는 에너지 사용량을 줄여서 화석연료의 사용량을 저감하거나, 배출되는 온실가스를 회수하여 고정하거나, 온실가스를 발생하지 않는 대체에너지를 개발하는 방안 등이 있다. 그러므로 완화정책에는 에너지의 효율적 관리정책, 온실가스 회수 및 저장기술 개발, 신재생에너지 개발 및 보급 등이 있다.

에너지 사용량을 줄이기 위하여서는 에너지 고소비 업종을 억제하고 생산과정이나 유통과정에서 에너지 효율을 높여서 에너지 낭비를 줄여야 한다. 가정이나 사무실에서 난방에너지나 냉방에너지 절감을 위하여 실내온도를 재설정하는 방안도 필요하다. 온실가스 회수 및 저장기술은 현재 여러 가지 방법이 시도되고 있으나, 이러한 기술을 운용할 때에도 에너지가 많이 소모된다는 점과 비용적인 면도 실용화의 걸림돌이 되고 있다.

석탄, 석유, 천연가스 등과 같은 일반적인 화석연료는 수억년 전의 식물이 탄화되어 생성된 에너지이므로 한번 사용하면 다시 생산되지 않는다. 석유나 천연가스는 현재까지 발견된 총량으로는 앞으로 수십년 후 고갈될 것으로 예상하고 있으며, 석탄의 경우도 장래 수백년 후에는 고갈될 것으로 예상하고 있다.

사용하여도 계속적으로 재생산이 가능한 에너지를 **재생에너지**라고 한다. 대표적인 재생에너지는 태양에너지, 풍력에너지, 수력에너지, 지열에너지, 조력에너지 등이다. 최근에 연구되고 있는 바이오디젤, 수소연료전지 등 신기술을 이용한 에너지를 **신에너지**라고 하며, 재생에너지와 신에너지를 총칭하여 보통 **신재생에너지** (new and renewable energy)라고 한다. 신재생에너지는 아직 재래식 발전방식에 비하여 비용이 비싸지만 현재도 활발하게 연구 개발되고 있어 경제성도 점차 개선되고 있다. 재생에너지를 이용하기 위해서는 경제성이외에도 환경문제도 함께 해결하여야 한다. 예를 들어, 풍력발전을 위하여서는 초대형 타워를 건설 및 운용하여야 하는데, 이때 발생되는 산림파괴와 가동 중의 소음 발생, 새들의 충돌위험 등의 환경피해를 최소화하여야 한다.

한편 핵분열반응에너지를 이용하는 원자력발전은 대기 중 온실가스를 발생시키지 않으므로 지구온난화 완화에는 큰 도움이 된다. 하지만 방사능오염이라는 또 다른 환경문제를 해결해야하는 어려움이 따른다. 원자력발전의 또 다른 어려움은 구소련 (현재 우크라이나)의 체르노빌 원자력발전소의 핵누출사고나 일본의 후쿠시마 원자력발전소의 핵누출사고 등 사고발생 시 초래되는 막대한 피해이다. 그 밖에도 원자력발전은 테러위험을 감수해야하며 핵폐기물 처리에 따르는 기술적 경제적 어려움을 극복해야 한다.

CHAPTER 09

분산모델

강원대학교 **이종범**

9-1 분산 (Σ 확산 + 이류)

대기 중에서 대기오염물질의 **분산** (dispersion)은 공기의 운동인 바람에 의하여 일어나며, 공기의 움직임은 보통 바람이라고 하는 공기의 평균적 이동 (bulk motion)과 불규칙적인 소용돌이 형태의 움직임인 난류 (turbulent diffusion)로 나눌 수 있다. 좁은 의미의 **확산** (diffusion)은 두 지점 간에 농도의 차이가 있을 때 난류, 분자운동 등 불규칙적인 운동에 의하여 농도가 높은 곳에서 낮은 곳으로 질량이 이동하여 넓게 퍼지며 희석되는 현상을 뜻한다. 반면 넓은 의미의 분산 (dispersion)은 매질의 평균적인 이동에 의하여 오염물질이 수송되는 이류 (advection)와 좁은 의미의 확산을 포함한 개념이다.

확산방정식

X-방향의 확산방정식은 다음 식으로 나타낸다. 좌변은 어떤 지점에 있어서 농도 C의 시간 변화율이며 우변은 어떤 시각에 있어서 농도의 구배를 나타내는 식이다.

$$\frac{\partial C}{\partial t} = k_x \frac{\partial^2 C}{\partial x^2} \tag{9.1}$$

여기서, k_x는 x-방향의 난류확산 계수이다.

평균적인 바람에 의하여 오염물질이 이동으로 농도가 변화되는 경우를 미분형태로 나타내면 다음식과 같은 1차원 이류방정식이 된다.

$$\frac{\partial C}{\partial t} = -u \frac{\partial C}{\partial x} \tag{9.2}$$

여기서, u는 x-방향의 풍속이다.

확산과 이류과정을 포함하기 위하여 식(9.1)과 식(9.2)를 더하고 y-방향과 z-방향을 포함하면 식(9.3)과 같이 확산과정과 이류과정을 모두 포함하는 3차원 이류확산방정식 (또는 간단히 분산방정식: dispersion equation)이 된다.

$$\frac{\partial C}{\partial t} = k_x \frac{\partial^2 C}{\partial x^2} + k_y \frac{\partial^2 C}{\partial y^2} + k_z \frac{\partial^2 C}{\partial z^2} - \left(u\frac{\partial C}{\partial x} + v\frac{\partial C}{\partial y} + w\frac{\partial C}{\partial z}\right) \tag{9.3}$$

여기서, k_y, k_z는 각각 y와 z-방향의 난류확산계수이며 v와 w는 y와 z-방향의 풍속이다.

9-2 가우시안 플륨식 (Gaussian Plume Equation)

어떤 굴뚝에서 연기 (plume)가 지속적으로 배출되고 있으며, 이때 시간에 따라서 배출량의 변화나 풍향, 풍속, 안정도 등의 기상조건의 변화가 없다고 간주할 수 있을 때 **정상상태** (steady state)라고 부른다. 실제 한낮이나 한밤에는 1~3시간 정도는 기상변화가 크지 않아 정상상태로 간주해도 무리가 없다. 이러한 정상상태 하에서는 연기의 모양 (즉 대기오염물질의 농도분포)은 시간에 따라서 변화하지 않는 것처럼 보인다. 이와 같은 정상상태를 고려하면 다음과 같은 가정을 설정할 수 있기 때문에 이류확산방정식 (9.3)식은 간단한 형태가 된다.

기상자료의 시간간격 (보통 1시간 또는 3시간) 동안의 평균풍향의 풍하방향을 x-축으로 하면, y-축 방향의 풍속 v = 0이 되고, 이 시간동안의 평균 수직방향의 풍속 w = 0으로 간주 할 수 있다. 또한 보통 주풍향 방향인 x-축 방향으로는 식(9.4)와 같이 **이류** (advection)가 **확산** (diffusion)보다 현저히 커서 x-축 방향의 확산은 무시할 수 있다.

$$k_x\frac{\partial^2 C}{\partial x^2} \ll u\frac{\partial C}{\partial x} \tag{9.4}$$

정상상태라고 가정하므로, 시간에 따른 농도변화도 무시 ($\partial C/\partial t = 0$) 할 수 있다. 따라서 3차원 이류확산 방정식 (9.3)은 다음과 같이 간략화 된다.

$$u\frac{\partial C}{\partial x} = k_y\frac{\partial^2 C}{\partial y^2} + k_z\frac{\partial^2 C}{\partial z^2} \tag{9.5}$$

한 점에 모여 있던 오염물질은 시간이 지나면 대기의 난류운동에 따라 점차로 퍼져나가게 된다. 이때 난류는 3차원 공간에서 무작위 (random) 운동이므로 난류에 의한 확산도 무작위하게 퍼져나가게 된다. 그러므로 농도분포는 그림 9.1과 같이 **정규분포** (normal distribution 또는 Gaussian distribution)를 보인다.

수식 (9.5)에서 농도에 대한 해를 구하기 위해, 우선 연기의 중심축에 대한 농도분포가 정규분포를 보인다고 간주한 후, 확산계수를 연기의 확산폭으로 치환하면 다음과 같은 **가우시안 플륨식** (Gaussian plume equation)의 기본형을 구할 수 있다.

$$C\,(x,y,z) = \frac{q}{2\pi u\sigma_y\sigma_z}\exp\left[-\frac{1}{2}\left(\frac{y^2}{\sigma_y^2} + \frac{z^2}{\sigma_z^2}\right)\right] \tag{9.6}$$

여기서, q는 오염물질의 단위시간당 배출량이며 σ_y는 수평연기확산폭이며 σ_z는 수직연기확산폭이다.

실제로 대기오염물질의 농도를 계산하기 위하여서는 굴뚝높이, 지표면에서의 반사를 고려하여야 하며 연기가 장거리로 퍼져나가는 경우에는 혼합층 상부에 존재하는 상층역전층과 지표면사이에서의 다중반사도 고려하여야 된다.

굴뚝에서 연기가 배출되어 풍하측으로 확산되는 경우, 연기모양과 농도분포를 그림

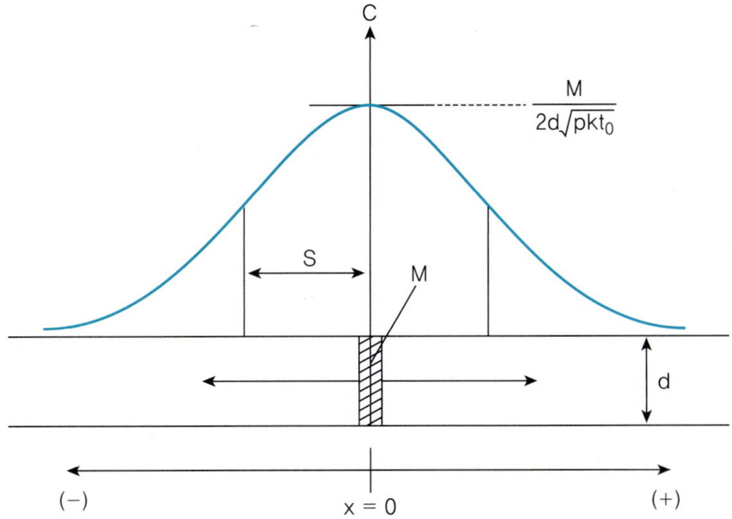

그림 9.1 ▪ 직경이 d인 파이프 중심에 질량 M이 투입되었을 때, 시간경과에 따라 좌우로 확산될 때의 농도분포 곡선. 확산이 난류에 의하여 무작위적으로 일어 날 때 정규분포를 보인다.

9.2에 나타내었다. 연기의 중심선에서 농도는 가장 높고, 가장자리로 갈수록 정규분포곡선에 따라 농도가 감소한다. 연기의 중심선에서 농도분포가 정규분포의 표준편차에 해당하는 지점까지의 거리가 연기의 확산폭이며, 수평확산폭이 σ_y, 수직확산폭이 σ_z이다. 굴뚝에서 배출된 연기가 상승하는 높이를 연기상승고라고 하며, 실제 굴뚝높이 (h)에 연기상승고 (Δh)를 합한 전체높이 H (= h + Δh)를 **유효굴뚝높이** (effective stack height)라고 한다.

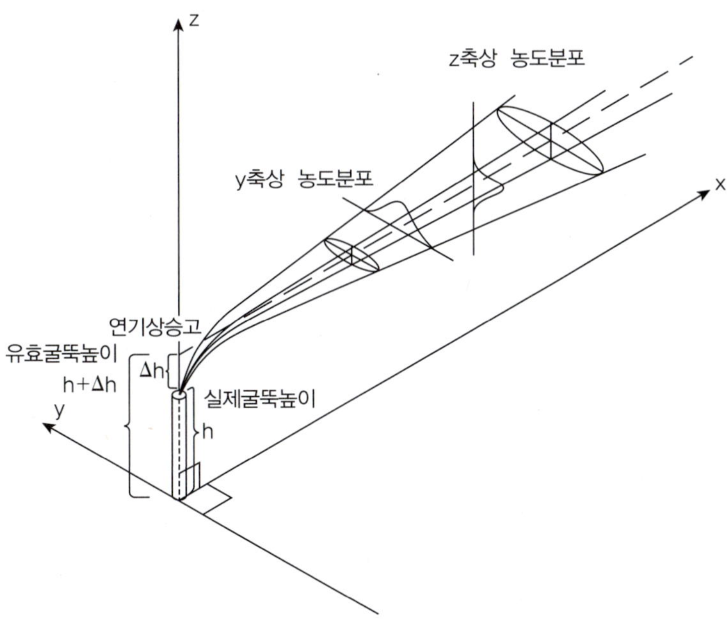

그림 9.2 ▪ 굴뚝연기의 농도분포. 실제 굴뚝 높이 h에 연기상승고 Δh를 합한 전체높이 h+Δh를 유효굴뚝높이라고 한다.

연기가 상승하는 원동력은 기온과 연기의 온도차에 의한 부력과 배출될 때의 배출속도에 의한 운동량 상승이다. 이와 같은 2가지 요인을 좌우하는 것은 연기의 배출온도, 굴뚝높이에서의 기온, 굴뚝높이에서의 풍속, 굴뚝직경, 배출속도, 대기안정도 등이다. 이와 같은 연기의 배출조건으로 연기상승을 계산하는 **연기상승식**은 여러 가지가 개발되어 있다.

9-3 가우시안 퍼프식

가우시안 퍼프모델 (Gaussian puff model, 이하 퍼프모델로 표기함)은 굴뚝에서 연속적으로 배출되는 연기를 작게 잘라서 각각의 연기덩어리 (puff)를 이동, 확산시켜서 농도를 계산한 후, 모든 연기덩어리의 농도를 종합하여 대상지역의 농도분포와 시간변화를 계산하는 모델이다. 보통 굴뚝 1개당 1시간에 여러 개의 퍼프를 배출한다.

각각의 연기덩어리의 중심 (puff center)은 그림 9.3과 같이, 그 연기덩어리가 위치한 지점과 해당시각의 풍향과 풍속에 의하여 이동된다. 연기덩어리의 중심에서 확산에 의하여 연기가 퍼지는 형태는 **정상분포** (Gaussian distribution)를 이룬다는 가정 하에 임의의 시간 간격별로 농도분포를 계산한다.

한 개 퍼프의 농도분포를 계산하는 식은 다음과 같다.

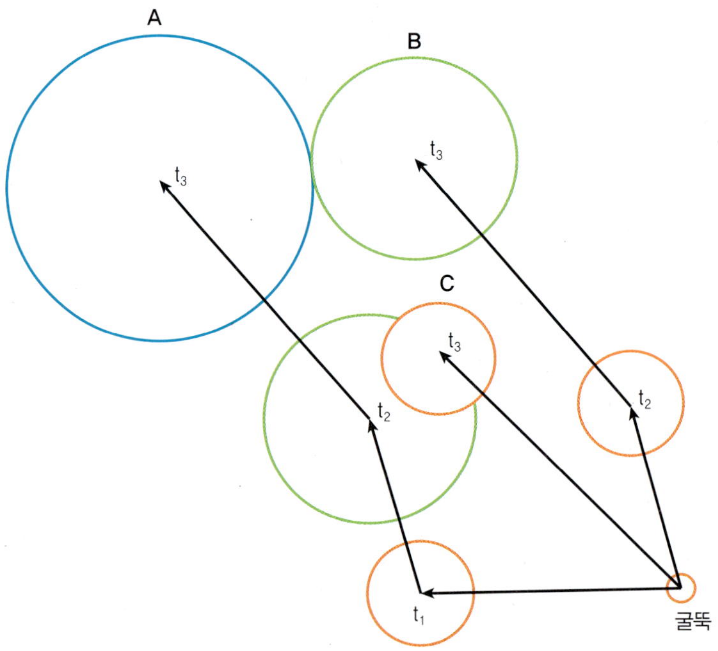

그림 9.3 ■ 퍼프모델에서 풍향과 풍속의 변화에 의한 퍼프의 이동과 난류확산에 의한 퍼프의 성장개념도로서 t_1, t_2, t_3는 시각을 나타낸다.

$$C\ (x, y, z, t) = \frac{M}{(2\pi)^{3/2}\sigma_x\sigma_y\sigma_z} F \tag{9.7}$$

여기서,

$$F = \exp\left[-\frac{1}{2}\left(\frac{x^2}{\sigma_x^2} + \frac{y^2}{\sigma_y^2} + \frac{z^2}{\sigma_z^2}\right)\right] \tag{9.8}$$

여기서, C는 농도 (g/m^3), x는 퍼프 중심에서부터 주풍향 방향으로의 거리 (m), y는 퍼프 중심에서부터 주풍향의 직각방향 (crosswind)으로의 거리 (m), z는 퍼프 중심으로부터의 고도 (m), M은 퍼프 1개의 질량 (g), σ_x는 풍하측 방향으로의 확산폭 (m), σ_y는 직각방향으로의 확산폭 (m), σ_z는 수직방향으로의 확산폭 (m)이다.

굴뚝에서 시각 t=0에 배출된 퍼프A는 시각 t=1(t_1)에는 동풍에 의하여 서측으로 이동하면서 난류에 의하여 작은 원 범위로 확산되며 t=2에는 남남동풍에 의하여 북북서 방향으로 이동하고 t=3에는 남동풍에 의하여 북서쪽으로 이동하면서 확산된다. 한편 t=1에 배출된 퍼프B는 남남동풍에 의하여 t=2에는 굴뚝의 북북서 방향으로 이동한 후 t=3에는 남동풍에 의하여 북서쪽으로 이동된다. 마지막으로 t=2에 배출된 퍼프C는 남동풍에 의하여 t=3에는 굴뚝의 북서측으로 이동한다. 이와 같이 퍼프모델은 풍향과 풍속의 시간변화와 지역에 따른 풍향풍속의 차이를 고려할 수 있으며, 배출량의 시간변화도 계산 가능하다. 어떤 시간 동안의 평균농도의 수평분포를 계산하려면 매 시간 단계별로 퍼프의 위치와 확산폭으로 농도분포를 계산하고 그 시간까지 배출된 모든 퍼프에 대한 농도분포를 합하여 시간별 수평농도 분포를 계산한다. 그리고 시간별 농도분포를 대상기간동안 평균하여 평균수평분포를 구하게 된다.

9-4 연기확산폭 추정법

수평 및 수직확산폭 y, z는 대기안정도와 풍하거리 x의 함수이다. Pasquill (1961)은 대기안정도별로 풍하거리에 따른 σ_y 및 σ_z의 관계를 제시하였으며, 이를 구하는 식은 다음과 같다.

$$\sigma_y = ax^b \tag{9.9}$$

$$\sigma_z = cx^d + f \tag{9.10}$$

여기서, 풍하거리 (x)의 단위는 km, σ_y 및 σ_z의 단위는 m이며 계수 a, b, c, d, f,는 표 9.1에 나타내었다.

이 식에 의하여 대기안정도별로 풍하거리에 따른 수평 및 수직 확산폭의 관계를 그림 9.4에 나타내었다. 이 연기의 확산폭은 미국의 평탄한 평야지대에서 실시된 확산실험의 결과로부터 얻은 경험식이며 지형조건이 달라지면 연기의 확산폭도 달라진다.

표 9.1 ▪ 풍하거리 및 대기안정도에 따른 연기 확산폭 계산식의 계수 a, b, c, d, f의 값 (Pasquill, 1961).

안정도		x < 1 km			x > 1 km		
	a	c	d	f	c	d	f
A	231.0	440.80	1.914	9.27	459.7	2.904	−9.6
B	156.0	106.60	1.149	3.30	108.2	1.098	2.0
C	104.0	61.00	0.911	0.00	61.0	0.911	0.0
D	68.0	33.20	0.725	−1.70	44.5	0.516	−13.0
E	50.5	22.80	0.678	−1.30	55.4	0.305	−34.0
F	34.0	14.35	0.740	−0.35	62.6	0.180	−48.6

* b값은 항상 0.894임

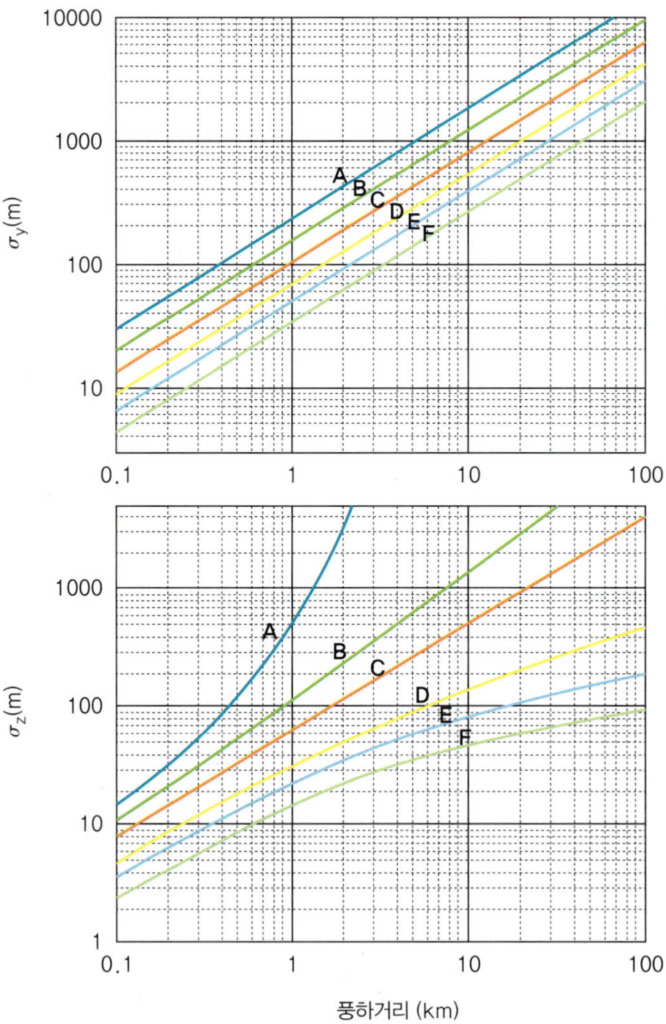

그림 9.4 ▪ 풍하거리와 대기안정도에 따른 연기의 수평 및 연직 확산폭.

9-5 분산모델의 적용분야

대기오염 분산모델이 응용되는 분야는 매우 광범위하며 사용목적에 따라서 요구되는 기능도 다양하다. 모델이 응용되는 분야와 요구되는 모델링 기능은 표 9.2와 같이 8개 분야로 나눌 수 있다.

대기분산모델의 적용대상에 따라 모델링지역의 수평규모가 수 km에서 수천 km 까지 다양하며 적용지역의 지형도 평탄지형, 산악지형, 해안지역 등 다양하다. 또한 대상으로하는 대기오염물질도 1차오염물질 뿐 아니라, 대기중에서 광화학반응에 의하여 생성되는 오존과 같은 2차오염물질을 포함하여야 한다. 이와 같이 대기분산모델은 적용대상에 따라서 매우 다양한 기능을 가지도록 개발되었다.

표 9.2 ■ 대기분산모델의 적용대상 및 기능

적용대상	내용	모델링 기능
국토의 장기 개발계획	신도시, 공업단지, 발전소, 고속도로 건설	1차 오염물질의 장기평균농도 광화학오염물질의 단기농도
도시 및 공단지역 대기질 개선대책	연료정책, 공업구조의 조정, 교통기관 오염의 저감대책, 배출원별 기여도 산출, 대기질 측정망 배치계획	1차 오염물질의 장기평균농도 광화학오염물질의 단기농도
대기오염 피해파악	대기오염 분쟁조정	장기평균농도
배출허용기준 설정	최대 배출허용량 산출, 지역별 오염영향권 설정, 환경용량 산정	장기평균농도
환경영향평가	공업단지, 도시개발, 발전소, 매립장, 소각장 건설, 연료전환, 굴뚝 조정	장기평균농도 단기농도
대기오염 예보제	고농도 오존예측	광화학오염물질의 단기농도
유해물질 사고대책	원자력발전소의 핵누출 사고, 유해물질 누출사고	실시간 농도분포
국가간 오염물질 이동	산성우, 미세먼지 황사의 장거리 수송	단기간 농도예측 장기간 이동량의 기여율

9-6 분산모델의 분류

대기오염모델은 방법에 따라 확산식에 기초한 결정론적 모델, 과거자료의 통계적 특징을 분석하여 작성하는 통계모델, 실제의 지형이나 건물 등의 모형을 사용하여 확산특성을 조사하는 물리모델로 나눌 수 있다. 이 중에서 보통 대기오염 분산모델이라고 부르는 것은 결정론적 모델이다.

결정론적 모델 (deterministic model)은 여러 오염배출원으로부터 배출된 오염물질이 대기 중에서 수송, 확산 및 변질되는 과정에 관련되는 물리, 화학적 방정식을 사용하여 환경대기 중의 농도를 계산하는 컴퓨터모델이다.

통계모델은 과거의 측정자료를 이용하여 기상학적인 변수와 기타 변수사이의 통계적인 관계들을 구하여 대기의 농도를 계산하는 모델로서 회귀분석법 (regression analysis), 다변량해석 (multivariate analysis), 신경망모델 (neural network model) 등의 방법을 이용하며 대기오염경보제 등의 대기오염농도의 단기간 예측에 유용하다.

물리모델은 복잡한 지형과 고층건물 등의 확산 영향을 파악하기 위한 도구로서 사용된다. 실험실 내에서 風洞 (wind tunnel), 수로, 수조에 지형이나 건물 등의 축소모형을 설치하여 확산특성을 조사하며, 도시의 고층건물이 대기오염물질의 확산에 미치는 영향이나 계곡 또는 분지와 같이 복잡한 지형에서의 대기오염물질의 확산특징을 파악하는데 활용된다.

결정론적 분산모델의 종류는 매우 많다. 분류하는 관점에 따라 표 9.3에서와 같이, 적용이론, 기간, 대상지역의 규모, 지형, 오염물질의 반응성, 대기상태, 오염원의 종류 등에 따라 분류할 수 있다.

표 9.3 ▪ 대기분산모델의 분류 (이종범, 2000)

방법	모델	비고
이론	상자모델 가우시안 플룸모델 퍼프모델 라그랑지안 모델 오일러리안 모델	상자 내에서의 물질수지 가우시안 플륨식 사용 가우시안 퍼프식 사용 이동좌표계상의 농도 3-D 고정좌표계상의 농도
기간	단기모델 장기모델	단기간 평균농도 (1～24시간) 장기간 평균농도 (계절평균 또는 연평균농도)
규모	도로변모델 국지모델 도시모델 지역모델 지역간 이동모델	수평거리 $<$ 1 km 수평거리 $<$ 10 km 수평거리 $<$ 100 km 수평거리 $<$ 1,000 km 수평거리 $>$ 1,000 km
지형	평탄지형모델 복잡지형모델 해안가모델	평탄지역 복잡지형 (계곡, 분지 등) 해안지역 또는 해상
물질	분진모델 비반응성물질모델 광화학모델 산성강하물모델	1차 입자상물질 또는 2차생성 에어로졸 반응성이 낮은 기체 광화학반응물질 건성침적 또는 습성침적
상태	정상상태모델 비정상상태모델	기상과 배출량을 정상상태로 가정 기상과 배출조건의 시간변화를 고려
배출원	점오염원모델 면오염원모델 선오염원모델 복합오염원모델	발전소, 소각장 등 대형 굴뚝 주택지, 상업지역 등 다수의 소형오염원 도로상의 자동차 배출 점, 면, 선 오염이 복합된 지역

9-7 분산모델의 종류

9-7-1 상자모델

상자모델 (box model)은 오염물질의 **질량보존의 법칙** (mass conservation law)에 기본을 둔 모델로서, 그림 9.5와 같이 도시와 같은 넓은 지역을 하나의 상자로 가정하며, 상자내부의 오염물질 배출량, 대상영역 외부로부터의 오염물질유입, 화학반응에 의한 물질의 생성과 소멸 등을 고려한다. 이 모델은 대상영역 내의 평균적인 오염물질농도의 시간변화를 계산하며, 비교적 간단하면서도 기상조건과 배출량의 시간변화를 고려할 수 있고, 모델에 따라서는 화학반응에 의한 농도의 시간변화도 계산가능하다.

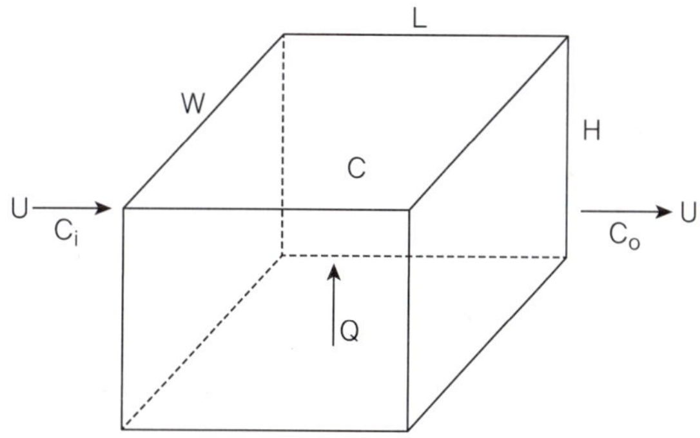

그림 9.5 ▪ 상자모델 개념도

이 모델은 상자 내의 농도는 균일하며 오염배출원은 상자 내의 지표면에 균일하게 분포되어 있으며, 오염배출물은 배출과 동시에 전체 상자 내에 균일하게 혼합되어 있고, 풍향과 풍속이 분포도 상자 내에서 균일하다는 가정 하에 상자 내의 평균농도의 시간변화를 계산한다.

질량보전의 법칙에 의거하여 상자를 하나의 시스템으로 설정한 후, 상자 경계(boundary)의 유출입 오염물질에 대한 수지식을 만들면 식 (9.11)과 같다.

$$V\frac{dC}{dt} = QWL + C_iV_e - C_oV_e + kCV - V_dCWL + WL\frac{dH}{dt}(C_u - C) \quad \textbf{(9.11)}$$

(1) **(2)** **(3)** **(4)** **(5)** **(6)** **(7)**

여기서,

C = 도시 내의 평균농도 [$g\ m^{-3}$]
C_i = 도시로 유입되는 농도 [$g\ m^{-3}$] (도시의 풍상 측 농도)
C_o = 도시에서 유출되는 농도 [$g\ m^{-3}$] (도시 내의 평균농도 C와 동일)
C_u = 도시 혼합층 상부의 농도 [$g\ m^{-3}$]
Q = 단위면적당 단위시간 동안에 배출되는 오염물질의 질량 [$g\ sec^{-1}\ m^{-2}$]

U = 도시공간의 평균 풍속 [m sec^{-1}]
L = 풍향방향의 도시길이 [m]
W = 풍향에 직각방향의 도시길이 [m]
H = 도시공간의 높이 [m] (혼합층 고도)
V = 도시공간의 부피 [m^3] ($V = L\ W\ H$)
V_e = 도시의 환기지수 (ventilation index, $m^3\ sec^{-1}$), 즉, $V_e = U\ W\ H$
V_d = 건식침착속도 (dry deposition velocity, m sec^{-1})
k = 오염물질의 변환율 [sec^{-1}]

식 (9.11)을 항목 별로 설명하면 다음과 같다.

1. 도시공간 전체에서 단위시간 동안 질량변화 [g sec^{-1}]
2. 단위시간 동안에 배출되는 오염물질의 질량 [g sec^{-1}]
3. 도시측면을 통하여 단위시간 동안에 풍상 측에서 유입되는 오염물질의 질량 [g sec^{-1}]
4. 도시측면을 통하여 단위시간 동안에 풍하 측으로 유출되는 오염물질의 질량 [g sec^{-1}]
5. 단위시간 동안 화학반응으로 생성 또는 소멸되는 질량변화 [g sec^{-1}]
6. 도시 전체표면에 단위시간 동안에 흡수, 흡착되어 제거되는 오염물질의 질량 [g sec^{-1}]
7. 도시상층의 혼합층 상부로부터 단위시간 동안에 유입되는 오염물질의 질량 [g sec^{-1}]

9-7-2 가우시안 플륨모델

가우시안 플륨모델 (Gaussian plume model, 이하 플륨모델로 표기함)은 굴뚝에서 배출된 오염물질의 농도분포가 정규분포를 이룬다고 가정한 정상상태 모델이다. 이 모델은 배출량과 기상조건이 시간에 따라 변화하지 않는 정상상태를 가정하며 화학반응을 고려하지 못하는 것이 단점이다. 그러나 계산과정이 비교적 단순하여 컴퓨터 계산량이 적으며 입력자료도 비교적 간단하므로 사용이 용이한 장점이 있다. 그러므로 환경영향평가 등의 실용적인 목적에 이용되는 등 현재 가장 많이 이용되는 모델이다. 모델의 종류도 기간 (장기와 단기), 지형 (도시, 평탄지, 계곡), 배출원 (발전소 등의 대규모 점오염원, 도시에서의 면오염원과 점오염원, 도로와 같은 선오염원) 등에 따라 매우 다양한 모델이 개발되어 있다. 자주 사용되는 모델은 미국 EPA에서 개발한 AERMOD 모델이 있다. 이 모델은 컴퓨터 계산량이 적고 입력자료도 간단하므로 과거에 많이 쓰였다. 하지만 우리나라와 같이 삼면이 바다로 둘러싸여 있고 높은 산맥이 많은 지역에서는 해륙풍과 지형성 바람등 기상조건이 복잡하여 농도 결과치의 오차가 커서 사용하는데 무리가 있다.

9-7-3 라그랑지안 모델

라그랑지안모델 (Lagrangian model)은 라그랑지안 좌표계 (Lagrangian coordinate)의 개념을 적용하여 좌표계의 원점을 공기의 움직임에 따라 이동시키면서 오염물질의 위치를 추적하여 농도를 계산하는 모델이다. 공기 중으로 배출되는 오염물질을 입자로 간주하여 입자의 위치를 추적하여 농도를 산출하는 라그랑지안 **입자분산모델** (Lagrangian particle dispersion model), 연기를 작은 공기덩어리 (puff)로 나누어서 각각을 풍향 풍속에 따라 이동시키면서 분산시키는 **퍼프모델**, 상자를 바람에 따라 이동시켜가면서 그 공기덩어리 내의 농도를 계산하는 **이동격자모델** (moving cell model)과 오염물질이 이동한 경로를 풍향과 풍속에 따라 역으로 추적하는 **역궤적모델** (back trajectory model) 등이 있다.

1) 입자분산모델

공기 중으로 배출되는 입자상 또는 기체상 오염물질을 입자로 간주하고 공기의 움직임을 따라 이동, 분산되는 개개의 입자의 위치를 추적하여 농도를 산출하는 모델을 **라그랑지안 입자분산모델**이라고 한다. 미소시간 (Δt) 후의 입자의 위치는 시각 t에서의 입자의 위치, 평균풍속과 풍속의 변동성분으로부터 다음 식으로 구한다.

$$\begin{aligned} X(t+\Delta t) &= X(t) + [U(t) + u'(t)]\,\Delta t \\ Y(t+\Delta t) &= Y(t) + [V(t) + v'(t)]\,\Delta t \\ Z(t+\Delta t) &= Z(t) + [W(t) + w'(t)]\,\Delta t \end{aligned} \qquad (9.12)$$

여기서, X, Y, Z는 입자의 공간상의 좌표를 나타내고, U, V, W는 각각 입자가 위치한 지점에서의 평균적인 바람의 X, Y, Z-축 방향의 성분을 나타내며 u', v', w'는 각각 바람의 변동량의 X, Y, Z-축 방향의 성분으로서 대기난류에 의하여 무작위 (random)로 나타나므로 **random walk model**이라고도 한다. 평균적인 바람은 바람장 (wind field)을 계산하는 기상모델의 결과를 이용할 수 있으며, 대기안정도로부터 각 난류성분의 추정이 필요하다.

입자모델은 오염원으로부터 배출된 오염물질은 격자 내에서 즉시 완전혼합을 가정하는 격자모델과는 달리, 오염물질의 초기 확산을 실제와 가깝게 재현할 수 있다. 또한 바람의 변동량을 통계적인 방법으로부터 계산하므로 물리적인 가정을 다소 줄일 수 있으며, 입자의 크기별, 종류별 계산이 가능하고, 건성침적, 습성침적 및 반감기를 고려할 수 있다.

이 외에도 입자모델은 플룸모델과는 달리 모델링지역 내의 충분한 기상자료가 제공된다면, 복잡한 지역에서의 지역적인 기상변화를 고려할 수 있으므로 해안가 등에서 해륙풍 변화에 따른 오염물질의 이동을 모사하는데 적절하다.

이 모델은 입자상물질 뿐 아니라 기체상 오염물질도 미세한 입자로 간주하여 취급할 수 있다. 화학반응이 활발하지 않은 물질의 경우에는 약 수 km 이하의 좁은 지역뿐만이 아니라 수천 km까지의 장거리수송 문제에도 적용이 가능하다.

이 모델의 수많은 개개의 입자는 각기 그 위치에서의 풍향, 풍속과 난류상태에 따라 움직이므로 퍼프모델에서는 고려하지 못하는 상, 하층간의 풍향, 풍속의 차이 등을 그대로 고려할 수 있으며, 건성침적과 중력침강 등을 고려하기가 쉬운 장점이 있다. 그러나 이 모델은 상세한 3차원 기상장자료가 있어야 하며, 수많은 오염 입자를 각각 위치 추적하여야 하므로 컴퓨터 계산량이 많은 단점이 있다.

2) 퍼프모델

퍼프모델은 시간에 따른 풍향, 풍속의 변화와 풍향, 풍속의 지역차이를 고려할 수 있으며 시간에 따른 퍼프의 배출량 변화도 고려할 수 있다. 그러므로 플륨모델이 정상상태모델인데 비하여 퍼프모델은 비정상상태모델로서 해륙풍 순환과 같은 풍향변화 (비정상 상태)를 나타내는 지역에 유용한 모델이다. 따라서 퍼프모델은 우리나라와 같이 삼면이 바다로 되어 있고 도시나 공단 등이 해안지역에 위치하여 해륙풍 순환의 영향을 받는 경우에 적합한 모델이다.

또한 대상지역 내의 고정오염원으로부터 배출된 대기오염물질의 농도예측 시, 오염물질이 풍하 측으로 수송되면서 부력에 의한 확산, 건성 및 습성침적 (dry and wet deposition) 등에 의한 영향을 고려할 수 있다. 모델대상 영역은 수 km에서 수백 km에 이르며 퍼프모델을 적용하여 수천 km의 장거리에 대하여 계산한 경우로서 러시아의 체르노빌 핵발전소의 방사능물질의 확산 (Verver and De Leeuw, 1992)과 걸프전쟁시 쿠웨이트 유전 화재에 의한 매연확산에 적용한 경우 (Husain, 1994) 등이 있다.

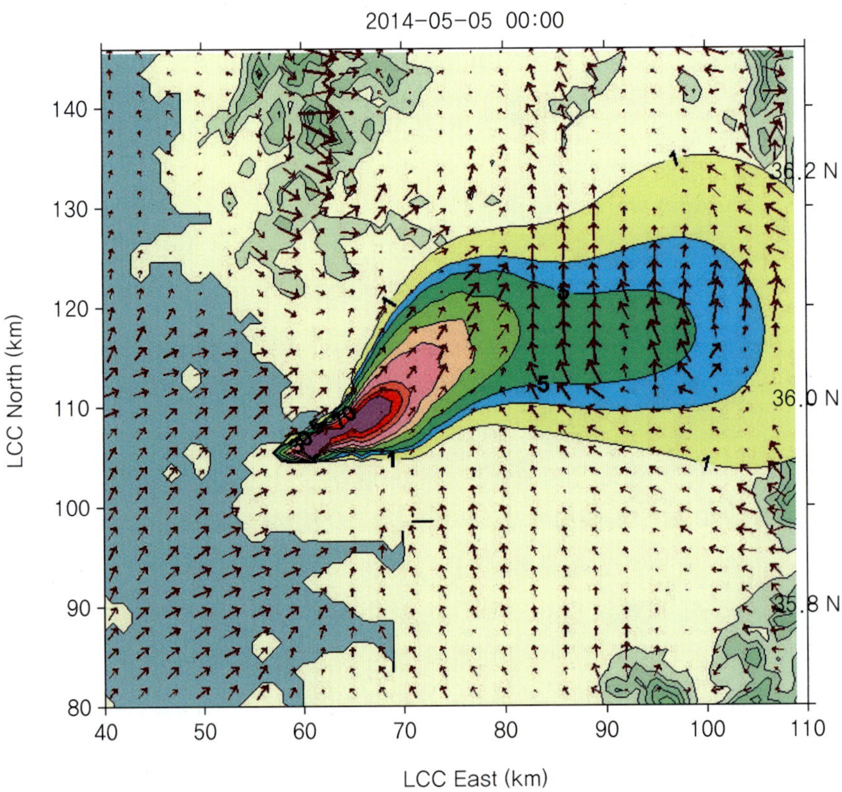

그림 9.6 ▪ 군산공업지대에서 2014년 5월 5일 자정에 배출된 SO_2를 CALPUFF 모델로 계산한 농도분포도. 등농도분포의 농도단위는 ppb이며 화살표는 풍향 및 풍속을 나타낸다.

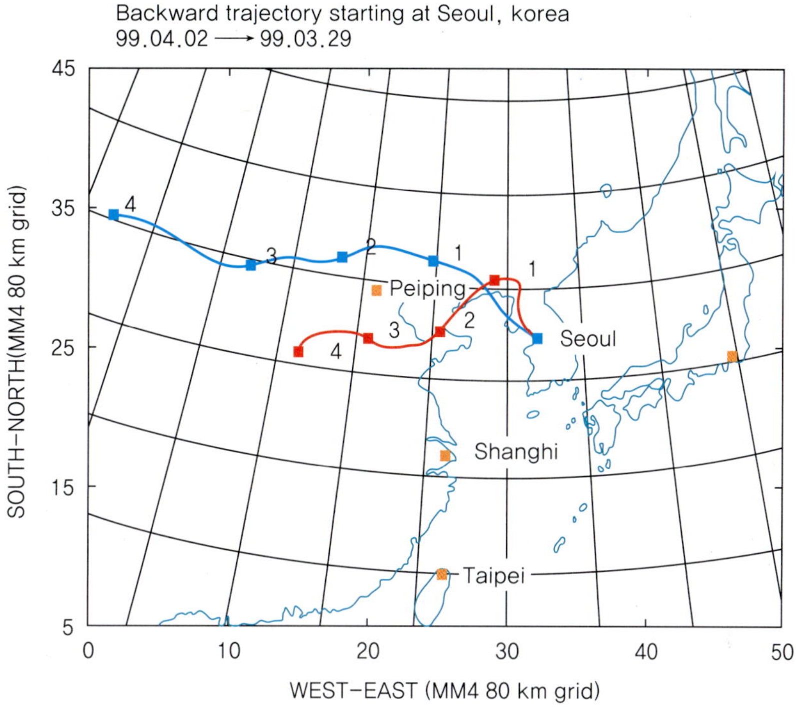

그림 9.7 ■ 역궤적모델로 계산한 우리나라 중부지방에 도달한 공기덩어리의 이동경로. 경로상의 숫자는 우리나라에 도달될 때까지 경과된 날짜수이며 적색궤적은 500 m 상공에 도달한 공기, 청색궤적은 1,000 m 상공에 도달한 공기를 추적한 궤적이다.

그러나 대기 중 화학반응을 고려하지 못하므로 오존 등 반응성 물질에는 적합하지 못하다. 자주 쓰이는 모델에는 미국 EPA에서 개발한 CALPUFF 모델이 있다. 그림 9.6은 군산공업지역에 CALPUFF 모델을 적용한 예이며, 2014년 5월 5일 밤 서풍에 의하여 굴뚝연기가 내륙으로 분산되는 것을 모사하였다.

3) 역궤적모델

봄철에 우리나라에 영향을 미치는 황사의 발원지를 추적하는데 시간을 거슬러 가는 역궤적모델(back trajectory model)이 있다. 그림 9.7은 우리나라 중부지방에 도달한 공기덩어리의 1, 2, 3, 4일 전의 위치를 미국 NOAA (미연방해양대기청)에서 개발해서 관리하고 있는 HY-SPLIT 모델로 계산하여 추적한 예이다 (이종범, 2000).

4) 이동격자모델

기류의 흐름에 따라 상자를 움직여 가면서 그 상자 내에서 일어나는 오염물질의 확산, 화학반응, 침적 등을 계산하는 모델이다. 자주 사용되는 모델로는 EKMA/OZIPM 모델이 있다.

9-7-4 오일러리안 모델

오일러리안 모델 (Eulerian model)은 대상으로 하는 3차원 공간을 고정좌표계 (Eulerian coordinate)의 여러 개의 격자 (grid)로 세분하여 각 격자별로 다음과 같은 이류확산방정식으로 이류, 확산, 화학반응 과정과 제거과정을 계산하여 오염농도의 3차원 분포와 시간 변화를 계산하는 모델로서 **3차원 격자모델**이라고도 한다.

$$\frac{\partial C}{\partial t} = \underbrace{-\frac{\partial(uC)}{\partial x} - \frac{\partial(vC)}{\partial y} - \frac{\partial(wC)}{\partial z}}_{\text{이류항}} + \underbrace{\frac{\partial}{\partial x}\left[K_x\frac{\partial C}{\partial x}\right] + \frac{\partial}{\partial y}\left[K_y\frac{\partial C}{\partial y}\right] + \frac{\partial}{\partial z}\left[K_z\frac{\partial C}{\partial z}\right]}_{\text{확산항}} + S + R - D \tag{9.13}$$

여기서,

C: 대기오염 농도
u, v, w: 수평 및 수직 바람성분
K_X, K_Y, K_Z: 수평 및 수직 난류확산계수
S: 오염물질의 배출량
R: 대기 중 화학반응에 의한 생성항
D: 건식침적 (dry deposition) 또는 습식침적 (wet deposition)에 의한 제거항

대기 중 오염물질의 제거과정은 건식침적과 습식침적으로 나눌 수 있다. **습식침적량**은 대기 중 오염물질의 농도와 강수량에 비례하여 계산된다. **건식침적량**은 침적속도 (deposition velocity)와 대기오염 농도의 곱으로 구한다. 침적속도는 오염물질이 대기로부터 지면으로 수송되는 것에 대한 저항의 합의 역수로 다음과 같은 **저항모델** (resistance model)을 사용한다.

$$V_d = (r_a + r_s + r_c)^{-1} \tag{9.14}$$

여기서, V_d는 침강속도, r_a는 공기역학적 저항, r_s는 표면저항, r_c는 캐노피 저항 (canopy resistance)이다.

그림 9.8은 3차원 격자모델의 개념도이다. 모델링 대상지역을 동서방향과 남북방향으로 나누어 격자화 하며, 수직방향으로도 보통 대류권은 물론이고 성층권 하부까지 포함하여 여러 층으로 나눈다.

대기 중에서의 화학반응에 의하여 생성되는, 오존과 같은 2차오염물질의 농도를 산출하기 위해서는 화학반응을 고려할 수 있는 모델이 필요하다. 대기 중에서의 광화학반응 과정은 비교적 상세히 알려져 있으나, 복잡한 과정을 모사하기에는 컴퓨터의 용량상 어려움이 많으므로 보통 단순화하여 광화학모델로 사용하고 있다. 그림 9.9는 미국 EPA에서 개발한 광화학모델인 CMAQ을 우리나라에 적용한 결과로서 일산화질소 배출량과 2015년 6월 29일 14시 (05:00 GMT)의 오존농도 분포를 나타내었다. 모델의 격자크기는 9 km × 9 km이며 화살표는 풍향과 풍속을 나타낸다.

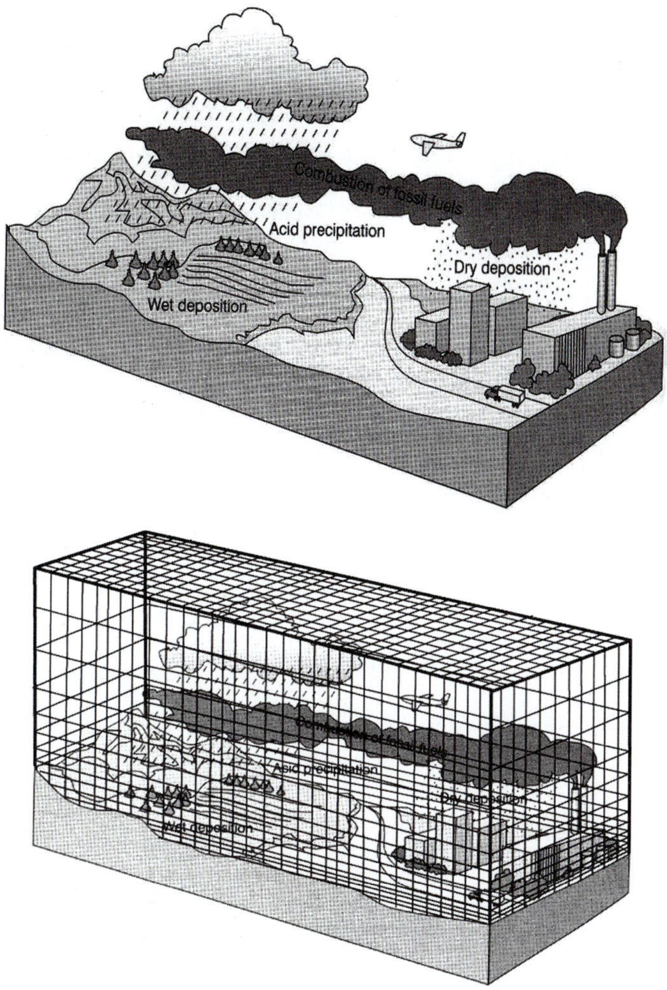

그림 9.8 ▪ 3차원 격자모델의 개념(위)과 계산 영역의 격자(아래). 굴뚝 등에서 배출되는 대기오염물질이 퍼져나가면서 건성침적하거나 산성비에 의해서 습성침적하는 과정, 태양 자외선에 의하여 광화학반응하는 과정 등을 모사 할 수 있다. 동서 방향과 남북 방향으로 바둑판 같이 격자를 형성하며, 수직방향으로도 여러 층으로 나누어서 그림과 같은 3차원 격자망을 형성한 후 매 격자별로 오염물질의 농도를 계산한다.

9-8 기상모델

대기오염물질은 대기 중 공기의 움직임에 따라서 이동하고 확산한다. 그러므로 바람장(wind field)과 대기의 확산조건, 건성침적속도 등의 기상조건이 정확할수록 분산모델의 정확도도 향상될 수 있다. 간단한 상자모델이나 가우시안 플륨모델의 경우에는 한 지점에서 측정한 풍향, 풍속과 대기안정도를 산출하기위한 일사량이나 운량 등만 있으면 계산할 수 있다. 그러나 라그랑지안 모델이나 오일러리안 모델의 경우에는 풍향과 풍속의 지역분포가 중요하다. 보통 지역분포는 모델링 대상영역을 일정한 크기의 격자로 나눈 후 격자마다의 풍향과 풍속, 일사량, 대기안정도, 난류강도 등을 산출하여야 한다. 더욱이 지상에서 고도에

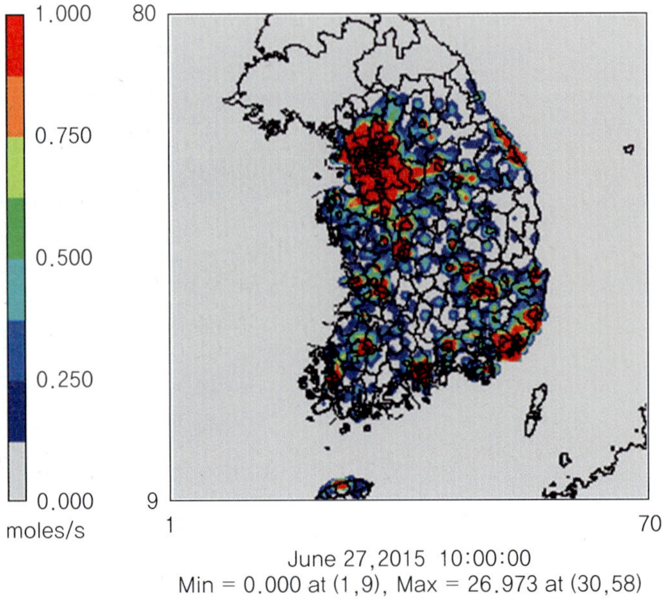

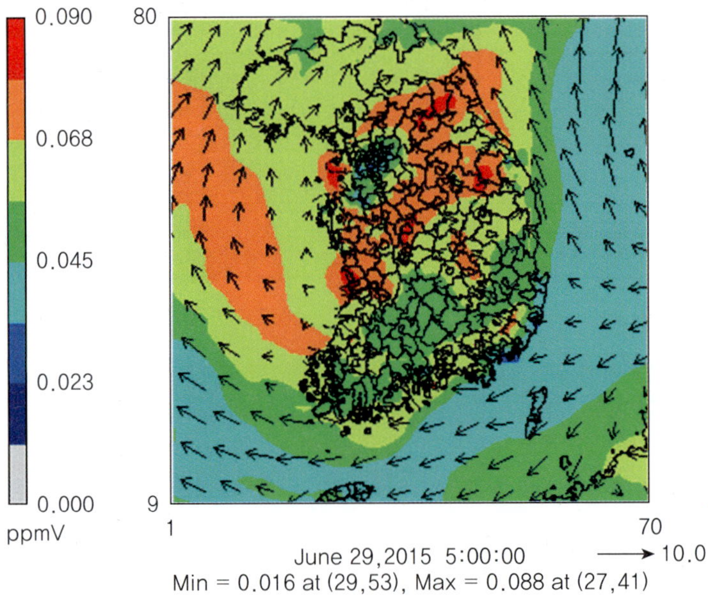

그림 9.9 ■ 광화학모델인 CMAQ 모델에 사용된 일산화질소 배출량분포(위)와 모델계산 결과 2015년 6월 29일 14시 우리나라 주변의 오존농도 분포(아래). 화살표는 풍향 풍속을 나타낸다.

따라서도 풍향, 풍속, 난류상태 등이 달라지므로 수직적으로도 여러 개 층으로 나누어서 각 격자별로 층별로 풍향, 풍속, 난류 등 모델에서 필요한 기상요소를 산출하여야 한다.

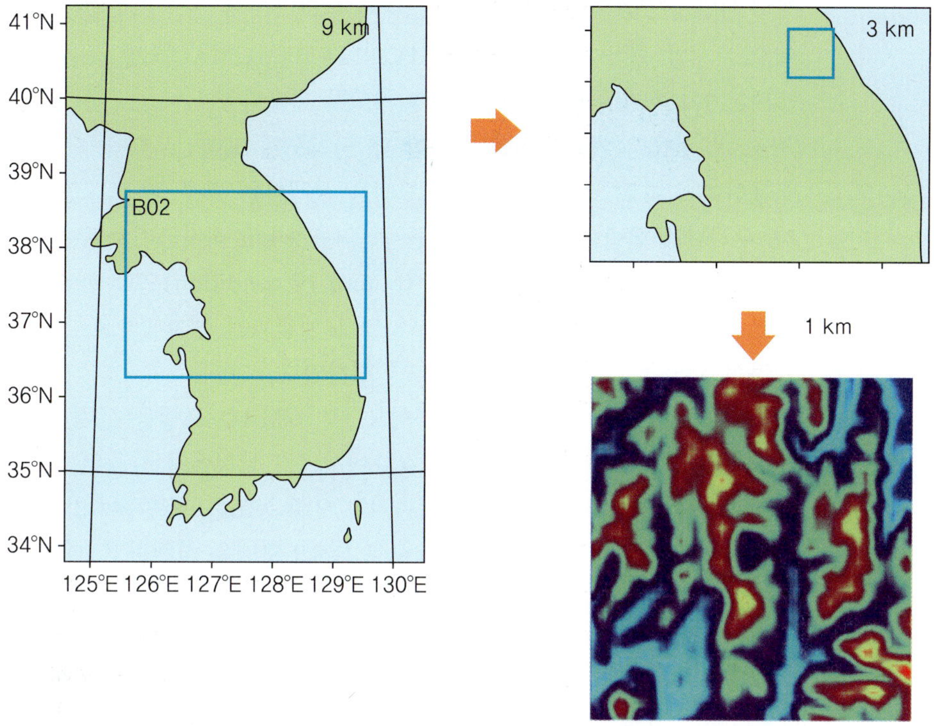

그림 9.10 ■ WRF모델과 CMAQ모델의 대상영역의 예. 격자크기는 각각 9 km, 3 km, 1 km이다. 1 km 격자 영역은 양구군 해안면 일대를 대상으로 하며 고도분포를 나타낸 것이다.

9-8-1 진단모델

이와 같이 3차원공간의 기상요소를 산출하는 모델은 여러 지점에서 측정된 기상자료를 이용하여 객관분석법 (objective analysis)으로 내삽하여 격자화 된 기상자료를 산출할 수 있다. 이와 같은 모델을 **진단모델** (diagnostic model)이라고 한다. 이 모델의 장점은 실제 측정된 기상자료를 이용하므로 그 모델에서 산출된 기상값은 실제와 오차가 크지 않을 수 있다. 그러나 다음과 같은 여러 가지 단점이 있다. 지상기상자료는 기상청의 여러 관측소에서 측정된 매시간 자료가 충실하게 있지만 상층기상 자료는 우리나라 전역에서 백령도, 오산, 속초, 광주, 포항, 흑산도, 제주도의 고산 등 몇 지점뿐이다. 또한 바다나 높은 산악지역에서는 기상측정이 어려우므로 시용할 수 있는 기상자료가 부족하여 정확성이 결여된다. 더욱이 내일의 대기질을 미리 예측하기 위여서는 기상예보자료가 필요하다.

9-8-2 예보모델

기상청에서는 3차원 기상모델을 이용하여 매일 전 세계를 대상으로 기상모델을 실행하고 우리나라주변의 경우 상세한 기상예보를 위하여 격자를 작게 하여 고해상도의 예보결과를 산출하고 있다. 이러한 모델을 **예보모델** (prognostic model)이라고 한다. 우리나라 기상청은 과거에 미국에서 개발된 MM4, MM5, WRF를 사용하다가 최근에는 영국기상청이 개발한 UM model을 사용하고 있다. 현재 우리나라에 가장 적합한 차세대 기상모델을 독자적으로 개발 중이다. PUFF모델, HYSPLIT모델, CMAQ모델 등은 모두 기상모델에서 산출되는 3차원 기상자료를 사용할 수 있도록 개발되었다.

그림 9.10은 기상모델을 실행할 때 광역모델 도메인부터 둥지법 (nesting method)을 사용하여 점차로 고해상도의 지역모델을 실행하는 경우 각 모델영역의 예를 나타낸 것이다. 우리나라 한반도를 포함하는 모델영역을 9 km 격자크기로 우선 실행한 후, 그 결과를 우리나라 중부지방에 대한 경계값 (boundary condition)으로 하여 더욱 상세한 3 km 격자로 실행하였다. 마지막으로 중부지방 모델결과를 경계값으로 하여 강원도 양구지역에 대하여 상세한 1 km 격자로 모델을 실행하였다.

이러한 예보모델 결과로 광화학모델인 **CMAQ 모델**을 실행하면 내일의 대기오염농도를 예측할 수 있다. 우리나라 환경부에서는 기상청에서 산출된 기상예보모델 결과로 광화학 모델을 실행하여 내일의 미세먼지와 오존 농도를 예측하여 발표하고 있다.

그림 9.11은 격자 1 km × 1 km로 WRF 모델을 실행하고, 지표면모델 (land surface model)을 이용하여 다시 격자크기 100 m × 100 m로 좁은 지역의 초고해상도 기상분포를 산출한 결과이다. 결과는 춘천시와 그 주변의 기온분포를 나타낸 2014년 7월 20일 오후 3시의 기온분포이다.

춘천 도심지역이 310 K (37°C)인 고온화 현상과 도시 서측에 위치한 의암호수상의 낮은 기온을 잘 나타내고 있다. 또한 도심지 북측의 봉의산과 도시 동측의 높은 산지는 기온이 300 K (27°C)로 낮은 기온을 보이고 있다. 이러한 고해상도 기상모델의 결과는 도시 열섬현상 (urban heat island)을 잘 나타내므로 여름철 야간의 열대야 발생파악과 대책마련에 활용될 수 있다.

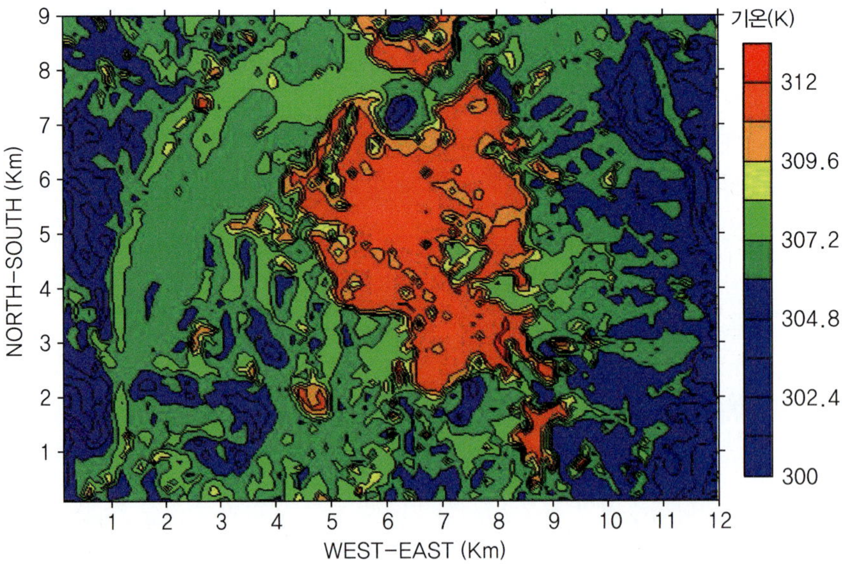

그림 9.11 ▪ WRF모델 (1 km 격자)과 지표면모델 (100 m 격자)로 계산한 2014년 7월 20일 15시의 춘천시와 그 주변의 기온분포.

CHAPTER 10 수용모델

경희대학교 **김동술**

10-1 수용모델에 대한 기본적 이해

화학의 세부 전공 중에는 **계량화학** (chemometrics)이라는 분야가 있다. 계량화학은 최적의 측정방법과 실험방법을 설계하고 선택하기 위해서, 또한 자료를 분석하여 최대의 화학적 정보를 얻기 위해 수학과 통계학을 도구로 이용하는 화학의 한 분야이다. 만약, 이 정의에서 수학과 통계라는 도구를 제외한다면 분석화학의 정의와 비슷하다. 사실상 계량화학은 분석화학의 한 분야로써 발전했으며, 현대 분석화학의 근간이 되고 있다. 예를 들어, 일반적인 화학분석의 과정은 실험방법의 선택, 전처리 과정, 실험의 수행, 전기신호의 발생, 화학적 자료로의 변환, 해석 및 진단 정보로 변환 등의 일련의 과정으로 진행되는데, 사실 전 과정에 계량화학의 개념이 깊숙이 자리하고 있다. 즉, 정보론에 입각한 전문가시스템, 실험의 설계, 로봇, chromatography 또는 spectroscopy, 수학적 모델, 보정모델 및 각종 응용통계학 등이 내부에서 큰 역할을 하고 있다.

컴퓨터의 보급 확산과 첨단기자재의 발전은 환경감시와 평가기술을 크게 발전시켰다. 특히, 컴퓨터의 급속한 보급과 발전으로 그 이전보다 누구나 손쉽게 통계학적 방법론에 접근할 수 있는 시대가 되었다. 과학자들은 다양한 문제를 해결할 때 수리통계학적 기술을 즐겨 사용하는데 대기환경 과학기술자들 역시 이러한 방법론을 이용하여 **수용방법론** (receptor methodology)이라는 독립된 학문영역을 창출하였다. 이 학문은 계량화학적 방법론을 그대로 대기오염연구에 응용한 것으로, 다만 차이가 있다면 일련의 화학분석 과정 중 복잡한 대기환경을 진단하고 해석할 때 정량화에 더 중점을 둔다는 것이다.

대기환경오염에 일찍부터 관심을 가져온 선진국에서는 강력한 규제정책을 바탕으로 집중적인 환경투자와 제어노력을 추구한 덕분으로 각종 오염물질 중 특히 분진의 오염수준이 꾸준히 낮아지고 있다. 하지만 이러한 노력에도 불구하고, 쾌적하고 안전한 지역 대기질을 갈망하는 사람들의 불만은 곳곳에서 나오고 있다. 특히 우리나라와 같이 경제적으로 급속히 발전하는 국가와 개발도상국에서는 경제발전과 환경보존을 사이에 두고 치열한 내부적 갈등이 진행되고 있다. 대기오염을 효율적으로 줄이기 위해서는 국가의 경제수준을 고려한 방지장치의 설치 및 운영 등의 투자부담과 에너지 사용 증대와 같은 경제적 요인도 함께 고려하면서, 무엇보다 환경보전과 국민건강보호를 최우선 목표로 산업체, 정부, 시민들이 모두 동의할 수 있는 효율적이고 합리적인 대기환경 관리계획을 수립하여야 한다. 대기오염 규제와 관리에 관한 추가적인 논의는 제13장을 참고하라.

전 세계 국가들은 대기오염물질을 제어하고자 각종 규제정책을 개발하고 시행하고 있으며, 강화된 대기환경기준 및 배출기준 설정과 함께 오염원 (source)에 대한 합리적 관리와 실질적 평가에 주력하고 있다. 즉 오염원인이 무엇인지 정확히 알기 위해, 대기 중 분진의 물리화학적 특성을 분석하고 장기간 측정하여, 과연 인근의 오염발생원이 지역대기에 어느 정도 영향을 미치는 지 정량적으로 파악하려고 노력하고 있다. 우리나라에서는 최근까지도 장기간에 걸쳐 측정한 방대한 오염자료를 해석하고 활용할 방안을 전혀 찾지 못하였다. 과거에는 단지 농도자료를 위주로 특정기간에 대한 오염도 평균 및 편차 등 단순 통계치를 계산하고 기준농도와 비교하는 것이 고작이었다. 이러한 단순결과만을 정책에 반영했을 때, 일반 지역주민을 비롯한 산업체는 비합리적인 제재를 받을 수밖에 없었고, 정부의 막대한 환경개선투자비도 개선효과 없이 부적절하게 사용되었다.

예를 들어, P라는 해안도시에 여러 종류의 분진배출오염원이 있다고 하자. 이 지역에서 특정기간동안 분진농도가 높게 지속될 때 중앙정부 또는 지자체는 이에 대해 환경규제 조치를 취할 것이다. 만약 일차원적 단순통계치에 의거하여 탁상행정식 규제방안을 도입한다면, P시 전반에 걸쳐 한시적인 오염통제가 이루어지고, 차량통제, 통행제한, 연료사용 억제, 조업중단 등의 시정명령이 내려질 것이다. 이 경우 실제 오염물질을 배출하지 않는 산업체, 방지장치를 완벽하게 갖춘 산업체 등도 비합리적인 제재를 받게 되며, 2부제 등 차량 통제로 인한 시민의 불편과 특정 연료사용 금지 등으로 갑자기 생계에 지장을 받는 시민이 속출할 수 있다. 우리는 이미 과거 올림픽과 월드컵 대회를 치루면서 이와 같은 규제를 경험한 바 있다. 하지만 수용모델을 이용하여 오염원인을 정량적으로 파악한다면, 오염에 관여한 특정 오염원을 선별할 수 있고 이들 오염원에만 시정명령을 내릴 수 있다. 또한, 앞 장에서 설명한 것처럼, 오염물질의 오염원은 크게 인위적 및 자연적 오염원으로 나눌 수 있는데, 이들 오염물질의 거동은 지역의 기상과 지형에 크게 의존한다. 따라서 분진의 오염정도가 높다고 해서 모든 오염근원이 인위적인 것은 아니며, 모든 오염물질이 전부 그 지역에서 배출된 것도 아니다. 많은 양의 대기오염물질은 중 · 장거리 운송되기 때문이다. P시의 경우에는 해안도시이므로 거대분진 중 상당량의 해염입자도 항시 체류하며, 경우에 따라서는 황사와 같은 자연발생 토양입자도 다량 유입된다. 자연적 오염원은 규제대상이 될 수는 없지만, 인위적 오염발생원을 제어할 때 반드시 함께 고려하여야 합리적 정책을 수립할 수 있다. 특히 공기 중 체류시간이 긴 모든 대기오염물질은 지역과 국가를 넘나들기 때문에 국제협력을 바탕으로 한 종합적인 관리가 필요하다.

또 다른 예로서, 최근 20여년 간 환경관련 정부간행물을 살펴보면, 서울을 포함한 우리나라 전역에서 차량 (이동오염원)이 대기오염 주범이며 분진의 기여율이 대부분을 차지한다고 기술하고 있다. 이는 대기오염물질이 인간환경 주변에 존재하는 수백~수천 가지 오염원에서 방출됨에도 불구하고, 화석연료의 연소행위만이 대기오염에 100% 관여한다는 가정 하에, 그야말로 간편한 배출계수 일부만을 이용하여 책상위에서 손쉽게 계산하였기 때문이다. 이로 인해 우리나라에서는 차량에 의한 분진오염 기여율이 수십 년간 항상 1위였다. 이와 같은 정부의 비과학적 연구결과로 우리나라 대기환경과학의 연구와 학문, 정책, 교육, 홍보 등 전반에 걸쳐 심각한 악영향과 피해를 받았고 지금까지도 그 여파가 계속되고 있다. 잘못된 정책결정으로 국민의 대기오염에 대한 관심과 이해는 이동오염원에만 집중되었고, 산업체 오염원을 포함한 모든 인위적 및 자연적 오염원과 면오염원의 관리가 소월하게 되었다. 특히 사업장 점오염원에 대한 주요 배출규제는 20년 이상 개선되지 않고 있다. 더욱 자세한 논의는 제13장을 참조하라.

수용방법론 중 **수용모델** (receptor model)은 대기오염 배출원이 주변지역에 미치는 원인, 영향 또는 기여도 (contribution)를 수용체 관점에서 수리통계학적으로 추정하는 학문이다. 적용범위는 실내대기오염 등을 다루는 미시규모 (micro scale), 도시단위의 지역규모 (local scale)에서 최근에는 국가단위의 광역규모 (regional scale)로까지 확장되고 있다. 이 모델이 개발될 당시에는 개념상 분산모델 (dispersion model)과 대립되는 연구영역의 일부였으나, 지금은 각 모델의 장단점이 보완되어 대기오염 평가와 관리 시 중요한 역할을 담당하고 있다. 즉, 수용모델은 대기환경과학 전반에 다양하게 응용되고 있으며, 특히 가스상 및 입자상 대기오염물질의 발생원인 규명에 주로 사용되고 있다. 최근 많은 국가들은 인간의 건강과 복지 손실을 최소화하고 산업체의 경제적 손실을 최소화하기 위해 다양한 관리 및 평가기술을 개발하고 있는데, 수용체 위주의 수용모델은 이러한 역할을 담당하고 있다.

10-2 수용모델의 기본이론

대기질을 개선시키기 위해서는, 목표 오염물질에 대한 이동경로, 변환과정, 생성과 소멸 등 오염물질의 순환경로를 이해해야 한다. 앞 장의 **분산모델**은 오염원 (source)과 기상 정보를 바탕으로 난류확산과 혼합과정 등 대기운동역학에 관한 본질적인 이해와 함께 일련의 수학적 가정을 설정한 후 대기질을 평가하는 추정모델이다. 이 분산모델을 이용한다면, 점 · 선 · 면 오염원으로 부터 오염물질의 분산과 확산정도를 추정하고, 새로운 오염원의 영향을 예측하거나 제어하는 시나리오를 작성할 수 있다.

수용모델을 수행하는 주목적 중의 하나는 점 · 선 · 면 오염원이 수용체에 미치는 영향 (기여도)을 정량적으로 추정하는 것이다. 수용모델의 기본이론을 쉽게 설명하기 위하여 다음과 같은 기여도 추정의 예를 제시한다. 글을 모르는 한 어린 아이가 사탕을 사기위해 동네 구멍가게로 달려갔는데, 구멍가게에는 A, B, C, D, E 제과회사에서 만든 여러 가지 모양과 색깔의 알알이 사탕들이 서로 섞여 진열대에 쌓여 있다고 하자. 글을 모르는 아이가 닥치는 대로 (즉 무작위로) 사탕을 집어 큰 통에 담아 집에 가지고 왔다. 만약 수용모델 연구자가 이 사탕통을 실험실로 가져와서 사탕의 크기, 모양, 당도 등을 조사하고 수용모델의 방법론을 이용하여 제과회사별 사탕수를 계산한다면, 이 조사를 기반으로 아이가 사는 동네의 제과회사별 사탕 판매량과 시장점유율을 계산할 수 있다. 이는 각 제과회사별 사탕의 기여도 조사라고 할 수 있겠다. 더 범위를 확대하여, 전국의 많은 아이가 전국에서 비슷한 방법으로 사탕을 사고, 이를 통계적으로 분석하면 우리나라 전체 제과회사의 시장점유율을 계산할 수 있다.

분진은 모양, 색깔, 화학적 조성이 다양하고 오염발생원도 다양하며 뒤섞여 있다. 분진은 여러 방법으로 채취할 수 있는데 (제4장 참고), 주로 펌프를 이용하여 분진이 함유된 공기를 여지 (filter)에 통과시켜 여지에 분진을 거르고 그 무게를 측정한다. 이 분진은 실험실에서 첨단기자재로 분석된 후 각종 물리화학적 정보를 얻을 수 있다. 이들 정보를 입력자료로 사용하여 수용모델링을 수행한다면, 분진시료를 채취한 곳 (**수용체: receptor**)에서 특정오염원의 영향, 즉 기여도를 정량적으로 추정할 수 있다. 분진에 대한 수용모델링을 위의 사탕에 대한 예와 비교 설명한다면 (그림 10.1 참조), 사탕은 분진, 사탕통은 여지, 분진의 중량농도는 사탕 값, A, B, C, D, E 등의 제과회사는 분진의 오염원과 같으며, 시장점유율 추정은 분진의 기여도 추정으로 대비할 수 있다. 여기서, 수용체란 오염물질을 감지할 수 있는 장소 뿐 아니라, 그 장소에 설치된 감지장치 (sensor), 측정장비, 오염물질의 영향을 받는 모든 인간, 동식물, 기타 물질도 될 수 있다. 사람의 감각은 정량적이지는 않지만, 훌륭한 감지장치이며 수용체가 된다. 대기환경학에서 수용체라는 용어는 오염원과 상반되는 개념으로 사용되고 있다. 수용모델은 수용체에서의 각종 정보를 바탕으로 분석이 시작되며 분산모델은 오염원의 정보를 바탕으로 분석이 시작된다. 두 모델간의 상호 비교는 다음 절에 구체적으로 설명될 것이다.

수용모델은 각종 응용통계학을 기반으로 한 계량화학적 분석기술이다. 일반대기 중 수용체에서 가스상 및 입자상물질의 물리 · 화학적 특성을 분석한 후, 대기질에 영향을 미치는 오염원을 일차적으로 확인하고 그 기여도를 정량적으로 파악하여 합리적 대기오염 관리방안을 최종 제시하는 통계적, 수학적 방법론이다. 수용모델의 기본이론은 질량보존의 법칙 (mass conservation)과 질량수지 (mass balance)에 그 이론적 기초를 두고 있다. 한 개의 분진입자는 수많은 무기 및 유기화합물로 구성되어 있는데, 이러한 분진들은 여지 위에 쌓여 채취된다. 채취된 분진은 화학분석을 통해 각종 화학종 (chemical species)의 농도를 얻을 수 있으며 수용모델은 이들 분진의 화학정보를 입력자료로 사용한다. 즉, 수용체에서 채취한 시료 (sample)는 그 수용체에 영향을 주는 오염원 각각에서 배출되는 분진 중 화학성분 농도의 합으로 표현할 수 있다 (즉, 질량보존의 법칙에 의거하여). 이를 질량수지식으로 표현하면 식 (10.1)과 같다.

$$x_{ij} = \sum_{p=1}^{n} a_{ip} f_{pj} + e_{ij} \qquad \textbf{(10.1)}$$

여기서, x_{ij}는 i번째 시료 중 j번째 화학종의 농도, f_{pj}는 오염원 p에서 배출된 j번째 화학종의 농도, a_{ip}는 i번째 시료에 대한 p번째 오염원의 배출농도, 그리고 e_{ij}는 모델의 오차이다.

이를 다음과 같이 간단히 행렬식 (matrix)으로 표시할 수 있다.

$$X = AF + E \qquad \textbf{(10.2)}$$

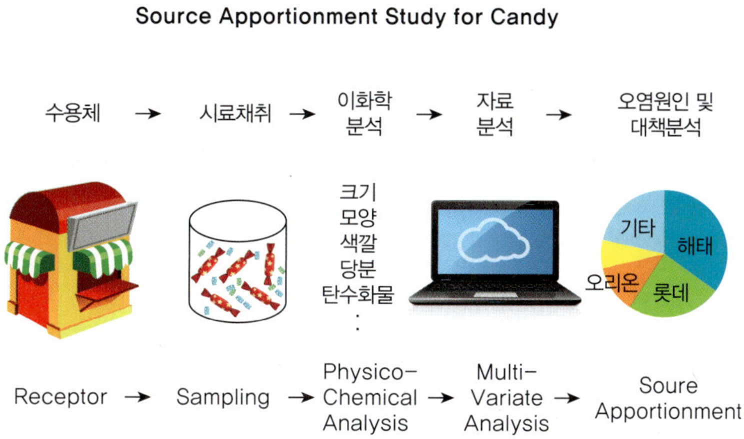

그림 10.1 ▪ 사탕을 이용한 수용모델 설명 예시

여기서, X는 $n \times m$ 행렬로서 (n: 화학종의 수, m: 분진시료의 수), 분진 중 화학종별 질량 분율 (mass fraction)이며, A는 $n \times p$ 행렬로서 (p: 오염원의 수) 배출오염원에 관한 정보를 지니고 있기 때문에, 흔히 오염원 분류표 (source profile)라고 부른다. 또한, F는 $p \times m$ 행렬로서 대기 중 배출된 분진의 질량농도에 관한 정보, 즉, 오염원이 수용체에 미치는 기여도를 의미한다.

수용모델의 경우, 물리적으로 타당한 오염원의 확인 및 기여도 추정을 위하여 다음과 같은 가정을 만족시켜야 한다. 첫째, 측정자료 X는 반드시 모델식으로 재계산되어야 한다. 둘째, 모델에 의해 계산된 오염원분류표는 항상 양의 값을 가져야 한다. 셋째, 계산된 오염원의 기여도 역시 항상 양의 값을 가져야 한다. 마지막으로 각 오염원의 기여도 합은 측정된 모든 화학종 농도 값의 합보다 작거나 같아야 한다 (Hopke, 2003).

위 식 (10.2)에서, X는 수용체 외기에서 채취된 분진을 실험실로 가져와서 물리화학적으로 조사하여 얻을 수 있으며 (최근에는 분석기자재의 발달로 물리화학 정보를 실시간으로 얻을 수 있다), 오염원 분류표 A는 오염원의 특성을 조사하거나 문헌을 통해 얻을 수 있다. 따라서 X와 F는 알고 있는 정보이므로, 미지의 정보, 즉 기여도 F를 수리통계학적 계산을 통해 얻을 수 있다. 결론적으로 F라는 오염원의 기여도를 추정하는 학문이 수용모델의 핵심이다.

10-3 수용모델과 분산모델

공기는 가스상과 입자상 물질로 뒤섞인 매우 복잡한 혼합물이다. 즉, 공기는 수많은 오염원에서 배출된 유기화합물, 무기화학물, 방사성 물질 등으로 구성되어 있다. 이렇게 복잡한 혼합물은 국외 장거리 운송, 도로 및 비도로 이동오염원, 산업공정, 소각장, 토양, 각종 화석연료 연소, 각종 불법연소 행위, 재비산분진, 해염, 산불, 화산 등에서 방출된다. 즉 자연적 오염원과 인위적 오염원의 영향을 받는다.

점 · 선 · 면 오염원의 영향은 분산모델과 수용모델로 평가할 수 있는데, 두 방법 모두 질량보존의 법칙과 질량수지에 이론적 기초를 두고 있다. 오염원의 영향평가 초기단계에서는 오염원 배출자료와 기상변수들을 기반으로 하는 오염원 중심의 **분산모델** (source-oriented dispersion model)이 주로 이용되고 있으며, 최근까지 환경영향평가의 핵심이 된다. 앞 장에서 배웠듯이, 분산모델링을 수행하기 위해서는 모델 자체의 개발연구뿐만 아니라, 연구대상 지역의 배출원 조사, 기상자료의 확보, 분산변수 (dispersion parameter)의 결정을 위한 현장실험, 오염물질간의 물리 화학적 반응에 대한 동력학적인 연구 등이 필수이다. 이 과정에서 배출자료의 오차, 수직 · 수평적 분산변수의 불확실성, 복잡한 모델개발에 따른 시간과 비용 등이 분산모델의 가장 어려운 점이다. 이중 모델 개발에 따른 부담은 크게 경감되었는데, 미국 EPA가 주도적으로 수십 년 동안 모델을 개발하였고 이들 모델을 무료로 사용할 수 있기 때문이다.

일반적으로 분산모델을 이용하기 위해서는 점오염원의 경우 다음과 같은 입력자료가 필요하다.

1. 오염물질의 화학적 정보 및 배출량
2. 굴뚝의 직경 및 재질, 굴뚝의 높이 및 배출가스의 온도차
3. 오염원의 조업시간 및 방지장치의 효율
4. 혼합고 (mixing height), 풍향, 풍속, 일사량, 기온, 습도 등의 기상정보
5. 오염원과 수용체 주변의 지형정보.

반면, 수용모델 (receptor-oriented receptor model)은 수용체에서 오염물질의 특성을 분석한 후 오염원의 기여도를 평가하는 것이다. 오염물질에 대한 분석이 가능한 모든 정보를 수용모델에 활용할 수 있으며, 이 정보에는 오염물질의 크기, 모양, 색깔, 입경분포 등과 같은 물리적 특성과 오염물 성분 (유기성, 무기성, 방사성)등과 같은 화학적 특성과 농도, 시 · 공간적 변수 등을 포함한다. 그림 10.2는 수용모델과 분산모델의 관계를 보여주고 있다.

자연현상을 예측하거나 평가하는 어떤 모델이든 사용할 때 많은 제약과 불확실성이 있으며, 수용모델과 분산모델 역시 모델링 특성상 많은 단점을 가지고 있다. 모델을 이용하기 위해서는, 우선 모델별로 위에 제시한 입력자료를 확보해야 하며, 모델 속에 내재된 많은 가정 (assumption)을 이해하여야 한다. 컴퓨터는 인간이 만든 입력자료를 바탕으로 계산을 수행해주는 도구에 지나지 않음을 항상 명심하여야 하고, 각 모델의 응용범위와 선택에 신중하여야 한다. 즉, 각 모델은 기본 이론을 바탕으로, 여러 가지 컴퓨터 언어로 프로그램밍을 하는데, 이 과정에서 수학적 계산불능 상태에 직면할 때마다 가정을 설정하여 해결하고 있다. 이러한 수학적 가정이 모델 매뉴얼에는 모델의 응용범위로 기술된다. 만약 응용범위를 벗어날 때에는 사용자의 응용목적에 맞는 다른 모델을 신중하게 선택하여야 한다. 표 10.1은 이러한 분산모델과 수용모델의 장단점과 특징을 설명한 것이다.

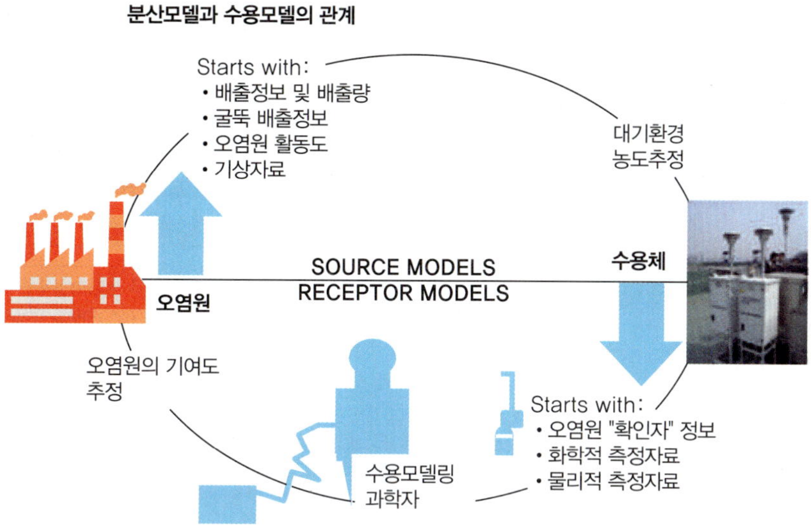

그림 10.2 ■ 수용모델과 분산모델의 관계

표 10.1 ■ 분산모델 및 수용모델의 장단점과 특징.

구분	장단점과 특징
분산모델	• 미래의 대기질을 추정할 수 있으며 시나리오를 작성할 수 있다. • 대기오염 제어 및 규제와 관련한 정책입안에 도움을 준다. • 오염원의 활동도 (activity)와 방지장치의 설계 특성을 평가할 수 있다. • 점 · 선 · 면오염원의 영향을 평가할 수 있다. • 기상 불확실성의 문제가 있으며, 오염원이 확인되지 않은 경우 평가가 불가능하다. • 지형과 오염원의 조업조건에 영향을 받는다. • 새로운 오염원이 지역 내에 신설 및 증설될 때마다 재평가하여야 한다.
수용모델	• 새로운 오염원, 불확실한 오염원, 불법배출 오염원을 정량적으로 확인평가 할 수 있다. • 지형, 기상학적 정보 없이도 사용 가능하다. • 오염원의 조업과 가동에 관한 정보가 없이도 사용이 가능하다. • 2차오염원 (secondary source)과 자연적 오염원(natural source)의 확인이 가능하다. • 수용체에서의 영향을 현실적으로 평가할 수 있어, 건강영향 등 수용체 영향을 평가할 때 유리하다. • 입자상 및 가스상 물질, 가시도 문제 등 환경과학 전반에 응용할 수 있다. • 현재나 과거에 일어났던 일을 추정하고 미래를 위한 제어전략은 세울 수 있으나, 미래의 오염원 경향을 예측할 수는 없다. 즉, 측정 및 분석자료를 입력자료로 사용하므로 미래 시나리오 작성이 곤란하다. • 오염물질의 측정과 분석에 시간과 비용이 많이 든다. 최근 실시간 측정분석의 활성화로 시간을 크게 단축시킬 수 있다.

10-4 수용방법론 (Receptor Methodolody)

수용방법론은 모델링이라는 협의의 개념보다는 오염물질의 물리화학적 분석과 더불어 응용통계분석까지를 포함한 광의의 개념으로 이해하여야 한다. 이에 따라 최근에는 수용모델을 **수용방법론** (receptor methodology)으로 부르기도 한다. 수용방법론은 여러 가

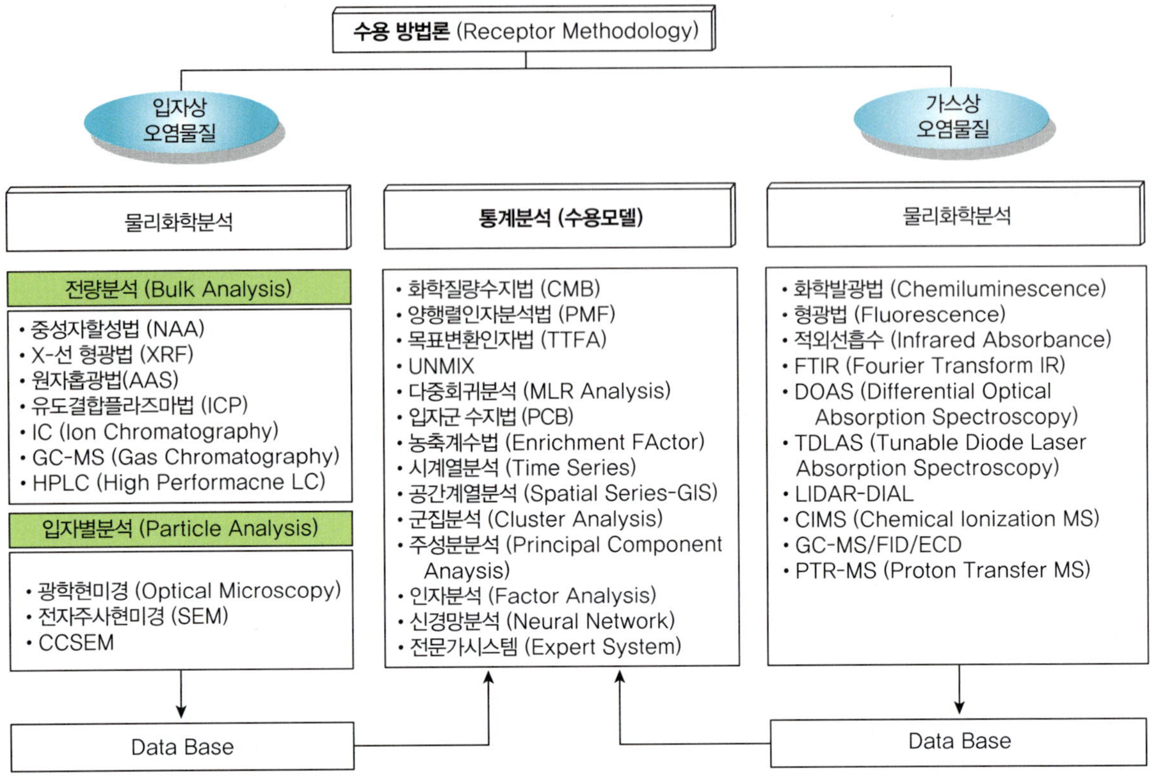

그림 10.3 ■ 수용방법론의 분류

지 방법으로 분류가 가능하지만, 오염물질의 분석방법에 따라 크게 화학분석법과 통계분석법 (수용모델)으로 나눌 수 있다 (그림 10.3 참조). 화학분석법은 가스와 분진의 화학적 정보를 얻기 위해 각종 기자재를 이용한다. 특히 분진을 분석할 때에는 분진 하나씩을 분석하는 **입자분석** (particle-by-particle analysis)과 분진전체를 분석하는 **전량분석** (bulk analysis)으로 분류한다. 입자분석을 위해 사용되는 현미경적 방법은 미생물, 타이어 분진, 꽃가루 등 제반 분진을 확인하는데 유용하게 사용할 수 있으며, 광학현미경, 전자주사현미경(SEM), 자동전자주사현미경 (computer-controlled SEM) 등으로 분류한다.

이와 같이 각종 기자재를 통해 분석된 화학적 정보는 농축계수법, 시계열분석법, 공간계열분석법, 화학질량수지법 및 다변량분석법 등과 같은 각종 응용통계학을 이용하여 대기질을 해석하고 진단하는데 사용한다. 수용방법론 중 통계분석 (즉 수용모델) 분야에는 모든 응용 가능한 통계학이 동원된다. 응용통계의 분석과정은 기자재를 이용한 이화학 분석과정과 동일하게 오염원의 확인 · 분리 · 정량화 과정으로 진행된다. 수용모델은 결코 통계적인 블랙박스가 아니다. 수용모델은 분산모델과 마찬가지로 환경과학적 원리에 기초한다. 단지 오염원의 기여도를 평가하는 데 있어 미래예측보다는 현재와 과거의 대기질 해석과 원인규명에 초점을 두고 있다.

10-4-1 화학분석법 (Chemical Methods)

화학분석법 중 현미경법은 세 가지 방법으로 나누어지며, 분진의 **입자별 분석**을 통하여 오염원의 확인 및 검증을 하는데 주로 사용된다. 먼저 **광학현미경법**은 가장 경제적으로 오염원을 확인할 수 있는 방법으로 최근에도 두루 사용되고 있다. 이 방법은 입경이 약 1 μm보다 큰 입자를 대상으로 분진의 형상, 모양 및 색깔로 오염원을 분류할 수 있으나, 숙련된 연구자만이 오염원을 확인하고 분류할 수 있다. **전자주사현미경법** (SEM: scanning electron microscopy)은 광학현미경보다는 작은 입자를 측정할 수 있으나 이 역시 정성적으로만 분진의 오염원을 확인할 수 있다. **자동화 전자주사현미경** (computer controlled SEM: CCSEM) 분석법은 각 분진의 크기, 모양, 형상, 크기분포 등의 물리적 정보를 제공하며, 컴퓨터 기술의 발전으로 각 분진에 대한 여러 정보를 1초 미만의 짧은 시간 내에 얻을 수 있다. 특히, CCSEM은 자체에 X-선 분석기 (EDX: energy dispersive x-ray analyzer)와 영상분석기를 내장하고 있어, 분진의 화학적 조성과 물리적 정보를 쉽게 얻을 수 있다.

이러한 입자별 분석법은 개별 분진입자에 대한 각종 물리화학적 정보를 통해 오염원을 파악할 때 해상도를 크게 높일 수 있으나, 분석에 필요한 비용과 시간, 부정형의 유기물질에 대한 민감도의 부족, 입자의 밀도와 체적과 같은 양적인 분석에 불확실성을 내포하고 있다. 따라서 이 분석법은 오염원의 영향을 평가하는 유용한 방법이지만 정량적인 평가를 위해서는 지속적인 기술개발 노력이 필요하다. 그럼에도 현미경분석법이 분진오염원의 영향을 평가할 때 매우 유용한 방법이라는 점에는 의심의 여지가 없다.

화학분석법 중 **전량분석법**은 대기시료를 분석하는 가장 보편적인 방법이다. 전량분석을 이용하기 위해서는 우선 시료를 채취하고 각종 분석장비를 이용하여 물리화학적 정보를 얻는다. 현재 분진오염을 평가할 때에는 분진 중의 유기 및 무기성분의 분석에 중점을 두고 있으며, X-선 형광법, 중성자 활성법, 원자흡광법, 유도결합 플라스마, HPLC, 가스크로마토그라프 등의 분석기법을 복합적으로 사용하고 있다 (제4장을 참고하라). 1985년 이전까지는 분진 중 금속성분을 위주로 분석하였으나, 그 이후 PAH와 VOC 등의 유기화합물, 각종 탄소성 물질, 이온성분, 방사성 물질 등의 분석이 일반적으로 수행되고 있다. 특히 최근에는 많은 화학종에 대한 분석이 실시간으로 이루어지고 있어 수용모델분야가 획기적으로 발전할 것으로 기대되고 있다. 즉 실시간 화학분석을 통해 가까운 장래 실시간 대기질 평가와 진단이 가능할 것이다.

10-4-2 수용모델 (Receptor Models)

화학분석법을 통해 얻은 각종 분석자료는 응용통계학에 기반을 둔 여러 가지 수용모델에 이용되어 오염현상을 진단하고 평가한다. 수용모델은 크게 질량수지모델 (mass balance models)과 형태인식모델 (pattern recognition models) 모델로 구분할 수 있다. 1) 질량수지모델에는 화학질량수지법 (chemical mass balance; CMB), 양행렬인자분석법 (positive matrix factorization; PMF), 목표변환인자분석법 (target transformation factor analysis: TTFA), UNMIX 모델, 농축계수법 (enrichment factor; EF), 다중선형회귀분석법 (multiple linear regression; MLR), 입자군수지법 (particle class balance: PCB), 인자분석법 (factor analysis; FA), 주성분분석법 (principal component analysis: PCA) 등이 있으며, 2) 형태인식모델에는 군집분석법 (cluster analysis), 신경망분석법 (neural network), 시계열분석법 (time series analysis), 공간계열분석법 (spatial series analysis) 등이 있다. 표 10.2는 주요 수용모델의 장단점을 설명한 것이다.

1) 질량수지 수용모델

화학질량수지법 (CMB: chemical mass balance)은 질량수지와 질량보전의 법칙을 기본

표 10.2 ▪ 각종 수용모델의 장단점 (황인조 등, 2013).

	장 점	단 점
PMF	• 오염원분류표가 필요없다. • Non-negative 오염원분류표와 기여도를 제공한다. • 분석정밀도를 이용하여 화학종 농도에 가중치를 부여할 수 있다. • 결측치 및 검출한계 미만 자료 사용가능	• 대기질 자료수가 충분해야 한다 (> 100). • 불확도 자료가 필요하다. • 사용자의 판단에 따라 오염원의 수와 종류가 달라질 수 있다. 따라서 숙련된 전문가 필요. • 오염원에 대한 사전 지식이 필요하다. • 모델 사용에 어려움이 있다 (DOS 기반)
UNMIX	• 오염원분류표가 필요없다. • User-friendly GUI을 제공한다. • 결과를 진단할 수 있는 다양한 그래픽 제공 • 주요 오염원 확인에 유리하다.	• 대기질 자료수가 충분해야 한다 (> 100). • 오염원에 대한 사전 지식이 필요하다. • 사용자의 판단에 따라 오염원의 수가 달라질 수 있다. 따라서 숙련된 전문가 필요. • 최대 7개 오염원으로 한정된다.
CMB	• 대기질 자료수가 적어도 응용가능하다. • 입력 농도에 입각하여 오염원 기여도에 대한 불확도를 제공한다. • 분진과 VOC 기여도의 정량화가 가능하다. • User-friendly GUI를 제공한다.	• 오염원분류표가 필요하다. 즉 확인된 오염원만 평가가 가능하다. • 화학적으로 유사한 오염원은 공선성 (collinearity) 문제로 분리할 수 없다. • 일반적으로 2차분진의 기여도 추정이 어렵다.
Enrichment Factor	• 소프트웨어가 필요없을 정도로 간단하다. • 자료 수와 관계없이 사용이 용이하다.	• 분석이전에 농축계수에 대한 사전 정보가 필요하다. • 특정 확인자 (marker)를 갖는 오염원에만 적용가능하다. • 오염원 수가 다수인 지역에서 응용할 수 없다.
PCB	• 공선성 문제를 피할 수 있다. 즉 화학적으로 유사한 오염원의 분리가 가능하다. • 인위적 변수를 창출할 수 있어 응용의 범위가 넓다.	• 오염원분류표가 필요하다. 즉 확인된 오염원만 평가가 가능하다. • 2차분진의 기여도 추정이 어렵다.
FA, PCA	• 다수의 상용 소프트웨어를 이용할 수 있다. • 주요 오염원의 형태를 확인할 수 있다. • 정량분석의 전단계로서 많은 응용이 가능하다.	• 대기질 자료수가 충분해야 한다 (> 100). • 경우에 따라 경험적인 인자의 회전 (factor rotation)을 통해야만 유용한 결과를 얻을 수 있다. • 결과에 대한 여러 가지 해석이 가능하다.
TTFA	• 오염원분류표가 필요없다. • 오염원의 확인이 가능하며 기여도를 정량적으로 추정할 수 있다.	• 응용통계학에 대한 전문 지식이 필요하다. 즉, 모델 응용시 숙련가의 도움이 매단계 필요하다. • 연결된 다수의 프로그램을 수행하여야 하므로 응용이 어렵다.

원리로 오염원의 질량기여도 (mass contribution)를 추정하는 방법이다. **CMB**의 이론은 Miller 등 (1972)과 Friedlander (1973)에 의해 처음으로 정립되었는데, 한 때 전 세계에서 가장 보편적으로 사용되었던 방법론이다. 모델 초기에는 무기원소에만 적용되어 **화학원소수지법** (CEB: chemical element balance)으로 불리기도 했다. CMB는 1978년 Watson에 의하여 이론적으로 체계화 되면서 대기환경학에서 큰 비중을 갖게 되었으며, 1980년대 중반 이후에는 각종 유기화합물 및 가스상 오염물질에도 폭넓게 적용되었다. 이 방법론을 사용하기 위해서는 오염원분류표가 필요한데, 미국을 제외한 대부분 국가에서는 오염원에 대한 자료가 충분하지 않아 응용할 때 제약이 많다. 오염원분류표란 수용모델 적용대상지역의 오염발생원에 대한 화학종 (chemical species)의 배출자료를 질량분율로 표시한 자료인데, 자료를 이용할 때 많은 주의가 필요하다. 예를 들어, 차량오염원이나 기타 산업오염원은 나라마다 연료의 종류와 배출가스의 조성이 다르므로, 우리나라에서 측정한 자료정보가 없다고 미국이나 기타 선진국의 분류표를 검토 없이 차용한다면 오류를 범할 수 있다. 우리나라 대기질을 평가하기 위해서는 우리 고유 오염원에 대한 자료를 이용하여야 하며 우리 자료의 확보가 시급하다.

CMB법은 앞의 식 (10.2)에서, 즉 $X = AF$ 에서 기지의 X와 A를 바탕으로 최소자승법 (least square method) 등의 수리통계적 방법을 이용하여 미지의 F를 계산하는 방법이다. CMB 모델을 수행하기 위해서는 해당지역 고유의 오염원분류표 (즉, A 행렬)가 필요하지만, 각 지역 및 각 국가의 수많은 오염원을 모두 확인하고 분석하는 작업은 결코 쉬운 일이 아니며, 또한 고가의 분석비용이 필요하다. 표 10.3은 A 행렬 내에 독립적으로 존재하는 일부 발췌된 오염원에 대해서, 각 오염원에서 배출되는 분진 중 함유된 화학종을 분진분율 (여기서는 %)로 표시한 것이다. 표는 각 오염원에서 화학종의 질량백분율을 0.1% 미만부터 10% 이상으로 나누어 표시하였다. 질량분율 (mass fraction)이 타 오염원과 비교하여 현저하게 차이를 보이는 화학종은 해당 오염원의 확인자 (marker)가 될 가능성이 크다.

CMB 모델을 비롯한 대부분의 수용모델은 전적으로 시료의 전량분석 자료에 입각하여 개발되었다. 하지만 **입자군수지법** (particle class balance)은 입자별 분석자료에 입각하여 오염원의 기여도를 추정하는 방법론이다 (Kim and Hopke, 1988a; 1988b). 외국의 경우 SEM/EDX를 이용한 많은 자료가 축적되어 응용범위가 매우 크다. **농축계수법**은 가장 원시적인 모델로서, 특정원소를 특정오염원과 1:1로 대응시켜 그 영향을 정성적으로 평가하는 방법론인데, 오염원의 수가 몇 개 되지 않을 때 유용하게 활용될 수 있다.

한편 대기환경과학에서는 인자분석, 다중회귀분석, 군집분석 등과 같은 다양한 다변량분석법 (multivariate analysis)이 응용되고 있다. 이중 **다중선형회귀분석**은 하나의 종속변수에 두 개 이상의 독립변수가 존재할 때, 보통 추정결과의 최적 도출여부를 확인하기 위해 실측치와 추정치와의 오차를 각종 함수식으로 표현하는 방법론이다. 이 계산에는 최소제곱법 (least squares method)이 주로 사용되며 적합도를 판단하기 위하여 다중결정계수 (coefficient of multiple determination: R^2)를 이용한다 (황인조 등, 1998).

다변량분석법 중 가장 보편적으로 사용되는 방법은 인자분석으로 Blifford와 Meeker

(1967)에 의해 대기분야에 처음 응용되었다. **인자분석법**의 주목적은 방대한 화학정보를 기반으로 대기환경에 영향을 주는 오염원을 분리하고 확인할 목적으로 개발되었다. 만약 한 오염원에서 두 개 이상의 화학성분이 일정한 비율로 배출된다면, 수용체에서 채취되고 분석된 화학성분도 유사한 경향을 보이기 때문에, 인자분석법은 모든 시료에 내재된 화학성분의 변화인자를 검토하고 공통인자를 추출한 후, 이 추출된 공통인자와 이미 알고 있는 오염원과 유사도를 비교하여 오염원을 확인하는 방법이다. 즉, 인자분석법은 상관 (혹은 공분산)행렬의 구조에 관한 통계적 모형을 구축하고, 그 구조를 생성시키는 소수의 인자를 추출하여 설명변수들 간의 공분산 내지 상관중심을 해석하는 정성적 통계기법이다. 인자분석은 복잡하고 방대한 환경자료를 해석할 때 주로 사용되는데, 오염원의 기여도를 정량적으로 추정할 수 없다는 단점에도 불구하고 주로 오염원 분류표의 부재 시 오염원의 확인에 많이 이용된다. 다시 말해 최종적으로 수용체에 영향을 주는 오염원을 정성적으로 분리하고 확인할 수는 있으나 정량적인 기여도를 계산할 수 없다는 단점을 가지고 있다 (황인조 등; Hien 등, 1999; Christensen 등, 2007). **주성분분석법**은 여러 개의 서로 상관된 변수들로 구성된 측정자료를 변수의 수보다 적은 차원으로 주성분을 추출하고 주성분 내 변수 사이의 상호의존도를 파악하는 다변량분석법이다. 주성분 추출과정은 인자분석법 수행과정 중 여러 인자추출방법 중 하나의 방법론으로 간주되기도 한다. 인자분석과의 기본적인 차이점이란, 주성분분석은 분산중심 (variance-oriented)의 기법이며, 인자분석은 변수들 간의 상관관계 혹은 공분산중심 (covariance-oriented)의 기법이다 (김기영 등, 1996).

대기환경에서 인자분석의 정량적 문제점을 해결한 **목표변환인자분석법** (TTFA)이 Hopke 등에 의하여 개발되었다 (Alpert and Hopke, 1980). 이 방법은 전통적인 인자분석법과 회귀분석법을 결합한 것으로 수용체 주변의 오염원을 확인할 뿐만 아니라, 오염원의 기여도를 정량적으로 추정할 수 있다. 이 방법은 식 (10.2)에서 *A*행렬을 통계적으로 추정하여야 하기 때문에 응용을 위해서는 많은 시료 (< 100 개)를 확보함과 동시에 전문적인 통계지식이 필요하다. 또한 TTFA는 인자의 수를 결정하고 기여도를 정량분석할 때 음의 값 인자부하량의 발생 및 작업수행의 숙련성 요구 등과 같은 문제점을 안고 있다.

Paatero와 Tapper (1994)는 기존의 인자분석보다 더 향상된 수학적 알고리즘을 가진 **양행렬인자분석법** (PMF: positive matrix factorization)을 개발하였다. PMF 모델은 오염원분류표와 기여도의 값들이 항상 양의 값을 갖도록 설계되어 있으며, 각 자료의 최소제곱값을 최소화 (least-squares minimization)하는 알고리즘을 기반으로 설계되었기 때문에 기존 수용모델과 비교하여 진보된 기능을 가지고 있다. PMF 모델의 적용은 개개의 측정자료에 대한 오차추정 (error estimate)에 의존하는데, 인자부하량이 항상 양의 값을 갖게 되므로, 전통적 인자분석법과 비교할 때 오염원 분류작업 시 정확한 결과를 얻을 수 있다. 무엇보다 사용자 위주의 편이성 때문에 최근 전 세계적으로 사용되고 있다.

한편, **UNMIX 모델**은 self-modeling이라는 접근방식을 이용하여 각 시료의 화학적 정보를 바탕으로 오염원의 수와 기여도를 추정하는 방법으로 PMF 및 TTFA와 마찬가지로 오염원의 화학적 조성표 (즉, 오염원분류표)가 필요 없다. UNMIX 모델의 경우 PMF처럼 오염원분류표와 기여도는 항상 양의 값을 갖지만 (Henry, 1998), 최대 평가가능한 오염원의 수가 7개로 제한되어 복잡오염원을 갖는 지역에 응용하기에는 한계가 있다.

위의 복잡하고 난해한 내용을 다시 요약하면, CMB을 제외한 모든 수용모델 (즉 TTFA, PMF, UNMIX, MLR 등)에서는 $X = AF$ 에서 기지의 값은 X 뿐이고, A와 F 값은 미지인 상태이다. 우리의 궁극적 목표가 기여도 F 값을 구하는 것인데, 이와 같이 미지수가 2개인 상태에서는 F 값을 구할 수 없다. 하지만 인자분석과 같은 응용통계학을 이용한다면 A 값을 구할 수 있다. 이것이 응용통계학의 묘미이다. 즉 매일 측정하는 X 자료 속에는 여러 오염원에서 배출된 분진정보가 조금씩 축적되어 있으므로, 만약 100개 이상 많은 측정시료 X를 얻을 수 있다면, 그 X 속 자료마다 공통적으로 존재하는 오염원을 뽑아낼 수 있다. 이를 위해 인자분석, 주성분분석, 또는 고유벡터분석 (eigenvector)과 같은 응용통계를 이용해서 공통적으로 존재하는 인자 (오염원)를 추출할 수 있다. 이 추출된 공통인자들의 모음이 드디어 통계적으로 추정된 A 행렬이 된다. 이제 기지의 값은 X와 A이고 F 만이 미지의 값이므로, CMB 방법처럼 최소자승법 등을 이용하여 F를 계산한다면 우리의 목적이 달성된다. 이 과정에서 A 행렬은 실제 측정값이 아니라 통계적으로 얻었기 때문에 A 행렬 속에 존재하는 최적 오염원의 수 (즉, 인자 또는 주성분의 수)가 몇 개인지를 결정하고, 또 이 오염원들이 어떤 오염원인지 확인하는 일이 어려운 작업이다. 오염원의 수를 결정하고 확인하기 위해서는 대기오염학 및 통계학에 대한 기본적인 지식이 필요하다. 대개의 경우 오염원의 수는 통계적 오차 값이 가장 작을 때의 숫자로 결정되며, 어떤 오염원인지를 결정하는 작업은 각 오염원의 확인자가 되는 화학종에 대한 사전 지식과 경험을 통해 해결할 수 있다. 또는 표 10.3과 같은 기존 오염원에 대한 자료와 각종 문헌조사를 통해 해결할 수 있다.

2) 형태인식 수용모델

형태인식 수용모델에는 군집분석법, 신경망분석법, 시계열분석법, 공간계열분석법 등이 있다. **군집분석법**은 자연과학 분야에서 널리 사용되고 있는 응용통계 분석법으로서, 자료집단 내 유사한 성질을 갖는 특정 그룹을 분류하는데 이용된다. 군집분석은 군집의 수, 내용, 구조 등이 미지인 상태에서 개체 사이의 거리 (distance) 또는 유사도 (similarity)에 근거하여 군집을 분류하고, 분류된 군집의 특성을 파악하여 군집간의 관계를 분석하는 것을 주요 목적으로 한다 (남보현 등, 2002). 군집분석은 사전 정보가 없는 대규모 자료의 특성을 파악할 때 매우 함축된 아이디어를 제공하는 스크리닝 방법론으로 잘 알려졌다. 한편, **신경망분석법**은 인간 두뇌의 신경세포가 정보를 처리하는 원리를 이용하여, 반복적으로 입력된 자료에 대하여 각 입력신호의 가중치를 목적에 맞도록 조절하여 학습기능을 부여하기 위하여 개발되었다. 이 분석법은 광학, 음성타자기, 문자인식, 음성분석, 형태인식 (pattern recognition) 등과 같은 분야에 광범위하게 응용되고 있다. 대기환경학에서는 CCSEM으로 분석된 입자들의 형태인식에 사용된 바 있으며 (Kim and Hopke, 1987; Xie 등, 1994), 우리나라에서는 오존예보모델의 개발 연구에 응용된 바 있다 (Heo 등, 2004a; 2004b).

시계열분석법은 동일한 오염원에서 방출된 오염물질이 수용체 주변에서 장기간 측정되었을 때 농도가 시간에 종속 (time dependence)한다는 가정을 두고 분석이 시작된다.

표 10.3 ■ 미국 오염원분류표에서 발췌한 일부 오염원에 대한 주요 화학종의 질량분율로서 각 오염원에서 배출되는 분진질량농도 대비 화학종의 질량농도를 백분율로 표시하였다 (Chow 등, 2004).

오염원 분류항목[b]	입자크기	화학종의 질량농도 백분율			
		< 0.1%	0.1~1%	1~10%	> 10%
포장도로 먼지 (BVPVRDA)	거대분진	Rb, Ni, Zr, Cu, Mn, Pb, Sr	P, Zn, K^+, Ti, S, $SO_4^=$, K	ECl, OC2, Fe, Al, OC3, OC4	Si, OC, Ca
토양 (BVSOIL1)	거대분진	Cu, Rb, Sr, Zn, Zr, Mn, S	EC1, EC2, Ti	Fe, K, OC3, OC4, Al, Ca, OC	Si
토양 (BVSOIL2)	거대분진	Ni, Cu, Y, Pb, Rb, Zr, Zn, Sr, Mn, S, $SO_4^=$, P	K^+, Ti	K, Fe, Al	Ca, Si
비포장도로 먼지 (BVUNPV2)	거대분진	Y, Cu, Pb, Cr, Br, Zr, Zn, Mn, Sr, Cl^-, P, K^+	Ti, SO_4^-, S, EC2, NO_3^-, OC3	K, ECl, Fe, OC4, Al, OC	Si, Ca
석탄 비산재 (BVCLFA)	거대분진	Rb, Se, Y, Ga, Ni, Cr, Pb, Zr, Zn, Cu, Mn	Na^+, NO_3^-, P, Sr, K, Ba, Ti	S, $SO_4^=$, Fe	Al, Si, Ca
석탄 비산재 (BVCLFA)	미세분진	Rb, Mo, Y, Cr, Se, Ga, Zr, Pb, Zn, Cu, V, NH_4^+, Mn	Na^+, K, Sr, OC2, P, NO_3^-, Ti	Ba, OC, S, Fe, $SO_4^=$, Al, Si	Ca
자동차 배출 (BVRDMV)	미세분진	Br, Mn, Cu	Na^+, Zn, Fe	S, OC4	OC1, OC2, OC3, OC, EC1, EC2, EC
식물성 불법연소 (BURN)	미세분진	Ni, Se, Rb, Zn	Al, EC3, NO_3^-, S	$SO_4^=$, K, Cl^-, Cl, OC4	OC1, OC2, OC3, OC, EC1, EC
석탄 보일러 (CFPP)	미세분진	Mo, Ni, Cr, Cu	Mn, K^+, Sr, K, Ti	Ba, EC1, EC2, OC4, Fe, Al, S	Si, Ca, OC, $SO_4^=$
시멘트 킬른 (CEM)	미세분진	Se, Cr, Cu, Ni, Rb, Sr, Mn	Ti	Al, OP, Fe, EC2, Na^+, NH_4^+, EC1, EC, OC3, Si, OC4, NO_3^-	K^+, S, K, OC, Ca, $SO_4^=$
요리과정 (COOK)	미세분진	Ni	S, Si	OC4, EC1	EC, OC1, OC2, OC3, OC
촉매 크래커 (CAT1)	미세분진	Rb, Ga, Br, Ti, Rb, EC3, Mo, Y, K^+, Sr, Zr, Se, OC3, Mn, EC, ECl, Ba	Co, OCl, Cr, NH_4^+, EC2, OC4, OP, Zn, Ca, OC, Cl^-, Sb, Ti	V, Ni, La, Fe, Al	Si, S, $SO_4^=$

따라서 수용체에서 측정된 화학종들이 시간에만 의존한다면 그 속에서 화학종 사이의 상관성을 확인할 수 있는데, 이때 동일한 오염원이 포함될 확률이 크기 때문에 특정오염원의 영향을 받는 화학종, 즉 상관성이 큰 화학종을 중심으로 기여도를 추정할 수 있다.

공간계열분석법은 동일 시간에 지역이 다른 여러 수용체에서 측정된 자료를 한 2D 또는 3D 공간상에서 시각적으로 비교하는 방법이다. 오염원의 기여도는 오염원의 화학적 조성과 특정지역에서 측정분석된 공간적 농도분포를 비교하여 얻을 수 있다. 이러한 방법은 공간적 등농도선, 공간적 상관성, 군집분석, 오염물의 분산분석을 통해 수행된다. 공간계열 분석법은 특정지역 내 고유 오염원에 관한 정보를 얻을 수 있지만, 여기서 얻은 정보는 정성적일 수밖에 없다. 특히 이 방법은 시료채취기간 중 오염배출량 및 기상정보에 크게 의존하므로 분산모델과 연관성이 매우 크다. 따라서 분산 및 수용모델의 혼합모델로서 발전할 가능성이 크며, 최근 지리정보시스템 (GIS: geological information system)과 위성관측이 빠른 속도로 발전하기 때문에, 대기환경의 각종 평가 작업을 수행할 때 그 활용도가 매우 클 전망이다. 지상관측, 항공관측, 위성관측의 자료를 융합적으로 사용할 때 미래 발전 지향적 방법론으로 간주된다.

3) 기타 수용모델 (Hwang 등, 2013)

그 밖의 수용모델에는 역궤적 분석 (back trajectory analysis), CPF (conditional probability function) 분석, NPR (nonparametric regression) 분석 등이 있다. **역궤적 분석**은 실측된 상층기상자료를 이용하여 수용체에 도달하는 공기의 위치 및 경로를 역으로 추적하는 모델이다 (Draxler and Hess, 1997). 오염원의 잠재적 위치를 파악하기 위하여 보통 PSCF (potential source contribution function) 모델을 사용하는데, 미국 NOAA의 HYSPLT (hybrid single particle lagrangian integrated trajectory) 모델로 계산된 역궤적 자료와 각 오염원의 기여도 자료를 함께 이용하여 PSCF 값을 계산한다. **CPF 분석**은 풍향에 따른 지역규모 점오염원의 영향을 파악하기 위하여 사용하는데, 수용체에서 측정된 풍향과 각 오염원의 기여도를 이용하여 계산한다. 이때 높은 CPF 값을 갖는 방향에 점오염원이 존재할 확률이 높다 (황인조, 2010).

4) 주로 사용되는 수용모델과 화학분석법

수용방법 개발 초기에는 농축계수법이나 시계열분석법 등이 사용되었으나, 최근에는 CMB 모델과 인자분석법 등의 다변량 통계분석이 널리 사용되고 있다. 그러나 CMB 모델은 그 지역 고유의 오염원분류표를 필요로 하는데, 우리나라의 경우 기반연구의 부족으로 분류표가 미비하여 CMB 모델을 사용할 때 많은 제한이 따른다. 이러한 이유로 우리나라를 비롯하여 대부분 국가들은 인자분석법 중 PMF 모델을 주로 사용하고 있다.

연대별로 수용모델에 사용된 화학분석법을 살펴보면, 1970년대에는 주로 무기원소성분을 대상으로 하였으며 측정방법으로는 XRF와 NAA가 사용되었다 (세부 기기명과 설명은 앞의 절과 제4장을 참고하라). 1980년대에 발표된 연구논문부터 이온성분이 추가되었으며, XRF, PIXE, IC가 주요 분석방법으로 이용되었다. 1990년대와 2000년대에도 PIXE, XRF, ICP, IC가 주로 사용되었다. 시간의 흐름에 따라 기자재의 활용도 약간의 차이가 있지만, 1980년대부터는 PIXE, XRF, IC가 주로 사용되었다. 또한 연소성분의 중요한 확인자로서 탄소성분에 대한 분석이 활발하였다. 1970년대에는 TC (total carbon) 형태로 분석되었으며, 2000년대부터는 TC를 OC와 EC로 나누어 분석하였고, 최근에는 PAH를 수용

표 10.4 ■ 수용모델의 입력자료로 주로 사용되는 물리화학적 측정 항목 (EC, 2014).

항 목	물리화학적 측정항목
이온	SO_4^{--}, NO_3^-, NH_4^+, Cl^-, Na^+, Mg^{++}, K^+, Ca^{++}
탄소성분	TC, EC, OC, EC/OC 비율
무기원소	Na, Mg, Al, Si, P, S, Cl, K, Ca, Sc, Ti, V, Cr, Mn, Fe, Co, Ni, Cu, Zn, Ga, Ge, As, Se, Br, Rb, Sr, Zr, Mo, Rh, Pd, Ag, Cd, Sn, Sb, Te, I, Cs, Ba, La, W, Au, Hg, Pb
유기성 확인자	n-alkanes, alkanoic (carboxylic) acids (특히 지방산), aromatic carboxilic acids, levoglucosan/mannosan, PAHs, hopanes, resin acids, syringols, cholesterol
분진의 크기분포	scanning mobility particle sizer (SMPS), optical particle counter (OPC), aerodynamic particle sizer (APS), cascade impactors, streakers, Davis rotating-drum Universal-size-cut Monitoring impactor (DRUM/RDI)
분진크기별 농도	aerosol mass spectrometer (AMS) 또는 aerosol chemical speciation monitor (ACSM). 유기물의 기여도 추정에 사용.
광학적 특성	다양한 파장에서 C_{ff}와 C_{wb}의 광산란 기여를 추정하기 위해 흡수도를 측정. 여기서 C_{ff}는 화석연료 (fossil fuel) 기원의 탄소분율이며, C_{wb}는 나무연소 (wood burning) 기원의 탄소분율이다.
동위원소 비율	화석연료 기원 탄소와 현재 탄소의 기여를 추정하기 위해 $^{14}C/^{12}C$ 비율을 측정
라돈	행성경계층 (PBL)의 혼합도와 장거리 이동의 지시자 (indicator) 역할을 한다.

모델에 추가하여 오염원을 세분화하려는 노력과 함께, C^{14} 등의 동위원소 또는 GC-MS를 이용하여 유기성분을 더욱 세분화하여 특정오염원을 분리하려는 노력이 활발하다. 표 10.4는 수용모델의 입력자료로 주로 사용되는 측정항목을 보여주고 있다.

시간대별로 활용된 수용모델은 1970년대 CEB, 1980년대 FA, TTFA, CMB, 1990년대 CMB, PCA, FA 등이 사용되었으며, 2000년대에는 CMB, PMF, PCA, FA, UNIMIX 등이 사용되고 있다 (표 10.5 참조). 최근에는 PMF가 전 세계에서 가장 보편적으로 사용되고 있다. 이는 PMF가 오염원분류표와 같은 배출원 정보가 없이도 수행이 가능하기 때문이다. 반면, CMB는 배출원 자료의 지역고유 특이성 때문에 사용상 제약이 많으며, 그 밖의 방법론들은 사용빈도가 상대적으로 낮은데, 모델응용 시 통계학 전문성과 정량적 화학분석의 어려움 때문이다.

10-5 수용모델의 응용

10-5-1 수용모델의 국외 응용

최근까지 오염원 평가 및 관리와 관련한 연구는 주로 분산모델을 바탕으로 진행되어 왔다. 오염원 중심의 분산모델을 수행하기 위해서는 기상자료 및 배출자료의 확보와 오염물질간의 물리, 화학적 생성과 소멸에 대한 동력학적인 연구가 필수적이다. 하지만 기본적으로 기지의 인위적 오염원에서 미리 확보된 배출자료만을 입력자료로 이용하는 분산모델은 수많

표 10.5 ▪ 연대별 수용모델에 적용된 주요 화학분석법과 수용모델.

분석법	1970년대	1980년대	1990년대	2000년대	2010년대
화학분석법	XRF, NAA	XRF, PIXE, IC,	PIXE, XRF, IC, ICP	PIXE, XRF, ICP, NAA, AAS, IC, Cabon	PIXE, XRF, ICP, NAA, AAS, IC, Cabon, GC-MS
통계분석법	CEB	FA, TTFA, CMB	CMB, PCA, FA, MR	CMB, PMF, PCA, FA, UNMIX	CMB, PMF, PCA, FA

은 미지의 자연적 및 인위적 오염원에 영향 받고 있는 수용체 주변의 대기질을 정확히 평가할 수 없다. 이와 같은 분산모델의 한계성 때문에 수용체 중심으로 대기질을 평가하는 수용모델이 발전할 수 있었으며, 발전 초기에는 단지 분산모델의 보조적 수단으로 이용되었다.

분진오염 저감을 위해 수용모델이 미국에서 1970년대 초반에 개발된 이후, 미국은 총부유분진 (TSP), PM_{10}를 거쳐, 최근에는 $PM_{2.5}$에 대해 수용모델을 적용하고 정책을 개발하고 있다. 초기에는 대도시 대기질 개선을 위해 수용방법론이 도입되었으나 최근 청정지역 및 광역지역의 오염원 추적을 위해 수용모델이 응용되고 있다.

1) CMB와 PMF의 응용

CMB 모델은 Winchester and Nifong (1971) 및 Hidy and Friedlander (1972)에 의해 처음 개발되었다. Winchester 등은 1969년에 작성된 오염원 배출자료를 기초로 시카고 지역의 오염원 추적에 응용하였으며, Hidy 등은 Pb과 Si를 확인자 (marker)로 이용하여, 차량 배출가스와 토양분진의 오염원 기여도를 산출하기 위하여 CMB 모델을 이용하였다. 특히, Miller 등 (1972)에 의해 화학원소수지 (CEB)모델이 개발된 이후, Watson (1979)은 CMB 모델의 이론적 체계를 마련하였으며 현재 CMB는 보편적인 모델 중 하나로 자리잡고 있다.

수용모델은 적용 초창기에는 분진 중의 금속원소에만 응용되었으나, 최근에는 유기화 합물 및 가스상 오염물질까지 적용범위가 확산되고 있다. Aronian 등 (1989)은 시카고 지역에서 휘발성 유기화합물 (VOC)의 오염원 기여도를 CMB 모델을 이용하여 추정하였다. 또한 Lin 등(1994)은 VOC의 오염원 추적을 위해 붕괴인자를 적용하였으며, Scheff 등 (1994)은 두 개 상(phase)을 이용하여 시카고 지역의 대기 중 미세분진과 NMHC (non-methane hydrocarbon)의 오염원을 동시에 추정한 바 있다.

수용방법론의 적용범위는 실내오염원 파악과 시정감소와 같은 미시규모, 대도시의 지역규모, 동북아시아의 산성비와 황사현상과 같은 광역규모로도 확대되었다. 수용모델 연구의 대상지역은 주로 지역규모에 국한하였지만, Lewis 등 (1985)에 의해 개발된 hybrid receptor model은 Gordon 등 (1986)에 의해 응용되어 오하이오벨리에서 뉴잉글랜드로의 황산화물 이동에 대한 기여도를 추정하였다. 이 결과물은 오염물질의 중 · 장거리 이동현상으로 인한 주변지역의 피해 정도를 규명하는 대안으로 활용되었다.

한편, 인자분석법을 이용한 수용방법론은 Prinz (1968)에 의해 대기오염분야에 응용된 이후, Chang 등 (1988)은 인자분석법을 개량한 방법론, 즉 TTFA, UNMIX, PMF 등과 같은 다변량 분석법을 사용하여 세인트루이스의 오염원을 확인하였다. 이와 같이 인자분석법은 주로 도시지역의 분진자료를 이용하였지만, 실내공기 및 강수 중의 오염원 파악을 위해서도 응용되었다 (Severin 등, 1983; Nitta 등, 1993). Zelenka 등 (1993)은 CMB와 TTFA를 결합하여 중국 베이징에서의 오염원 기여도를 추정하였고, Conner 등 (1993)은 과거 독립적으로 발전되어온 분산모델과 수용방법론을 결합하여 캐나다 온타리오에서 오염의 기여도를 정량적으로 추정하였으며, Song 등 (1996)은 수용방법론과 인공지능이 결합된 기술을 개발하였다.

최근 인자분석법 중 가장 빈번하게 사용되고 있는 **PMF 모델**은 Paatero and Tapper (1994)에 의해 처음 개발되어 Anttila 등 (1995)에 의해 처음으로 대기분야에 응용되었다. 그 후 알래스카에서 측정된 $PM_{2.5}$의 오염원 추정 (Polissar 등, 1998), 홍콩에서 분진의 오염원 기여도 추정 (Lee 등, 1999), 미국 아리조나 피닉스에서 채취한 $PM_{2.5}$와 거대분진 ($PM_{2.5}$~PM_{10})의 오염원 추정 (Ramadan 등, 2000), 태국의 방콕에서 측정된 $PM_{2.5}$와 PM_{10}의 오염원 추정 (Chueinta 등, 2000), 미국 Vermont Underhill 지역에서 측정된 $PM_{2.5}$의 오염원 추정 (Polissar 등, 2001), 미국 북동지역의 $PM_{2.5}$의 오염원 추정 (Song 등, 2001), 미국 애틀란타 지역의 $PM_{2.5}$와 PM_{10}의 기여도 평가 (Kim 등, 2003), 베트남 하노이 지역에서 기상조건별 $PM_{2.5}$와 PM_{10}의 기여도 추정 (Hien, 2004) 등의 연구가 활발하게 진행되었다. 이후 10년간 PMF의 응용은 전 세계적으로 확산되었는데, 2000년대에 들어서는 PMF 모델과 CPF, NPR, 그리고 PSCF 모델 등을 결합하여 각 오염원의 기여도 및 위치를 확인하는 연구들이 진행되었다. 또한 예전에는 입자상물질 중 무기원소 및 이온성분들의 자료를 PMF 모델을 이용하여 각 오염원의 기여도를 추정한 연구가 주로 수행되었지만, 최근에는 ATOFMS (aerosol time-of flight mass spectrometer) 및 AMS (aerosol mass spectrometer) 등을 이용한 유기물질의 분석기술이 급속히 향상되어 이들 자료를 이용하여 **2차유기성 분진** (SOA; secondary organic aerosol)의 오염원을 확인하고 각 오염원의 기여도를 추정하는 연구가 증가하고 있다 (황인조 등, 2013).

$PM_{2.5}$와 PM_{10} 이외에도 VOC 등 가스상 물질에 대한 기여도 평가에도 PMF 모델이 응용되었다. 적용사례로는 VOC 물질에 대한 노출평가를 위한 오염원 기여도 추정 (Anderson 등, 2002), 칠레 지역의 VOC 기여도 평가 (Jorquera, 2004), 미국 휴스턴 지역의 비메탄 VOC 오염원의 특징 연구 (Kim 등, 2005) 등의 연구에 응용되었다. 한편, McCarthy 등 (2013)은 캐나다 에드몬턴에서 77가지의 VOC를 측정한 후 PMF를 응용하여 11개의 오염원을 확인하고 정량화 한 바 있다.

상기 응용 및 개발기술들은 전적으로 전량분석에 입각한 방법론이지만, 개별입자에 대한 현미경적 분석과 CMB 방법론을 결합한 **입자군수지법** (PCB: particle class balance)의 개발을 계기로 활성화되기 시작하였다 (Kim and Hopke, 1988). SEM/EDX를 이용한 많은 자료가 이미 축적되기 시작했으며, 미국 EPRI (Electric Power Research Institute)는 비산재의 생물학적 영향에 관한 연구를 수행하였고, 미국 EPA도 전량분석과 병행하여

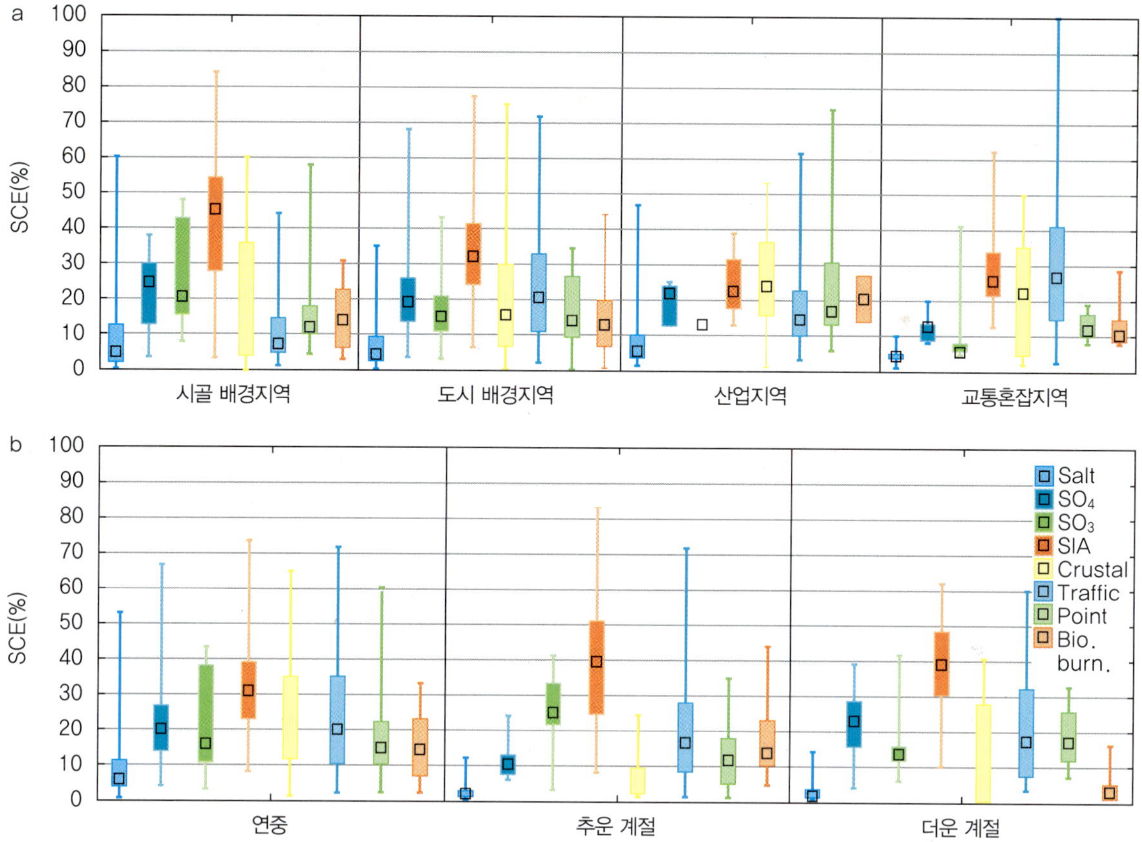

그림 10.4 ▪ 유럽지역의 분진 ($PM_{2.5}$ + PM_{10})의 기여도 추정연구 결과물을 종합한 8개 오염원에 대한 추정기여율 (SCE). 각 상자 속에는 8개 오염원별 중앙값과 4분위수의 범위가 표시되어 있다. (a) 지역별 (시골지역, 도시지역, 산업지역, 교통혼잡 지역), (b) 계절별 (연중, 추울 때, 따뜻할 때). 그림에서 Salt: 해양/도로 염, SO_4: ammonium sulphate, NO_3: ammonium nitrate, SIA: 2차무기분진 (SO_4 + NO_3), Crustal: 재비산먼지, Traffic: 이동오염원, Point: 점오염원, Bio. burn. 생체량연소를 의미한다. (Belis, et al., 2013).

$PM_{2.5}$의 오염원 기여도를 파악하였다. Katrinak 등 (1995)과 Malderen 등 (1996)은 현미경적 분석법을 이용하여 토양오염원과 시베리아 분진의 화학적 조성을 비교 연구하였다. Esther 등 (2009)은 CCSEM 자료를 이용하여 스페인 마드리드에 떨어지는 사하라사막 분진을 군집분석을 이용하여 형상별로 분류하였다.

수용모델링 결과 추정된 기여도는 대기질 관리 및 정책개발에 다양하게 활용된다. 그림 10.4는 유럽에서 여러 가지 목적을 가지고 수행된 연구결과물을 종합하고 평균화 한 것이다. 각 연구마다 다양한 측정방법과 수용모델을 응용하였기 때문에 직접적인 비교는 곤란하지만, 여기서는 오염원의 기여도를 비교하기 위하여 8개 (주요 오염원 6개 + 황산암모늄 + 질산암모늄) 오염원으로 한정한 것이다 (Belis 등, 2013).

2) 수용모델을 이용한 대기질 관리

수용모델이 미국의 대기질 관리정책에 적용된 최초사례는 1977년 포틀랜드의 TSP 기준을 달성하기 위하여 비용대비 효과적인 방안으로 채택되면서 부터이다. 수용모델 중 CMB

모델은 특정 오염원의 영향뿐만 아니라 분산모델로 예측할 수 없는 불특정오염원 (비산먼지, 생체연소 등)을 추정할 수 있기 때문에, 분산모델과 함께 수용모델을 적용하여 실질적인 대기질 개선정책을 펼쳤다. 그 결과 당시 기준이었던 TSP의 농도를 매 1 $\mu g/m^3$ 줄이는데 최소 십만 달러에서부터 최대 사백만 달러의 비용을 절감할 수 있었다.

미국은 Class I 지역 (대부분 산림지역 및 국립공원 지역)의 가시도 (visibility)를 유지하기 위하여, 1985년부터 IMPROVE (Interagency Monitoring of Protected Visual Environments) 측정망을 운영하고 있다. 이 측정망의 목적은 가시도와 분진에 대한 자료를 축적하고, 대기오염물질의 화학적 성분들을 분석하여 국가차원의 가시도 개선을 위해 장기적 차원에서 자료를 확보하는 것이다. 이 측정망이 운영됨으로서 분진의 채취 및 화학성분의 분석기술 역시 비약적으로 발전하였다 (황인조 등, 2013). 또한 미국 EPA는 2000년부터 주로 도심지역을 대상으로 STN (Speciation Trends Network) 프로그램을 운영하고 있는데, 이 프로그램은 분진의 농도와 인간의 건강과의 관계 정립, 분진의 시 · 공간적 거동 이해, 오염원과 수용체와의 관계 파악 등을 목적으로 하였다. 이러한 프로그램으로 획득한 자료는 철저한 QA/QC를 거쳐 축적되고 있으며, 각종 대기환경연구를 위해 공개되고 있다. 이러한 대용량 자료 (big data)들을 이용한 수용모델링 결과들은 정확한 정량적 기여도 추정과 더불어 수용모델의 신뢰성을 향상시키고 있다. 실제로 수많은 연구자들이 미국의 IMPROVE 자료와 STN 자료를 이용하여 수용모델링 결과를 발표하고 있다. 미국 EPA는 미국 전역에 대해서 오염원에 대한 효율적인 관리와 대기질 개선을 위한 정책을 수립하고 실행하는데 이들 자료를 적극 활용하고 있다 (황인조 등, 2013).

10-5-2 수용모델의 국내 응용

대기환경학에서 수용모델의 개념이 도입된 지 약 50여 년간 현재까지 전 세계적으로 수 천 편의 연구논문과 보고서 등이 발간되었다. 우리나라의 수용모델 연구는 외국과 비교했을 때 미흡한 부분이 많고, 이제 겨우 맛을 보는 단계라고 판단되지만, 이를 완벽하게 소화하기 위해서는 무엇보다 수용모델을 전공하는 전문인력 양성이 시급하다. 조속히 수용모델 연구결과물을 활용하여 우리나라 대기질 관리를 위한 다양한 방안들을 발굴하고 제시하여야 하며, 최종적으로 정부의 대기환경 정책수립을 위한 기반기술로 자리 잡아야 한다.

국내에서 수용방법론을 이용하여 대기질을 평가한 첫 번째 사례는 1990년 부산시 TSP 오염원의 정량적 추정 연구 (김태오 등, 1990)이다. 이후 석탄 화력발전소 주변에서의 강하분진의 정량적 평가 (김동술 등, 1994), 서울시 지하상가에서의 오염 패턴분석 (김동술 등, 1990), 서울시 PM_{10} 오염원의 정량적 기여도 산출 (유정석 등, 1995), 지하역사 공기오염의 정량적 평가 (김동술 등, 1994), 국내 처음 TTFA를 이용한 분진의 크기별 오염원 분석 (이태정 등, 1992), GIS를 이용한 강하분진 중 금속원소의 공간분포 분석 (윤훈주 등, 1997), 다변량 분석법을 이용한 초미세분진의 조성과 패턴연구 (황인조 등, 1998), 청주시 $PM_{2.5}$의 기여도 측정 (강병욱 등, 2000) 등 일반대기환경 뿐만 아니라, 지하철 등 실내 환경의 오염원 확인 및 정량적 기여도 평가연구에도 수용방법론이 다양하게 응용되었다. 또한 TTFA (유정석 등, 1995, 이태정 등, 1997, 김관수 등, 2001), PCA (손정화 등, 2000), CMB (김관수 등, 2001), MLR (황인조, 1998), 상관분석 (김병화 등, 2000), 군집분석법 (장여진 등, 1997) 등 다양한 통계기법들도 응용되었다.

국내 수용모델의 이용은 $PM_{2.5}$와 PM_{10} 등 분진오염원의 추정 및 기여도 평가연구에 집중되었다. 즉 $PM_{2.5}$의 배출원 구성물질의 성분비를 조사하여 CMB 모델에 활용하였으며 (강병욱 등, 2000; 이학성 등, 2004), 그 후 외부에서 유입되는 장거리 이동의 기여도를 추정하기 위해, CMB를 이용한 서울지역 $PM_{2.5}$에 영향을 주는 오염원 특성 연구 (이학성 등, 2005), CMB를 이용한 한반도에서 관측된 황사의 발원지 추정과 기여도에 대한 연구 (신선아 등, 2006) 등이 있었다. 특히 PMF를 이용한 PM_{10} 오염원 확인 및 정량적 평가가 우리나라에서 처음 2001년과 2003년에 수행되었으며 (황인조 등, 2001, 2003a,b), 이후 PMF를 이용한 서울시 $PM_{2.5}$의 오염원 기여도 추정 연구 (서울대학교, 2005), CMB를 이용한 서울시 $PM_{2.5}$의 오염원 기여도 추정 연구 (이학성 등, 2005), CMB를 이용한 우리나라 주요 도시 (서울, 태안, 부산, 대구 등)에서의 TSP 오염원 기여도 추정 연구 (Shin 등, 2006), PMF를 이용한 제주도 고산에서의 입경별 오염원 기여도 추정 연구 (Moon 등, 2006), PMF를 이용한 구미시 PM_{10} 오염원의 기여도 추정 연구 (황인조 등, 2008), PMF를 이용한 화성시, 파주시, 이천시에서의 PM_{10} 오염원의 기여도 추정 연구 (이태정 등, 2009) 등이 수행된 바 있다. 또한 이형우 등 (2009)은 용인지역에서 $PM_{2.5}$와 PM_{10}의 기여도 추정연구에 8종의 탄소항목을 분석에 이용하여, 휘발유 차량, 경유차량, 버스차량 등의 이동오염원을 분리하고 정량화 하였으며, 김도균 등 (2012)은 동지역에서 측정자료에 PAH 항목을 추가하여 $PM_{2.5}$의 오염원 확인시 판별력을 개선하였다. 그림 10.5는 경기도 용인지역에서 이들이 분석한 $PM_{2.5}$의 오염원별 기여도를 보여주고 있다. 한편, 그림 10.6은 국내논문 (CMB 논문 14편 + PMF 논문 35편) 및 국외논문 (CMB 논문 43편 + PMF 논문 91편 + UNMIX 논문 10편)을 조사하고 각 논문에 보고된 $PM_{2.5}$와 PM_{10}의 오염원별 기여도를 평균한 것이다.

분진을 입경별로 나누어 기여도를 계산한 국내외 첫 연구는 이태정 등 (1997)이 TTFA를 응용하여 분진의 입경별 기여도를 추정한 연구이다. 이 연구에서는 1991년부터 1995년까지 수원지역에서 다단분진채취기를 이용하여 분진을 채취한 후, XRF로 무기원소의 농도를 분석하고 이들 자료를 수용모델에 활용하였다. 당시 연구결과에 의하면 토양분진 오염원은 TSP의 20% 정도를 차지하여 큰 기여도를 보였다. 인위적 오염원 중에서는 석탄관련 오염원의 기여도가 가장 높게 조사되었으며, 기름관련 오염원, 노천연소관련 오염원, 차량관련 오염원, 등이 주요 오염원으로 분류되었다. 특히 노천연소관련 오염원은 전체적으로 13%이상의 기여율을 보였는데, 주로 농폐기물 연소을 포함하여 각종 생활쓰레기의 불법연소 및 건축 폐기물 연소 등 다양한 노천연소 행위가 포함되었다. 특히 쓰레기 종량제가 시행된 1995년 이후 노천연소 행위의 기여도가 급증하였는데, 차량관련 이동오염원이 11.3%정도인 것과 비교하면 불법연소가 이 지역 대기오염에 커다란 영향을 미친 것으로 조사되었다 (이태정, 1997).

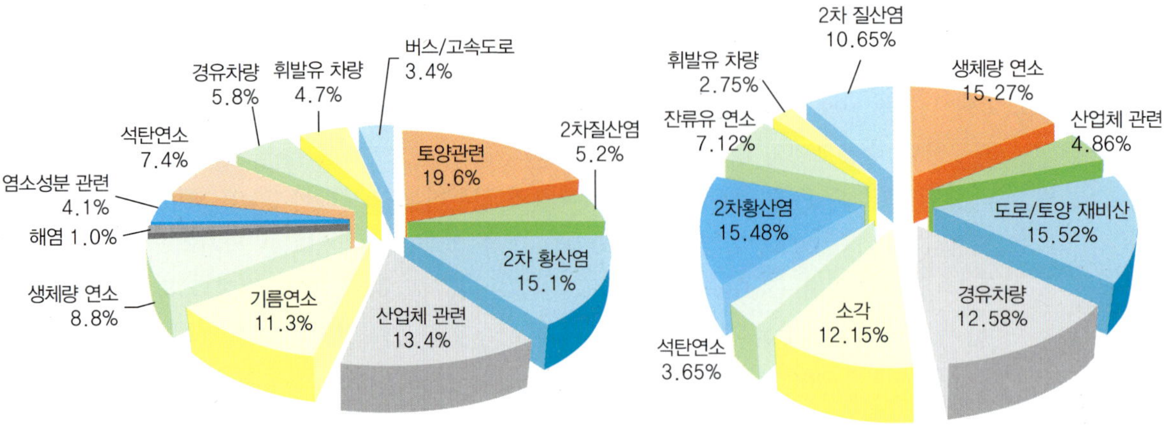

(a) 2007년　　　　　(b) 2010~2011년

그림 10.5 ▪ 경기도 용인시에서 추정된 $PM_{2.5}$의 오염원별 기여도 (a) 2007년 (이형우 등, 2008), (b) 2010~2011년 (김도균 등, 2012).

분진을 입경별로 나누어 기여도를 계산한 국내 두 번째 연구로는 Oh 등 (2011)이 PMF를 응용한 연구가 있다. 이 연구에서는 2005년부터 2007년까지 수원지역에서 다단분진채취기를 이용하여 분진을 채취한 후, 무기원소와 이온농도를 분석하고 PMF를 이용하였다. 연구결과 거대분진 영역에서 가장 기여도가 큰 오염원은 황사로 추정되는 중국발 장거리운송 오염원 (32.4%)이었으며, 미세분진 영역에서도 중국발원으로 추정되는 2차분진 오염원 (34.5%)이었다. 분진의 크기별 기여도는 표 10.6과 같다.

한편, 우리나라에서 입자별 분석과 악취성 VOC에 대한 오염원 분류표 개발연구가 수행된 바 있다. 대표적인 연구로는 입자별 분석사례로 토양 및 소각로에서의 개별입자의 오염원 분류표 개발 (장여진 등, 1997), 차량 주행모드별 배출 분진의 입자별 화학적 조성분석 (김혜진 등, 1999), 황사의 입자별 분리를 위한 프렉탈 분석 (한광인, 1997), 황사의 오염원 분류표 개발 (강승우, 2000) 등의 연구가 수행된바 있으며, 최형욱 등 (2004)은 분진의 개수농도 분포도를 이용하여 서울시 지하철의 오염원의 개수농도 기여도를 추정하기 위해 개수농도수지법 (PNB: particle number balance)을 개발하였다. 또한, 최영아 등 (2007)은 입자별 분석을 통해 실내 석면에 대한 오염원 분류표를 개발하였다. 한편, Heo 등 (2004)은 신경망 분석과 전문가시스템을 이용하여 서울시 오존예보시스템을 개발하였다. 그밖에 수용모델을 이용하여, 서울지역에서의 VOC 오염원 기여도 추정에 관한 연구 (봉춘근, 2003), VOC의 오염원 분류표를 개발하고 CMB를 이용하여 여수산단 지역의 오염원 기여도를 추정한 연구 (전준민 등, 2005), PMF를 이용한 수도권지역 VOC의 배출원을 추정한 연구 (한진석, 2006) 등이 있었다.

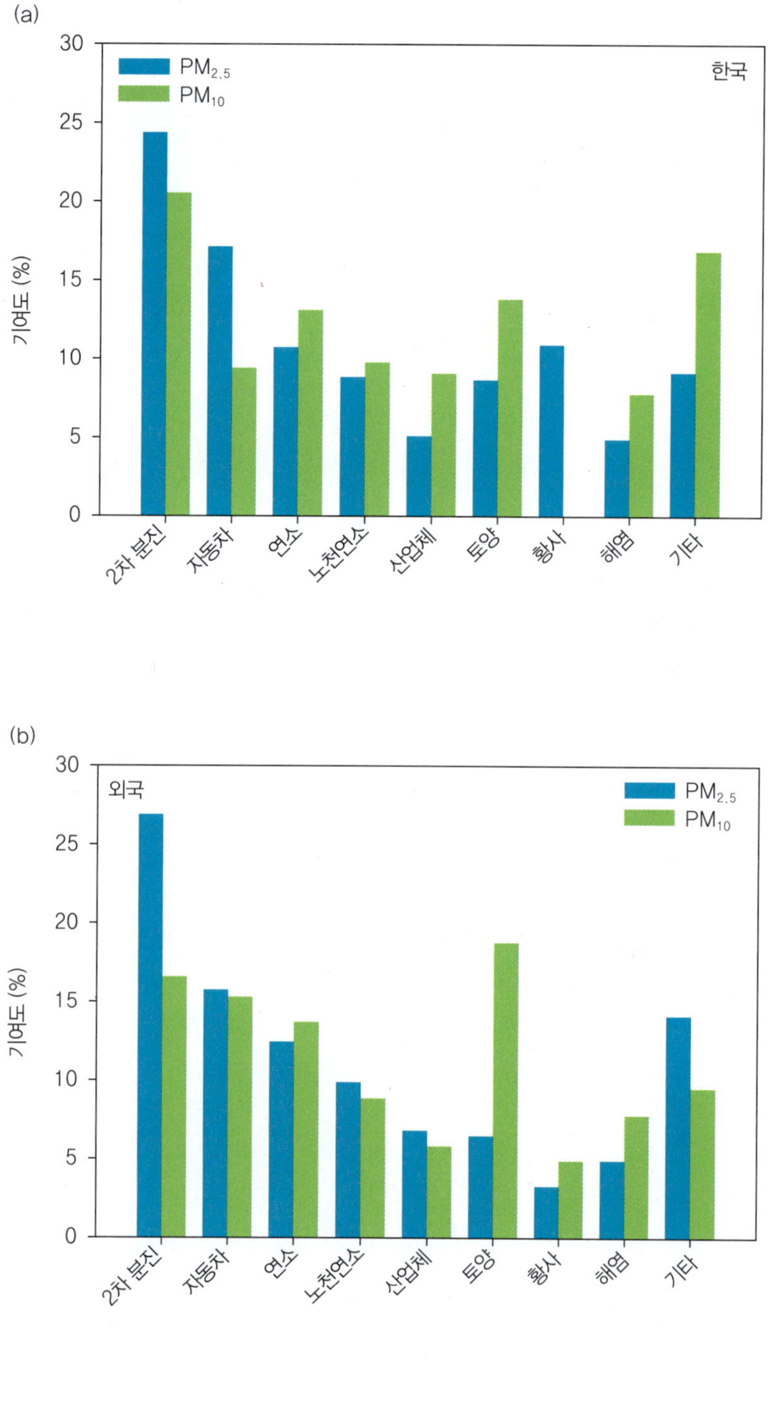

그림 10.6 ■ 우리나라 및 외국에서 추정된 $PM_{2.5}$와 PM_{10}의 각 오염원별 기여도 비교(황인조 등, 2013)

표 10.6 ▪ 수원지역에서 2005년 9월부터 2007년 9월까지 PMF 모델로 수행된 분진오염원의 크기별 질량기여도 (Oh 등, 2011).

크기영역 (μm)	해염	건설 비산 먼지	장거리 운송	토양· 비산 먼지	NH_4NO_3 관련	기름 연소	차량 관련	석탄 연소	2차 분진	소각	생체량 연소	총계
ST1 (> 9.0)	3.41	0.22	5.37	2.71	–	–	–	–	–	–	–	11.71
ST2 (5.8~9.0)	2.36	0.15	2.91	0.69	–	–	–	–	–	–	–	6.11
ST3 (4.7~5.8)	–	–	0.32	0.30	0.86	0.08	1.60	–	–	–	–	3.16
ST4 (3.3~4.7)	–	–	0.84	0.68	1.92	0.11	1.90	–	–	–	–	5.45
ST5 (2.1~3.3)	–	–	0.84	0.20	–	0.17	2.37	1.73	–	–	–	5.31
ST6 (1.1~2.1)	–	–	–	–	–	0.30	1.04	1.70	1.61	1.61	–	6.26
ST7 (0.7~1.1)	–	–	–	–	–	0.30	0.89	1.24	3.17	0.71	1.82	8.13
ST8 (0.4~0.7)	–	–	–	–	–	0.61	–	1.53	3.21	2.60	0.79	8.74
거대분진 (PM > 2.1)	5.77 (18.2%)	0.37 (1.2%)	10.28 (32.4%)	4.58 (14.4%)	2.78 (8.8%)	0.36 (1.1%)	5.87 (18.5%)	1.73 (5.5%)	–	–	–	31.74 (100%)
미세분진 (0.4 < PM < 2.1)	–	–	–	–	–	1.21 (5.2%)	1.93 (8.3%)	4.47 (19.3%)	7.99 (34.5%)	4.92 (21.3%)	2.61 (11.3%)	23.13 (100%)
Total	5.77 (10.5%)	0.37 (0.7%)	10.28 (18.7%)	4.58 (8.3%)	2.78 (5.1%)	1.57 (2.9%)	7.80 (14.2%)	6.20 (11.3%)	7.99 (14.6%)	4.92 (9.0%)	2.61 (4.8%)	54.87 (100%)

note: 거대분진은 ST1, ST2, ST3, ST4, ST5의 질량 합이다. (i.e. PM > 2.1 μm).
미세분진은 ST6, ST7, ST8의 질량 합이다. (i.e. 0.4 μm < PM < 2.1 μm).

10-5-3 수용모델을 이용한 우리나라 초미세먼지 오염의 원인분석

최근 우리나라는 고농도 $PM_{2.5}$ 사례일 및 연무 (haze) 발생빈도가 빠르게 증가하고 있으며, 연무현상이 발생한 날에는 $PM_{2.5}$ 중 SO_4^{2-}, NO_3^-, NH_4^+, OC 등으로 구성된 2차분진 (secondary aerosol)의 농도가 크게 증가하였다 (임효지 등, 2015). 이러한 $PM_{2.5}$는 국내 영향뿐만 아니라, 2008년 이후 중국의 급속한 경제발전으로 그 영향이 크게 증가하였다 (Kim *et al.*, 2016; *Lee et al.*, 2012).

Park *et al.* (2019) 및 이태정 등 (2019)은 서울지역 $PM_{2.5}$ 오염원인과 오염특성을 정량적으로 분석하기 위해, 서울집중모니터링 측정소 (Seoul Intensive Monitoring Station; 이하 SIMS)의 자료를 사용하여 PMF 모델링을 수행하였다. 이들은 서울지역에서의 $PM_{2.5}$

오염원 기여도를 시간별, 일별, 요일별, 월별, 계절별로 파악하였으며, 우리나라에서 발생한 고농도 연무사례를 유형별로 나누고 유형별 발생특성을 파악하였다. 이들이 PMF 모델링에 사용한 측정자료는 2013년1월부터 2014년12월까지 총 2년간에 걸쳐 시간별로 $PM_{2.5}$의 질량농도와 화학성분을 분석한 자료이며, 원자료를 전처리 한 후 수용모델링에 이용한 최종시료 수는 12,376개이었다. 또한 각 시료를 분석한 화학종의 수는 24개이었다. 다음 항에 설명될 수용모델의 결과는 이들 논문의 결과를 발췌한 것이다.

1) $PM_{2.5}$의 오염구간별 화학성분과 오염원인의 분석

환경부는 2018년 3월부터 $PM_{2.5}$ 대기환경기준을 일평균 50 $\mu g/m^3$에서 35 $\mu g/m^3$으로, 연평균 25 $\mu g/m^3$에서 15 $\mu g/m^3$로 강화하였으며 (MOE, 2019a), 예보, 주의보, 경보 기준도 강화하였다. 즉 $PM_{2.5}$의 예보기준은 보통수준을 16~50 $\mu g/m^3$에서 16~35 $\mu g/m^3$로, 나쁨을 51~100 $\mu g/m^3$에서 36~75 $\mu g/m^3$로, 매우 나쁨을 101 $\mu g/m^3$ 이상에서 76 $\mu g/m^3$으로 강화하였다. 또한 주의보기준 (2시간)은 현행 90 $\mu g/m^3$에서 75 $\mu g/m^3$로, 경보기준 (2시간)은 현행 180 $\mu g/m^3$에서 150 $\mu g/m^3$로 강화하였다 (MOE, 2019b).

그림 10.7은 각 농도구간별로 황산염 (SO_4^{2-}), 질산염 (NO_3^-), 암모늄 (NH_4^+), OC (organic carbon; 유기탄소), EC (inorganic carbon; 무기탄소)의 평균 농도와 풍속과의 관계를 도식한 것이다. 우선 오염구간별로 기상변수의 특성을 살펴 본 결과, 상대습도 (RH)의 변화는 거의 없었으며, 기온의 경우 최악구간 (5.8 °C)을 제외하고, 나머지 구간에서는 큰 차이가 없었다. 하지만 풍속 (WS)의 경우, 좋음구간 (2.3 m/sec)과 최악구간 (1.1 m/sec)은 큰 차이를 보였지만 나머지 3개 구간은 풍속변화 (1.6~1.8 m/sec)가 거의 없었다. 즉, 좋음구간에서는 평상시와 비교하여 상대습도와 온도 변수와 관계없이 풍속이 매우 빨랐으며, 최악구간에서는 평상시와 비교하여 기온이 낮았고 풍속은 매우 느렸다. 다시 말해, 오염도가 좋음 또는 최악인 상태에서는 기상변수 중 기온과 풍속이 오염도에 더 큰 영향을 미쳤다. 특히 기온이 하강할 때 난방관련 화석연료의 사용이 급증하기 때문에 온도는 인위적 오염원이 $PM_{2.5}$ 오염에 영향을 주는 자연적 기상변수라고 할 수 있다. 특히 겨울철에 국지적 복사역전 (radiational inversion)과 지역적 전선역전 (frontal inversion)의 생성과 소멸은 해당 지역의 대기혼합고 (mixing height)를 변화시키기 때문에, 대기 중으로의 $PM_{2.5}$ 배출량 변화가 없더라도 $PM_{2.5}$ 농도는 크게 바뀔 수 있다. 즉, $PM_{2.5}$의 5개 오염구간에서 좋음구간은 인위적 저감노력과 함께 기상에 의한 자연적 혜택을 받은 구간이며, 최악구간은 누적된 오염행위와 자연적 재앙이 함께 일어난 구간이다.

그림 10.7에서와 같이, 풍속과 $PM_{2.5}$ 농도는 역상관성을 보이는데, 풍속이 느려질수록 $PM_{2.5}$ 농도가 증가한다. 즉, 느린 풍속으로 인한 대기 정체로 SO_2, NO_2, NH_3, VOCs 등의 가스상오염물질의 대기 중 체류시간이 길어지고, 물리적 기작과 화학적 반응으로 2차분진 (secondary aerosol)으로의 전환되는 시간이 충분히 확보되기 때문에 이 최악구간에서 2차분진의 고농도 현상이 나타났다. 이러한 오염사례에서 나타난 또 하나의 일관된 특징은 F/C 질량분율 ($PM_{2.5}/PM_{10}$; 이하 F/C ratio)이 증가한다는 점이다. F/C 백분율은 대기질이 악화함에 따라 각 구간에서 54.5%, 63.1%, 72.3%, 78.1%, 81.4%로 증가하였으며, 특히

$PM_{2.5}$ 농도가 151 $\mu g/m^3$ 이상인 최악구간에서는 거의 80% 이상을 차지하였다.

표 10.7은 $PM_{2.5}$의 오염구간별 오염원인을 분석하기 위해, PMF 모델링을 수행하고 그 결과를 도식한 것이다. 이 결과를 얻기 위해 시간별 시료전체를 $PM_{2.5}$ 농도순으로 정렬하고, 다시 각 시료의 기상자료와 PMF 결과치 (오염원 기여도)를 구간별로 합한 후 평균기여도를 계산하였다. 표 10.7에서와 같이, 오염도가 악화할수록 국외발생 2차분진오염원의 질량기여도와 백분율기여도는 동시에 급속히 증가함을 알 수 있다. 즉 2차분진오염원의 기여도는 좋음상태 (15 $\mu g/m^3$ 이하)에서는 1.4 μg/m3 (13.2%)이었으나, 최악구간 (150 $\mu g/m^3$ 이상)에서는 61.7 $\mu g/m^3$ (38.2%)로 크게 증가하였다. 다시 말해, 최악일 때가 좋을 때보다 질량기여도는 44.1배 증가하였으며, 기여백분율도 25%p 증가하였다. 하지만 최악구간의 경우, 전술한 바와 같이 기상재앙의 영향이 더 크게 관여하였다고 판단된다.

반면, 국내발생 오염원 중 이동오염원의 구간별 거동을 살펴보면, 좋음구간 (2.5 $\mu g/m^3$, 22.8%), 보통구간 (6.7 $\mu g/m^3$, 27.1%), 나쁨구간 (12.6 $\mu g/m^3$, 24.6%), 매우나쁨구간 (19.9 $\mu g/m^3$, 20.6%), 최악구간 (40.0 $\mu g/m^3$, 24.8%)을 보여, 질량기여도는 신속히 증가하였지만 기여백분율의 변화는 크지 않았다. 특히 매우나쁨구간과 최악구간 사이의 질량기여도 변화가 크지 않았다. 이는 최악구간의 낮은 온도 상태에서 따뜻한 기류가 유입되어 기온역전이 발생하고, 동시에 풍속의 감소로 야기된 대기정체가 질량농도를 크게 높였다고 판단된다. 더불어 이동오염원의 경우, 낮은 배출구 높이로 인해 $PM_{2.5}$의 축적이 효율적으로 진행되었다고 판단된다. 석탄오염원, 생체량연소오염원, 기타 오염원들의 기여도 경향도 이동오염원의 거동과 유사하게 풍속이 감속되면서 질량기여도가 증가하였으나, 기여백분율의 경우 다소 기복을 보였지만 큰 변화는 없었다.

표 10.7 ▪ 2013년과 2014년 2년간 서울지역 $PM_{2.5}$의 오염구간별 오염원의 평균기여도 (단위: μg/m, 괄호속은 기여백분율, %) (이태정 등, 2019).

$PM_{2.5}$ 오염구간 ($\mu g/m^3$)	국외유입 2차 분진	국내생성 2차 질산염	이동오염원	Brake Tire 마모	석탄연소	기름연소	소각	생체량연소	브롬관련연소	산업체	인접산업체	해염	토양분진	도로비산	평균 $PM_{2.5}$ ($\mu g/m^3$)
좋음 (0-15)	1.4 (13.2)	0.2 (2.2)	2.5 (22.8)	0.5 (4.8)	1.5 (14.1)	0.3 (2.8)	0.6 (5.8)	0.6 (5.3)	0.2 (1.6)	0.2 (1.4)	0.1 (0.9)	1.7 (15.8)	0.7 (6.2)	0.3 (3.1)	10.9
보통 (16-35)	4.6 (18.7)	0.9 (3.5)	6.7 (27.1)	1.0 (3.9)	3.3 (13.5)	0.8 (3.3)	1.6 (6.3)	1.3 (5.1)	0.3 (1.2)	0.4 (1.7)	0.3 (1.2)	1.8 (7.4)	1.0 (4.1)	0.7 (2.8)	24.7
나쁨 (36-75)	14.7 (28.7)	3.3 (6.5)	12.6 (24.6)	1.6 (3.2)	4.5 (8.9)	1.9 (3.8)	3.7 (7.1)	2.4 (4.6)	0.5 (1.0)	1.1 (2.2)	0.5 (1.0)	2.3 (4.5)	1.2 (2.3)	0.8 (1.6)	51.2
매우나쁨 (76-150)	32.8 (33.9)	6.5 (6.7)	19.9 (20.6)	2.5 (2.6)	8.7 (9.0)	3.4 (3.5)	6.7 (6.9)	4.9 (5.1)	1.0 (1.1)	2.5 (2.6)	1.7 (1.8)	3.0 (3.1)	1.3 (1.3)	1.8 (1.9)	96.7
최악 (＞151)	61.7 (38.2)	2.7 (1.7)	40.0 (24.8)	3.5 (2.2)	13.1 (8.1)	2.2 (1.4)	14.2 (8.8)	10.1 (6.2)	1.5 (0.9)	2.3 (1.4)	4.6 (2.8)	2.5 (1.6)	0.7 (0.4)	2.4 (1.5)	161.6

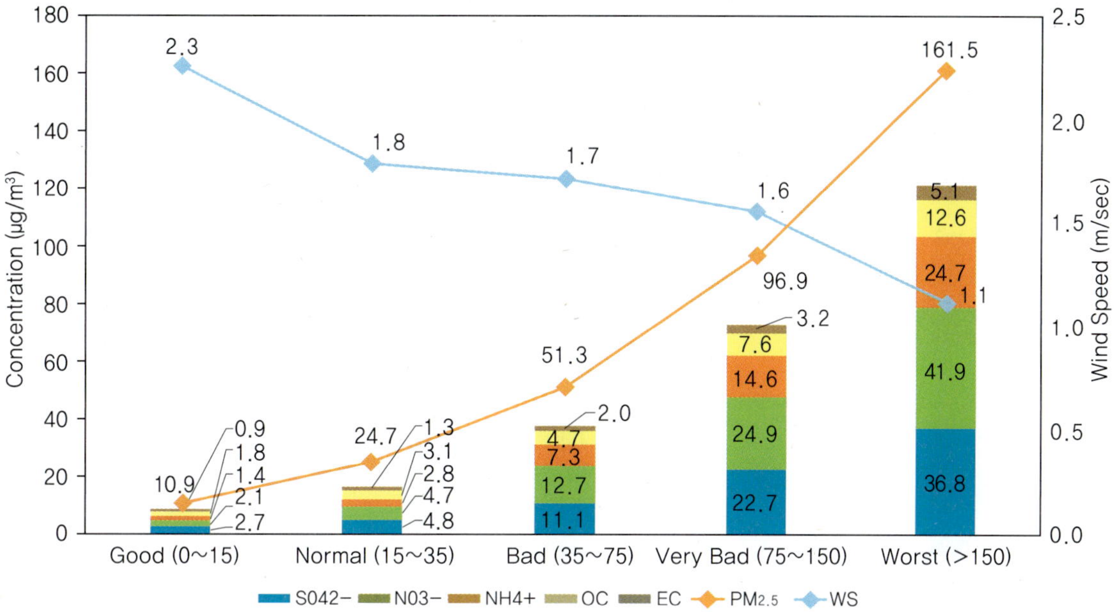

그림 10.7 ▪ 2013년과 2014년 2년간 SIMS에서 시간단위로 측정된 $PM_{2.5}$의 오염구간별 화학종 평균농도 (단위: μg/m³)와 평균풍속.

2) 서울시 $PM_{2.5}$의 시계열적 오염원인 분석

대기 중 $PM_{2.5}$의 오염도는 배출원의 활동도 및 기상요인에 직접적으로 영향을 받는다. 특히 우리나라와 같이 계절특성이 뚜렷하게 나타나는 경우, 월별, 계절별 기상요인에 크게 영향을 받을 수 있다. 또한 출퇴근 시간의 차량 통행량, 산업체 조업시간, 겨울철 난방 증가 등 오염원의 활동도 (activity)에 따라서도 영향을 받는다. 따라서 $PM_{2.5}$의 오염특성을 파악하고 오염원인을 정량적으로 분석할 수 있다면, $PM_{2.5}$의 저감정책과 관리방안을 마련하는데 도움이 된다. 참고로 그림 10.8은 서울시에 존재하는 각 오염원에 대한 계절별 기여도의 경향을 보여주고 있으며, 그림 10.9는 시간별 기여도의 경향을 보여주고 있다. 각 그림에서 기여도 표시는 백분율이 아니라 $\mu g/m^3$ 단위로 표시하였다. 대기오염 관리 및 정책개발 차원에서, 기여도를 백분율로만 표시할 경우 합리성이 결여된 주관적 판단 개연성이 크기 때문에 각별히 주의하여야 한다. 서울시 $PM_{2.5}$ 오염원의 연도별, 월별, 계절별 기여도 경향과 각 오염원의 확인과정은 문헌 (Park *et al.*, 2019; Lee *et al.*, 2019)를 참조하라.

그림 10.9에 의하면, 2차질산염 오염원의 시간별 변화는 매우 크게 나타났는데, 늦은 밤부터 아침까지 높은 기여도를 보였으며 최대 4.5 $\mu g/m^3$까지 상승하였다. 하지만 낮 동안에는 1 $\mu g/m^3$ 미만의 낮은 기여도를 보였다. 이와 같이 시간별 변동이 크다는 의미는 이 오염원이 비록 2차분진 중 하나이지만 장거리운송에 의한 국외 오염원이라기보다는, 국내 각종 연소행위로부터 배출된 질소산화물이 짧은 시간 내에 야간 화학반응으로 2차생성 되었다는 것을 의미한다. 선행연구 (Park *et al.*, 2019)의 풍향분석에 의하면, 이 오염원의 위치는 SIMS의 동부 및 남동방향으로 추정되었다. 한편, Eatough *et al.* (2007) 등은 미국 피

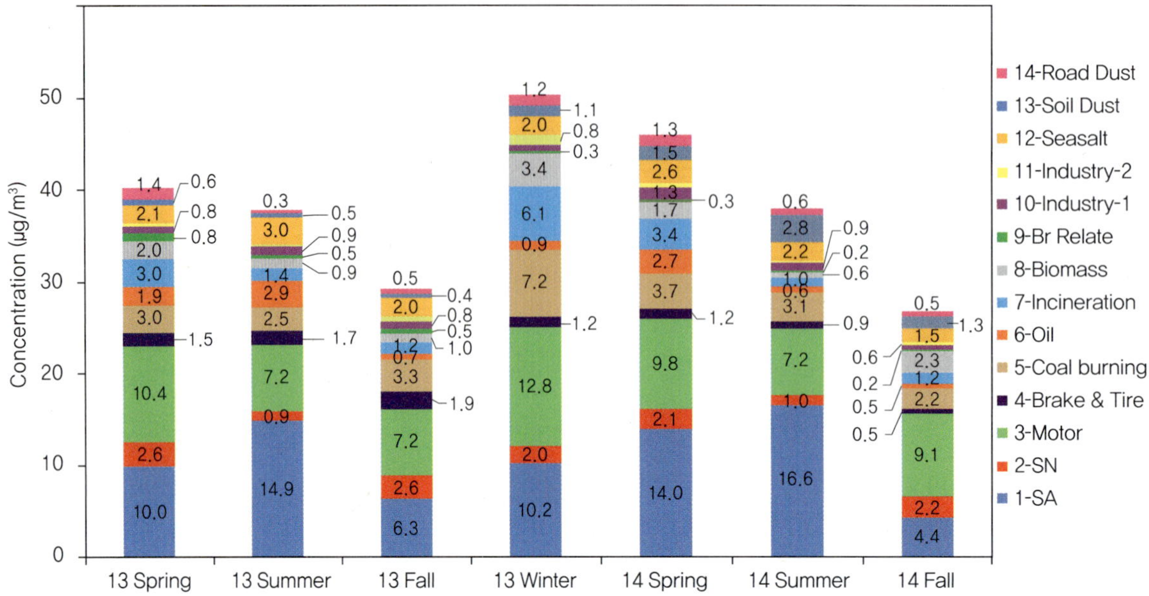

그림 10.8 ▪ 2013년과 2014년 2년간 서울지역의 $PM_{2.5}$ 오염원의 계절별 기여도 (단위:μg/m³) 경향. (이태정 등, 2019).

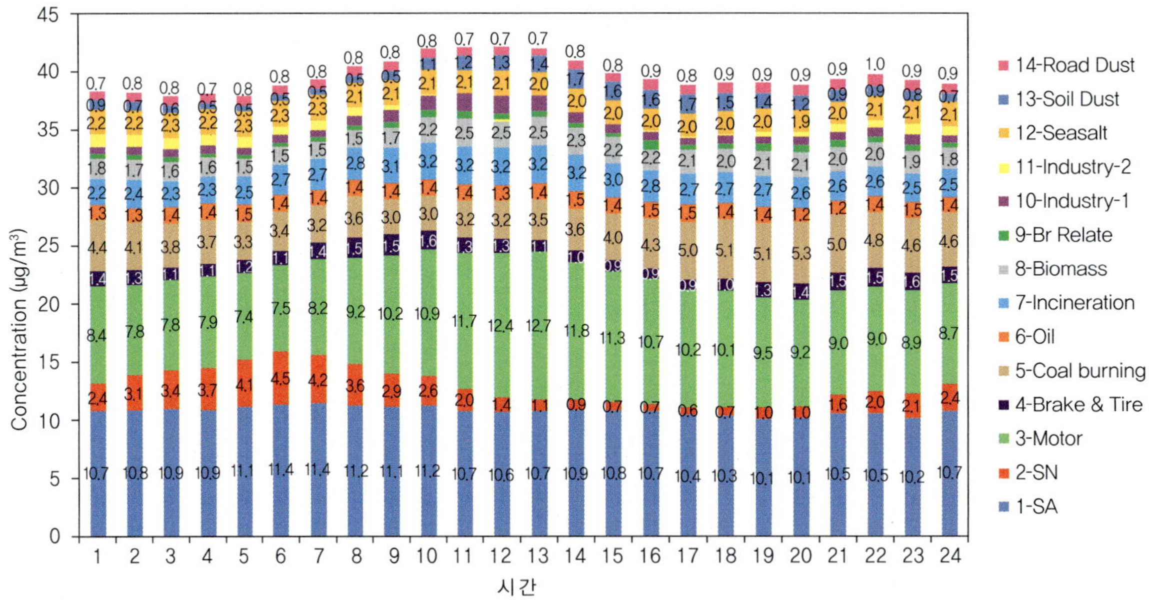

그림 10.9 ▪ 2013년과 2014년 2년간 서울지역의 $PM_{2.5}$ 오염원의 시간별 기여도 (단위:μg/m³) 경향. (이태정 등, 2019)

츠버그에서 PMF를 이용하여 4가지 2차분진을 확인한 바 있는데, 그중 3가지는 지역 인근에서의 질소산화물 배출과 관련이 있었다.

3) 서울시에서의 연무현상의 유형분류

$PM_{2.5}$ 고농도로 발생한 연무의 오염특성을 분석하기 위해, 2013~2014년 2년 기간 중 고농도 연무사례를 파악한 후, 기상자료의 패턴과 확인된 14개 오염원의 시간별 및 일별 거동을 분석하여 연무의 생성유형을 분류하였다. 분류한 결과, 우리나라에서는 연무의 유형을 크게 국외형, 국내형, 국내외 혼합형으로 분류할 수 있었다. 특히 겨울철 고농도 연무현상이 발생할 때 공통적으로 나타나는 현상은 기온이 맹추위로 인해 크게 떨어지고 다시 큰 폭으로 기온이 올라갈 때 발생한다는 점이다. 즉 이러한 기온변화가 지면근처에서 국지적 복사역전과 지역적 전선역전의 생성과 파괴에 직접 관여하고 혼합고를 변화시켜 대기 중 $PM_{2.5}$의 농도를 크게 변화시킬 수 있었다.

국외형 연무사례 (겨울: 2014년 2월 24~26일, 여름: 2013년 7월 25~26일)

국외형 연무 사례 중 하나가 2014년 2월 24~26일 사이에 발생하였다. 그림 10.10에서 보듯이, $PM_{2.5}$ 농도는 2월25일이 가장 높았으며 오전 11시에는 최대 200.0 $\mu g/m^3$을 보였다. 또한 F/C ratio는 약 0.8 수준이었으며, 2월 25일에는 0.83을 보여 인위적 오염물질의 비중이 매우 큼을 알 수 있었다. 풍속과 $PM_{2.5}$ 농도는 역상관 관계를 보였으며, 최대 오염도를 보인 2월25일 전날부터 풍속은 1.0 m/sec까지 감소되었다. 풍속이 회복되면서 $PM_{2.5}$ 오염도는 서서히 회복되었다. $PM_{2.5}$ 농도 대비 2차분진의 일평균 기여율, 즉 국외로부터 유입된 $PM_{2.5}$의 일평균 기여율은 2월 24일 43%, 25일 44%, 26일 50%까지 증가하다가, 27일 42%로 낮아졌다. 이 기여율은 2월 25일 자정에 최대 59%를 보이기도 했다. 이 사례는 풍속과 풍향변화 (즉, 기압변화) 및 온도변화로 인한 대기정체의 영향이 큰 것으로 나타났다. 비록 국내 오염원의 증가율도 높게 나타났지만 2차분진오염원의 증가량과 증가율이 절대

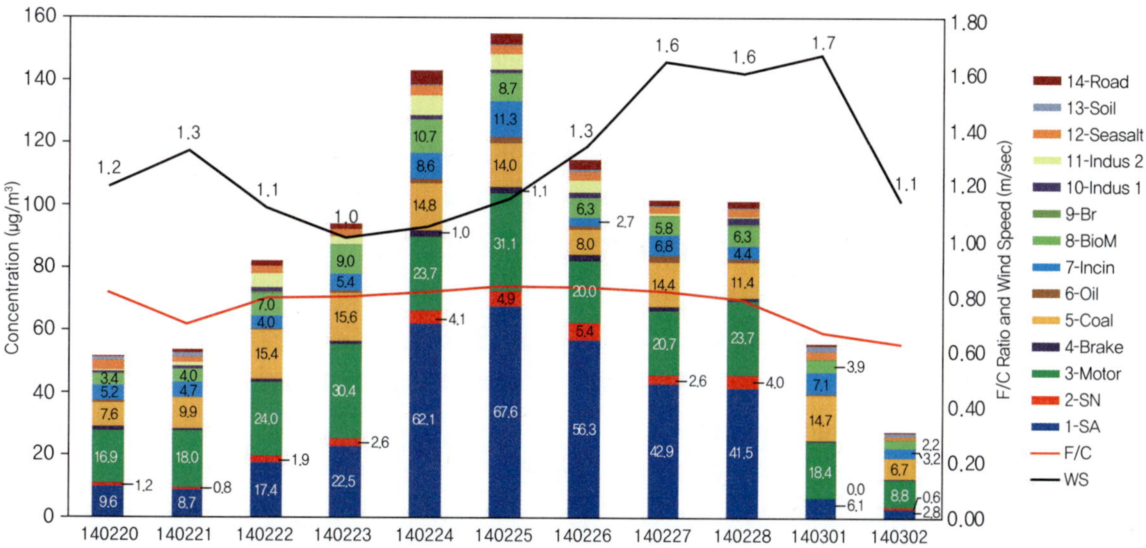

그림 10.10 ■ 서울시에서 겨울철에 발생한 국외형 연무기간 동안 하루단위로 분석된 기상인자 및 $PM_{2.5}$ 오염원의 기여도 (단위:μg/m³)의 변화. (이태정 등, 2019)

적이었다.

여름에 나타나는 국외형의 경우 겨울과는 다소 차이가 있었는데, 2013년 7월 25~26일 사이에 발생한 경우이다. 겨울철 사례보다는 $PM_{2.5}$ 농도가 다소 높았지만, F/C ratio는 연무기간 중 평균 0.90이었고, 7월 29일에는 0.95를 보이기도 했다. 이 사례 역시 풍속과 $PM_{2.5}$ 농도는 완벽한 역상관 관계를 보였으며, 최대 오염도를 보인 7월25일 전날부터 풍속은 1.0 m/sec까지 감소되었으며, 풍속이 회복되면서 $PM_{2.5}$ 오염도는 서서히 회복되었다. $PM_{2.5}$ 중 2차분진이 차지하는 질량기여율은 25일과 26일 각각 62%와 67%이었으며, 25일 오전 6시에는 최대 75%를 보였다. 여름철 사례와 겨울철 사례를 비교할 때, 여름철은 농도 수위가 낮았지만 국외유입 기여율 측면에서는 겨울 (59%)보다 16%P 높았다.

국내형 연무사례 (겨울: 2013년 12월 20~25일)

국내형으로 분류된 연무사례가 2013년 12월 20~25일 사이에 발생하였다. 그림 10.11은 $PM_{2.5}$ 고농 발생 전후 기간동안의 오염원에 대한 기여도를 보여주고 있다. 풍속의 증감이 $PM_{2.5}$ 농도와 역상관 관계를 보임을 알 수 있다. $PM_{2.5}$ 중 국외유입 2차분진이 차지하는 질량기여율의 범위는 6~19%를 보여 2013년과 2014년도 2년간 평균치인 26.9%와 비교해도 현저히 낮았다. 반면 국내기인 오염원들의 기여율은 매우 높았다. 참고로 당시 2년간 평균기여율은 이동오염원 (22.6%), 석탄오염원 (9.6%), 소각오염원 (8.0%), 생체량연소오염원 (5.3%)이었다.

일반적으로 풍속이 감소되면 오염도가 증가한다. 우선 단기적 일변화 (diurnal variation) 거동을 살펴보면, 맑은 날에는 해가 진 후 기온이 떨어지면서 지면냉각으로 하부의 기온이 상부보다 낮아 국지 복사역전 (radiational inversion) 현상이 나타난다. 역전현상이 생기면 대기는 안정하여 풍속이 느려지면서 대기가 정체하여 오염도는 급속히 증가한다. 일반적으로 낮에는 지면가열로 이러한 역전현상이 서서히 파괴되면서 대기 불안정하게 되어 풍속이 빨라지고 오염도가 낮아진다.

요즘 겨울이 될 때마다 **삼한사미 (三寒四微)**라는 용어가 자주 입에 오르내리고 있다. 사흘 추위 끝에 찾아오는 나흘간의 따뜻한 날씨를 보인다는 **삼한사온** 용어에서 파생된 말이다. 즉 강추위가 며칠간 이어진 후 따뜻한 바람이 불어 닥치면 반드시 미세먼지가 극성을 부린다는 현상을 표현한 신조어인데, 매우 과학적인 용어라고 판단된다. 이 현상은 위에 설명한 국지적이고 단기적인 일변화 패턴과는 다르게 나타난다. 그림 10.12는 그림 10.11을 확대한 것인데, 시간단위로 기온변화와 함께 오염원의 기여도를 표시한 그림으로 삼한사미 현상을 보여주고 있다. 그림을 보면, 12월 26일 오후부터 기온이 급하강하기 시작하였고, 이 강추위는 며칠간 계속되었다. 참고로 물의 비열은 1 cal/g℃이며, 건조 공기, 건조 토양, 얼음의 비열은 각각 0.25, 0.19, 0.5 cal/g °C이다. 즉 토양이 물을 많이 함유할수록 지면의 비열은 커지며 공기보다 비열이 커지게 된다. 이에 따라 눈이 쌓여 수분을 잔뜩 함유한 지표면은 강추위로 수일간 결빙되고, 지면 위 기온은 며칠간 불어오는 차가운 바람의 영향으로 지면보다 낮을 수 밖에 없다. 따라서 추위가 계속되는 동안에는 단기적 기온역전 현상과 대기정체 현상이 나타날 수 없고 (즉 혼합고가 높아져서), 대기오염도는 크게 개선

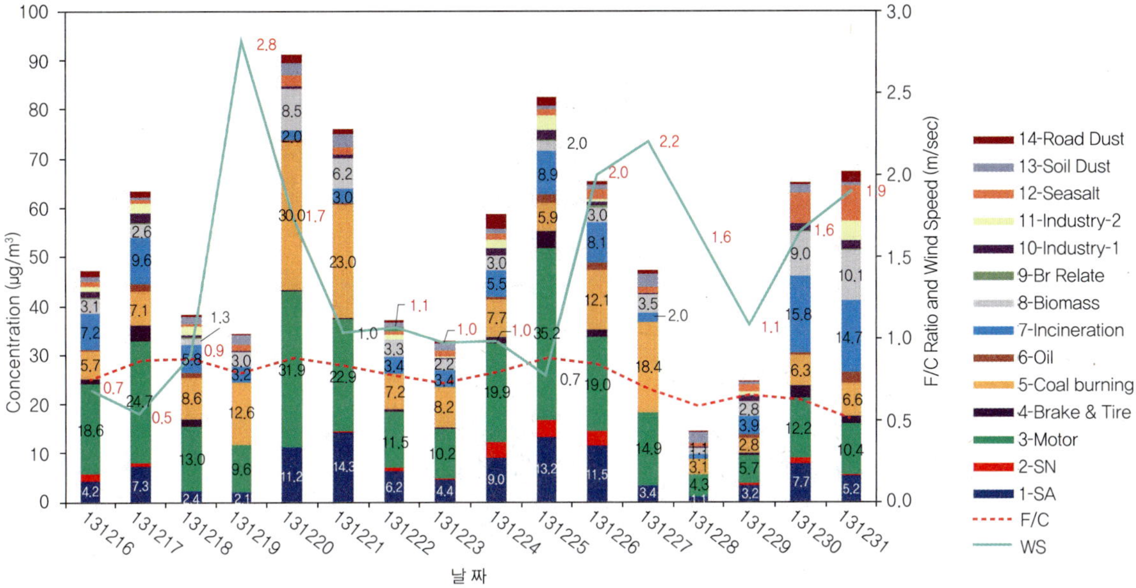

그림 10.11 ▪ 서울시에서 겨울철에 발생한 국내형 연무기간 동안 하루 단위로 분석된 기상인자 및 $PM_{2.5}$ 오염원의 기여도 (단위:μg/m^3)의 변화. (이태정 등, 2019)

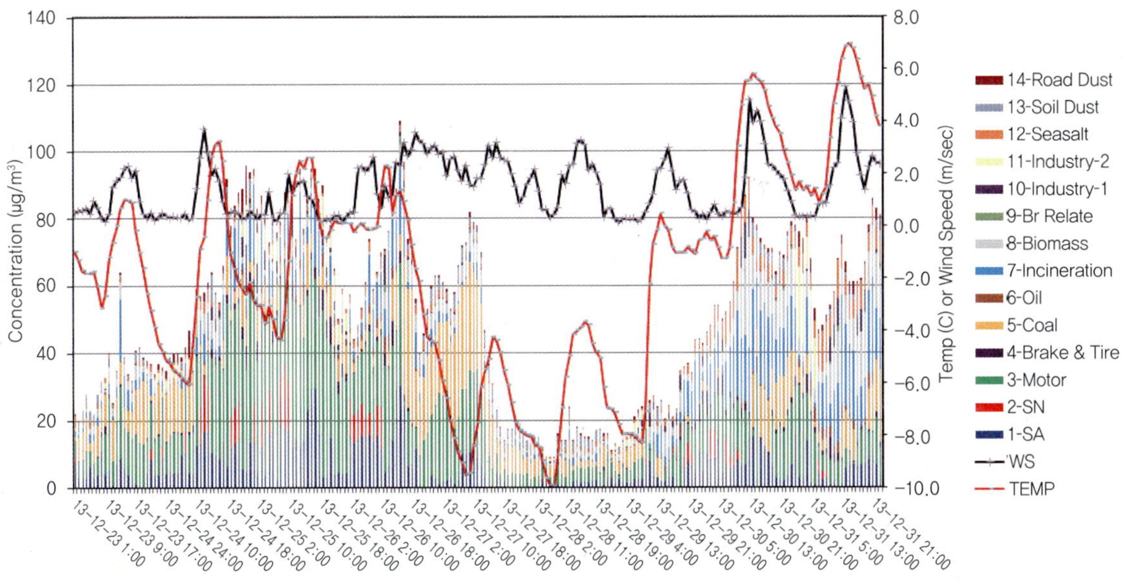

그림 10.12 ▪ 서울시에서 겨울철에 발생한 국내형 연무기간 동안 시간단위로 분석된 기상인자 및 $PM_{2.5}$ 오염원의 기여도 (단위:μg/m^3)의 변화. (이태정 등, 2019)

된다. 하지만 이어서 밀려 온 온난전선 (warm front)의 영향으로 따뜻한 바람이 며칠간 불어온다면, 눈과 얼음으로 쌓인 지면은 해빙되어 건조될 때까지 비열이 크기 때문에 공기보다 서서히 온도가 올라간다. 만약 지면에 눈이 쌓여 있다면 햇빛 반사로 공기는 더 빨리 데

워지면서 기온역전 현상이 나타난다. 이에 따라 대기는 급속히 안정되고 혼합고는 낮아져서, 평상시처럼 대기오염물질이 배출된다고 하더라도 오염물질은 대기 중에 축적될 수밖에 없고 오염농도는 급상승하여 심각한 연무현상이 나타나게 된다. 이 연무현상은 지면결빙이 해제되고 기온역전이 파괴될 때까지 (즉, 하늘이 열릴 때까지) 지속된다. 대개 연무현상이 지속되는 동안에는 지역적 온난전선 역전 (frontal inversion)에서 벗어날 때까지 오염악화는 계속된다. 그림 10.12는 기온이 급하강한 후 사흘 후인 29일 오후부터 온난전선이 밀려와 기온이 급상승하면서 $PM_{2.5}$ 농도가 급속히 상승하는 장면을 보여주고 있다. 정리하여 겨울철에 기온 일교차를 극심하게 보이면서 지면이 결빙될 정도로 며칠간 급하강하고 다시 기온 급상승이 며칠간 이어질 때 여지없이 고농도 연무현상이 나타난다. 특히 국내오염원 (이동오염원과 석탄연소오염원 등)에서 배출된 $PM_{2.5}$의 유입 고도가 국외오염원 (장거리운송에 의한 2차분진오염원, 해염 등)의 유입 고도보다 낮기 때문에, 삼한사미와 같은 기상조건이 형성되면 즉각 대기정체 현상으로 나타나기 때문에 국내오염원의 영향이 바로 나타난다. 따라서 삼한사미 현상이 나타날 때 국내배출원 관리에 주의를 기울여야 한다.

국내외 혼합형 연무사례 (겨울: 2013년 1월 12~17일)

국내외 혼합형 연무사례는 2013년 1월 12~17일에 발생하였다. 당시 $PM_{2.5}$의 일평균 농도는 1월13일에 138.2 $\mu g/m^3$이었으며, 오후 5시와 6시에 171 $\mu g/m^3$를 보였고, 1월15일 오후 7시에는 171 $\mu g/m^3$을 기록하였다. 또한 F/C ratio는 17일에 0.84를 보였으며, 1월18일 오후 7시와 8시, 1월22일 오전 2시와 3시에는 1.00을 기록하기도 하였다. 즉 전체 분진이 $PM_{2.5}$이었다. 사례 당시 $PM_{2.5}$ 중 국외유입 2차분진 오염원이 차지하는 기여율은 10~34%를 보여, 2013년과 2014년도 2년간 평균치인 26.9%와 비교할 때 범위 내에 있었으나, 오염도가 극심한 날에는 질량농도 및 기여율도 범위를 벗어나 높게 조사되었다. 또한 국내오염원들의 기여율도 함께 높았다. 예를 들어, 국내오염원인 질산암모늄 오염원의 경우, 1월20일 최대 26%를 보여 34%를 보인 2차분진 오염원과 함께 $PM_{2.5}$ 오염도에 크게 기여하였다. 즉, 국내 및 국외 오염원이 $PM_{2.5}$에 미치는 농도 및 기여도 증가율이 모두 현저하게 컸기 때문에 국내외 혼합형으로 분류되었다. 자연적 기상변수에 입각하여 설명하면, 혼합형은 국내형 사례와 비교할 때 단기적 일변화에 의한 주야간 풍속, 기온, 오염도 등의 증감 거동이 유사하였다. 또한 겨울철에 발생하는 국내형 유형처럼 기온의 일교차보다도 더 큰 지역적 기온변화가 3~4일 간격으로 발생할 때, 풍속과 오염도는 큰 폭으로 증감하는 경향을 보였다.

참고 및 인용문헌

강병욱 등, 2000. 한국대기환경학회지, 16 (5) 477-485.
강승우 등, 2000. 한국대기환경학회지, 16 (6) 565-572.
김관수 등, 2001. 한국대기환경학회지, 17 (2), 119-131.
김기영, 전명식, 1996. *SAS 인자분석*, 자유아카데미, p35.

김도균 등, 2012, 한국대기환경학회지, 28 (5). 538-555.
김동술 등, 1990. 대한환경공학회지, 12 (1), 1-9.
김동술 등, 1994. 대한환경공학회지, 16 (3), 309-319.
김병화 등, 2000. 한국대기환경학회지, 16 (2) 89-101.
김성천 등, 1996. 한국대기보전학회지, 12 (1), 101-112.
김태오 등, 1990. 한국대기보전학회지, 6 (2), 135-146.
김현섭 등, 1999. 한국대기환경학회지, 15 (1), 23-32.
김혜진 등, 1999. 한국대기환경학회지, 15 (1), 175-182.
남보현 등, 2002. 한국대기환경학회지, 18 (1), 25-37.
문길주 등, 2006. 한국대기환경학회지, 22(5), 590-603.
봉춘근 등, 2003. 한국대기환경학회지, 19 (4), 387-396.
서울대학교, 2005. *환경오염 질환 모니터링을 위한 위해성 관리방안 구축에 관한 연구*, 환경부.
손정화 등, 2000. 한국대기환경학회지, 16 (1), 11-22.
신선아 등, 2006. 한국대기환경학회지, 22 (2), 157-166.
유정석 등, 1995. 한국대기보전학회지, 11 (3), 279-290.
윤훈주 등, 1997. 한국대기보전학회지, 13 (6), 463-474.
이태정 등, 1992. 한국대기보전학회지, 8 (1), 20-28.
이태정 등, 1997. 한국대기보전학회지, 13 (4), 285-296.
이태정 등, 2009. 한국대기환경학회지, 25 (4), 275-288.
이태정 등, 2019. 한국대기환경학회지, 35 (1), 97-124.
이학성 등, 2004. 한국대기환경학회지, 20 (3), 317-330.
이학성 등, 2005. 한국대기환경학회지, 21 (3), 329-341.
이형우 등, 2009. 한국대기환경학회지, 25 (1), 75-89.
임효지 등, 2015. 한국대기환경학회지, 31 (3), 223-238.
장여진 등, 1997. 한국대기보전학회지, 13 (5), 345-353.
전준민 등, 2005. 한국대기환경학회지, 21 (1), 83-96.
전준민 등, 2005. 한국대기환경학회지, 21 (3), 315-327.
최영아 등, 2007. 한국대기환경학회지, 23 (6), 718-726.
최형욱 등, 2004. 한국대기환경학회지, 20 (1), 17-31.
한광인 등, 1997. 경희대학교 환경연구소 논문집, 7, 37-45.
한진석 등, 2006. 한국대기환경학회지, 22 (1), 85-97.
황인조 등, 1998. 한국대기보전학회지, 14 (1), 11-23.
황인조 등, 2003a.한국대기환경학회지, 19 (6), 701-717.
황인조 등, 2003b. 한국대기환경학회지, 19 (6), 719-731.
황인조 등, 2008a. 한국대기환경학회지, 24 (1), 30-42.
황인조 등, 2008b. 한국대기환경학회지, 24 (1), 100-107.

황인조, 2010. 한국대기환경학회지, 26 (1), 21-33.

황인조 등, 2013. 한국대기환경학회지, 29 (4), 459-476.

Alpert, D.J. and Hopke P.K., 1980. Atmospheric Environment, 14, 1137-1146.

Anderson, M.J., *et al.*, 2002. Atmospheric Environment, 36, 3643-3658.

Aronian, P.F., *et al.*, 1989. Atmospheric Environment, 23 (5), 911-920.

Anttila, P., *et al.*, 1995. Atmospheric Environment, 29 (14), 1705-1718.

Belis, C.A., *et al.*, 2013. Atmospheric Environment, 64, 94-108.

Blifford, I.H. and G.O. Meeker, 1967. Atmospheric Environment, 1, 147-157.

Christensen, E.R. and S. Arora, 2007. Atmospheric Environment, 41, 168-176.

Chow, J.C., *et al.*, 2004. Chemosphere, 54, 185-208.

Chueinta, W., *et al.*, 2000. Atmospheric Environment, 34 (20), 3319-3329.

Conner, T.L., *et al.*, 1993. paper 93-TP-58.05, AWMA.

Draxler, R.R. and G.D. Hess, 1997. Description of the HYSPLIT 4 modeling system, ARL-224, NOAA Air Resources Laboratory, Silver Spring, MD.

Eatough, E.J., *et al.*, 2007., J. Air Waste Manage. Assoc., 57, 1251-1267.

EC, 2014. European Guide on Air Pollution Source Apportionment with Receptor Models, EC, ISBN 978-92-79-32513-7.

Esther, C., *et al.*, 2009. Atmospheric Environment, 26, 1850-1863.

Friedlander, S.K.. 1973. Environ. Sci. & Technol., 7, p235-240.

Gordon, G.E., 1988. Receptor models, Environ. Sci. & Technol., 22 (10), 1132-1142.

Henry, R.C., 1998. J.AWMA, 47, p216-219.

Henry, R.C., *et al.*, 2002. Atmospheric Environment, 36, 2237-2244.

Heo, J.S. and D.S. Kim, 2004a. Science of Total Environment, 325: 221-237.

Heo, J.S., *et al.*, 2004b. Terr. Atmos. and Oceanic Sciences, 15 (2), 199-220.

Hidy, G.M. and S.K. Friedlander, 1972. Proceedings of the 2nd International Clean Air Congress, Academic Press, New York, 391-404.

Hien, P.D., *et al.*, 1999. Atmospheric Environment, 33 (19), 3133-3142.

Hien, P.D., *et al.*, 2004. Atmospheric Environment, 38, 189-201.

Hopke, P.K., *et al.*, 1982. Computer & Chemistry, 7 (3), 149-155.

Hopke, P.K., 1985. *Receptor Modeling in Environmental Chemistry*, J. Wiley and Sons, New York.

Hopke, P.K., 1988. Atmospheric Environment, 9, 1777-1792.

Hopke, P.K., 2000. A guide to Positive Matrix Factorization, in *Workshop on UNMIX and PMF as applied to* $PM_{2.5}$. Edited by R.D. Willis, RTP, NC, EPA 600/A-00/048.

Hopke, P.K., 2003. J. of Chemometrics, 17, 255-265.

Hwang, I.J. and P.K. Hopke, 2006. J. Air & Waste Manage. Assoc., 56, 1287-1300.

Hwang, I.J. and P.K. Hopke, 2007. Atmospheric Environment,, 41, 506-518.

Jorquera, H. and B. Rappengluck, 2004. Atmospheric Environment, 38, 4243-4263.

Katrirak K.A., *et al.*(1995) Environ. Sci. & Technol., 29, p321-329.

Kim, D.S. and P.K. Hopke, 1988a. Aerosol Sci. and Tech., 9:133-151.

Kim, D.S. and P.K. Hopke, 1988b. Aerosol Sci. and Tech., 9:221-235.

Kim, E. and P.K. Hopke, 2004. Atmospheric Environment, 38, 4667-4673.

Kim, E., *et al.*, 2003. J. Air & Waste Manage. Assoc., 53, 731-739.

Kim, J.H., *et al.*, 2016. 한국대기환경학회지, 32 (1), 82-99.

Lee, E., *et al.*, 1999. Atmospheric Environment, 33 (19), 3201-3212.

Lee, S.H., *et al.*, 2012. 한국대기환경학회지, 28 (5), 595-605.

Malderen, H.V. and R.V. Grieken, 1996. Environ. Sci. & Technol., 30, p213-321.

McCarthy, M.C., *et al.*, 2013. Atmospheric Environment, 81, 504-516.

Miller, M.S., *et al.*, 1972. J. Colloid and Inter. Inter. Science, 39 (1), 165-176.

MOE, 2019a. *Enforcement Rule of Atmospheric Environment Conservation Act*, 환경부.

MOE, 2019b. *Enforcement Decree of the Framework Act on Environmental Policy*, 환경부.

Nitta, H., *et al.*, 1993. Atmospheric Environment, 28 (4), p631-636.

Oh, M.S. *et al.*, 2011. Aerosol and Air Quality Research, 11, 247-264.

Paatero, P. and U. Tapper, 1994. Environmetrics, 5, 111-126.

Paatero, P., 1997. Chemom. Intell. Lab. Syst., 37, 23-35.

Park, M.B., *et al.*, 2019. (2007) Atmos. Pollut. Res., 10, 1042-1059.

Paatero, P. and P.K. Hopke, 2003. Analytica Chimica Acta, 490, 277-289.

Polissar, A.V., *et al.*, 1998. J. of Geophysical Research, 103 (D15), 19045-19057.

Ramadan, Z., *et al.*, 2000. J. of Air & Waste Manage. Assoc., 50 (8), 1308-1320.

Scheff, P.A., *et al.*, 1994. Proceeding of the 87th Annual Conference of APCA, Cincinnati, Ohio, Paper No 94-TP26B.04.

Severin, K.G., *et al.*, 1983. Aerosol Science and Technology, 1, p183-192.

Shin, S.A., *et al.*, 2006. 한국대기환경학회지, 22 (2), 157-166.

Song, X.H. and P.K. Hopke, 1996. Environ. Sci. & Technol., 30, p531-535.

Watson, J.G., 1979. Ph.D. Thesis, Oregon Graduate Center, Beaverton, OR.

Watson, J.G., *et al.*, 1998. *CMB8 Applications and Validation Protocol for* $PM_{2.5}$ *and VOCs*, Desert Research Institute, Document NO. 1808.2D1.

Watson, J.G., *et al.*, 2008. J. Air & Waste Manage. Assoc., 58, 265-288.

Winchester, J.W. and G.D. Nifong, 1971. Water Air and Soil pollution, 1, 50-64.

Xie, Y., *et al.*, 1994. Environ. Sci. & Technol., 28 (11), 1921-1928.

Zelenka, M.P., *et al.*, 1993. PM_{10} *Standards*, Edit by J.C. Chow, A&WMA/EPA.

Effects of Air Pollutant and its Risk Assessment

CHAPTER 11

대기오염물질의 영향과 위해평가

영남대학교 **백성옥**

11-1 황산화물 (Sulfur Oxides)

이산화황은 대부분이 발전 및 난방을 목적으로 석탄이나 석유를 연소시킬 때 발생한다. 고온연소 때에 생성되는 아황산가스는 그 자체가 폐를 자극하고 호흡기계통의 환자에 유해한 것으로 알려져 있다. 도시의 대기성분에 있어서 건강에 가장 유해한 것은 이산화황이 산화되어 생긴 황산미스트 혹은 황산에어로졸이다. 이미 기술한 바와 같이 이산화황은 대기 중에서 산화되어 삼산화황이 되지만, 촉매가 없으면 이 전환은 느려진다. 이산화황의 산화가 대기 중에서 크게 촉진되는 2개의 과정은 아래와 같다.

$$
\begin{aligned}
&SO_2 + O_2 \longrightarrow SO_3 + O_2 \\
&SO_3 \xrightarrow{+\ H_2O} H_2SO_4 \longrightarrow (H_2SO_4)_n
\end{aligned}
\qquad \textbf{(11.1)}
$$

$$
SO_2 + \frac{1}{2}O_2 \xrightarrow[\text{금속산화물}]{\text{촉매에 의한}} SO_3 \xrightarrow{+\ H_2O} H_2SO_4\ (H_2SO)_n \qquad \textbf{(11.2)}
$$

식 (11.1)에서는 이산화황과 산소분자와의 반응으로 삼산화황이 생성되고, 다음엔 물분자와의 빠른 반응에 의하여 황산이 생성된다. 이렇게 하여 생성된 황산은 응축하여 에어로졸상의 액적이 된다. 이산화황의 산화가 촉진되는 또 하나의 기구는 식 (11.2)에 나타난 바와 같이, 산소와의 느린 반응이 매연, 분진 혹은 금속산화물 등의 미립자의 표면에서 촉매작용으로 빨라진다.

11-1-1 인체에 미치는 영향

SO_x의 인체에 대한 주된 피해 (표 11.1 참조)는 호흡기 계통의 자극으로 나타난다. 도시대기 중의 황산에어로졸은 보통 입경이 2 μm 이하이다. 이러한 입경의 분진은 폐포 (허파꽈리)까지 침투한다. 이곳은 산소와 혈액 중의 CO_2와의 교환이 일어나는 곳으로서 황산에어로졸은 폐포를 자극하여 팽창시킨다. 그 결과 수많은 작은 폐포가 엉겨 붙어서 큰 폐포가 되고 산소와 CO_2를 교환하는 호흡면적을 감소시킨다. 이 작용은 체내에 누적현상을 일으

표 11.1 ■ 인체에 대한 SO_2의 피해 영향(박영규, 1998)

농도 (ppm)	영향
0.03	만성기관지염 환자증가 (뉴욕)
0.10	찬 공기를 마실 때 천식증세 발생
0.24	급성호흡기 질환자 증가
0.25	운동 시 천식증세 발생
0.4~0.5	5분 동안 심한 운동하면 천식증세 발생
1.0	지역주민의 약 1% 정도 천식증세 발생
3~5	냄새로 지각할 수 있는 최소량
8~12	목과 기도에 자극을 일으킬 수 있는 최소량
20	눈에 자극을 일으킬 수 있는 최소량
20	기침을 일으킬 수 있는 최소량
20	장기노출 시 최대허용량
50~100	단기노출 시 최대허용량
400~500	단기노출 시 위험수준

키므로 황산에어로졸을 계속 흡입할 경우, 노후에 중병의 호흡곤란을 겪는다. 실험에 따르면 SO_2의 농도가 5 ppm 이상이면, 호흡기계통의 자극을 느낄 수 있다. 민감한 사람은 1~2 ppm에서도 자극을 느끼며, 5~10 ppm정도면 심각한 기관지 계통의 증상을 호소한다. 호흡기 계통의 피해는 호흡 중 기도의 저항을 크게 하는 기관지의 수축에서 비롯된 증상이다. SO_2는 단독으로 흡입될 때보다 먼지나 액적과 동시에 흡입되면 황산미스트가 되어 SO_2보다도 독성이 10배나 강하게 나타난다.

그러나 대기 중 SO_2의 지속적인 노출이 어떤 누적된 피해를 나타낸다는 근거자료는 아직 없다. SO_2의 농도가 아주 높지 않으면 건강한 사람에게는 피해가 미미함에도 불구하고, SO_2를 가장 심각한 단일 오염물질로 간주하고 있는 이유는 SO_2가 특정된 사람 (노약자, 심장 혹은 호흡기계통의 만성질환자)에게 아주 심각한 영향을 주기 때문이다. 한 예로서, 1967년 10월 12월 사이, 평균 나이가 57세인 성인 51명 (만성기관지염 환자)을 대상으로 한 미국 시카고에서 실시된 실험에 의하면, 대기 중 SO_2의 농도가 0.1 ppm에서 0.2 ppm으로만 증가해도 환자들은 호흡곤란과 더 많은 기침과 천식을 동반하였다.

대기 중 황산입자는 비와 눈과 함께 강하하기 때문에 발생원의 풍하지역에서의 물의 산성도를 높이고 산성비를 만드는 결과를 초래한다. 대개 정해진 풍향으로 바람이 불기 때문에, 유럽공업지대에서 배출되는 황산입자는 스칸디나비아 반도로 운반되고, 또 미국 북동부 및 중서부의 공업지대를 거쳐 뉴잉글랜드나 뉴욕 북부까지 확산됨으로 산성비 피해의 원인이 되고 있다. SO_x는 동물이나 인체에도 영향을 미치며, 이때 농도는 식물류에 피해를 주는 농도보다 훨씬 높다.

SO_2에 의한 직접적인 사망피해는 복합된 몇 가지 대기오염 인자들이 있을 때 나타났다. 영국 런던에서는 스모그 상태에서 SO_2의 농도가 0.25 ppm 이상일 때 사망률이 더욱 증가하였다. 1956년 1월과 1957년 12월 런던시민을 죽음으로 이끌었던 스모그 사건과 관련하여, 사망률 증가현상이 나타날 때 SO_2 농도는 약 0.4 ppm 정도를 나타냈다. 이때 사망자의 대부분은 70세 이상의 노년층이었다(Friedlander, 1977). 비록 황산이 SO_2보다 더 치명적이겠지만, 증거가 명확한 자료는 아직 나오지 않았다. 또한 앞에서 언급했지만, SO_2의 인체 위해성에 미치는 영향은 아직 불명확한 점이 많다.

11-1-2 식물에 미치는 영향

SO_x에 의한 식물의 피해는 SO_2의 농도나 노출된 정도에 따라 결정되며, 식물의 탄소동화작용 시 기공이 열린 낮이 밤보다 피해가 심하다. 특히 습도가 높을 때 피해가 극심하다. SO_2 노출에 의한 식물의 피해에는 급성과 만성피해가 있다. 급성피해의 증상은 고농도의 SO_2에 단시간 노출되어 식물 잎이 부분적으로 마르거나 탈색되어 고사하고, 만성피해는 저농도의 SO_2에 장기적으로 노출되어 잎의 색깔이 황색으로 변색된다. 식물의 급성피해는 식물에 흡수된 SO_2가 H_2SO_4, 그리고 황산염으로 전환되는 일련의 과정과 관계가 있다. 이렇게 생성된 염류가 잎의 가장자리나 끝에 누적되었다가 뿌리에서 만들어진 황산염에 첨가되어 고농도로 축적되면, 잎이 떨어지는 등의 만성적인 피해가 나타난다. 식물류의 SO_2에 대한 민감성 정도는 각 종류나 온도, 토양, 습도 등에 따라 다양하다.

11-1-3 각종 물질에 미치는 영향

SO_x 오염으로 인한 각종 물질에 미치는 피해의 대부분은 SO_3과 대기 중 수분이 반응해서 생성된 반응성이 강한 황산미스트에 의해 나타난다. 어떤 페인트가 SO_2에 노출되면, 건조 혹은 고형화 되는 시간이 길어지며, 아마인 기름의 페인트 피막이 1~2 ppm의 SO_2에 노출되면 건조시간이 종전에 비해 50~100% 길어진다. 어떤 페인트 피막은 SO_2에 노출되면 더욱 연화하여 쉽게 훼손된다. 대부분 금속류 (철, 강, 아연)의 부식률은 더욱 가속되며 분진이나 높은 습도와 온도도 부식에 중요한 역할을 한다. 황산화물의 금속류 부식과 관련하여 다음과 같은 관련성이 알려져 있다.

❶ 산업지역에서 부식률은 증가한다.
❷ 부식률은 난방을 위해 연료가 연소되어 다량의 분진과 SO_2가 발생하는 가을철과 겨울철에 더높게 나타난다.
❸ 황산화물의 부식률은 동일기간 중 아연의 부식률과 비례한다.

고농도 황산은 각종 건축재료, 특히 탄산염을 함유한 석회암 (대리석), 석회석 및 몰타르에도 악영향을 끼칠 수 있다. 이런 건축재에 포함된 탄산염은 수용성인 황산염으로 전환되며 황산염은 빗물에 용해되어 씻겨가므로 자연히 그 건축재는 부식되고 약하게 된다. 이때의 반응은 반응식 (11.3)과 같다.

$$CaCO_3\ (\text{석회석}) + H_2SO_4 \longrightarrow CaSO_4 + CO_2 + H_2O \quad \textbf{(11.3)}$$

식물성 섬유는 이러한 산에 노출되면 강도를 잃게 되고, 울 (wool)과 같은 동물성 섬유는 식물성 섬유보다 다소 저항성이 강하다. 가죽은 SO_2에 대해 친화력이 아주 강하여 일단 SO_2에 노출되면 쉽게 탄력을 잃게 된다. 종이류 역시 SO_2를 잘 흡수하여 결국 탈색되고 여러 조각으로 분해된다.

11-2 일산화탄소 (Carbon Monoxide)

11-2-1 인체에 미치는 영향

일상 대기 중의 일산화탄소의 농도는 100 ppm 이하로서 별 뚜렷한 피해를 입히지 않는 것으로 알려져 있으나 고농도의 CO에 노출될 경우에는 사망을 초래할 수 있다. 헤모글로빈은 보통 폐의 혈액 중에서 O_2Hb의 형태로 산소와 결합하여 폐로부터 인체의 각 세포로 산소를 운반하고, CO_2Hb의 형태로 각 세포에서 폐로 CO_2를 운반하는 역할을 하지만, 혈액 중의 헤모글로빈이 CO와 결합할 경우엔 카르복시헤모글로빈 (Carboxy hemoglobin; COHb)을 형성하여 혈액의 산소전달기능을 방해한다. CO는 O_2에 비해 Hb와의 친화력이 약 200배 이상 강하므로 CO와 O_2가 동시에 존재할 때 O_2Hb보다 COHb가 형성된다. CO가 인체에 미치는 영향은 보통 혈액 속의 COHb% 개념으로 정의된다. 즉 CO의 피해가 COHb의 형성에 기인하므로 인체나 동 식물에 대한 피해 정도는 이 COHb (%)와 밀접한 관계가 있다. CO농도가 100 ppm이하인 대기 중에 사람이 노출되었을 때 혈액 중에 존재하는 COHb의 평형 %는 다음과 같은 식으로 쉽게 계산된다.

$$\text{혈액 중 COHb의 \%} = 0.16 \times (\text{공기 중 CO농도 ppm}) + 0.5 \quad \textbf{(11.4)}$$

여기서, 0.5는 정상시의 혈액 중 COHb의 %이다. 혈액 속의 정상적인 COHb 농도는 약 0.5% 정도이며, COHb농도 1%의 이하에서는 어떤 영향도 미치지 않는 것으로 알려져 있다. 대기 중 CO농도와 혈액 중 COHb농도가 평형을 이루는데 소요되는 시간은 인간의 신체활동조건에 따라 달리 나타난다. 비흡연가에 있어서 2.5%의 COHb (59 ppm에 90분간 노출 시)는 시간 간격의 감지에 지장을 주고, 3% COHb는 명암감각을 둔화시키고, 5%에서는 운동신경의 전달기능을 둔화시키고, 5% 이상에서는 심혈관에 이상을 일으켜 심장병 환자에게는 과중한 부담을 준다고 알려져 있다.

CO에 장기적으로 노출되면 심장과 뇌의 구조에 손상을 받게 되는데, 50 ppm에 6주간 노출되어도 이러한 피해를 받을 수 있다. CO에 단기간 노출되었을 경우에는 농도와 노출시간의 곱이 900 ppm/hr이면 두통이 생기고, 1,599 ppm/hr이면 생명이 위험하며 COHb가 40%를 넘으면 완전회복이 어렵다.

CO에 가장 민감한 피해를 받는 부류는 빈혈증 환자, 심장병 환자, 만성 폐질환자, 임산부 등 산소부족에 민감한 반응을 보이는 사람들이다. 혈액 중 COHb농도는 대기 중의 CO농도의 변화에 따라 민감하게 변하지 않으며 대개 8시간이 지나야 평형상태에 이른다고 간주한다. 비흡연가가 10~15 ppm에 8시간 이상 노출되면 2~2.5%의 COHb가, 30 ppm에 8시간 이상 노출되면 5%의 COHb가 생성된다.

11-2-2 식물에 미치는 영향

100 ppm 이하의 CO농도에 1~3주 동안 노출되어도 식물에는 별다른 피해가 초래되지 않는 것으로 알려져 있다. 2,000 ppm의 CO농도에 35시간 노출되었을 때 자유서식 박테리아의 질소고정화 능력이 억제되었으며 클로버의 뿌리에 서식하는 박테리아의 질소고정화 능력은 100 ppm의 CO농도에도 한 달 동안 노출된 후에야 억제되는 것으로 나타났다. 단기간 CO농도가 100 ppm까지 도달하는 경우는 극히 드물기 때문에 식물에는 별다른 영향을 미치지 않는다.

11-3 질소산화물 (NO_x)

11-3-1 인체에 미치는 영향

NO는 일상 대기 중 농도에서는 독성이 없으나 NO_2로 산화되기 때문에 잠재적인 위해물질로 간주된다. 인체에 대한 NO_2의 독성학적 영향은 완전히 알려지지 않고 있다. 하지만 NO보다 독성이 5~7배 정도 강하며 환경학적인 위험은 주로 호흡에 의한 것으로 나타났다. 15 ppm의 NO_2에 노출되면 눈이나 코가 자극을 받으며, 25 ppm에서는 1시간 정도만 노출되어도 폐가 자극을 받는다.

동물실험 결과, NO_2는 주로 폐에 독성을 일으키며 NO_2가 고농도일 때는 단시간만 노출되어도 호흡이 빨라지는데, 이는 폐에 이상이 생겨 다량의 공기를 흡입할 수 없기 때문이다. 또한 저농도에 장시간 노출되면 만성 폐질환을 일으키는 것으로 나타났다.

11-3-2 식물에 미치는 영향

NO_x는 탄화수소와의 밀접한 연관성 때문에 NO_x만에 의한 영향을 따로 설명하기는 매우 어렵다. 하지만, 1.0 ppm의 NO_2에 목화나무, 얼룩 강낭콩 (pinto bean), 꽃상추 식물 (endive plants)이 48시간 동안 노출되었을 때 잎에 약간의 반점이 나타났으며, 3.5 ppm의 NO_2에 21시간 동안 노출되었을 때는 목화나무와 강낭콩의 잎에는 약간의 회색 반점이 나타났으나 꽃상추 식물은 완전히 회색으로 되었다. 또한 강낭콩과 토마토를 10 ppm의 NO에 노출시키자 CO_2 흡수율로 측정한 광합성 속도가 60~70% 감소하였으나, NO의 노출을 중지하자 CO_2 흡수율은 다시 정상으로 회복되었다. 또한 저농도 NO_2에 장시간 노출시켰을 때는 영향이 거의 나타나지 않았으나, 강낭콩을 0.3 ppm의 NO_2에 장시간 노출시켰을 때와 토마토를 0.15~0.26 ppm의 NO_2에 장시간 노출시켰을 때는 둘 다 잎 조직의 색이 약간씩 변화되었다. 또한 0.25 ppm의 NO_2에 8개월 동안 노출시켰을 때는 잎이 많이 떨어지고 네이블 오렌지나무의 수확이 감소되었다. 일반적으로 실험실 및 특정 산업장과 인접한 곳에서 NO_x에 의한 식물피해 사례가 관측되고 있으며 고농도 NO_2에 의한 피해는 질산제조공장 부근에서 흔히 일어난다.

11-4 오존 및 광화학 산화물

11-4-1 인체에 미치는 영향

대기 중 일반 농도에서 탄화수소가 인체에 피해를 준다는 연구사례는 아직 보고되지 않고 있다. 동물 및 인체에 대한 독성실험결과 나타난 지방족 탄화수소의 피해농도는 일반적으로 대기 중에 존재하는 농도보다 수천 배 높은 것으로 보고되고 있다. 일반적으로 대기 중 탄화수소 농도가 25 ppm 이하이면 어떤 피해도 나타나지 않았다. 탄화수소와는 달리 광화학산화물은 2차오염물질이므로 인체에 미치는 영향을 평가하기는 매우 어렵다. 산화제의 농도가 증가함에 따라 나타나는 증상 가운데 확실한 것은 급성적인 눈의 통증이다. 오존은 눈에 통증을 일으키지는 않는 것으로 알려졌으나, 0.3 ppm 이상에서 코와 목 등의 자극이 나타났다. 특히 1~3 ppm의 농도에서 2시간 동안 노출될 경우 극심한 피로와 인체 조정기능의 손실을 보였다. 또한 9 ppm의 농도에서 2시간 동안 노출될 경우 심각한 폐기능 손상이 나타났다. 오존 외에 주요 광화학 산화물인 PAN은 눈의 자극과 관련이 있는 것으로 알려졌으며, PAN의 유도체인 PBN은 눈의 자극 정도가 더욱 크다고 알려졌다.

11-4-2 재산에 미치는 영향

광화학산화물은 재료와 건축구조물 등에 많은 피해를 일으키며, 특히 오존이 고무와 섬유류에 피해를 미친다는 사실은 잘 알려졌다. 고무와 천연 및 인조섬유 등의 유기중합체들은 소량의 오존에 노출되어도 화학반응을 일으키며, 이 반응은 중합체내에 탄소와 탄소의 이중결합이 존재할 경우 더욱 촉진된다. 이 화학반응에 의해 탄소사슬은 깨지거나 연결상태에 변화를 가져온다. 이 두 가지 변화 중 첫 번째로 중합체를 구성하는 탄소원자의 긴 사슬은 깨지게 되며, 따라서 이 물질의 장력은 약해진다. 두 번째로 탄소사슬의 연결상태가 변환되어 선상의 탄소사슬 사이에 새로운 결합이 일어나게 된다. 오존에 의한 이러한 피해는 인체에 영향을 주는 오존농도보다 매우 낮은 농도에서도 일어나며, 특히 대기 중 오존 농도에서도 충분히 일어날 수 있다.

고무는 물리적 외력이 전혀 없는 상태에서, 오존에 장기간 노출되어도 특정적인 물리적 변화가 일어나지 않는다. 그러나 대기 중 0.01~0.02 ppm의 오존농도에서는 작은 힘만 가해도 물리적인 변형이 일어난다. 이처럼 고무에 인장력이 가해질 경우, 표면에 코팅된 중합체로 만들어진 보호막은 깨지게 되며 결과적으로 고무는 손상을 받는다. 현재 고무제조 시 이러한 피해를 감소시키기 위해 특별한 첨가제가 사용되고 있다. 그러나 자동차 타이어의 경우, 첨가제가 타이어 표면에 위치하기 때문에 가솔린 등의 기타 여러 물질에 의해 추출될 수 있다. 따라서 타이어는 오존 산화에 대해 매우 취약하며 장기간 노출될 경우 물리적 손상을 입게 된다.

11-5 입자상 오염물질 (Particulate Matter)

11-5-1 인체에 미치는 영향

대기 중 부유분진은 입자 표면적이 커서 인체에 유해한 중금속류, 휘발성유기화합물 및 각종 무기성 이온류들이 흡착 및 혼재되어 있기 때문에, 기도를 통해 체내로 흡입된 분진은 호흡기계통에 중요한 영향을 미치게 된다. 근래에는 호흡기내로 침투하는 미세분진이 관심의 대상이 되고 있으며, 폐로 흡입되는 0.01~0.1 μm 크기의 입자 중 50% 이상이 폐에 축적된다고 알려져 있다.

그림 11.1은 흡입성 분진이 유입되는 인체의 상기도 영역과 가스교환 영역에서의 호흡성 분진의 침적을 도시한 것이다. 또한 그림 11.2는 인체 호흡기 계통에 유입된 흡인성 미립자의 평균입경과 각 기관에서의 입자 침적률을 보여주고 있다. 인체의 호흡기에는 입자상물질이 폐로 유입될 때 이를 차단하는 여러 가지의 구조를 갖추고 있다. 비강의 섬모는 큰 입자를 걸러내는 역할을 하며 작은 입자들은 호흡기 계통상에 위치한 점막에 부착되어 제어된다. 호흡기 계통에 있는 작은 융모는 점액을 목으로 이동시켜 점액에 부착된 분진을 호흡기 밖으로 내보내는 역할을 하지만, 매우 작은 크기의 입자들은 호흡기를 거쳐 폐 속으로 침투한다.

입경이 0.5 μm보다 큰 입자들은 코와 목 부분에서 주로 침적되고, 기관지나 기도를 잘 통과하지 못하며 코와 목 부분의 섬모운동에 의해 곧 제거된다. 0.5~5.0 μm의 분진입자들

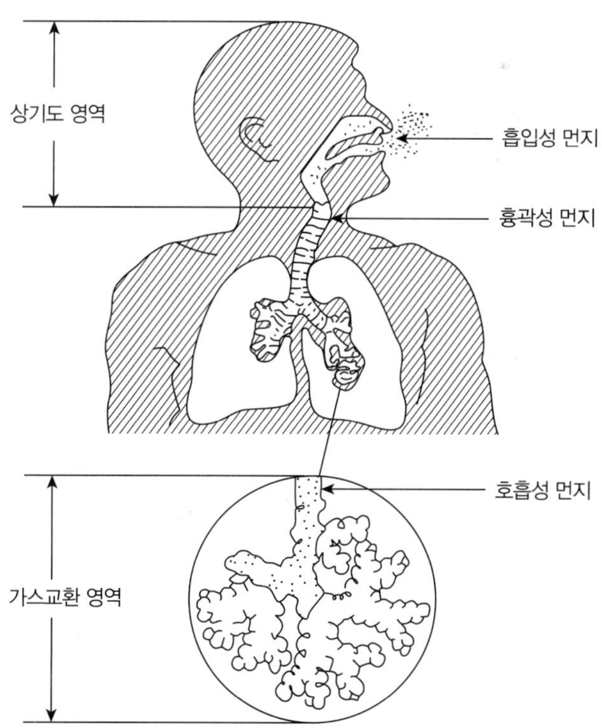

그림 11.1 ▪ 호흡기 계통에서 미립자의 침적(대기환경연구회, 1996)

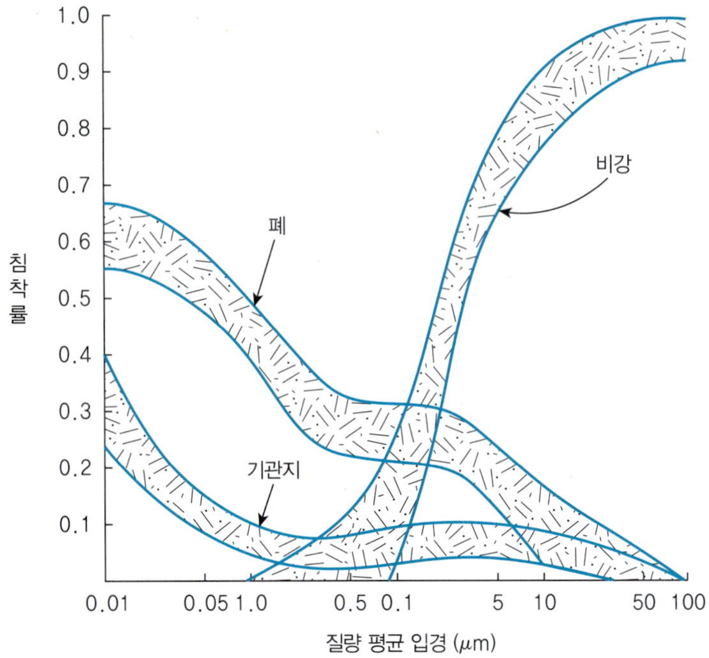

그림 11.2 ■ 호흡기 계통에 흡인된 입자상 물질의 입경과 침적률의 관계(대기환경연구회, 1996)

은 폐나 기관지까지 침투하기도 하며 폐포까지 도달하는 입자는 많지 않다. 기관지에 침적한 대부분 입자들은 섬모운동에 의해 두 시간 내로 제거된다. 0.5 μm 이하의 입자들은 폐포까지 도달하여 침적될 수 있다. 폐포 내에 침적된 입자는 기관지에 유입된 입자보다 제거가 서서히 진행되며 완전한 제거는 거의 불가능하다. 폐포 내에 침적된 이러한 입자는 혈관 내로 흡수되기도 한다.

폐 내로 흡입된 입자상물질은 몇 가지 형태로 독성영향을 나타낸다. 첫째, 분진들은 물리적 또는 화학적인 특성을 가지고 있어 그 자체로 독성을 띈다. 둘째, 입자들은 비활성일 수 있지만 호흡기내에서 다른 유해물질의 제거에 방해를 줄 수 있고, 폐 내로 유입된 입자들은 흡착되거나 자극성의 기체분자에 흡수되어 폐 내의 민감한 부분까지 도달하거나 침적하여 독성을 끼치게 된다. 미세분진이 체류하면 폐의 섬세한 모세관을 물리적으로 막거나 자극하기 때문에 심각한 호흡장해를 일으킨다. 탄광인부의 진폐증, 석면공장 노동자의 폐선유증 및 도시주민의 폐기종은 이와 같은 미세분진의 축적으로 인한 증상이다. 폐조직에 직접 유해한 작용을 미치는 화학물질을 운반하는 미세분진은 특히 위험하다.

11-5-2 식물에 미치는 영향

입자상물질이 식물에 미치는 영향에 관해서는 잘 알려져 있지 않지만, 일부 특정 식물에 대한 영향은 비교적 잘 알려져 있다. 시멘트 먼지는 미스트 (mist)나 작은 빗방울과 결합할 때, 잎의 표면에 두꺼운 막을 형성하여 태양광을 차단하고 광합성을 저해하여 대기와 이산화탄소의 교환을 방해하며 식물의 성장을 저해시킨다. 또한 불화물을 함유하는 입자나 산화마그네슘 입자 역시 식물의 성장에 영향을 준다. 입자상물질은 유해한 화학물질을 함유하고 있기 때문에, 예를 들어 비소나 불화물 입자가 침적된 식물을 먹이로 섭취할 때 가축은 병에 걸리기도 한다.

11-5-3 구조물에 미치는 영향

검댕 (soot), 먼지 (dust), 훈연 (fume), 미스트 (mist) 등을 포함하는 대기 중 부유분진들은 건축물과 건축자재에 광범위한 손상을 줄 수 있다. 이러한 손상의 정도와 형태는 입자상물질의 화학적 조성과 물리적인 상태에 의존한다. 그 자체 부식성 물질 또는 입자상물질에 부식성 물질이 흡착 혹은 흡수될 경우 화학적 피해가 나타난다. 일반적으로 건조공기나 소량의 수분이 함유된 청정공기 중에서, 금속은 내식성이지만 황을 함유하고 있는 화합물이 분진 내에 존재할 때 부식이 가속된다. 분진이 부식률을 가속시키는 이유는 분진이 수분을 응축시키는 하나의 핵으로서 역할을 하기 때문이며 부식률은 수분함량이 따라 크게 증가한다.

분진입자가 건축물과 각종 구조물에 주는 피해는 특히 황함유량이 높은 화석연료를 사용하는 여러 도시에서 두드러지게 나타난다. 분진은 대개 타르질이며 점성이 있고 산성을 띠고 있기 때문에 표면에 부착되거나 부식을 일으키는 거동을 한다. 페인트칠이 된 표면은 페인트가 건조되기 전에 분진입자에 의해 쉽게 손상을 입을 수 있으며, 특정 훈연과 미스트는 건조된 페인트 표면과 직접적으로 반응하여 어느 정도의 손상을 주기도 한다. 이러한 형태의 페인트 손상은 산업지역의 공장부근에 주차한 자동차에서도 흔히 일어난다. 섬유나 피복의 오염은 분진에 의한 가장 중요한 피해 중의 하나이다. 전술한 바와 같이 섬유를 자주 세탁하면 섬유가 약해진다.

11-5-4 태양복사선과 기후에 미치는 영향

대기 중에 존재하는 입자상물질은 빛을 산란하거나 흡수하기 때문에 지표면에 도달하는 태양복사선의 형태와 양에 상당한 영향을 주게 되는데 그 주된 영향 중의 하나가 시정거리를 감소시키는 것이다. 시정거리는 입자의 크기가 0.1~1.0 μm이고 대기 중 부유분진의 농도가 100 $\mu g/m^3$ 이상일 때 크게 감소한다. 이러한 가시도의 감소는 항공기나 자동차의 운행 시 위험을 초래하며 시야를 흐리게 하여 심각한 문제를 일으킬 수 있다.

조도문제 또한 분진에 의해 초래되는데, 연구자료에 의하면 어떤 도시의 지표면에 도달하는 가시광선의 양은 대기 중 분진입자의 산란과 흡수과정에 의해 1/3 이상으로 줄어들 수 있다고 한다. 일사량이 줄어들어 어둡게 되면 인공적으로 조도를 밝게 해야 하므로, 더 많은 전력이 요구되고 궁극적으로 발전시설에서 더 많은 오염물질이 배출되는 악순환이 거듭될 수 있다.

대기 중의 분진은 수분을 응축시킬 수 있는 핵과 같은 역할을 하기 때문에, 대량의 분진이 자동차나 공장에서 대기로 배출되면, 구름, 비 및 눈을 형성하여 강우가 증가될 수 있다. 전 지구적인 기후변화는 대기 중의 분진오염과 연관지을 수 있는데, 지구표면에 도달하는 태양복사선의 감소는 지구 대기권의 열적 평형을 깨뜨릴 수 있다.

입자상물질에 의해 태양복사선 반사능 (albedo)의 증가는 대기 중 이산화탄소의 증가에 의한 기후영향에 버금가는 영향을 가져올 수 있다. 분진은 지구 복사에너지 중에서 적외선이 우주공간으로 복사되는 것을 감소시키고 태양복사 에너지를 일부 흡수하여 기온을 상승시킨다는 견해도 있으며, 입자상물질이 지구에서 우주공간으로 향하는 적외선보다는 태양의 가시광선에 더 큰 영향을 미치므로 지표면의 기온이 낮아진다는 견해를 보이기도 한다. 그러나 현재로서는 대체로 대기 중 분진농도가 증가하면 지표면의 기온이 증가 혹은 감소하는지에 대한 명확한 결론을 내리지 못하고 있다.

11-6 대기오염물질의 위해성 평가

11-6-1 대기오염물질과 건강 위해성

대기오염물질에 의한 건강상의 피해 혹은 위해성은 이미 대기오염이 심한 지역에서의 각종 질병발생과 사망률에 대한 통계자료로부터 증빙되었다. 그리고 국민의 생활수준 향상과 더불어 과거와는 달리 대기오염도의 유형이 아황산가스와 같은 주요 규제오염물질 (major criteria pollutants)에서부터 인체에 독성인 유해물질 (예, 벤젠)로의 변화고 있다. 따라서 점차 이러한 새로운 대기오염물질의 등장과 그 심각성에 대한 대처방안이 필요하다. 일반적으로 대기오염물질에 의한 건강장해가 가시적으로 나타나기까지는 상당한 대기질이 악화되어 시정장애, 먼지, 악취와 스모그 등을 경험하게 된다. 특히, 노약자와 영아 혹은 유아에게서 각종 질병의 진행속도가 빨라진다든지, 면역성 감퇴, 합병증의 유발 등 다양한 형태로 나타나게 된다.

따라서 오늘날 사회적으로 환경의식이 점차 고조되면서, 어떤 특정오염물질 (주로 규제오염물질)에 국한된 오염도 평가만이 아니라, 유해한 화학물질의 노출로 인해 발생할 수 있는 인체영향에 대한 정보 및 허용가능한 오염수준을 설정하는 합리적인 결과가 요구되고 있다. 이러한 요구에 대한 적절한 대안은 과학적인 방법론에 기초를 둔 **위해평가** (risk assessment)라고 할 수 있다.

위해평가는 환경오염으로 인한 인체영향에 대해 “위해도 (risk)”를 지표로 하는 종합적이고 계량적인 정보를 제공하기 때문에, 국민, 정부, 기업 등의 각 주체 간에 의사소통이 수월해지고 국민의 신뢰 회복에 기여할 수 있으며, 다양한 환경매체 내 오염물질에 대한 합리적 기준을 제시할 수 있고, 이에 따른 공학적 처리기술의 목표설정을 가능케 하는 큰 장점을 가지고 있다. 또한, 위해평가는 복잡하고 다분화 되어가고 있는 사회현상 속에서 이해관계와 불확실성으로 얽혀 있는 환경문제를 이해할 수 있는 과학적이고 합리적인 방법론으로 인정받고 있다. 이미 미국 EPA 등 선진 각국의 여러 규제기관, 특히 주로 화학물질의 규제와 관련된 기관에서는 위해평가를 정책결정의 수단으로 다루고 있다. **위해도**란 유해물질의 특정 농도나 용량에 노출된 개인이나 집단에 있어 유해한 결과가 발생할 확률 또는 가능성으로 정의되며, 일반적으로 용량 또는 노출의 함수로 표현된다.

건강위해평가 (health risk assessment)는 사람이 환경적 위험에 노출되었을 경우, 발생가능한 영향을 정성 또는 정량적으로 추정하는 과정으로, 유해물질에 대한 역학적, 임상적, 독성학적 및 환경학적 연구결과로부터 모델을 이용한 외삽을 통해, 주어진 노출조건하에서 인간에 미칠 수 있는 건강에 대한 위해범위를 예측하고 평가하는 것이다. 이러한 평가는 위험확인 (hazard identification), 노출평가 (exposure assessment), 용량-반응평가 (dose-response assessment) 및 위해결정 (risk characterization) 등 주요 4단계를 통해 수행된다. **위험확인**은 사람이 어떤 환경오염물질에 노출되었을 경우 과연 유해한 영향을 유발시키는지를 결정하는 단계로서, 관심화학물질에 대한 모든 동물실험 자료 (독성학) 및 사람에 대한 역학자료를 근거로 수행된다.

노출평가는 사람이 각각의 환경매체 (공기, 음용수, 식품, 토양 등)을 통해 위험성이 확인된 유해물질에 과연 얼마나 노출되는지를 결정하는 단계로서, 그 물질의 환경 중 농도 또는 생물학적인 감시자료 등을 토대로 추정된다. 용량-반응평가는 사람이 유해물질의 특정 용량에 노출되었을 경우, 과연 유해한 영향을 발생시킬 확률이 어느 정도인지를 결정하는 단계이다. 이때 사람의 반응 확률을 추정하기 위해 최대내성용량 이하의 고용량에서 수행된 동물실험 자료를 이용한다.

그러나 사람이 노출될 수 있는 환경매체 중 물질의 농도는 저농도이기 때문에, 용량,반응 평가에는 동물에서 사람으로의 종간외삽 (용량 스케일링 또는 생리,약물동력학적인 모델)과 함께 고용량에서 저용량으로의 외삽절차가 반드시 필요하다. 이들 외삽과정에는 수학적인 통계모델이 이용된다. 위해결정은 노출평가 및 용량,반응평가에서 도출된 정보를 통합하여 특정오염물질의 특정농도에 노출되었을 경우 개인이나 집단에서 유해영향 (예; 암)이 발생할 확률을 결정하는 단계이다.

위의 4가지 과정 중 위험확인은 정성적 위해평가 (qualitative risk assessment)에 속하고, 나머지 용량,반응평가, 노출평가, 위해결정 과정은 정량적 위해평가 (quantitative risk assessment)에 포함된다. 각종 유해물질에 대한 위해평가, 위해관리 및 위해소통의 개념구성도를 그림 11.3에 도식하였다.

이러한 위해평가의 궁극적인 목적은 **위해관리** (risk management)에 대한 유용한 정보로 활용하기 위해서이다. 위해평가 과정을 거쳐 얻은 평가결과는 여러 가지 사회제도적, 기술적, 경제적인 문제들을 종합적으로 고려하여 정책결정의 수단으로 이용되며, 국민의 이해, 협조를 유도하는 **위해소통** (risk communication)의 수단으로 이용된다.

완벽한 **보건평가** (health assessment)는 두 가지 주요 요소로 이루어져 있다. 첫 번째는 화학물질 노출과 관련된 보건학적 악영향의 형태를 규명하기 위한 것으로, 인과의 상호관계 유무를 결정하기 위한 역학자료 혹은 독성자료를 정성적으로 평가하는 것이다. 보건평가의 두 번째 요소는 화학물질에 대한 노출로 인해 발생되는 보건학적 악영향의 정도를 정량적으로 평가하는 것이다.

인간에게 수반되는 노출 중에서 화학적으로 잠재적인 독성을 결정하기 위해서 이상적으로는 인간 관찰에 근거를 두게 되지만, 흔히 동물실험으로 얻은 매우 한정된 실험자료에

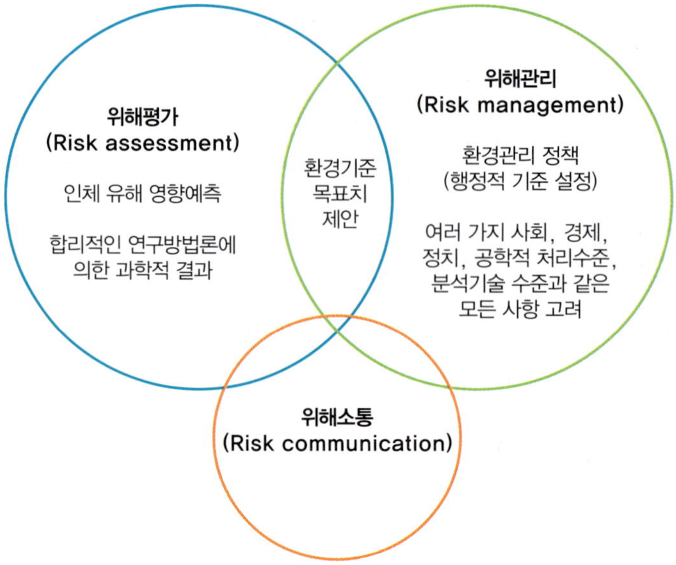

그림 11.3 ▪ 위해평가, 위해관리 및 위해소통의 개념구성도

의존하고 있다. 최근까지 입수 가능한 독성자료의 위해평가와 독성자료의 질과 양과 농도의 표시는 화학물질 독성의 정성적인 평가가 대부분이다.

역학조사는 어떤 집단에서의 질병의 발생 유무에 관한 조사연구이다. 역학연구에는 서술적 (descriptive) 형태와 분석적 (analytic) 형태의 두 가지의 주요 형태가 있다. 역학연구는 자연상태에서의 관찰을 통해 이루어진다. 이에 따라 잘 통제된 실험실 연구보다는 편견(bias)에 의해 훨씬 더 큰 영향을 받는다. 위해평가에 대한 역학연구를 수행하는데 있어 반드시 수용해야 되는 사항은 연구계획의 질 (quality)과 노출측정의 질을 설정하는 것이다.

위해평가에서는 주로 동물을 이용한 독성 실험자료를 활용하는데, 여기서 이용하는 독성연구에는 급성독성 (acute toxicity), 준만성독성 (subchronic toxicity), 만성독성 (chronic toxicity), 발암성 (carcinogenicity), 발생독성 (developmental Toxicity), 생식독성 (reproductive toxicity), 신경독성 (neurotoxicity), 유전독성 (genotoxicity), 구조-활성도 관련분석 (structure-activity relationship analysis) 등이 포함된다.

11-6-2 위해평가와 위해관리

1983년에 미국과학학술재단 (NAS)은 이용가능한 최선의 과학적 지식에 근거를 둔 정부규제를 확립하기 위한 메카니즘을 결정하고, 과학적 자료의 보전과 만성보건위험을 규제하기 위하여 정책적 측면에서 위해관리와 과학적인 측면에서의 위해평가를 규정하였다. 위해평가는 환경작용에 노출된 인간의 잠재적인 보건상 악영향의 특성화로 정의하였다. 위해평가는 앞에 설명한 바와 같은 4단계를 포함하고 있다. 그림 11.4는 환경보건의 일반적인 전형과 위해평가 개념도와의 관계를 보여주고 있으며, 또한 다음과 같은 4단계의 특성과 위해평가의 수단과 범위 및 그 진행과정을 상세히 표현하고 있다.

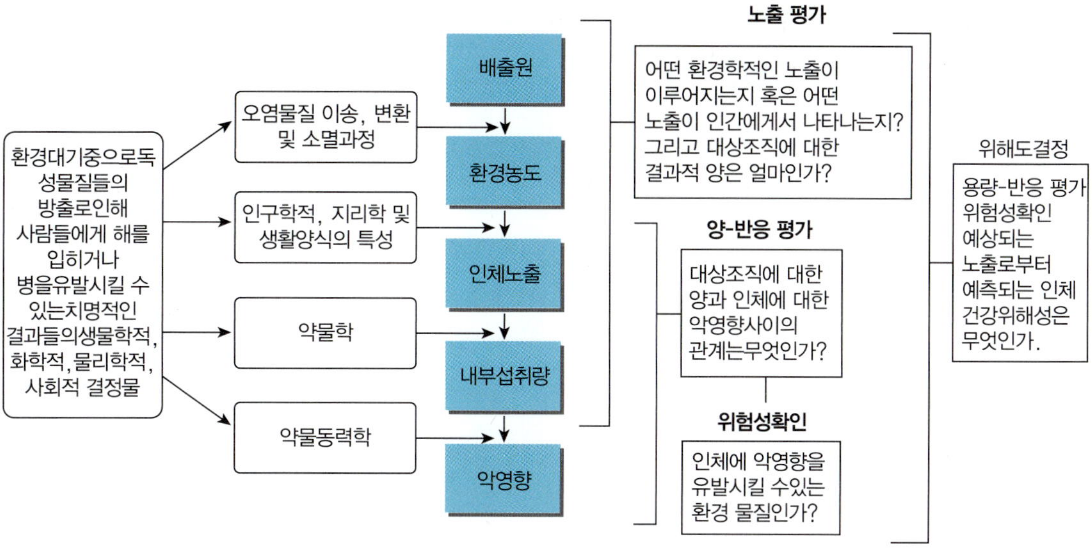

그림 11.4 ▪ 환경보건의 일반적인 전형과 위해평가 개념도와의 관계

1. 유해성확인 (hazard identification) – 특정 화학물질이 부분적인 보건영향의 원인이 되는지 여부를 결정한다.
2. 용량-반응평가 (dose-response assessment) – 특정물질에 대하여 인간에 대한 노출정도와 보건영향의 발생가능성 사이의 관계를 결정한다.
3. 노출평가 (exposure assessment) – 법적인 규제조치 전후에 인간에 대한 노출범위를 결정한다.
4. 위해결정 (risk characterization) – 필연적으로 수반되는 불확실성을 포함하여 인체위해도의 정도와 그 특성에 관한 서술한다.

이러한 구성요소 각 단계에는 잠재적인 불확실성이 존재하게 되는데, 이러한 불확실성에는 분석에 사용된 모델에서의 변동, 모델에 입력되는 자료의 변동, 저변과학의 불명확한 지식, 자연적인 변동 등이 포함된다.

1) 유해성확인

유해성확인 과정에는 적절한 평가를 위한 방대한 양의 정보가 필요하다. 이러한 정보에는 물리화학적인 특성, 노출의 경로와 형태, 약물역학 자료, 독성연구, 장 · 단기 동물실험, 인체독성연구 등이 일반적으로 포함된다. 이러한 정보의 이용가능성과 정확성은 인체의 악영향과 물질에 따라 매우 폭넓게 변화한다. 모든 정보는 취합하여 어떤 물질이 인체에 어떤 영향을 줄 수 있는가 하는 위해증거의 가중치를 설정하게 된다. 사실 현재까지도 위해증거의 가중치를 정량화 하는 수단이 구체적으로 결정된 것은 없다. 유해성확인에서 독성물질의 발암등급에 대한 2가지 분류체계는 USEPA(Environmental Protection Agency) 체계와 WHO의 IARC(International Agency on Cancer Research) 체계가 대표적이다. 이 두 분류체계는 상당히 유사한데, 이는 EPA가 WHO의 분류체계를 거의 채택하였기 때문이다.

표 11.2 ■ IARC와 USEPA의 발암성 물질에 대한 분류체계

기관	분류등급	등급의 설명
IARC	1	Carcinogenic to humans
	2A	Probably carcinogenic to humans
	2B	Possibly carcinogenic to humans
	3	Not classifiable as to its carcinogenicity to humans
	4	Probably not carcinogenic to humans
U.S. EPA (2005 guideline)	CH	Carcinogenic to humans
	LH	Likely to be carcinogenic
	SE	Suggestive evidence of carcinogenic potential
	InI	Inadequate information to assess carcinogenic potential
	NH	Not likely to be carcinogenic
U.S. EPA (1986 guideline)	A	Human carcinogen
	B1	Probable carcinogen, limited human evidence
	B2	Probable carcinogen, sufficient evidence in animals
	C	Possible human carcinogen
	D	Not classifiable
	E	Evidence of non-carcinogenicity

그러나 USEPA 체계가 IARC 체계보다 인체에 대한 발암성 증거 (carcinogenic evidence)에 다소 더 큰 비중을 두고 있다. EPA의 분류체계는 5가지 그룹으로 나뉘는 데, 즉 Group-A, B, C, D 및 Group-E 등이다. IARC는 3가지 그룹으로 나뉘는 데, 즉 Group-1(carcinogenic to humans), Group-2(probably carcinogenic to humans) 및 Group-3(not classifiable as to human carcinogenicity)등이다. EPA 분류체계 중 Group-B와 이에 대응하는 IARC의 Group-2는 2가지 부그룹 (subgroup)으로 나뉘는 데, EPA의 부그룹 B1과 B2는 IARC의 부그룹 2A와 2B에 각각 대응한다고 볼 수 있다.

표 11.2는 WHO의 IARC와 미국 EPA의 발암성물질 분류체계이다. 이 표는 인체에 대한 증거와 장기적인 동물실험에 의한 증거가 발암등급의 근사를 위하여 결합되는 방식을 보여 주고 있다. 미국 EPA는 종전의 6단계 분류를 2005년에 개정하여 현재는 IARC와 같이 5단계 분류체계를 채택하고 있다.

2) 용량-반응평가

일단 어떤 물질의 노출과 관련된 잠재적인 위험이 확립되면, 투여 용량-반응평가를 통해 다양한 노출농도에서 인체에 대한 잠재적 영향을 평가하게 된다. 이 요소는 시험 농도수준에서 발생되는 악영향을 정량화하고, 그 결과를 보다 광범위한 노출수준에 대해 외삽을 한다. 수많은 화학물질에 대해 인체실험 자료는 없으며 따라서 동물실험 자료를 이용한다. 동

물실험 자료를 통한 평가는 그 영향의 범위를 추정할 때 수학적 모델을 이용한다. 수학적인 외삽방법은 거의 대부분의 동물에 대한 실험이 인체보다는 더 고농도 조건에서 이루어지기 때문에 필요하다.

3) 노출평가

노출평가는 관심 대상물질에 대해서 어떤 유기체의 노출경로, 노출지속시간, 노출정도를 추정하거나 결정하는 과정을 포함한다. 초기의 위해평가에서는 이 요소가 이해와 그 불확실성 그리고 변동성의 측면에서 위해평가 과정의 다른 단계에 비해 등한시 했었다. 특정 대기오염물질에 대한 노출평가에는 오염원과 배출특성, 인체에의 노출경로, 대기 중 오염물질의 운송과 소멸특성, 잠재적으로 노출되는 사람의 수, 노출 지속시간과 빈도, 노출집단의 위치와 활동도 등의 정보가 필요하다. 노출평가와 측정의 종점 (endpoint)이 결정된 후 화학물질에 대한 노출의 형태와 정도가 정의되어야 한다. 노출평가는 일반적으로 두 가지의 기본단계로 나누어 진행된다.

1. 노출경로의 규명: 이는 화학물질이 원인물질로부터 수용체로의 이동경로를 서술하며, 원인물질, 방출, 미검증 화학물질의 형태, 환경 중의 소멸과정, 화학물질들의 운송, 수용체의 위치와 활동도를 고려한다.
2. 노출의 정량화: 노출농도는 환경측정자료 (environmental monitoring data)를 사용하여 추정할 수 있다. 이때 오염물질의 유출입량을 규명하여야 하는데, 만약 농도를 추정하기에 자료가 너무 미흡한 경우 환경에서의 소멸과 운송모델을 이용할 수 있다.

노출평가의 목적은 발암위해도, 만성적 비발암 영향 및 비만성적 비발암 영향을 평가하는 것이다. 발암위해도와 만성-비발암 영향은 사람이 평생 평균적으로 받는 하루노출량 (LADE: lifetime average daily exposure)으로도 표현되는 만성-하루노출량 (CDI: chronic daily dose)을 이용하여 평가한다. 그리고 비만성-비발암 영향은 노출기간 동안에만 평균적으로 받는 비만성-하루노출량 (SDI: subchronic daily dose)을 이용하여 평가한다. 즉, 위해평가 시 고려해야 할 건강영향의 성격이 노출량에 대한 적절한 형태를 규정한다. 아래의 식 (11.5)는 만성적 일일 노출량과 비만성 일일 노출량을 평가할 때 사용된다.

$$\text{CDI or SDI} = \frac{\text{C} \cdot \text{IR} \cdot \text{EF} \cdot \text{ED}}{\text{BW} \cdot \text{AT}} \tag{11.5}$$

여기서, CDI = chronic daily intake of the chemical (mg/kg/day)
SDI = subchronic daily intake of the chemical (mg/kg/day)
C = chemical concentration in the intake media (mg/m^3, L or g)
IR = intake rate for the media (m^3/day, L/day, g/day)
EF = frequency of exposure (days/year)
ED = exposure duration (years)

BW = body weight (kg)
AT = averaging time (25,550 days for carcinogens, ED 365 days for noncarcinogens)

노출량은 보통 복용용량 (administered dose)과 흡수용량(absorbed dose)으로 표현되는데, 이에 대한 주의가 필요하다. 용량-반응평가에 의하여 독성물질의 발암인자 (cancer potency factor)가 복용용량을 기준으로 각각 산출되었다면 노출량 또한 복용용량을 기준으로 평가되어야 하기 때문이다. 여기서 복용용량을 기준으로 주로 평가하는 이유는 발암인자가 흡수용량이 아닌 복용용량에 근거하여 평가되고, 특히 호흡경로를 통한 인체 내 흡수율 (absorption fraction)과 관련한 자료가 거의 없기 때문이다. 하지만 몇몇 경우 발암인자에 대한 조정 작업은 흡수율의 차이를 고려하기 위해 필요한데, (a)물질의 발암인자가 동물실험 연구로부터 산출된 경우, (b)섭취경로 (ingestion route)에 대한 발암인자가 호흡경로에 대한 발암인자로 전환될 경우 또는 이와 정반대되는 경우 등이 그 예이다. 더욱이 발암성물질에 대한 노출이 섭취경로에서는 암을 유발시키지만, 호흡경로에서는 유발시키지 않을 수도 있다는 점을 면밀히 검토하여야 한다.

노출평가는 특정 작용요인으로 인한 표적 수용체의 접촉에 의해서 평가되는 형식적인 과정이다. 여기서 표적 수용체는 흔히 인간 개개인 또는 집단을 일컫지만, 때로는 다른 유기체 즉, 생태계 또는 자연적 또는 문화적인 자원과 같은 유기체의 집합을 포함하기도 한다. 작용요인은 일반적으로 화학물질 또는 그 혼합물을 뜻하지만 이온화방사와 같은 물리적 또는 바이러스와 같은 생물학적 요인이 될 수도 있다.

노출평가의 수단은 일반적으로 환경학적 측정, 생물학적 모니터링, 선량 측정 및 수학적 모델링이 포함된다. 대규모 노출평가는 이들 기술을 통합하여 수행하고 있다. 노출평가의 최종 목표는 정확성, 정밀성 및 민감도를 달성하는 것이다. 하지만 규제측면에서 위해관리 요소 또는 정책이 순수 과학적 노출평가 과정에 빈번히 포함되기도 한다. 노출평가에 관련된 주요 용어들을 표 11.3에 제시하였다.

4) 위해결정

위해결정은 오염물질에 대한 노출과 연관된 위험성, 즉 노출로 인한 인체의 역효과 발생가능성이나 그 정도를 추정하는 것이다. 위해결정은 위해도의 정량적인 추정과 위해증거의 가중치 부여 양자를 포괄한다. 또한 이 결정에는 위해도 산출에 있어서 불가피하게 수반되는 불확실성과 한계점을 서술하여야 한다. 이 단계에서 아래와 같은 세 가지의 접근법이 유용하게 사용된다.

1. 독성의 단일치 (single-value) 추정치와 노출의 비교
2. 용량-반응의 분포와 노출정보의 비교
3. 전산모사 수행

위해결정의 최종 단계는 불확실성을 검증하는 것으로, 불확실성의 분석은 각 단계에서의 불확실성의 원인을 규명하고 가능한 한 이 불확실성을 넓은 범주에서 정량화하는 것이

표 11.3 ■ 노출평가에 사용되는 용어의 정의(David, 1994)

용어	정의
생물학적 지표	인체의 생물학적 시스템에서의 변화 또는 사건의 척도. 노출의 생물학적 지표는 인체조직, 세포 또는 유기체와 같은 생물학적 매체로부터 얻거나, 오염물질에 대한 노출을 암시하고 있는 세포상의, 생물학적 또는 분자측정을 포함한다.
생물학적으로 효과적인 용량	악영향을 일으키거나 막 표면과 그 오염물질이 상호작용을 일으키는 세포 또는 표적에 침적 또는 흡수된 오염물질의 양
용량	시간경과에 따른 노출된 유기체 (일반적으로 단일 매개체) 내에 흡수 또는 침적된 오염물질의 양. 총용량은 주어진 시간간격 동안 모든 환경매체와의 상호작용에서 한 사람이 받는 오염물질 선량의 합이다. 선량의 단위 및 총용량 (질량)은 보통 생리적 유동체 또는 질량조직의 단위부피당 오염물질의 질량 단위로 변환된다.
환경	공기, 물, 음식 및 토양 매체 (media)를 포함한다. 공기에 관해서는 주거 및 작업환경을 포함한 모든 실내 · 외 미세환경을 포함한다.
노출	인간과 특정시간동안 특정농도의 오염물질이 존재하는 환경사이의 경계에서 접촉이 있을 때 발생하는 사건. 노출의 단위는 농도 곱하기 시간이다.
노출평가	오염물질, 오염물질의 발생원, 노출에 대한 환경매체, 각 매체를 통한 오염물질의 운송, 물리 · 화학적 변환, 접촉강도와 접촉빈도, 오염물질의 시공간적 농도경향 파악 등의 기술을 포함한다. 이들 기술은 노출 사람수의 추정, 오염물질의 감시, 모델링에 사용될 복잡한 방법론에 대한 오염물질의 농도 및 인체의 생물학적 지표에 대한 범위를 설정할 때 사용된다.
내부용량	체내조직에 흡수된 환경오염물질의 양 또는 기관 (organ)의 막 표면과의 상호작용을 의미한다.
미세환경	특정 시간간격 동안 오염물질의 농도가 공간적으로 균일한 부피를 갖는 3차원 공간
불쾌 영향	오염물질에 대한 노출결과로서 발생하는 주관적인 불쾌한 영향 (예, 두통); 일부 생리적인 반응과 관련이 있을 수도 있으나 영구적인 것은 아니다.
잠재적 용량	노출량은 접촉률 (피부를 통한 흡입률, 섭취율 또는 흡수율)을 곱하고, 오염물질의 총흡수량을 가정한다.
총 인체노출량	인간에 대한 모든 오염물질의 노출량은 환경매개체 또는 유입경로(흡입, 섭취 및 피부 흡수)에 상관없이 특정농도를 가져야 한다. 보통 총 노출량은 환경 중에서의 모든 오염물질에 대한 노출량으로 부정확하게 사용되지만, 한 가지 이상의 오염물질에 대한 총 노출량은 그 자체로 분명히 설명되어야 한다.

(계속)

다. 이러한 정보는 기타 환경관리 평가결과와 함께 위해관리자들에게 반드시 제공되어야 한다.

위해도 정량화 방법의 마지막 부분은 불확실성 분석을 포함하는 위해결정 단계이다. 위해도는 산업시설물 주변의 주민들이 시설에서 배출되는 유해대기오염물질 (HAP)로 인하여 인체가 악영향을 겪게 될 확률로 평가된다. 발암물질인 경우, 발암위해도는 2가지 대표치, 즉 발암에 대한 최대 개인위해도와 평균위해도로 결정된다. 이러한 발암위해도는 이에 상응하는 최대 개인노출량과 평균노출량을 발암인자와 연결시켜 평가한다. **최대 개인 위해도**는 산업시설물 주변의 주민 중 최대로 노출될 수 있는 개인의 발암위해도인데, 이는

용어	설명	일반적 단위	구체적 단위의 예
노출량	사람의 외부기관 (피부, 코, 입)과 화학물질의 접촉	농도 × 시간	피부: (화학물질 mg/물 ℓ) × (접촉시간) : (화학물질 mg/토양 kg) × (접촉시간) 호흡: (공기 중 화학물질 ppm) × (접촉시간) : (공기 μm/m^3) × (접촉시간) 입: (화학물질 mg/토양ℓ) × (접촉분) : (화학물질 mg/음식 kg) × (접촉분)
잠재적인 용량	섭취 물질, 호흡공기, 또는 피부에 사용한 재료의 크기	화학물질의 질량	피부: (화학물질 mg/토양 kg) × (접촉분) : (화학물질 mg/음식 kg) × (접촉분) 용량은 화학물질의 질량/시간이다. 입: (화학물질 mg/토양 ℓ) × (접촉분) : (화학물질 mg/음식 kg) × (접촉분)
적용된 용량	주요 흡수경계부분과 접촉한 화학물질의 양	화학물질의 질량	피부: (화학물질 mg/토양 kg) × (피부와 직접 접촉하는 토양 kg) × (실제 폐와 접촉하는 1% 화학물질) = 실제 폐의 흡수 경계부분과 접촉하는 화학물질 mg 입: (화학물질 mg/음식 kg) × (음식소비량 kg/day) × (GI관에 접촉하는 화학물질 1%) = 실제로 GI관의 흡수경계부분 (기관/day를 이용하는 화학물질 mg 중 용량)에 접촉하는 화학물질 mg
내부 (흡수된) 용량	–	–	피부: 피부를 통해 이용할 수 있는 화학물질 mg 호흡기계통: 폐를 통해 흡수된 화학물질 mg 입: 기관, 세포(기관을 이용할 수 있는 화학물질 mg/day)를 이용할 수 있는 GI관의 화학물질의 mg(흡수된 화학물질 mg중 용량/day 또는 mg/kg × day)을 통해 흡수된 화학물질 mg
이송된 용량	–	–	기관 또는 세포를 이용할 수 있는 화학물질의 mg (기관/day를 이용할 수 있는 화학물질 mg 중 용량)

개인이 노출기간 동안 최대 노출량으로 발암물질에 노출될 경우의 발암 확률을 의미한다. **평균위해도**는 주민이 평균노출량으로 노출된 경우의 발암위해도이다. 발암위해도는 다음과 같이 산출된다.

$$\mathrm{CR} = (\mathrm{CDI}) \times (\mathrm{CPF}) \qquad \textbf{(11.6)}$$

여기서, CR = excess lifetime cancer risk

CDI (LADE) = chronic daily exposure (lifetime average daily exposure)

CPF = cancer potency factor

한편, 복수의 발암물질로부터 복수의 노출경로를 통하여 인체가 노출되는 경우, 총 **발암위해도**는 다음과 같이 합산된다.

$$\text{Overall CR} = \sum_{j=1}^{p} \sum_{i=1}^{n} (\mathrm{CDI_{ij}} \times \mathrm{CPF_{ij}}) \qquad \textbf{(11.7)}$$

여기서, Overall CR = overall excess lifetime cancer risk

CDI_{ij} = chronic daily exposure (lifetime average daily exposure) for the ith contaminant and jth pathway
n = total number of carcinogens
p = total number of pathways of exposure routes

비발암물질인 경우, 만성적 건강위해도는 아래와 같이 특정 독성물질에 대한 일생 동안의 하루 평균노출량을 이 독성물질의 만성 기준선량과 비교 및 평가하여 산출한다. **만성 기준선량**은 민감한 그룹을 포함한 일반인의 독성물질에 대한 만성노출 후 어떤 악영향도 나타날 것으로 기대되지 않는 독성물질의 양으로 정의된다. 따라서 일생동안 이러한 기준선량 이하의 만성노출이 진행될 경우 인체는 안전한 것으로 간주된다. 즉, 일생동안 하루 평균노출량이 만성 기준선량보다 낮으면 이 오염물질에 대한 만성노출으로부터 어떤 인체의 악영향도 없을 것이다. 이러한 평가방법은 발암물질에 의해 발생할 지도 모르는 비발암성 악영향의 위해평가에도 또한 적용될 수 있다.

$$HI = \frac{CDI}{\text{chronic RfD}} \tag{11.8}$$

여기서, HI = hazard index
chronic RfD = chronic reference dose

한편, 복수의 비발암물질 또는 발암물질로부터 복수의 노출경로를 통하여 인체가 노출되는 경우, **총 비발암위해도**는 다음과 같이 합산된다.

$$\text{Overall HI} = \sum_{j=1}^{p} \sum_{i=1}^{n} \frac{CDI_{ij}}{\text{chronic RfD}_{ij}} \tag{11.9}$$

여기서, Overall HI = overall hazard index ;
CDI_{ij} = chronic daily exposure (lifetime average daily exposure) for the ith contaminant and jth pathway
chronic RfD_{ij} = chronic reference dose for the ith contaminant and jth pathway.

단일 독성물질로 인한 위험지표 (hazard index)가 1보다 큰 경우에도 기준선량이 충분히 안전한 여유 (ample margin of safety)를 갖고 있기 때문에 어떤 만성-비발암 인체영향이 발생하지 않을 수도 있다. 지표가 1보다 작아야 한다는 기준은 인체보호라는 측면에서 수용되어야 할 합리적인 기준이다. 또한 복수의 독성물질로 인한 **총괄위험지표** (overall hazard index)가 1보다 더 큰 경우, 표적기관 (target organ)에 미치는 독성들에 대한 고려없이 단순히 위험지표를 합산한다면 위해를 과대평가할 수 있기 때문에 특정기관에 미치는 독성 별로 독성물질들을 묶어서 위험지표를 재산출하고 평가할 필요도 있다. 즉, 동일한 생리적 종말점 (physiologic endpoints)을 갖는 그룹별로 독성물질들 분류한 후, 위험지표를 재산출하고 평가하여야 한다. 하지만 산업시설물 주변의 주민들은 이 지역과 무관한 오염원에서 배출된 동일한 독성물질로부터도 노출될 수 있기 때문에 위험지표는 1보다 작은 수준이 되어야 바람직하다.

11-6-3 미국 EPA 및 WHO의 대기 위해관리

미국 EPA는 일반적으로 규제대기오염물질 (crteria air pollutants)을 제외한 비규제오염물질을 유해대기오염물질 (HAP: hazardous air pollutants)로 규정하고 있는데, 급성위험목록 (acute hazardous list)에 403종 및 HAP 우선관리체계 (HAPPS: HAP prioritization system)에 620종의 화학물질을 포함하고 있다. 위해평가 및 위해관리를 포함하는 규제정책 결정과정은 주요 3단계 과정으로 진행되고 있다. 첫째, 문헌이나 정보시스템을 이용하여 대상 화학물질이 인체에 어떤 유해한 영향을 미치는가를 결정하는 위해평가 단계, 둘째, 그 물질이 유해한 영향을 끼친다면 위해평가 결과가 포함된 건강평가서 초안을 작성하고 전문가의 검토를 거치는 단계, 셋째, 초안에 대한 공중의 견해가 수렴되고 과학고문단에 의해 재검토 된 후 이후 절차를 밟는 단계 등이다.

WHO에서는 대기 중에서 검출가능한 물질은 위험확인을 통해 발암성물질과 비발암성물질로 분류하고 있다. WHO의 산하단체인 IARC에서는 각 화학물질을 그룹별로 분류하고 있다. Group-1은 확인된 인체발암물질이며, Group-2는 인체에 유력한 발암가능 물질로 분류된다. 그리고 이 그룹 중에서 Group-2A, 즉 인체발암성에 대한 증거는 제한되어 있고 동물발암성에 대한 증거는 충분한 물질이 분류되며, Group-2B는 인체발암성에 대한 증거는 불충분하고 동물발암성에 대한 증거가 충분한 경우에 해당된다. 그리고 마지막의 Group-3에는 Group-1과 2에서 분류되지 않은 물질들이 포함되어 있다.

미국 EPA의 경우 그 분류체계는 WHO 체계보다 조금 더 세분화되어 있다. 즉, Group-3은 비발암성물질로 분류되고, Group-1과 Group-2A는 발암성물질로 분류되어 위해도에 입각해 권고치를 설정하며, Group-2B는 동물실험 자료를 이용하여 위해평가를 실시하여 위해도에 입각한 권고치를 제시할 수 있으나, 단지 동물자료에 입각한 자료이므로 권고치는 비발암 독성영향에 입각하여 설정하고 있다.

WHO의 대기 중 발암성물질의 위해평가 절차는 미국 EPA와 크게 다르지 않으나 인체자료에 입각한 위해평가를 실시하고 권고치를 설정하는 것을 더욱 선호하고 있다. 이들 위해도 추정방법은 평균 비교위해도 모델을 이용하는데, 다음과 같은 네 단계의 정량평가를 통해 수행된다. 첫째, 유용한 역학연구의 선정단계, 둘째, 원인과 결과 즉, 비교위해도와 노출수준 및 노출기간 등을 표준화하는 단계, 셋째, 영(0) 용량으로의 외삽과정 단계, 마지막으로, 일반적인 인구집단에 적용하는 단계를 거친다.

비발암성물질의 권고치를 설정하기 위한 위해평가 방법은 미국 EPA의 기본개념과 동일하다. 사람이나 동물에서 관찰되는 **최저영향 관찰수준** (LOEL: Lowest observed effect level)을 규명하고, 예방인자 (protection factor) 혹은 안전인자 (safety factor)을 적용하여 권고치를 설정한다.

권고기준치 설정절차를 보면, 먼저 우선순위 물질을 선정하고 WHO의 과학자그룹에서 제시된 기준에 따라 선택한다. 그리고 인체에 발생가능한 유해영향 (암발생과 같은 비가역적인 영향)의 심각성 및 발생빈도 등 조사를 한다. 그리고 대기환경에서의 오염물질의 농도분포와 수준, 환경 중에서의 변형 또는 체내 대사를 통해 모체물질보다 독성이 더 강한 물질의 생성유무의 판별, 환경 중 난분해성물질 또는 먹이사슬을 통한 생태농축물질의 확인, 노출가능한 인구집단의 크기 등과 같은 근거를 기준으로 주요 대기오염물질을 선정하고 있다.

11-7 요약 및 결론

위해평가는 화학물질이 인체와 생태계에 미치는 결과를 예측하기 위해, 관련된 노출 및 독성 정보를 체계적으로 검토하고 평가하는 것이다. 국내에서는 위해평가의 대상물질 선정기준, 절차 및 방법에 대한 지침이 유해화학물질관리법에 의해 고시되어 평가지침에 따라 수행되고 있다. 일반적인 위해평가 방법은 독성자료를 이용하여 인체위해도를 추정하는 과정으로 위험확인, 노출평가, 용량-반응평가, 위해결정 등 4단계로 구성된다. 위험확인 단계는 위해평가의 모든 단계에서 필요로 하는 자료를 수집하는 단계로서, 각 환경매체에서의 오염물질의 종류와 양, 그 오염물질의 독성, 환경 중에서의 이동, 농축 및 기타 그 화학물질에 대한 장소 특이적인 자료를 수집하는 단계이다. 노출평가는 실제 노출환경으로부터 노출 가능한 인구집단이 어느 정도의 위해에 처해 있는지를 알기 위해서 노출량을 평가하는 단계이다. 노출평가에 있어 인구집단의 크기, 노출 강도, 빈도 및 기간, 그리고 노출경로 등에 대한 요소들은 반드시 고려되어야 하며, 환경측정과 생체 감시를 통해 인체 노출량을 정할 수 있다. 용량-반응평가 단계는 어떤 화학물질이 노출된 개체에 미치는 유해한 결과에 대한 잠재력을 평가하는 단계이다. 건강 위해평가의 목적을 위해 독성영향은 발암 및 비발암 효과로 구분된다. 위해결정 단계는 용량-반응평가와 노출평가의 결과를 종합하는 단계이다. 이 과정을 통해 위해도를 산출하여 그 노출집단의 건강영향을 판단할 수 있다.

위해평가는 어디까지나 예측치이며, 특정 개인이 아닌 노출집단에 대한 위해 정도를 평가한다. 즉 위해평가는 특정물질의 특정농도에 노출된 집단의 위해정도를 확률론적으로 평가한다는 한계점이 있다. 위해소통 과정은 법적 및 연구협의과정에 있어서 정책적으로 중요한 요소이다. 이러한 위해소통 과정은 위해평가를 거쳐 얻은 결과치를 사회적, 제도적, 기술적, 경제적 문제점들을 고려한 후 정책 입안자들이 정책을 수립할 때 중요한 단계이며 국민의 이해와 협조를 유도해 내는 수단이기도 하다.

참고 및 인용문헌

David, R.P. Ed. (1994) *Toxic Air Pollution Handbook,* Van Nostrand Reinhold, New York.

Friedlander, S.K. *(1977) Smoke, Dust and Haze*, John Wiley & Sons, 317 p.

Godish, T. (1991) *Air Quality, 2nd Ed.*, Lewis Publishers, *i*nc., Michigan, p.422.

Griffin, R.D. (1994) *Principles of Air Quality Management*, Lewis pub., 373 p..

IARC Working Group (1980) *IARC monographs*, volumes1 to 20.Cancer Research, 40, 1-20.

IARC Working Group (1982) *IARC Monographs on the Evaluation of Carcinogenic Risk of Chemicals to Humans: Supplement 4*. IARC, Lyon, *270*.

IARC (2019) *List of classifications*, volumes 1-123.

Lioy, P.J. and Daisey, J.M. (1986) *Toxic Air Pollution,* Lewis Pub. Inc., 47-62.

Stern, A.C. (1986) *Air pollution*, Academic Press, Vol. 8, p. *206*.

Tomatis, L. Ed. (1990) *Air Pollution and Human Cancer*, Springer-Verlag, Heidelberg, Germany, 9-34.

Tomatis, L. Ed. (1990) *Air Pollution and Human Cancer*, Springer-Verlag Berlin Heidelberg, Germany, 9-34.

Travis, C.C. & Cook, S.C. (1989) *Hazardous Waste Incineration and Human Health.* CRC Press, 57 p.

USEPA (1978) Health Assessment Document for Polycyclic Organic Matter, External Review Draft, Research Triangle Park, North Carolina, EPA Report No. 2/102. pp.3-1 t*o 3-47.*

USEPA (1986) Guidelines for Carcinogenic Risk Assessment. Federal Register, 51, 185, 33992-34003.

USEPA (1989) *Ecological Assessments of Hazardous Waste Sites: A Field and Laboratory Document*, U.S. EPA, EPA/600/*3-89/013.*

USEPA (1996) *Integrated Risk Information System (IRIS)*, U.S. EPA.

USEPA (2016) *Integrated Risk Information System.*

대기환경연구회 (1996) *대기오염개론*, 동화기술, 108-135.

박영규 외 8인 (1998) *환경보전*, 형설출판사, 171-183.

CHAPTER 12

대기오염 방지장치

동아대학교 **최금찬**

12-1 대기오염방지 대책

대기오염제어 대책은 “0 배출 (zero emission)”의 개념을 기본으로 수립할 수 있다. 즉, 대기오염물질의 배출이 없으면 제어의 필요성이 없어지게 되는 원리이다. 그러나 실제 산업생산 분야의 공정상 오염물의 발생은 필연적으로 수반되며 배출원 제어에 앞서 배출을 최소화하는 것이 더 적절하다고 할 수 있다. 대기오염제어를 위한 단계는 다음과 같이 3단계로 나타낼 수 있다.

1. 오염물 배출의 최소화 단계…생산품의 대체, 친환경적 재료 및 원료의 사용, 생산공정의 전환 및 수정, 에너지절약, 연료전환
2. 대기 중 배출이전 단계…국소배기장치의 활용 (후드, 덕트의 설계), 방지장치의 적용
3. 대기관리 단계…대기 자정능력의 향상, 배출원과 피해지역의 격리정책 (그린벨트), 최대효과를 얻기 위한 체계적 제어정책, 높은 굴뚝의 이용

대기오염물질에 대한 방지기술은 배출허용기준 (emission standard)이나 대기환경기준 (ambient air quality standard)을 달성하기 위한 수준까지 보장되어야 한다. 한편, 대기오염제어에 대하여 투자되는 비용은 제어효율에 대해 그림 12.1과 같이 지수 함수적으로 나타낼 수 있다. 여기에 경제적 가치가 있는 물질의 재생이 포함된다면 그 비용은 직선적으로 증가된다. 대기오염의 제어를 위해서는 발생원의 오염에 관한 모든 정보를 사전에 알고 있어야 하며, 제어기술자는 발생원의 오염물질에 대한 물리, 화학적 자료에 친숙하여야 한다. 그 중 가스상 오염물질은 방지장치에 유입되기 전에 냉각이나 가열을 필요로 하는 경우가 있으며, 효율이 좋은 설계를 위해 기체법칙, 열역학적 특성, 반응법칙 등을 알아야 한다.

대기오염 방지장치는 입자상 오염물질과 가스상 오염물질의 처리를 위한 방지시설로 구분된다. 입자상 물질의 처리는 사이클론장치 (cyclone), 여과집진장치 (bag filter), 전기집진장치 (ESP: electrostatic precipitator) 등이 주로 사용되며, 가스상 오염물질의 처리에는 건식과 습식을 포함하여 세정법(scrubbing), 흡수법 (absorption), 흡착법 (adsorption),

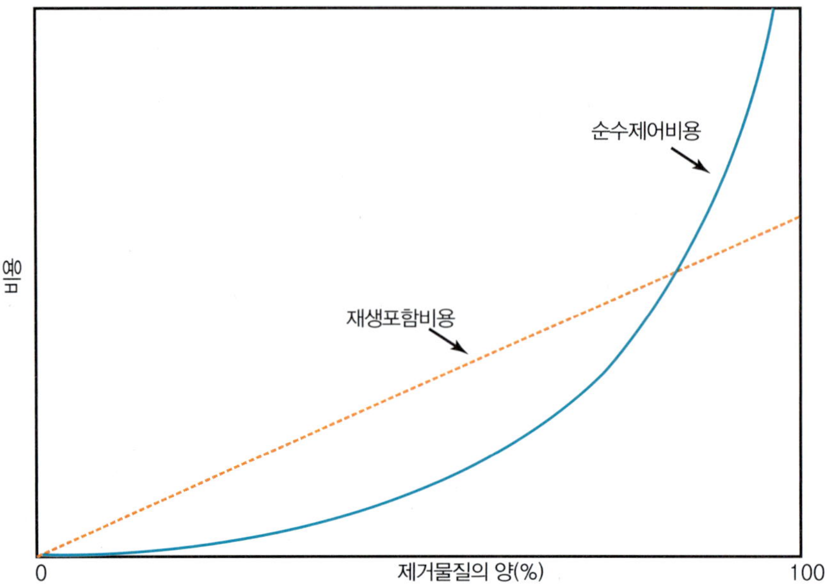

그림 12.1 ▪ 재생비를 포함한 대기오염의 제어비용관계

촉매환원법 (catalytic reduction) 등의 방식으로 복합적으로 적용하는 경우가 많다. 습식 처리 과정에서 발생되는 폐수 등의 2차적인 오염을 줄이기 위해 건식 및 반건식 처리방식 등의 방지기술이 개발되고 있다.

12-2 대기오염 방지시설의 설계과정

효과적인 대기오염 방지시설을 계획하기 위해서는 대기오염 발생원에 대한 충분한 정보를 가지고 있어야 한다. 방지시설의 설치목적은 처리효율의 향상, 압력손실의 저감, 2차오염물질 (secondary pollutants)의 발생억제 등이다. 그러나 실제 이 조건들을 전부 만족할 수 없으므로 상호간의 최적점을 찾아 결정하여야 한다. 또한 운용경비에는 설치비 (고정자본비: capital cost)와 운영비 (operating cost)로 나뉘어지나 시설의 내구성이 장치의 수명에 연관되므로 전체경비에 영향을 줄 수 있다.

12-2-1 예비설계

상기의 조건들을 만족하기 위해서는 사전에 처리대상 분진입자와 가스의 성상을 정확히 파악하여야 한다. 단, 동일한 공정에 대해 경험이 있거나, 사전조사가 충분히 되어있다면 예비설계를 위한 조사과정은 생략하여도 무방하다. 예비조사에는 배출가스의 유량, 온도, 습도, 압력, 배출가스의 성상, 유속분포, 분진 및 가스의 특성 (입도분포, 농도, 화학적 조성, 밀도, 부착성, 정전기, 폭발성, 화학적 반응성 등)이 포함된다.

배출가스의 유량은 장치의 송풍기 크기를 선정하기 위해 중요하며, 온도에 따라 가스량이 변화하므로 정확히 측정해 둘 필요가 있다. 유량은 소요동력과 밀접한 관계가 있으며, 운영비에도 영향을 줄 수 있다. 통상, 유량의 단위는 m^3/min (CMM)으로 표시하며 m^3/hr로 표시하는 경우도 있다. 건식의 경우에는 수분감소량과 가스의 수분 증가분에서 유량을 추정할 수 있다. 예비설계에서 배출가스 유량의 허용오차 범위는 ±15% 정도로 볼 수 있다.

실제 방지설비를 운영하는 경우 처리온도는 상온 이하로 처리하는 경우가 거의 없으며, 배출가스 온도가 고온일 때는 냉각하여 처리하는 것이 일반적이다. 1차 집진에서 처리가스 온도가 1,000°C 이상의 높을 경우에는 장치내부에 특수내화물로 내부라이닝을 하는 경우도 있으나, 보통은 400°C 이하로 냉각하여 사이클론 및 전기집진장치에 유입시키고, 140~250°C로 냉각하여 여과집진기로, 100°C 이하로 수냉하여 세정기로, 각각 유입하여 사용하는 것이 일반적이다.

습도는 온도가 감소할 때 이슬점 (dew point)이 문제가 되며, 공기 중 수분이 응결하여 장치내부에 액적이 형성될 수 있으므로 건식장치인 경우 주의가 필요하다. 여과집진의 경우, 이슬점 이하에서 액적이 형성되어 여과포가 막히거나, 황산미스트의 형성 등 저온부식으로 필터나 덕트 등 장치내부를 손상시킬 수 있다. 또한 장치 아래쪽에 분진퇴적함(hopper)에서 수분이 분체와 결합하여 이송장치를 파손시킬 수 있으므로 장치를 보온하거나 온도를 높여 이를 예방할 수 있다. 배출가스의 유속은 장치의 효율을 보장하기 위해 각 장치마다 적정유속을 유지하여야 한다. 가스의 유입부에서 유속의 분포가 균일하지 않으면 사이클론의 분리력, 전기집진장치 등의 효율, 여과집진장치의 여과포 파손 등에 영향을 줄 수 있으므로 주의하여야 한다.

입자상오염물질의 특성에는 농도, 입경분포, 밀도, 화학적 조성 등이 포함된다. 농도는 입경이나 입자의 물성에 따라 차이는 있으나, 배출구에서 시각적으로 관찰하여 눈에 보이지 않을 정도로 처리하여야 한다. 대개 방지장치에 관계없이 배출허용기준이 30 mg/m^3 이하가 달성목표이나, 우리나라의 경우 대부분의 시설에서 100 mg/m^3의 전후에서 배출되는 경우가 많았다. 현행 먼지의 배출허용기준은 10~50 mg/m^3 범위이며 배출원의 종류에 따라 그 기준이 다르다. 최근에는 선진국 등에서 배출규제의 강화로 이 기준이 더욱 엄격해지고 있으며, 유럽연합의 경우 10 mg/m^3까지 목표로 설정하고 있다. 분진의 입경분포를 사전에 조사하는 것은 방지장치의 분리한계 입경을 결정하는데 중요한 자료가 되며 이를 근거로 2차 처리장치의 설치여부를 판가름할 수 있다. 전기집진의 경우, 입경은 이동속도와 밀접한 관계를 가지며 전기력에 의한 분리에 영향을 미친다. 여과집진에서는 입경분포에 따라 여과포의 성능을 결정할 수 있다. 분진입자의 화학적 조성과 반응성 등은 배출가스 중에 있는 산의 생성으로 인한 부식, 반응 후 발생가스, 폭발, 처리분진의 매립 등의 이유로 반드시 조사되어야 한다. 건성분진 (먼지)는 마찰대전 등 정전기의 원인으로 장치 내 화재가 자주 발생하는 경우가 있다. 10 μm 이상의 먼지는 장시간 충돌 시에 마모가 발생하고 덕트 등에 손상을 초래한다. 이 마모를 방지하기 위해 덕트 내부에 내마모재를 사용하기도 하나, 유속의 조절, 굴곡의 완화, 고무라이닝 등을 통해 마찰을 줄일 수 있다.

12-2-2 총괄설계

대기오염 방지시설의 총괄계획은 설계에 앞서, 입지부지의 선정, 토목시공, 전기, 급수 등 부대시설, 부속기기, 인력 등을 고려하여야 하며, 다음으로 최종성능의 재검토와 경비 등을 고려하여 장치를 선정하여야 한다. 표 12.1은 각종 집진장치의 실용범위를 나타낸 것이다. 1차발생 분진의 크기가 5 μm 이상인 목재공업, 금속분말, 페렛, 곡물 작업 등은 사이클론을 사용하는 것이 좋다. 또한, 배출가스가 공정 초기부터 2,000 mmH_2O 정도의 높은 압력손실을 지닌 경우는 대기압까지 감압시키는데 에너지의 회수가 불가능하므로, 사이클론을 사용하여 예비집진을 하고 2차로 습식 벤츄리세정기 (scrubber) 등을 적용하면 높은 효율의 집진이 가능하다. 실제 산업공정에서는 분진 중 다량의 미스트가 포함된 경우가 많으며, 수 μm 크기의 미스트일 경우에는 소형 고성능 멀티클론 (multi-tube cyclone)이나 벤츄리세정기, 미스트 전용 전기집진기 등을 적용하는 것이 바람직하다.

여과집진은 전기집진에 비해 설치비용이 저렴하고 안정성이 있는 시설로 가스유량이 2,000 m^3/min 이하인 경우, 현장에 즉시 적용할 수 있는 각종 기술들이 개발되어 있다. 최근에는 고온용 여과재도 많이 개발되어 응용되고 있다 (예, 테프론, Nomex, 유리섬유 등). 여과재의 수명은 1~3년이나 보통은 1년 정도 사용하고 있으며, 운전의 형태에 따라 그 수명은 달라진다. 전기집진은 주로 화력발전을 겨냥하여 대형 방지시설에 응용되고 있으며, 또한 시멘트 킬른, 제철 고로의 배출가스, 보일러 시설 등에도 설치되고 있다. 배출가스의 온도가 170~180℃ 를 전후로 하여, 이 온도 이하에서는 저온 (cold-side) 전기집진기로 설계되며, 200℃ 이상에서는 고온 (hot-side) 전기집진기로 각각 설계된다. 특히, 분진의 전기비저항은 배출가스 온도에 영향을 받으며 집진효율을 결정하는 중요한 변수가 된다. 최근에는 건식의 충진층 여과방식이 새롭게 개발되고 있으며, 에너지 절감 등 고성능의 방지시설이 개발되어 적용가능성이 높은 방지장치로 그 적용이 기대된다. 정전 여과재 집진방식은 반도체 설비와 같은 초청정 크린룸, 수술실, 바이오 룸, 건물 집진용 등에 적용되고 있으며, 높은 효율과 빠른 여과가 가능하다는 장점을 가지고 있다.

송풍기 (fan)는 덕트 (duct)를 통해 충분한 배출가스를 운반할 수 있는 능력을 가져야 하며, 필요 이상의 고압이나 대용량은 에너지의 소비측면에서 바람직하지 못하므로 특성곡선과 처리장치의 특성이 일치하는 것을 선택하여야 한다. 일반적으로 진동발생이 적고 분진의 부착이 적은 방사형 날개 (radial blade)를 가진 원심송풍기 (centrifugal fan)를 많이 사용한다. 송풍기의 설치위치에 따라 양압-송풍식 (+)과 음압-흡인식 (−)이 있는데, 높은 농도를 지닌 가스나 유해물질을 처리할 때는 음압-흡인식이 많이 쓰이며, 이 경우 가스밀도에 특히 유의하여야 한다. 덕트는 국소배기시설의 일부로 작업공간에서 외부처리장치까지 상당히 길게 연결되며, 전체 길이에 대한 압력손실을 설계 이전에 계산해 두어야 한다. 고온 배출가스를 운반할 경우에는 자연냉각에 의해 내부에 수분이 발생하므로 장치의 보온을 하여야 한다. 또한 송풍기의 소음이 전달되지 않게 하기 위해 덕트 지지대를 고정하거나 방음장치를 부착하여 공명 (空鳴)현상을 피해야 한다. 덕트 내의 적정 유속은 15~20 m/sec로 하여, 유속감소로 인한 운반시 덕트 내 분진의 침강을 방지하여야 한다.

표 12.1 ■ 각종 집진장치의 실용범위

집진장치	압력손실 (mmH_2O)	분리한계 입경(μm)	가스유속 (m/sec)	고정비	운영비	비고
사이클론	200 전후	3	–	저가	중간	< 400°C
세정기	200 전후	1	–	중저가	중간	폐수처리 필요
벤츄리 세정기	1,000 전후	0.3	60∼100	중저가	고가	폐수처리 필요
여과집진기	150∼200	0.1 이하	0.01∼0.05	중고가	중간	< 250°C, 고온불가
건식 전기집진기	50 전후	0.2	1∼2	고가	저가	< 400°C
습식 전기집진기	50 전후	0.1	1∼2	최고가	중간	폐수처리 필요

12-3 입자상 물질의 제어

12-3-1 사이클론 (Cyclone)

1) 개요

사이클론 집진장치는 적은 비용으로 효과적인 집진이 가능하여 대기오염 방지장치로서 널리 쓰이고 있다. 특히 미세입자보다는 큰 입자의 제거에 더 효과적이기 때문에 전처리 집진장치로서 유용하다. 처리가스를 사이클론 입구로 유입시켜 선회류 (vortex)를 형성시키면, 처리가스 내의 크고 작은 입경을 가진 분진은 원심력을 얻어 선회류를 벗어나 사이클론 내벽에서 충돌하면서 제거된다. 그리고 가동부 (moving parts)가 없기 때문에 보수 및 유지관리가 다른 장치에 비해 비교적 쉽다. 사이클론에서는 원심력과 중력이 동시에 작용하여 분진을 제거하며, 중력은 보다 큰 입경의 분진에 작용한다. 일반적으로 사이클론에 의해 제거 가능한 분진의 크기, 즉 입경은 사이클론의 몸통직경과 기하학적 상대 치수비에 의해 좌우되는데 주로 10 μm 이상이 효과적으로 제거된다.

사이클론의 주요 장점으로는 간단한 구조와 설계, 경제성 (설치비, 운전비, 유지비) 등과 압력손실이 낮고 높은 분진 부하량에도 운전이 가능하다는 것 등을 들 수 있다. 그러나 사이클론은 때때로 분진퇴적함 (hopper)에 집진되어 있는 침강분진 또는 선회류 내에 있는 미세분진이 재비산하는 사례가 많으며, 이를 방지하기 위하여 스키머 (skimmer), 회전날개 등의 설치가 요구된다.

2) 사이클론의 분류

① 사이클론의 위치에 따른 분류

사이클론의 병렬연결 구조는 유입가스량이 많을 때 응용되며, 대표적인 것으로는 멀티사이클론(multi-tube cyclone)이 있다. 병렬구조에서는 연결되는 개개의 사이클론 입구에 처리가스를 어떻게 균일하게 공급하는가가 중요하다. 또한 멀티사이클론은 몸통직경이 작은 것일수록 원심력이 커지고 처리효율이 높아지므로 소형인 것을 다수 사용하여 처리량을 크게 한다.

직렬연결 구조는 몇 개의 사이클론을 차례로 놓고 전단부 사이클론의 출구와 후단부 사이클론의 입구를 직렬로 연결시킨 것으로서, 앞에서는 큰 분진이 집진되고 뒤로 갈수록 미세한 분진이 제거된다.

만약 두 개의 사이클론으로 구성된 경우의 전체효율은 아래와 같이 나타낼 수 있다.

$$\eta = \eta_p + \eta_s\,(100 - \eta_p) \quad \textbf{(12.1)}$$

여기서, η: 총괄효율 (overall efficiency)

η_p: 전단부 사이클론의 효율

η_s: 후단부 사이클론의 효율

② 사이클론의 구조에 따른 분류

접선유입식 (tangential inlet)은 가장 보편적으로 사용되는 방식 중 하나이며, 목재공장, 방앗간, 시멘트, 발전소 등에 적용된다. 현재 우리나라에서 이 방식이 가장 많이 사용되고 있다. 축상유입식 (axial inlet)은 처리가스 유입구가 사이클론의 축과 평행하며, 처리가스는 상부에서 유입되어 입구에 설치되어 있는 나선형 유도깃 (vane)을 따라 선회류가 되면서 아래쪽으로 향한다. 그리고 상부 유입식 입구는 고효율 사이클론에서 많이 사용되고 있는데 특히 멀티사이클론의 유입구로서 적당하다. 하부 유입식 사이클론은 세정식 사이클론의 액적제거에 주로 사용되는데, 처리가스는 하부에 설치된 입구에서 몸체에 접선방향으로 유입되어 선회류를 형성하면서 위쪽으로 향한다.

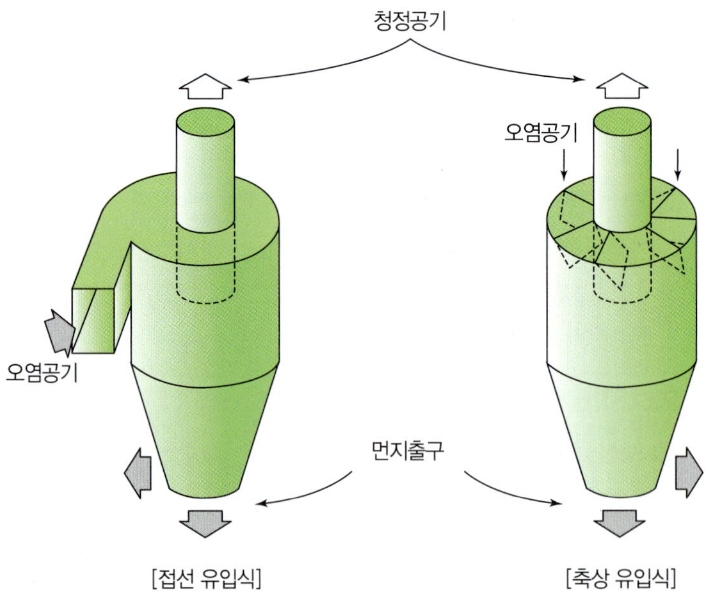

그림 12.2 ▪ 사이클론의 종류

3) 사이클론의 성능 및 특성

사이클론의 집진효율은 같은 시간에 입구쪽 및 출구 쪽 덕트 내에서 가스유량 또는 단위시간당 채취된 분진량으로 구할 수 있다. 입구쪽 덕트 내의 분진량 (S_i)과 단위시간당의 채취 분진량 (S_o)에서 구하는 방법은 식 (12.2)와 같다.

$$\eta = \frac{S_o}{S_i} \times 100\ (\%) \qquad \textbf{(12.2)}$$

사이클론에서 한계입경은 집진효율을 나타내기 위한 척도이며, **절단입경** (cutoff size)이라는 용어를 사용한다. 이것은 50%의 집진효율로 제거된 입자의 크기를 말한다. 사이클론의 한계입경 예측과 관련한 수식은 많으나, 그 중 Lapple의 방정식이 빈번히 사용된다.

$$[d_P]_{\text{cut}} = [9\mu B/2\pi N_t V_r(\rho_p - \rho_a)]^{1/2} \qquad \textbf{(12.3)}$$

여기서, $[d_P]_{\text{cut}}$: 한계입경(μm)

N_t: 선회류수(5~9)

V_r: 입구 유입 속도(m/s)

ρ_p: 입자 밀도(kg/m^3)

ρ_a: 공기 밀도(kg/m^3)

B : 입구 폭(m)

μ : 공기 점도(kg/m·hr)

4) 사이클론의 설계

사이클론의 집진효율에 영향을 미치는 인자는 다음과 같다.

1. 먼지의 크기
2. 먼지의 밀도
3. 유입가스 속도
4. 사이클론의 몸통 길이
5. 가스의 선회류 수
6. 사이클론 내벽의 연마정도

이 인자들의 값이 클수록 처리효율은 증가한다. 설계치수비가 이미 결정된 특정 사이클론의 포집효율은 사이클론의 직경이 감소함에 따라 증가한다. 높은 효율을 보장하기 위해서는 높은 압력손실 (특히 유입가스 속도)과 큰 규모 (특히 몸체길이)를 필요로 하며, 설계상 모든 인자들은 몸통직경과 치수비로서 표현하는 것이 보통이다. 가장 일반적인 치수비의 관계는 그림 12.3과 같다. 집진효율을 제외하고 사이클론의 성능을 평가하는 척도로서 또 다른 중요한 인자는 압력손실이다. 유입가스가 빠른 속도로 사이클론으로 유입하면 집진효율은 증가하지만 그에 따라 압력손실도 함께 증가한다. 압력손실의 증가는 유입가스에 있어 많은 에너지를 요구하기 때문에 집진효율은 증대하나 반면 운전비용을 증가시킨다.

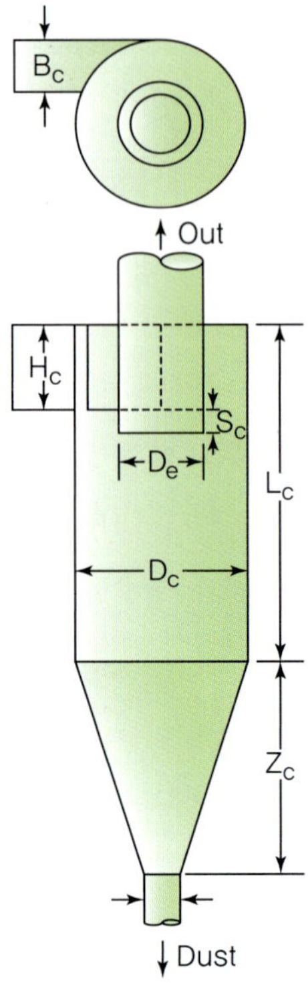

그림 12.3 ▪ 사이클론의 설계인자 치수비 관계도

12-3-2 여과집진장치 (Fabric Filter)

여과집진장치는 배출가스로부터 입자상오염물질을 제거하는 방법 중 가장 오래되고 현재 광범위하게 사용되고 있는 방법이다. 여과집진장치는 분진이 함유된 배출가스를 나란히 설치된 여러 개의 여과재에 통과시키면서 여과공정을 수행한다. 이때, 여과공정은 초기에는 여과재 단독으로 진행되나, 시간이 경과함에 따라 먼지층 (filter cake)이 형성되면서 여과재상에 쌓이는 먼지층이 여과체로서 작용하여 여과효과가 촉진된다. 미세분진은 이 먼지층에 의해 더욱 효율적으로 포집되며, 이 여과효과는 펠트상의 여과재 (felted filter)보다 직물여과재 (woven filter)에서 더욱 중요시된다. 일반적으로 여과집진장치는 0.5 μm 이상에서는 99% 이상의 효율을 가지며 0.01 μm에 대해서도 상당한 제거효율을 가진다.

1) 원리

분진을 함유한 배출가스를 여과재로 통과시켜 분진입자를 분리할 때, 입자는 유체의 흐름에 장벽으로 작용하는 섬유에 관성충돌 (inertial impaction), 직접차단 (direct interception), 확산력 (diffusion) 및 때로는 정전기력 (electrostatic force)에 의한 포집 등의 메커니즘을 통해 섬유상에 부착되어 제거된다.

일반적으로 먼지의 포집은 배출가스 흐름에 노출되어 있는 여과재의 표면과 내부에서 일어난다. 필터 여과재의 내부에서 먼지포집은, 그림 12.4에서와 같이, 섬유나 섬유입자에 먼지의 충돌과 침착현상으로 수행된다. 여과재 표면상의 여과현상은 먼지층이 여과재의 노출된 표면 위에 쌓이면서 진행된다. 하지만 일정량 이상의 먼지가 여과재에 쌓이게 되면 압력손실을 증가시키는 원인이 되므로 탈리공정이 필요하게 된다. 경우에 따라 높은 효율의 가스정화를 위해서 needle filter와 같은 3차원 직물필터가 필요하다. 배출가스 중 분진이 여과될 때 분진입자의 입경, 운동량, 전기력 등에 따라 여과재를 구성하는 섬유와 밀접한 관련이 있으므로 여과재는 배출되는 분진의 특성에 알맞게 선택되어야 한다.

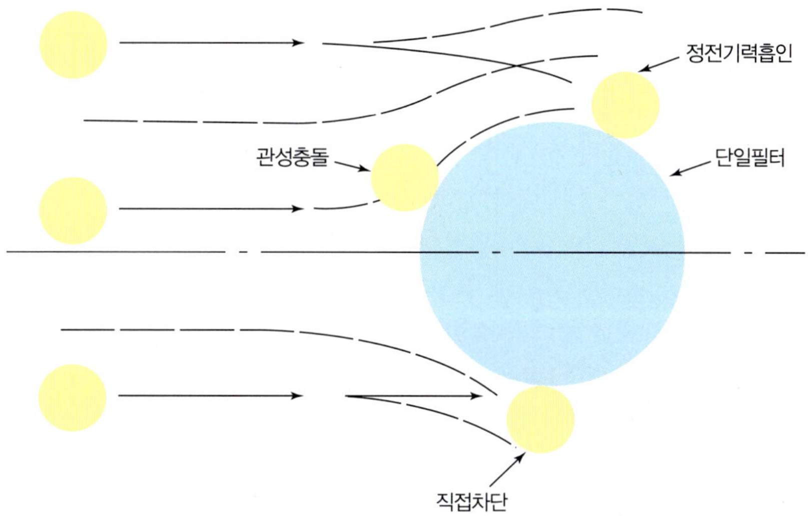

그림 12.4 ▪ 단일 필터섬유에 의한 분진입자의 제거

상대적으로 입경이 크고 무거운 분진이 충분한 관성력을 가지고 있을 때, 그림 12.4와 같이, 분진입자는 **관성충돌**에 의하여 유선 (stream line)을 벗어나 섬유 (filter fiber)에 충돌하여 부착된다. 반면 직접차단은 보다 가벼운 분진입자가 여과되는 기작인데, 입자가 가벼워지면 관성력도 상대적으로 작아지므로 입자가 유선을 따라 섬유에 접근하게 된다. 이때 유한한 크기를 갖는 분진입자의 반경이 섬유 표면과의 거리보다 크다면 이 입자는 섬유에 차단되어 여과된다. 이를 **직접차단**이라 한다. 또한 처리가스 내 분진의 입경이 0.1 μm 이하인 아주 작은 분진은 자체적으로 무작위 운동 (random motion)을 통한 **확산**에 의하여 이동한다. 이때 작은 분진은 유선을 따라 이동하지 않고 브라운 운동 (Brownian motion), 즉 무작위 운동을 한다. 이들 작은 분진은 처리가스의 속도와는 다른 자체 속도로 이동하며, 결과적으로 여과재를 구성하는 개개섬유와 접촉하여 여과된다.

2) 여과방식에 의한 종류

① 충진식 여과집진 (Packed Filter)

충전식 필터는 환기용 에어클리너와 배출가스 집진용으로 구분하며 환기용 클리너의 여과포는 유리섬유, 면섬유, 합성섬유를 50~60 cm틀에 5 cm의 두께로 충진하여 공기 중에 부유하는 먼지를 포집한다. 접착식 필터는 금속망이나 합성섬유를 이용하여 포집된 먼지의 재비산을 방지하기 위해 휘발점이 낮은 기계유 등을 섬유상에 도포하여 사용한다. 이 방식은 농도가 낮은 곳에 적용되며 여과속도도 크므로 주거용난방이나 건물공기조화용으로 많이 사용된다. 건물 여과속도는 1~2 m/s이며, 압력손실은 20~30 mmH_2O 정도이다. 배출가스 집진용은 주로 이동충식 필터로 특수 금속망 내에 입상의 여과재를 충진시켜 이 충진층으로 가스를 통과시키고 분진을 포집하는 내부여과방식으로 포집한다. 먼지를 부착한 여과재는 분진퇴적함 (hopper)에서 제거되며 추출된 여과재는 별도의 공정으로 재이용되거나 분리된다.

② 여과포 집진 (Bag Filter)

여과포 집진방식은 천연섬유나 합성섬유, 부직포 등을 백의 형태나 평판형의 형태로 만들어 여과하는 방식이다. 여과포의 구조는 섬유의 종류, 크기, 두께 등에 따라 다르며, 분진의 부착, 탈리방식, 내열성, 내산, 내알칼리성, 흡습성 등이 고려되어야 한다. 여과포의 섬유에는 필라멘트 상과 단섬유(staple spun)가 있으며, 이 섬유를 방적하여 여과포로 만든다. 필라멘트 상은 섬유의 끝처리가 부드럽고 분진이 부착되면 압력손실이 높아져 탈리가 쉽게 된다. 반면 단섬유는 잔섬유가 있고 포집성능이 우수하나 탈리는 어려우므로 다른 섬유와 혼합하여 펠트상으로 사용한다. 보통 처리가스 온도가 150°C 이하인 경우 폴리에틸렌 섬유가 가장 많이 이용되며, 고온 250°C 이상인 경우는 유리섬유 (glass fiber)나 NOMEX(폴리아마이드) 등의 섬유를 사용한다. 최근 내산, 내알칼리, 내열용으로 흑연화섬유, 스테인리스 혼합섬유, 그라파이트 처리를 한 여과포, 테프론 여과포 등이 이용되고 있다.

③ 탈진방식에 따른 분류

여과집진기는 탈진방식에 따라 간헐식과 연속식으로 구분할 수 있다. 간헐식은 집진실을 3~4개의 방으로 나누어 처리가스의 입구, 출구에 각각 댐퍼 (damper)를 설치, 여과와 탈진을 순차적으로 실시한다. 연속식은 집진실을 분리하지 않고 여과를 상시 수행하고 순차적으로 탈진한다. 따라서 여과 중 압력손실은 거의 일정하므로 고농도 분진과 부착하기 쉬운 분진 등의 처리에 적합하다. 탈진방식으로는 **진동식** (shaking), **역기류식** (reverse flow), **충격분출식** (pulse jet) 등이 있으며, 현재는 역기류식과 충격분출식의 방식이 가장 널리 사용된다. 역기류식은 여과를 진행하다가 역으로 압축공기를 불어넣어 탈진하는 방식이며 연속식에서도 많이 사용된다.

연속식에서의 충격분출식 방식은 여과포 외부에서 내부로 여과하는 방식으로, 고압의 압축공기를 여과포의 내부에서 외부로 순간적적으로 (0.1초 이하) 벤츄리를 통하여 분출하여 탈진시킨다. 이 방식은 집진설비의 운전을 정지시킬 필요가 없으며 여러 개의 집진실로 구성되어 있기 때문에 연속여과가 가능하다. 또한 펠트상의 여과포를 사용할 수 있어 여과속도를 2~3배 향상시키므로 소형구조로 제작할 수 있다. 한편 음파분출식 (sonic jet)은 저주파 음파를 사이렌 등으로 발생시켜 공기진동을 직접 여과포에 전달하여 탈진하는데, 이 방식은 청정가스의 출구 쪽에 소음기를 부착하므로 소음방지책이 필요하다. 이 방식은 실제로는 잘 사용되지 않는다.

3) 여과집진기의 성능 및 특성

여과집진방식은 포집성능이 우수하지만, 여과포의 선택이나 운전조건 등이 부적절할 경우에 상당한 분진배출이 일어나며 시각적으로도 확인이 가능하다. 그럼에도 면밀한 설계와 철저한 운전관리를 할 경우, 10~30 mg/m^3 이하의 배출농도를 유지할 수 있다. 또한 표면가공을 한 먼지의 경우 여과포를 2중 구조로 하는 등 특수한 대책을 강구한다면 집진성능을 더욱 개선할 수 있다. 집진성능을 유지하기 위해서는 여과포의 파손이나 탈진 시 분진재비산에 의한 집진효율의 저감 등에 주의하여야 한다. 압력손실은 시간의 경과에 따라 증가하고 적당한 주기에 따라 먼지층을 탈진시켜야 한다. 압력손실은 여과포의 전후에서 최대 100 mmH_2O로 유지하도록 한다. 압력손실이 높고 과부하인 경우에는 탈진주기를 짧게 하여 일시적으로 효과를 얻을 수 있으나, 여과포의 눈막힘 등으로 여과포의 수명을 단

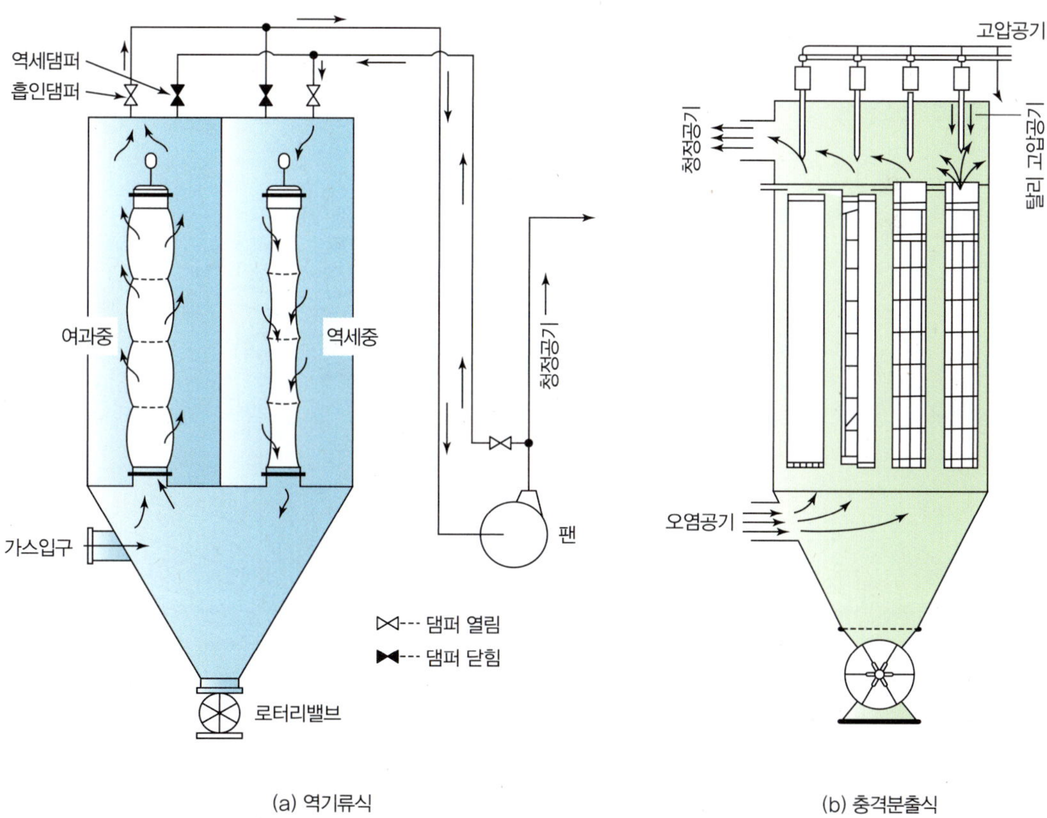

그림 12.5 ■ 탈진방식에 따른 여과집진의 분류(인용, 대기오염설계, 서정민, 2005)

축시킬 수 있다. 여과집진의 경우, 여과포의 내구성이 중요한 성능인자로 평가되므로 설계 시 여과재의 재질을 면밀히 검토할 필요가 있다.

12-3-3 전기집진기 (ESP: Electrostatic Precipitator)

1) 개요

전기집진은 1910년 코트렐에 의해 개발된 집진방식이다. 직류 고전압을 이용하여 전극판 내에 전계 (electric field)를 형성시키고, 이 전계 내에 코로나 방전을 발생시켜 가스 중의 분진을 하전하여 (charging), 하전된 입자를 쿨롱력 (coulomb force)에 의해 집진극으로 이동시켜 분리하여 포집하는 방법이다. 주로 발전소, 용융로, 시멘트 공장, 소각로, 철강 산업, 중화학 산업분야 등 다량의 분진 배출시설에 효율적으로 사용되며, 10 μm보다 작은 미세 분진의 집진에 효과적이다. 1 μm 미만의 아주 미세한 입자는 전기력에 의한 운동성이 크고, 상대적으로 강한 전기력 때문에 전기집진이 가능하다. 전기집진기의 주요 구성부분은 크게 방전극, 집진극, 고전압 장치, 타봉 및 분진퇴적함 등 5부분으로 나눌 수 있다. 오늘날 전기집진기의 포집효율은 주로 99.5% 또는 그 이상이고 실제로 많은 시공경험에 의하여 99.9% 또는 그 이상의 효율을 나타낸다. 전기집진방식은 높은 집진효율을 가지는 반면, 초기 설치비 (고정자본비)가 높고, 압력손실은 낮아 운전비 및 보수비가 낮으므로 전체 비용면에서 대용량의 배출가스 처리에 적합하다. 전기집진에 관한 기술영역은 넓고, 물리학, 화

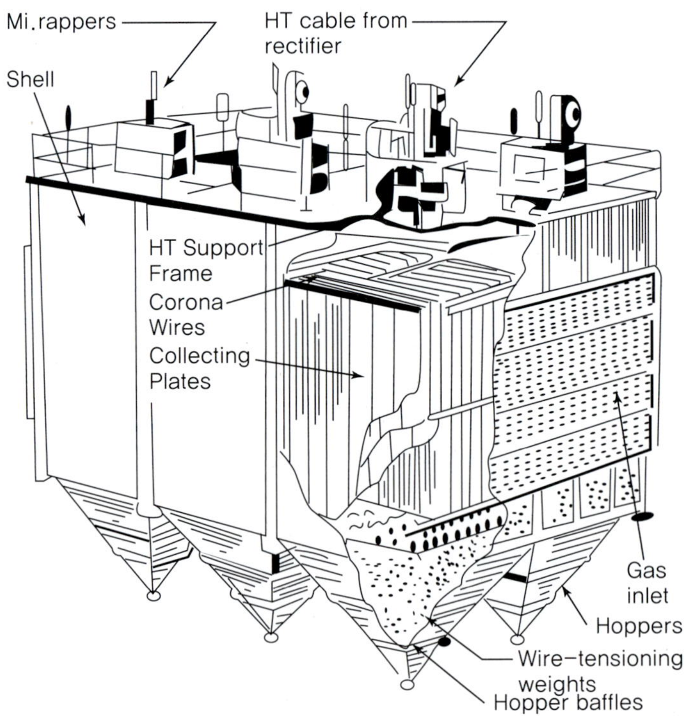

그림 12.6 ▪ 평판형 전기집진장치의 실제구조도(인용, 미국, Western Precipitation, Division of Joy Manufacturing Co.)

학, 화학공학, 기계공학, 전기공학, 전자공학, 에어로졸 기술을 포함하는 광범위한 분야에서의 기술적 경험을 필요로 한다. 아래 그림 12.6은 평판형 전기집진기를 보여주고 있다.

2) 전기집진기의 종류

현재 주로 사용되고 있는 전기집진기에는 산업용으로 사용되는 고전압 1단-전기집진기와 주로 공기정화용이나 경공업 부분에 사용되는 저전압 2단-전기집진기로 나눌 수 있고, 탈진을 위해 세정수의 사용 유무에 따라 습식과 건식으로 나눌 수 있다.

❶ **고전압 1단-전기집진기:** 주로 시멘트 소성로, 크래프트 펄프의 흑액연소, 제련 및 소각로에서 발생하는 액상 및 고체상 분진의 집진에 많이 사용된다. 그림 12.7에 제시된 것처럼 원통형과 평판형으로 나눌 수 있다.

- **원통형:** 집진극인 원통의 중앙에 방전극을 두며 처리가스를 원통 내부로 유입시켜서 처리한다. 주로 산 미스트 또는 fog 제거에 사용한다.
- **평판형:** 산업공정에서는 원통형보다는 평판형이 더욱 많이 쓰인다. 두 집진판 사이에 방전극을 두고 처리가스가 통과하면서 포집된다.

❷ **저전압 2단-전기집진기:** 원래 실내 공기정화기로 개발된 것으로서 전기필터라고도 일컬어진다. 2단-전기집진기는 주로 실내 미세먼지의 제거에 사용되며 제거할 분진 그대로의 하전과 집진이 각기 다른 단에서 진행된다는 점에서 고전압 1단-전기집진기와 차이가 있다. 그림 12.8은 2단-전기집진기를 보여주고 있다.

분진의 집진 및 탈진방식에 따라 건식과 습식으로 분류된다. 집진극 표면에 연속하여 수막을 이루어 포집된 분진을 물로 세정하는 방식을 습식 전기집진기 (wet ESP)이라고 한다. 건식 전기집진기는 타봉을 설치하여 추타에 의해 집진극을 진동시켜 집진극에 포집된 먼지를 탈진시킨다. 습식방식의 특징에 대해서 간단히 서술하면 다음과 같다.

- 집진극면이 깨끗하여 항상 강한 전계를 이룬다.

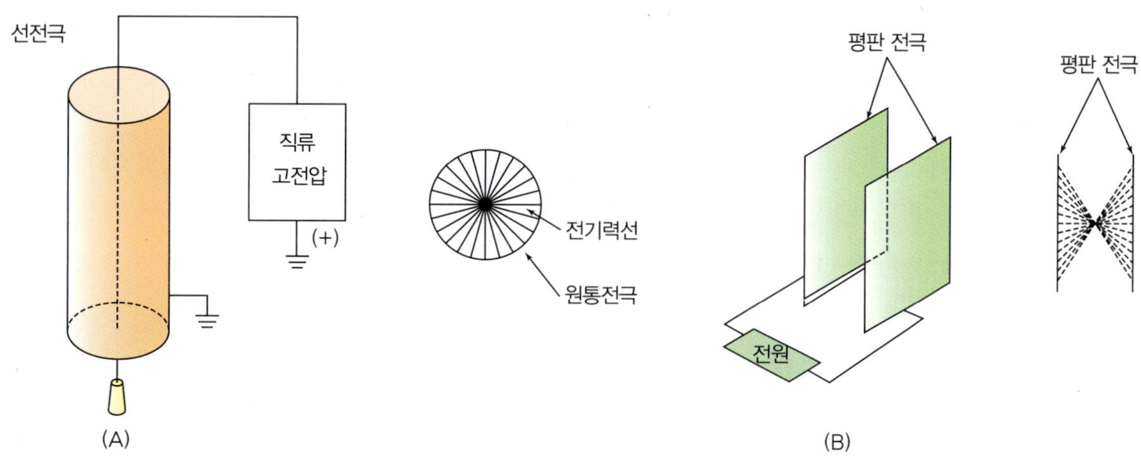

그림 12.7 ▪ (A) 원통형과 (B) 평판형 전기집진기

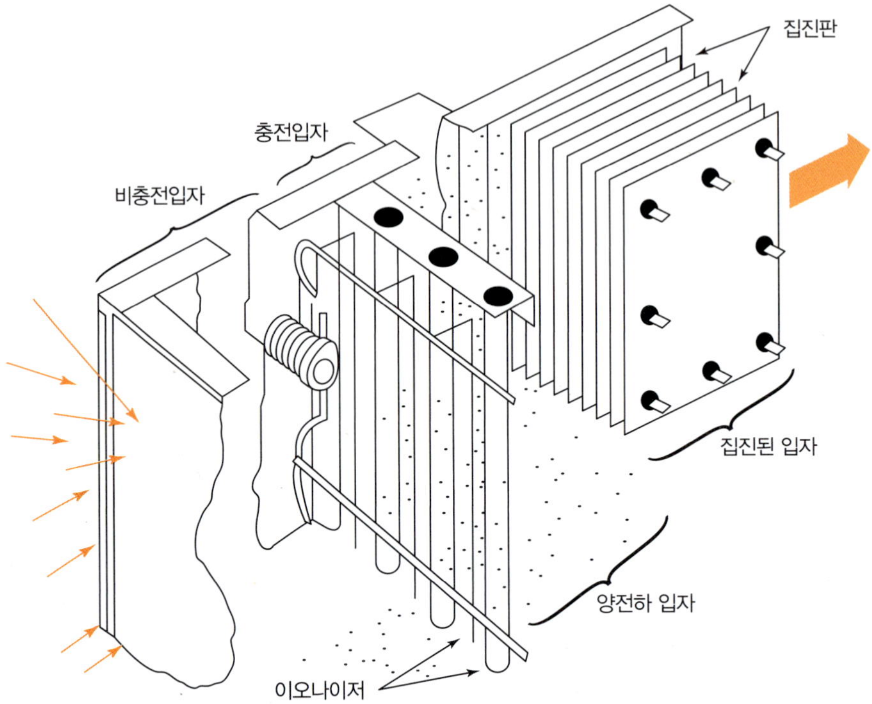

그림 12.8 ■ 2단형 전기집진기

- 먼지의 전기저항이 높기 때문에 생기는 역전리나 재비산 현상이 없다.
- 처리 배출가스 속도를 건식에 비해 두 배로 할 수 있으나, 운전 시 발생하는 다량의 액상폐기물의 처리가 문제이다.

3) 집진원리

집진 메커니즘은 전계의 형성, 가스의 이온화 (ionization), 입자의 하전, 하전입자의 이동, 집진극에서의 포집 등으로 구분된다.

① 전계의 형성

전기집진의 메커니즘은 전계의 형성을 필수적으로 하며, 방전극과 집진극 사이에 코로나 방전을 일으켜 방전영역 내에서 가스를 이온화하고, 이온화된 후 발생하는 자유전자의 흐름에 의해 분진입자를 하전시킨다. 이때 큰 분진은 충돌하전으로 작은 분진은 확산하전을 통하여 각각 하전되며, 하전된 입자는 집진극 쪽으로 이동하여 집진된다.

② 코로나 발생

코로나 방전이란 전기방전의 일종으로 고전압으로 연결된 전극 주변에 있는 가스분자에 전기적 전하를 공급한다. 가해진 전압이 코로나 개시전압을 넘어서면 전류의 급속한 상승을 수반하고 방전극 주위의 강한 전계는 가스 내에 존재하고 있는 자유전자를 가속시킨다. 이렇게 가속된 자유전자는 빠른 속도로 이동하면서 분자에 충돌하면 그 분자는 그림 12.9

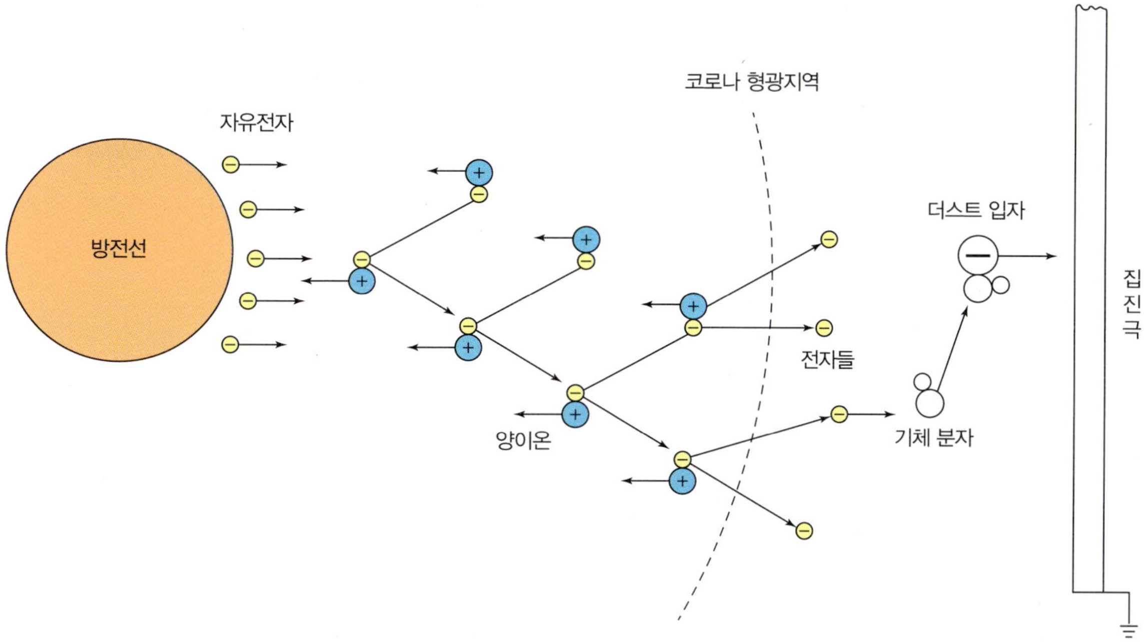

그림 12.9 ▪ 코로나의 발생과정

에서와 같이 자유전자를 방출하면서 입자를 하전시킨다. 이 자유전자는 연쇄적으로 다른 가스분자와 충돌하여 많은 수의 이온과 자유전자를 생성시킨다. 이를 코로나 방전이라고 하며 하전된 분진은 집진판 쪽으로 이동하여 집진된다.

③ 입자의 하전

이동 중인 이온화된 전하는 전계하전 (field charging)과 확산하전 (diffusion charging)에 의해서 극간 영역 내에 존재하는 분진을 하전시킨다. 전계하전은 입경이 0.5 μm 이상인 큰 입자에, 확산하전은 입경이 0.2 μm 이하의 미세입자에 주로 적용되며 0.2~0.5 μm 사이에 입자에는 두 가지 하전이 모두 적용된다.

④ 분진의 전기 비저항

분진의 **전기 비저항** (resistivity)은 입자의 하전능력을 좌우한다. 산업공정에서 배출되는 분진의 비저항은 집진 가능한 범위에 있어야 한다. 보통은 10^4~10^{10} Ω-cm 범위에 있으며 이 범위를 벗어나면 집진효율은 감소된다. 비저항 범위에 따른 특성은 다음과 같다.

- 10^4 Ω-cm 이하: 비저항이 낮아 집진극에 집진된 분진이 전자를 쉽게 흘려보내기 때문에 부착력을 잃어 입자가 집진극으로부터 재비산이 일어난다.
- 10^4~10^{10} Ω-cm: 분진이 적당한 전하를 가지고 일정속도로 집진이 이루어지므로 이상적인 집진이 일어난다.
- 10^{11} Ω-cm 이상: 비저항이 높아 집진된 먼지층의 양끝사이에 전위차가 높아지게 되고 이 부분에서 절연파괴가 일어나며, 이때 역전리가 발생한다. 스파크가 자주 일어

나고 집진율의 저하를 보인다.

위와 같이 높은 비저항을 갖는 분진의 경우 전기집진기를 가동할 때 어려움이 따른다. 높은 비저항을 갖는 분진의 저항조절을 위해서 화학첨가제를 자주 사용한다. 첨가제의 종류로는 H_2O, SO_3, H_2SO_4, $(NH_4)_2SO_4$, $(NH_4)HSO_4$, Na_2CO_3, $NaHCO_3$, TEA 등이 있다.

이들 첨가제는 운전 중 전기 비저항을 낮추며 정상범위에서 집진이 가능하도록 조절하여 준다.

4) 탈진

전기집진기를 계속 가동하기 위해서는 분진이 집진극에 0.08~1.27 cm 정도의 두께로 포집될 때 이를 털어 주어야 한다. 정상적인 작동을 위해서는 탈진을 해야하며 따라서 역전리에 의한 집진된 분진의 재비산이 일어나지 않는다. 탈진하는 방법으로는 습식집진기에서는 살수를 하고 건식집진기에서는 기계적 충격을 가하여 탈진을 한다.

5) 집진성능

전기집진기의 집진효율이란 집진기에 유입되는 분진의 양에 대한 집진된 분진의 양의 퍼센트 (%) 또는 비율로 정의할 수 있다. 이상적인 조건하에서 Deutsch 방정식을 이용하며 효율은 처리가스의 단위부피당 집진전극의 전체 표면적 및 분진입자의 이동속도와 관계가 있다.

$$\eta = 1 - \exp\left(-V\frac{A}{Q}\right) \qquad \textbf{(12.4)}$$

여기서, η: 집진효율

A: 집진극 면적 (m^2)

V: 분진의 유속 (m/s)

Q: 가스의 부피유량 (m^3/s)

위의 수식은 4가지 가정을 가지고 있다.

1. 탈진 시 분진의 재비산을 무시한다.
2. 처리가스 내 분진의 입경과 이동속도가 균일하다.
3. 모든 단면에서 처리가스 속도가 일정하다.
4. 분진퇴적함으로부터 재비산이 없다.

실제 위 조건을 충족시킬 수 없기 때문에 단순한 추정을 할 때만 사용된다. 한편 집진기의 성능을 최적화하는 데는 분진의 이동속도가 중요한데, 이동속도란 하전된 분진이 집진극으로 향하는 속도를 말하며 아래와 같이 계산된다.

$$w = \frac{d_p E_0 E_p}{4\pi\mu} = \frac{qE_r}{3\pi\mu d_p} \qquad \textbf{(12.5)}$$

여기서, w: 이동속도

d_p: 입자의 직경 (μm)
E_0: 입자가 대전된 곳 (방전극)의 전계강도 (V/m)
E_p: 입자가 포집된 곳 (집진극)의 전계강도 (V/m)
μ: 가스점도
q: 입자의 하전량
E_r: 입자가 포집된 곳의 전계강도 (V/m)

6) 전기집진장치의 특징

집진실의 크기와 관련하여, 처리가스의 유속이 크면 재비산하므로, 보통 건식에서는 1~2 m/s 이하로, 습식에서는 2~4 m/s 이하로 유지하고 체류시간이 길수록 집진효율은 높다. 또한 전기집진기의 압력손실 (건식은 10 mmH_2O, 습식은 20 mmH_2O 정도)은 작으므로 송풍기의 동력비가 적게 든다. 한편, 전기집진기의 유지 보수는 간단하여 인건비가 절약되며, 초기 설비비는 높지만 처리가스량이 클수록 경제적이어서 대용량 고성능 집진장치로서 주로 사용된다.

12-4 가스상 물질의 제어

12-4-1 가스상 오염물질의 종류 및 발생원

우리나라 대기환경보전법에서 대기오염물질 중 **가스**는 "연소, 합성, 분해 시에 발생하거나 물리적 성질에 의하여 발생하는 기체상 물질"로 정의되어 있다. 따라서 가스상오염물질의 발생원은 크게 연소공정, 각 산업에 제조공정, 자연발생원 등으로 나누어 분류할 수 있다. 자연발생원은 그 제어가 불가능하므로 당연히 가스상 물질에 대한 제어는 연소공정이나 제조공정 등에서 발생하는 인위적인 오염물에 초점을 두어야 한다.

1) 연소공정에서 배출되는 오염물질

화석연료의 연소공정에서 가장 많이 배출되는 가스상오염물질은 SO_x, NO_x, HCl, HF, 탄화수소 등이 있다. NO_x는 크게 연소시 사용되는 공기 (N_2 79%, O_2 21%) 중에 포함된 N_2와 O_2가 900°C 이상의 고온연소 시에 유리되고 결합하여 생성되는 **고온-NO_x** (thermal NO_x), 연료 중에서 화학적으로 결합된 질소가 연소과정에서 산화되어 생성된 연료-NO_x (fuel NO_x)와 연소시 연료에서 발생된 탄화수소류가 공기 중 N_2와 결합하여 생성되는 **급속-NO_x** (prompt NO_x)로 구분할 수 있다. 연소공정에서 인위적으로 발생하는 NO_x의 배출량은 자연적 배출량보다 훨씬 적으며, 인구밀도가 높은 도심지역에서의 NO_x의 증가는 탄화수소와의 광화학반응을 통하여 산화물을 형성하고, NO를 NO_2로 산화시켜 대기 중 O_3 농도를 증가시킴으로써 대기를 오염시키고 인체에 심각한 영향을 미치게 된다.

NO_x에 대한 제어기술은 **연소개선기술** (NO_x 억제기술)과 **배연탈질기술**이 있다. 아직도 NO_x의 생성에 대한 연소기술을 지속적으로 연구 중에 있으나, 그 생성기구에 대해서는 해결해야 할 문제가 많다. 연소과정에서 발생하는 대부분의 NO_x는 고온-NO_x로서 연소

과정 중 NO_x 발생의 억제대책이 중요하며, 연소개선기술은 설비투자가 비교적 적고, 실용화단계에 있으므로 NO_x 발생저감에 대한 기대가 매우 크다. 일반적으로 NO_x 억제기술에는 ① 낮은 질소함량의 연료사용 ② 연소영역 내에서의 산소농도의 감소 ③ 화염온도의 감소 ④ 체류시간의 단축 기술 등이 포함된다. 이 조건들을 만족하기 위한 방법으로는 저공기비연소나 연소실 부하감소, 공기예열 온도감소 등의 운전법이 필요하며, 2단연소나 배출가스 재순환, 수증기 투입 등 연소장치의 개선방법도 사용된다. 중소형 시설에 대해서는 저-NO_x 버너를 적용하거나, 에멀젼 연소, SCR 촉매제거 등도 NO_x 저감에 도움을 주는 방식이다. 소각로 등에서 배출되는 NO_x의 90% 정도가 NO의 형태이고, 대기 중에서 NO_2로 산화된다. 연소효율의 최적화를 위해 연소온도를 증가시키면, 완전연소로 인한 다른 유해 배출가스나 불완전 연소 생성물을 줄일 수 있지만, 고온-NO_x의 발생이 증가하는 어려움이 있다.

배연탈질은 건식법과 습식법으로 구분되며, 연료의 연소과정에서 발생하는 연료-NO_x는 대부분이 반응성이 낮은 NO이므로 그 제어기술은 대단히 어렵다. 현재 가장 개발되어 있는 방식은 NH_3를 이용하는 **선택촉매환원법**이며, SO_x나 먼지가 적은 청정 배출가스에 대해서는 실용화가 성공을 거두고 있다. 하지만 SO_x나 먼지가 많은 배출가스에 대해서는 촉매의 활성저하, 촉매층의 눈막힘 현상 등으로 문제점들을 남기고 있다. 이 방식은 NH_3에 의해 NO를 N_2로 환원시키는 방법이며, Pt, Al_2O_3, TiO_2 등의 금속산화물들이 촉매로 쓰인다. 촉매의 형상은 입상, 원형상, 구상, 링이나 벌집모양으로 주로 고정층에서 이용된다. **비선택촉매환원법**은 H_2나 CH_4 등을 환원제로 하여 CH_4이 O_2를 소비한 후에 NO와 반응하여 N_2로 환원시키는 방법이다. **전자빔조사법**은 전자선을 배출가스에 조사하여 NO_x, SO_x를 고체의 미립자로 반응시켜 전기집진 등으로 처리하는 방식이다.

SO_x는 연료 중의 황성분이 공기 중의 산소성분과 결합해 발생하는 것으로 발생량은 연료 중의 S성분의 함량에 의해 결정된다. 현재 실용화되고 있는 것은 대부분이 습식이며, 석회석 또는 석회슬러리를 흡수제로 하고 석고를 회수하는 방법이다. 이들 방식들은 산성의 SO_x를 알칼리의 수용액이나 금속산화물의 슬러리 등과 반응시켜 Na_2SO_4, $CaSO_4$, $(NH_4)_2SO_4$ 등의 염으로 흡수시켜 반응하여 제거한다. 이때 각 용액의 pH와 몰비, 용해도 등이 중요한 고려사항이 된다.

산소의 공급이 충분하지 못할 경우, 연료의 불완전연소에 기인하여 CO가 주로 발생하게 된다. CO의 제어는 연소실에서의 완전연소를 유도하여 CO의 CO_2로 산화시킴으로서 제어가 가능하다. 또한, 연소 및 소각시설에서 불완전연소로 배출되는 CO는 1차연소실 후단에 재연소실을 설치하여 2차후단 연소를 시행하는 방법도 고려할 수 있다. 소각공정 등에서 배출되는 HCl의 경우 물에 대한 용해도가 크므로 충전탑, 세정탑 등에서 H_2O 등 흡수제를 이용하여 습식처리가 가능하다. 그러나 HCl의 용해열이 크고 온도가 상승할 경우, HCl의 분압상승으로 완전제거를 이행하기 위해서는 충분한 냉각이 필요하다.

2) 산업공정에서 배출되는 오염물질

산업시설에서 배출되는 가스상오염물질은 저장시설, 유기용매의 사용, 세정시설, 분무제

표 12.2 ▪ 질소산화물과 황산화물의 일반적 제어방법

방법	황산화물	질소산화물
습식법	수산화나트륨법 (NaOH) 석회-석회석 슬러리 세정법 황산암모늄법 Wellman-Lord법 (나트륨법)	산, 알칼리 흡수법 착염생성 흡수법 산화흡수법 (오존산화, 과망간산염) 액상환원법
건식법	활성탄법 소석회법 알칼리 금속산화물 전자빔 조사법	촉매환원법 * 선택 촉매환원법 * 비선택 접촉환원법 무촉매환원법 흡수, 흡착법 전자빔 조사법

의 사용 등에 기인한다. 특히 불완전연소 및 유기용매의 사용으로 발생하는 **VOC** (volatile organic compounds)의 배출은 1차오염물로서의 위해성 뿐만 아니라, NO_x 존재 하에 광화학반응을 통하여 오존과 PAN과 같은 2차오염물질의 생성에 관여하기 때문에 그 중요성이 매우 크다.

우리나라의 경우, 대기환경보전법 제2조10항의 정의에서 **휘발성유기화합물**이란 "탄화수소류 중 석유화학제품, 유기용제, 그 밖의 물질로서 환경부장관이 관계 중앙행정기관의 장과 협의하여 고시하는 것"을 말한다. 또한, 시행령 44조 1항에서는 특별대책지역이나 대기환경규제지역에서 VOC를 배출하는 시설로서 대통령령으로 정하는시설로 한정하고 있다. VOC는 벤젠, 톨루엔 등의 탄화수소와 알코올류, 에테르류 등의 산소함유 탄화수소, 아민류 등의 질소를 함유한 탄화수소, 그리고 트리클로르에틸렌 (TCE)등의 염소함유 탄화수소들 중에서 대기 중 휘발성이 있는 탄화수소류를 총칭한다.

미국의 경우 대기 중으로 배출되고 있는 유해물질의 효과적인 규제를 위해 1990년도 청정공기개정법 (Clean Air Act Amendment)을 통해 VOC의 규제가 보다 체계화되었다. 최근 국내에서의 VOC에 대한 규제도 시작되었으며, 이에 따라 대기 중 오존오염도가 조금씩 개선 추세를 보이고 있다. 그러나, 도심지역에서는 단기 환경기준치를 초과하는 사례가 빈번하게 발생하여, 대기 중 오존생성의 전구물질 역할을 하는 VOC의 규제관리가 더욱 필요한 실정이다.

VOC의 사용과 이에 따른 대기로의 배출은 오존 등 2차생성물질을 생성함으로 새로운 환경문제로 대두되고 있다. VOC는 석유화학산업의 저장탱크에서의 누출 및 제조 및 취급 공정 등에서 배출되고 있으며, 유기용제를 많이 사용하는 도장산업, 조선소, 드라이클리닝 산업, 전자산업, 커피제조, 제빵 · 제과, 알코올 음료 등의 식품산업 및 쓰레기 처리설비 등에서 배출된다.

우리나라 실내오염의 경우, **TVOC** (total VOC)의 지표가 제안되어 건강영향을 검토하고 있다. WHO 전문위원회에서는 ECA-WG13의 지침서를 통해 건강영향 가능성이 전혀 없는 TVOC 농도기준을 0.2~0.3 mg/m^3 정도로 보고 있다. 탄화수소 중 메탄은 대기

중 활성이 적기 때문에, 탄화수소 중 NMHC (비메탄계 탄화수소)가 특히 중요하게 취급되는데 메탄도 지구온난화 유발기체 중의 하나로서 알려져 있다.

VOC의 배출제어를 위한 방법으로 오염물질의 생성원 제거, 배출오염물질의 양이나 이들과 혼합된 운반가스량의 저감 및 배출가스에 대한 정화기술의 도입 등을 생각할 수 있다. 대기 중으로 방출되는 오염물질은 압력용기의 사용, 저장용기의 접수 및 방출 시 환기시스템의 적정연결, 용기의 완전밀봉 등을 통해 방지효과를 얻을 수 있다. 또한 생산공정의 변경 및 오염물질의 순환사용 등으로서도 배출량의 저감이 가능하다.

3) 가스상 오염물질의 일반적 방지기술

입자상오염물질과 마찬가지로 가스상오염물질을 배출하는 발생원의 종류도 다양하다. 각 공정별로 가스상 배출오염물질의 종류, 농도, 혼합물의 종류 등을 파악하여 적합한 방지장치를 선택하면 된다. 가스상오염물질의 제어를 위해 일반적으로 사용되는 기술에는 연소, 촉매산화, 흡수, 흡착, 연소장치, 광촉매 또는 플라즈마 등의 방법이 있다.

① 흡수(Absorption)

흡수공정은 물질 이동의 공정을 이용하는 것으로 처리 대상가스를 흡수액을 통과시키면서 대상기체를 흡수액 속으로 이동시키고 정화된 가스를 배출하는 것으로 이것을 세정 (scrubbing)이라 부르기도 한다. 흡수는 3단계로 나누어 생각할 수 있다. 첫째 단계에서 배출가스 중에 포함된 기체가 난류확산을 통하여 기체-흡수액의 경계면으로 이동하고, 경계면에서 기체가 농도구배에 의해 흡수액 계면으로 이동하고 흡수액으로 이동한 기체가 흡수액 전체로 퍼져서 흡수가 완료된다. 흡수공정에 이용되는 장치로는 충진탑(packed tower), 분무탑, 젯트 스크러버, 벤츄리 스크러버 등이 있다. 세정액으로는 물 이외에 수산화나트륨(NaOH) 등을 사용할 수 있기 때문에, 흡수공정에는 단순한 물리적 평형 뿐 만 아니라, 중화반응 등의 화학적 평형도 포함된다.

② 흡착 (Adsorption)

흡착은 유체 (기체 또는 액체)가 고체상 물질의 표면에 부착되는 기작이다. 흡착제 (adsorbent)가 갖추어야 할 요건은 비표면적과 흡착물질에 대한 친화력으로, 이들이 클수록 흡착효과는 증가한다. 흡착공정은 크게 **물리적 흡착** (physisorption)과 화학적 흡착 (chemisorption)으로 분류할 수 있다. 물리적 흡착은 주로 Van der Waals력에 의한 것이다. **화학적 흡착**은 화학적 결합에 의한 것으로 그 결합력은 물리적 흡착보다 더 크고 비가역적이다. 그리고 물리적 흡착 및 화학적 흡착 모두 발열공정 (exothermic process)이다. 물리적 흡착은 탈착이 가능하며 가온 등을 통해 흡착제를 재생시킬 수 있다. 반대로, 화학적 흡착은 피흡착물과의 실제적인 화학반응을 통해 화학결합이 수반되므로 피흡착물 (adsorbate)이 화학적으로 흡착될 때 재생물질을 회수할 수 없다.

위 그림의 흡착곡선에서 흡착제의 층을 통과하는 오염물은 흡착구역을 지나면서 농도가 급격히 떨어지게 된다 (그림 10.d 참고). 시간이 경과하면서 흡착층의 포화로 인하여 출구에서 오염물의 농도 C_0가 급격하게 상승하게 되는데 이 측정점을 **파과점** (break-

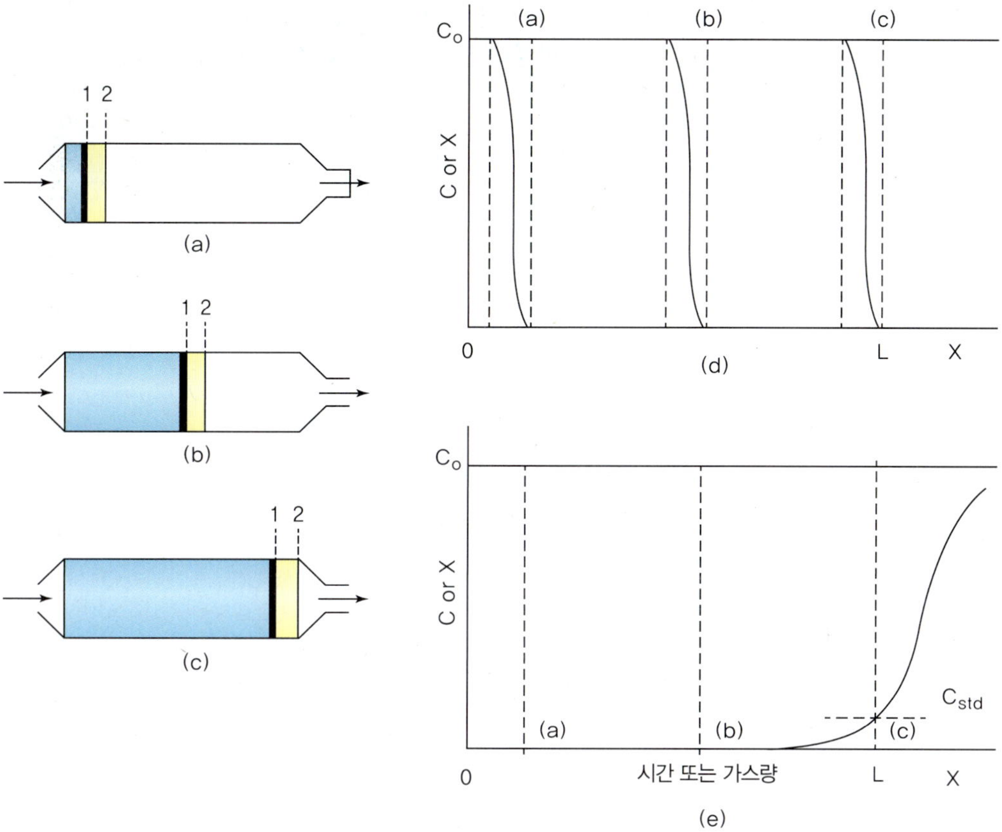

그림 12.10 ▪ 고정층에서의 흡착곡선의 특성

through point)이라 한다.

완전히 포화된 흡착제는 탈착 재생공정 (regeneration)을 거쳐 다시 사용하게 되는데, 주로 고온의 수증기를 이용하여 탈착이 이루어진다. 현장에서는 흡착탑을 병렬로 연결해 포화된 흡착층을 재생하는 동안 또 다른 재생 흡착층을 운전하는 방식을 사용한다.

흡착공정을 설명하는 많은 수식들이 제안되는데 그중 Freundlich식, BET식, Langmuir식 등이 많이 사용된다. 흡착제는 활성도가 중요하며, 사용에 앞서 물리적 및 화학적 성질이 먼저 고려되어야 한다. 나무, 숯, 코코넛, 갈탄 등이 활성탄의 원료로 사용되며, 알루미나, 실리카겔 등도 사용된다. 표 12.3은 공업용 흡착제의 물리적 특성을 나타낸 것이다.

③ 연소 및 촉매산화 (Catalytic Oxidation)

연소공정은 탄화수소의 제어에 효과적이며, 산화에 의해 최종 CO_2와 H_2O를 생성한다. 연소 제어의 장점은 높은 효율을 들 수 있다. 연소의 3대 필수조건인 **3T** (온도, 시간, 난류혼합)만 잘 갖춘다면 유기물을 거의 완전하게 산화시킬 수 있다. 단점으로는 연료사용으로 인한 높은 비용과 연소 후 또 다른 오염물을 배출시킬 수 있다는 점이다. 탄화수소의 가장 일반적인 연소 반응식은 다음과 같다.

표 12.3 ■ 공업용 흡착제의 물리적 특성

특성	활성탄		실리카겔	알루미나겔	활성백토		몰리큐라시브 (제오라이트계)
	입상	분말			입상	분말	
진밀도 (g/cm³)	2.0~2.2	1.9~2.2	2.2~2.3	3.0~3.3	2.4~2.6	2.4~2.6	2.0~2.5
입자밀도 (g/cm³)	0.6~1.0	–	0.8~1.3	0.9~1.9	0.8~1.2	–	0.9~1.3
충전밀도 (g/cm³)	0.35~0.60	0.15~0.60	0.58~0.85	0.5~1.0	0.45~0.55	0.3~0.5	0.60~0.75
공간율 (–)	0.33~0.45	0.45~0.75	0.40~0.45	0.4~0.45	0.4~0.45	0.4~0.7	0.32~0.40
공극용적 (cm²/g)	0.5~1.1	0.5~1.4	0.3~0.8	0.3~0.8	0.6~0.8	0.6~0.8	0.4~0.6
비표면적 (m²/g)	700~1,500	700~1,600	200~600	100~250	100~250	100~250	400~750
평균공간입경 (Å)	12~40	15~40	20~120	80~180	80~180	80~180	–

$$C_mH_n + (m + \frac{n}{4})\, O_2 > mCO_2 + \frac{n}{2}\, H_2O \tag{12.6}$$

한편 연소로를 설계할 때 **폭발하한값** (LEL: lower explosive limit)에 대해 충분한 조사가 필요하다. 보통 배출가스 중 일부 미연소가스가 존재하여 폭발범위 내에 있을 경우 화재 등이 발생할 수 있으며, 안전을 고려하여 폭발하한값 이하로 유지하여야 한다.

촉매를 사용하면 반응물의 활성에너지 (activation energy)를 감소시켜 열소각과 비교하여 낮은 온도에서도 반응을 진행시킬 수 있다. 촉매로는 백금 (Pt), 팔라듐 (Pd) 등의 귀금속이 활성이 크기 때문에 널리 사용되고 있다. 하지만 이러한 촉매는 황화합물 (1 ppm 이상)과 할로겐화합물에 의해 활성을 잃기 때문에 사용상 주의가 필요하다.

4) 유해가스 및 악취의 대표적 처리기술

최종배출구에서의 배출 이전에 유해가스와 악취를 처리하는 기술에는 흡착, 흡수, 응축 등의 물리적 방법, 고온소각, 촉매산화 등의 화학적 방법, 생물여과 등을 이용한 생물학적 방법 등이 있다. 전술한 처리기술을 적용할 때에는 유해가스 및 악취의 배출상태, 즉 유량, 온도, 압력, 분진함유량, 촉매독성 및 수분함량 등의 인자를 면밀히 조사하여야 한다.

① 응축 (Condensation)

응축공정은 주로 용제 및 유해물질, VOC 저장탱크나 유기용제를 사용하는 반응기와 같은 고농도를 함유한 저유량의 용제 등을 회수할 경우 많이 이용되는 방법이다. 응축은 온도에 따라 증감되는 증기압의 차이를 이용하며 용제 및 유용물질을 회수할 수 있다. 주유소나 세탁시설, 유류 저장시설 등에서 사용되는 방법이다. 기존에는 냉각을 위해 기계적 냉각법을 주로 이용하였으나, 규제강화로 액체질소를 이용하여 −180°C까지 용제를 냉각시켜 회수하는 **극저온응축법** (cryogenic condensation)을 주로 사용하고 있다.

② 생물여과 (Biofilter)

생물여과법은 생분해성 유해가스나 악취, VOC 또는 무기가스를 미생물이 서식하는 생물막을 통과시켜 정화하는 방법으로, 저농도의 악취나 유해가스 처리에 대해 90% 이상의 효율을 얻을 수 있는 방법이다. 생물막은 재질에 따라 흙을 이용하는 토양층과 유기담체를 이용하는 방법 등이 있다. 생물여과법을 통해 비교적 저농도의 알코올류, 에테르류, 알데히드류, 케톤류, 아민류 및 황화합물 등의 오염물질 제거에 양호한 효과를 얻고 있지만, 다량의 염소기를 가진 유기물의 제거에는 미생물의 손상 등으로 처리효율이 비교적 낮다.

③ 축열식 소각 (Regeneratiove Oxidizer: RTO)

축열식 소각의 과정은 다음과 같다. 즉 연소실을 통해서 배출되는 고온의 연소가스가 한 축열재 층을 통과하면서 가지고 있던 열을 축열재 층에 빼앗기게 되어 저온가스로서 소각로 굴뚝을 통해 배출된다. 이때 다음 과정에서 소각로로 유입되는 유해가스는 이미 예열된 축열재 층을 통과하면서 연소실 온도보다 약간 낮은 온도까지 예열된 후 연소실을 통과하면서 버너에 의해 최종 연소온도까지 가열된다. 이 연소공기는 다른 축열재 층을 통해 방출되며 이와 같은 과정이 교대로 진행되면서 유해가스나 악취는 제거된다. 이 방법을 주로 저농도의 VOC를 함유하는 다량의 배출가스의 처리에 경제성을 가지고 있다 (그림 12.11 참조).

④ 축열식 촉매산화 (Regenerative Catalytic Oxidizer : RCO)

축열식 소각공정과 유사하나 Pt, Cu, Cr, V, Ni, Co 계열 등의 촉매를 이용하여 폐가스의 활성에너지를 낮추어, 600~900°F 범위의 낮은 온도에서 처리하는 방법이다. 축열식 소각에 비해 10~30%의 경제성을 가지고 있으며, 95~99%의 처리효율을 얻을 수 있다. 하지만 이 소각방식은 폐가스의 특성에 상당히 민감하고 폐가스 내에 납, 주석, 아연, 황 등의 물질이 존재하면, 촉매의 활성을 떨어뜨려 처리효율이 감소될 수 있다.

5) 최근의 새로운 가스방지기술

가스상오염물질의 제어에 종래의 흡수, 흡착, 연소, 촉매산화의 단점을 보완할 수 있는 새로운 방법에 대한 연구가 선진국을 중심으로 활발히 진행되고 있다. 이들은 전자빔조사 공정과 전기적 방전공정에서 생성되는 플라즈마 (plasma)를 이용하는 것으로, 펄스-코로나 방전공정법 (pulse-corona induced plasma chemical process, PPCP), 표면 방전공정법 (surface discharge induced chemical process, SPCP), 강유전 충진층 반응법 (ferroelectric pellet bed reactor, FPBR) 등이 있다. 이 새로운 기술들은 종래의 흡착, 흡수, 연소, 촉매산화 등에서 발생하는 2차오염물의 처리, 보조연료의 사용, 촉매의 성능저하 등의 문제점을 해결할 수 있으며 공정이 비교적 간단한다.

전자빔조사 공정에서는 주로 SOx와 NOx가 반응하여 황산과 질산을 생성되는데, 이때 암모니아나 석회를 첨가하여 황산암모늄과 질산암모늄의 입자로 만들고, 기존의 전기집진기나 여과집진기와 같은 집진장치로 제어한다.

PPCP와 SPCP는 전자빔조사법과는 달리 높은 에너지의 전자를 10^{-9}초 펄스방전과 표면방전을 이용해 생성시킨다. NO_x와 SO_x 처리의 이후 과정은 전자빔조사 공정과 동일하다. 이들 장치는 암모니아, CO_2, CFC, 수은증기 등의 처리에도 이용할 수 있다. FPBR

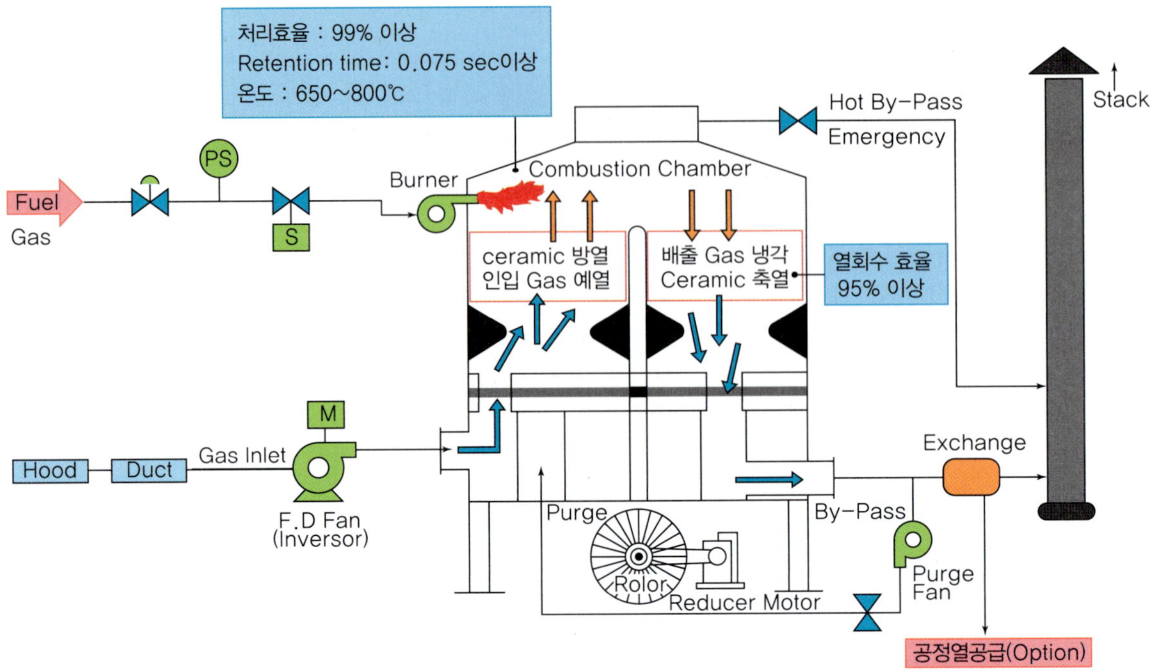

그림 12.11 ■ 유해가스 및 악취 처리를 위한 RTO와 RCO의 개략도

공정은 높은 유전상수를 가진 유전체를 충진한 반응기에 AC고전압을 가해 이때 생성되는 부분방전을 이용하는 것으로 유해가스나 악취, 멸균, 암모니아, CFC 등의 파괴처리에 사용할 수 있다.

연습문제

12.1 집진장치에서 분진의 포집원리를 6가지로 구분하여 설명하시오.

12.2 분진입자의 크기영역에 대하여 설명하시오.

12.3 입자상오염물질의 집진 시 방지장치에서 수분대책에 대하여 논하시오.

12.4 건식세정 (dry scrubbing)에 대하여 설명하시오.

12.5 전기집진장치를 운전할 때 전기 비저항이 변화하는 원인을 고찰하시오.

12.6 질소산화물 처리방법 중 선택-접촉환원법과 비선택-접촉환원법을 비교 설명하시오.

12.7 유입구의 분진농도가 10 g/m^3 인 집진설비의 총괄 포집효율이 90%일 때, 집진효율이 몇 %인 집진장치 2개를 직렬로 연결할 때 출구농도를 200 mg/m^{3}로 맞출 수 있는가?

12.8 NO_x 처리시 비선택접촉환원법의 반응식을 설명하시오.

12.9 흡착제를 재생하여 사용되고 있는 흡착탑이 있다. 이 흡착설비의 배치형식에 대하여 설명하시오.

Air Pollution Regulation, Policy, and Management

CHAPTER 13

대기오염의 규제, 정책 및 관리

경희대학교 **김동술**

대기오염은 오염물질의 다양성, 오염 행위자의 불확실성, 감각과의 독립성, 대기오염에 대한 무지, 합리적 대기환경정책의 부재, 관리감독의 책임감 결여, 경제 편향적 사고방식 등으로 최근까지도 각종 오염행위가 방치되고 있으며, 많은 국민은 아직도 공장과 자동차에서 배출되는 검은 연기, 냄새나는 연기, 담배연기만이 대기오염의 근원이라고 생각하고 있다. 최근 SO_2, CO, Pb와 같은 일부 규제대기오염물질 (criteria air pollutants)의 농도는 꾸준히 감소하여 환경기준을 만족시키고 있다. 이는 저유황 사용의무지역의 확대, 청정연료로의 전환, 오염원 배출허용기준의 설정, 연료첨가제의 전환, 연소효율의 개선 등의 노력 덕분이다. 그럼에도, NO_2, O_3, PM_{10}, $PM_{2.5}$ 등, 소위 선진국형 오염물질은 환경기준을 만족시키지 못하고 있는데, 특히 $PM_{2.5}$의 경우, 2018년도 전국 283개 측정소 중 연간기준 (15 $\mu g/m^3$) 달성률은 0.0%, 24시간기준 (35 $\mu g/m^3$) 달성률도 0.0%을 보여 측정소 전체가 기준을 만족시키지 못하고 있으며, 오존의 경우 8시간기준 (60 ppb) 달성률은 0.3%에 불과하여 (환경부, 2019) 국민 건강에 심각한 피해를 주고 있다. 이는 대기환경오염에 대한 국민적 관심 하락과 환경오염에 대한 무지도 한 몫 하지만, 대학을 비롯한 국공립 연구기관의 소극적 연구활동, 정부의 성과위주적 무사안일태도, 기업의 사회적 책무망각, 환경단체의 과격한 활동 등이 장기간 누적되어 만들어진 결과이다. 이제 가시적으로 깨끗한 공기보다는 복지와 건강보호를 함께 고려한 정책개선에 더 큰 관심을 보일 시점이다.

본 장에서는 국내외 대기오염에 대한 관리 및 규제정책을 설명하고 비교 검토하였다. 주요 내용으로는 우선 제1절에서는 우리나라 대기오염의 역사, 규제와 관리체계의 변천 등에 대해 논의하였고, 제2절과 제3절에서는 현재 우리나라에서 시행되고 있는 배출원 규제를 수도권과 분리하여 설명하였다. 제4절에서는 앞 절에 논의한 우리나라 규제제도의 문제점과 개선방안을 대기환경과학적 측면에서 검토하였다. 또한 제5절에서는 북한의 대기환경 관리 및 규제제도를 논의하였고 제6절에서는 대기환경 규제의 선진국이라 할 수 있는 미국과 EU의 제도를 살펴보았다. 우리나라 대기오염의 규제 경향에 대하여서는 문헌 (김동술, 2013)에서 일부 발췌하였다.

13-1 우리나라 대기오염 역사, 관리 및 규제

전 세계적으로 20세기 이전까지는 대기오염이 과학적 학문으로 간주되지 않았다. 단지 사회규범적 문제라고 생각하였고 규제도 미약하였으며 건강문제도 전혀 생각하지 않았다. 우리나라도 역사 이래 각종 난방과 취사로 인한 인위적 대기오염과 황사 등으로 인한 자연적 대기오염을 겪어 왔지만, 단지 일시적인 생활상 불편함 정도로 생각했을 것이다. 특히 우리나라에서는 경제적으로 피폐했던 1970년대까지 심각한 도시공해와 산업공해를 겪었지만, 공해문제를 거론할 여유도 없었고 오염에 대한 지식정보도 없었다. 경제부흥을 향한 국민적 가치관과 인내심이 공해피해를 뛰어넘어 특별히 사회적으로 문제가 되지 않는 한 공해에 대해서는 매우 관대하였다. 지금도 우리나라 대기환경 규제개선이 늘 사회적으로 수동적이고 더디게 수립되는 근원적 배경이다.

우리나라는 1963년 공해방지법 제정을 시작으로 현행 대기환경보전법이 제정될 때까지 과거 50년간 대기질 개선을 위한 부단한 노력을 기울여 왔다. 하지만 최근까지도 법규상 많은 문제점이 있으며, 특히 환경기준을 달성하게 하는 실행도구인 배출규제는 많은 문제점을 내포하고 있어 전면적인 수정입법이 필요하다. 본 장에서는 국내외 대기오염 역사와 당시 환경오염에 영향을 주는 배경인자들을 조사하였다. 또한 우리나라와 북한의 대기오염 관리규제를 위한 입법 현황을 조사하였고, 마지막으로 1990년 대기환경보전법 시행 이후 대기환경관리정책을 살펴보았다.

13-1-1 우리나라와 외국의 대기오염 역사

서기 535년 로마제국 Justinian 황제시절에 발행된 법률요약집 중, 사물법 (Law of Things)에는 "공기에 대한 우리의 권리는 명백하다: 자연법에 의거하여 공기, 흐르는 물, 바다 및 해변은 인류의 공용 자산이다"라는 구절이 있다 (Brimblecombe, 2008). 인간에게 무한한 가치를 지닌 공기의 중요성에 대해 간결하지만 잘 묘사한 구절이다. 그럼에도 대다수 사람은 인류탄생 이후 현재까지도 공기 속 오염물질로 인해 고통을 받으며 죽어가고 있다는 사실을 모르고 있다. 인류는 기후변화, 화산활동, 유성충돌, 대규모 먼지폭풍, 산불 등과 같은 자연적 오염의 영향을 계속 받아 왔지만, 불과 도구가 발명된 이후에야 비로소 인위적 공기오염을 체험하게 되었다. 기원전에는 대기오염 관련 자료가 거의 없지만, 인위적 공기오염은 굴뚝 없는 동굴과 원시 움집에서 시작되었음이 분명하다. 기원전 이집트 미이라 폐속의 검댕 (soot) 침착, 이태리 고대도시 Herculaneum에서 발견된 갈비뼈상의 흉막염 (pleurisy)을 의심하게 하는 병변 등은 그 예이다 (Brimblecombe, 2008).

인류가 지구상에 정착하면서 대기오염의 실체와 심각성을 알게 된 것은 20세기 들어서이다. 그 이전시대까지 대기오염에 의한 피해란 그저 생활하며 겪어야 하는 불편함 정도였다. 인류 초기에 불이 발명되면서 지구가 더럽혀지기 시작했지만 지구는 그 정도 오염행위를 충분히 감당할 자연적 자정능력이 있었다. 고대에 접어들어 부족과 국가를 형성하면서 인구가 밀집되고 주거환경은 개선되었지만 이로 인한 공기오염으로 생활상 불쾌도가 조금 더 증가했을 뿐이다. 대부분 국가에서처럼 우리나라도 역사 이래 난방과 취사 연료로 장작과 목탄을 주로 사용했으며, 동 · 식물유, 수숫단, 볏집단 및 쓰레기 등 탈 수 있는 모든 저급 biomass 땔감에 의존했을 것이다. 우리나라에서는 선사시대 수혈주거지에서 온돌 구조가 확인되었으나, 굴뚝 여부는 확인되지 않았다 (한국민족문화대백과, 2013). 하지만 5세기경으로 추정되는 고구려 운산 용호동 제1호 고분에서 굴뚝 무쇠 화덕이 출토되었으며, 안악 (安岳)3호분의 벽화에서는 고구려 시대의 발전된 모양의 굴뚝이 확인되었다 (한국민족문화대백과, 2013). 고구려의 주거는 산골짜기에 주로 있었는데, 겨울철에는 모두 구덩이를 길게 파서 숯불을 밑에서 지피고 방을 덥혔다고 한다 (국사편찬위원회, 2013a). 한편 서기 880년 신라 헌강왕 때에는 왕이 태평성세를 논하며,"지금 민간에서는 기와집에서 숯으로 밥을 짓고 땔나무를 쓰지 않는다는데 과연 사실인가?" 언급하였다 (국사편찬위원회, 2013b). 이를 통해 당시 고급연료이며 대기오염도가 덜한 숯의 대규모 사용을 짐작하게 한다.

자연적 오염원 중 하나인 황사와 관련한 최초 기록은 삼국사기에 나오는데, 신라 아달라 왕 21년 (서기 174년)에 흙비 (雨土)가 내렸다고 하며 379년과 606년에는 백제에 우토 현상이 있었고, 644년 고구려에서는 겨울에 붉은 색 눈이 내려 이 역시 황사현상으로 해석되고 있다 (김성균, 2013). 삼국사기에는 8회, 고려사에는 50회, 조선실록에는 200회 이상의 황사 기록이 있다 (국사편찬위원회, 2013c).

한편, 비슷한 시기 고대 로마시민들은 대기오염문제로 법적소송을 벌이기도 했으며, 건물의 흑화현상도 기록된 바 있다 (Brimblecombe, 2008). 고대에는 주요 대기오염원 중 하나로 동전 제조를 위한 구리 제련공정이 있었는데, 로마시대 지중해 근처와 중국 송나라 시대 (960~1279)에 대기 중 구리 농도가 상승했을 것으로 해석하고 있다 (Jacobson, 2002). 영국의 경우, 석탄사용은 13~18세기 사이에 크게 증가하였는데, 석탄은 석회로와 대장간 이외에도 유리용해로, 벽돌가열로, 양조장 및 가정용 난방 등에서 주로 사용되었다 (Simmons, 1993; Jacobson, 2002). 대기오염 기록사 중 항상 언급되는 런던의 해탄 (sea coal) 사건은 1228년 이전부터 사용한 나무 땔감을 대체하여 화력이 센 저질 석탄을 바다 (sea)를 통해 수입하면서 시작되었다. 석탄연소로 초래된 런던의 공해는 너무나 심각해서, 에드워드 1세 (King Edward I)는 석회로에서의 석탄사용을 완전히 금지시키고 위반시 과중한 벌금과 함께 석회로의 몰수를 명하였다 (Brimblecombe, 1987; Cooper and Alley, 2011).

우리나라에서도 영국의 석회석 가마처럼, 벽돌, 기와, 옹기, 도자기 등과 같은 건축자재와 생활용품을 생산하는 가마에서의 연소행위가 고대부터 근대까지 주요 인위적 대기오염원으로 생각된다. 현시대에도 대다수 개발도상국의 가마가 지역의 주요 오염원중 하나인데, 우리나라 현행 대기환경보전법에도 숯 제조공정을 대기배출시설 중 탄화시설로 분류하고 있다 (환경부, 2012). 조선시대 박지원은 1780년 중국을 기행하며 8일째 되던 날, 중국의 벽돌가마를 살펴보면서 당시 우리나라 옹기가마와 기왓가마의 구조적 결함, 땔감 연소의 효율성 및 산림피해에 대해 언급한 바 있다. "자기를 굽든 옹기를 굽든 옹기장이가

들어오면 사방의 산이 모두 민둥산이 된다. 백년을 기른 소나무가 하루아침에 소진되고 이들은 다시 새처럼 다른 소나무를 찾아 떠난다"고 기술하였다 (박지원, 2009). 당시 가마로 인한 산림황폐와 조선시대 대기오염의 정도를 간접적으로 알 수 있다.

유럽에서 석탄 증기기관 (steam engine)이 18세기에 발명된 이후, 처음 광산에서 배수용으로 사용되다가, 제지공장, 철제 공장, 제분소, 면화공장, 증류고장, 운하, 수력, 기관차 등으로 사용처가 확대되었다. 대기오염은 이러한 연소활동으로 도시지역까지 확산되었으며, 1750~1880년에 진행된 산업혁명으로 악화되기 시작했다 (Rosenberg and Birdzell, 1986). 증기기관은 19세기 동안, 미국, 벨기에, 독일, 러시아, 일본, 인도, 남아프리카, 호주 등의 국가로 확산되었으며, 전 세계 석탄 연소량은 수백 배까지 증가하였다. 또한 용광로, 보일러 및 공장에서의 화학적 연소 등으로 영국의 공해는 갈수록 악화되어, 대기오염으로 인한 19세기 영국인의 사망률은 전 세계 평균 사망률과 비교하여 4~7 배 정도 되었다 (Jacobson, 2002).

13-1-2 우리나라 과거 대기환경 영향인자에 대한 고찰

1) 에너지와 대기오염

매천야록 (梅泉野錄)에 의하면 (매천야록, 2013), 우리나라에 처음 석유가 도입된 시기는 1880년이다. 당시 석유는 주로 등잔용으로 사용되었는데, 붉은 색을 띠고 냄새가 고약했던 연료로 기술되고 있다. 또한 석유의 등장 이후 목탄 (숯)과 함께 주로 사용되었던 동 식물유의 생산량이 급감하였다고 기록하고 있다. 한편, 우리나라에 자동차가 처음 들어온 시기는 1911년이다. 그해 조선총독부에서 2대를 도입하여 한 대는 총독용으로 또 한 대는 왕실용으로 사용했었고, 이후 1915년에는 전국적으로 70대, 1920년에는 679 대, 1930년에는 3,873 대, 1945년 광복 당시 7,326 대로 빠르게 증가하였다 (손정목, 2005). 액체 연료의 연소로 인한 이동오염원이 주요 대기오염원의 하나로 등장한 시기였다. 일제강점 말기에는 휘발유의 부족으로 목탄 차량과 카바이드 차량이 운행되기도 하였다 (동아일보, 1978.8). 참고로 1961년에는 석유가 차지하는 에너지 비중이 8.1%이었고, 1971년 초에는 46.6%로 크게 증가하였다 (동아일보, 1971.2). 참고로 그림 13.1은 1992년이후 최근까지 우리나라의 차량 보급대수를 보여주고 있다.

6 · 25전쟁 이후에는 피폐한 산림으로 난방과 취사용 연료의 공급이 어렵게 되었는데, 이로 인해 1950년대부터 연탄 사용이 본격화 되었다. 연탄 사용은 당시 우리나라 대기오염의 주요 오염원이었을 것으로 사료된다. 열악한 주거환경과 저급 연탄의 불완전연소로 배출된 CO 때문에 많은 국민이 중독되고 사망하여 연탄은 실내공기오염의 주범이 되었다. 대한의학협회에 따르면 (동아일보, 1973.7), 1959~1973년까지 전국의 연탄중독자 수는 518,280명으로 이중 24,990 명이 사망하여 같은 기간 법정전염병으로 사망한 9,344명의 2.7배가 되었다. 이후 연구결과에서도 1965~1976년까지 총 5,429명 (연평균 493명)이 사망할 정도로 심각한 실내공기문제였다 (Kim, 1985: 한국환경기술개발원, 1996). 모든 일간지는 연탄중독사건을 사회면과 특집기사로 30년 이상 다루었다. 고체연료인 연탄이 1990

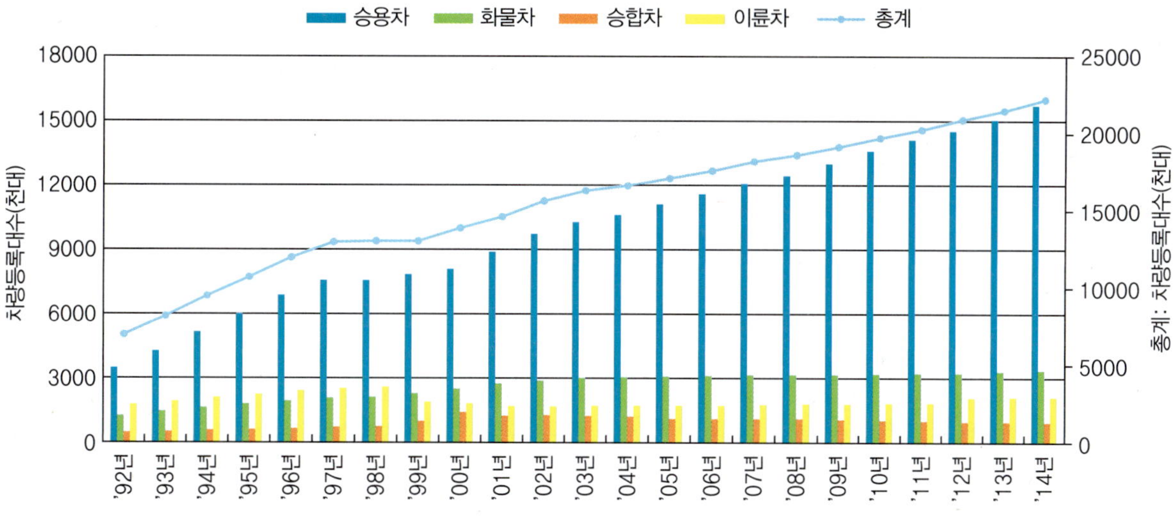

그림 13.1 ▪ 우리나라 전국 연도별 차량 등록대수 현황 (환경부, 2015)

년대 기 · 액 연료로 대체되기 시작할 때까지 약 30년간 심각한 보건의료 문제가 되었고 세계적 관심사이기도 했다 (Kim and Park, 2012). 한편, 1973년 3월 발표된 정부의 치산녹화사업 10개년계획 중 전국에 걸친 입산통제령 (동아일보, 1973.3)은 저급 고체연료의 사용을 근원적으로 차단한 획기적인 조치라고 판단된다.

우리나라의 에너지 수급변화는 석탄의 공급부족으로 1969년부터 주유종탄 시대가 되었다. 1966년도 총에너지 비중은 석탄 46.1%, 나무 35.5%, 석유 15.9%, 수력 2.4%이었다. 1969년에는 역전되어 석탄 32.6%, 석유 37.4%이었고, 1971년에는 석탄 31.5%, 석유 44.6%가 되었다 (동아일보, 1971.12). 당시 정부는 무역적자를 줄이기 위해 원유도입을 억제하고 석탄증산계획을 세우기도 했으나, 공해방지와 연료의 현대화를 위해 서울 남부에 도시가스 공장을 세우고 가스공급을 시작하였다 (동아일보, 1972.11). 1974년에는 석탄생산부진으로 가정용 이외의 석탄사용 금지조치를 취하고 기름값을 대폭 인하하는 조치를 취하기도 했다 (동아일보, 1974.7). 또한 서울시는 1978년도 당시 80만 채의 가정집 중 약 4만 채의 가정에 공급하던 LPG를 50만 채로 확대 공급하는 계획을 세웠는데 (동아일보, 1978.1), 이러한 가정용 LPG 공급정책은 서울을 비롯한 대도시 대기오염도를 크게 낮춘 중요한 정책으로 판단된다. 1980년대에 들어서도 주유종탄 시기는 계속되었다. 1982년도에는 총에너지 비중 중 석탄 33.6%, 석유 58.0%가 되었고, 1983년도에는 석탄 33.2%, 석유 56.2%, 원자력 4.5%가 되었다 (환경청, 1984). 이후 정부는 대기오염저감을 위한 **연료정책**을 본격적으로 시행하였는데, 1981년 저황유 공급, 1985년 고체연료 사용규제, 1988년 LNG 사용의무화 등의 정책을 시행하였다 (환경부, 1992). 그림 13.2는 1981년이후 최근까지 우리나라 에너지 소비량의 변화와 연료종류별 구성비 경향을 보여주고 있다. 에너지 구성에서 석유화학제품의 원료인 납사 등의 비에너지유 사용량과 구성비율이 가장 높았으며, 전력, 에너지유 및 유연탄의 사용량이 많았다. 반면 상대적으로 청정에너지인 도시

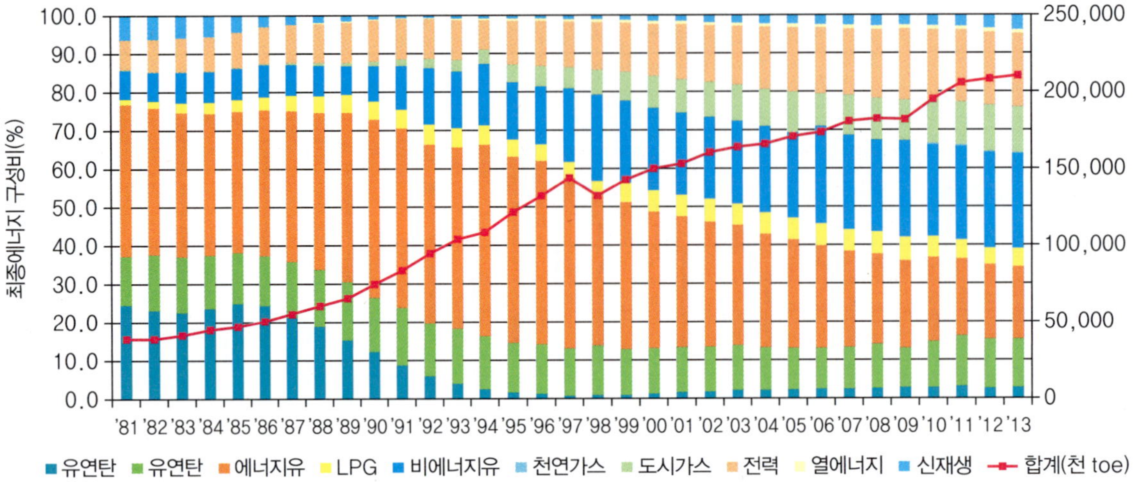

그림 13.2 ■ 우리나라 에너지 소비량의 변화와 연료종류별 구성비 (환경부, 2015).

가스와 신재생에너지의 사용량도 빠른 속도로 증가하고 있다.

2) 인구와 대기오염

환경오염의 주요 인자 중 하나인 우리나라 인구수는 1949년 약 20백만 명, 1970년 약 31백만 명, 1990년 약 43백만 명, 2010년 48백만 명으로 (NSO, 2013), 과거 50년 전과 비교하여 약 2배 증가하였다. 특히 서울로의 인구집중은 6 · 25전쟁 이후 피난민의 희귀이동과 더불어 가속화되었으며, 1955~1960년 사이에 143만명에서 245만명으로 급증하였다 (한국민족문화대백과, 2013). 더 자세히 설명하면, 서울의 인구수는 1949년 144만 명, 1970년 553만 명, 1990년 1,060만 명, 2010년 963만 명으로 (NSO, 2013), 1990년을 정점으로 감소했지만 과거 50년간 약 4배 증가하였다. 우리나라 경제성장의 특징은 집약화된 공업화 과정과 획기적인 도시화 과정이 신속하게 진행되었다는 점이다. 도시화율은 1960년 39%, 1970년 50%, 1990년 74%에 달했으며, 2000년에는 88%, 2010년에는 90%에 달했다 (NSO, 2013b). 여기서 도시화율이란 읍 이상의 행정구역내 전체인구를 전국인구로 나눈 값이다. 손정목 (2005)은 "1960년대 초부터 시작된 급격한 경제발전으로 도시의 고용창출이 증가되어 도시화 과정이 가속화되었고, 특히 서울로의 인구집중은 교통난, 주택난, 급수난, 쓰레기 홍수, 콩나물 교실, 난방 및 취사 연료수급 등의 각종 사회적 문제를 야기시켰다"고 주장하였다.

3) 우리나라 과거 대기환경실태

1960년대 대도시에서의 도시공해, 특히 대기오염도는 시간이 흐를수록 급증하였다. 경향신문사설에 의하면 (1969.9), "보사부 조사결과, 서울시내 SO_2 농도는 0.38~0.44 ppm으로 1965년 0.01 ppm에서 1967년 0.043 ppm으로 4배 증가하였으며, 1969년에는 10배로 껑충 뛰어 0.4 ppm대를 돌파하였다. 당시 뉴욕의 0.05 ppm, 동경의 0.02 ppm의 10배를 넘는 불명예스러운 세계신기록이다"라고 보도하였다. 한편 먼지 농도와 관련하여, 서울의대의 공해조사연구에 의하면 (매일경제, 1969.12), 1969년 7월부터 5개월간 서울시 내 14개 지역을 대상으로 조사한 결과, 평균 강하분진의 농도는 38.0 ton/km^2/mon이었으며 부유분진의 농도는 2.56 mg/m^{3}이었다. 강하분진 농도는 계속 상승하여 국립보건원이 서울시에서 조사한 농도는 45.1 ton/km^2/mon이었다 (동아일보, 1973.9). 이 농도값을 1996년 1월부터 11개월간 경희대가 수원시 35개 지역을 대상으로 조사한 평균 농도치 5.7 ton/km^2/mon와 간접적으로 비교하면, 당시 수원시는 영통지역 등 대규모 택지개발사업이 진행된 시기였는데 대부분 시내가 주거불가 지역으로 분류되었다 (김현섭 등, 1998; 1999). 이와 더불어 도시 내 산업공해도 심각하여, 인천시에서는 Y화학에서 SO_2가 방출되어 2,000여 주민이 대피하는 소동이 있었고 (동아일보, 1973.9), 서울에서는 도봉구의 M공장에서 암모니아가 누출되어 8,000여 주민이 대피하는 소동이 있었다 (동아일보, 1975.7).

한편, 1960~80년대 환경문제는 도시공해뿐만 아니라 **산업공해** 형태로도 심각하게 나타났다. 대표적인 사례가 울산 · 온산 산업단지의 산업공해이다. 당시 정부는 산업단지를 지속적으로 확대하였는데, 1974년에는 **산업기지개발 촉진법**에 의거하여, 창원, 온산, 옥포, 죽도, 안정, 여천 등 6개 지역 3천만 평을 공업기지로 지정하였다 (동아일보, 1974.3). 울산지역에서의 대기오염은 공장이 본격적으로 가동된 1967년부터 시작하여 1970~80년대에 최악이었다. 당시 SO_2 농도는 0.1 ppm 이상을 계속 기록하였고, 1978년에는 공장근처에서 2.87 ppm이라는 놀라운 기록을 보이기도 했다 (일본환경회의, 2000). 한편, 울산, 여천, 장항 공단에서 SO_2, 암모니아 등의 공해로 지역의 총 농경지의 95%가 농작물 피해를 입었다는 보도도 있다 (동아일보, 1978.10). 이 시기 서울시 SO_2 농도는 0.084 ppm (1978년), 0.094 ppm (1980년), 0.086 ppm (1981년)을 보여 (환경청, 1982), 시민들은 혹독한 대기환경 속에서 생활했지만, 이후 저황유 공급, 고체연료 사용규제, LNG 사용의무화 등 연료정책으로 서울지역의 SO_2 농도는 1991년에 0.043 ppm이 되어 대기환경기준 (당시 0.05 ppm)을 처음 달성하였다 (환경부, 1992).

그밖에도 70년대에는 괴산의 방사능 문제와 담양의 수은중독 문제 등으로 커다란 사회적 파문이 있었다. 괴산의 경우 노재식 박사, 담양의 경우 손동헌 박사 등은 학술적 연구를 바탕으로 문제해결방안을 제시하여 당시 원인규명에 커다란 도움을 주었다 (동아일보, 1976.2; 1978.11).

13-1-3 우리나라 환경법과 대기환경 규제

정부수립 후 6 · 25 전쟁을 거쳐 경제개발계획이 시작되기 전까지 우리나라에서 대기환경과 관련한 학술적 용어와 자료를 찾기는 힘들다. 그럼에도 우리나라에서 대기오염이라는 용어가 처음 등장한 것은 1955년5월21일자 경향신문의 조그만 기사로서, 윈스톤 처칠 경의 말을 인용하여,"무제한 계속적인 원자폭발 실험은 지구의 대기를 해독스러운 방사능으로 오염시킬 우려가 있다"는 기사이다. 또한 동 신문 1962년5월6일자 기사에는 "소음, 대기오염, 쓰레기, 분뇨 등의 무방비는 모든 질병의 원인으로서 도시민의 건전 명랑한 생활을 크게 위협하고 있다. 특히 (중략) 디젤차의 배기가스에서 발생하는 미립자와 가스는 발암성물질이 많이 포함되어 있다"고 보도하여, 놀랍게도 50여년 전에 디젤입자의 발암성에 대해 언급하였다.

1980년 개정된 **헌법 제35조**에는 "모든 국민은 건강하고 쾌적한 환경에서 생활할 권리를 가지며, 국가와 국민은 환경보전을 위하여 노력하여야 한다"고 규정하고 있다. 즉 현재 시행되고 있는 모든 환경관련법은 헌법에 의하여 보장된 환경권을 구체화한 법이라고 할 수 있다. 우리나라 환경부는 환경법의 개념을 환경정책기본법에서 규정하고 있는 **환경**, 즉 **자연환경과 생활환경**을 규율하고 있는 모든 법률을 포함한 광의의 개념으로 해석하고 있다. 즉, 환경문제는 토지정책, 에너지정책, 산업정책 등과 연계된 총체적인 환경의 보전 및 개선의 문제를 포함한 환경법으로 해석하고 있다 (환경부, 2012). 그럼에도 현재까지 국민의 환경권을 침해하는 각종 법률들이 입법되어 시행되고 있는 것은 매우 안타까운 일이다.

1) 공해방지법 시대 (1963~1977)

1962년 제1차 경제개발5개년 계획이 수립된 다음해인 1963년11월에 **공해방지법**이 제정되었다. 이 법은 대기오염, 수질오염, 소음 또는 진동으로 인한 보건위생상의 위해와 생활환경의 피해를 방지하여 국민보건의 향상과 적정한 생활환경을 구성함이 목적이었다. 이에 따라 환경전반을 규제할 수 있는 단일법이 탄생하였다. 동법에 설정된 대기오염물질은 매연, 먼지, 가스, 기타 대기 중에 배출되어 대기를 오염시킬 요인이 있는 물질로서 보건사회부 장관이 정하는 것이었다. 특히 매연과 관련하여 링겔만 비탁도 2도 이하, 악취는 공기희석법 또는 식염수평형법으로 측정하였다.

이 시대 국민의 관심사는 오로지 빈곤의 탈피였으며 환경오염 문제는 거의 무시되어, 경제개발과 외자도입에 필요한 절차와 입법의 구색을 갖춘데 지나지 않았다. 법은 제정되었지만 공해행정을 전담할 조직이나 법 시행에 필요한 예산의 책정도, 규제력도 전혀 없는 불충분한 법률이었고 (김희강 등, 1993), 시행규칙이 제정된 시기도 1967년5월이었으며, 1971년1월에 개정된 공해방지법이 그나마 기본적 입법으로서의 역할을 담당하였다 (구연창, 1979). 즉 법 제정 후 오랜 시간 방치된 사례로서 2011년 설정된 $PM_{2.5}$에 대한 환경기준이 2015년에야 시행되는 사례와 비슷하다. 1966년4월11자 동아일보의 한 기사에 의하면, "공해방지법이 발효된 지 2년 반의 세월이 흘렀지만, 공해방지를 위한 66년 총예산(?)은 1만4,000원이다." 다음 해인 1967년에는 280만원으로 다소 증가하였다 (동아일보, 1971.11). 또한 일본환경회의 (2000) 보고서에 의하면, 일본 오사카시의 조례를 참고했다고 하는 이 공해방지법에 대해, 우리나라의 한 환경과학자의 말을 인용하여 "총량규제도 실시하지 않고 있으며 징벌도 완만하여 공해방지법이라기보다는 공해허용법이나 다름없다"라고 할 정도였다. 당시 상황에 대해 노재식 박사 등은 "대기오염예방 및 방지사업 등 장기적 관리를 추진하기 위해서는 전국의 주요도시와 공업도시에서 측정조사부터 선행되어야 한다"고 주장하였다 (동아일보, 1971.11). 이 시기는 국가적 경제성장을 최우선 시 하던 시기로서, 최근 일부 환경학자들이 우리나라 환경법의 원년이 결코 1963년이 될 수 없다고 주장하는 배경이기도 하다.

1980년대 이전에는 우리나라에서 대기오염의 현황을 정량적으로 파악하기는 매우 어렵다. 우선 QA/QC를 논하기 이전에, 기본적인 대기오염물질에 대한 분석방법, 공정시험을 물론이고, 오염물질의 명칭과 정의도 부재하였다. 이러한 오염물질에 대한 기본정의의 부재는 현재까지 대기환경 관리정책 수립 및 시행과정에 커다란 걸림돌이 되고 있다 (제4장 참고). 과거 1970년대에 대기오염물질의 측정은 매연의 경우 링겔만 도표로, 분진의 경우 극히 일부 연구소에서 측정된 부유분진 (이것도 입자크기의 상한선이 없는 TSP로 사료됨)과 강하분진으로, 가스상 물질의 경우 CO와 SO_2 위주로 진행되었다. 이러한 측정자료는 당시에도 대표성과 진실성 여부로 큰 논란이 있었다. 한 예로, 1970년도 서울시의 SO_2 오염도는 0.048 ppm으로 당시 WHO 기준인 0.05 ppm에 미달하므로 "서울의 공해는 아직 위험선에 가 있지 않다"는 시당국자와 "이미 위험선을 한참 넘어섰다"고 대책을 촉구하는 공해전문가 사이에 갈등이 있었다. 당시 국립보건원의 또 다른 조사결과는 0.072 ppm이었으며, 서울시 위생시험소의 결과도 기준치를 최대 4배 초과하고 있었다. 이러한 가운데, 1972년 자동연속 이동측정차량의 서울시청 앞 측정치가 0.02 ppm으로 조사되었고, 전년도 평균치 0.05 ppm보다 매우 낮게 조사되어 측정 신뢰도가 사회적으로 문제가 되었다 (동아일보, 1972.3). 연이어, 미국의 Smithsonian 연구소는 국내 학자들의 연구자료를 모아 '서울의 급격한 도시화에 따른 충격'이라는 보고서를 발행했는데 (동아일보, 1972.10), 보고서에는 "서울은 세계에서 가장 오염된 도시 중의 하나로서 시민은 만성호흡기질병에 시달리고 있다"고 언급하면서, 서울의 CO농도는 33 ppm, SO_2는 0.09 ppm으로 기술하였다. 이에 서울시는 사실과 다르다고 항의문을 동 연구소에 보내 또 한 번 사회적 문제가 되었고, 보사부는 대기오염 실태의 정확한 파악을 위해 각 시도에서 월 1회 SO_2, CO 등 대기오염도를 용도지역별로 측정 보고하도록 1976년3월 지시하였다 (동아일보, 1976.3)

이러한 가운데, 문교부는 "대학교수는 수출 및 보건위생 등 국민생활에 영향이 큰 문제에 대해서는 연구결과를 관계부처와 협의 없이 신문 등에 발표 또는 공개하지 말 것"을 전국대학에 지시하였다 (동아일보, 1973.7). 이에 당시 환경연구의 중심이었던 대한의학협회에서는 연구결과 발표는 학자적 양심에 맡기자고 건의하였고 (동아일보, 1973.8a), 학계의 반발이 커지자 문교부는 종전 규제지시를 급히 완화하여 협조공문을 재발송하였다. 하지만, 공문에는 여전히 국익에 영향을 주는 문제는 신중하게 다뤄달라는 내용을 담고 있었다 (동아일보, 1973.8b). 이와 같은 **학술활동 규제** 에피소드는 비록 오랜 세월이 경과하였지만, 최근까지도 대학과 민간연구소의 환경문제에 관한 연구결과 발표가 소극적인 배경으로 생각된다.

2) 환경보전법 시대 (1977~1990)

경제개발계획의 성공적인 안착과 각종 환경오염 사건으로 국민들의 환경오염에 대한 인식이 커지자, 소극적 환경대책에서 탈피하여 종합적 적극적으로 환경문제를 해결하고자 1977년 12월 **환경보전법**을 제정하였다. 그 이전 1963년 공해방지법은 위생법적, 공해법적 성격을, 1971년 공해방지개정법은 공해법적 성격을 가졌는데, 환경보전법은 환경법적 성격을 지니게 되었다 (구연창, 1979). 환경보전법은 그 이전 오염매체별 관리체계를 벗어나 자연환경과 생활환경을 포함한 전반적인 환경문제와 사전예방적 관리기능을 포함하였으며, 환경기준, 환경영향평가, 총량규제 등의 제도를 새로 채택하였다. 또한 이 법률에는 연료사용 규제, 연료용 유류의 황함유 기준, 차량의 배출허용기준, 연료첨가제 규제, 악취발생물의 소각금지 등을 규정하였다.

환경보전법은 공해방지법을 개편하고 강화시켜, 당시로는 환경정책면에서 획기적인 시도였으나 제도마련과 법의 시행이 여전히 형식적이었다 (김희강 등, 1993). 또한, 환경관련법간의 체계적 통일성의 결여라는 중대한 결함을 여전히 안고 있었다. 환경규제방법은 보통 법적규제 (regulation), 보조금제 (subsidies), 부과금제 (charges)로 구분되는데, 환경보전법은 거의 전적으로 법적규제 방법론에 의존하였다 (구연창, 1979). 정부는 1978년10월 **자연보호헌장**을 선포하며 자연사랑과 환경보호를 국민의 의무로 선언하였고 경제성장과 더불어 환경보전의 조화가 필요하다는 인식도 확산되었지만, 경제성장 위주의 편향적 조화주의에 그쳤다. 따라서 공해저감대책에 대한 실천의지는 여전히 부족하였다. 구연창 (1979)은 환경보존법의 정책상, 내용상, 시행상의 문제점을 짚어보고 대안으로 실효성이 강조된 미래 환경입법을 제안한 바 있다. 이에 따라 환경청은 1984년 제5차 경제사회발전 5개년계획의 실천계획을 수정하여 기본방향을 **경제발전과 환경보전의 조화**에 두고 그동안 소홀히 하였던 환경보전에 역점을 두었다. 특히 전 국민의 환경보전 참여를 유도하는 정책과제를 설정하고 시행하였다 (환경청, 1984).

3) 대기환경보전법 시대 (1990~현재)

정부는 보건사회부의 외청으로 1980년1월 **환경청**을 신설하였다. 1980년 이후 환경보전법이 수차례 개정되었으나 갈수록 다양화되는 환경문제에 대처하기 위하여, 1990년1월에는 환경청을 환경처로, 환경지청을 지방환경청으로 승격하였으며 새로운 입법화 과정이 시작되었다. 이에 따라 국가환경보전 시책의 기본이념과 방향을 제시하고, 국가와 국민의 책임과 의무를 규정한 **환경정책기본법**이 1990년 제정되었다. 이 기본법을 중심으로 각 환경 매체별로 **대기환경보전법**, 수질환경보전법 등 6개 개별법이 각기 제정되었는데, 이중 대기환경보전법은 배출허용기준의 설정, 오염물질의 종류, 배출시간, 배출량 등을 고려한 배출부과금 제도의 수정변경, 연료사용의 조치, 연료의 황함유 기준의 설정, 생활악취의 규제, 자동차의 결함시정제 등을 규정하였다. 또한 배출시설 및 방지시설의 설치 운영에 관한 강화된 규제도 포함시켰다. 1995년6월에는 지방자치의 시대가 시작되었고 연말에는 환경처가 환경부로 승격되었지만, 당시 압도적인 중앙집권적 정치체제에 바탕을 둔 개발편향이 여전히 지배적이었다. 특히 환경에 대한 기본적 철학과 이념, 인적 물적 인프라를 갖출 시간적 여유 없이 도입된 지방자치화로 지방정부의 환경보전의지는 더욱 퇴색하였고, 현재까지도 전문성 부족으로 중앙정부의 그늘에서 벗어나지 못하고 있다.

대기환경보전법은 1990년 제정된 이후 제도의 운영상 나타난 일부 미비점을 개선 · 보완하려는 목적으로 거의 매년 개정되어, 2015년 현재까지 무려 24차례 개정되었다. 표 13.1은 대기환경보전법의 제정 및 개정 연월을 주요 개정사유와 함께 나열한 것이다. 보통 특정 법률의 개정 연혁은 해당 법률의 발전적 진화과정을 보여주는 성과물이라고 할 수 있는데, 동 법의 경우 매우 더딘 발전과정을 보여주고 있다. 한마디로 대부분의 개정사유가

그야말로 제도 운영상 벌어진 소소한 미비점을 보완하는 수준이었으며 25년간 쌓아 온 성과물 치고는 매우 초라한 실적이었다. 선진국의 경우 이미 수십 년 전에 국민의 건강과 복지 향상이라는 커다란 틀의 패러다임을 설정하고 관련 환경법을 제정하고 그 이후에도 시대적 요청에 맞는 법률적 개정을 지속적으로 추진해 왔는데, 우리의 대기환경보전법은 신속히 향상되는 국민의 의식수준, 국가의 경제수준, 전 세계의 역할기대에 부응하는 개정노력이 부족했으며, 심지어 **기업규제완화특별법** 등과 같은 경제위주의 힘센 상위법에 가로막혀 본래 역할을 상실하였다. 1990년 당시에는 어린 아이 체구 (국민의 의식수준, 국가의 경제수준, 전 세계의 역할기대)에 맞는 작은 옷 (대기환경보전법을 포함한 각종 환경법)도 입을 수 있었지만, 이제는 성인 체구에 맞는 옷을 준비해야 한다. 체구에 맞지도 않는데도 표 13.1처럼 찢어진 옷을 너무 자주 기워 입었다. 경제위주의 상위법들은 세탁기 역할을 자청하며 작은 옷을 더 줄어들게 만들었고, 환경보호를 이물질인 때라고 생각하며 씻어버렸다. 이제 갈갈이 찢어지고 누더기가 된 옷은 과감하게 버리고 시대적 유행에 맞는 새로운 옷을 마련해야 한다. 우리는 이미 오래 전부터 쾌적하고 체형에 맞는 옷을 구입할 경제적 여유가 충분히 있다. 1992년 리우선언은 당시 우리 같이 작은 옷을 입은 개도국들이 하루

표 13.1 ▪ 대기환경보전법의 제정 및 개정 연혁

횟수	법령	제개정 연월	시행 연월	주요 제개정 사유
1	법 률 4262호	**1990.8. 제정**	1991.2.	• 현행 환경보전법 중 **대기보전관련조항을 분리하여 개별법으로 정비** • 연료사용량 및 자동차의 증가로 인한 대기오염의 심화를 예방
2	법 률 4389호	1991.5.일부개정	1991.5.	• 환경범죄 행위자를 7년 이하의 징역 또는 5천만원이하의 벌금에 처하도록 강화
3	법 률 4535호	1992.12. 일부개정	1993.6.	• 배출시설 및 방지시설이 양도 · 양수되거나 임대차된 경우, 동 시설의 운영책임소재를 명백하게 하고, 벌칙을 현실에 맞게 조정.
4	법 률 4652호	1993.12. 일부개정	1994.6.	• 배출시설의 설치완료 신고제도를 가동개시의 신고제도로 전환 • **측정대행자의 지정제를 등록제로 전환** • 벌칙중 경미한 위반사항에 대하여는 과태료로 완화.
5	법 률 5094호	1995.12 일부개정	1996.7.	• 일정규모이하의 오염물질 배출시설에 대하여는 허가제를 신고제로 전환 • 오염물질배출량에 비례하여 배출부과금을 부과 • **시 · 도지사가 관할지역의 대기환경개선을 위한 각종 시책을 직접 추진**
6	법 률 5388호	1997.8. 일부개정	1998.1.	• **기업활동 규제완화에 관한 특별조치법**에 규정된 사항을 반영 • 배출시설의 설치허가기준을 대통령령으로 명확히 규정
7	법 률 5961호	1999.4. 일부개정	1999.10	• 행정규제기본법에 의한 규제정비계획에 따라 **환경관리인 변경명령제도를 폐지** • **대기환경규제지역안에서는 시 · 도지사가 강화된 환경기준을 적용**
8	법 률 6826호	2002.12. 일부개정	2003.6.	• 시 · 도지사가 조례가 정하는 바에 따라 경유사용자동차를 무공해 · 저공해 자동차로 전환하거나 배출가스저감장치를 부착하도록 명령할 수 있게 함. • 노후차량의 배출가스를 줄이기 위하여 **자동차 배출가스 정밀검사제도 도입** • 불법 제조된 유류제품 등을 자동차 연료 · 첨가제로 공급 · 판매 · 사용 금지.
9	법 률 7295호	2004.12. 일부개정	2006.1.	• 각종 개발계획의 수립시 **주변지역의 지형, 바람통로 등을 고려** • 인구 50만 이상 도시 지역에 대하여 자동차배출가스 정밀검사를 시행근거마련

(계속)

횟수	법령	제개정 연월	시행 연월	주요 제개정 사유
10	법률 7458호	2005.3. 일부개정	2005.10	• 비산먼지 발생사업장의 신고, 비산먼지 발생사업장에 대한 조치 또는 개선명령, 사업의 중지, 시설의 사용제한 등의 감독에 관한 사무를 **시 · 도지사에게 이양**
11	법률 7779호	2005.12. 일부개정	2006.12	• 자동차연료 및 첨가제에 대한 사전검사 제도를 도입 • **자동차제작자의 책임을 강화.**
12	법률 8038호	2006.10 일부개정	2007.10	• 대기환경보전법 등 9개 법률의 관련 분야에 대한 환경오염공정시험기준과 측정기기의 형식승인 · 정도검사 · 검정 등에 관한 사항을 통합.
13	법률 8207호	2007.1. 일부개정	2008.1.	• **대기환경규제지역을 관할하는 시 · 도지사는 실천계획을 수립**하여 환경부장관의 승인을 얻어 시행하고, 장관은 추진실적을 평가하고 그 결과를 반영토록 함.
14	법률 8404호	2007.4. 일부개정	2007.4.	• 정부의 황사피해방지 종합대책 추진을 위한 제도적 근거를 마련 • 법적 간결성 · 함축성과 조화를 이루는 범위에서 법문장의 표기를 쉽게 한글화.
15	법률 8466호	2007.5. 일부개정	2007.11	• 4대강 수계 외의 수계에 대하여도 총량관리 실시의 근거와 절차를 마련.
16	법률 8956호	2008.3. 일부개정	2008.6.	• 경비 보조로 경유사용자동차에 배출가스저감장치를 부착하거나 저공해엔진으로 개조 또는 교체한 경우 의무운행 기간을 설정하여 예산 낭비를 최소화
17	법률 8957호	2008.3. 일부개정	2008.6.	• 법 문장을 원칙적으로 한글로 적고, 어려운 용어를 쉬운 용어로 바꿈.
18	법률 8976호	2008.3. 일부개정	2008.3.	• 법 문장을 원칙적으로 한글로 적고, 어려운 용어를 쉬운 용어로 바꿈.
19	법률 9311호	2008.12. 일부개정	2009.7.	• 배출가스저감장치 중 촉매제에 대한 관리 제도를 도입 • 과태료의 부과 · 징수 등에 관한 일반법인 「질서위반행위규제법」이 제정 · 시행됨에 따라 과태료의 부과 · 징수 절차에 관한 사항을 삭제
20	법률 9695호	2009.5. 일부개정	2009.5.	• **저공해자동차에 공급하는 연료에 천연가스를 포함**시키고, 대중교통용 자동차 등에 국가 또는 지방자치단체가 공회전 제한장치의 부착을 명할 수 있도록 함.
21	법률 11256	2012.2. 일부개정	2013.2.	• 자동차의 평균 배출량이 기준을 초과한 경우에 상환명령, 상환계획서 제출 등 관리 제도의 실효성을 확보하기 위한 내용을 신설 • 배출가스저감장치 등의 성능유지 확인검사 및 저감효율 확인검사 제도를 마련 • **대기환경개선 종합계획 수립 시 공청회 등 의견수렴 절차 도입.**
22	법률 11445	2012.5. 일부개정	2013.5.	• **대기오염물질의 분류체계를 개선** (유해성대기감시물질과 특정대기유해물질 정의) • 자동차용 첨가제에서 석유대체연료를 제외 • 배출구 없이 대기 중 직접 배출을 줄이기 위하여 시설관리기준을 마련 • 수도권 대기관리권역에서만 적용하는 환경친화형 도료의 사용의무를 전국 확대 • 현행 자동차의 정의에 이륜자동차를 명확하게 포함하고 배출가스 정기검사 실시 • **인구 50만 이상 시의 시장에게 배출허용기준 강화 조례 제정 권한을 이양.**
23	법률 11750	2013.4. 일부개정	2014.2.	• 자동차 온실가스 배출허용기준 준수를 위해 자동차제작자에 대해 과징금 부과 • 저공해자동차 구입 지원비를 받은 자동차 소유자에게 의무운행 기간을 설정 • 알권리 보장과 녹색소비문화 확산을 위하여 자동차 온실가스 배출량 표시
24	법률 11907	2013.7. 일부개정	2014.2.	• **환경부장관은 대기오염도를 예측하여 알리도록 함.** • **VOC 배출 억제 · 방지시설 검사에 관한 법률적 근거를 마련** • 이륜자동차의 소유자는 배출가스 정기검사를 받도록 함. • 자동차연료 · 첨가제 또는 촉매제 등에 대한 관리를 강화
25	법률 13034	2015.1. 일부개정	2015.7.	• **대기오염물질 배출시설의 오염 측정결과를 인터넷 등을 통해 주기적으로 공개.** • VOC의 배출 억제 · 방지 시설의 설치 대상지역을 확대 • VOC 함유기준을 초과한 도료에 대한 공급 · 판매 중지 권한을 마련 • 대기오염배출시설 사용중지명령 또는 폐쇄명령 미이행자에 대한 벌칙을 도입

빨리 자기에 맞는 옷으로 바꿔 입기를 희망하였다.

1990년 **환경정책기본법** 내용 중 가장 중요한 항목은 **환경기준**이다. 환경기준은 국가 및 지방자치단체의 행정목표이며, 환경기준에 따라 미달성지역의 기준달성을 위한 노력이 필요하다. 환경정책기본법 법률 제10조 및 시행령 제2조에는 환경기준이 설정되어 있다. 이 **대기환경기준**은 수차례 개정되었고, 현재의 기준은 표 13.2와 같다. 또한 대기오염물질의 **배출허용기준**은 대기환경보전법 제8조1항에 명시되어 있으며, 가스상 오염물질과 입자상 오염물질에 대한 배출시설별 배출허용기준과 적용기간은 동법 시행규칙 제12조 별표8을 참고하라.

환경정책기본법 제38조에 따라, 환경부장관은 환경의 오염 또는 자연생태계의 변화가 현저하거나 현저하게 될 우려가 있는 지역과 환경기준을 자주 초과하는 지역을 **특별대책지역**으로 지정 · 고시하고, 특별대책지역 내의 환경개선을 위하여 필요한 경우에는 토지이용과 시설설치를 제한할 수 있도록 하고 있다. 동 규정에 근거하여 지금까지 지정된 대기보전 특별대책지역은 대규모 배출시설이 밀집되어 있는 울산 · 미포 및 온산국가산업단지와 여천국가산업단지 및 확장단지 등 2개 지역이다. 특별대책지역안의 대기환경은 엄격 · 특별배출허용 기준 등을 규정하고 있는 [대기보전특별대책 지정 및 동지역내 대기오염 저감을 위한 종합대책]에 따라 관리되고 있다. 동 법에 따라 특별대책지역 내 배출허용기준은 신규사업장이 기존사업장보다 강화되어 있다.

한편, 종전에 주요 배출원이었던 사업장 점오염원은 지속적인 규제강화로 개선되고 있으나 종전과 같은 사업장 위주의 규제만으로는 대도시의 대기오염을 효과적으로 개선하기가 어려우며, 특히 오존의 경우 2차 오염물질이고 기상 및 지형여건에 따라 오염도가 다르게 나타나므로 대기오염 영향권역별로 환경용량을 감안하여 교통, 에너지이용 등을 포함한 종합적인 개선대책의 추진이 필요하였다. 이에 따라 1995년12월 대기환경보전법을 개정하여 환경기준을 초과하였거나 초과할 우려가 있는 지역으로서 대기질의 개선이 긴급하다고 인정되는 지역을 **대기환경규제지역**으로 지정하였다. 동 규정에 근거하여 1997년7월에 지역 대기오염도가 환경기준의 80% 이상인 서울특별시, 인천광역시 (강화군 · 옹진군 제외), 경기도 15개 시를 대기환경규제지역으로 지정 · 고시한 바 있으며, 1999년 12월에는 부산 (김해포함), 대구 및 광양만 권역 (여수, 광양, 순천, 하동화력발전소)을 추가 지정 고시하였다. 대기환경규제지역을 관할하는 시 · 도지사는 대기환경규제지역으로 지정 · 고시된 후 2년 이내에 실천계획을 수립하여 환경부장관의 승인을 얻어 이를 시행하여야 한다. 대기환경규제지역에서 VOC 배출시설을 운영하고 있는 자는 관할 행정기관에 신고하고 VOC 배출을 억제 또는 방지 시설을 설치하여야 한다. 이에 따라 서울 인천 및 경기도 지역에 대하여는 VOC 배출시설에 대한 규제를 위하여 1999년부터 석유정제 및 석유화학제품제조업, 저유소, 주유소, 세탁시설 등 4개 업종에 대하여 배출억제 방지시설을 설치 운영토록 하고 있으며, 유기용제 및 페인트제조업, 폐기물보관처리시설 등 6개 업종에 대해서도 2000년 이후 규제를 시행하고 있다.

표 13.2 ■ 각국의 대기환경기준 [2018년 현재, 환경부 (2019a)]

항 목	기준 시간	한국	미국 [1)]	일본	중국 [1)]	EU	WHO
SO_2	10분						500 $\mu g/m^3$
	1시간	0.15 ppm	0.075 [P 2)] ppm	0.1 ppm	500 $\mu g/m^3$	350 [1)] $\mu g/m^3$	
	3시간		0.5 [S 3)] ppm				
	24시간	0.05 ppm		0.04 ppm	150 $\mu g/m^3$	125 [2)] $\mu g/m^3$	20 $\mu g/m^3$
	년	0.02 ppm			60 $\mu g/m^3$		
CO	1시간	25 ppm	35 [P 3)] ppm		10 mg/m^3		
	8시간	9 ppm	9 [P 3)] ppm	20 ppm		10 mg/m^3	
	24시간			10 ppm	4 mg/m^3		
NO_2	1시간	0.10 ppm	0.1 [P 4)] ppm		200 $\mu g/m^3$	200 [3)] $\mu g/m^3$	200 $\mu g/m^3$
	24시간	0.06 ppm		0.04~ 0.06 ppm	80 $\mu g/m^3$		
	년	0.03 ppm	0.053 [P S] ppm		40 $\mu g/m^3$	40 $\mu g/m^3$	40 $\mu g/m^3$
O_3	1시간	0.1 ppm		0.06 ppm	200 $\mu g/m^3$		
	8시간	0.06 ppm	0.070 [P S 5)] ppm		160 [2)] $\mu g/m^3$	120 [4)] $\mu g/m^3$	100 $\mu g/m^3$
PM_{10}	1시간			200 $\mu g/m^3$			
	24시간	100 $\mu g/m^3$	150 [P S 6)] $\mu g/m^3$	100 $\mu g/m^3$	150 $\mu g/m^3$	50 [5)] $\mu g/m^3$	50 $\mu g/m^3$
	년	50 $\mu g/m^3$			70 $\mu g/m^3$	40 $\mu g/m^3$	20 $\mu g/m^3$
$PM_{2.5}$	24시간	35 [1)] $\mu g/m^3$	35 [P S 4)] $\mu g/m^3$	35 [1)] $\mu g/m^3$	75 $\mu g/m^3$		25 $\mu g/m^3$
	년	15 [1),2)] $\mu g/m^3$	12 [P 7)] $\mu g/m^3$ 15 [S 7)] $\mu g/m^3$	15 $\mu g/m^3$	35 $\mu g/m^3$	25 $\mu m/m^3$	10 $\mu g/m^3$
Pb	3개월		0.15 [P S] $\mu g/m^3$				
	분기				1 $\mu g/m^3$		
	년	0.5 $\mu g/m^3$			0.5 $\mu g/m^3$	0.5 $\mu g/m^3$	0.5 $\mu g/m^3$
Benzene	년	5 $\mu g/m^3$		3 $\mu g/m^3$		5 $\mu g/m^3$	

한국

주 1) 2011년 $PM_{2.5}$기준 신설(2015년 적용)
   2) 24시간 평균치는 99백분위수의 값이 그 기준을 초과해서는 안됨

미국

주 1) Primary, Secondary로 나누어져 있어 P), S)로 구분하여 표기함
   2) 1시간 일최고 농도의 99 percentile의 3년 평균치가 초과하면 안됨
   3) 1년에 1회 이상 초과하면 안됨
   4) 98 percentile의 3년 평균치가 초과하면 안됨
   5) 1년간 측정된 일중 8시간 평균 오존농도의 최고치 중 4번째로 높은 농도의 3년 평균치가 초과하면 안됨
   6) 일평균치의 3년간 평균치가 1년에 1회 이상 초과하면 안됨
   7) 연평균의 3년간 평균치가 초과하면 안됨

일본

주 1) $PM_{2.5}$의 24시간 농도의 98 percentile이 대기환경기준을 초과하면 안됨

중국

주 1) 도시지역에 적용한 Class2 기준임
   2) 8시간 평균농도의 일 최고값

EU

주 1) 1시간 농도가 1년에 24회 이상 초과하면 안됨
   2) 24시간 농도가 1년에 3회 이상 초과하면 안됨
   3) 1시간 농도가 1년에 18회 이상 초과하면 안됨
   4) 3년간 평균농도가 1년에 25회 이상 초과하면 안됨
   5) 24시간 농도가 1년에 35회 이상 초과하면 안됨

4) 수도권 대기환경개선에 관한 특별법

2003년12월에는 당시 OECD 국가의 주요도시 중 최악의 대기질을 기록하고 있었던 수도권 지역의 대기환경개선을 위하여, 종합적인 시책을 추진하고 대기오염원을 체계적으로 관리하여 지역주민의 건강을 보호하고 쾌적한 생활환경을 조성함을 목적으로 **수도권 대기환경개선에 관한 특별법** (이하, 수도권특별법)이 제정되었다. 이후 특별법에 대한 시행령과 시행규칙이 2009년 7월 고시되었다. 주요내용으로는 특별법을 적용받게 되는 대기관리권역을 지정하였으며, 환경부는 10년마다 질소산화물, 황산화물, VOC, 먼지의 대기오염물질의 저감을 위한 수도권 **대기환경관리 기본계획** (이하 "기본계획"이라 한다)을 수립하도록 하고 있다. 이에 따라 2013년12월에 새로운 2차기본계획이 수립되었고, 2015년부터 시행되고 있다. 기본계획에는 ① 대기환경개선 목표 및 기본방향, ② 배출량 및 대기오염도 현황과 전망, ③ 배출원별 배출허용총량 ④ 배출원별 배출량의 저감계획 ⑤ 시 도별 배출허용총량 ⑥ 저공해자동차의 보급 ⑦ 사업장 총량관리대상 오염물질 (질소산화물 황산화물 먼지) 배출허용총량의 할당기준 ⑧ 총량을 할당받은 사업장에 대한 지원 등을 포함하고 있다. 수도권특별법에 의거한 사업장의 배출규제와 관련한 구체적 내용은 다음 절에서 구체적으로 공부할 것이다.

5) 환경오염시설 통합관리법

앞에서 설명했듯이 우리나라에서는 1963년 공해방지법이 제정된 이후, 1977년 환경보전법, 1990년 대기환경보전법등이 제정되었고 그 이후 많은 법률 개정이 있어왔지만, 2015년을 진정한 **환경원년**이라고 말하는 사람들이 많다. 즉 화평법 (화학물질 등록평가법), 화관법 (화학물질관리법), 환경오염피해구제법, 온실가스 거래제, 수도권특별법 제2차기본계획 등 대기환경관련 많은 법령과 제도가 제정 또는 시행되었으며, 무엇보다 곧 **환경오염시설 통합관리에 관한 법률** (이하 통합환경관리법)이 제정되기 때문이다. 다시 말해, 그동안 경제성 위주의 낙후한 환경정책에서 벗어나 우리나라 경제적 및 국제적 위상에 걸맞는 규제제도가 조금씩 도입되기 시작하였다.

환경부는 2014년1월 환경관리방식의 큰 변화를 가져올 수 있는 통합환경관리법을 입법예고하였다. 통합환경관리법은 대형 사업장을 대상으로 최적가용기법 (BAT: best available technique)을 기반으로 환경오염매체를 통합적으로 관리하는 체계이며, 해당 사업장에 대하여 종합적인 환경관리를 통해, 다수의 환경 인허가로 인한 사업자의 부담을 완화하며, BAT와 같은 우수한 환경관리기법을 사업장 여건에 맞게 적용하여 환경기술의 발전과 함께 환경질 개선, 더 나아가 산업활동의 생산성을 제고하려는 목적을 가지고 있었다 (환경부, 2014c).

우리나라의 오염배출시설 관리는 기본적으로 **환경정책기본법**에 따라 환경기준을 설정하고, 이를 달성하기 위해 대기, 수질, 폐기물, 토양오염 등 각종 매체별로 배출행위를 규제하는 방식을 택하고 있다. 각 매체별 관리는 대기환경보전법, 폐기물관리법 등 6개의 개별 법률 속에 규제 오염물질, 배출규제기준, 배출허용기준 등을 규정하는 방식이다. 이에 따라 모든 오염물질 배출시설은 설치 이전에 관련 인 허가를 받아야 하며, 설치이후에는 준수여부를 점검받아야 한다. 통합환경관리법의 주요내용을 요약하면 다음과 같다 (최영준, 김경민, 2014; 환경부, 2014c).

첫째, **통합허가를 허용한다**. 과거에는 단일사업장의 경우에도 매체별로 개별법률에 의해 인 · 허가를 받도록 규정하고 있었는데, 통합환경관리법은 환경부가 사업장 (연간 20톤 이상 대기오염물질 배출 또는 하루 700 m^3 이상 폐수 배출 사업장)에 대하여 통합허가를 할 수 있도록 하고, 이 경우 6개 법률에 따른 9개 인 · 허가를 받은 것으로 간주한다. 이 과정에서 허가대상 대형 사업장의 업종특성, 오염물질 배출량에 따라 선정하고 환경위해를 관리한다. 일부 입지제한 지역에서는 엄격한 허가기준을 적용하여 환경안전을 담보할 경우만 허가가 가능하다.

둘째, **사업장별로 배출기준을 설정한다**. 즉 대상 사업장이 **통합환경관리계획서**를 작성하여 환경부에 제출하면 주변의 배출영향을 분석하여 허가여부를 판단하고 개별 사업장별 허가배출기준을 설정한다. 통합환경관리법은 환경관리계획서를 작성 및 허가시 **최상가용기법** (BAT)의 적용여부를 검토한다. 과거에는 업종에 관계없이 일괄적인 기준을 적용하였지만, 오염을 최대 감축할 수 있는 기법을 적용할 때 배출수준을 사업장의 배출기준으로 설정한다는 의미이다. 이를 위해 BAT 평가위원회와 기술작업반을 설치하여 20개 업종별로 BAT를 선정하고 이를 환경부고시로 규정한다. 업종별 해당 BAT 기법을 지원하기 위하여 BAT 기준서 마련 등의 사항을 규정하고 있다. BAT에 관해서는 마지막 절에서 자세히 공부할 것이다.

셋째, **주기적으로 허가를 재검토하며 벌칙 등을 규정한다**. 기존에는 일단 인 허가를 받아 시설이 설치되면 이후 더 좋은 배출경감 기술이 개발되더라도 이를 적용하도록 강제할 수 없었다. 하지만 이 법은 주기적 (5~8 년)으로 허가내용을 재검토하고 적정성을 평가하여 개선된 기술을 적용한다. 또한 배출시설등의 효과적인 관리와 사업자의 자율적인 관리체계를 확립하기 위하여 측정기기 부착, 시설의 적정관리, 연간보고서 제출 및 벌칙 등에 관한 사항을 규정한다.

넷째, **시행시기 및 경과규정**에서 이 법은 2016년부터 시행 예정이며, 기존 법률에 따라 인 허가를 받은 사업장에 대해서는 4년간 유예기간을 인정한다.

요약하면 통합환경관리법은 1970년대 후반 미국의 BACT (best available control technology, 최선의 방지기술)과 EU의 BAT를 모델로 삼아, 그동안 대기, 수질, 폐기물, 소음진동 등 개별 매체별로 분산되어 이루어졌던 환경관리 체계를 근본적으로 개혁하자는 내용을 담고 있다. 그럼에도 이 법이 환경관리 측면에서 환경성 이외에 비록 경제성을 부각시키고 있으나, 그동안 입법과정에서 미국의 BACT 및 EU의 BAT등의 본래 취지인 환경성, 경제성, 위해성, 사회성, 지역성, 국제성 등이 함께 고려된 내용이 충분히 담기지 않았다. 이 법률에 의한 규제로 우리나라 환경관리체제는 큰 변화가 예상되지만, 추후 국민의 환경의식이 성숙된 후 더 큰 변혁이 반드시 필요하다.

13-2 대기환경개선에 관한 특별법

13-2-1 대기환경권역의 대기환경개선에 관한 특별법

환경부는 대기오염이 심각하다고 인정되는 지역과 영향을 준다고 인정되는 지역을 대기관리권역으로 지정하고 권역특성에 맞는 **대기질 관리대책을 추진하는 대기관리권역의 대기환경개선에 관한 특별법** (이하 대기관리권역법)을 2020년 4월부터 시행하고 있다. 이 특별법은 **수도권 대기환경개선에 관한 특별법** (이하 수도권특별법)을 대체하여 그동안 수도권에 한정되었던 관리지역 〔서울시, 인천시, 경기도 (연천군, 가평군, 양평군을 제외한 31개 시)〕을 대폭 확대하여 개정한 것이다. 따라서 대기관리권역법 시행에 맞추어 수도권특별법은 2020년 4월 폐지되었으며, 그동안 10년 단위로 추진되었던 **수도권 대기환경관리 기본계획** 〔1차 기본계획 (2005~2014) 및 2차 기본계획 (2015~2024)〕도 대기관리권역법에 의거하여 수정되었다.

대기관리권역법 시행에 따라 대기질 관리는 권역별 관리체계로 전환되었는데, 관리대상지역은 초미세먼지 ($PM_{2.5}$) 농도에 크게 영향을 미치는 지역을 중심으로 기존의 수도권을 포함하여 중부권, 남부권, 동남권을 관리권역 (총 4개 권역으로 8개 특별시 · 광역시와 69개 시군 포함)으로 확대하였다. 그림 13.3은 동법 제2조에 따른 관리권역을 보여주고 있다. 대기관리권역은 배출량, 기상여건 등을 고려하여 국내 $PM_{2.5}$ 농도에 미치는 기여율이 높은 지역을 중심으로, 전문가 검토, 지자체 협의, 공개설명회, 권역별 이해 관계자의 협의를 거쳐 설정되었다. 이들 4개 권역이 차지하는 국내 $PM_{2.5}$ 농도에 미치는 기여율과 $PM_{2.5}$ 생성물질 배출량은 80% 이상 (모델링 추정)에 해당하고, 인구의 88% 및 국토면적의 38%를 차지한다 (환경부, 2019a). 각 권역은 정부-지자체-민간 합동 **대기환경관리위원회**를 구성하고, 권역별 '**대기환경관리 기본계획** (이하 기본계획)'을 수립하여 권역 특성을 고려한 대기관리를 시행하여야 한다.

대기관리권역법 제9조에 의하면, 환경부는 5년마다 7종의 대기오염물질 (NOx, SOx, VOCs, TSP, PM_{10}, $PM_{2.5}$, O_3)을 줄이기 위한 기본계획을 권역별로 수립하여야 한다. 또한 동법 제9조 제2항에 의거하여 기본계획에는 다음 사항들을 반드시 포함하여야 한다. 즉, ① 대기환경개선 목표 및 기본방향, ② 배출원별 대기오염물질 배출량 현황과 전망, ③ 대기오염도 현황과 전망, ④ 배출원별 배출허용총량 및 저감계획, ⑤ 권역에 포함된 광역지자체별 배출허용총량, ⑥ 저공해 자동차의 보급에 관한 사항, ⑦ 총량관리 대상오염물질 (NOx, SOx, TSP)의 배출허용총량 할당기준, ① 대기환경 개선사업을 위한 지자체 또는 사업자 지원 방안, ⑨ 기본계획의 시행에 필요한 재원의 규모 및 재원조달계획, ⑧ 직전 기본계획에 대한 평가 등을 포함하여야 한다.

한편, 2020년도 현재 기본계획에 포함된 권역별 중점 시행방안으로는, 우선 수도권역에서는 인구와 차량 밀집도를 고려하여, ① 노후경유차 조기폐차, 운행제한 등 도로이동오염원 관리, ② 발전소 및 사업장 대상 총량관리제, ③ 친환경 가정용 보일러, 주유소 유증기 회수설비 설치 등 생활주변 면오염원과 관련한 관리 등이 포함되었으며, **중부권역**에서는

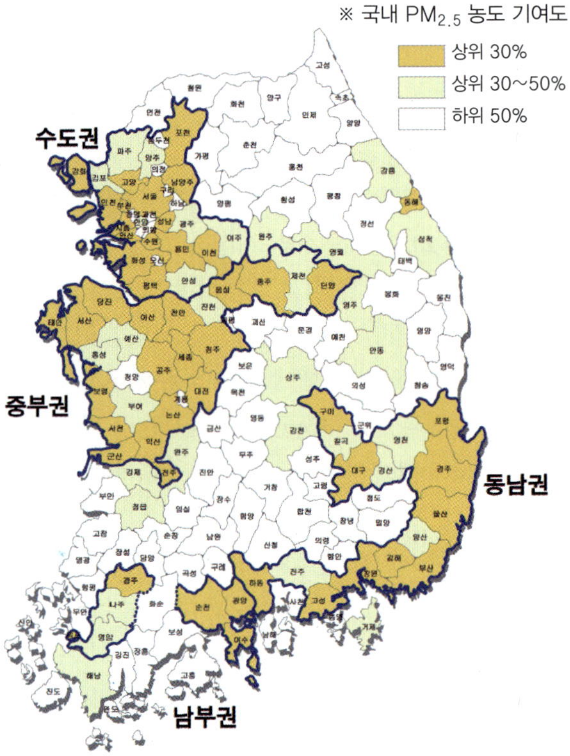

권역	지역구분	지역범위
수도권 (30개)	서울특별시	전지역
	인천광역시	옹진군(옹진군 영흥면은 제외)을 제외한 전지역
	경기도	수원시, 고양시, 성남시, 용인시, 부천시, 안산시, 남양주시, 안양시, 화성시, 평택시, 의정부시, 시흥시, 파주시, 김포시, 광명시, 광주시, 군포시, 오산시, 이천시, 양주시, 안성시, 구리시, 포천시, 의왕시, 하남시, 영주시, 동두천시, 과천시
중부권 (25개)	대전광역시	전지역
	세종특별자치시	전지역
	충청북도	청주시, 충주시, 제천시, 진천군, 음성군, 단양군
	충청남도	천안시, 공주시, 보령시, 아산시, 서산시, 논산시, 계룡시, 당진시, 부여군, 서천군, 청양군, 홍성군, 예산군, 태안군
	전라북도	전주시, 군산시, 익산시
남부권 (7개)	광주광역시	전지역
	전라남도	목포시, 여수시, 순천시, 나주시, 광양시, 영암군
동남권 (15개)	부산광역시	전지역
	대구광역시	전지역
	울산광역시	전지역
	경상북도	포항시, 경주시, 구미시, 영천시, 경산시, 칠곡군
	경상남도	창원시, 진주시, 김해시, 양산시, 고성군, 하동군

그림 13.3 ▪ 대기관리권역 (환경부, 2019b)

① 발전소, 제철소, 시멘트 등 오염물질 다량배출 사업장에 대한 총량관리제 및 화력발전소 조기폐쇄, ② 차량 증가율과 화물차 비중을 고려한 저공해차 전환 확대, ③ 비산먼지 저감과 불법연소 관리 등 도심 · 농촌의 생활환경 개선 등을 중점 방안으로 포함되었다. **남부권역**에서는 ① 여수국가산업단지에 집중된 석유화학, 제철소 등 대형사업장을 대상으로 총량관리제, ② 광양 · 여수 · 목포항과 선박의 배출저감, ③ 차량 증가율을 고려한 저공해차 전환 확대, ④ 도장시설과 유기용제 사용시설 및 불법연소 관리 등이 포함되었고, **동남권역**에서는 ① 울산, 구미, 포항 등의 대형사업장을 대상으로 한 총량관리제, ② 배출규제 해역의 지정 등 동남해안 내 항만 · 선박의 배출저감, ③ 경부고속도로 등 주요 도로와 차량 증가율을 고려한 저공해차 전환 확대 등이 중점 방안으로 포함되었다.

13-2-2 미세먼지 저감 및 관리에 관한 특별법

미세먼지 (PM_{10}과 $PM_{2.5}$)와 미세먼지 생성물질의 배출을 저감 및 관리하여 국민건강에 미치는 위해를 예방하고 쾌적한 생활환경을 조성할 목적으로, **미세먼지 저감 및 관리에 관한 특별법** (이하 미세먼지법)이 2019년 3월 (2020년 3월에 일부 개정)부터 시행되고 있다. 이에 따라, 중앙정부와 지방자치단체는 미세먼지가 국민에게 미치는 영향을 파악하고, 국민의 건강과 생명을 보호하기 위하여 필요한 시책을 수립 · 시행하여야 하며, 국민이 배출 저감 및 관리에 참여할 수 있도록 대국민 교육 · 홍보 등을 강화하여야 한다. 또한 정부는 배출 저감 및 관리를 위하여 국제적인 노력에 참여하고 주변국과 협력하여야 한다.

미세먼지법은 다른 법률에 우선하여 적용하며, 미규정 사항은 대기환경보전법과 대기관리권역법의 규정에 따른다. 정부는 대기환경보전법 제11조의 **대기환경개선 종합계획**을 고려해서, **미세먼지 저감 및 관리를 위한 종합계획** (이하 종합계획)도 5년마다 수립 · 시행하여야 한다. 이 종합계획에는 미세먼지 농도개선 목표 및 기본 방향, 농도 현황 및 전망, 분야별 · 단계별 대책, 건강 영향 조사 · 연구, 취약계층 보호사항, 재원 규모와 조달 등의 사항을 포함하여야 한다. 시 · 도지사는 관할구역에서 종합계획을 시행하기 위한 시행계획을 수립하고 매년 추진실적을 환경부에 보고하여야 한다. 특히 동법 제16조에는 미세먼지의 측정 및 예보, 미세먼지의 효율적 저감 및 관리, 국민건강 보호 등을 위하여 필요한 연

표 13.3 ■ 2019년 미세먼지 관련 주요 법령 제 · 개정 현황 (감사원, 2020)

법령일	주요 제 · 개정 내용
대기관리권역법 (제정)	- 수도권대기법을 대체하여 규제 내용을 전국 단위로 확대 - 대기오염물질 배출 사업장을 대상으로 오염물질 총량관리를 시행하고, 배출 사업장에 자동측정기를 부착하며, 이에 대한 비용을 지원 - 노후 경유차에 대해서는 배출가스 저감장치 부착 등의 조치를 하도록 하고 저감장치를 부착하지 않은 차량에 대해서는 지방자치단체 조례로 운행을 제한 - 새로 설치 · 교체하는 가정용 보일러는 친환경 기준에 적합한 것만 사용
항만대기질법 (제정)	- 선박 배출 규제 해역에서는 황 함유량 기준을 초과한 선박 연료유 사용 금지 - 항만하역장비의 배출가스 허용기준을 신설 - 화물운송 항만사업자는 비산먼지 방제시설을 설치
「대기환경보전법」 (개정)	- 노후 건설기계에 대해 저공해 조치 명령, 저공해 조치 때 예산을 지원 - 발전소 · 사업장 등 미세먼지 대량배출 사업장에 설치된 TMS 측정 결과를 실시간 공개 - 자동차 배출가스 관련 부품을 떼어 내거나 훼손하는 행위, 설정을 임의 변경하거나 촉매제(요소수 등)를 사용하지 않는 행위를 금지
미세먼지법 (개정)	- 국가미세먼지정보센터의 설치 · 운영 규정을 임의 규정에서 강행 규정으로 변경 - 조사 · 연구 · 교육과 기술개발 등의 업무를 수행하는 기관 · 단체를 '미세먼지 연구 · 관리센터'로 지정하고, 관련 비용의 일부 또는 전부를 지원
「재난 및 안전관리 기본법」 (개정)	- 고농도 미세먼지 발생 상황을 사회 재난 범주에 포함 ※ 미세먼지 해결에 추가경정 예산이 투입될 수 있게 되었고, 재난 시 사용할 수 있는 특별교부금도 미세먼지 저감에 사용 가능하며, 민간차량 2부제도 시행 가능
「학교보건법」 (개정)	- 학교 교실에 미세먼지 측정기와 공기정화기 설치 의무화
「실내공기질 관리법」 (개정)	- 2021. 3. 31.까지 지하역사에 실내공기질 측정기기 설치를 완료 - 어린이집과 노인요양시설 등 민감계층이 이용하는 다중이용시설에는 실내공기질 유지 기준을 강화하고, 가정어린이집과 협동어린이집, 실내어린이 놀이시설에도 적용
「액화석유가스의 안전관리 및 사업법」 (개정)	- 액화석유가스(LPG)를 자동차 연료로 사용하는 것을 제한하였던 규정(제28조)을 삭제하여 일반인도 미세먼지 배출량이 상대적으로 적은 LPG 차량을 살 수 있도록 허용 ※ 그동안에는 택시와 렌터카, 장애인 차량 등에만 허용

구개발을 수행하거나 지원할 수 있는 연구개발 조항을 담고 있으며, 제17조에는 미세먼지 등의 발생원인, 정책영향 분석, 배출량 관련 정보 수집 · 분석 및 체계적 관리를 위하여 국가 **미세먼지 정보센터**를 설치 · 운영하도록 하였다. 한편, 제18조에는 고농도 $PM_{2.5}$가 예측되었을 경우, 환경부와 시 · 도지사가 **비상저감조치**를 시행할 수 있도록 하였는데, 비상조치에는 자동차 운행제한, 특정 배출시설의 가동 조건개선, 건설공사자의 공사시간 조정 등의 사항을 담고 있다.

최근 유례없는 고농도 미세먼지 현상이 빈번하게 발생하고 국민들의 우려와 불안이 커지자, 미세먼지 관련 8개 법률 (미세먼지법, 대기환경보전법, 대기관리권역법, 실내공기질법, 학교보건법, 재난안전법, 액화석유가스법, 항만대기질법)이 2020년 국회에서 제 · 개정되었고, 그 후속조치가 마련되었다. 표 13.3은 2019년 미세먼지와 관련한 8개 법령의 제 ·

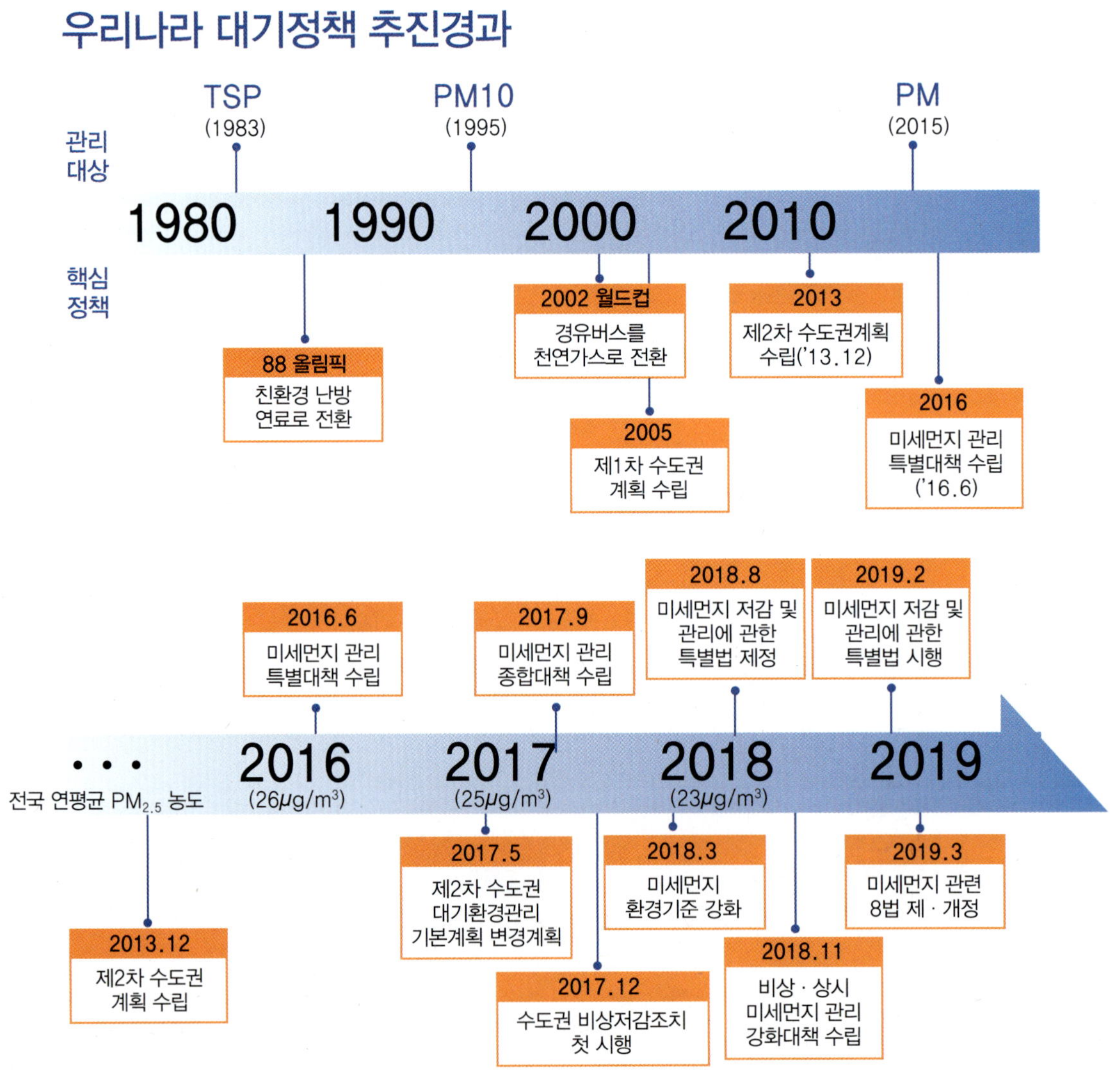

그림 13.4 ▪ 미세먼지와 관련한 우리나라 대기환경 관리정책의 추진과정 (그림 출처: 환경부, 2019c)

개정 현황을 보여주고 있다. 표의 내용을 정리하면, **대기관리권역법**에 따라 미세먼지를 포함한 7종의 대기오염물질의 저감을 위해 관리권역을 설정하고 강화된 배출허용기준을 특정 고정오염원과 이동오염원에 적용하였으며, 동법에서 미규정된 항목에 대해서는 그 준수여부를 **대기환경보전법**에 따르도록 하였다. 또한 선박 및 항만에 대한 미세먼지 배출관리는 **항만대기질법**에서 별도 관리하도록 하였다. 따라서 특별법인 **미세먼지법**에서는 미세먼지와 그 생성물질의 배출을 저감하고, 그 발생을 지속적으로 관리할 수 있도록 전술한 종합계획을 세우도록 하였고, 보완 수단으로 **재난 및 안전관리 기본법**을 개정하여 미세먼지를 사회적 재난으로 규정하였다. 뿐만아니라, 취약계층의 보호를 위해 다중이용시설, 병원, 어린이집, 주택 및 대중교통차량 등 실내공간에서의 미세먼지 유지기준과 환기설비 설치기준 등을 **실내공기질 관리법** 속에 별도 규정하였으며, 학교 교실에서의 공기질 측정 의무화 및 공기청정기 설치 의무화 등을 **학교보건법** 속에 별도 규정하였다. 한편, 차량 청정연료인 액화석유가스 (LPG: liquified petroleum gas)의 사용 확대방안을 **액화석유가스의 안전관리 및 사업법** 속에 규정하였다. 그림 13.4는 1980년대에 먼지 (TSP)와 관련한 규제정책이 처음 도입된 이후부터 최근까지, 분진과 관련한 제반 관리정책의 추진과정을 보여주고 있다.

13-2-3 기본계획과 종합계획에서 추진 중인 점, 선, 면 오염원의 주요 관리수단

미세먼지 (PM_{10}과 $PM_{2.5}$)와 그 생성물질의 배출을 저감하기 위해, 정부는 대기관리권역법에 따른 기본계획과 대기환경보전법 및 미세먼지법에 따른 종합계획을 마련하고 시행하고 있다. 아래는 이들 계획하에 추진 중인 각종 오염원, 즉 고정배출시설 (점오염원), 이동오염원 (선오염원), 생활주변오염원 (면오염원)에 대한 주요 관리수단을 설명한 것이다. 이 설명은 감사원 보고서 (2020)의 일부를 발췌하고 재정리한 것이다.

1) 고정오염원에 대한 주요 관리수단

표 13.4는 현재 추진 중인 고정오염원의 주요 관리수단을 나열한 것이다. 우리나라는 대기환경보전법에 따라 대기오염물질 총 64종 (일반대기오염물질 29종, 특정대기유해물질 35종)을 설정하고, 시설의 특성을 고려하여 대기오염물질 배출시설을 27종으로 정한 후 대기오염물질 중 35종(일반대기오염물질 11종, 특정대기유해물질 24종)에 대한 배출시설별 배출허용기준을 정하고 있으며, 방지시설의 설치를 의무화하고 있다. 또한 대기오염물질을 배출하는 시설을 보유한 사업장에 대하여 표 13.5와 같이 TSP, NOx, SOx의 발생량에 따라 1∼5 종으로 구분하고, 종별로 배출구별 자가측정주기를 달리 적용하고 있으며, 배출부과금 및 총량관리 적용 여부도 종별로 달리 적용하여 관리하고 있다. 표 13.6은 대기오염물질 배출사업장 현황 (2018년 기준)을 보여주고 있다.

한편, 고정오염원에 대한 주요 관리수단 중 하나는 **배출규제**이다. 배출허용기준은 모든 배출시설에 적용되는 기준인데, 각 사업장은 배출시설에 방지시설을 설치하여야 하고, 자가측정 또는 굴뚝자동측정기 부착 등의 조치를 취하여야 한다. 환경부는 TSP, NOx, SOx 등의 배출농도와 배출량에 따라 각 사업장에 **배출부과금**을 부과하고 있는데, 대기관

표 13.4 ▪ 고정오염원 (점오염원)에 대한 주요 관리수단 (감사원, 2020)

관리항목	관리수단
배출허용기준	- 대기환경보전법 제16조에 따라 배출시설 (27종)별로 35종의 대기오염물질에 대한 배출허용기준을 설정하고 배출시설에 방지시설 설치를 의무화 - 시도지사나 인구 50만 명 이상의 대도시는 대기환경보전법상 배출허용기준보다 강화된 배출허용기준을 조례로 정할 수 있고, 특별대책지역에 대해서는 환경부가 더 엄격한 **'특별배출허용기준'**을 설정할 수 있다.
배출부과금	- 대기환경보전법 제35조에 따라 대기오염물질의 배출농도와 배출량에 따라 배출허용기준 이하로 배출되는 TSP, NOx, SOx에 대하여 **기본배출부과금**을 부과한다. 배출허용기준을 초과하는 9개 물질 (TSP, NOx, SOx, NH_3, H_2S, CS_2, 불소화물(F), HCl, HCN)에 대해서는 **초과배출부과금**을 부과한다.
총량규제	- 배출허용기준을 준수하더라도 배출시설의 규모가 큰 대형시설의 경우, 오염물질 배출량이 많아 대기질 개선효과가 감소하므로 연간 **배출허용총량**을 정하여 규제한다. - 대기관리권역법에 따라 전국 4개 권역 (수도권, 중부권, 남부권, 동남권)에서 NOx, SOx, TSP를 일정규모 이상 배출하는 시설에 **총량규제**를 적용한다.
자가측정 및 측정기기 부착	- 배출허용기준 준수 여부를 사업장 스스로 관리하기 위하여 자가측정을 하도록 하고, 측정대행업체에 이를 위탁할 수도 있다. 자가측정 결과는 국립환경과학원이 구축 · 운용하는 **대기배출원관리시스템** (SEMS: Stack Emission Management System)에 입력하여 온라인으로 관리한다 (1~3종 사업장은 시스템 입력 의무화, 4, 5종 사업장은 기록지를 자체 보관 가능). - 일정규모 이상의 대기오염물질 배출시설은 굴뚝에 자동연속측정기기를 부착하여 측정결과를 한국환경공단이 관리하는 **굴뚝원격감시체계** (CleanSYS)의 서버로 실시간 전송하고 한국환경공단은 이를 모니터링한다.

표 13.5 ▪ 대기환경보전법상 분류된 사업장의 종별 구분과 규제 여부 (감사원, 2020)

구분	인간오염물질 발생량[주)] 기준	배출구별 자가측정 주기	배출부과금	총량관리 (대기관리권역)
1종 사업장	80톤 이상	매주 1회	부과 대상	적용 대상
2종 사업장	20톤 이상~80톤 미만	매월 2회		
3종 사업장	10톤 이상~20톤 미만	2개월에 1회		
4종 사업장	2톤 이상~10톤 미만	반기별 1회	감면	면제
5종 사업장	2톤 미만			

주 : 배출시설에서 방지시설을 거치지 않은 상태의 오염물질 발생량(방지시설을 거친 후 대지 종으로 배출되는 양은 배출량임)으로 TSP, NOx, SOx 등 3개 오염물질의 연간 발생량 합계를 기준으로 종을 산정

표 13.6 ▪ 대기오염물질 배출사업장 현황 (감사원, 2020)

(단위: 개소, %)

구분	계	1종 사업장	2종 사업장	3종 사업장	4종 사업장	5종 사업장
개소 수	56,584	1,232	1,309	1,822	18.698	33.523
비율	100	2.2	2.3	3.2	33.1	59.2

자료 : 환경부 환경통계포털

표 13.7 ▪ 이동오염원 (선오염원)에 대한 주요 관리수단 (감사원, 2020)

관리항목	관리수단
제작차 배출허용기준 설정과 검사	- 대기환경보전법 제46조에 따라, 자동차 제작 · 수입자는 제작차 배출허용기준에 맞도록 미리 인증을 받은 후 자동차를 제작하여야 하고, 환경부장관은 수시 또는 정기적으로 제작차에 대하여 배출허용기준 준수 여부를 검사한다. - 자동차 제작자는 배출가스 보증기간 내에 운행 중인 자동차에서 나오는 배출가스가 배출허용기준을 충족하는지에 대하여 환경부의 검사 (결함확인검사)를 받아야 한다. - 자동차 제작자는 제작 자동차의 배출가스에 대해, 차종별로 평균한 값 (평균 배출량)이 환경부령으로 정하는 기준 (평균 배출허용기준)에 적합하도록 자동차를 제작하여야 한다.
운행차 배출허용기준 설정과 검사	- 대기환경보전법 제57조에 따라, 자동차 소유자는 자동차 배출가스가 운행차 배출가스허용기준 (운행차 배출허용기준)에 맞게 운행하여야 한다. - 자동차 소유자는 일정기간마다 자동차 배출가스가 운행차 배출허용기준의 준수여부를 검사하는 운행차 배출가스 정기검사 (대기관리권역에서는 정밀검사)를 받아야 한다.
노후자동차 저공해화	- 대기환경보전법 제58조, 대기관리권역법 제26조 및 제31조에 따라, 노후경유차 또는 노후건설기계에 대해 조기폐차, DPF 부착, 저공해 엔진으로 개조 또는 교체하는 등의 조치를 취한다.
자동차 배출가스 등급제 및 운행제한	- 대기관리권역법 제30조에 따라, 배출가스의 정도 등에 따라 자동차를 1~5등급으로 나누고, 오염이 심한 5등급 자동차는 운행 제한 또는 저공해화 조치를 명령한다.

리권역에 위치한 대형 배출시설에 대해서는 배출허용기준을 준수하더라도 연간배출량에 입각한 **총량관리제**를 적용하고 있다. 참고로 배출부과금은 배출허용기준 이하로 배출되는 TSP, NOx, SOx의 배출량에 대하여 부과하는 **기본부과금**과 배출허용기준을 초과하는 TSP, NOx, SOx, NH3, H2S, CS2, 불소화물(F), HCl, HCN 등 9개 물질에 대하여 부과하는 초과부과금이 있다. NOx에 대한 배출부과금은 2020년부터 도입되었다 (감사원, 2020).

총량관리는 대기관리권역법 제15조 및 제17조에 따라 TSP, NOx, SOx를 대상으로 한다. 2019년까지는 수도권특별법 제16조에 따라 수도권 (서울, 경기, 인천)에 위치한 사업장만을 대상으로 하였다. 하지만 이 법이 폐지되고 대기관리권역법으로 개정되면서, 2020년 4월부터는 수도권, 중부권, 남부권, 동남권 등에서 확대 적용되고 있다.

2) 이동오염원에 대한 주요 관리수단

표 13.7은 현재 추진 중인 이동오염원에 대한 주요 관리수단이다. 대기환경보전법에 따르면 이동오염원 (자동차)의 배출가스를 규제하기 위한 방안으로 자동차 제작자는 **제작차 배출허용기준**을 준수하도록 차량을 제작하여야 하며, 차량 소유자는 정기 또는 수시검사를 통해 **운행차 배출허용기준** 준수 여부를 확인하여야 한다. 한편, 제작 · 출고된 지 10년 이상이 지난 노후 경유차 및 건설기계에 대해서는 지자체장이 조기폐차, 저감장치 부착 또는 저공해 엔진 (LPG 엔진) 등으로 개조 등의 조치를 할 수 있다. 따라서 특정 경유자동차 또는 특정 건설기계가 대기관리권역에서 운행될 때, 대기관리권역법 제26조에 따라 대기환경보전법상의 운행차 배출허용기준보다 강화된 배출허용기준을 적용받게 되며, 조기폐차, 엔진개조나 엔진교체, DPF 부착등의 저공해화 등의 조치를 적용받게 된다.

표 13.8 ■ 생활환경오염원 (면오염원)에 대한 주요 관리수단 (감사원, 2020)

관리항목	관리수단
저황유사용 등 연료사용 규제	- 대기환경보전법 제41조에 따라, 정해진 지역에서는 연료용 유류 및 기타 연료의 황 함량을 규제하고 지역별로 고체연료의 사용을 제한한다.
비산먼지 규제	- 대기환경보전법 제43조에 따라, 비산먼지를 배출하는 사업장은 비산먼지 억제시설을 설치하도록 의무화한다.
VOCs 배출규제	- 대기환경보전법 제44조에 따라, 특별대책지역, 대기관리권역에 VOCs 배출시설 (주유소, 저유소, 세탁시설 등)을 설치하고자 할 경우, 시도지사에게 신고하고 유증기 회수장치 등 대기오염방지시설을 설치 · 운영하여야 하고, 페인트 등 도료에는 VOCs 함량을 규제한다.
저NOx 보일러 보급	- 대기관리권역법 제35조에 따라, 대기관리권역에서 가정용 보일러를 제조 · 공급 또는 판매하려는 자는 인증 받은 보일러 (저NOx 보일러)만을 판매 허용한다.

3) 생활주변 오염원에 대한 주요 관리수단

생활주변에서의 난방이나 취사용 연료사용에 따른 배출, 공사현장 등에서 발생하는 비산먼지, 주유소나 도료 (페인트) 사용에 따른 VOCs 배출 등이 면오염원 배출에 해당한다. 표 13.8은 우리나라에서 현재 추진 중인 생활주변 오염원에 대한 주요 관리수단을 나열한 것이다. 대기환경보전법에서는 유류 등 연료의 황 함량 규제, 고체연료 (석탄, 나무 등)의 사용지역 제한, 주유소 유증기 회수장치 설치 등의 조치를 시행하고 있으며, 대기관리권역법에서는 관리권역 내에서 제조 · 판매 · 공급되는 가정용 보일러는 환경부의 인증을 받은 저NOx 보일러만을 사용하도록 규정하고 있다. 한편, 표 13.6에서 보듯이, 우리나라 대기오염 배출사업장 중 4종과 5종 사업장이 차지하는 비율은 92.3%이다. 이들 사업장은 배출부과금을 감면받는 대상이거나 면제 대상이며, 정부의 대기오염물질 배출량 산정에서도 대부분 누락되어 있다. 외국 사례에 의하면, 이들 중소 및 영세 사업장에서의 배출총량은 대형 사업장 이상이므로 미국의 보편적 방지기술 (GACT: generally available control technology)와 같은 규제수단을 점진적으로 도입하여 규제하여야 한다.

13-3 우리나라 배출원 관리와 규제

13-3-1 사업장의 배출허용기준과 규제

우리나라는 1977년도에 제정된 환경보전법에 따라 배출원에 대한 관리가 본격화 되었다. 자가측정제도, 방지시설 설치의무화, 배출부과금제도 및 배출시설 설치제한제도 등 배출시설에 대한 관리수단을 지속적으로 도입하였다. 또한 1990년 **대기환경보전법**이 제정된 이후부터 중대형 사업장에 대한 관리가 본격적으로 시작되었다. 사업장의 배출허용기준은 현행 법률상 가장 강력한 배출시설의 관리수단이기도 하다.

배출허용기준은 대기환경기준을 달성하기 위하여 오염배출원의 배출량을 강제적으로 규제하는 수단으로, 오염물질을 실제로 제한하는 것을 목적으로 하며, 정부는 설정된 배

표 13.9 ■ 우리나라 배출허용기준의 변천 연혁

규제시행 연월	내 용
1978년 7월	• 환경보전법 시행규칙 Cd, Pb, Cu, Br 기준항목 신규 설정, P 삭제,
1983년 7월	• 비산먼지기준 신규 설정, 아황산가스 기준에 저황유를 사용하는 시설기준 설정
1987년 8월	• Zn, Ni 기준 신규 설정, 적용배출시설 15개로 세분화 • 공정 특성별로 표준산소농도 설정제도 도입 (절대 배출량 기준)
1991년 2월	• 25개 오염물질에 대한 적용 배출시설 19개로 세분화 • 단계별 예시제 도입 (① 1994년 이전, ② 1995-1998, ③ 1999년 이후)
2003년 12월	• 수도권 대기환경개선에 관한 특별법 제정
2005년 1월	• 소성로, 배소로, 용광로 등 6개 시설 기준강화 • 중합반응시설, 도장시설 등 2개 시설 기준강화
2005년 2월	• 악취 배출허용기준 적용 (12종 악취) • 톨루엔, 자일렌 등 5종 추가 (2008년1월 시행) • 프로피온산 발레르산 등 5종 추가 (2010년1월 시행)하여 총 22종 악취물질
2007년 7월	• 수도권 규제지역내 대형사업장 총량규제 시행 (주요오염원 개념 변경)
2009년 7월	• 수도권 규제지역내 중형사업장 총량규제 시행
2010년 1월	• 종전 14개 대기오염물질 배출시설에서 28개 배출시설로 세분화.
2015년 1월	• 2차 수도권 특별법 시행 ($PM_{2.5}$ 등 목표 오염물질 확대, 총량규제 강화, BAT 적용)
2016년 1월	• 환경시설 통합환경관리법 시행, 업종별 단계별 신규 및 수정오염원 BAT 적용

출허용기준에 따라 각 오염원의 배출을 규제하고 있다. 허용기준은 제도시험 시점에서 처리기술의 수준, 경제적 및 사회적 여건을 함께 고려하여 설정하여야 한다. 만약 기준을 설정할 때, 오염방지 차원에서 환경적 측면만을 강조한다면 기술적 및 경제적으로 불가능하여 실효성이 없을 수 있으며, 반면, 경제성 및 수지타산에 집착한다면 오염방지를 위한 신기술 개발의 지연 및 환경악화 등의 부작용을 낳을 수 있다. 따라서 기준을 설정할 때 복합적 규제방법을 활용하고 향후 적용가능한 기준을 미리 설정하여 예고하는 것이 합리적이다.

우리나라는 지속적으로 더욱 강화된 허용기준을 시행하고 있으나, 역시 지속적으로 강화되는 대기환경기준과 비교하면 배출허용기준은 상대적으로 느슨한 편이므로, 오염항목과 기준 설정이 재평가하여 보완하고 개선하여야 한다. 특히 위해도 측면에서 유해대기오염물질 (HAP)과 관련한 배출규제는 매우 시급하나 그 중요성이 간과되고 있다.

현재 대기보전특별대책지역, 대기환경규제지역 및 수도권대기관리권역에 대해서는 일반적인 배출허용기준보다 강화된 기준을 적용하고 있다. 우리나라 배출허용기준은 3가지로 세분되어 적용되고 있는데, 우선 오염원에서 배출되는 가스상 및 입자상 오염물질과 악취물질을 규제하는 **배출허용기준**과 대기오염이 심한 특별대책지역 내 기존 배출시설에 적용하는 **엄격한 배출허용기준**, 그리고 특별대책지역 내 신규 배출시설에 적용하는 **특별배출허용기준**으로 나눌 수 있다. 현재 울산 · 미포 및 온산 특별대책지역과 여수특별대책지

역에 대하여는 엄격 및 특별배출허용기준이 적용되고 있으며, 수도권대기환경규제지역 중 일부지역에 대해서는 국가배출허용기준보다 강화된 배출허용기준이 설정되어 있다. 통합환경관리법이 2016년부터 본격 시행되면서 더욱 강화된 기준이 대형 사업장별로 적용되고 있다.

한편, 우리나라는 자동차에 대해 **제작차 배출허용기준**과 **운행차 배출허용기준**을 설정하여 오래 전부터 시행하고 있다. 제작차 배출허용기준에서는 휘발유 및 LPG 사용 차량에 대하여 CO, NO_x, HC를 규제하고 있으며, 경유 차량은 이것 이외에 입자상 물질과 매연도 규제대상으로 하고 있다. 특히 수도권에서는 제2차 기본계획에 의거하여 휘발유와 가스 차량의 경우 현행 2025년까지 점진적으로 SULEV (super ultra low emission vehicle)로 배출허용기준을 도입하여 강화되고 있으며, 경유 차량의 경우 $PM_{2.5}$ 관리에 초점을 두고 2015년부터 EURO6를 적용하고 있다. 또한 이륜차의 규제도 단계적으로 강화하고 있다. 운행차 배출허용기준은 각 차종에 따라 CO, HC, 매연을 규제하고 있는데, 수도권에서는 2017년부터 경유 차량의 경우 현재 검사항목에 현재 매연만 검사하고 있으나 NO_x 항목이 추가되었다.

배출허용기준 오염항목은 대기환경보전법 시행규칙 별표8에 기재되어 있는데, 2014년12월 현재 총 27종 [가스상 18종 + 입자상 9종 (매연항목 포함)]이다. 표 13.9는 우리나라 배출허용기준의 변천 연혁이다. 그동안 배출허용기준 적용기간은 업계의 기술 및 대처능력을 감안, 단계적으로 강화하고 있다. 즉 1991년에 예고제를 도입한 이후, 3단계 강화기준(1단계: 1995~1998, 2단계: 1999~2004, 3단계: 2005 이후)을 각각 시행하였다. 또한 2007년7월부터 2009년12월까지 적용된 배출허용기준 중에는 생활폐기물 고형연료제품 (RDF) 또는 폐플라스틱 고형연료제품 (RPF) 전용시설에 대한 기준과 반도체 등 전자부품 제조시설에 대한 기준을 신설하였다. 도장시설의 기준은 현실에 맞게 조정하였고, 그라비아 인쇄시설을 배출시설에 추가하여 탄화수소에 대한 기준을 신설하였다. 한편, 2007년 1월에 공포하여 2010년부터 적용되는 배출허용기준에는 발전시설 및 보일러 시설의 NO_x에 대한 기준과 입자상물질 배출량이 많은 시설에 대해 먼지기준 등을 강화하였고, 발전시설의 수은기준과 화장로시설에 대한 기준 등을 신설하였다.

배출시설의 중요한 관리수단 중의 하나가 굴뚝TMS [**CleanSYS (굴뚝원격감시체계: Tele-Monitoring System)**]이다. **굴뚝 TMS** 구축은 대형 사업장에서 배출되는 대기오염물질을 상시 측정, 공정개선을 통한 오염배출량의 감소를 위한 것이다 (환경부, 2011). 굴뚝에 설치된 자동측정기기는 발전, 소각시설 등 37개 시설에서 먼지, SO_2, NO_x, NH_3, HCl, HF, CO 항목을 연속적으로 측정하여 5분 및 30분마다 측정자료를 생산하고 있다 (환경환경공단, 2015). 우리나라에서는 1988년7월 경상남도가 울산 · 온산 특별대책지역의 31개 업소에 설치명령을 함으로써 부착하기 시작하였다. 부착시행 초기에는 기술적 (측정, 전송 등)인 여러 어려움이 있었으나 현재는 이러한 문제점들이 해결되어 자료전송률이 100%에 이르고, 상대정확도 시험 및 통합시험 등으로 측정자료의 신뢰성도 크게 향상되었다 (환경부, 2011). 굴뚝원격감시체계는 상시감시를 통해 대기오염으로 인한 주민건강피해를 미연에 방지할 수 있을 뿐만 아니라, 총량규제실시, 배출권거래제 도입 등과 같은 오염물질 총량관리를 위한 사전적 인프라 구축 측면에서도 의의가 매우 크다.

13-3-2 악취배출원 관리와 규제

악취는 대기오염과 달리 원인물질이 다양하고 복합적이며 국지적 · 순간적으로 발생 · 소멸하는 특성으로 인해 대기오염 차원에서 전국을 획일적으로 관리하는 방식으로는 민원해결에 한계가 있어, 이를 대기환경보전법에서 분리하여 2004년 악취방지법을 제정하고 2005년부터 시행하고 있다.

악취방지법은 효율적인 악취관리가 가능하도록 관리대상을 종전의 시설 단위에서 지역 단위로 전환하였고, 지정악취물질을 종전의 8종 이외에 14종을 추가하여 총 22종으로 하고, 그 적용시기가 연차적으로 확대되어 2010년부터는 총 22종이 규제되고 있다. 한편, 측정결과에 대한 신뢰도를 제고하기 위해, 악취측정방법 중 직접관능법의 객관성 결여를 개선하고자 공기희석관능법을 도입하였다. 또한 이 방법의 제한성을 보완하고자 기기분석법을 도입하여 측정방법을 개선하고 있다 (환경부, 2011).

악취방지법은 지방자치단체의 권한과 책임을 강화하여 시 · 도지사가 악취관리지역을 지정하고, 엄격한 배출허용기준을 설정하는 등 지역별 실정과 여건에 따라 악취관리대책을 추진하고 있다. 시 · 도지사는 악취관리지역 내 대기 중 지정악취물질의 농도와 악취정도 등을 정기적으로 조사하여 악취관리지역의 지정목적에 맞게 악취가 관리되고 있는지를 파악하고, 엄격한 배출허용기준을 설정할 수 있게 하였다. 악취관리지역 안의 사업장에서 악취배출시설을 설치할 경우에는 악취방지시설의 설치 등 해당 사업장의 악취방지계획을 첨부하여 시장 · 군수 또는 자치구의 구청장에게 설치신고를 하도록 의무화하였다 (환경부, 2011).

13-3-3 휘발성 유기화합물의 관리와 규제

최근 주거지역 및 산업단지 지역에서 새롭게 대두된 **휘발성유기화합물 (volatile organic compounds, VOC)**은 아직까지 국제적으로 통일된 정의나 대상물질의 범주가 마련되어 있지 않다. 따라서 VOC에 대한 정의나 범위는 VOC규제의 배경 및 대기 중 오존오염물질에 따라 국가와 지역별로 조금씩 다르게 적용되고 있다.

일반적으로 VOC란 상온 · 상압에서 대기 중으로 가스형태로 배출되는 탄화수소류의 물질을 말한다. 대기환경보전법에서는 석유화학제품 · 유기용제 그 밖의 물질로서 환경부장관이 관계 중앙행정기관의 장과 협의하여 고시하는 것으로 정의하고 있으며, VOC 지정고시에 따라 2015년 현재 아세트알데히드 · 벤젠 · 휘발유 등 37개 물질이 규제대상이다. 배출시설 외 관리대상 (도료의 VOCs 함유기준 등)에는"1기압 250°C 이하에서 최소 비등점을 가지는 유기화합물"을 규제대상으로 하고 있다.

VOC를 규제하고 있는 지역은 특별대책지역과 대기환경규제지역으로 대별할 수 있으며 지역에 따라 관리대상 등이 조금씩 다르다. 특별대책지역인 여수산업단지 지역은 1996

년에, 울산 · 미포산업단지 지역은 1997년에 규제를 시작하였다. 2001년 1월에는 규제대상 시설로 세탁업, 창고 · 보관업, 폐기물보관 · 처리시설을 추가하여 배출억제 · 방지시설을 설치하도록 하였다.

대기환경규제지역에서는 1999년부터 일정규모 이상의 VOC 배출시설에 대하여 밀폐, 국소배기장치 및 방지시설 등 적절한 방지 · 억제시설 설치 등의 조치를 하여야 한다. 2009년 현재 규제대상 업종을 구체적으로 살펴보면, 대기환경규제지역 규제대상 업종은 석유정제 및 석유화학 제조업종 · 저유소 · 주유소 · 세탁시설 등 9개 업종이며, 특별대책지역에서의 규제대상 업종은 이에 1차 금속산업, 보관 및 창고업을 더하여 11개 업종이 규제대상이다 (환경부, 2011).

VOC 배출량 중 유기용제가 상당부분 차지하고 있어 2003년 유기용제사용 분야에서 VOC 저감계획을 수립하였다. 그 일환으로 2003년에 우선적으로 페인트 중 유기용제 함량의 저감시책을 추진하였다. 또한 수도권특별법에 수도권에 공급되는 페인트에 대하여 VOC 함량기준을 설정하였고, 2007년에는 2010년부터 적용할 기준을 마련하였다. 또한 도료의 VOC 함량기준에 적용하는 VOC 규제 대상물질을 기존 37종에서 TVOC (total VOC)로 2009년 7월 1일부터 확대 적용하였다. 이와 별도로, 주거지역에 인접해 있어 주민건강에 악영향을 미치는 주유소에서 발생하는 VOC를 줄이기 위해 2004년 12월말까지 1단계 (제조시설에서 주유소 저장시설까지의 단계)에 대한 방지시설(유증기 회수설비) 설치를 완료하였고, 2007년에는 2단계 (주유소 저장시설에서 자동차 연료탱크로 급유하는 단계)에 대해서도 방지시설 부착을 의무화하였다. 또한 주유소의 휘발유 판매량을 기준으로 2008년부터 2012년까지 단계적으로 유증기 회수설비를 부착하였다 (환경부, 2011). 한편 수도권에서는 수도권특별법 제2차 기본계획에 의거하여, 도심 VOC 배출원에 대한 관리를 지속적으로 강화하고 있으며, 생활소비재의 VOC 함유기준을 2017년부터 단계적으로 마련하고 있다. 또한 도료에 대한 VOC 함량을 제한하고 수성도료의 이용을 확대하고 있다.

13-4 우리나라 현행 대기환경 관리 및 규제제도의 문제점과 개선책

13-4-1 경제발전의 틀에 갇힌 환경정책에서 환경보전 우선주의로

일반적으로 경제개발은 번영을 위한 도구로, 반면 환경보호는 경제발전의 걸림돌로 인식되고 있다. 경제성장과 환경보전이라는 두 가치관의 관계를 정립하는 이념은 경제성장우선, 경제성장 환경보전의 조화, 환경보전우선 중 하나로 결정되는데, 선진국의 경우 일찍이 조화주의와 결별하고 환경보전 우선주의로 지향하였다 (구연창, 1979). 또한 이미 **1992년 리우 유엔환경개발회의** (UNCED)에서, 개발위주의 정책은 환경파괴 복구측면을 고려할 때 지속적인 경제발전면에서 비효율적이라고 인식하였고, 마찬가지로 환경보호위주의 정책은 개발도상국이나 중진국이 가지고 있는 환경문제를 해결할 수 없다는 점을 인식하였다 (El-Ashry, 1993). 즉 중진국 이하 수준의 국가에서는 균형적인 경제정책과 환경정책이 경제발전과 환경개선의 목표를 동시에 달성하는 지름길임을 확인하였다. 그럼에도 경제적으로 선진국 초입에 있는 우리나라의 경우, 조화주의는커녕 여전히 경제성장 우선주의 이념이 팽배하고 있어 새로운 이념의 환경보전 우선주의로 신속히 전환하여야 한다.

환경정책을 수립할 때 항상 거론되는 어려움은 규제로 인한 환경적 편익과 경제적 비용을 검토하는 것이다. 환경규제는 환경적 피해를 줄이는 효과가 있으나 필연적으로 경제적 비용을 발생시키기 마련이다. 환경규제의 경제적 영향을 비용적 요소로 간주하는 것은 규제 도입이 경제에 부정적인 영향을 미친다는 것을 전제하고 있다. 하지만 환경규제의 도입은 경제에 긍정적 영향을 미칠 수 있는데, 이는 경제적 영향을 비용 요소로 분류하는 전통적 접근방식이 재검토되어야 함을 의미한다 (이원희 등, 2009). **환경규제의 경제적 효과**는 환경적 편익과 함께 경제적 편익 역시 발생한다는 의미인데, 이는 경제적 비용 자체가 발생하지 않는다는 것이 아니라 특정 조건에서 규제로 인해 더 큰 경제적 영향이 발생할 수 있다는 의미이다. 이와 같이 환경규제의 경제적 효과를 강조한 많은 연구가 **포터가설** (Porter hypothesis)이라 불리는 연구를 계기로 파급되고 있다. 즉 환경규제가 다양한 형태로 기업에 경제적 편익을 증가시키는 상생 (win-win) 효과가 존재한다는 주장이 힘을 받고 있다. 포터 가설의 핵심은 '환경규제의 도입이 규제대상 기업이나 국가의 경제적 성과나 경쟁력을 향상시킬 수 있다'는 것이다. 하지만 이러한 경제적 효과는 기업이 상생할 수 있도록 양호하게 설계된 환경정책이 밑바탕이 되어야 얻을 수 있다 (이원희 등, 2009).

한편, 모든 거시적 경제활동이 자연환경을 변화시키지만, 그렇다고 모든 생산활동이 회복 불가능한 환경파괴를 초래하지는 않는다. 산업활동으로 환경을 악화시킬 수도 있지만, 합리적 환경규제 정책을 통해 더욱 개선된 형태로 보전할 수 있다. 선진국의 과거 경험을 돌이켜 보면 (김희강 등, 1993; Salzman and Thompson, 2007), 정부의 확고한 환경정책이 존재할 때 거의 예외 없이 소득증가로 연결되어 왔다. 다시 말해, 지금도 개발도상국에서 문제가 되고 있는 미흡한 위생시설, 부족한 상하수도 보급, 화석연료 연소에 의한 대기 및 토양오염 등의 근본 원인은 빈곤하기 때문이며, 이들 환경지표들은 생활수준과 더불어 항상 개선되어왔다. 미국의 경우에도 1970년대 이후 대기환경보존과 경제성장은 동반적으로 발전하였으며, 대기오염규제가 산업경제에 피해를 주지도 않았다. 더불어 환경, 에너지, 고용창출 등 요소를 함께 고려한 대기오염규제가 시행될 때마다 새로운 산업과 기술이 함께 창출되었다. 즉, 각종 제어기술, 엔진기술, 재생 에너지기술, 연료개선기술 등의 발전뿐만 아니라 정책, 과학, 공학 분야의 공공 및 교육 부문에서 고용이 창출되고 증가하였다. 미국에서는 1990년부터 시행된 HAP (hazardous air pollutants) 규제제도로 더욱 진화한 제어기술이 발전하였고, 의료, 보건, 실버 산업분야 역시 신속히 동반 성장하였다 (Jacobson, 2002).

우리나라에서 SO_2, CO, Pb 등과 같은 후진국형 오염물질의 농도가 최근 전국적으로 현저하게 감소한 기본적 이유는 국가의 경제발전 여력과 국민의 환경의식 증대에 힘을 얻은 정부가 대상 오염물질 저감에 대한 확신한 신념과 의지를 가지고, 청정연료의 보급확대,

저황연료의 사용제한, 유연 휘발유의 생산금지 등 과감한 정책을 꾸준히 추진하였기 때문이다. 따라서 국가의 환경정책이 환경과학적 판단에 입각하여 합리적으로 결정만 된다면, **경제발전과 일자리 창출**을 도모할 수 있고 대기환경의 질도 크게 개선될 수 있다.

정부의 환경규제 강도가 약할 때는 기업에게 융통성이 부여되므로 능률성이나 효과성 및 정치적 수용성 측면에서 좋은 규제라고 평가될 수도 있다. 하지만, 이 경우에도 자율규제, 자발적 협약, 경제적 편익, 정보접근 및 공개 등 자발적 준수 방안을 유도해야 한다. 기업들이 비록 규제정도가 약하다 할지라도 규제를 준수하게 하기 위해서는 철저한 사후평가 제도를 도입하는 것도 한 방안이다. 시민단체, 산업협회, 금융기관 등의 제3자를 성과평가에 활용한다면 효율적인 결과를 얻을 수 있다. 정부가 다양한 NGO와 유기적으로 연계하여 협조체제를 조성하여야 한다 (정윤수, 2004). 따라서 규제 준수에 협조적인 기업에게는 최대한 자율성을 인정하고 미준수 집단에는 여러 수단이 동원된 강력한 제재방안을 마련해야 한다.

13-4-2 배출규제의 개혁

대기환경보전법의 핵심 조항 중 하나는 환경기준과 배출허용기준 (이하 배출기준)에 관한 규정이다. 환경기준은 비록 국가와 지방자치단체의 행정목표이지만, 환경기준을 달성하기 위해서는 미달성지역에 대해 배출기준을 합리적으로 설정하려는 의지가 중요하다. 대기환경보전법은 수차례에 걸쳐 이들 기준을 점진적으로 개정하고 강화하고 있지만, 무엇보다 행정목표라는 개념에서 빨리 탈피하고 건강 · 복지 목표라는 패러다임을 채택하여야 한다. 최근 $PM_{2.5}$, 벤젠 등 환경기준 오염항목을 신설하고 기준치를 강화하려는 일련의 정책의지는 매우 고무적이다. 참고로 환경부는 기존오염물질 관리정책으로는 건강 지속성을 중시하는 국민들의 새로운 삶의 패턴에 대응하는데 한계가 있음을 인정하고, **국민건강 중심**으로 환경정책 패러다임을 바꾸어 2006년을 **환경보건 원년**으로 선언한 바 있다 (환경부, 2006). 그럼에도 불구하고, 아직까지 최근 법률의 시행령과 규칙 속에는 정부의 과거 노력과 의지와는 달리, 아직도 수많은 문제점과 미완성 항목들이 포함되어 있으므로 조속히 수정할 필요가 있다.

과거 환경청 시절에 설정한 환경기준의 개념과 정의를 살펴보면 환경에 대한 의지를 간접적으로 짐작할 수 있다. "환경기준은 환경행정의 척도가 되는 환경목표로서 환경행정상 중요한 의미가 있지만, 그 자체가 행정상 규제대상이 되거나 법적 구속력을 갖고 있지 않기 때문에 환경기준을 초과해도 국민이나 사업자가 직접적으로 책임을 지는 것은 아니다. 즉 환경기준은 규제기준과는 달리 환경기준을 달성하기 위한 행정목표이며, 또한 환경기준은 많은 과학적 조사에 의거하여 설정되었으므로 피해의 정도를 알고 이를 고려하는 척도일 뿐이라는 것이 일반적인 견해이다 (환경청, 1988)." 현재에도 대기환경기준 오염물질 중 NO_2, O_3, PM_{10}, $PM_{2.5}$ 등은 수시로 환경기준을 초과하고 있는데, 정부의 미온적 대처도 놀랍지만, 이에 대한 국민의 무관심도 놀라울 따름이다. 이제는 환경기준에 대한 기본적 이해와 패러다임을 바꿀 시점이며 환경기준 달성을 위한 법적 구속력도 강화하여야 한다.

배출규제는 환경기준을 달성하게 하는 실행도구이다. 우리나라 배출규제는 배출시설(오염원)의 분류체계, 오염물질의 대상항목, 배출량의 개념설정 및 산정방법 등에서 문제점을 찾을 수 있다. 우리의 규제제도를 논하기 이전에, 미국의 **1990년 청정공기개정법**의 배출규제를 간단히 살펴보면, 미국은 총량규제를 시행하면서 배출시설을 크게 주요오염원과 기타오염원으로 분류하였다. 주요오염원은 다시 일반오염원, 유해대기오염원, 미달성지역에서의 오염원으로 세분하였으며, 기타 오염원은 소규모 유해대기오염원, 신설오염원 운영기준 (NSPS: New Source Performance Standards)에 준한 오염원 등으로 세분하였다. 또한 실제 및 잠재배출량 (potential emissions)에 의거하여 일반오염원은 어떤 오염물질이든 100 tpy (ton/yr) 이상 배출시설, 유해대기오염원은 단일 HAP 10 tpy 이상, 또는 복합 HAP 25 tpy 이상 배출하는 오염원으로 규정하였다 (Salzman and Thompson, 2007).

한편 대기환경보전법에 의하면 (2013), 대기오염 배출사업장은 오염물질 발생량에 입각하여 1~5종으로 구분하고 있는데 이를 바탕으로 **환경기술인**의 자격기준을 규정하고 있다. 여기서 대기오염물질 발생량이란 방지시설 유입구에서의 먼지, 질소산화물 및 황산화물의 발생량을 의미한다. 참고로 우리나라는 대기오염 배출시설을 27종으로 분류한 후, 대기오염물질 중 35종 (일반 대기오염물질 11종+HAP 24종)에 대하여 배출허용기준을 설정하고 있다 (감사원, 2020). 그럼에도, 1~5종 사업장은 먼지, 질소산화물 및 황산화물만의 발생량에 입각하여 구분하고 있다. 예를 들어 1종 사업장이란 이들 3가지 오염물질의 합계가 연간 80톤 이상인 사업장으로서 대기환경기사 이상의 기술자격자 1명 이상을 의무 고용하도록 규정하고 있다. 한편, 동법 제22조에는 총량규제와 관련하여 "대기환경기준을 초과하여 주민의 건강 재산이나 동식물의 생육에 심각한 위해를 끼칠 우려가 있다고 인정하는 구역 또는 특별대책지역 중 사업장이 밀집되어 있는 구역의 경우에는 그 구역의 사업장에서 배출되는 오염물질을 총량으로 규제할 수 있다"고 명시하고 있다.

표면적으로는 우리의 사업장 구분이 미국보다 엄격한 것 같지만, 우리나라의 사업장 및 배출시설의 분류는 정의가 불분명한 입자상물질(TSP)과 2종의 가스상물질의 발생량에 입각하여 산정하고 있다. 또한 총량규제도 일부 특정구역에서 시행하고 있기 때문에 법적 규제력이 매우 약한 유명무실한 규제라고 할 수 있다. 우선 미국과 비교하면, 1) 사업장의 종별 구분이 불완전하여 환경기술인의 자격기준과 배출부과금 부과 등 종별 규제적용범위가 한정적이며, 2) 총량규제대상 오염물질의 항목수가 먼지(TSP), 질소산화물 및 황산화물 등 3종으로 국한되어, 나머지 환경기준 오염물질 (CO, PM_{10}, VOC 등)의 항목이 누락되어 있고, 3) HAP 항목에 대한 규제가 허술하며, 4) 실제 및 잠재배출량의 구체적 산정방법론이 불완전하다는 등의 문제점들이 발견된다. 따라서 우리나라의 현행 배출규제는 표면적으로는 총량규제 제도를 도입하고 있으나, 일부 특정구역의 대형 사업장에 한정된 배출규제이며 대부분의 사업장은 농도규제로 규제되고 있다. 이에 따라 배출부과금 규제도 비합리적으로 운영되고 있다. 참고로 대부분 선진국의 환경규제는 농도규제에서 총량규제로, 총량규제에서 배출량 거래제도로 신속히 변화하고 있다. 따라서 현재 관리권역 및 특별대책구역에서 시행되고 있는 총량규제를 우리나라 전역에 걸쳐 확대 수행할 수 있는 기반을 구축하여야 하며, 무엇보다 국민의 건강과 복지를 염두에 둔 배출규제 제도가 도입되어야 한다. 이를 위한 대기환경보전법의 전면적인 개정이 필요하다.

13-4-3 먼지와 HAP에 관한 배출규제의 개선

분진의 물리적 크기분포는 화학적 위해 못지않게 중요하며, 방지장치를 설계할 때도 분진 크기에 입각한 처리효율이 성능평가의 핵심이 된다. 담배가 해롭고 다이옥신이 해로운 이유는 화학적 위해 못지않게 해당 분진이 초미세하여 체내 침투도가 크기 때문이다. 이러한 이유로 선진국의 대기환경규제와 배출규제는 TSP (총부유분진: total suspended particle, 우리나라의 법률적 용어는 '총먼지'임)에서 PM_{10}으로, PM_{10}에서 $PM_{2.5}$로 신속히 바뀌어 왔다. 우리나라도 1995년 이후 PM_{10}과 TSP의 환경기준을 동시에 설정하고 시행하다가, 2001년 이후부터는 TSP 항목을 삭제하고 PM_{10} 항목만 규제하고 있다. 한편, 2011년에 비로소 $PM_{2.5}$ 항목이 신설되었으나 4년이 경과된 후 2015년1월부터 시행하고 있다 (환경부, 2015). 참고로 우리나라에서 정의하고 있는 먼지의 입경은 0.001~500 μm로서 (환경부, 2013), 극단적으로 모래크기의 입자도 먼지에 포함될 수 있다. 미국의 경우 TSP의 직경은 약 35 μm이며, (USEPA, 2012), 캐나다의 경우 100 μm이다 (NARSTO, 2004). 따라서 우리나라의 먼지와 미국의 TSP는 기본적으로 다르며, 우리나라는 미국의 환경과학기술을 그대로 답습하고 응용하고 있기 때문에, 수십 년간 우리나라 모든 기술보고서 상에 사용하고 있는 TSP 규제는 면밀하게 재검토되어야 한다. 즉, 배출계수를 이용한 배출량 산정, 건설 표준품셈, 각종 공식 등을 사용할 때 심각한 오류가 발생할 수 있다.

환경규제와 배출규제는 경제수준에 맞추어 시의적절하게 입안되어야 하지만, 1983년 이후 현재까지 30년간 PM_{10}과 $PM_{2.5}$가 아닌 TSP만을 규제한다는 점은 무책임한 규제관리의 실상을 그대로 보여주는 사례이다. 배출규제가 동반되지 않고 강화된 환경기준은 전시성 규제로서, 특히 분진크기의 중요성과 오염물질의 위해성이 망각된 배출규제는 농도규제이든 총량규제이든 그 자체가 비합리적이다.

한편, 모든 대기오염물질은 위해도의 경중이 있는데, 소위 환경호르몬이라고 일컫는 HAP는 비록 소량이라고 해도 인체에 치명적인 피해를 줄 수 있기 때문에 HAP와 관련한 배출연구는 매우 중요한 기초연구 분야이다. 하지만 우리나라의 경우 이 부문에 대한 연구 수행은 많지 않으며 실질적인 배출규제로 연결될 때까지 많은 시간이 소요될 것으로 판단된다. 이런 규제체계 하에서는 관련 방지기술의 연구와 개발은 낙후 될 수밖에 없다. 과거 동구권이 환경기준 측면에서는 전 세계에서 가장 엄격한 기준을 가지고 있었지만, 배출규제와 실행 미비로 가장 오염된 지역이었음을 교훈삼아야 한다. 따라서 우리나라의 배출규제 역시 강화되고 있는 환경기준과 보조를 맞추어 당장 PM_{10}으로, 가까운 장래 $PM_{2.5}$로 확대하여 개정되어야 하며 실질적인 HAP 배출규제가 도입되어야 한다. 녹색기술의 기본 프로토콜인 환경성, 경제성, 위해성, 고용성 고려차원에서도 전면 배치되므로 조속히 정비되어야 한다.

13-4-4 기업규제완화와 배출관리인 (환경기술인) 제도의 개선

환경과학기술에 기반을 둔 환경관리는 산업생산 활동의 방해물이 아니며 기업규제완화의 대상이 될 수 없다. 앞에서 언급한 것처럼, 합리적 규제를 통해 유한한 자원의 대체, 에너지 효율의 증대, 생산구조 변경을 통한 생산성 증대, 청정기술과 녹색기술의 보급확산, 환경시설에의 투자증대, 고용효과 증가 등 긍정적인 효과를 얻을 수 있다. 대기환경과학기술은 인간의 복지와 건강증진을 최종 목적으로 하는 공공성이 강한 학문분야이다. 좁게는 실내공기부터 넓게는 지구대기까지 복잡하며 광범위한 자연현상을 대상으로 고도의 기술을 적용하고 실험을 수행하는 종합학문이다. 이 분야의 종합적인 발전 없이 국내 · 외 환경문제가 해결될 수 없으며 이 분야의 퇴보는 국제경쟁력의 약화와 경제성장의 둔화를 가져온다. 대기환경과학기술은 인간의 건강과 재산 손실을 최소화시키는 공공복지적인 실용성, 지역경제의 활성화와 산업체의 경영손실을 최소화시키는 경제적인 실용성, 대기환경 기초연구를 활성화시키는 학문적인 실용성 등을 동시에 충족시켜야 한다.

우리나라는 과거 환경보전법을 제정할 당시 환경과학기술 인프라 부족으로 법 시행초기부터 차질을 빚은 경험이 있다. 배출업소는 법률상 공해방지시설을 갖춰야 했지만, 방지시설 생산업체는 전무할 정도로 빈약했던 당시에 법규의 시행은 무리였다 (동아일보, 1978.7; 1978,8). 한편 우리나라의 급속한 경제성장이 후발이익의 효과로 보는 시각도 있었는데 (일본환경회의, 2000), 선발국으로부터 기술습득의 기회를 얻어 각종 난제의 불확도를 낮출 수 있었고, 저비용 저위험의 기술을 폭넓게 선택할 기회도 충분하였기 때문이다. 현재 우리의 환경기술 기반은 장기간 지속된 배출규제의 정비부재로 그 수준이 취약하다. 늦었지만 지금부터라도 미국의 BACT, MACT와 같은 기술우위의 기법을 도입한다면 충분히 후발이익 효과를 얻을 수 있으며, 현재 낙후된 대기환경 공학기술은 결코 약점이 될 수 없다. 2016년부터 도입된 BAT에 기반을 둔 **환경오염시설에 관한 통합관리제도**는 매우 늦은 감이 있으나 우리나라의 환경공학기술이 도약할 수 있는 계기가 될 것이다. 앞으로 배출항목 중에 $PM_{2.5}$, PM_{10} 및 HAP 등을 점진적으로 포함하여 규제가 된다면, 연관기술 지원을 위한 사전투자도 시간을 가지고 수반되어야 한다. 우리의 현재 경제여력과 그동안 양산된 전문 환경기술인력은 선진기술과 기술혁신의 성과를 신속히 습득할 수 있는 기반이며, 진정한 녹색성장의 발판이 될 수 있다.

1978년7월에 시행된 환경보전법에는 사업장마다 자격을 갖춘 공해방지관리인 (배출시설관리인, 현 **환경기술인**)을 의무고용하도록 규정하고 있었지만 당시 인력확보가 어려워 규제시행 초기부터 문제가 있었다 (동아일보, 1976.2; 1978.6). 그 이후 환경관련 전문인이 양산되면서 상태는 호전되었으나, 1997년부터 시작된 IMF 경제위기이후 성장위주정책으로의 전환과 일부 환경관료의 잘못된 정책판단으로 배출시설관리인 의무고용제도가 사실상 폐기되었다. 또한 정부는 환경정책결정과정에서 이해관계자인 기업과 직접 의견을 교환하고 상호협력을 강화하기 위해, 1998년6월 정부와 기업체 대표 등으로 구성된 **기업환경정책협의회**를 운영하였다 (환경부, 2000). 이에 따라 환경과 경제의 균형과 조화를 표방하며 들어선 과거 정권들은 예외 없이 성장위주의 정책을 강행하였고, 환경투자가 손해라고 생각하던 사업장에서는 환경인력 구조조정의 호기가 되었다.

현행 대기환경보전법 제40조에 의하면, 사업자는 배출시설과 방지시설의 정상적인 운영 · 관리를 위하여 환경기술인을 임명하여야 하며, 이와 함께 환경기술인의 의무, 자격, 권리 등을 명시하고 있다. 시행령 제39조에는 기술인의 자격기준을, 시행규칙 제54조에는 준수사항을 명시하여 환경기술인의 의무고용제가 시행초기부터 규정되고 있다. 하지만 이 법률과는 별개로 1994년 6월 **기업활동 규제완화에 관한 특별조치법**(이하 기업규제완화 특별법)이 제정되었는데, 동법 제3조에는 "이 법은 행정규제를 정하고 있는 다른 법령에 우선하여 적용한다"는 상위법적 조항이 있다. 또한 동법 '환경기술관리인의 임명 및 신고에 관한 조항'에는 의무고용을 완화시키는 각종 조항이 명시되어 있다. 우선 제29조4항에는 "대기환경보전법에 따라 환경기술인을 2명 이상 채용하여야 하는 사업자가 그 중 1명을 채용한 경우 그가 채용하여야 하는 나머지 사람도 채용한 것으로 본다"는 **황당한 조항**이 있다. 또한 제37조에는 "동일한 산업단지 등에서 사업을 하는 사업자는 대기환경보전법 제40조에도 불구하고 4종 이하의 사업장 (대통령령 사업장의 경우 3종 이하)의 사업자가 공동으로 환경기술인을 임명할 수 있다"는 **공동채용 조항**도 담고 있다. 즉, 다수의 중소규모 사업장이 한 공단에 속해 있을 경우 개별기업은 환경기술인을 두지 않고 공단 소속의 3~4인 관리인만으로 사업장과 공단을 관리하는 제도이다 (성낙진, 1995). 1997년 환경운동연합은 당시 국민 10,000명의 서명을 받아 국회 통상산업위원회에 '환경관리인 의무고용 완화조치 철회'를 요구하는 성명서를 발표하기도 하였다 (환경운동연합, 1997). 이와 같은 초법적인 조치로 인해, 최근 사업장의 관리부실이 HAP의 불특정배출 형태로 나타나고 있으며, 2010년 한 해 동안 총 3만 3,027톤이 배출되었다 (조선일보, 2013.3). 최근 빈번히 발생하는 각종 환경 안전사고는 결코 우연한 사고가 아니며, 기업의 규제완화는 재해 증가라는 부메랑이 되어 돌아왔다. 애당초 사회적 규제는 규제완화 대상이 되어서는 안된다는 반론도 많았다 (국민일보, 2013.4). 환경부는 2010년 1월 대기배출시설을 종전의 14개에서 28개로 세분화하여 분류체계를 개선하였지만 (환경부, 2012), 환경기술인의 의무고용을 비롯한 배출시설의 관리와 관련한 규제 조항은 설정되어 있지 않다. 기업규제완화특별법과 같은 특별법은 당시의 긴박한 경제위기 여건을 탈출하기 위해 제정한 상위법이지만 임시법적 성격을 지니고 있다. 국민의 무관심 속에 이 법률의 존속여부도 제대로 모르고 있지만, 실제 이 특별법은 모든 환경규제를 무력화시킬 정도로 막대한 영향력을 20년 이상 현재까지도 발휘하고 있다. 이 법률의 당시 목적이 충분히 이행된 만큼 환경과학기술의 발전을 위해서는 이러한 전근대적 특별법은 조속히 폐지되어야 한다.

우리나라는 1996년 녹색환경의 나라 건설을 위한 **환경대통령 선언문**을 발표하였다. 선언문에는 환경에 대한 발상의 전환, 환경공동체 건설, 환경정책의 기본방향 등을 제시하면서 "환경에 대한 청사진이 없는 나라는 미래가 없는 나라이며, 희망이 없는 나라"라고 끝을 맺었다 (환경부, 1996). 또한, 환경부는 환경윤리에 관한 서울선언문 (1997.6.4)을 환경백서 서두에 싣고 있는데 (환경부, 1997), 본 선언문의 실천강령에는 정부, 시민, 단체, 산업체, 학계 및 언론의 역할을 자세히 담고 있다. 반복되는 시행착오이지만 당시의 초심을 잊지 말고 국민의 환경권 보호를 위해 각자의 역할을 되돌아봐야 한다.

13-4-5 배출계수와 배출량 산정의 문제점과 개선

과거 우리나라의 대기오염 배출량 산정과 오염원 기여도 추정은 전적으로 연료사용량에 입각하여 계산하였다. 정부는 연료의 종류별 사용량을 쉽게 지역별로 파악할 수 있으므로 이 자료를 근간으로 규제오염물질의 배출량을 산정하였다. 즉, 특정 연료를 연소했을 때 어떤 오염물질이 어느 양만큼 배출된다고 추정하는 수치를 **배출계수** (emission factor)라고 하는데, 배출량을 추정하기 위해 각각의 연료사용량에 단순히 배출계수를 곱하여 합산하였다. 그러나 대기오염배출원은 연료연소 이외에도 무수히 다양하기 때문에, 대기오염물질의 100%가 연료연소에서 방출된다는 가정은 극히 비과학적이다. 또한, 오염배출량 추정의 핵심이 되는 배출계수는 대기환경학에서 매우 중요시 되고 있는 연구분야이므로, 외국의 경우 많은 실험을 거쳐 방대한 분량의 배출계수를 개발해오고 있다. 이러한 배출계수를 확보하기 위해서는 그 나라 고유의 다양한 오염배출원이 존재하므로 막대한 시간과 연구비가 소요된다. 우리나라의 경우, 국내 개발은 물론, 외국의 자료이용도 등한시하여 초기에는 종이 한 장 분량의 배출계수를 한동안 공식적으로 사용해 왔고, 이를 바탕으로 전국의 배출량도 손쉽게 추정하였다. 다음은 배출량 추정과 관련하여 빈번히 벌어지고 있는 오류 사례 일부를 나열한 것이다.

1) 배출량 추정 오류사례 1

이동오염원 (mobile source 또는 line source)은 동력을 가지고 한 장소에서 다른 장소로 이동이 가능한 오염원으로 정의되며, 도로상 차량이 대표적인 이동오염원이지만 기차 · 선박 · 항공기 등도 비도로상 이동오염원에 속한다. 환경부 (1998) 자료에 의하면, 1996년 말 차량에서의 배출량은 약 170만 톤으로 국내 총배출량의 38.5%를 차지했으며, 오염물질 종류별로는 표 13.10과 같이, 차량이 차지하는 배출량 기여도는 HC 87.1%, CO 87.2%, NO_x 41.5%, 먼지 18.5%를 차지하였다. 한편, SO_2는 1.3%로 비교적 낮았다.

표 13.10을 통해, 우리는 몇 가지 교훈을 얻을 수 있다. 우선 비록 과거자료이지만 불과 얼마 전까지도 환경부를 비롯한 일부 시 · 도 자치단체는 각자의 백서를 통해 이동오염원이 차지하는 대기오염 기여율이 몇 % 이상이라고 표기하며 심지어 80~90% 이상으로 표기하기도 하였다. 이러한 수치표기는 비환경과학적이며 대기오염에 대한 개선방안을 도출하고 규제정책을 입안할 때 커다란 실책을 야기시켰다. 한편, 우리나라의 배출량 자료를 살펴보면, 일부 규준오염물질 만을 대상으로 분진과 가스의 구별과 위해도의 경중 구별 없이

표 13.10 ■ 주의가 요망되는 과거 1996년도 오염물질별 차량 배출량의 추정 예시

(출처: 환경부, 1998; 단위 천 톤/년)

구 분	계	CO	HC	NO_x	먼 지	SO_2
대기오염물질 배출총량	4,224	1,088	153	1,257	423	1,500
자동차 오염물질 배출량 (비율 %)	1,702 (38.5)	949 (87.2)	133 (87.1)	522 (41.5)	78 (18.5)	18 (1.3)

모두 중량으로 환산하고 이를 합산하여 누적시켜 연도별로 비교하고 있는데, 이러한 표현 방법은 역시 비환경과학적 표현이며 정책입안자에게 잘못된 정보를 제공하였다. 환경부 자료 (2015) 마저도 연도표로 배출량을 중량기준으로 누적시켜 그림으로 표현하고 있는데, 이는 비록 상대적으로 미량이더라도 위해도가 큰 독성대기물질을 간과하게 만드는 표현이다.

2) 배출량 추정 오류사례 2

수도권특별법(현 대기관리권역법)은 2015년부터 제2차 기본계획을 시행하고 있는데, 기본계획은 시행계획 이행에 따른 세부대책별 배출량을 우선 추정하고 삭감량을 통해 대기질 개선을 추구하고 있으므로 수도권특별법의 성패는 배출오염원의 배출량 추정에 달려있다고 해도 과언은 아니다. 하지만, 제1차를 포함하여 제2차 기본계획도 주로 1차적 직접배출원과 연료연소 주요 오염원을 대상으로 산출하였기 때문에, 한마디로 완벽한 배출자료와 배출계수를 기반으로 계획이 수립된 것은 아니다. 참고로 대기오염 기초연구에 오랜 역사를 가지고 있는 미국은 최근까지도 지속적으로 배출자료를 수정하고 보완하고 있다. 우리나라의 경우 제대로 된 배출자료들을 확보하기 시작한 지 오래지 않으며, 신뢰성 있고 책임 있는 자료를 확보할 때까지는 많은 시간이 필요하다. 불충분한 자료를 바탕으로 배출량을 추정할 경우, 이동오염원과 같은 특정 오염원과 화석연료를 과다 사용하는 산업체 오염원 등 이미 잘 알려진 주요 오염원들의 기여율은 항상 과대평가될 것이다. 그림 13.5는 우리나라와 미국의 산업 대분류별 먼지와 VOC의 배출량 구성비율을 표시한 것이다. 우리나라와 미국의 배출원 자료는 각각 2012년과 2008년을 기반으로 작성된 것이고 [2008년을 기반으로 한 우리나라 자료는 환경부 (2011)을 참고하라. 2008년도 경우에도 주요 오염원의 구성은 큰 차이가 없다], 먼지의 경우 우리나라는 TSP, 미국은 PM_{10}을 대상으로 분석한 결과이다. 두 오염항목 모두, 두 나라간 주요 배출원이 상당히 다름을 알 수 있다. 물론 먼지의 경우, TSP와 PM_{10}의 배출원이 당연히 상이할 것으로 판단되나, 배출계수와 배출자료 연구가 오래 전부터 수행되어 온 미국의 경우 면오염원에 대한 세부적 조사연구가 선행되었음을 간접적으로 알 수 있다. 우리나라의 VOC 경우, 유기용제의 사용 배출량의 구성비가 과도하게 높은데 이에 대한 면밀한 검토가 필요하겠다.

3) 배출량 추정 오류사례 3

WHO (2006) 및 NARSTO (2004)에서 발간된 자료에 의하면, 배출자료에 입각한 분산모델과 함께 수용모델의 중요성을 서술하고 있다. 실제 수용체를 중심으로 파악된 오염원은 대기 중 광화학 반응에 의한 2차 미세먼지, 산업체 연소, 불법소각, 장거리 이동을 포함한 비산먼지, 해염 등 모든 1, 2차 모든 오염배출원을 포함한다. 앞의 제 10장에서 배웠듯이 수용모델을 이용한다면 이들 오염원을 정성적으로 확인할 수 있으며 정량적으로 기여율을 산정할 수 있다. 앞에서 언급했듯이, 수용방법론에 입각한 대기오염관리기술은 국민건강과 재산 손실을 최소화시키는 공공복지적인 실용성, 산업체의 경영손실을 최소화시키는 경제적인 실용성, 대기오염학의 기초연구를 활성화시키는 학문적인 실용성 등을 동시에 충족

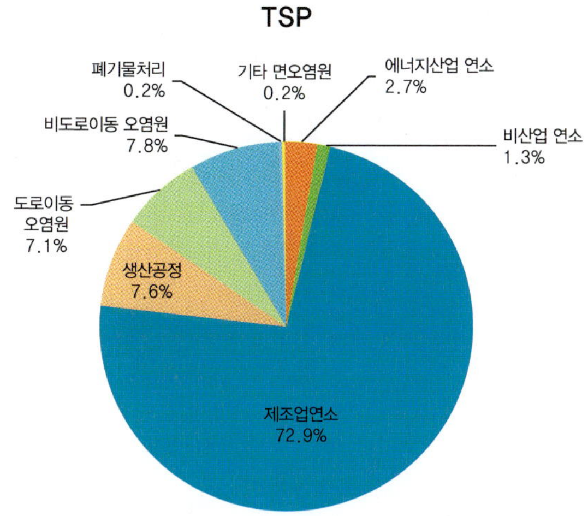

(a-1) 2012년도 우리나라의 TSP 배출량 구성비

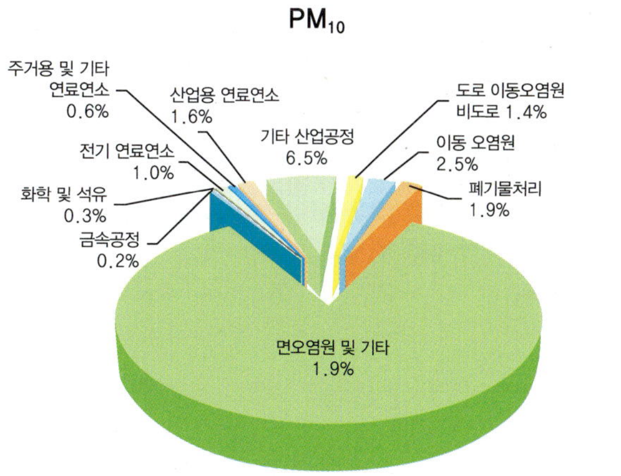

(a-2) 2008년도 미국 PM_{10} 배출량 구성비

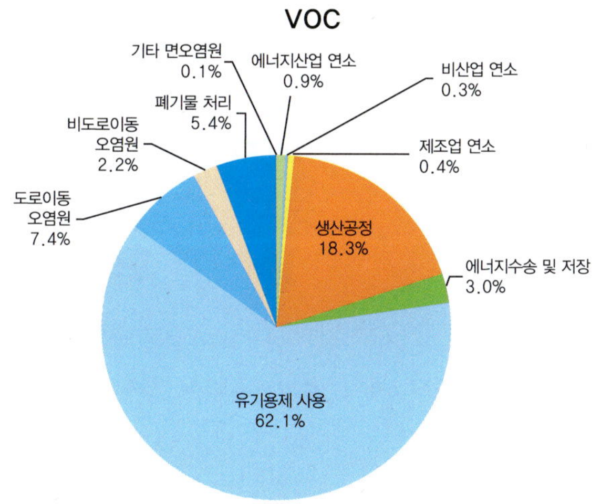

(b-1)2012년도 우리나라의 VOC 배출량 구성비

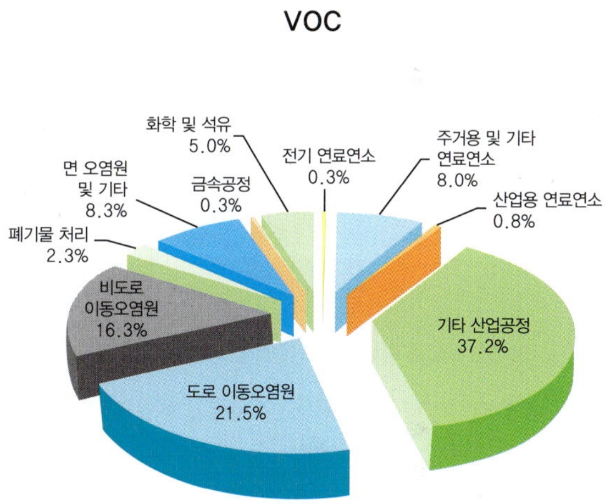

(b-2) 2008년도 미국의 VOC 배출량 구성비

그림 13.5 ▪ 우리나라와 미국의 산업 대분류별 먼지 및 VOC의 배출량 구성비율 [그림 (a-1)(b-1) 출처: 환경부 (2015); 그림 (a-2)(b-2) 출처: Cooper and Alley (2011)]

시킬 수 있는 연구분야로서 최근 전 세계적으로 폭넓게 이용되고 있다.

참고로 수도권특별법 제1차 기본계획의 주요 쟁점이었던 화성, 파주, 이천 세 지역에 대한 주요배출원에 대한 수용모델링의 결과에 의하면 (이태정 등, 2009), 세 지역 모두 PM_{10}의 주요오염원 기여율은 토양 및 비산먼지의 기여율이 각각 33%, 27%, 27%로 가장 높았으며, 광화학적 2차분진 역시 26%, 26%, 21%로 두 오염원의 기여율이 세 지역 모두 50% 이상을 차지하였다. 또한 생물체연소 (biomass burning)를 포함한 불법행위가 각각 11%, 11%, 12%의 기여율을 보였으며, 해염과 자연오염원의 경우도 12%, 6%, 5%로 높은 기여율을 보이는 것으로 확인되었다. 2차분진오염원, 토양 및 비산먼지, 생물체연소를 포함한 불법소각, 해염 등의 자연적 오염원을 포함한 경우 세 지역의 PM_{10} 오염원 기여도는

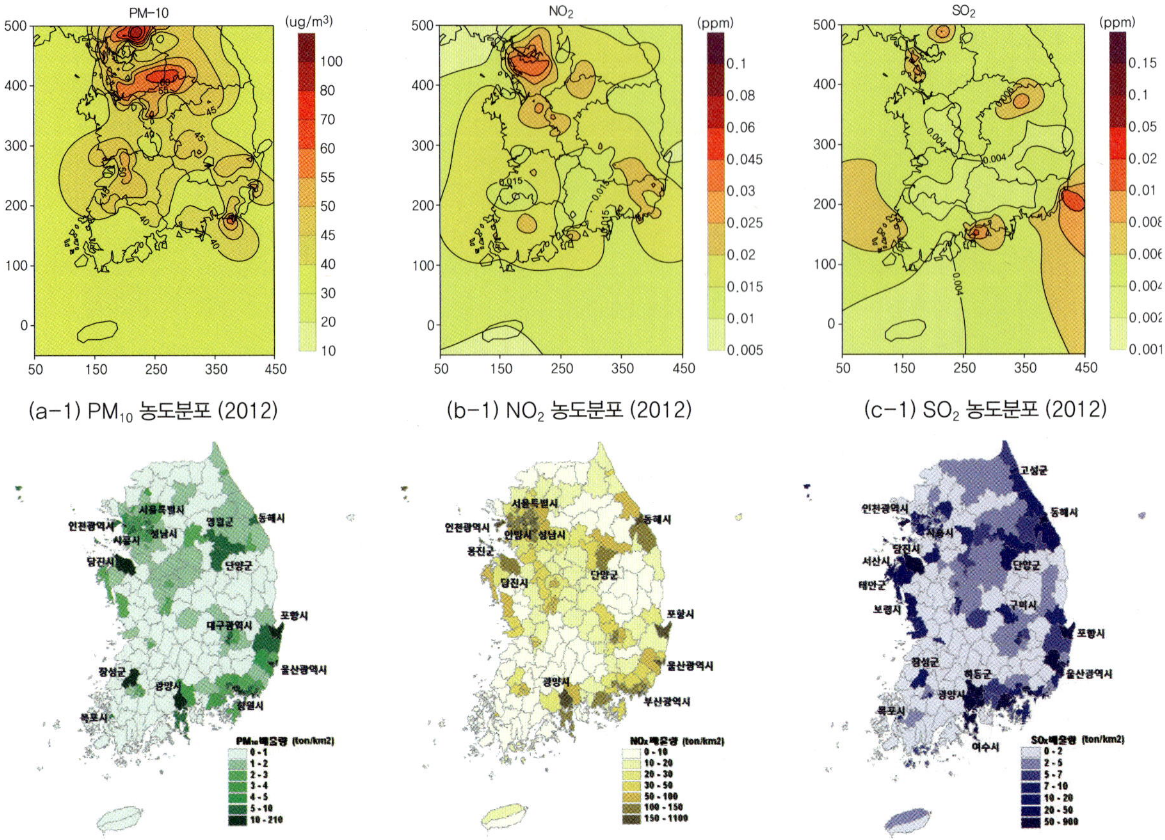

(a-1) PM_{10} 농도분포 (2012) (b-1) NO_2 농도분포 (2012) (c-1) SO_2 농도분포 (2012)

(a-2) PM_{10} 배출량 분포 (2012) (b-2) NO_2 배출량 분포 (2012) (c-2) SO_2 배출량 분포 (2012)

그림 13.6 ▪ 시도별 대기오염물질의 농도분포도와 면적당 배출량 분포도. [출처: 그림 (a-1)(b-1)(c-1), 환경부 (2013); 그림 (a-2)(b-2)(c-2),환경부 (2015)]

화성 82%, 파주 70%, 이천이 65%로 매우 높았다. 나머지는 인위적 오염원인 산업시설에서의 배출, 오일연소 및 자동차 배출이 차지하였다. 화성지역의 경우 당시 측정지점이 택지개발사업에 의한 토양오염원의 영향을 크게 영향을 받는 것으로 확인되었다. 수용모델의 결과와 배출량 분석에 의한 결과과 매우 상이함을 알 수 있다.

4) 배출량 추정 오류사례 4

배출계수에 입각한 배출량 산정의 오류를 보여주는 또 다른 예를 그림 13.6을 통해 확인할 수 있다. 그림은 2012년도 우리나라 시도별 대기오염물질의 농도분포도 (환경부, 2013)와 면적당 배출량 분포도 (환경부, 2015)이다. 그림 (a-1), (b-1), (c-1)는 농도분포도로서 실제 대기측정망에서 측정된 자료를 바탕으로 공간분석한 농도분포도로서 실제 농도상황을 반영한 그림이라고 하겠다. 반면 그림 (a-2), (b-2), (c-2)은 배출량을 추정하고 도식한 분포도이다. 따라서 만약 배출량 자료가 완벽하다면, 이론적으로 그림 (a-2), (b-2), (c-2)는 각각 공간통계적으로 모사되어 그림 (a-1), (b-1), (c-1)와 각각 비슷한 패턴을 보여야 한다. 하지만 그림 각각을 살펴보면, 주요 배출원에서의 배출패턴이 실제 농도상황을 전혀 반영

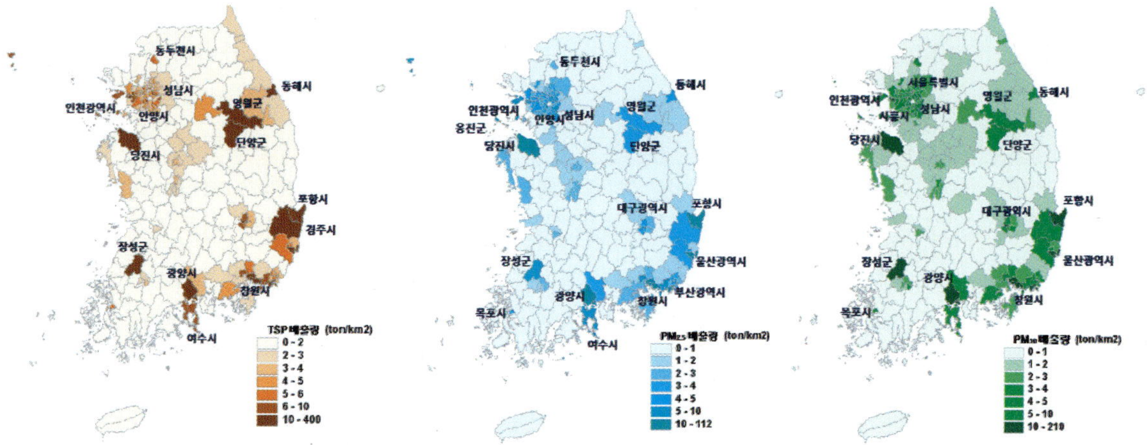

(a) TSP (2012) (b) PM_{10} (2012) (C) $PM_{2.5}$ (2012)

그림 13.7 ▪ 시도별 TSP, PM_{10}, $PM_{2.5}$의 면적당 배출량 (산림면적 제외) (환경부, 2015)

하지 못하고 있는 것을 알 수 있다.

5) 배출량 추정 오류사례 5

한편, 오염항목별 배출계수의 확보노력의 부족으로 야기된 사례를 그림 13.7에서 확인할 수 있다. 그림은 2012년도 우리나라 시도별 TSP, PM_{10}, $PM_{2.5}$의 면적당 배출량 (산림면적 제외)을 보여주고 있는데, 그림에서 보듯이 3종 분진의 배출량을 표시한 공간분포도가 주요 오염원을 중심으로 그 패턴이 매우 흡사함을 알 수 있다. 이는 아마도 PM_{10}이 TSP보다 크기가 작고, $PM_{2.5}$가 PM_{10}보다 작다고 배출량도 그 크기에 따라 선형적으로 감소한다고 가정하고 분석했기 때문으로 사료되는데, 매우 심각한 오류이다. 물론 일부 국가의 경우 대기환경기준이 TSP에서 PM_{10}으로, PM_{10}에서 $PM_{2.5}$로 강화되면서, 그 이전 과거의 대기질 농도를 추정하기 위해 지역별 특성을 충분히 감안한 후 분진의 크기별 농도분포비를 평균화하여 계산한 다음, 그 분포비를 이용하여 과거의 대기질 농도를 역추정하는 사례는 종종 있다. 하지만 우리나라처럼 분진의 크기별 배출계수가 완벽하지 않은 상태에서 대기질 농도가 아니라 각 분진의 배출량을 역추정 하는 작업은 사실상 불가능하다. 이는 분진의 경우 크기가 다르면 각각의 오염배출원도 다르기 때문이다. 결국 배출원 자료를 확보하기 위해서는 배출원별 현장실험을 통해 자료를 축적하여야 한다.

위의 여러 가지 예에서 보듯이, 대기오염물질은 제조공정, 연료연소, 자동차, 소각시설 등의 인위적인 발생원 이외에 토양. 해염 등의 자연오염원과 같이 무수한 오염배출원이 존재한다. 특히 분진의 경우 가스의 입자화로 생성된 2차분진이 차지하는 구성비는 매우 크다. 따라서 배출계수에 입각한 일부 배출원 중심의 배출량 산정은 그 자체 한계가 있으며, 이를 해결하기 위해서는 각종 대기환경 기초연구를 통해 자연적 배출량 및 2차생성량 등이 포함된 실제 배출량을 산정하여야 한다. 이러한 신뢰성 있는 배출량 자료를 바탕으로 점·선·면 오염원 각각에서 삭감량을 결정하고 그 이후 기본계획과 종합대책이 수립되어야 한다. 다시 말해, 제한된 배출계수에 입각하여 배출량을 산정한 수도권특별법 기본계획은 상당수의 주요오염원 (2차분진오염원, 불법소각, 자연적 오염원, 비산먼지 등)을 누락 또는 과소평가하고 있으며, 잘못된 배출량을 기반으로 수립된 배출감축 시나리오는 여러 가지 불합리한 가정과 문제점을 내포하고 있다. 특히 제2차 기본계획에 설정된 대상오염물질 중 $PM_{2.5}$의 경우, TSP 또는 PM_{10}의 배출원과는 매우 상이한 만큼 기본계획이 시행되는 과정에서 $PM_{2.5}$에 대한 연구를 병행하면서 추진계획을 보완하고 수정하여야 한다.

결론적으로 배출량 추정에서 오류가 발생한다면, 일부 배출원은 과대평가되어 비합리적으로 제재를 받으며, 일부 배출원은 과소평가되어 규제대상에서도 누락된다. 배출계수와 배출량 추정과 같은 대기오염 기초 및 기반 연구는 합리적 대기정책수립과정의 핵심이며 백번 강조해도 지나침이 없다. 우리나라 국민의 환경에 대한 의식수준과 경제적 수준에 상응하는 환경기초연구 투자가 절대적으로 필요하며, 선진국의 사례처럼 환경과학적 관리기반 구축을 위한 기초연구는 법제화되어 우리나라 고유의 기초자료를 지속적으로 축적하여야 한다.

13-4-6 환경관리 정책 편중으로 인한 폐해와 개선

앞 절에서 언급했듯이, 우리나라는 1990년대부터 매년 연료사용량에 입각하여 대기오염물질 배출량을 산정하고 정책자료로 활용하고 있다. 사용연료별 배출계수는 1998년 이전에는 미국 EPA의 계수를 사용하였지만, 1999년 이후에는 국내외 배출계수를 병행 사용하여 산정방식을 개선하였고, 생산공정, 에너지공급, 유기용제 사용 등 일부 비연소 부문까지 확대 적용하였다 (환경부; 2005, 2007). 하지만 환경부 발행의 환경백서를 살펴보면, 서울을 포함한 전국에서 도로상 차량 (이동오염원)을 거의 유일한 대기오염원으로 간주하고 있다. 특히 특정연도의 PM_{10} 기여율은 약 80%까지 과다 산정되어 보고되어 왔다 (표 13.11 참조). 대기오염물질이 인간환경 주변의 수백~수천 가지 오염원에서 방출됨에도 불구하고, 이와 같은 오류는 화석연료 연소가 대기오염에 전적으로 영향을 준다는 가정 하에, 여전히 미흡한 배출계수를 이용하여 산정하였기 때문이다. 이러한 연구결과가 장기간 사회적으로 부각되었고 정책자료로 활용되어 우리나라 대기환경의 연구와 학문, 정책, 교육, 홍보 등 전반에 걸쳐 심각한 영향을 주었다. 잘못된 정책에 의한 선택과 집중으로 국민의 대기오염에 대한 관심과 이해는 이동오염원에만 집중되었고, 사실상 산업체 오염원을 포함한 모든 인위적 오염원의 위해성과 관련된 기술개발은 외면을 받았다. 이와 같이 대기오염에 대한 편중된 시각 때문에, 국민들이 알고 있는 대기오염물질은 언론에 부각된 담배연기, 라돈, 다이옥신, 석면, 불화수소뿐이었고, 그 외 오염물질에 대한 위해성은 망각되었다. 또한 미량 유해대기오염물질의 심각성보다는 극소수 규제오염물질의 양적인 저감에만 관심을 기울이게 되었다. 기업 역시 지역의 환경보존에 대한 각별한 책임의식과 자율적 환경개선에 대한 노력 없이, 국한된 규제오염물질에만 허용기준을 맞추려는 미온적 저감노력을 보여 왔다. 대부분의 경우, 전처리 설비만으로도 충분하기 때문에 고도처리 설비의 설치와 배출관리 기술인도 필요하지 않았으며 환경기술개발의 의욕도 함께 사라지게 되었다.

표 13.11 ▪ 우리나라 전역과 서울시에서 화석연료의 배출계수에 입각하여 추정된 도로상 이동오염원의 규제오염물질과 PM_{10}의 기여도 (%)

(Unit: %)

연도	모든 규제대기오염물질			PM_{10}		
	전지역	서울	수도권	전지역	서울	수도권
2001	39.4	62.0		31.0	67.7	
2002	40.1	66.7		43.4	73.8	
2003	39.5	66.9		43.3	73.3	
2004	36.4	67.9		46.2	79.3	
2005	35.2	63.2		37.6	69.8	
2006	32.7	68.0		36.9	78.3	
2007	31.4	49.1		23.5	48.8	
2008	29.7	–		16.2		
2009	30.8	–	46.8	8.9		33.1

출처: 환경부 환경백서 (환경부, 2004 2012)
[이 기여도 추정법은 2006년 당시 국내 수용모델 과학자들에게 비판을 받았으며, 그 이후 2007년부터 기여도는 빠른 속도로 감소하고 있다. 그 이후 기여도 수치는 발표되고 있지 않지만, 기타 수많은 자연적 및 인위적 오염원을 고려하지 않았기 때문에 여전히 높은 수치를 보이고 있다.]

한편, 이동오염원만 부각되다 보니, 합리적으로 고루 집행되어야 할 정부예산도 **선택과 집중** 정책으로 특정사업에 편중되었다. 천문학적 예산이 중앙정부차원에서 가스차량 보조금 지급과 경유차량 배출가스 개선 등 차량관련 사업에 사용되었다. 현재도 CNG 버스 한 대당 상당 액수의 보조금을 국비, 도비, 시비 형태로 지출하고 있다. 참고로 CNG 버스는 1999년 서울에서 시범 운행에 들어간 이후 (환경부, 1999), 2002년에는 2,046대 (환경부, 2002)로 증가하였으며, 앞으로 2014년까지 총 38,641 대가 보급될 예정이다 (환경부, 2012). 이러한 정책의 여파로 지자체의 그나마 한정된 환경예산도 편중되어 지역의 대기환경, 실내공기, 수질 및 토양, 생태 등 주요 환경매체의 관리가 소월하게 되었다. 과연 이러한 선택과 집중 정책이 우리나라 경제수준에 적합하고 시기적으로도 적합하였는지 반드시 검토되어야 한다. 연구결과의 오류가 대기환경학적으로 증빙된 이상, 미래의 환경개선과 녹색성장을 위한 타산지석으로 삼아야 한다. 국가 및 지역의 생태와 환경을 보호하고 미래 환경기술산업의 발전을 위해서는 환경과학이 뒷받침된 시의적절한 정책이 도입되어야 한다.

또 다른 사례로, 불과 십여년 전에는 CO_2를 오염물질로 간주한 환경과학자들은 많지 않았지만, CO_2로 인해 기후변화가 초래되고 인류생존에 위협을 준다는 사실이 급속히 확산되었다. 1990년대 초부터 지구상 수많은 기후변화 이변들에 대한 언론보도가 급증하면서, 이제는 대다수 일반사람들이 지구온난화 이론에 동조하게 되었고 기후변화는 초미의 관심사가 되었다. 우리나라를 포함한 전 세계 모든 국가들이 서로 경제적 득실을 저울질하면서, 해결방안으로서 녹색기술에 의한 녹색성장을 지향하였다. 이 기술 중 각광받고 있는 대응책 중 하나가 저탄소 기술인데, 저탄소라는 의미를 CO_2를 적게 배출한다는 뜻으로 해석해도 좋고, 화석연료와 자원을 효율적으로 사용한다는 의미로 해석해도 좋다. 궁극적으로 신재생 에너지와 같은 청정에너지 사용, 에너지 효율증대 및 절약, 자원의 재이용 및 재순환 등 환경오염 개선을 위한 모범 답안이 될 수 있다. 따라서 정부가 제시한 녹색기술기반에서 녹색성장의 주안점을 에너지 분야에서 찾는 것에 대다수 환경과학기술자들도 거부감을 표시하지 않았다.

사실상 녹색공학 또는 녹색기술은 이전의 공해예방기술을 대체하는 환경친화적 기술로서 2000년대 초반 미국에서 제안된 기술로서 현재 진화가 계속되고 있는 기술이다. 이 녹색기술의 설계는 환경서비스 산업의 기반이기도 한 환경영향평가 (EIA: environmental impact assessment), 전생애평가 (LCA: life cycle assessment), 위해평가 (RA: risk assessment)를 전제로 수행되며, 설계대상 목표물이 전생애기간 동안 환경성, 경제성, 위해성, 고용성 측면에서 지속가능하여야 한다는 조건을 충족시켜야 한다. 방법론적으로는 에너지와 자원의 재생, 절약, 재순환 측면에서 최선의 기술을 개발하고 발전시켜야 한다. 우리나라도 2009년12월 **저탄소 녹색성장 기본법**을 제정하고 2010년 4월부터 시행하고 있다. 이 법은 녹색기술과 연구개발, 녹색산업구조로의 전환과 지원, 녹색국토, 도시, 건물, 교통, 녹색생활 등을 포괄적으로 규제하고 있는 종합법이며 상위 기본법으로 (환경부, 2010) 매우 강력한 법이다. 하지만 이 법은 **진정한 녹색기술 이념**을 외면하고 지난 10년간 모든 환경정책과 예산배정을 다시금 편중시킨 법률적 기반이 되는 역할을 하였다. 전술한 이동오염원 정책으로 지역 대기환경개선이 어려움을 겪었던 것처럼, 지구기후변화를 완화하고자 시도된 이 녹색성장 정책은 국가와 지역의 합리적 환경규제와 예산분배를 또 다시 한쪽 방향으로 편중시켰다. 녹색성장은 말 그대로 녹색기술의 원리와 원칙을 준수하며 추진되어야 하며, 지구환경개선 노력이 국민의 환경권을 위협해서는 절대 안 될 것이다. 녹색기술의 시작점은 지역의 대기환경 개선이다. 실내공기오염부터 시작하여, 도시규모, 지역규모, 지구규모의 대기환경은 하나의 선순환 구조이기 때문이다.

13-4-7 대기환경개선을 위한 결언

위에서 우리나라의 대기오염 역사를 고찰하였고, 과거 50년간 대기환경에 영향을 주는 주요인자들을 조사 분석하였다. 또한, 1963년 공해방지법 이후 현행 대기환경보전법까지 입법 당시의 사회환경과 대기환경 현황을 논문, 신문자료, 정부간행물 등을 검색하고 분석하였다. 특히 현행 법규상 대기환경개선에 역행하는 규제제도의 모순점과 문제점을 분석하고 논의하였다.

우리나라는 1978년 자연보호헌장을 선포하며 자연사랑과 환경보호를 국민의 의무로 선언하면서, 경제성장과 환경보전의 조화가 필요하다는 인식을 갖게 되었다. 환경청은 1984년 당시 실천계획을 전면 수정하여 기본방향을 **경제발전과 환경보전의 조화**에 역점을 두었고, 대통령은 1996년 **환경대통령 선언문**을 발표하면서, "환경에 대한 청사진이 없는 나라는 미래가 없는 나라이며, 희망이 없는 나라"라고 환경의 중요성을 강조하였다. 또한 환경부는 1997년 **환경윤리에 관한 서울선언문**의 실천강령을 통해 환경보전을 위한 정부, 시민, 단체, 산업체, 학계 및 언론의 역할을 강조하였다. 하지만, 모든 선언들은 항상 실효성 없는 환경규제와 정책시행으로 끝을 맺었고 용두사미가 되었다.

대기환경보전법이 1990년 제정된 이후, 30여 년간 무수한 개정작업이 있었고 현재도 많은 법안이 입법예고 되고 있다. 그럼에도 불구하고 이 법은 선진외국의 환경관련 종합법과 비교하여 많은 문제점을 안고 있는데, 환경과 건강 우선 차원에서 실용적으로 수정하여야 한다. 특히 모호한 사업장 및 배출시설의 분류기준, HAP가 배제된 배출규제, 사업장 위주의 한정된 오염항목 설정 및 배출량 산정, 비합리적 환경기술인 자격기준, 유명무실한 총량규제, 관대한 배출부과금 규제 등에 대한 전면적인 보완수정이 필요하다. 또한 최근 강화되고 있는 환경기준과 보조를 맞추어, 현재의 먼지 배출규제에서 탈피하여 PM_{10} 규제로 조속히 정비되어야 한다. 특히 먼지와 관련된 모든 대기환경기술 검토는 먼지의 크기를 반영한 사전 성능평가와 사후 관리평가로 진행되어야 한다. 한편, 대기환경보전법상 명시된 환경기술인의 의무고용 제도가 **1994년 기업활동규제완화에 관한 특별조치법**과 같은 막강한 상위법에 의해 입법취지가 퇴색하고 있으며, 20년 이상 헌법에 보장된 국민의 환경권도 침해하고 있는 바, 이러한 완화조치법은 조속히 철폐되어야 한다.

다음은 전 세계에서 추진된 환경관리와 규제의 발전역사와 최종 목표를 항목별로 검토한 내용이다. 우리나라 환경관리 및 규제의 현재 위치는 밑줄과 굵은 글씨로 표현하였다(특정항목은 2020년 현재 우리나라의 목표달성이 미진하기 때문에 단어 전체가 아니라 일부 글씨까지를 강조하였다). 검토과정에서 우리나라의 극히 일부 사업장에서만 적용되고 있는 관리와 제도는 고려하지 않았다.

① 환경 패러다임의 전환과정 :
경제발전우선 → **경제와 환경**의 조화 → 환경보전우선 → 건강보호우선

② 환경 패러다임의 발전과정 :
환경성 → **환경성+경제성** → 환경성+경제성+사회성 (고용 및 복지) → 환경성+경제성+사회성+**국제성** → 환경성+경제성+사회성+국제성+안전성+위해성

③ 환경규제의 도입배경 (수입국가) :
일본 (1960-현재) → 미국 (1990-현재) → 유럽 (2010-현재)

④ 환경문제의 해결 방안 :
정치사회적 해결 (환경 이념, 철학, 패러다임의 부족) → 환경권 보호에 관한 사회적 재논의 및 합의 → 환경과학기술적 해결 (EIA, RA, LCA)

⑤ 환경규제의 관리대상 변화 :
사용자 (사업장) → 수용체 (주민 및 환경)

⑥ 환경규제의 변화 :
법률적규제 (regulation) → 부과금제(charge) → **보조금제(subsidy)** → 장려금제 (incentive)

⑦ 사업장 환경규제의 강도 (통합환경관리법 등 시행으로 2016년 이후 강도가 급속히 강해질 전망)

약 (사업장의 융통성, 능률성, 정치적 수용성 확보 단계) → 중 (자율규제, 자발적 협약, 사후평가 단계) → **강 (사업장의 융통성 제한, 사회적 수용성 확보, 허가/신고/영향/관리 보고서 제출, 정보공개, 벌칙금, 부과금, 양벌제 도입, 환경투자 활성화 단계)**

⑧ 환경관리의 변화 단계 :
오염매체별 관리 → 사전예방적 통합관리

⑨ 환경관리 예산의 배분 방법 :
지역별 매체별 항목별 편중 → **국가 정책적 선택과 집중** → 통합관리를 통한 예산 분산 → 지역적 통합관리+국제 전략적 선택과 집중

⑩ 환경관리 주체의 전문성과 유연성 :
경직 (환경공무원의 전문성과 인력 부족) → 유연 (환경공무원의 전문성과 인력 풍부)

⑪ 중점대상 대기오염원의 규제 변화 :
연료규제정책 → **이동오염원규제 → 점오염원 (사업장)** 및 생활오염원 (면오염원) 규제

⑫ 사업장의 대기배출관리 단계 :
농도규제 → 총량규제 → 배출권 거래제

⑬ 대기오염 규제지역 확대과정 :
지역별 세분화 (eg. 수도권, 특별대책지역) → **대기오염 특성상 광역화**

⑭ 대기오염물질의 항목 확대과정 :
환경기준물질 → **구역별 사업장별 지정대기오염물질** → 유해대기오염물질 → 모든 대기오염물질

⑮ 대기 입자상 물질의 배출규제 :매연 → **TSP** → **PM_{10}** → $PM_{2.5}$

13-5 북한의 대기환경 관리체계 현황

13-5-1 북한의 대기오염 실태

북한의 대기오염실태를 수치로 파악할 수 있는 자료는 많지 않다. 다시 말해 현대화된 측정장비를 이용하여 대기질 농도를 ppm 또는 $\mu g/m^3$ 단위로 표시한, 북한 정부가 발표한 공식적 대기오염 자료를 찾아보기 어렵다. 대개의 경우, 십수년 전 과거에 특정도시 공장지대에서 HCl과 CO로 인한 공해현상이 심각하다거나 (박준표, 2004; 손기웅, 2007) 또는 국제기구를 통해 보고된 에너지 사용량에 입각하여 북한이 아닌, 제3자가 온실가스 또는 주요 대기오염물질의 배출량을 추정한 (김인선 등, 2011) 자료만이 소수 존재하였다.

자료 확보가 쉽지 않았지만, 북한 및 UN에서 발표한 일부 자료를 분석하면 북한 대기질의 실태를 어느 정도 간접적으로 파악할 수 있다. 북한이 UNEP의 도움을 받아 2012년 발표한 자료 (DPRK, 2012)에 의하면, 북한의 최근 **대기환경기준**은 표 13.12와 같다. 앞의 표 13.2와 비교하면, 전 세계 대부분 국가들의 대기환경기준은 오염물질의 공기 중 체류시

표 13.12 ■ 지역별 하루 기준 대기환경기준 (Daily air quality assessment standards; DPRK 2012)

[단위: mg/m^3]

항 목	특급지역		1급지역		2급지역		3급지역	
	일 최대	일평균	일 최대	일평균	일 최대	일평균	일 최대	일평균
TSP	0.05	0.03	0.10	0.05	0.30	0.10	0.50	0.20
SO_2	0.05 (0.02 ppm)	0.03 (0.01 ppm)	0.10 (0.04 ppm)	0.05 (0.02 ppm)	0.30 (0.12 ppm)	0.10 (0.04 ppm)	0.50 (0.19 ppm)	0.15 (0.06 ppm)
NO_2	0.04 (0.02 ppm)	0.01 (0.005 ppm)	0.06 (0.03 ppm)	0.03 (0.016 ppm)	0.10 (0.05 ppm)	0.04 (0.02 ppm)	0.15 (0.08 ppm)	0.05 (0.027 ppm)
CO	3.0 (2.6 ppm)	1.0 (0.9 ppm)	4.0 (3.5 ppm)	2.0 (1.8 ppm)	6.0 (5.3 ppm)	3.0 (2.6 ppm)	15.0 (13.1 ppm)	10.0 (8.8 ppm)
Oxidant	0.05 (0.025 ppm)	0.02 (0.01 ppm)	0.10 (0.05 ppm)	0.03 (0.015ppm)	0.12 (0.06 ppm)	0.04 (0.02 ppm)	0.14 (0.07 ppm)	0.06 (0.03 ppm)
적용	자연보전지역 특별보호지역		resort, 건강, 관광, recreation 구역		주거지역		공업지역	

비고: 도표 속 괄호는 비교를 위해서 mg/m^3 단위를 ppm 단위로 환산한 근사 값이며, 옥시단트의 경우 광화학적 옥시단트 오존 (O_3)으로 간주하고 ppm 단위로 환산한 근사치이다.

간과 위해성을 고려하여 항목별로 시간평균부터 연평균까지를 기준으로 설정하고 있으나, 북한은 하루 평균치와 최대치를 기준으로 설정하고 있다. 우선 규제오염물질의 종수는 5종이며 항목은 TSP, SO_2, NO_2, CO, 옥시단트로 구성되어 있고, 기준 단위는 mg/m^3를 사용하고 있다. 참고로 옥시단트 항목의 경우, 우리나라를 비롯한 많은 국가들은 1980년대까지 오존 대신에 옥시단트를 기준항목으로 설정한 적이 있는데, 이후 오존 측정장비의 개발과 급속한 보급으로 옥시던트 항목을 오존으로 변경하였다. 한편, 북한의 대기환경기준은 4개 지역별로 기준을 설정하고 있는데, 특급지역은 매우 강화된 기준이고 공업지역은 특급지역의 대략 5~10배 정도 높은 기준을 가지고 있다.

북한의 환경측정망은 국토환경보호성에서 관장하고 있으며, 측정은 기술적 및 재정적 어려움 때문에 일부지역에서만 수행하고 있는데, 이마저 장비와 시약의 부족으로 정기적인 측정자료의 확보는 어려운 실정이다. 최근까지 평양과 주요 공업지역 등의 일부 핵심구역에서, SO_2와 강하분진 등 일부 오염항목에 대해서만 측정이 이루어지고 있는데 (DPRK, 2012), PM_{10}, $PM_{2.5}$, NO_x, O_3, 유무기 화합물 등에 대한 실시간 TMS (telemetry monitoring system)를 갖춘 현대화된 측정망의 설치와 보급이 매우 시급하다고 판단된다.

그림 13.8 (a)는 평양 내 공업지역에서 2008년도에 측정한 **강하분진**의 월별 농도를 보여주고 있다. 그림에서 평천구역은 평양 중심부 서남쪽에 위치한 구역인데 평양에 전기를 공급하는 평양화력발전소가 있으며 문화시설 및 대학, 인민병원 등도 구역 내에 있다. 또한 선교구역은 평양시 중심부 대동강 동안에 위치한 지역이다 (위키백과, 2015). 북한의 강하분진에 대한 대기질 기준은 청정지역의 경우 11.6 $ton/km^2/mon$이다. 도표에서 평천지역의 농도범위는 대략 7~47 $ton/km^2/mon$ (연평균 농도는 대략 23 $ton/km^2/mon$으로 추산

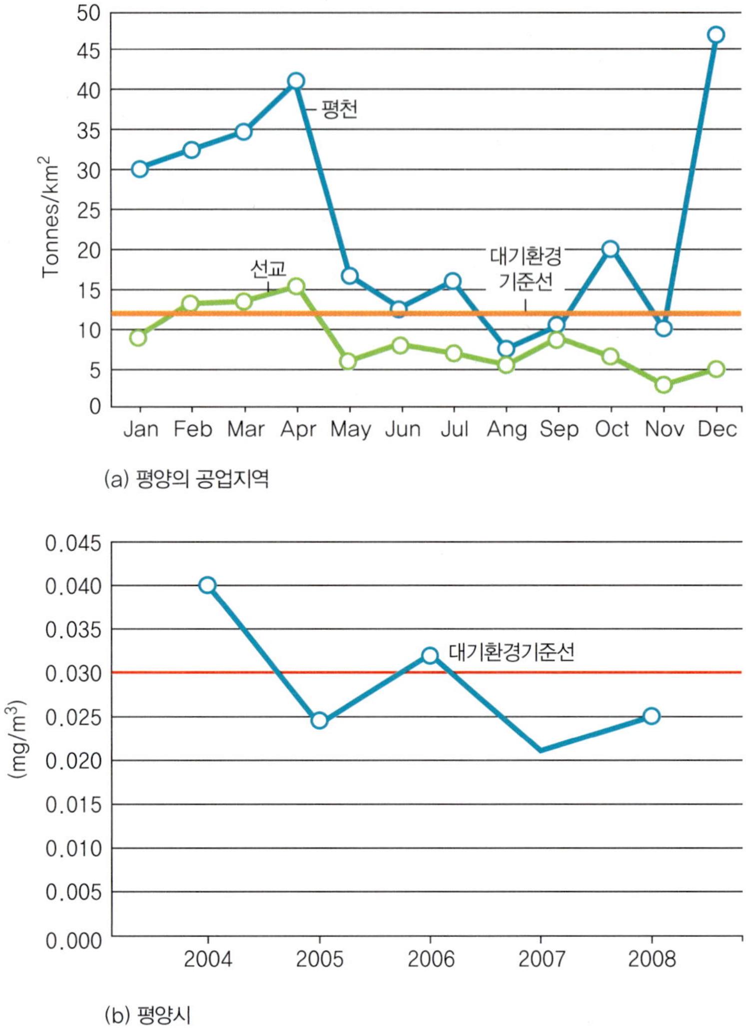

그림 13.8 ▪ (a) 평양의 공업지역에서 2008년도에 측정된 강하분진의 월별 농도, (b) 평양시에서 2004년~2008년에 측정된 일별 SO_2 측정치의 연평균 농도, (출처: DPRK, 2012).

됨)를 보였다 (DPRK, 2012). 이 수치는 같은 평천지역에서 1999년도에 측정한 농도범위 대략 15~75 ton/km^2/mon (연평균 농도는 대략 45 ton/km^2/mon 추산됨) (UNEP, 2003) 보다 1/2 정도 크게 개선된 농도이다. 특히 이 수치가 미세 부유분진의 농도가 아니라 거대 강하분진의 농도인 만큼, 발전소, 보일러, 차량, 산업단지 등 일부 대형 점오염원 영향을 포함하여, 주변지역의 건설활동, 불특정 저급고체연료 연소행위, 나대지 및 비포장도로에서의 재비산 먼지 영향을 크게 받았을 것으로 사료된다. 특히 황사계절에는 황사의 영향이 직접 농도에 반영되었을 것이다.

참고로 앞 절에서 설명했지만, 1969년7월부터 5개월간 서울시내에서 측정한 평균 강하분진의 농도는 38.0 ton/km^2/mon이었으며, 당시 농도는 계속 상승하여 국립보건원이 조사한 농도는 45.1 ton/km^2/mon이었다 (동아일보, 1973.9). 이 농도와 1996년도에 경희대가 수원시를 대상으로 조사한 평균농도 5.7 ton/km^2/mon를 간접적으로 비교할 수 있는데 (김현섭 등, 1998; 1999), 당시 수원시는 영통지역 택지개발과 같은 대규모 토목 및 건설사업이 여러 곳에서 진행되었고, 이 농도는 수원시내 대부분이 주거불가 지역으로 분류되는 농도 수준이었다. 따라서 과거 1990년대 평양의 분진공해 수준은 서울의 1970년대와 비슷했으며, 이후 개선되어 왔지만 평천지역의 최근 농도수준은 과거 수원시 농도의 약 4배를 보여 분진공해가 극심함을 간접적으로 알 수 있다.

강하분진은 거대분진이고 공기 중 체류시간이 짧아 그 농도를 바탕으로 인체에 미치는 영향을 직접적으로 파악할 수는 없다. 또한 **강하분진의 침적량**은 지형적 특성과 기상학적 특성에 따라 지역별로 차이가 크고 주변 오염원의 지리적 위치에도 커다란 영향을 받는다. 따라서 강하분진의 공간적 거동을 파악하기 위해서는 대기 중에 배출된 오염물질들의 지역적 분포를 면밀히 검토할 필요가 있다. 그럼에도 평양의 평천지역이 공업지역이므로 강하분진의 농도가 높을 경우 부유분진의 농도 및 각종 유해대기오염물질의 농도도 당연히 높을 것으로 판단된다. 한편, 강하분진의 높은 농도는 수계환경 및 토양환경에 직접적으로 영향을 준다. 예를 들어, 1996년도 수원시 (행정면적: 121.22 km^2)의 경우, 강하분진 연간 총침적량은 8,425 ton으로 조사되었으며, SO_4^{2-}, NO_3^-, Cl^-은 각각 519.3, 267.3, 155.4 ton으로 조사되어 (김현섭 등, 1998), 당시 토양오염뿐만 아니라 하천을 비롯한 호소에 비점오염원으로서 막대한 영향을 미치는 것으로 파악되었다. 즉 평양의 경우 방대한 양의 강하분진 중 이온성분이 하천 및 호소에 영향을 미치고 있다고 판단된다.

한편, 그림 13.8 (b)는 평양시에서 2004년~2008년에 측정된 일별 SO_2 측정치의 연평균 농도를 보여주고 있다. **연평균 SO_2의 농도범위**는 대략 0.04~0.021 mg/m^3 (약 0.015~0.008 ppm) 수준을 보였다. 그림에서와 같이 2007년과 2008년도 SO_2 연평균 농도는 북한의 특급지역 대기환경기준을 만족하는 수준이었다. 참고로 2002년~2013년까지 우리나라 전역과 서울시의 SO_2 연평균 농도범위는 0.005~0.006 ppm이었다 (환경부, 2015). 대기관리 및 정책 차원에서 이와 같이 평양시의 SO_2 농도가 점진적으로 신속히 낮아진 배경을 경제침체 이외의 사유에 대해서는, 현재의 한정된 자료로는 판단하기 어려웠다.

13-5-2 북한의 대기오염 규제와 관리

그럼에도 최근 UN 보고서 [UNSF (UN Strategic Framework), 2012)]는 지구기후변화로 인한 북한의 지난 100년간 연평균 온도 상승이 1.9°C를 보여 전 세계 평균치인 0.7°C보다 훨씬 높았다고 보고하면서, 기후적응 및 취약성 감소를 위한 전략을 구축하기 위해서는 지리정보시스템 (GIS)과 같은 자료와 도구가 필수적이라고 언급하였다. 또한 보고서는 북한주민의 땔감마련과 식량확보로 척박해진 임지가 1.2백만 ha로 추정되며 산림복원이 필요하다고 언급하였다. 폐기물 문제도 심각하여 대량의 가정 오수와 산업폐기물이 처리과정 없이 방출되고 있는데, 예를 들어, 평양의 경우 무처리로 방출되는 가정 폐기물이 연간 30~35만 톤으로 토양 및 기타 환경매체를 극도로 악화시키고 있었다 (UNSF, 2012). 북한은 많은 국제환경협약의 참여국이기 때문에 UNSF는 다자간 협약을 준수할 수 있도록 무엇보다 북한이 환경보호법과 규제를 강화시키길 희망하고 있다.

위와 같이 북한은 중화학공업위주의 경제개발, 연료부족으로 인한 산림황폐화, 경제특구의 개발 등으로 환경오염문제가 사회문제로 대두되었으며 이에 대응한 법률적 기반조성의 필요성도 커지게 되었다. 이에 따라 북한은 1986년 **환경보호법**을 제정하고 2005년 환경영향평가법 등 여러 개별 환경법들을 제 개정하여 환경문제에 높은 관심을 보였다 (김정순, 2010). 북한의 헌법에도 환경조항이 1992년에 신설되었다. 헌법 제57조에는 "국가는 생산에 앞서 환경보호대책을 세우며 자연환경을 보존, 조성하고 환경오염을 방지하여 인민들에게 문화위생적인 생활환경과 노동조건을 마련하여 준다"고 규정하고 있다. 환경보호법 중 대기오염관련 주요내용을 살펴보면, 기존의 대기, 수질, 토양, 해양 등 개별 매체별 지역규모 관리체계에 국제적 교류와 협력을 얻기 위하여, 지구규모의 오존층 파괴 및 지구온난화 방지 항목을 추가하면서 2005년에 동법을 개정하였다. 동법의 일부 항목에서는 환경규제관리의 선진화된 조항도 눈에 띄는데, 1) 국가는 기관, 기업소, 단체에서 공해방지대책을 먼저 세우고 생산과 건설을 진행하며 환경보호를 위한 물질기술적 수단을 끊임없이 현대화하여야 한다 (제3조). 이 조항은 공해방지대책의 사전예방적 원칙과 과거 미국의 1970년의 청정공기개정법에 이용된 기술우위 원칙 (technology-forcing legislation principle)을 일부 도입한 것으로 판단된다. 2) 국가는 환경을 공해로부터 보호하기 위한 과학연구사업을 발전시키며 환경보호 과학기관들을 튼튼히 꾸리고 그에 대한 지도를 강화하여야 한다 (제6조). 특이하게도 환경보호법 제7조에는 "① 핵무기, 화학무기의 개발과 시험, 사용을 금지하고 환경의 파괴를 막는 것은 조선민주주의 인민공화국의 일관한 정책이므로, ② 국가는 조선반도와 그 주변에서 핵무기, 화학무기의 개발과 시험, 사용으로 환경이 파괴되는 것을 반대하여 적극 투쟁하여야 한다"고 규정하고 있다. 2000년대 이후 전 세계의 반대와 우려에도 불구하고 수차례 강행되고 있는 핵실험 사례를 보면, 헌법을 비롯한 환경보호법 규정 자체의 허구성과 제반 집행과 이행의 실효성이 의심된다.

북한에 대한 환경오염 정보는 거의 없지만, 북한의 현재 경제여건으로 미루어 대부분 생산공장에서 오염방지설비가 부실하고 또한 에너지의 대부분을 석탄에 의존하고 있기 때문에 대기오염문제가 심각할 것으로 판단된다. 또한 경제가 지금보다 호전될 경우에는 각종 생산활동이 증가하여 대기오염은 지금보다도 악화될 것으로 판단된다. 가까운 장래 **한반도 통일**이 이루어진다면 북한의 노후화 및 낙후된 생산설비는 생산성 차원에서 대부분 가동이 중지될 것이며, 무엇보다도 열악한 환경방지설비로 인한 공장폐쇄가 급속히 진행될 것이다. 이러한 현상은 과거 동유럽의 공산권 지역에서 장벽이 철폐된 후 뚜렷하게 나타났었다. 과거 공산권 국가의 환경기준은 법률적으로는 선진국 이상으로 강화된 기준을 가지고 있었지만 실제 환경오염은 극심했었다. 또한, 유럽대륙에서 산성비와 관련한 오염물질을 상당량 대기 중에 방출했었다. 이와 같이 통일 후 인구와 산업의 불균형 상태를 해결하고자 할 때 GIS 및 위성관측 등의 도구를 이용한 감시 및 평가기술을 활용한다면 환경문제는 신속하게 해결될 수 있을 것이다 (김동술, 1999).

서독과 동독은 1990년 통일될 때까지 40년 이상 서로 이질화된 사회체제를 통합하는

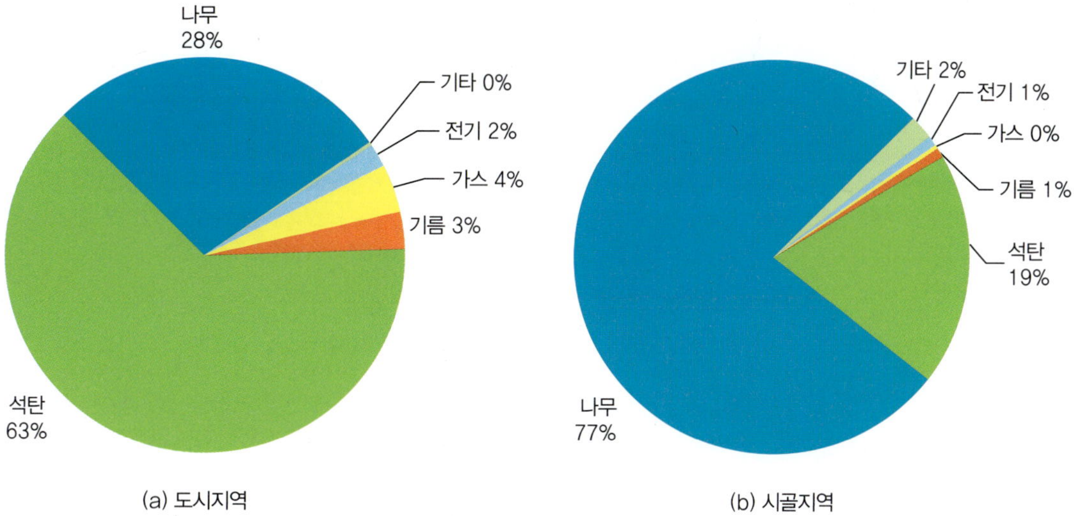

그림 13.9 ▪ 북한 가정에서 2008년도 취사에 사용한 에너지원.

수많은 사업을 수행했는데, 그중 한반도가 통일되어 북한의 환경오염 개선사업을 추진할 때 참고할 좋은 사례도 있다. 독일이 통일될 당시 SO_2 배출량은 서독의 11.5배 높았으며, 분진은 8배 높았다. 또한 산림 황폐율도 36%로 서독의 2배에 이르렀다. 이는 황함량이 높은 갈탄 화력발전량이 83%를 차지하였으며, 대기오염 방지장치가 없었기 때문이었다 (윤석표, 1997). 이에 통일 독일은 최우선적으로 방지장치를 설치하고 갈탄의 소비량을 줄였으며, 1985년에서 1992년까지 분진 63%, SO_2 44%, CO_2 32% 저감시켜 1992년 이후 더 이상 독일의 환경기준을 초과하지 않게 되었다. 또한 에너지 분야의 구조 재조정을 통해 CO_2 배출량도 현저히 감축시켰다 (윤석표, 1997).

북한은 1990년 이후 1차 **에너지 소비율**은 석탄이 약 70%를 차지하였으며, 2008년에는 66.2%를 차지하였다 (김인선 등, 2011). 한편, 그림 13.9와 13.10은 북한 가정에서 2008년도에 취사 및 난방에 사용한 에너지원을 각각 보여주고 있는데 (DPRK, 2012), 가정 취사의 경우 청정에너지원인 가스와 전기를 사용하는 도시 내 가구는 단지 6%이었으며, 석탄 63%, 나무 28%이었다. 시골의 경우에는 청정연료 1%, 나무 77%, 석탄 19%이었다. 또한 가정난방의 경우 청정에너지원 형태인 중앙 및 지역난방과 전기를 사용하는 도시 가구는 단지 9.3%이었으며, 석탄 또는 연탄 64.3%, 나무 25.7%이었다. 시골의 경우에는 청정에너지원 0.6%, 나무 75.3%, 석탄 또는 연탄 20.5%이었다. 이를 바탕으로 북한 가정내 실내공기오염의 정도를 추정할 수 있다. 석탄, 나무 등 고체 화석연료를 사용하고 환기마저도 열악하다면, 실내공기 중 CO, NO_2, 미세분진, PAH 등 기타 독성물질 오염도는 크게 상승한다. 많은 연구에 의하면 가정에서 고체 화석연료를 사용할 경우, PM_{10}의 일평균 농도는 약 1,000 $\mu g/m^3$를 보이며 심지어 10,000 $\mu g/m^3$까지 급상승하기도 한다 (WHO, 2008). 이 경우 평균 농도를 우리나라 24시간 PM_{10} 기준치인 100 $\mu g/m^3$와 비교하면 10~100배에 달하는 수치이다. 또한 같은 WHO 보고서에 의하면, 전 세계 5세 미만 어린이 중 2백만

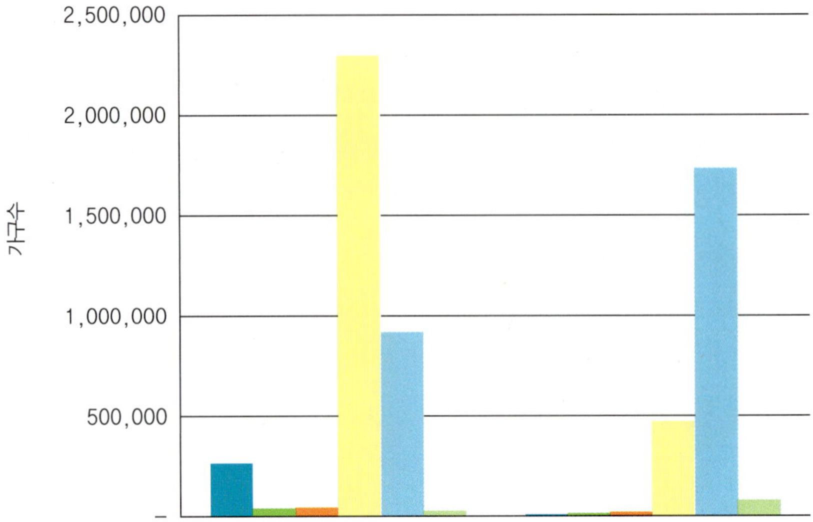

	도시지역 가구수	시골지역 가구수
■ 중앙 및 지역 난방	263,055	754
■ 전기난방	35,630	4,994
■ 기타형태의 전기난방	45,343	10,369
■ 석탄보일러 또는 연탄난방	2,300,395	472,843
■ 나무연소 난방	918,583	1,738,283
■ 기타	16,620	80,602

그림 13.10 ■ 북한에서 2008년도 난방에 사용한 에너지원별 도시지역의 가구수 (좌측 막대그림) 및 시골지역의 가구수 (우측 막대그림).

명이 급성호흡기질환 (ARI: acute respiratory illness)으로 사망하는데, 이중 1/2은 고체연료 사용으로 사망한다고 추정하고 있다. 고체 화석연료로부터 실내공기오염을 줄이기 위해서는 우선 난방 및 취사가 주로 이루어지는 부엌과 생활공간을 철저히 분리하고 환기문제에 각별히 신경을 써야 한다.

13-6 ■ 미국과 EU의 대기환경 및 배출원 관리 및 규제

1950년대까지 미국의 대기오염은 연방정부차원에서 관리되지 못했다. 광화학스모그와 치명적인 런던형 스모그 사건으로 미의회는 **1955년도 대기오염규제법**을 제정하였고, 영국도 **1956년도 청정공기법**을 제정하였다. 미국은 이 법률에 입각하여 대기오염 연구에 연구비를 제공하였고 주정부에 기술적 지원을 제공하였다. 주정부의 상당수는 그 이전에 이미 대기오염법률을 제정하였지만, 연방정부차원에서 대기오염을 규제하지는 못하였다. 미의회는 처음으로 **1963년도 청정공기법**을 통하여 고정오염원을 규제하기 시작하였다. 이 법은 **1965년도 차량에 대한 대기오염규제법**으로 이어졌고, 이는 차량의 배출물을 규제하는 첫 연방법률이었다. **1967년도 대기질법**은 국토를 대기질규제지역들로 나누고, 특정오염물질에 대한 대기질 기준을 명시하였으며 주정부에게 **주정부실천계획** (SIP: state implementation plan)을 제출하도록 요구하였다. 미의회가 통과시킨 획기적 법률은 **1970년도 청정공기개정법**이었다. 이 법은 신설된 EPA로 하여금 건강에 유해한 특정오염물질에 대한 연방대기환경기준을 개발하도록 요구하였으며, EPA가 신설오염원에 대한 운영기준을 설정하도록 명시하였다. **1990년도 청정공기개정법**은 이전 법률로 규제할 수 없었던 많은 유해대기오염물질 (HAP)을 규제하도록 하였다. **1997년도 청정공기개정법**은 오존과 분진의 기준을 수정하였다. 이와 같이 주정부와 연방정부의 대기오염관련법들은 미국의 도시지역 대기질을 뚜렷하게 개선시켰다. 유럽연합과 일부 산업국가들도 강력한 법규를 제정하여 대기질을 개선시켰다. 개발도상국들도 꾸준히 규제법규를 제정하였지만, 일부 국가의 법규는 상대적으로 역사가 짧아 시행되지 않거나 충분히 강력하지도 않다. 1970년 이후 미국의 대기환경과 경제는 상호 개선되어, 합리적인 대기오염규제가 시행될 경우 산업경제의 피해가 없다는 사실이 입증되었다. 또한 환경, 에너지, 고용창출에 입각한 새로운 대기오염규제가 도입될 경우 새로운 기술과 산업도 더불어 창출되었다 (Jacobson, 2002).

13-6-1 미국의 대기환경관리 및 규제정책

표 13.13은 19세기 말부터 현재까지 미국의 대기오염관련 법률의 연혁과 각 법률의 주요 내용을 요약한 것이다. 미국에서는 1940년대 LA의 광화학 스모그가 주요 규제 대상이 되어 1947년 "LA 대기오염규제지구 (Air Pollution Control District)"가 신설되었다. 오레곤 주에서는 1951년 대기오염을 규제하는 관리청이 신설되었고, 1960년에는 17개 주정부에 대기오염관리청이 신설되었다. 미의회는 1955년 대기오염에 관한 첫 연방법률을 제정하였는데, 1955년7월 **1955년도 대기오염제어법**을 통과시켰다. 이 법에 의거하여 대기오염 분야 전문가가 육성되었으며, 대기오염 방지기술에 관한 더 많은 연구가 수행될 수 있도록 공중보건청은 주정부에 기술지원을 제공하였다.

미국민들의 대기오염에 관한 관심이 급격히 증가하면서, 미의회는 자동차를 제외하고 굴뚝연기를 규제하도록 하였다. 미의회는 1963년12월 **1963년도 청정공기법 (CAA63)**을 제정하였다. 이 법의 목적은 대기오염 예방과 저감을 위한 프로그램을 촉진시키고 강화하는데 있었다. CAA63은 주정부 간의 대기오염물질의 저감에 대한 권한을 연방정부에 부여하였다. 이로서 발전소와 제철소를 포함한 고정오염원의 배출기준을 설정할 수 있었고 석탄과 석유 등 화석연료의 탈황기술개발을 독려할 수 있었다.

CAA63을 수정한 **1967년도 대기질법**에 의거하여 몇 개 주들을 묶어 대기질규제지역 (AQCR: Air Quality Control Regions)을 설정하였다. 주정부는 대기질을 쾌적하게 유지할 수 있는 **주정부실천계획** (SIP : State Implementation Plan)을 연방정부에 제출하도록 요구받았다. SIP는 오염지역을 정화시키기 위해 실천할 규제목록을 담고 있었는데, 만약 SIP가 연방정부로부터 승인을 얻지 못하거나 주정부가 실천내용을 이행하지 않는다면, 연방정부는 해당 주정부를 상대로 소송권한을 가지고 있었다. 주정부가 SIP 승인을 얻는다면, 주정부 내의 대기오염을 규제할 수 있는 연방권한을 대행할 수 있었다.

닉슨 대통령은 연방대기오염 법률을 집행하기 위하여 또한, 미국 **환경보호청** (USE-

표 13.13 ■ 미국의 대기오염 관련법의 변천과정 및 주요내용

연대	법률명 또는 과정	주 요 내 용
1881	매연방지법의 채택 (Smoke Control Ordinance)	• 시카고와 신시내티 시에서 최초 통과 후 1912년까지 주요 대도시 채택 • 방지장치의 개선 • 석탄연료에서 석유와 가스로 대체연료의 전환유도
1897	Ohio 주법	• 대기오염을 규제하는 최초의 주정부 법 • 증기보일러 제작 및 운전시 매연 감축에 노력
1881 ~ 1940	미국 전역의 시, 군, 주정부의 노력	• 1940년까지, 200개 자치도시에 법령 존재, 52개 매연 감독기관 운영 • 매연의 정도를 링겔만 도표를 이용하여 감시 • 1900년대 1/4분기: 연소장치의 설치, 구조, 운영 시에 승인을 규정 • 1900년대 2/4분기: 고체연료의 특성시험, 설치물의 점검 및 판매허가 규정
1946	대기오염규제 지역설정	• Los Angeles 시에서 채택 • 광화학적스모그에 대해 언급
1948	대기오염 사건	• 펜실바니아 주도노라 시에서 발생 • 4일간 스모그 현상으로 20명 사망, 7,000명 피해
1955	대기오염방지법 (Air Pollution Control Act)	• 최초의 연방정부의 법률적 노력 • 대기오염 연구, 연수 및 기술적 보조에 비용의 제공 • 1959년,1962년 후속법을 통해, 점진적으로 대기통제권한을 연방정부로 이관
1960	자동차 배출 연구법 (Motor Vehicle Exhaust Study Act)	• '차량, 대기오염 및 보건'에 관한 보고서를 의회에 제출하도록 요청 • 1961년 공중보건국은 위생공학과 내 대기오염 공학계와 대기오염 의학계를 통폐합하여 대기오염과를 신설
1963	청정공기법 (Clean Air Act)	• 대기오염문제 해결을 위한 연방정부에 권한 부여 • 예산의 증액 및 확보
1965	차량 대기오염방지법 (Motor Vehicle Air Pollution Control Act)	• 신규 차량에 대한 배출규제를 처음으로 연방정부에서 계획 • 캐나다 및 멕시코와 관련한 국제 대기오염 방지에 대한 내용을 포함 • SO_2 및 차량 배출가스에 대한 문제점 연구를 요청
1966	청정공기 개정법 (Clean Air Act Amendments)	• 공중보건국은 대기오염과 대신에 연방대기오염 방지센타를 신설. • 기존 오염방지 계획을 유지하기 위한 재정권 확보
1967	공기질법 (Air Quality Act)	• 대기오염 제어를 위한 연방정부의 권한 확대 • 대기질규제지역을 설정하도록 보건 · 교육 · 후생성(HEW)장관에게 요청 • 기술연구와 개발에 관한 연방정부의 역할 강조
1970	청정공기개정법 (Clean Air Act Amendment)	• 연방 환경정책법에 따라 신설된 USEPA에게 오염규제 강제권한 부여 • 1975년까지 청정공기를 목표로 한 예정표 작성 • 1차 및 2차 기준을 동시에 갖는 연방대기질 기준 제정을 법률로 요구 • NAAQS 제정 후, 3년 이내에 연방정부의 1차기준을 달성하기 위해 주정부실천계획 (SIP)을 주정부에 요청 • 이동 및 고정오염원에 기술우위법률을 적용 • 차량에 대해, 1970년 기준으로 1975년까지 HC, CO를 90% 저감토록 함. • EPA는 신규오염원 운영기준 (NSPS)을 신설하여 주정부에 강제 실행되도록 함. 배출원은 스스로 오염도를 측정하고, EPA에 자료를 제출하게 함.
1977	청정공기개정법 (Clean Air Act Amendment)	• 이 법률의 주안점은 주정부의 실천을 통한 연방정부의 관리에 있음. • 1980년부터 매 5년마다 대기질기준과 법률을 수정하고 연구할 것을 요청 • EPA는 기존오염원과 신규오염원의 운영지침을 계속 수행하도록 요구받았고, 법규에 대한 주기적 검토를 요청받음.

(계속)

연대	법률명 또는 과정	주 요 내 용
1977	청정공기개정법 (Clean Air Act Amendment)	• 승용차 배출기준 달성시기를 연기하였으며 대형차량에 대한 기준 제안 • 연방 대기질기준 (NAAQS) 보다 청정한 지역에 대해 '심각한 오염악화의 예방(PSD)' 조항을 포함시킴. • '미달성지역 (non-attainment area)'에 대한 규제 및 방지장치의 감시를 강화하였고 배출보상제도를 채택
1990	청정공기개정법 (Clean Air Act Amendment)	• 1990년 기준으로 1994년까지 승용차의 배출기준을 HC는 30 %, NO_x는 60 % 저감토록 강화 • 자동차 배기제어장치의 의무내구기간을 5만 mile에서 10만 mile로 강화. • 자동차 이외의 내연기관도 EPA가 규제. • 연간 SO_2 배출량을 1980년 수준에서 2000년까지 1천만 톤 저감시킴. NO_x는 200만톤 • 발전시설 이외에 보일러 시설도 1992년 중반까지 규제기준을 마련하고, 1997년 이전에 규제 시작 • 오존에 의한 오염규제를 오염상태 (경미, 보통, 약간, 심각, 매우 심각)에 따라 분류 실시. * 경미한 지역의 고정오염원에 '합리적 성취가능 제어기술(RACT)'적용 * 약간 심각한 지역에서는 청정연료 사용계획 마련 * 심각한 지역의 경우, 환경기준달성을 위해 차량운행 축소 및 배출원에 요금 부과제 마련 * 매우 심각한 지역의 경우, 소규모 고정오염원에 RACT를 적용하고, 저공해 자동차 사용을 요구 • CO에 의한 오염 규제를 보통 및 심각으로 나누고, 산소함량이 높은 연료사용과 차량운행을 조정 • 분진에 의한 오염규제를 보통과 심각으로 나누고, 1994년11월까지 PM_{10} 기준을 만족시키도록 RACT를 적용. 기간 중 미달성일 때, 심각한 오염지역으로 분류하여 규제 강화 • 189종의 HAP를 설정하고 (최종 187종), 이중 7종의 배출기준치 설정. * 1970년부터 1990년 사이에는 단지 7종 HAP이 NESHAPS로 규제되었음. • 2000년까지 HAP 배출량을 100만톤 감축 • 매년 단일 유해물질을 10톤 이상 배출하거나, 복합적으로 25톤 이상 배출원에 MACT 적용 • 오존층 파괴물질의 생산 감축 및 대체물질 생산계획 • 오존층 파괴물질의 재활용계획 수립
1997	청정공기개정법 (Clean Air Act Amendment)	• 오존기준을 1시간평균이 아닌 8시간 평균 적용 • $PM_{2.5}$ 기준 신설

출처: 일부발췌 (김희강, 김신도, 김동술, 1993).

PA)을 신설하기 위해 몇 개 연방대기오염 프로그램을 통합시켰다. 1970년 12월 미하원은 **1970년도 청정공기개정법 (CAAA70)**을 통과시켰다. CAAA70의 목적은 "국가의 공기질을 개선하는 보다 효과적인 프로그램을 개발할 수 있도록 청정공기법을 수정하는 것"이었다. 이 법으로 대기오염규제에 대한 행정업무는 보건교육복지부에서 EPA로 이관되었으며, EPA는 규제오염물질 (criteria air pollutants)에 대한 연방대기환경기준 (NAAQS: National Ambient Air Quality Standards)을 설정하도록 요구받았다.

NAAQS는 공공의 건강 (천식환자, 노인, 어린이 등과 같이 호흡기가 매우 예민한 사람들)을 보호하기 위한 **1차기준** (primary standard)과 공공복지 (시정, 건물, 조각, 곡물, 식물, 물, 동물, 운송, 기타 경제적 자산, 개인의 안락과 복지)를 보호하기 위한 **2차기준** (secondary standard)으로 구분되어 있다. 참고로, 1차기준을 만족시키는 지역을 **달성지역**

(attainment area)이라고 부르고, 기준치를 초과하는 지역을 **미달성지역** (non-attainment area)이라고 부른다. 원래, CAAA70이 규정한 6가지 기준오염물질은 CO, NO_2, SO_2, 총부유분진 (TSP), 탄화수소 (HC) 및 광화학산화물이었고, 납 (Pb)은 1976년 목록에 추가되었다. 또한 O_3은 1979년에 광화학산화물을 대체하여 추가되었으며, 탄화수소는 1983년 목록에서 삭제되었고, TSP는 10 μm 이하인 PM_{10}으로 1987년에 대체되었으며, $PM_{2.5}$는 1997년에 추가되었다.

CAAA70은 **신설오염원운영기준** (NSPS: New Source Performance Standard)을 설정하도록 명시하였다. 또한 HAP에 대한 연방배출기준 (NESHAPS: National Emission Standards for Hazardous Air Pollutants)을 설정하도록 요구하였다. 1973년도 유해오염물질의 목록에는 석면, 베릴륨, 수은이 포함되었는데, 이 목록은 1984년 벤젠, 비소, 코크스로 배출물, 염화비닐, 방사핵물질 등으로 추가 확대되었다. **1967년도 대기질법**에 의해 시작한 SIP는 CAAA70에서도 계속 강조되었다. SIP에 의거하여 주정부의 대기환경기준은 최소한 연방기준 이상으로 엄격하게 설정되어야 했다. SIP는 기존오염원에서 배출되는 오염물질의 저감방안과 신설오염원에 대한 인허가 절차 등을 개발해야만 했다. 모든 SIP는 EPA의 승인을 받아야 했으며, 승인을 받지 못하면 EPA가 해당 주의 대기오염 프로그램의 관리권한을 대행하도록 했다.

미하원은 **1977년도 청정공기개정법 (CAAA77)**을 통과시켰다. 대부분 주정부들은 1977년 당시, 대기환경기준 항목 중 최소한 한 가지 이상 NAAQS를 초과하는 미달성지역을 가지고 있었다. CAAA77은 미달성지역이 있는 주정부에 1982년12월까지 개정된 SIP 속에 달성방안을 제시하도록 요구하였다. 또한 CAAA77은 EPA가 1974년부터 시작한 **오염원 운영허가프로그램**을 명문화하였는데, 이미 NAAQS를 달성한 지역의 공기질이 **심각한 오염으로부터 악화되는 것을 예방** (PSD: prevention of significant deterioration)하고자 계획하였다. 이 계획 하에서 표 13.14와 같이 지역을 I, II, III의 3개 등급으로 구분하였다. 신설오염원이 건설되기 이전에, 또한 기존오염원이 PSD 지역 안에서 증축 및 개축하기 이전에 PSD 허가를 받아야했다. 허가를 얻기 위해서는 신설오염원 또는 수정오염원은 **최선의 제어기술** (BACT: best available control technology)을 도입해야 했으며, NAAQS를 초과하지 않도록 책임져야 했다. 또한 CAAA77은 신설오염원이 배출 제한치를 초과할 지의 여부, 혹은 NAAQS를 초과할 지의 여부를 판단할 수 있도록 대기모델링 작업을 수행하도록 규정하였다.

1990년11월, 미하원은 "건강보호 위주의 연방대기질 기준을 유지하고 지킬 수 있는 청정공기법을 개정하기 위한 법"으로 **1990년도 청정공기개정법 (CAAA90)**을 통과시켰다.

표 13.14 ▪ 오염원 운영허가프로그램 하의 3개 등급 지역

등 급	내 용
등급 I 지역	신설오염원이 불허되는 국립공원, 국립자연보호지역이나 국제공원 같은 원시자연지역
등급 II 지역	대기질의 변화를 다소 허용하는 지역으로 다만 엄격한 관리가 필요한 지역
등급 III 지역	오염수준이 NAAQS를 초과하지 않는 정도에서 인구증가와 산업화를 허용하는 지역

CAAA90의 1차 목표는 도시대기오염, 대기독성물질, 산성침적, 성층권 오존감소와 관련된 문제점을 개선시키는 것이었다. 1990년 당시 미국의 96개 도시들은 여전히 O_3에 관하여 대기환경기준을 달성하지 못하였고, 41개 도시들은 CO 기준을, 70개 도시들은 PM_{10} 기준을 초과하고 있었다. 당시까지 상당수의 오염물질 종목이 확인되었지만, 1970년부터 1990년 사이 단지 7개의 유해대기오염물질 (HAP)만이 NESHAPS로 규제되고 있었다 (Lucero, 1990; Lucero *et al.*, 1990).

CAAA90은 CAAA70의 NAAQS, NSPS, PSD 기준항목과 유사하다. 기준을 만족시키기 위해서, 설비규모와 관계없이 미달성지역의 모든 신설오염원들은 타지역 유사오염원에서 배출되는 해당오염물질에 대하여 **최저성취가능배출량** (LAER: lowest achievable emissions rate)을 유지하여야 했다. 사업장 입장에서 LAER는 NSPS보다는 덜 엄격하였다. LAER을 유지하기 위해, 주정부나 대기질규제지역 (ACQR)은 모든 기존배출원에 대하여 **합리적 성취가능제어기술** (RACT: reasonably achievable control technology)을 도입하도록 했다. RACT는 합리적으로 적용이 가능하고, 기술적 및 경제적으로 실질적인 제어기술이다. 이 기술은 미달성지역에 위치하는 기존사업장에 보편적으로 적용할 수 있었다.

CAAA90에 의거하여 미달성지역을 감독하는 주정부 혹은 지방정부의 대기규제 지구 (district)는 ROG, NO_x, CO에 관한 배출원목록표 (emission inventory)를 개발하여야 했다. 이동오염원, 고정오염원, 면오염원, 생물오염원 등의 배출원들이 목록표에 포함되었다. CAAA90은 배출량 저감을 통한 기준달성여부를 판단하기 위해, 현재와 예정된 미래의 목록표를 기준으로 대기전산모델링 작업을 수행하도록 하였다. 또한, CAAA90은 수백 가지 오염원 항목에서 초기 189 종 (현재 187종)에 달하는 **유해대기오염물질** (HAP: hazardous air pollutants: 우리나라에서는 특정대기유해물질로 부름)에 대한 목록을 작성하게 하였다. EPA는 각 사업장별로 운영일정에 따라 배출기준을 설정하도록 했다. 한 가지 HAP에 대해 1년에 10 톤 (short ton 기준) 혹은 몇 종류의 HAP를 합하여 1년에 25 톤 (short ton 기준) 이상 배출할 것으로 예상되는 신설오염원과 기존오염원에 대하여, **최대 성취가능제어기술** (MACT: maximum achievable control technology)을 도입하여야 했다. MACT를 선정할 때, EPA는 비용, 대기질과 무관한 건강과 환경영향, 에너지 등도 함께 고려하여야 했다. CAAA90 하에서 HAP 제어는 규제대기오염물질의 제어와는 다르다. 전자의 경우, 미국 EPA가 독성배출물을 제어하는 프로그램을 개발하여야 했고, 후자의 경우, 주정부가 규제대기오염물질의 배출과 대기환경농도를 제어하는 프로그램을 개발하여야 했다. 표 13.15는 미국 청정공기개정법 하의 배출제어기술의 적용과 특징을 설명한 것이다.

미의회는 O_3과 분진에 대한 NAAQS를 **1997년 청정공기수정법 (CAAR97)**을 통과시켰다. 새로운 연방정부의 오존기준은 1시간 평균이 아닌 8시간 평균치를 기준으로 삼았다. 평균시간 개념은 오존에 가장 쉽게 영향을 받을 수 있는 사람들이나 옥외에서 일하고 운동하는 사람들의 활동시간을 고려한 것이다. 또한, 2.5 μm 이하의 입자가 기관지염, 조기사망, 거대분진보다 시정거리 악화에 더 큰 영향을 끼친다는 연구결과에 따라, 새로 $PM_{2.5}$ 기준을 포함시켰다.

표 13.15 ■ 미국의 청정공기개정법 하의 배출제어기술의 적용.

구 분	배출제어기술의 적용	비고
RACT (reasonably achievable control technology)	• 합리적 성취가능제어기술 • 기술적 및 경제적으로 실질적 제어기술. • LAER를 유지하기 위해 미달성지역의 기존 배출원에 보편적으로 적용.	• 포괄적 개념으로 존재 • 연방정부차원의 구체적 기준이 마련되어 있지 않음.
BACT (best available control technology)	• 최선의 성취가능제어기술 • 특정산업 또는 공정에서 배출량을 최대로 감축할 수 있는 오염제어기술 • 에너지, 경제성 고려	• CAA section 169
MACT (maximum achievable control technology)	• 최대성취가능제어기술 • 기존 시설의 경우, 최고 수준의 SIP 이행 실적을 보인 상위 12% 그룹의 산술평균치	• CAA section 171 • EPA 기준 설정
LAER (lowest achievable emissions rate)	• 최저성취가능배출량 • 실제 달성된 배출한계치 중 가장 엄격한 기준 • 에너지, 경제성 등 고려하지 않음	• 포괄적 개념으로 존재 • 연방정부차원의 구체적 기준이 마련되어 있지 않음.
NSPS (new source performance standard)	• 신설오염원운영기준 • 지역대기질과 관련없이 미국전역에 적용되는 최소한의 기준	• EPA 기준설정

대기오염물질의 지역간 이동에 대해서는 연방정부의 CAAA70에 언급되어 있다. 주정부가 EPA에 제출한 SIP에는 풍하지역에 위치한 이웃 주정부로 배출물이 운송되는 문제를 포함하고 있는데, CAAA70은 풍하지역에 위치한 주정부가 NAAQS를 달성하기 어려울 경우, 풍상지역의 주정부로 하여금 배출을 줄이도록 EPA에 청원하도록 조치하고 있다. 미국 EPA는 1994년 독자적으로 어떤 한 주정부가 자체 배출량을 줄이는 것만으로는 NAAQS를 달성하기 어렵다고 판단하였다. 따라서 주정부 간의 오존이동으로, 특히 미국의 북동부에서 오존축적을 줄이기 위해 오존이동평가그룹 (OTAG: Ozone Transport Assessment Group)을 1995년에 구성하였다 (1997년 해산되었음). 1998년 9월, EPA는 22개 주와 콜럼비아 특별구에 대해, 오존의 지역간 이동을 명시한 SIP를 제출하라고 명령하였고 2003년까지 반응성유기가스 (ROG)를 제외한 NO_x의 감축을 이들 주정부에 요구하였다. 미국, 멕시코, 캐나다 사이의 오염물질 월경문제는 정부 간의 대기질 협약을 통해 공식적으로 논의되었고 대기질 관련 수많은 연구 (NARSTO, 2004)를 통해 합리적인 협약을 이끌어내고 있다.

13-6-2 미국의 신설오염원 검토프로그램 (New Source Review)

1) 신설오염원 검토 프로그램 (New Source Review Program)의 개요

EPA는 **신설오염원 검토 (NSR) 프로그램**을 적극적으로 지원하고 있다. NSR 프로그램은 대기오염을 유발하는 배출원을 새로 건설하거나 기존설비를 변경하는 경우, 오염물질 배출량의 증가로부터 대중의 건강 및 복지뿐만 아니라 자연환경과 야생지역 등을 보호하는 것을 주목적으로 하였다. 즉 NSR은 고정오염원의 신설이나 기존설비의 수정변경시 규제를 통해 대기환경을 보존하고자 하였다 (EPA, 2002).

NSR 프로그램의 규제내용은 NAAQS을 초과하는 미달성지역과 달성지역에 대한 '심각한 오염악화의 예방'을 위해 PSD를 적용하는 것이다. 달성지역의 경우 신설오염원이 건설되기 이전에, 또한 기존오염원이 PSD 지역 안에서 오염물질 배출량을 증가시킬 수 있는 증설행위를 하기 이전에 PSD 허가를 얻어야한다. 허가를 얻기 위해서는, 신설오염원 또는 수정변경 오염원의 오염행위자는 최선의 성취가능제어기술 (**BACT**)을 도입하여야 한다. 또한 그 결과 발생하는 오염이 NAAQS를 초과하지 않도록 대기질 조사 및 추정연구를 하여야 한다.

미달성지역에 대한 사업장 규제는 달성지역에 비해 보다 엄격한 규제가 부가되었다. 규제오염물질 중 한 가지라도 기준을 만족시키지 못하는 미달성지역 내 대형 사업장의 신설이나 개조로 인해 배출량이 크게 증가할 때 다음 요건을 통해 규제를 준수하여야 한다. 첫 번째 요건은 기술적으로 가장 엄격한 수준을 요구하는 최저 성취가능배출량 (**LAER**)을 만족시켜야 한다. 이 기준은 시행되는 배출규제기준 중 가장 엄격한 것으로, 이 기준을 달성할 경우, BACT와는 달리 비용항목이 검토대상에서 제외된다. LAER의 적용대상 사업장 중에는 기준달성이 매우 어렵기 때문에 생산라인 전체를 달성지역으로 이동시킨 사례도 있었다 (정재춘, 1995). 두 번째 요건은 배출상쇄 (emission offset) 방안이다. 신설(또는 개조) 배출시설을 대상으로 동지역 내에 위치한 기존 사업장에 신기술을 도입하거나, 기존 사업장을 폐쇄하여 증가분을 상쇄시키는 방안이다. 이러한 상쇄분은 시장을 통해 거래가 가능하며, 미래 사용에 대비하여 비축도 가능하다. 마지막으로 소규모 배출시설허가의 경우, 대기오염기준 초과유무에 관계없이 전역에 적용되는 최소한의 대기오염규제 기준만을 적용한다.

2) NSR 동향

NSR은 사람의 건강과 환경에 악영향을 미치는 다양한 오염원에서 발생되는 대기오염물질의 배출을 감소시키기 위하여, CAAA에 의해 연구 개발된 많은 프로그램들 중 하나이다. 미국의 대기오염관련 주요 프로그램은 산성우 프로그램, MACT 기준, 유해화학물질 기준, 신설오염원 운영기준 (NSPS), 22개 주정부의 NO_x "SIP Call", 독성기준, 지역 연무프로그램 (Regional Haze Program), 차량 규제 프로그램 등이 있다.

주요정당과 산업체 관계자는 NSR 규제가 불필요하게 복잡하고, 그 중 에너지 효율 개선과 지속가능한 자원의 이용을 촉진하는 에너지 항목이 불필요하게 업무장애를 일으킨다고 주장하였다. 즉, 기존 NSR이 투자자로 하여금 큰 부담이 되며, 생산계획 수립시에 이러한 불확실성으로 산업의 빠른 변화에 신속히 대처하지 못한다는 불만이었다. 이에 대통령 산하 국가에너지정책개발그룹 (The President's National Development Group)은 NSR 규제가 경제활동에 주는 영향을 조사할 것을 EPA에 명령하였으며, NSR 규제에 대한 정부의 검토는 다방면으로 이루어졌다. 에너지 항목과 관련하여, EPA는 NSR 규제 하에 신설되는 발전소나 정유공장에 투자가 원활하지 않다는 것을 확인하였다. 공공산업에서도 마찬가지였다. 미개발지역 내 정유공장 건설에 대한 문제는 일반적으로 경제적 편익과 환경규제 때문에 발생하였다. 기존 발전시설나 정유공정의 경우, NSR 규제가 기존에너지 용량의 효율성과 안정성을 유지하고 개선하는 사업도 포기시킨다고 EPA는 판단하였다. 이러한 저항으로 에너지의 용량손실이 발생하였으며, 에너지 효율을 개선하고 대기오염물질을 저감할 기회마저도 상실하게 되었다. 따라서 EPA는 기존 사업장에 적용되는 NSR 규제가 에너지 용량 및 효율개선, 또한 대기오염 저감사업을 방해한다고 최종 결론을 내렸다.

마지막으로 EPA는 비록 NSR 규제가 환경문제를 예방하고 대중의 건강에 도움을 준다고 결론을 내렸지만, NSR 규제만으로 얻을 수 있는 편익을 정량화하는 작업은 CAAA 계획으로 얻는 편익과 중첩되기 때문에 쉽지 않았다. 하지만 특정 산업분야에서는 현재 적용되고 있는 NSR 규제가 더 효율적이고 저비용으로 성취가능할 것이라고 예측하였다.

3) New Source Review Improvement (NSRI: NSR 규제개선책)

분명히 기존 NSR 규제가 투자자로 하여금 큰 부담을 갖게 했으며, 계획을 입안할 때 불확실성을 제공함과 동시에 산업의 빠른 변화에도 신속히 대처할 수 없었다. 결론적으로 대기질을 보전하는데도 비효과적이였기 때문에 EPA는 1996년 6월 산업체가 겪고 있는 문제점과 민원에 중점을 두고 NSR 규제개선안 (NSRI)을 제시하게 되었으며, 2002년12월에 5가지 주요개선책을 발표하였다. 이 중 **청정설비평가** 항목과 **방지시설 사전운영신청 면제** 항목은 EPA의 권한 밖이라는 단순한 이유로 법원에서 2007년6월 취소 확정되었다 (단순히 모법의 권한해석 문제 때문에 기각되었다). 각 조항의 구체적인 내용은 다음과 같다 (EPA, 2002).

- 사업장 내 적용한계배출량 (PAL; plantwide applicability limits)
- 청정설비평가 (clean unit test)
- 방지시설 사전운영 신청면제 (pollution control project exclusion)
- 기준배출량 산정법의 수정 (revised baseline for determining pre-change emission)
- 실제배출량과 잠재배출량의 평가 (actual to projected-actual test)

이 개정안은 기존 규제에 대한 유연성의 제공, 투자장벽의 제거, 오염물질 배출량의 저감 등을 위해 사업장에 대한 다양한 인센티브 제도를 담고 있으며, 오염방지와 더 나아가 에너지 효율성을 증대시키기 위한 목적으로 제안되었다. NSRI는 단지 기존오염원의 설비가 물리적으로 수정변경 (개축)된 경우에 중점을 두었으며, 신규시설이나 기존시설에서 신설되는 단위공정설비에는 적용되지 않는다. 개선된 사항을 구제적으로 살펴보면 다음과 같다.

① 사업장 내 적용한계배출량

EPA는 배출시설을 보유한 사업장이 기존 NSR 규제 하에 허가받은 총배출량을 기준으로 Plantwide Applicability Limits (PAL)라 불리는 적용한계배출량를 설정하도록 하였다. 미달성지역 내 고정오염원에서 배출되는 실제 배출량이 PAL보다 작다면 사업장 내 시설의 변경 및 개선이 자유롭게 이루어질 수 있다. EPA 보고서에 의하면 (EPA, 2002), 제약제조공정, 반도체 제조공정, 자동차 생산공정 등에 PAL을 도입하고 검토한 결과, 전체 사업장의 50%에서 VOC의 배출저감량이 3,400~11,300 ton/year에 달하였으며, 75% 사업장에서 저감량은 5,100~17,000 ton/year에 달하였다.

② 청정설비 평가

EPA는 오염물질의 배출제어를 위해 최첨단 기술을 도입한 시설에 대해서 10년 동안 어떠한 경우라도 NSR 규제를 받지 않도록 허용하였다. 이에 따라 사업장들은 현 상황에서 최상의 기술을 도입하여 운영허가 없이 청정설비로 교체할 수 있었으며, 또한 사업장의 배출제어 계획도 쉬웠다. 이전에는 더욱 진보된 방지기술이 실용화 될 때마다, 사업장은 EPA가 언제 이 기술을 도입하라고 강제할 지 추측하기 어려워 경제적인 두려움이 있었다. 하지만, 이 조항은 EPA의 권한 밖이라는 이유로 연방법원에서 2007년 기각판결을 받았다.

③ 대기오염방지시설 사전운영 신청면제 (Pollution Control Project Exclusion)

EPA에 의해 채택된 세 번째 개선안은 방지시설의 운영신청에 관해 면제 혜택을 제공하는 것이었다. 기존의 NSR 규제 하에서는 비록 환경에 편익을 주어도 운영변경 신청 없이는 방지장치의 신설이나 기존 방지시설에 대한 수정개축이 불가능하였다. 신규 설비에 대한 운영신청 면제는 배출량을 줄이기 위한 실행으로 환경편익에 도움이 된다. 한 종류의 오염 배출량은 저감되지만 또 다른 오염물질의 배출량이 증가될 수 있는 방지시설을 설치할 경우에도, 이 방지장치가 환경전반에 이익을 준다고 허가기관이 인정하면 면제요건을 갖추게 된다. 그 한 예로서, 기존 굴뚝에 연결하여 열소각로를 설치할 경우, 실제 열소각로는 유기성 가스를 소각하므로 VOC 배출량을 감소시키지만 연소과정에서 NO_x를 비롯한 기타 연소가스가 배출될 수 있다. 하지만 NO_x 배출량 증가보다 VOC 배출량 감소가 환경적으로 이익이라면, 이 계획은 사전운영 변경신청 없이 방지시설의 신설과 운영이 가능하도록 하였다. 그러나 이 조항 역시 EPA의 권한 밖이라는 이유로 법원에서 2007년 6월 기각되었다.

④ 기준배출량 산정법의 수정

기존 NSR 규제안에서는 경기순환산업 (cyclical industries)들은 예측할 수 없는 시장경기에 따라 피해를 볼 수 있었다. 그 이유는 기준배출량을 산정할 때, 최근 2년 간의 실제 배출량에 입각하여 기준배출량을 산정하였기 때문이다. 물론 기존 NSR 규제에서도 기준배출량을 결정할 때 과거 2년보다 더 이전 기간을 설정할 수 있었으나 최근 2년간 자료를 반드시 포함시켜야만 했다. 새로 제안된 NSRI에서는 기준배출량을 산정할 때 과거 10년 중 무작위로 연속 2년간 배출량 자료를 설정해도 좋다고 명시하고 있다. 이 개선방안을 통해 경기순환산업의 시설을 수정변경하고 환경에 미치는 영향을 평가할 때 실질적이고 융통성 있는 기준배출량을 산정할 수 있었다.

⑤ Actual-to projected-actual test

EPA가 제안한 마지막 항목은 기존 시설을 변경할 때 미래 배출량을 더욱 현실적으로 추정하기 위하여, 기존의 '실제배출량과 잠재배출량 (actual to potential)에 입각한 추정법'에서 '실제배출량과 예정된 미래실제배출량 (actual to projected future actual emission test)에 입각한 추정법'으로 바꾼다는 조항이다. 기존의 "actual to potential test"는 실제 최근배출량과 미래 최고가동수준을 바탕으로 산정한 미래잠재배출량을 검토하는 것이다. 그 결과 조업여건에 따라 배출량이 감소하는 경우를 포함하여 NSR 기준배출량을 산정할 때 함께 고려되었다.

미래실제배출량에 입각한 배출량 평가는 설비 소유자가 향후 5년에서 10년 동안 배출할 수 있는 연간 최대배출량을 실질적으로 산정하는 것이다. 만약 산정된 배출량이 사업장의 주요 수정변경으로 간주될 수 있는 배출경계치 (emission threshold)를 준수한다면 NSR 규제를 받지 않는다. 사업장은 배출경계치의 준수 여부를 확인할 수 있는 최소 5년간의 실제배출량 입증자료를 함께 제출하여야 한다.

13-6-3 미국의 배출권 거래제도

일반적으로 오염물질 배출규제는 농도규제에서 총량규제로, 총량규제에서 배출권 거래제도 (emission trade)로 발전하는 것이 추세이다. 이는 총량규제도 기본적으로는 농도규제의 강화에 지나지 않아 지속적인 환경개선에 한계가 있기 때문이다. 따라서 총량규제를 시장 유인제도인 배출권 거래제도로 발전시킬 방안을 찾아야 한다. 총량규제는 인센티브가 부여되지 않기 때문에 기업에 할당된 배출총량을 충족시키기만 하면 배출기준량 이하로 더 이상 배출저감노력을 기울이지 않는다. 또한 배출총량을 초과하는 경우에는, 아예 기업의 신규 시장진입이 불가능하게 된다. 따라서 지속적인 오염물질의 배출저감과 기업의 신규 시장진입을 가능하게 하기 위해서는 최근의 온실가스 배출량거래처럼, 규제오염물질 및 HAP에 대해서도 배출권 거래제도라는 경제적 유인제도를 도입하여야 할 것이다.

총량규제가 배출권 거래제도로 발전하게 되면 정부는 총량규제지역의 오염물질에 대해 총량기준으로 배출권을 발행하고 경매를 통해 기업에 판매한다. 기업들은 자신들이 구입한 배출권 한도 내에서 오염물질을 배출하도록 엄격히 규제되고, 기술개발 등을 통해 배출권 이하로 오염물질을 저감한 기업은 차액의 배출권을 다른 기업에 판매할 수 있어 기업의 배출저감 노력을 촉진하게 된다. 또한 공장을 신설하는 경우 기존 업체들로부터 필요한 만큼의 배출권을 구매할 수도 있다.

배출권 거래제도의 대표적 성공 사례로는 미국 EPA의 산성비 프로그램을 꼽을 수 있다. EPA에 의해 주도되는 산성비 프로그램의 주목표는 산성비의 주원인인 SO_2와 NO_x 배출량을 획기적으로 줄여 환경과 공중 보건을 개선시키는 것이다. 미국의 CAA는 과거 SO_2의 연간배출량을 1980년 수준인 천만 톤 이하로 낮추겠다는 것을 목표로 설정하였다. 제1단계 산성비 프로그램은 1995년에 시작되었는데, 주로 석탄 발전소를 대상으로 실시하여 시행 첫 해에 SO_2를 40% 이하로 줄이는 성과를 올렸다. 2000년에 시작한 2단계에서는 대형발전소의 연간 배출제한량을 더욱 강화하고, 석탄, 기름, 가스 연료를 사용하는 소규모의 공장 및 환경오염도가 적은 공장에 대해서도 규제를 시행하였다. 이 당시 계획은 2000년까지 NO_x 배출량도 2백만 톤 감축할 계획이었다. 환경규제의 수단이 점차 명령 및 통제 방식보다 시장에 의한 유인제도로 전환되므로 배출권 거래제도는 더욱 각광을 받을 것이다. 하지만 치밀한 사전 준비가 없다면 오히려 부작용만 더할 뿐, 환경보전이란 본래의 목

표 13.16 ■ 미국의 주요 배출권 거래 프로그램

프로그램명	주요내용
산성비 배출허용량 거래제도 (Acid Rain Allowance Trading)	산성비의 주범인 발전소의 SO_2 억제를 목적으로 배출허용량을 단계적으로 강화, 배출권의 매매와 재판매 허용.
산소함량에 따른 혜택제도 (Oxygenated Gasoline Credit Program)	정유업체와 수입자를 대상, 가솔린의 산소함량 2%이상 요구.
저배출차량 혜택제도 (Low Emission Vehicle Credit Program)	자동차 생산업체를 대상으로 LEV 생상비율에 따라 탄화수소 및 질소산화물 배출권 거래
CFC 생산허용량 거래제도 (CFC Production Allowance Trading)	몬트리올 의정서 준수를 위한 CFC 생산쿼터의 거래
납함유량 거래제도 (Lead Trading)	정유업체와 수입자를 대상, 평균 납함량을 규제하고 여유분의 판매를 허용
습지개발완화 예치제도 (Wetland Mitigation Banking)	환경파괴 방지를 위하여 습지 개발완화를 미래의 권리로써 예치할 수 있음.

적을 달성하지 못할 것이다.

미국은 산성비 프로그램이외에도 현재 10 여개의 배출권 거래 프로그램을 시행하고 있다. 기존 프로그램들은 대기 및 수질오염의 방지뿐만 아니라, 토지개발권, 재생용지 활용 등 다양한 환경문제해결에 응용되고 있다. 표 13.16은 이들 배출권 거래 프로그램 내용을 요약한 것이다.

13-6-4 미국의 배출제어기술

미국은 점오염원 사업장들이 허가받았던 당시의 배출기준을 달성했지만 신속하게 대기환경개선과 국민건강을 보호하기 위해서, 또한 현 상태의 오염도를 더욱 개선시키기 위해 기술위주의 규제 개념을 도입하였다. 초기에는 기존 설비에 대한 **합리적 방지기술 (RACT)**이라는 제어기술을 도입하였고, 그 후 경제적인 영향도 고려한 **최선의 방지기술 (BACT)**로 발전시켰다. 또한, 1990년 청정공기개정법 이후에는 HAP 규제를 위해서 **최대 성취가능방지기술 (MACT)**이라는 제어기술을 도입하였다.

1) 합리적 방지기술 (RACT)과 최선의 방지기술 (BACT)

미국의 1970년 청정공기법은 모든 기존 사업장으로 하여금 계속적인 운영을 허가하는 대신 모든 신설 사업장에 대해서는 엄격한 법률을 적용하였다. 따라서 당시 한 특정설비가 인근의 유사한 다른 설비보다 단지 일 년 늦게 가동되었다는 이유만으로 매우 까다로운 배출규제를 받기도 했다. 당시 기존 노후설비 (1970년 당시 운영되고 있었던 설비)는 RACT 규제가 적용되었다. RACT는 제한된 설비수명 (내구연한)만을 가지고 있고, 방지시설에

대규모로 투자하기에도 또는 조기폐쇄하기에도 경제성이 없는 노후한 사업장에 적용되었다. 하지만 이러한 기존 사업장이 신설 또는 변경을 요구할 때는 신설 사업장 규정에 따라야 했다. 이러한 RACT 개념은 비록 기존 사업장과 신설 사업장을 차별 규제하는 합리성을 가지고 있었으나, 기존 사업장에 대해서는 관대하다는 약점도 있었다. 왜냐 하면, 20세기 중반에는 산업설비 수명이 고작 20~30년 정도이었지만 그 이후 내구연한이 대폭 늘어났기 때문이다.

신설 사업장 또는 수정변경을 요하는 사업장의 경우 매우 엄격한 BACT 기준을 적용했다. 대개의 경우, BACT는 RACT의 10% 이하로 배출량을 제한했기 때문에 매우 엄격했다. BACT의 기본 목적은 공기질의 '심각한 오염악화의 예방 (PSD)'에 소요되는 비용지출을 최적화하는 것이다. 즉, 공기질을 심각하게 악화시키지 않으면서, 미래의 경제성장에 대한 잠재력을 증대시키자는 것이다. 미국의 청정공기개정법은 PSD를 위해 주정부 실천계획 (SIP)이 준비된 주정부에 한해 BACT를 선정할 수 있는 권한을 주었다. BACT의 선정은 에너지, 환경 및 경제적인 영향을 고려해야 하며, 비용도 고려해야 한다. 이와 같은 개별적 기술 접근방안은 미국정부가 예상했던 것보다 빠른 속도로 배출제어기술을 발전시킬 수 있었다.

BACT 규제내용 중 핵심사항은 에너지, 환경 및 경제성 평가를 할 때 상대적 **가중치** 개념을 둔다는 것이다. 이 평가결정은 주정부에 의해 이루어지며, 각 지역의 에너지, 환경 및 경제여건과 지역에 따라 다소의 **융통성**이 있었다. BACT로 채택할 지의 여부를 결정할 때 가장 좋은 방법은 이를 신청한 사람에게 기술선정에 필요한 의견발표와 자기방어의 기회를 주는 것이다. 배출시설을 우선 설치하고자 하는 신청자는 방지장치를 제안하여야 하며, SIP 또는 연방 배출규정을 충족하지 못하면 어떤 상황에서도 신청서가 접수되지 않는다. 만약 기존의 방지기술보다 우수한 대체기술이 현존한다면 이들을 반드시 제시하여야 한다. 중요한 점은 비록 특정기술이 특정 오염물질 제어에는 다소 미흡할지라도 그 밖의 대기, 수질 및 고형폐기물 제어 등에 탁월하다면 이 대체기술은 반드시 검토되어야 한다. 만약 그 이상 우수한 제어기술이 존재하지 않는다면 이러한 사실도 기술되어야 한다. 표 13.17은 BACT로 선정될 때 필요한 평가항목을 나열한 것이다. 그림 13.11은 top-down 방식의 BACT 기법의 선정되는 과정을 보여주고 있는데, 간단히 설명하여 매 단계가 토너먼트 방식으로 선정되어 그 다음 단계로 진행된다.

2) 최대성취가능 방지기술 (MACT)

미국의 1990년 청정공기개정법은 7개의 부제 (Title)을 가지고 있다. 그 중 부제3은 모든 HAP의 배출량 저감을 위해 MACT 제어기술을 포함하고 있는데 당시 189종의 HAP (현재 187종)가 포함되었다. 만약 단일 HAP를 연 10톤 이상 배출하거나, 복합적으로 25톤 이상 배출하는 오염원 [이를 주요오염원 (major source)이라고 하며 당시 17개 산업공정으로 분류되었다]에 대해 MACT 기준을 적용하고 있다.

HAP를 감축하고자 하는 취지에서 제안된 기술이 바로 MACT이다. 용어가 의미하듯이 MACT는 제어기술을 기반으로 한다. 따라서 **MACT 기준**을 다음과 같이 정의하고 있

표 13.17 ▪ BACT로 선정될 때 검토되어야 할 평가항목 (김동술, 2014).

영향평가	항목	내용
에너지	소비량	• 에너지의 양, 형태, 에너지원 • 각종 **원단위 개념으로 에너지 소비량 평가 후 편익기준 산정**
	지역 공급부족 희소연료	• 희귀연료 사용은 지역별 상이하나, 지역적으로 공급부족인 연료는 대체 목적으로 사용 가능
	주종연료 이외의 가용연료	• 주종 연료 이외의 연료를 사용하는 방지장치가 지역 경제 및 지역 실업률에 영향을 준다면 배제
환경성	대기평가	• 배출량과 대기질 모델 추정결과와 영향이 포함되어야 함. • 지역 대기질에 영향을 줄 수 있는 **모든 오염물질(미규제 오염물질 포함)**을 고려하여야 함. • 지구기후변화-온실가스
	수질평가	• 사용 수량과 배출되는 수질오염물질을 분리/확인 (수질지표) • 수질영향을 저감시키는 제반기술을 검토해야 함.
	고형 폐기물 평가	• 고형폐기물의 양과 질 평가 • 지하수, 지표수에 영향을 줄 수 있는 폐기물 조성과 특성파악 • 위생매립, 소각, 재활용 등 관리방안 조사
	재생불가능 자원 평가	• 모든 자원(수자원 포함)에 대한 장단지 환경에 미치는 손실 평가
	기타 환경 평가	• **소음, 열, 정전기 에너지 등의 적합성 검토**
경제성	사업장 영향 평가	• **투자비, 운영 및 유지보수비, 연간 비용 산정**(감가상각비, 이자, 세제혜택, 물질회수 이득, 부산물 판매), 총 투자기간 등을 고정변경 비용과 직접 공해저감 비용으로 나누어 평가 • 각종 원단위 개념으로 비용 평가
	지역경제 영향 평가	• **지역내의 일자리 수, 봉급 및 기술수준, 실업 변화 등을 평가** • 환경이득 수지를 고려하여 건전한 판단에 따라 결정

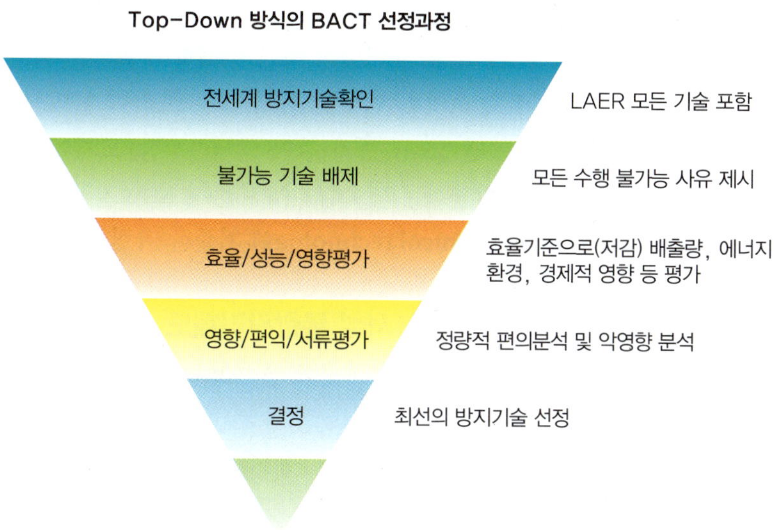

(각 지역의 에너지, 환경 및 경제여건과 지역 우선권에 따라 융통성 허용.
즉, 지역여건에 따라 상대적 가중치 부여).

그림 13.11 ▪ BACT의 선정과정 (김동술, 2014).

표 13.18 ▪ EU와 미국의 환경기술 및 규제의 비교 (내용일부 발췌; 환경부, 2014d).

	유럽	미국	
		대기오염방지	수질오염방지
관련규제 기술명	**BAT**(Best Available Techniques); Technology + the way	**BACT** **RACT** **LAER** **MACT** **GACT**	**BPT** (Best Practicable Control Technology currently Available) **BAT** (Best Available Technology Economically Achievable)
범위	사업장 관리체계, 배출시설별 관리방안, 배출량 저감방안 등	좌동	
접근방법	매체통합적 접근 지역 융통성 (MS) 고려	매체별(수질, 대기, 폐기물) 접근 지역 융통성 최대 고려	
고려사항	경제성, 기술성 동시 고려	경제성, 에너지, 고용성, 위해성 동시고려	

다. "HAP를 배출하는 신설 또는 기존 사업장은 HAP를 최대한 저감시켜야 하며, 배출저감에 소용되는 비용을 고려하여 보건 및 환경에 전혀 영향을 미치지 않고 에너지 기준을 충족시키는 성취가능한 기술이다." 한편, MACT와 BACT와의 기본적 차이는 다음과 같다. 즉, BACT는 "한 오염물질의 최대한 저감에 역점을 둔 배출제한 기준"으로, 허가기관은 사례별로 에너지, 환경, 경제에 미치는 영향 및 비용 등을 고려하여야 하고, 생산공정과 이용가능한 방법, 설비 및 기술에 역점을 두고 달성이 가능하도록 한다. 따라서 BACT는 모든 개별 오염원에 적용되며, 반면 MACT는 HAP를 방출하는 주요 오염원 (사업장)에 적용된다. 참고로 HAP 주요 오염원이 아닌 중소형 사업장을 면오염원 (area source)라고 한다. 면오염원은 주요 오염원 범주에 들지 않는 드라이 클리닝, 금속표면의 기름제거작업, 도색 및 코팅, 소독, 전기도금 등과 같이 영세하지만, 도처에 산재한 시설과 설비를 의미한다. 미국은 HAP를 방출하는 면오염원에 대해서 MACT가 아닌, **보편적 방지기술 (GACT: generally available control technology)** 기준을 마련하고 있다.

13-6-5 유럽의 BAT에 의한 환경시설 통합관리제도

EU는 1996년 오염물질의 통합관리를 위한 **통합오염예방 및 제어**와 관한 지침 (Directive)을 설정하고 배출권거래제도를 포함하여 여러 번에 걸친 개정을 거쳐 산업배출 지침 (IED: Industrial Emissions Directive)을 제정하고 2014년1월부터 본격 시행하고 있다. 그림 13.12는 EU의 통합오염예방 및 제어 지침의 매체별 운영범위를 보여주고 있다. 이 지침은 일정 수준 이상 오염물질을 배출하는 8개 업종에 대한 시설 허가시 모든 환경매체에 미치는 영향을 통합적으로 고려하도록 규정하고 있으며, 허가조건으로 BAT (best available

IPPC 지침의 운영범위

생산공정의 모든 환경매체의 통합적 접근법

그림 13.12 ▪ EU의 통합오염예방 및 제어 지침의 환경매체 운영범위 (EU, 2004).

technique) 기법에 기초한 배출허용치를 설정하고 있다. 또한 각 시설별 위해성 평가에 기초한 주기적 점검 (1~3년)과 더불어 폭넓은 주민참여를 보장하고 있다. 한편 비용편익 분석결과, BAT 적용시 소요되는 비용이 오염물질 감축으로 인한 편익보다 현저히 클 경우 제한적으로 업종 및 지역적 특성을 고려하여 완화된 기준을 적용할 수도 있다 (김경민, 2014).

유럽에서 배출시설의 허가를 담당하는 기관은 각 업종별로 사전에 작성된 **최상가용기법 기준서** (이하 BREF: BAT Reference)를 기초로 허가기준을 설정하는데, BREF는 업종에 따라 공정별로 오염물질 배출 저감시 적용할 수 있는 BAT 기법의 구체적인 내용과 배출 수준에 관한 사항을 포함하고 있다. BREF는 주기적으로 전문가들의 검토를 받아 매 8년 이내에 개정되어야 하며 (검토에 소요되는 기간은 최소 3년이며 업종별로 다르다). 2014년 현재 33개 시설 및 공정에 대한 BREF가 작성되어 있다. 이들 번역서는 우리나라 환경부 홈페이지 자료실에서 무료로 얻을 수 있다. 우리나라 환경부가 2015년 제정한 **환경오염시설 통합관리법**은 EU의 1996년 **통합오염예방 및 제어** 지침의 영향을 직접적으로 받았으며, EU의 제도는 미국의 **1977년 청정공기개정법**의 영향을 받았다. 표 13.18은 유럽과 미국의 환경기술과 규제제도를 비교한 것이다.

13-6-6 미국의 BACT와 유럽의 BAT를 통해 배울 점

우리나라의 경우 1995년 이후 지자체 시대가 열렸는데, 당시 환경업무의 권한과 이행과 관련하여 전혀 준비가 안 된 상태에서 제도가 마련되어 현재까지도 수많은 진통을 겪고 있다. 특히 사업장을 신설하거나 수정할 때뿐만 아니라 거의 모든 환경사업에서, 지역주민, 시민단체, 사업장, 행정기관 사이의 갈등은 첨예화하고 모든 환경문제가 환경과학기술에 의거하여 해결되는 것이 아니라 정치기술적으로 해결되고 있다. 이러한 갈등과 진통이 30여년간 계속되는 이유는 환경관리체계가 허술하기 때문인데, 기본적으로 대부분 환경정책과 규제가 환경에 대한 패러다임, 철학, 프로토콜 및 기준이 없이 입안되고 시행되기 때문이다. 한마디로 법률과 규제 속에 룰 (법)이 없기 때문인데 하루속히 국민의 환경권 보호라는 큰 틀의 기준에 걸 맞는 세부 프로토콜 기준을 정치가 아닌 사회적 합의를 거쳐 마련하여야 한다. 앞에서 배운 각종 선진국의 기술규제들은 기술선정을 위해 **가중치와 융통성**이라는 합리적 개념을 포함하고 있는데 이러한 개념을 우리 환경관리제도에 도입한다면 모든 사회적 갈등은 쉽게 해결될 수 있다.

최근 BAT에 기반을 둔 **통합환경관리**가 업종별로 2016년에 시작하여 2020년 중반까지 업종으로 확대될 예정인데, 미국의 RACT, BACT, MACT과 유럽연합의 BAT는 단순한 오염감축 수단으로서의 기술규제가 아니라는 점을 다시금 명심하여야 한다. 즉, 이들 기술은 미국과 유럽이 수십년간 환경문제를 해결하면서 쌓아온 노력의 산물이며 그 기법 속에는 각종 해법이 담겨있다. 우리는 이제 시작하느니 만큼 **후발이익의 효과**를 단시간에 얻기 위해서는 단순한 기술적 모방이 아니라 그들이 운영과정에서 조금씩 습득한 제도상의 애로기술을 조사하고 분석하여 우리만의 관리제도로 정착시켜야 하겠다.

참고문헌

감사원, 2020. 미세먼지 관리대책 추진실태, 감사보고서, 감사원.

경향신문, 1969. 도시대기오염의 방지책, 1969년 9월1일 사설.

구연창, 1979. 한국 환경법의 과거, 현재, 미래, 경희대학교 논문집, 7, 29-54.

국가법령정보센터, 2015.7. 대기환경보전법, 제개정 이유.

국민일보, 2013.4. 임항 컬럼-환경 안전 규제완화의 부메랑, 2013년 4월2일자.

국사편찬위원회, 2013a. 한국사데이터베이스, 동이열전 149, 구당서 1권 199.

국사편찬위원회, 2013b. 한국사데이터베이스, 삼국사기 제11권 신라본기 제11, http://db.history.go.kr/url.jsp?ID=sg (2013.5.7. Accessed).

국사편찬위원회, 2013c. 한국사데이터베이스, 삼국사기.

최준영, 김경민, 2014. 환경오염시설 통합관리에 관한 법률안 주요 내용과 쟁점, 이슈와 논점, 822호, 국회입법조사처

김동술, 1999. *New Millenium*을 위한 연구개발사업의 조사연구 (환경분야), STEPI, 과학기술부.

김동술, 2014. 우리나라 통합환경 관리기술의 배경, 내용 및 개선요구안, YAS 하계포럼, 한

국대기환경학회 (June 2014).
김성균, 2013. 황사의 계절 잘 넘기려면, 2013년 4월24일자 울산매일.
김옥주, 박세홍, 2012. 1960년대 한국의 연탄가스중독의 사회사, 21 (2), 279-344.
김인선, 이지이, 김용표, 2011. 한국대기환경학회지, 27 (3), 303-312.
김정순, 2010. 북한환경보호법의 고찰, 2010 남북법제연구보고서 (I), 한국법제연구원.
김현섭, 허정숙, 김동술, 1998. 한국대기환경학회지, 14 (6), 631-641.
김현섭, 이태정, 김동술, 1999. 한국대기보전학회지, 15 (1), 23-32.
김희강, 김신도, 김동술, 1993. *선진국의 배출시설관리에 관한 조사연구*, 환국환경과학연구협의회.
동아일보, 1971.2. 에너지 정책의 대전환을, 1971년 2월 25일자 사설.
동아일보, 1971.11. 공해현장을 가다, 1971년 11월 30일자 기사.
동아일보, 1971.12. 주유종탄에의 제동, 1971년 12월 14일자 기사.
동아일보, 1972.3. 공해도 턱없이 줄어, 1972년3월11일자 기사.
동아일보, 1972.10. 서울은 세계서 가장 오염된 도시, 1972년10월14일자 기사.
동아일보, 1972.11. 남부 도시가스공장 준공, 1972년11월14일자 기사.
동아일보, 1973.3. 모든 산 입산통제, 1973년3월10일자 기사.
동아일보, 1973.7. 전염병보다 많은 연탄중독사, 1973년7월26일자 기사.
동아일보, 1973.7. 대학교수 연구결과 협의 없이 발표말라, 1973년7월27일자 기사.
동아일보, 1973.8a. 당국의 제약 재고 건의, 1973년8월6일자 기사.
동아일보, 1973.8b. 교수연구발표는 자유, 1973년8월21일자 기사.
동아일보, 1973.9. 주택가 공장가스에 2000주민 대피소동, 1973년9월14일자 기사.
동아일보, 1973.9. 강하분진도 상승일로, 1973년9월15일자 기사.
동아일보, 1974.3. 창원, 온산, 옥포, 죽도, 안정, 여천 6개 지역 3천만 평, 1974년3월27일자 기사.
동아일보, 1974.7. 연탄사용금비, 1974년7월18일자 기사.
동아일보, 1975.7. 1975년7월22일자 기사.
동아일보, 1976.2. 우라늄광 발견된 괴산-방사선에 의한 장애 추측, 1976년2월12일자 기사.
동아일보, 1976.2. 공해업소 83%가 방지시설 미비, 1976년2월20일자 기사.
동아일보, 1976.3. 대기오염 측정기 측정-지역별로 월 1회, 1976년3월16일자 기사.
동아일보, 1976.8. 모순투성이-전력요금, 1976년8월5일자 기사.
동아일보, 1978.6. 공해방지관리인 크게 부족, 1978년6월2일자 기사.
동아일보, 1978.7. 환경보전법 시행차질, 1978년7월13일자 기사.
동아일보, 1978.8. 공해방지산업의 육성, 1978년8월11일자 사설.
동아일보, 1978.8. 목탄차서 마이 카 시대로, 1978년8월25일자 사설.
동아일보, 1978.10. 울산, 여천, 장항 공단-농경지 95%가 공해피해, 1978년10월6일자.
동아일보, 1978.1. 서울의 가정연료가 바뀐다-도시가스 50만채에 공급, 1978년1월11일자 기사.

동아일보, 1978.11. 담양의 고씨 논 수은 함량 전국최고치, 1978년11월3일자 기사.

매일경제, 1969. 숨막는 대기오염, 1969년 12월24일 3면 기사.

매천야록, 2013. 매천야록 국역, 한국사 데이터베이스, 국사편찬위원회.

박준표, 2004. 북한의 환경오염현황, Radio Free Asis.

박지원, 2009. *열하일기 1*, 김혈조 옮김, 출판사 돌베개.

일본환경회의, 2000. *아시아* 환경보고서1, 장정욱 옮김, 도서출판 따님.

성낙진, 1995. 그늘 속의 환경관리인, 미래는 있는가? 월간환경운동 No.6.

손기웅, 2007. *북한의 환경정책과 실태*, 통일부 통일교육원.

손정목, 2005. *한국 도시 60년의 이야기 1*, 출판사 한울.

위키백과, 2015. https://ko.wikipedia.org/wiki/%ED%8F%89%EC%B2%9C%EA%B5%AC%EC%97%AD. (2015.8.3. Accessed).

윤석표, 1997. 독일 통일 후의 구동독 지역 환경개선사업 사례, 삼성건설기술, 46 (가을호), 61-65.

이원희 등, 2009. *환경규제의 역사적 흐름 고찰 및 합리적 개선 방안 연구*, 한국행정학회, 환경부.

이태정 등, 2009. 한국대기환경학회지, 25 (4), 275-288 (2009).

정윤수, 2004. 규제순응 확보를 위한 다원주의적 접근, 한국지방정부학회, 동계학술대회 논문집.

정재춘, 1995, 미국의 주요 환경법

조선일보, 2013. 기업 유해화학물질, 年 3만3000톤씩 정화 없이 대기로 배출, 2013년 3월 12자.

주간조선, 2014. 2309호, p17.

통계청, 2013. http://kosis.kr/abroad/abroad_01List.jsp?parentId=A (2013.4.30. Accessed).

통계청, 2013b. 나라지표, http://www.index.go.kr/egams/stts/jsp/potal/stts/PO_STTS_IdxMain.jsp? idx_cd=1200 (2013.5.1. Accessed).

한국민족문화대백과, 2013. http://terms.naver.com/entry.nhn?cid=1605&docId=795387&mobile&categoryId= 1605 (2013).

한국환경공단, 2015. http://www.keco.or.kr/kr/business/climate/contentsid/1531/index.do (2015.8.6. Accessed).

한국환경기술개발원, 1996. 한국의 환경 50년사.

환경운동연합, 1997. 환경관리인 고용완화에 대한 성명서.

환경청, 1982. *1982 환경보전*.

환경청, 1984. *1984 환경보전*.

환경청, 1988. *1988 환경보전*.

환경부, *1995~1998. 1995~1998 환경백서*

환경부, 1999. *1999 환경백서*.

환경부, 2002 2012. 2002 2012 환경백서.

환경부, 2005. *1차 수도권 대기환경관리 기본계획*, 환경부.

환경부, 2011. *대기환경연감, 환경부*.

환경부, 2013. *2차 수도권 대기환경관리 기본계획* (2013.12), 환경부.

환경부, 2013. http://eng.me.go.kr/content.do?method=moveContent&menuCode=pol_cha_air_sta_emi_definition (2013.5.2. Accessed).

환경부, 2014a. *대기환경연감, 환경부*.

환경부, 2014b. *수도권 대기환경 개선대책 그 성과와 미래*, 환경부. 환경부, 2014c. 환경오염시설 통합관리에 관한 법률 제정안 재입법예고, {{{{http://www.lawmaking.go.kr/lmSts/ogLmPp/ 21192 (2015.8.6. Accessed).

환경부, 2014d. 환경오염시설의 통합관리에 관한 법률(안) 설명자료, 환경오염시설 선진화 T/F.

환경부, 2015. *대기환경연감*, 환경부.

환경부, 2019a. *대기환경연감*, 환경부.

환경부, 2019b. 대기관리권역법 하위법령 입법예고안 주요내용, 환경부.

환경부, 2019c. 미세먼지 개선을 위한 대기환경정책 소개, 환경부.

환경처, 1992. *1991 환경백서*.

환경처, 1994. *1994 환경백서*

Brimblecombe, P., 1987. *The Big Smoke, London: Methuen*.

Brimblecombe, P., 2008. Air Pollution History. in *World Atlas of Atmospheric Pollution*, Edited by R.S. Sokhi, Anthem Press, London.

El-Ashry, M.T., 1993. JAWMA, 43 (1), 18-24.

Cooper, C.D. and F.C. Alley, 2011. *Air Pollution Control*, Waveland Press, Inc.

DPRK, 2012. *Democratic People's Republic of Korea: Environment and Climate Change Outlook* (Pyongyang, 2012).

EU, 2004. ISBN 92-894-6020-2 or ISSN 1725-5619, Office for Publications of the EU, Luxembourg.

Jacobson, M.Z., 2002. *Atmospheric Pollution*, Cambridge University Press.

Kim, Y.S., 1985. J. Epidemiology and community Health, 39, 79-81.

Lucero, G.A., 1990. *The Clean Air Act*

Lucero, G.A., D.W. Stever, and R.R. Akers, 1990. *An Overview of the Clean Air Act Amendments of 1990*.

NARSTO, 2004. *Particulate Matter Science for Policy Makers*, Cambridge Univ. Press.

Rosenberg, N. and L.E. Birdzell, Jr., 1986. *How the West Grew Rich, Basic Book*, Inc., New York.

Salzman, J. and B.H. Thompson, 2007. *Environmental Law and Policy*, Foundation Press.

Simmons, I.G., 1993. *Environmental History*, Blackwell Publishers, Oxford.

UNEP (United Nations Environment Programme), 2003. DPR *KOREA - State of the Environment* 2003, Pathumthani, Thailand, p37-44.

UNSF, 2012. *Strategic Framework for Cooperation Between the United Nations and the Government of the DPRK 2011-2015*, United Nations Strategic Framework.

USEPA, 2012. http://www.epa.gov/NSR/documents/20121012fr.pdf (2013.5.27. Accessed).

WHO, 2006. *Air Quality Guideline-Global Update 2005*, WHO.

WHO, 2008. *Children's Health and the Environment*, WHO Training Package for the Health Sector.

CHAPTER 14

대기측정분석과 정도관리

영남대학교 **백성옥**

14-1 대기측정의 중요성

환경오염문제가 심화되면서 지난 30여년간 환경문제의 관심은 정부나 산업체 및 민간부문 등에서 공통적으로 크게 높아져 왔다. 대기오염문제도 이러한 추세에서 예외는 아니었으며, 최근 들어서는 산성화문제, 지구기후변화, 광화학스모그 및 도시대기오염문제 등이 이미 초미의 관심사로 대두되고 있다. 이와 같은 사회와 일반대중의 관심과는 별개로, 환경자료를 제공하는 측정 당사자의 입장에서 극미량 농도를 보다 정확하게 측정해야 하다는 인식은 너무나 당연한 책무이다. 특히 다른 환경분야와는 달리 대기오염물질의 측정은 시료채취와 보관 등에 있어서 상대적으로 어려운 부분이 많아 정확한 자료를 획득하기 위해서는 각별한 주의와 숙련된 기술이 요구되고 있다. 측정자료의 정확성과 신뢰성은 환경정책 입안과 분쟁조정 및 대책수립에 있어서 필수적인 기본정보로 활용되므로, 모든 환경과제의 수행에 있어서 가장 우선시되고 있다.

수십년 전부터 수 많은 종류의 대기오염물질에 대한 측정작업이 전 세계적으로 수행되고 다양한 측정법이 개발되어 왔지만, 아직도 우리가 파악할 수 있는 오염물질의 종류는 극히 한정되어 있다. 따라서 기존 방법을 계속적으로 개선하는 것은 물론, 미지의 오염물질에 대하여서도 보다 정확히, 보다 효과적으로, 보다 낮은 농도까지 측정할 수 있는 방법의 개발과 활용은 여전히 과제로 남아 있다.

본 장에서는 대기오염측정에 있어서 필수적 및 공통적으로 고려되어야 하는 일반적 사항과 자료의 정도관리 (QC: quality control)와 정도보증 (QA: quality assurance)의 중요성과 절차에 대해서 고찰하고자 한다. 또한 향후 국내 대기측정자료의 정확도와 신뢰성 제고를 위해 국내실정에 맞는 적절한 지침을 제시하고자 한다.

14-2 대기질 측정을 위한 일반적 고려사항

공기는 인간생존의 가장 기본적인 요소이다. 따라서 인간이 호흡하는 공기 중에 함유된 화학성분의 종류와 특성을 파악하는 것은 곧 인간생존과 직결된다. 불행히도 산업의 발달과 인간활동에 의해 공기 중 불순물은 계속 증가추세를 보이고 있으며, 수많은 불순물에 대한 환경학적 중요성도 역시 계속적 강조되고 있다. 이러한 경향은 과거에는 몇몇 선진국에 국한된 문제로 여겨졌으나 현재에 와서는 지구상 모든 국가의 공통적 관심사로 인식되고 있다.

일반적으로 환경오염물질의 측정은 환경과 건강을 보전하기 위해 필요한 자료를 제공하는데 필수적이다. 환경분석자료들은 오염물질의 환경학적 경로 (생성, 이동, 소멸)의 평가 및 환경 중 농도측정과 같은 다양한 목적으로 수집되고 있으며, 궁극적으로 위해평가 혹은 오염물질 제어 및 규제 목적에 따라 광범위하게 활용되고 있다. 하지만 분석자료의 광범위한 적용범위와 농도 결정과정의 다양성 때문에, 분석 정확도에 대한 요구수준도 경우에 따라 차이를 보일 수 있다. 어느 경우라 하더라도 자료의 정확성은 그 사용목적에 따라 적절한 수준을 유지하여야 하며 자료획득 과정과 함께 기술되어야 한다. 특히 대기오염물질의 환경기준이 설정된 경우에는 자료의 비교호환을 위해 반드시 공인된 측정방법을 명시하여야 한다.

우리나라의 경우, 현재 전국적으로 300여개가 넘는 자동관측소에서 대기환경기준 항목과 산성비 등에 대한 자료를 양산하고 있다. 대기 중 오염물질 농도는 일반적으로 ppm 혹은 ppb 단위의 극미량이기 때문에 배출원에서의 측정과는 달리, 자료의 신뢰성을 높이기 위해서 매우 세심한 측정 및 분석 관리가 요구된다. 우리나라에서는 1980년대 부터 전국적으로 대기오염 자동측정망을 구축하고 있는데, 측정망의 운영과 관련하여 측정기기의 보정 및 이상유무의 점검, 측정소별 기기의 주기적 상호검진, 계속적인 전원확보 및 관리전담 전문인의 확보 등 자료의 신뢰성을 향상을 위해 노력하고 있다.

대기오염도의 상시관측은 대기질 관리의 필수적인 과정이다. 관측자료들은 대기질의 현상파악, 대기환경기준과의 비교, 대기질 예측모델의 보정 및 배출원 변동에 따른 대기질 영향평가 등에 이용되고 있다. 대기오염물질의 화학적 분석은 여러 측면에서 많은 어려움을 가지고 있으며 정확한 분석결과를 얻기란 사실 쉽지 않다. 특히 대기환경시료에서 극미량으로 검출되는 일부 중금속 혹은 유기물의 경우 정확성이 더욱 결여될 수 있다. 만약 분석결과가 실제와 커다란 차이를 보일 때, 그 자료는 신뢰성을 상실할 뿐 아니라 경제적 손실도 초래하게 된다. 또한 비록 분석결과의 재현성이 높다고 해도 정확도가 떨어진다면, 오염물질의 변환과정이나 거동과 소멸 과정 등을 규명할 때 커다란 오류가 발생할 수 있다. 이에 따라 분석방법들에 대한 정도관리/보증 (QC/QA)에 대한 중요성과 필요성에 관한 인식이 크게 증가하고 있다.

14-2-1 측정계획의 수립

본 절에서는 측정계획 수립단계에서 고려해야 할 기본 사항에 대하여 설명하고자 한다. 대기측정계획 수립에 있어서 반드시 고려해야 할 일반사항들은 아래와 같이 7가지로 요약할 수 있다.

❶ 측정계획의 근본목적은 무엇인가? – 측정목적의 수립
❷ 측정대상물질은 어떤 것인가? – 측정대상물질의 선정
❸ 시료채취 지점은 어디이며, 채취시간은 언제인가? – 시료채취지점과 시간의 선정

4. 적용되는 분석방법은 어떤 것인가? – 측정방법의 선정
5. 시료의 채취 및 채취 후 처리방법은 어떻게 할 것인가? – 시료채취 및 취급방법의 선정
6. 측정결과에 대한 보고는 어떠한 방법으로 할 것인가? – 결과보고 방법의 모색
7. 보고된 측정결과를 가지고 무엇을 할 것인가? – 측정결과의 활용방안의 강구

위의 7가지 사항 중 ❶, ❷ 및 ❼은 그 자체가 분석기술적인 사항은 아니다. 이 사항들은 오히려 관리 측면을 내포하고 있는데, 측정목적에 따라 정보를 필요로 하는 주체 (혹은 기관)에 의해 결정된다. 이런 측정 주체를 흔히 '분석결과의 사용자' 또는 간단히 '사용자'로 정의한다. 일반적으로 측정정보의 목적과 범위를 설정하는 것은 사용자의 의무이며, 이러한 정보를 제공하는 것은 '분석자'의 의무이다. 물론 사용자 역시 ❸과 ❻의 사항에 대해서도 당연히 관심을 가져야하지만, 무엇보다 사용자와 분석자 간의 상대적인 역할이 적절히 설정되어야 한다. 결국 분석자의 가장 중요한 역할은 사용자의 요구사항을 명백하게 제공하는 일이다. 일단 분석자가 사용자의 요구조건을 충분히 이해하면, 분석자는 분석결과들의 제공 가능성 유무를 판단하여야 한다. 이를 위해 분석자는 다음과 같은 3가지 측면을 고려하여 사용자와 사전협의를 하여야 한다.

1. 요구하는 정보가 현재의 분석기술로 얻을 수 있는가?
2. 요구하는 정보를 얻기 위해 어느 정도의 인력, 장비 및 경비가 필요한가?
3. 요구하는 정보를 주어진 조건에서 얻을 수 있는가?

위의 사항들이 현실적으로 실행가능한지를 사용자와 분석자 사이에 토론과 협의를 통하여 객관적으로 결정하여야 한다.

14-2-2 자료의 QC/QA 평가

QC/QA 수행계획은 측정계획 수립에 있어 가장 핵심적인 요소이다. QC/QA 프로그램은 다음과 같은 세부적 요소들을 포함한다.

- 숙련된 분석자, 타당성이 확인된 방법 및 기기의 구성, 잘 정비된 실험실
- 표준시료 (standard sample)와 제어용 시료 (control sample)의 준비
- 고품질의 초자류, 고순도 용매 및 첨단실험기구
- 정기적인 장치의 보정, 정비 및 유지관리
- 제어용 시료와 표준시료의 사용 기록
- 중요 실험들에 대한 현장입회를 통한 직접관찰 및 결과의 재검토와 비평
- 내부 및 외부 프로그램에 의한 측정분석 숙련도 검사
- 반복시료 (replicate sample)의 사용 및 다른 실험실의 결과 비교
- 기기사용자의 어려움 해소
- 분석결과의 검색 및 표준에서 벗어난 자료의 보정

❶ **정도보증 (Quality Assurance, QA):** 모든 측정분석법에는 정량적 한계와 오차를 포함하므로 모든 측정결과에는 불확도 (uncertainty)가 내재되어 있다. 불확실성의 크기, 즉 불확도는 일반적으로 측정결과를 측정기기의 허용오차한계와 비교하여 평가한다. 또한 측정자료의 정도는 측정분석의 재현성을 나타내는 정밀도 (precision)와 참값에 접근하는 정도를 나타내는 정확도 (accuracy)로 구분하여 평가한다. 이와 같이 불확도를 정량적으로 기술하여 측정분석의 정도목표를 충족하였는지의 여부를 평가하는 과정을 **정도보증** (QA)이라 한다. QA의 기본요소는 여러 단계로 구성되어 있으나, 정도관리와 정도평가 등 두 과정으로 요약할 수 있다(Taylor, 1987).

정도보증을 위한 각 요소들은 측정분석의 목적에 부합하여야 하며, 측정계획 단계에서부터 효과적이고 균형 있게 계획되어야 한다. 강조하여, 정도보증 작업은 과학자의 의무감과 신념에 무게를 두고 수행되어야 한다.

원만한 QC/QA 수행을 위해서는 불확도를 정량적으로 기술할 수 있는 방법론을 강구하여야 한다. QA의 주된 과정 중 정도관리의 목적은 측정결과에 대한 통계적 고찰을 통해 재현성을 평가하고, 설정된 목표치가 달성될 수 있도록 각 요인들을 통제하여 대표성 있는 분석자료를 얻는 것이다. 반면, 정도평가는 이미 산출된 분석자료의 정확도를 검토하는 단계이므로, 실험수행 이전단계에서 미지시료에 대한 예측평가는 본질적으로 불가능하다. 하지만 미지시료의 분석결과를 기지의 표준시료 결과와 비교하여 간접적으로 평가할 수 있다. 따라서 정도보증 단계에서 통계기법은 중요한 역할을 한다.

❷ **정도관리 (Quality Control, QC):** 정도관리 (QC)는 시료채취와 분석방법에 따른 결과의 재현성을 유지하기 위하여 사용되는 모든 기법으로 정의된다. 정도관리 시스템을 효율적으로 운영하려면, 운영여부에 대한 주기적인 감독 · 관찰 등 상시적 확인절차가 수반되어야 한다. 내부사정이 허락한다면 별도로 정도관리 담당자를 지정하고 운영하는 것이 바람직하다.

❸ **정도평가 (Quality Assessment):** 정도평가는 분석결과의 정확도를 추정하는 기법들로 이루어지며, 각종 분석결과에 대한 통계적 고찰을 통해, 궁극적으로 정도보증을 위한 정보를 제공한다. 여기서 정확도 (accuracy)란 정밀성 (precision)과 편중성 (bias)을 포괄하는 의미로 사용된다.

정도평가는 그 수행방법에 따라 내부평가와 외부평가로 구분된다. 내부 정도평가는 내부 표준물질, 분할시료, 표준첨가시료, 혼합시료 등을 이용하여 반복측정 및 재현성 평가를 주목적으로 한다. 내부평가는 다른 분석자 또는 다른 측정기기로 분석된 결과를 서로 비교함으로서 실험절차상의 안정성 검토가 가능하며, 다른 분석법으로 동일시료를 중복 분석함으로서 사용방법의 정밀도, 정확성에 대한 확신이나 방법상 편중성의 존재유무를 확인할 수 있다. 한편, 외부 정도평가는 내부평가에 쏟는 노력을 줄일 수 있으며, 자체적으로는 확인하기 어려운 오차를 줄일 수 있다. 또한 내부평가만으로 확인하기 어려운 구조적 오차 (systematic error)의 원인을 찾아낼 수 있어 측정의 정확도를 유지할 수 있다. 외부평가 방법으로는 공동분석계획에 참여하는 방법, 다른 실험실과 시료를 교환하여 분석하는 방법, 외부에서 제공된 표준물질을 분석하는 방법 등이 있다. 공동시험분석에의 참여는 다른 실험실과 분석기술을 상호 · 비교할 수 있는 기회가 되며, 실험실간의 시료교환 분석은 상대적 정확성 평가에 도움이 된다. 또한 적절한 표준시료의 활용으로 전체 측정분석과정 중 내재된 불확실성의 원인을 평가할 수 있다.

14-2-3 시료의 채취

분석자료의 질 (quality)은 전적으로 양질의 시료채취계획에 달려있다. 시료채취의 목적은 대상 모집단을 대표할 수 있는 표본을 얻기 위한 것이므로, 모든 **시료채취계획**은 상세히 계획되고 기록되어야 하며, 측정결과와 시료채취 프로토콜의 관련성도 명확하여야 한다. 시료채취를 위해 채취 지점과 시간 및 장소 선정의 이유, 그리고 변동요인에 대한 허용가능한 수준을 미리 결정하여야 한다. 시료채취 지점과 과정들에 대해서는 상세하게 기술하고, 방법론, 라벨링, 보관용기의 준비, 현장에서의 공시료 준비, 저장과 운반, 현장에서의 전처리과정 등을 포함하여야 한다. 또한 시료채취계획에는 다음 내용을 반드시 포함하여야 한다.

- 연구목적에 적합한 통계계획 및 해당 통계계획의 확실성과 불확실성
- 시료채취, 라벨링, 저장, 그리고 분석기기까지의 운반에 대한 교육
- 채취기술과 과정들에 대한 실험자의 개인적 학습

시료용기와 저장과정들은 분석대상물질의 안정성과 부합되어야 하며, 주변 환경조건에 따라 시료의 조성이 변화하지 않는다는 것을 입증하여야 한다. 만약 시료의 특성상 필요하다면 특별한 운반과정 (냉동, 빛 차단 등)을 함께 기술한다.

14-2-4 채취시료의 개수 결정

측정계획을 수립할 때 채취시료의 수를 결정하는 것은 쉬운 일은 아니다. 시료채취에 관한 프로토콜이 없다면, 측정당사자는 사전에 허용가능한 오차범위와 적절한 신뢰구간을 고려하여 최소 시료의 수를 결정한다. 환경시료들은 대부분 이질적이기 때문에, 일반적으로 의미 있는 자료를 얻기 위해서는 가급적 많은 시료를 확보하여야 한다. 시료들의 모집단에 대한 표준편차가 이미 알려져 있거나 경험적인 정보가 많다면, 통계적 추론으로 시료의 개수를 결정할 수 있다. 일례로 미국화학회 (ACS, 1980)가 제안한 방법은 다음과 같다.

$$N = (Z\sigma_n/E)^2 \tag{14.1}$$

여기서, N은 시료의 수, Z는 표준화 변수, σ_n는 각 시료의 표준편차, 그리고 E는 측정항목에 대한 평균 허용오차이다. 예를 들어, 측정시료들이 대략 0.05 ppm의 표준편차와 0.1 ppm의 평균농도를 가지고 95% 신뢰구간 (Z = 1.96)에서 평균치에 대한 허용오차가 20% (0.02 ppm)을 초과하지 않는다고 가정한다면, 또한 측정오차가 측정치와 비교해서 매우 작아 무시될 수 있다고 가정한다면, 필요한 시료의 수는 $N = [(1.96 \times 0.05)/0.02]^2 = 24$로 추정된다. 따라서 24개의 개별시료를 분석하거나 또는 그들을 합친 동질화된 복합성분

을 분석할 수 있다. 하지만 복합성분을 이용한 통계자료에서는 각 시료의 변동에 대한 어떠한 정보도 얻을 수 없으며 동질시료가 충분히 존재한다는 근거도 없으므로, 복합성분 1개의 시료분석은 의미가 없다.

현실적으로는 불행하게도 환경계의 미량원소 분석은 각 시료들의 표준편차가 알려져 있지 않고, 측정오차가 예측될 수 없거나 무시된 조건에서 수행되는 경우가 많다. 이 경우에는 계급간 표준편차 (σ_m) 및 계급내 표준편차 (σ_n)와 관계된 총괄표준편차 (σ_o)을 계산하는데, 다음과 같이 계산한다.

$$\sigma_o^2 = \sigma_m^2 + \sigma_n^2 \qquad \textbf{(14.2)}$$

여기서, σ_m은 동질 시료표본에 대해 중복측정치 (duplicate)와의 차이를 이용한 연계과정을 통해 얻을 수 있으며 (between samples), 이를 이용하여 각 표본내의 시료 (within samples)의 표준편차 (σ_n)를 계산할 수 있다. 이와 같은 계산과정에서 만약 다수의 측정치 (최소 7개 정도)에 바탕을 두지 않는다면, 표준편차는 과소평가될 수 있다. 이 경우, Z 대신에 Student-t 분포의 적절한 값을 사용한다. 또한 수식 (14.1)은 신뢰구간 내에서 평균치 계산을 위한 재현측정치 (replicate)의 수와 N을 추정하는 데 사용된다. 이 경우 σ_m는 그룹간 (between samples)의 표준편차를 의미한다.

시료의 최소 수 (N)를 추정하는 데 필요한 자료확보가 어려울 경우에는 경험적인 접근방식을 사용하는데, 이 경우 **N-N-N rule**이 유용한 지침으로 권장되고 있다. 이 방법은 현장시료 (field samples), 현장공시료 (field blank), 농도를 알고 있는 기지공시료 (spiked blank)를 동일한 수 (N)로 채취하여, 보정용 표준시료 및 제어용 시료 (calibrating standards and controls) 등과 함께 분석하는 방법인데, 미국농림부에서 살충제 잔류물 연구에 10-10-10 rule을 처음 적용하였다. 즉, 살충제 잔류물 연구에는 최소 10개의 시료, 10개의 현장공시료, 10개의 기지의 현장공시료의 분석이 필요하다는 의미이다. 7-7-7 rule은 하수와 폐수시료 분석 시 U.S.EPA가 사용을 권장한 바 있다.

14-2-5 시료의 전처리

시료채취가 완료된 후, 시료를 분석하기에 앞서 시료의 확인과 구분과정이 필요하다. 이때 라벨부착, 분류작업, 목록관리 및 자료저장 과정에 특별한 주의를 기울여야 한다. 또한 잠재적으로 간섭영향을 미칠 수 있는 물질의 출현으로 농도변화가 일어나지 않도록 주의한다. 시료의 전처리는 선별, 혼합, 분쇄, 또는 건조와 같은 물리적 처리와 용해, 방부제 첨가, 표준물질 첨가, 그리고 기타 물질의 첨부와 같은 화학적 처리를 포함한다. 어떤 처리를 하든 시료의 전처리는 다른 사람들이 재현할 수 있도록 상세히 기록하여야 한다.

14-2-6 분석과정

모든 시료의 분석은 사전에 문서화된 절차 (혹은 시험법)에 준하여 수행되어야 한다. 이때 측정과정의 숙지를 위해 충분히 예비실험을 해야 한다. 모든 분석과정은 임의적 오차와 구조적 오차를 줄이고 가급적 높은 회수율을 얻을 수 있어야 하며, 시료의 오염을 최소화하고 허용한도 이내의 재현성을 갖도록 주기적으로 보정하여야 한다. 또한 용기, 시약, 장비, 그리고 첨가된 내부 표준물질의 인위적 오염으로 인한 오차 가능성을 최소화하여야 한다. 특히 외부 오염원과의 차단 및 가능한 수작업을 최소로 줄이는 것이 미량원소을 분석할 때 핵심이 된다. 이와 같은 일련의 분석절차는 문서화하여 다른 사람들이 재현할 수 있도록 자세히 작성한다.

14-2-7 보정과정

양호한 분석결과를 얻기 위한 선결조건은 정확한 보정 (calibration)이다. 비록 최신 자동화 장비를 사용한다고 해도 보정과정은 분석단계 중 항상 부주의가 생기기 쉬운 부분이다. 특히 순수물질을 구하기 힘든 종분화 분석 (speciation analysis)의 경우 보정작업은 더욱 어려워진다. 일반적으로 보관용 보정용액 (stock calibrant solution)을 만들 때에는 2개의 용액을 각각 독립적으로 만들어 상호 타당성 검사를 하는 것이 좋다. 또한 용액을 희석할 때도 검증을 위해 2개의 용액을 제조해야 한다. 이 때 보관된 보정용액은 새로 제조된 보정용액을 검증하는 데 이용된다. 비록 보정용액이 안정하더라도 보정용액은 반드시 사용 전에 제조하여야 한다.

현실적으로는 모든 경우를 만족시키는 보정은 없다. 모든 보정은 검량선의 직선성 및 주입된 표준물질의 화학적 조성 등과 관련이 있다. 보정방법을 선택할 때도 순수 보정용액의 사용, 분석성분에 적합한 용액 혹은 표준물질 첨가 등에 세심한 주의를 기울여야 한다. 크로마토그래피를 이용할 경우, 적절한 내부 표준물질의 사용은 중요한 사안이다. 보정용 **검량선 작성**에 있어서 최소 5개 서로 다른 수준의 표준물질에 대한 농도를 3회 반복 분석하여야 한다 (ACS, 1980). 이때 선택된 표준용액의 농도는 실제 예상되는 농도범위를 충분히 포함하도록 결정되어야 한다.

14-2-8 분석방법의 성능평가

분석측정의 **정밀성** 혹은 재현성은 실험조작의 숙련도, 입증된 방법의 적용, 그리고 고성능 기기의 사용유무에 크게 의존한다. **정확성**은 SRM (standard reference materials) 혹은 CRM (certified reference materials)의 사용과 실험실간의 비교로 평가될 수 있다. 이때 표준물질의 출처, 구성, 순도는 반드시 평가되어야 한다. 표준물질의 순도는 반드시 기록되어야 하며, 순도에 영향을 미치는 방해요인도 사전에 파악되어야 한다. 또한 분석기간 동안 시간에 따른 표준물질의 조성변화 가능성 역시 검토되어야 한다. 어느 정도의 부정확성은 항상 존재하므로 오차를 최소화할 수 있는 방안이 요구된다. 이를 위해 분석과정은 단순 · 간결하여야 하며, 오차유발 가능 실험변수들은 면밀하게 관측 · 평가되어야 한다. 오차는 외관상 작은 환경변화에도 민감하게 반응하여 발생할 수도 있다. 한 예로, 실험실 온도, 습도, 또는 액체 크로마토그래피에서 운반용 액체에 첨가된 특정물질의 용해도에 대한 민감도 등에서 발생할 수 있다. 분석에 사용되는 시약, 용매, 화학물질 및 초자류의 순도는 반드시 QC/QA의 일부로서 관리되어야 한다. 분석방법에 따라서는 공시료, 표준시료, 기지시료 (spiked sample)에 대한 주기적인 분석을 통해 분석과정을 검토하는 경우도 있다. 방해가능물질 혹은 간섭물질 등에 대한 내용은 사전에 검토되어야 하며, 예비실험을 통해 이들 요인이 파악된다면 본 실험 이전에 적절한 대응책을 강구하여야 한다.

14-2-9 분석에 필요한 시료의 종류

미량분석의 적절히 수행하기 위해서는, 시료범주에 따라 매번 다음과 같은 6개 (혹은 7개) 자료들을 필요로 한다.

- calibration standards
- field blanks
- spiked field blanks
- spiked laboratory blanks
- working standards
- field samples
- spiked field samples set (optional)

이들 시료들의 사용은 측정절차의 타당성을 확인하는데 도움이 된다. 만약 보정용 표준물질이 안정하고 회수율이 우수하다면, 더 많은 시간을 실제시료와 현장공시료 (field blanks)를 측정하는데 할애할 수 있다. 분석절차가 복잡하고 과정이 많을수록 측정치의 변동은 증폭되기 때문에, 측정절차의 성능평가를 위해 미리 농도를 알고 있는 기지시료 (spiked sample)와 미지시료를 이용하여 회수율과 변동률을 관측할 필요가 있다. 성능평가는 농도나 질량이 잘 알려져 있는 보정용 표준시료를 사용하고 가능하다면 SRM을 사용하도록 한다. 공시료 (blank), 제어용시료 (control), 그리고 현장시료의 측정빈도와 순서는 각 방법론 또는 측정목적에 따라 다를 수 있다.

14-2-10 자료의 획득과 취급 및 처리

자료의 전산처리, 자료의 채택 및 자료수의 축소, 그리고 자료저장 시스템은 현대식 측정분석 시스템의 중요한 부분들이다. 컴퓨터를 이용한 첨단전산시스템은 자료처리를 쉽게 하고 잘못된 계산상 오류를 방지해 준다. 하지만 컴퓨터 소프트웨어를 포함한 모든 전산시스템의 정상적 가동을 확인하기 위해서는 정기적으로 알고 있는 기존자료를 사용하여 점검하여야 한다.

14-2-11 측정결과의 변동성 평가

측정자료의 질 (quality)을 판단하는 2가지 요소는 정밀성과 정확성이며, 이 요소들은 모두 독립적이며 가변적이다. **구조적 오차** (systematic error)는 정확성에 영향을 미치며, **임의적 오차** (random error)는 재현성에 영향을 미친다. 표준물질을 사용하여 분석한 결과치의 변동이 클 경우, 구조적 오차 발생에 대한 의문을 가져야한다. 정밀성과 관련한 변동 유무는 모든 과정에서의 구조적 오차문제가 해결된 상태에서만 판단할 수 있다. 즉, 구조적 오차를 제외한 잔여 변동은 임의적 오차로 발생한 한 것으로 간주하고, 그 실험의 정밀성으로 판단한다.

아래 내용은 시료에 대한 측정기기의 감응 및 그 변동정도, 그리고 분석결과치의 통계적 유의성을 평가하는데 도움이 된다. 어떤 시료에 대한 분석치가 결정될 때 관찰된 총감응신호 S_t는 분석대상물질 x로 인한 기기감응 S_x와 배경 (background) 또는 공시료에 의한 감응신호 S_b를 합한 것으로 정의된다. 즉,

$$S_t = S_x + S_b \tag{14.3}$$

여기서, S_b 값은 별도로 공시료를 측정하여 얻을 수 있다. 한편, 순수 분석대상물질의 감응신호는 그 차이로 추정될 수 있다

$$S_x = S_t - S_b \tag{14.4}$$

분석대상 순수물질의 농도 C_x는 반응함수, $S_x = g(C_x)$를 사용하거나 보정선 (calibration curve)를 이용하여 계산할 수 있다. 분석치의 상대변동은 분석물질의 농도가 낮을수록 증가하는 경향이 있다. 일반적으로 자료의 신뢰도는 3가지 수준, 즉 결정수준 (determination), 검출수준 (detection), 불확실 검출수준 (uncertain detection)으로 구분할 수 있다. 기기의 절대적 변동 (σ)은 추정된 순수 기기감응 Sx의 표준편차로 표시된다. 이러한 변동성은 최소 10개 이상의 분석치를 바탕으로 구하고 있다. 특정 기기의 변동 s에 대해서 분석대상물질의 농도변동 c는 대응함수인 $S = g(C)$를 이용하여 결정할 수 있다.

14-2-12 검출한계 추정

검출한계 (LOD: limit of detection)란 특정 분석과정에서 신뢰성을 가지고 검출되는 특정 분석대상물질의 최저농도로 정의된다. **분석감도** (sensitivity)는 분석물질의 농도변화에 대한 분석기기의 반응 변동비로서 검량선의 기울기에 해당된다. 따라서 분석감도와 검출한계를 혼동하지 말아야 한다. 대부분 기기분석의 분석한계는 분석대상물질의 감응도 St, 현장공시료의 감응도 S_b, 그리고 현장공시료의 변동 b 사이의 상관관계에 기초하여 결정되며, 검출한계는 분석대상물질의 S_t가 S_b를 어느 정도 초과하느냐에 따라 다양하게 정의된다.

$$S_t - S_b \geqq K_d\,\sigma \tag{14.5}$$

만약 현장공시료가 쓸모 없거나 공시료 없이 시료만 채취한 경우, 검출한계는 실제 분석하여 얻은 피크 또는 예상피크에 가까운 기저선 (base line)에서 얻은 실제피크와 잡음피크 (noise peak)를 근거로 추정한다. 이때 일반적으로 K_d 값 (즉, 신호/잡음 비: signal-to-noise ratio)을 3으로 사용한다. 따라서 검출한계는 공시료에 대한 기기감응 값의 3σ 지점에 위치한다. 수식으로 표현하면, $S_t \geqq S_b + 3\sigma$이다. 일반적으로 $K_d = 3$인 최소값을 적용하였지만, 때로는 3 이상의 K_d 값을 적용하는 경우도 있다. $K_d = 3$이란 의미는 7%의 양의 오류 (실제로는 분석물질이 전혀 없는데도 검출되는 경우) 혹은 7%의 음의 오류 (실제로는 분석물질이 있는데도 없는 것으로 나타나는 경우)를 범할 위험이 있다는 뜻이다.

평균값에 대한 정밀성은 전체자료수의 제곱근과 반비례 관계이므로, 시료의 반복측정은 정밀성을 직접 향상시킬 수 있는 방법이다. 따라서 검출한계 이상의 영역에서 반복분석

된 시료의 분석결과가 잘 일치한다면, 실제 해당 분석물질이 검출될 가능성이 높다는 의미이다. 그러나 이러한 결과는 일종의 통계적 속임수이므로, 실제로는 또 다른 독립적인 분석법으로 일관성 있는 결과를 얻어야 유효하다.

14-2-13 정량한계 추정

분석농도에 대한 수치적인 유의성은 분석기기의 반응 값이 LOD에서 멀어질수록 더욱 확실하게 나타난다. 따라서 농도로 환산한 정량의 최저기준은 이론적으로 검출한계와 같거나 그 이상이 되어야 한다. 검출한계와 유사하게, **정량한계** (LOQ: limit of quantitation)는 아래 수식과 같이, 측정된 공시료의 평균치를 충분히 상회하는 영역에서 결정된다.

$$S_t - S_b \geqq K_q \, \sigma \tag{14.6}$$

일반적으로 정량한계에서는 $K_q = 10$을 많이 사용한다 (ACS, 1980). 이때 3 이하로 정의된 기기검출한계 이하의 자료에 대해서는, 괄호 안에 주어진 검출한계와 함께 "검출되지 않았음 (ND: not detected)"로 표현하여야 하며, 검출영역 내에 포함되는 검출치는 괄호 안에 검출한계와 함께 수치로서 보고되어야 한다. 흔히 미량물질의 분석 시 LOD와 LOQ 사이의 불확실성이 높은 영역에서 검출된 자료는 미량 (trace amount)이라는 의미로 농도치 옆에 "T" 혹은 "tr"을 부가하여 표시하기도 한다.

14-2-14 분석결과에 대한 정성적 확인

하나의 시료에서 분석성분의 정성적 특성은 표준물질에서 분석된 것과 동일하게 입증되어야 한다. 이러한 개념은 초기 사용된 분석방법과는 다른 분석원리 혹은 방법에도 적용되며, 그 확인절차는 선택성이 높아야 하며, 분석물질의 특성을 명백히 밝혀야 한다. 예를 들어, 어떤 GC/MS (예, quadropole type)로 분석한 시료의 정성결과는 다른 조건 혹은 유형의 GC/MS (예, ion trap)로 정성한 결과와 동일하여야 한다.

14-2-15 회수율

회수율은 기지농도의 표준물질을 주입한 시료를 분석하여 결정되며 아래와 같이 정의된다.

$$\%\ \text{Recovery} = \frac{C(found)}{C(added)} \times 100 \tag{14.7}$$

여기서, C(found)는 기지의 농도시료 (spiked sample)을 분석했을 때의 농도이다. 회수율이 높다는 의미는 회수되는 시료의 가변성이 낮다는 것이다. 역으로 회수율이 떨어지면, 측정결과는 그 농도수준에서 나타나는 실제 회수율의 재현성에 영향을 받는다. 회수율을 측정할 때 비록 같은 양이 주입되더라도 공시료에 함유된 분석물질의 농도는 달리 변동한다는 사실을 알아야 한다. 따라서 가능하면 모든 분석물질의 농도가 알려진 균질의 표준시료의 실험도 함께 실시하는 것이 좋다. 하지만 현실적으로 특수 시료나 표준물질은 아직도 부족한 실정이므로 미량 유기물을 분석할 때 가장 큰 어려움 중의 하나가 될 수 있다. 만약 정확도와 정밀도가 미리 설정된 목표 신뢰한계에 도달한다면, 비록 회수율이 낮더라고 회수율을 보정하여 실제농도 값으로 환산할 수 있다. 그러나 대체로 회수율이 60% 이하인 경우에는 신뢰성 있는 자료로 간주하기 어렵다 (ACS, 1980).

14-2-16 분석결과의 확인 및 검증

측정결과의 신뢰성 여부는 잘 마련된 프로토콜 (protocol)의 모든 조건을 엄격하게 이행하였는지에 달려있다. 이러한 프로토콜에는 시료 채취절차, 측정, 확인, 타당성 평가 등에 필요한 사항을 포함한다. 이 사항들이 프로토콜에 잘 갖춰 있어도 모든 분석결과는 비판적으로 다시 검토하여야 한다. 만약 검토과정에서 의문점이 발생하면, 새로운 표준물질을 사용하거나 또는 추가적인 확인절차를 수행해야 하며, 분석시료의 수가 많을 경우에는 중복채취된 부시료 (duplicated subsample)를 전자와 동일한 방법으로 분석하고, 세 번째 (가능하다면) 부시료는 다른 분석방법으로 분석하는 것도 좋은 방법이다. 최종적으로 이 3가지의 결과가 허용범위 내에서 일치할 경우 해당 분석물질이 존재한다고 간주할 수 있다. 한편, 측정 신뢰성은 실험실간의 비교를 통하여 향상될 수 있다. 이 과정은 정도보증(QA) 과정에서 매우 중요한 요소이다. 따라서 중요한 의사결정 과정에 사용될 자료들에 대해서는 실험실간의 상호비교 측정이 요구된다.

14-2-17 자료의 처리 및 보고

측정결과는 보고과정에서 왜곡되지 않아야 한다. 이때 유효숫자의 처리와 자료의 통계처리에 따른 결과해석에 주의를 기울여야 한다. 통계처리된 자료에는 반드시 평균값을 포함하여야 하며, 자료의 개수와 표준편차를 제공하여 해석상 불확실성을 배제하여야 한다. 특히 개별 시료의 농도값, 공시료, 회수율, 평균과 상대표준편차 (RSD) 사이의 관계를 명백히 표현하여야 한다. 평균값은 표준편차 (혹은 95% 신뢰구간)와 함께 제시하는 것이 좋다.

14-2-18 보고서의 작성

모든 보고서는 실험결과의 산출과정이나 불확실성 추정에 대한 의문을 해소시키는 정보를 제공하여야 한다. 즉 보고서 자체만으로 충분히 재현가능할 정도의 정보가 제공되어야 한다. 새로운 방법론을 사용할 경우, 그 방법론 자체와 관련한 검토자료를 상세하게 명시하여야 한다. 또한 기존 방법론을 이용할 경우, 참고문헌을 명시하여 해당 방법론 혹은 검증을 충분히 거친 방법론도 이미 검증되었다는 사실을 밝혀야 한다. 어떤 분석물질이 어떤 과정을 거쳐 농도 값이 산출되었는지의 계산과정을 예시하는 것도 중요하다. 공시료, 제어시료, 기지농도 시료의 원자료 (raw data)도 적절하게 포함하여야 한다. 원자료는 시료명, 운반시 시료번호, 시료의 초기질량, 추출량, 시료의 최종질량, 분석에 사용된 양, 기기의 반응결과, 분석물질의 질량, 그리고 최종농도 등의 정보를 적절히 포함하여야 한다. 또한 모든 실험기록이나 그 복사본을 보관하여야 한다. 이외에도 최종보고서에는 분석과정 중에 발생할 수 있는 간섭 혹은 방해요인에 대한 설명을 포함하여야 한다. 공시약 (reagent blank),

세척과정, 그리고 첨가물이나 빛 혹은 시간에 따른 영향 등이 간섭을 일으킬 수 있는 요인이다. 간섭요인에 대해서 조사할 때는 그 결과를 표로 만들고 또한 특정 간섭효과가 없을 경우에도 이를 기술하여야 한다.

14-3 대기시료 채취와 분석에 있어서 QC/QA의 일반원리

우리주변 모든 물질의 측정치는 불확실성을 가지고 있다. 그러나 세밀한 관측으로 불확실성의 성격과 크기가 파악된다면, 이를 유발하는 주요 변수들을 통제하여 불확실성의 허용한계를 줄일 수 있다. 이러한 측정자체의 오차와 더불어 시료 사이의 물리적 혹은 화학적 영향이나 간섭 등으로 우리가 인식하지 못하는 오차가 부가될 수 있다. 대부분의 경우 측정값의 절대 참값은 구할 수 없다. 단지 참값은 다른 표준물질과의 비교을 통해 산출될 수 있으며 이때 원하는 참값에 대한 판단근거는 반드시 정립되어야 한다. 측정장치에서의 오차발생 역시 피할 수는 없다. 그러나 비록 측정치에 내재된 불확실성을 완전히 제거할 수는 없지만, 참값의 예상치나 측정오차의 범위를 신뢰성 있게 추정할 수 있어야 한다. 이 절에서는 먼저 대기시료 측정 시에 유발되는 구조적 오차와 임의적 오차의 평가와 제어방법을 우선 고려하고, 이를 바탕으로 시료채취와 분석에 있어서 QC/QA 수행 및 자료의 신뢰성 검토를 위한 기본적 원리를 논의하고자 한다.

14-3-1 QC/QA의 개념과 원리

시료채취와 분석에 관계된 QC 프로그램은 분석과정에서 구조적 오차를 감지하고 그러한 오차의 재발을 방지함으로서 다음 분석의 정확도와 정밀도를 확신하기 위한 체계적인 접근방식이다. 분석결과의 정확도와 정밀도의 향상에 대한 신뢰는 구조적 오차의 원인파악에 의해서 평가된다. 정밀도는 시료채취단계나 분석단계에 내재되어 있는 임의적 오차에 의해서 좌우되며 통계적 기법으로 평가될 수 있다. 어떤 분석결과를 채택하기 위해서는 모든 단계가 정밀해야 하며 편중성 (bias)이 없어야 한다. QC계획은 반드시 전체분석 과정에 대한 관리뿐만 아니라 기기에 대한 관리도 포함하여야 한다. 여기서 자료의 질 (quality)은 반드시 측정되어야 할 특성이라는 개념에서 정의되며, control은 구조적 혹은 임의적 변동을 유발하는 원인을 제어할 목적으로 사용된다. 따라서 QC의 기본적인 개념은 다음과 같은 사항들을 포함하고 있다.

- 정확성을 얻기 위한 보정 (calibration)
- 정밀한계를 평가하기 위한 반복분석 (replication)
- 정확성을 확인하기 위한 정량적인 검증시험간의 상관성

따라서 QC계획의 평가는 다음과 같은 다양한 매개변수의 평가를 포함하게 된다.

- 분석장치와 분석기기
- 분석자의 숙련도

- 분석결과의 예상되는 범위
- 분석방법의 정밀성
- 오차의 경향을 파악하기 위한 정도관리 차트
- 실험실에서 시료의 보전과 관리에 관한 절차와 기록

한편, QC에 의해서 직접적으로 영향을 받는 조작 단계는 아래와 같다.

- 시료채취기술
- 시료의 보전 (시료의 구분, 운반 및 저장상태, 시료의 오염, 시료의 손실)
- 분취단계 및 희석단계 (필요할 경우)
- 물리적 혹은 화학적 농축, 분리, 그리고 정제과정
- 기기조작 및 자료획득 과정

14-3-2 통계적 QC 방법

한 실험실에서의 분석작업이 고도의 일관된 수준에서 이루어지고 있을 때, 분석결과의 변동은 임의적인 것으로 간주할 수 있으며 이들 자료의 변동양상은 통계적으로 예측할 수 있다. 통계적 QC 방법은 분석결과의 변동을 분석하여 우연한 (random) 원인으로부터 구조적 원인을 발췌하고 분리하는 것을 가능하게 한다. 또한 자료의 불확실성은 직접 QC 프로그램에 적용이 가능한 기존의 통계적 확률분포에 의해서 정량화 될 수 있다. 예를 들어, 분석자료에서 구조적 변동 (systematic variation)이 없다고 판단되면, 필요한 자료에 대해서는 일반적인 통계분석 기법 (회귀분석, t-test, F-test, ANOVA 등)이 적용될 수 있다. 이와 같이 통계적 QC 방법론은 기본적으로 확률법칙을 분석과정 전반을 하나의 시스템으로 보고 적용하는 것이다. 따라서 한 실험실 내에서 통계적 자료관리가 적절히 수행되고 있을 때에는 산출된 분석결과가 반드시 정확하지 않더라도 어느 정도의 정밀성은 평가할 수 있다. 이와 같이 통계적 QC 방법론은 주어진 측정분석 절차가 통계적 제어 상태에 있을 경우나 시료채취, 기기사용, 그리고 전반적인 분석과정을 포함하는 지속적인 QC 수행을 통하여 분석방법의 타당성을 확증할 수 있을 때 불확실성을 가장 효과적으로 지적할 수 있다.

실험실에서 어떤 분석방법이 통계적 자료관리 체제하에 있다면, 분석대상 성분이나 방해물질에 대하여 안정하고 균질한 상태의 참조물질을 분석한 결과를 이용한 자료관리차트를 마련하여야 한다. 이러한 차트는 분석방법의 결과를 실시간에 해석하는 방법 (예, Shewhart-chart)이나 분석방법에서 발생할 수 있는 변동을 추적할 수 있는 방법 (예, Cusum-chart) 등 도해적 방법을 제공하기 때문에, 분석결과의 재현성이나 분석방법의 정밀성 평가에 매우 유용하게 사용될 수 있다. 분석물질의 농도를 미리 알고 있는 SRM 혹은 CRM과 같은 참조물질의 사용은 정확성을 평가하는데 도움을 줄 수 있다. 이들 시료의 성분은 미지의 성분과 일치해야 하며, 이때 일치성이란 분석물질을 방해하거나 간섭하는 모든 성분의 조성을 포함하여야 한다는 것을 의미한다. 그러나 현실적으로 미지시료와 일치하는 제어시료를 확보한다는 것은 어려우므로 표준참조물질을 이용한 재현성 혹은 정확성의 평가가 QC/QA 차원에서 충분한 조건은 아니다.

14-3-3 QC 차트

분석기기 혹은 장치의 상태변화는 분석과정과 절차의 특성상 불가피하다. 그러나 만약 그 변동경향이 안정적이면, 그 절차나 과정은 통계적인 제어상태 하에 있다고 간주할 수 있다. 통계적인 관점에서 보면, 이러한 경향을 벗어난 자료들은 그 자체로 변동요인을 파악할 수 있는 단서를 함축하고 있다. 이러한 측면에서 QC 차트는 여러 가지 구조적 원인을 분리할 수 있는 수단을 제공해 준다. **QC 차트**는 원래 대량 제조공정에서 지속적으로 발견되는 편중성 (bias) 유무를 관찰하기 위해서 품질관리 차원에서 개발된 통계적 개념이다.

QC 차트를 이용할 때 몇 가지의 가정이 전제되어 있다. 가장 중요한 가정은 변동이 존재할 것이라는 것이다. 그 자체 완벽한 분석절차는 존재하지 않으며, 주변환경에 영향을 전혀 받지 않고 분석할 때마다 늘 같은 결과를 얻을 수는 없다. 분석측정 기기는 항상 만족할 만한 수준으로 제어되지 않으며 분석을 수행하는 사람 역시 항상 오차 없이 작업을 수행할 수는 없다. 분석과정에서 나타나는 변동의 발생원인은 매우 다양하나 대체로 요약하면 ① 분석수행자의 차이, ② 분석기기의 차이, ③ 실험재료의 차이, ④ 시간경과에 따른 이들 항목의 변화 등을 들 수 있다. QC 차트를 이용하면 아래와 같은 여러 가지 기능을 수행할 수 있다.

- 자료의 질 (quality)에 대한 허용기준을 경험적으로 측정하고 규정할 수 있다.
- 설정된 정도관리 허용기준을 달성할 수 있다.
- 설정된 정도관리 수준에서 분석방법의 성능을 유지할 수 있다.

14-3-4 측정오차의 종류

측정에 관련되어 나타나는 실험오차는 **구조적 오차** (systematic error) 혹은 **임의적 오차** (random error)로 구분된다. 모든 분석방법은 오차를 포함한다. 임의적 오차는 분석자료에서 예측할 수 없는 임의적인 기복을 보이는 반면, 구조적 오차는 일정하게 반복된다. 이와 연관하여 정확성 (accuracy)과 정밀성 (precision)의 개념은 명료하게 정의되고 정확하게 사용되어야 한다. **정확성**은 분석절차에 의해서 회수되는 성분의 양과 실제 존재하는 성분의 양과의 관계이다. 산출된 결과가 정확하기 위해서는 분석결과가 참값에 가까운 수치를 제공해야 한다. **정밀도**는 일련의 측정과정 중에 나타나는 구조적 오차의 결과에 따른 참값으로부터 변화의 크기는 고려하지 않고, 일정하게 조절된 상태에서 균일한 시료에 대해 반복적으로 분석을 수행할 때 나타나는 분석방법의 변동성을 의미한다. 즉, 정밀성은 반복 측정된 결과들 사이의 일치성, 혹은 어떤 주어진 조건하에서 하나의 시료를 대상으로 반복 측정된 결과가 이전의 결과와 얼마나 잘 일치하는가를 평가하는 것으로서 좁은 의미에서는 재현성으로 혼용되어 사용된다.

14-3-5 구조적 오차의 발생원인과 제어방법

참값과의 차이를 표현하기 위해 사용되는 용어들, 즉 determinate 오차, assignable 오차, 그리고 systematic 오차는 모두 동일한 용어로 간주해도 좋다. 이와 같은 구조적 오차는 비록 분석이 정밀하게 수행된다고 하더라도 부적절한 표준용액의 사용, 부정확한 부피측정 혹은 부정확하게 교정된 기기를 사용할 때 발생할 수 있다. 분석절차상 어쩔 수 없이 내재되어 있는 방법론적 오류는 가장 심각하면서도 교정하기 힘든 오차발생 원인이다. 분석담당자에 의해 발생가능한 오차의 원인은 지속적인 부주의나 분석방법에 대한 미숙, 측정자의 편견, 오염되거나 부적절한 시약의 사용, 그리고 대표성 없는 시료의 채취, 그리고 확실하게 교정되지 않은 표준물질이나 기기의 사용 등을 들 수 있다.

❶ **구조적 오차의 유형:** 구조적 오차에는 두 가지 유형이 있다. 하나는 부가적 오차(additive error) 오차로서 이 유형의 오차는 시료 중 성분의 양에 상관없이 평균 오차가 일정한 값을 가질 때 발생한다. 이 경우 이론 값과 분석 값에 대하여 회귀분석을 하면 절편은 0이 아닌 다른 값을 갖는다. 또 다른 유형은 비례적 오차 (proportional)로서 이 오차의 크기는 시료 중 성분의 양에 따라 달리 나타나는 경우로서, 이론 값에 대한 분석된 값의 회귀에서 절편은 원점을 통과하지 않을 뿐만 아니라 회귀식의 모양이 직선형이 아닌 곡선형을 나타내며 기울기도 1.0과는 다른 값을 갖는다.

❷ **회수율의 측정:** 기지농도의 시료로부터의 회수율 측정시험을 통하여 구조적 오차의 유무를 파악할 수도 있다. 이 기술은 특정시료에 대한 특정 분석방법의 적용가능성을 평가하는데 유용할 뿐만 아니라, 자료의 QC 측면에서도 매우 유용한 정보를 제공해 준다. 회수율 평가실험은 공시료나 중복 채취된 현장시료 그리고 일정수준의 알고 있는 양을 주입한 기지시료에 적용할 수 있다. 이때 구하고자하는 분석대상물질은 반드시 검출한계 범위를 초과하는 양이 주입되어야 한다. 어떤 분석방법에서 대상물질의 회수율은 아주 높거나 아주 낮을 수도 있다. 그리고 이러한 회수율은 오차를 줄임으로 100 %에 근접할 수도 있으며 정량범위의 상한에 근접할 수도 있다. 허용오차 수준이 큰 미량분석의 경우에는 검출한계 부근의 저농도 시료들에 대해서 회수율이 낮게 나타날 수 있다. 그러나 회수율이 지나치게 낮은 방법은 분석과정에서 시료손실이 과도하다거나 그 방법자체에 기술적인 타당성에 문제가 있을 수 있다.

❸ **QC 차트의 이용:** QC 차트를 이용하면 오차의 경향과 변화를 파악할 수 있어 구조적 오차를 평가할 수 있다. 표준물질을 주입한 시료로부터 표준편차를 계산하여 분석대상물질의 오차허용한계 (보통 표준편차 3)를 추정할 수 있으며, 이 범위를 초과하는 경우 구조적 오차가 있다고 판단하게 된다. QC 차트는 기지농도의 시료나 회수율 측정이 불가능한 시료에 대해서도 적용할 수 있다. 이때 참조 값으로는 표준시료 혹은 유사시료에 대한 반복측정을 통해 얻은 평균치를 이용한다.

❹ **표준참조물질의 이용:** 만약 분석결과를 도출하는 전체 과정을 추적할 수 있다면, 분석결과는 QC측면에서 매우 우수한 것으로 간주된다. 정의에 의하면, 측정자료의 추적가

능성은 측정과정에 기본적인 분석장치와 이에 관련된 일련의 보정단계에 달려있다. 대부분 화학분석에서 시료는 추출 · 용해과정이나 소성과정 등에 의해서 물리적으로 파괴되기 때문에, 일련의 보정단계는 상호간에 단절되게 된다. 따라서 총체적인 추적가능성의 여부는 시료 처리과정에서 손실이나 인위적 오염이 얼마나 심각한가에 달려 있다. 추적가능성을 보장하기 위해 실험실에서 해야 할 가장 간단한 방법은 신뢰할 만한 절차를 거쳐 순도(혹은 농도)가 검정된 참조물질 (CRM)을 사용하여 분석과정의 타당성을 확인하는 것이다. 한 실험실에서 자체적인 분석절차를 거쳐 표준물질을 분석한 후 그 분석결과가 검증된 값(certified value)과 다른 경우, 그 분석과정에 어떤 형태의 오차가 내재되어 있음을 의미한다. 미지의 시료에서 얻은 정확성에 대한 결론은 항상 보존성을 가진다. 즉 CRM에 대해 잘못된 분석결과를 얻었다면, 미지시료에 대해서도 적절하게 분석되지 않았음을 의미한다. 따라서 훌륭한 QA를 위해서는 CRM을 가능한 한 많이 이용하는 것이 바람직하다. 이와 같이 SRM 혹은 CRM은 아래와 같은 목적에 적합한 특징을 가지고 있다.

- 한 실험실에서 얻은 분석결과의 정확성 검증
- 분석방법의 운영상태 감시
- 시료성분들과 유사한 보정물질을 필요로 하는 분석기기의 보정 (예, XRF, XRD 등)
- 서로 다른 분석방법들 사이의 호환성 혹은 동등성 평가
- 공시된 표준방법 (예, ISO 등)의 적용 후 발생할 수 있는 오차의 원인 분석

⑤ 내부표준물질의 이용: 내부표준물질을 사용하면 기기 내의 전기적 혹은 기계적 변동을 감지할 수 있다. 내부표준물질 방법은 기지 량의 표준물질을 일반 현장시료의 분석조건과 동일한 상태에서 분석기기로 주입하는 것을 말한다. 분석대상물질의 농도는 내부표준물질의 기기 감응도와 측정 대상물질의 감응도의 비를 이용하여 계산할 수 있다. 분석조건은 내부표준물질과 분석대상물질에 동일하게 영향을 주므로 어떤 변화에 대해서도 대처가 가능하다. 일반적으로 내부표준물질은 분석성분과 화학적 조성이 유사하고, 예측되는 시료의 농도와 유사한 수준을 가져야 하며, 분석대상물질의 검출에 영향을 주지 않는 순수한 물질이어야 한다.

⑥ 방해요인의 점검: 측정분석에 있어서 방해 혹은 간섭이라는 용어는 분석대상물질이 아닌 다른 이물질 혹은 분석기기 내부물질과의 반응 등으로 인한 오차의 발생을 의미한다. 신뢰성 있는 분석절차는 이러한 간섭이나 방해요인을 반드시 예측하고 최소화하여야 한다. 소량으로 분취된 시료는 희석을 통하여 간섭영향을 제거하거나 억제시킬 수 있다. 이때 분석대상물질의 농도 역시 감소될 수 있으므로 검출 저한계 이상의 농도를 유지하도록 주의하여야 한다. 어떤 경우에는 간섭의 크기를 회수율 평가를 통해 파악할 수도 있다. 기지의 량이 spike된 시료에 대한 실험결과, 회수율이 100% 이상이면 양의 간섭이, 100 %이하이면 음의 간섭이 있다고 한다.

14-3-6 임의적 오차의 발생원인과 제어방법

비록 모든 구조적 오차가 시료채취 중이나 분석장치에서 제거되었다 하더라도, 반복분석 결과는 반드시 동일하게 나타나지는 않으며 그 차이는 **임의적 오차**에 의해서 발생한다. 환경시료는 그 자체로 매우 다양한 변이성을 가진다. 따라서 통계적 방법으로 정밀성의 크기를 정량할 수 있다. 측정결과들의 일치-불일치의 평가는 조절된 조건하에서 반복적으로 주어진 시료를 분석하여 확인할 수 있다. 이렇게 반복 분석된 결과의 표준편차는 임의변동에 대한 정보를 제공해 준다.

임의적 오차의 분포함수와 평가방법: 환경시료의 농도자료가 정규분포를 따르지 않거나 분석결과가 정상이 아니라면 곡선은 기울어지거나 봉우리가 하나 이상으로 나타날 수 있다. 이러한 경우 산술평균은 오도될 것이며 편차의 범위에 따라 자료로부터 신뢰할 수 없는 결과가 산출될 것이다. N개 측정치의 최대값과 최소값의 차이는 표준편차와 밀접하게 관계되어 있다. 시료를 반복적으로 분석함으로써 잘못 사용한 분석방법, 시료채취 시 심각한 오차, 표준화 및 교정의 부정확성, 그리고 개인의 실수 등을 검출할 수 있다. 그러나 오차가 시료 채취 중에 발생했는지 아니면, 분석 중에 발생했는지에 대한 답은 2개가 아닌 3개 이상의 동일한 시료를 분석했을 때만 파악할 수 있다. 임의적 오차의 정도를 평가할 때 실험실간의 협조연구에 참여하는 것은 대상실험실의 운영상태를 평가하는데 도움이 될 수 있다. 중복 채취된 시료에 대한 반복 분석은 실험실내 혹은 실험실간의 정밀성을 제어하거나 결정하는데 결정적인 도움이 된다 (백성옥 등, 1998). 이때 일반적으로 재현성을 평가하기 위해서는 전체시료 수의 약 20% (최소 20개 정도)는 분석되어야 하며 장기간의 정확도 관리를 위해 가능하다면 표준물질을 주기적으로 분석하여야 한다. 요약하면, 다자간 상호 비교분석은 결과자료의 타당성 확인뿐만 아니라, 한 실험실에서 적용하고 있는 분석방법이나 분석절차들을 평가하기 위한 아주 유용한 수단이다.

14-3-7 실험실간 QC/QA 수행계획

실험실간 연구 (interlaboratory comparison study)에 참여하는 것은 구조적 오차를 추적하는데 아주 유용한 방법이다. 여러 실험실이 실험실간 연구에 참여하면, 각 실험실은 흔히 그 실험실의 운영상태뿐만 아니라, 실험실간의 서로 다른 시료 전처리과정이나 분리기술, 최종시료의 정성, 정량방법들에 대한 정보를 교환할 수 있다. 만약 실험실간 연구결과가 잘 일치하고 통계적으로도 이상이 없을 경우, 합동으로 얻은 분석결과치가 참값에 가장 잘 부합한다고 간주할 수 있다. 따라서 대부분의 실험실간 비교연구는 다음과 같은 목적을 두고 수행한다.

- 많이 이용되는 분석방법의 오류 (pitfall) 추적, 실제적인 분석방법의 수행 확인 또는 새로 개발된 분석방법의 유용성을 평가하기 위해
- 한 실험실이나 아니면 실험실 어느 한 부분에 대한 quality 측정을 위해
- 상호간 습득과정 (learning process)을 통하여 각 실험실의 quality 향상을 위해
- 참조물질 (reference material)의 구성성분을 확인하기 위해

❶ **정밀성 향상을 위한 실험실간 QC계획:** 내부표준물질의 사용, 회수율 점검, 일상적인 결과의 통계적 평가와 더불어 실험실은 표준참조물질을 이용하여 정밀성과 정확성을 허용범위 내에서 검증해야 한다. 실험기구들은 직접 교정하거나 표준기관의 검증된 자료와 비교함으로서 교정을 받아야 한다. 시약은 ACS의 기준을 상회해야 하며, 교정용 표준물질은 AR등급 혹은 그 이상 수준 (HPLC 혹은 Pesticide등급)의 시약을 사용하여야 한다. 그리고 각 기기의 감도가 주기적으로 점검, 조절되어야 한다. 이후에도 분석과 관련된 각 장치는 정기적으로 점검, 확인되어야 한다. 이 때 정도관리 차트를 이용하면 매우 편리하다.

❷ **정확도 향상을 위한 실험실간 QC/QA 계획:** 표준참조물질 (SRM) 혹은 검증된 참조시료(CRM)는 정확성을 확증하기 위하여 주기적으로 분석되어야 한다. 정도관리차트법은 법은 분석절차의 정확성뿐만 아니라 분석대상물질의 신뢰성에 대한 장기간 평가에 직접적으로 이용될 수 있다. 결국 정확성을 달성하고 유지하기 위해서는 오차 발생원인을 제거하는데 필요한 비용부담을 최저수준에서 분석목적이 달성되도록 하여야 하며, 효율적으로 잘 계획된 QC/QA가 중요하다.

❸ **표준참조물질에 대한 실험실간 비교평가:** 실험실간 정도비교 연구는 검증된 공인연구소와 계약하거나 혹은 개별 실험실들에 의한 자발적인 프로그램에 참여하여 추진할 수 있다. 각 실험실의 운영능력과 분석방법을 평가는 전문적 통계기법을 이용하여 수행된다. 이런 프로그램이 없을 경우에는 유사한 연구활동을 하는 동료와 분석시료, 분석기술, 혹은 표준물질을 상호 교환하여 정도를 평가할 수 있다.

14-4 QC/QA를 위한 자료의 평가척도 (Data Quality Indicator, DQI)

최근까지도 QC/QA와 관련한 많은 용어들이 혼용되거나 그 정의가 명확하지 않게 사용되고 있다. 환경분석화학에서는 환경자료의 수용가능성 및 유용성의 정도를 평가하기 위해 **자료질의 평가척도** (data auality indicators, DQI)라는 개념을 도입하고 있다 (US EPA, 1996). 여기에 이용되는 주요 척도에는 정밀도 (precision), 정확도 (accuracy), 편중성 (bias), 대표성 (representativeness), 유사성 (comparability) 및 완전성 (completeness) 등이 있으며, 이외에도 민감도 (sensitivity), 회수율 (recovery), 검출한계 (limit of detection), 검증보고한계 (certified reporting limit), 재현성 (repeatability) 및 재생성 (reproducibility) 등이 있다. 이 중 주요 5가지의 척도는 영단어의 머리글자를 따서 **PARCC**로 표현되고 있는데, 여기서 일부 분석가에 따라서는 편중성과 정확도를 같은 의미로 사용하고 있기 때문에 A는 정확도 (accuracy)로서 **PBRCC**의 B (편중성 bias의 첫 글자)를 대신하여 사용하기도 한다. 이 때 정확도는 임의적 오차 (정밀도)와 구조적 오차 (정확도)를 포괄하는 의미로 사용되고 있다. 본 절에서는 위의 여러 지표항목 중 중요성이 큰 6개 항목에 대해 각각의 정의와 활용방법에 대해 설명하고자 한다.

14-4-1 정밀도 (Precision)

정밀도는 유사한 조건하에서 같은 시료 (혹은 특성)를 중복 측정함으로서 그 결과치 간의 일치성을 판단하는 것으로 일치성은 측정자료의 범위 (range) 또는 표준편차 (standard deviation)로 계산된다. 또한 측정값의 평균에 대한 표준편차의 분율로도 표현될 수 있는데, 예를 들어 이중 반복실험인 경우 상대범위 (relative aange) 또는 상대표준편차 (relative standard deviation, RSD)로 표현하기도 한다. 분석과정에 있어서, 정밀도는 한 실험실내 혹은 실험실간의 정밀도를 구분하여 기술되기도 한다. 실험실내 (intra-laboratory)의 정밀도는 한 실험실에서, 또한 실험실간 (inter-laboratory)의 정밀도는 두 개 이상의 실험실에서, 동일시료에 대해 동일한 방법으로 반복 측정할 때 기대되는 일치성을 추정한다. 정밀성의 제고를 위해서는 가급적 시료는 현장에서 세분하여 향후 분석과정의 변동성과 함께 시료의 취급, 운송 및 저장과정의 변동성을 평가하기 위해 분리하여 다뤄져야 한다.

14-4-2 편중성 (Bias)

편중성은 어떤 한 방향으로 오차를 초래하는 불변하는 또는 왜곡정도 (distortion)를 말한다. 편중성의 평가는 사람, 장비 및 spiking하는 물질 또는 참조물질을 측정시스템의 보정에 사용하는 것과는 가능한 한 독립적으로 사용하여 평가할 수 있다. 가능하면, 편중성 평가는 참조물질보다는 spike된 시료의 분석을 기준으로 수행되는데, 이는 회수율에 대한 원시료의 조성이 미치는 영향을 제거하기 위해서이다. 편중성 평가를 위해 가장 많이 사용되는 방법은 참값 (T)에 대한 선형회귀식을 사용하는 방법이다. 즉 spike된 특정시료에 대하여 다음과 같은 접근방법을 이용할 수 있다. 표준물질에 대한 참조값 (T)과 표준물질의 분석자료 세트에 대한 평균값 (X_m) 사이의 편중성 (B)는 $B = X_m - T$ 로 추정할 수 있다. 편중성의 다른 추정방법은 퍼센트 편중성으로서 $\%B = 100\ (X_m - T)/T$ 로 정의된다. 편중성은 회수율% (P)로서도 표현할 수 있는데 여기서 $P = 100\ (A - B)/T$로 정의된다. 이 때 A는 spike한 시료로부터의 분석치이고, B는 spike하지 않은 시료의 분석치이다. 한편, 편중성%와 회수율%와의 관계는 $\%B = P - 100$과 같다.

14-4-3 정확도 (Accuracy)

정확도는 다수 측정값의 평균이나 각 측정값이 참값과의 근접성을 평가하는 척도이다. 정확도는 시료채취 과정과 분석과정에서 기인될 수 있는 구조적 오차 (편중성)와 임의적 오차 (정밀성)를 모두 포함하는 개념으로 사용된다. 정확도는 기지의 농도를 가진 참조물질을 분석하거나 오염물질의 농도를 알고 있는 시료를 재분석하여 추정할 수 있다. 정확도는 보통 회수율% (P) 또는 편중성% (P-100)으로 표현되기도 한다. 따라서 정확도는 편중성과 정밀성의 조합으로 사용된다. 이러한 조합은 통계적으로 평균오차제곱 (mean square error, MSE)으로 알려져 있다. 자료가 정확하려면, 먼저 정밀성이 커야 하고 동시에 편중성이 작어야 한다. 예를 들어, 활쏘기를 할 때, 정확하다는 의미는 쏜 화살이 평균적으로 표적의 중앙에 집중되는 것이다. MSE는 변동의 합 + 편중성의 제곱으로 표현할 수 있다 (편중성은 편중의 정도가 음 또는 양이 되는 것을 없애기 위해 제곱을 한다).

정확도를 계산할 때, 대부분의 경우 측정대상물질의 알려진 참값이 없거나 심지어 참조분석법 (reference method)이 없는 경우가 많다. 따라서 총괄 정확도는 보통 알려져 있지 않거나 알 수 없게 된다. 간혹 측정과정의 정확도를 부분적으로 평가할 수 있다. 예를 들어, PM_{10}과 같은 분진농도를 측정하는 경우에는 표준물질이 없기 때문에, 채취되는 공기시료의 유량에 국한하여 정확도를 결정할 수 밖에 없다.

14-4-4 유사성 (Comparability)

유사성은 일반분석 및 내삽법으로 두 자료의 신뢰도를 표현하는 정성적 용어이다. 유사성 개념을 적용하면, 2개 자료세트 사이의 결과치가 거의 대등하다고 판단할 수 있는지를 평가할 수 있다. 유사성은 비교방법의 형태, 보유시간, 안정성문제, 분석의 정량화 등에 대한 전반적인 관점에 초점을 두어야 한다. 두 자료세트 간에 유사성을 비교하기 위해서는 다음과 같은 자료의 특성을 가져야 한다.

- 두 자료세트는 동일한 측정대상물질 (혹은 특성)을 가지고 있어야 한다.
- 각 변수에 사용된 단위는 단일 단위로 변환하여 측정되어야 한다.
- 어떤 물질 (특성)을 측정하는 시간은 두 자료에 대해 유사해야 한다.
- 두 세트의 자료수집에 사용된 측정장치는 유사한 검출수준을 가지고 있어야 한다.
- 두 세트의 자료 중에서 특정 관측 값을 제외시키는 규칙은 유사해야 한다.
- 자료 세트 내에 포함된 시료들은 동일한 방법으로 선정되어야 한다.
- 선정된 시료에 대한 시료채취 방법론은 유사해야 한다.
- 두 자료세트에서 관측된 개수는 같은 차수를 갖거나 크기가 같아야 한다.

14-4-5 완전성 (Completeness)

완전성은 어떤 측정시스템에서 얻은 타당한 자료의 양을 측정하는 것으로 계획에 따라 채취된 자료 중 타당한 자료의 수를 %로 표현한다. 완전성은 대표성을 의미하는 것은 아니다. 즉, 조사대상 시료집단에서 오염물질의 분포 혹은 실제농도를 반영하기 위해 얼마나 근접하게 측정되었는지를 설명하려는 것은 아니다. 어떤 프로젝트에서 100% 자료의 완전성 (예를 들어 계획대로 실제 모든 시료가 채취되고, 타당한 경우)을 얻는다고 해도, 이 결과가 실제로 존재하는 오염물질의 농도를 대변하지는 않는다.

14-4-6 검출한계 (Limit of Detection)

분석방법에 대한 검출한계는 특정된 확률로서 분석기기의 잡음 (noise)과 구분되며, 또한 기기로 관측할 수 있는 분석물질의 최소 값을 말한다. 다음과 같이 여러 가지 다른 용어로 검출한계를 정의할 수 있다.

❶ **기기검출한계 (Instrument Detection Limit, IDL):** 기기검출한계 (IDL)는 분석

기기가 검출할 수 있는 분석물질의 최소농도이다. 이 검출한계는 분석기기가 가지는 배경 noise와 분석대상물의 감응피크간의 통계적 차이를 표현한다. IDL는 증류수나 유기용매 등에 분석물질을 첨가시키고 7번 이상 반복 측정하여 표준편차를 계산하고 IDL을 산출한다. 95% 또는 99% 신뢰수준에서 IDL의 계산은 다음과 같다.

$$\mathrm{IDL} = t_{(n\text{-}1,\ 1\text{-})} \times S \qquad \textbf{(14.8)}$$

여기서, $t_{(n\text{-}1,\ 1\text{-})}$은 자유도 (n-1)과 0.95 (NWRI) 또는 0.99 (EPA)에 대하여 one-side Students' t-분포에 적용하는 값이다. IDL은 분석기법이나 분석기기에 대한 절대적인 민감도를 의미하게 된다.

❷ **방법검출한계 (Method Detection Limit, MDL):** 방법론적 검출한계 (MDL)은 어떤 분석방법을 이용하여 희석수나 적절한 용매에 포함된 분석물질을 신뢰성 있게 검출할 수 최저농도를 말한다. 이 검출한계는 시료의 전처리와 추출 등을 포함하여 완전한 하나의 방법을 적용하였을 경우, 공시험 결과와 측정가능한 최소농도와의 통계적 차이를 파악하는 것이다. MDL은 특정 신뢰구간에 대해서 7번 이상의 반복 측정한 결과를 바탕으로 추정한다.

$$\mathrm{MDL} = t_{(n\text{-}1,\ 1\text{-})} \times S \qquad \textbf{(14.9)}$$

여기서, $t_{(n\text{-}1,\ 1\text{-})}$은 자유도 (n-1)과 0.95 또는 0.99에 대하여 one-side Students' t-분포에 적용하는 값이다. MDL은 분석기법이나 분석기기에 대한 절대적 민감도를 의미한다. 한편, MDL은 시료 또는 spike된 시료의 분석을 통해 시료모체 (matrix)에 대해 분석 전반에 걸쳐 경험적으로 평가하므로 결국 특정 분석방법론에 내재된 총괄적인 검출한계라고 할 수 있다.

❸ **검출한계 (Limit of Detection, LOD):** LOD는 분석대상물질에 대해 양성적인 감응을 보이는 현장공시료 (field blank)의 반복된 분석을 통해 추정할 수 있으며, 다음과 같이 계산한다.

$$\mathrm{LOD} = \overline{C_b} + t_{(n\text{-}1,\ 1\text{-})} \times S \qquad \textbf{(14.10)}$$

여기서, $\overline{C_b}$는 현장공시료에 대한 평균치, S는 7번 이상 반복검출을 통한 표준편차, $t_{(n\text{-}1,1\text{-})}$은 자유도 (n-1)에 대해 one-side Students' t-분포에 해당되는 값, 1-는 0.95 또는 0.99를 선택한다. 보통 $t_{(n\text{-}1,1\text{-})}$의 값은 3정도가 이용된다. 따라서 다음식과 같다.

$$\mathrm{LOD} = \overline{C_b} + 3 \times S \qquad \textbf{(14.11)}$$

14-4-7 MDL과 CRL의 간편한 추정방법

저농도 시료의 측정능력을 평가하기 위해서 많이 적용되는 2가지 추정방법에는 USEPA가 개발한 **MDL** (Code of Federal Regulations, 1990)과 미육군 독성/유해물질청 (U.S. Army Toxic and Hazardous Material Agency)에서 개발한 **CRL** (Certified Reporting Limit)이 있다. EPA는 MDL을 99% 신뢰수준에서 농도가 0보다 크다고 보고되는 분석대

상물질의 최저농도로 정의하였다. MDL은 분석대상물질을 포함하고 있는 모체시료를 채취하고 분석하여 결정된다. CRL의 정의는 false positive error와 false negative error가 5%일 때의 분석물질의 농도에 해당한다. MDL처럼, CRL은 분석 전과정에 관련되며, 모든 시료의 준비 및 측정단계를 포함한다.

환경시료에서 미량으로 존재하는 발암의심물질이나 돌연변이원성물질, 우선순위 오염물질 (priority pollutants) 및 기타 물질들을 정성 정량하는 작업은 분석이 정확하게 이루어져야 한다. 이런 이유로 분석결과와 보정을 위해서 자주 표준물질이나 기지의 물질을 이용하여 각 실험장비에 대해 활용하고 있다. 표준물질의 한 예는 미국표준시험국 (National Bureau of Standard, NBS)에서 생산 제공하는 표준참조물질 (Standard Reference Material, SRM)이 있다. 이 시험국은 1906년에 처음 4가지 표준참조물질을 생산한 이래 1979년에는 1,060가지로 증가하였다. 현재에는 미국 국립표준과학연구소 (National Institute of Standard and Technology, NIST)에서 위임하여 천 수백종의 SRM을 제공하고 있다.

정의에 의하면, SRM은 한가지 결정적인 분석법 또는 두가지 이상의 신뢰성 있는 분석법으로 측정된 고유특성을 가진 물질로서, 성분이 특성화되어 있고 균질성 있으며 그리고 안정한 물질 또는 인위적으로 제조된 물질이다. 환경에서 얻은 전형적인 SRM은 도시 부유분진 (SRM No. 1648)이다. 이 물질은 세인트루이스에서 3년간 백하우스 집진장치에서 채취된 분진을 이용하여 제조한 것인데, 대다수 도시지역의 부유분진의 대표성을 띈다고 간주하고 있다.

표준참조물질은 그 자체가 균질성이 있어야 하며 안정해야 한다. 예를 들어, 원래의 물질이 휘발성을 가지고 있다면 혹은 어떤 다른 성분이 물리적, 화학적 또는 생물학적으로 변이를 초래한다면 그 물질은 처리되어야 하며, 숙성시키거나 향후 다른 변화가 일어나지 않도록 관리해야 한다.

14-5 요약 및 결론

정확한 환경화학분석을 수행하는 일은 특정시료에서 저농도의 물질을 감지하는 것만으로 끝나지 않는다. 성공적인 미량분석을 위한 선결과제를 요약하면 아래와 같다.

- 감도가 우수하고, 선택적이며 타당성이 확보된 분석법의 개발
- 시료의 채취과정과 분석과정을 상세히 규정하고 있는 실험계획의 수립
- 최종 분석결과의 신뢰성을 입증할 수 있는 QC/QA 평가의 수행

위의 과제들을 해결하기 위해서는 결국 포괄적이고 조직적인 접근법을 강구하고, 신뢰성 있는 측정결과를 제공하기 위해 필요한 노력을 경주하여야 한다. 따라서 가장 중요한 사안은 측정과정이 정상인가를 알아보는 타당성 확인과정이다. 결국 환경 미량분석에서는 이러한 점들을 잘 이해하고 있는 경험있는 분석화학 숙련자의 확보가 최우선 과제이다.

참고 및 인용문헌

ACS Committee on Environmental Improvement (1980) Anal. Chem., 52, 2242-2249.

David, R.P. Ed. (1994) *Toxic Air Pollution Handbook*, Van Nostrand Reinhold, New York.

Taylor, K. J. (1987) *Quality Assurance of Chemical Measurement*. Lewis Pub.

USATHAMA (1990) U.S. Army Toxic and Hazardous Materials Agency; QA Program.

USEPA (1994) *EPA Requirements for Quality Assurance Project Plans for Environmental Data Operations*. USEPA Quality Assurance Division, EPA QA/R-5.

USEPA (1995) *Guidance for the Preparation of Standard Operating procedures (SOPs) for Quality Related Documents*. USEPA Office of Assurance Project Plans. USEPA Quality Assurance Division, EPA QA/G-5.

USEPA (1996b) *List of Designated Reference and Equivalent Methods*, Office of Research and Development, Research Triangle Park, N.C.

USEPA (1998) *Guidance for Data Quality Assenssment*. USEPA Office of Research and Developmentm, EPA/600/R-96/084.

백성옥, 허귀석, 김기현 (2004) 대기환경측정과 정도관리 (I), 한국대기환경학회지, 20(2), 237-249.

찾아보기

한글 찾아보기

ㄱ

ㄴ

ㄷ

ㄹ

ㅁ

ㅂ

ㅅ

ㅇ

ㅈ

ㅊ

영어 찾아보기

A

B

C

D

E

F

S

T

U

V

W

Z

기타

이 종 범 강원대학교 환경융합학부 명예교수

김 신 도 서울시립대학교 환경공학부 교수

백 성 옥 영남대학교 환경공학과 교수

김 동 술 경희대학교 환경학 및 환경공학과 교수

최 금 찬 동아대학교 환경공학과 교수

대기환경 정가 29,000원

발 행 2022년 3월 10일 3판 1쇄
저 자 이종범 · 김신도 · 백성옥 · 김동술 · 최금찬
발행인 정우용
발행처 도서출판 **동 화 기 술**
경기도 파주시 광인사길 201(문발동, 파주출판도시)
Tel (031)955-4211~6 donghwapub@nate.com
Fax (031)955-4217 www.donghwapub.co.kr
(등록) 1977년 12월 19일/9-16호

Printed in Korea
ISBN 978-89-425-9350-7